科学出版社"十四五"普通高等教育本科规划教材

植物生物技术

蒋立希　主编

U0287214

科学出版社

北　京

内 容 简 介

"植物生物技术"是目前大多数农业院校或综合性大学涉农类、生命科学类专业列入本科生或研究生培养方案的一门重要课程。本教材系统地介绍了植物生物技术的发展历史、前沿技术及未来发展方向,重点介绍了植物细胞生物技术、植物组织培养技术、植物基因的表达与基因编码产物的检测技术、植物基因的克隆与DNA重组技术、植物基因编辑技术、分子标记辅助选择育种等内容。

本教材的主体读者群是大学本科二三年级的学生,此外,也可作为植物科学、作物育种等领域研究人员的参考书。本教材旨在让读者把握植物生物技术的经典内容与前沿技术,并能够把有关技术应用到植物科学、植物育种等领域的研究工作中去。

图书在版编目(CIP)数据

植物生物技术 / 蒋立希主编. —北京:科学出版社,2023.6
科学出版社"十四五"普通高等教育本科规划教材
ISBN 978-7-03-075631-2

Ⅰ. ①植… Ⅱ. ①蒋… Ⅲ. ①植物 - 生物技术 - 高等学校 - 教材
Ⅳ. ①Q94

中国国家版本馆CIP数据核字(2023)第095008号

责任编辑:丛 楠 马程迪 / 责任校对:严 娜
责任印制:张 伟 / 封面设计:图阅社

斜 学 出 版 社 出版
北京东黄城根北街 16 号
邮政编码:100717
http://www.sciencep.com
北京厚诚则铭印刷科技有限公司 印刷
科学出版社发行 各地新华书店经销

*

2023 年 6 月第 一 版 开本:787×1092 1/16
2024 年 1 月第二次印刷 印张:22
字数:577 000
定价:79.80 元
(如有印装质量问题,我社负责调换)

主　编

◎ **蒋立希**

浙江大学"求是特聘"教授、博士生导师，国际油菜发展咨询委员会（GCIRC）成员、国际芸薹属基因组项目（MBGP）指导委员会成员，学术刊物 *Theoretical and Applied Genetics*（*TAG*）、*Gene* 等编委。1986年7月本科毕业于浙江农业大学，1996～2001年先后获得德国哥廷根大学硕士、博士学位，2001～2005年先后在新加坡国立大学农业分子生物研究院（IMA）、分子与细胞生物研究院（IMCB）从事博士后研究工作、担任研究员，2005年8月后任浙江大学教授、博士生导师，2015年1月晋升"求是特聘"教授。主要从事芸薹属油料作物基因资源发掘、种质创新、分子生物技术、基因组测序等研究工作，负责本书第1章"植物生物技术概论"内容的撰写，并设计了全书各章节内容，对全书文字与图表进行了修改与润色。

参　编

（以章节先后为序）

◎ **朱　杨**

浙江大学"百人计划"研究员（博士生导师），入选国家自然科学基金优秀青年科学基金项目（海外）、"中国科协青年人才托举工程"等人才培养项目，*The Innovation* 杂志青年编委。2011年6月本科毕业于浙江大学，2011～2016年在新加坡国立大学生物系师从 Hao Yu（俞皓）教授（新加坡国家科学院院士）攻读博士学位，随后在宾夕法尼亚大学表观遗传学领域国际著名专家 Doris Wagner 的指导下从事博士后研究工作，2020年加入浙江大学。撰写本教材第2章"植物细胞生物技术"。

◎ **潘　刚**

浙江大学副教授，2004年博士毕业于华中农业大学作物遗传改良全国重点实验室，攻读博士期间曾赴加拿大萨斯喀彻温大学开展合作研究，2004年后一直在浙江大学从事水稻基因克隆与功能研究，以及转基因新技术平台建设工作。

◎ **孙玉强**

浙江理工大学教授（博士生导师），2000～2005年在华中农业大学作物遗传改良全国重点实验室攻读博士学位，2008～2010年在瑞典于默奥大学植物生理系从事博士后研究工作，2016年加入浙江理工大学。

◎ **蔡兴奎**

华中农业大学副教授，1998～2003年在华中农业大学园艺林学学院攻读博士学位，2009～2011年在美国威斯康星大学麦迪逊分校从事博士后研究工作，2003年加入华中农业大学。潘刚、孙玉强和蔡兴奎共同编写第3章"植物组织培养"。

◎ **董 杰**

浙江大学"百人计划"研究员（博士生导师），入选国家自然科学基金优秀青年科学基金项目（海外）。2011年6月本科毕业于北京大学，2011～2016年在北京大学生命科学学院邓兴旺教授（院士）团队攻读博士学位，2016～2020年在美国耶鲁大学分子细胞发育生物学系（MCDB）从事博士后研究工作，2020年加入浙江大学。

◎ **潘荣辉**

浙江大学"百人计划"研究员（博士生导师），2009年6月毕业于南京大学，2014年获得美国密歇根大学博士学位，2018年加入浙江大学。

◎ **孙宁**

西湖大学副研究员，2011年6月本科毕业于厦门大学，2011～2016年在北京大学生命科学学院邓兴旺教授（院士）团队攻读博士学位，2017～2020年在美国耶鲁大学医学院干细胞中心从事博士后研究工作，2020年入职西湖大学。董杰、潘荣辉、孙宁共同编写第4章"植物基因的表达与基因编码产物"。

◎ **卢运海**

浙江大学资深教授，1992年获得巴黎第十一大学植物分子与细胞生物学博士学位，随后长期在法国农业公司优若利斯（Euralis）、法国农业科学研究院（INRA）等机构从事作物分子生物技术方面的研究，2013年回国后先后在福建农林大学、浙江大学等单位工作，主要从事甘蔗、小麦、油菜等物种的基因组与功能基因研究。撰写第5章"植物基因的克隆与DNA重组技术"。

◎ **沈秋芳**

浙江大学特聘副研究员（博士生导师），2013年6月本科毕业于浙江大学，2013～2018年在浙江大学农业与生物技术学院张国平教授（浙江省特级专家）团队攻读博士学位，2018～2020年在浙江大学从事博士后研究工作，2020年8月留校任特聘副研究员。主要从事麦类作物抗逆分子调控与种质创新研究。撰写第6章"植物基因编辑技术"。

◎ **包劲松**

浙江大学教授（博士生导师），曾入选教育部新世纪优秀人才支持计划，连续多年名列爱思唯尔（Elsevier）中国高被引学者榜单。1993年6月本科毕业于浙江农业大学，1999年在浙江大学获得生物物理学博士学位后留校任教。主要从事稻米品质的遗传基础与分子育种研究。作为访问学者先后在香港大学、艾奥瓦州立大学、俄勒冈州立大学开展合作研究。撰写第7章"植物生物技术在作物育种上的应用"。

序

党的二十大明确要求"加快建设农业强国"，积极推进农业生物科技现代化，不断增强我国粮食供给能力，是广大农业科技工作者的使命。植物生物技术是一门集植物学、生物化学、分子遗传学、细胞生物学、基因组学等多学科为一体的综合性、交叉型应用学科，它利用DNA重组、基因编辑、组织培养，以及分子标记辅助育种等技术手段，通过改变植物的遗传特性，达到提高粮食产量、改良农产品品质、提升作物逆境抗性等目标，在现代农业产业发展领域有着广阔的应用前景。

作为多年从事水稻种质资源挖掘及育种利用的科研工作者，我深知植物生物技术在农业产业领域中的作用及应用前景。20多年前，我们运用图位克隆、DNA重组技术、组织切片技术及RNA原位杂交等一系列分子生物技术，在水稻上克隆了第一个控制水稻分蘖的*MOC1*基因，完成了从基因组学到功能基因组学的递进。随着组学技术的飞速发展，特别是测序技术的不断迭代，植物生物技术在过去20年迎来了一个高速发展期。我们急需一本包括最近几年较热门学科，如单细胞测序、全基因组表观遗传修饰的鉴定与调控，以及染色质可及性检测技术、基因编辑技术等较为全面的《植物生物技术》教科书，用以将这些学科和技术推而广之，推动其更好地应用于现代农业的发展。

近期，我欣然得知浙江大学蒋立希教授主编了这本《植物生物技术》。作为多年的好友，立希长期致力于芸薹属油料作物的生物改良，特别是在油菜双单倍体培养、杂种优势基因QTL智能定位与预测、RNA原位杂交、油菜基因资源的系统发掘和种质创新等领域进行了大量探索性工作。此外，其他编者之一的包劲松教授，在稻米品质形成机制及分子育种研究领域也取得了一系列突破性成果，位列作物学科全球高被引科学家。其他参与编写该教材的资深教授和青年教师都长期在国内外顶尖学府开展相关研究，具有丰富的研究经验和扎实的专业背景，相信由他们执笔，该教材必将给读者带来大量前沿的专业内容和手难释卷的读书之乐。

相较于之前出版的《植物生物技术》教科书，该教材最大的特点在于编者来自作物育种领域，因此内容更具有育种实践和前沿科学的交叉性。我相信该教材不仅能成为适合本科教学的专业教材，还将为从事植物学、农学、作物育种学等相关学科教学、科研人员及不同专业的众多研究生，深入了解植物生物技术提供重要参考，为农业科学和作物育种事业的发展做出更大的贡献。祝《植物生物技术》这本教材在植物科学领域发挥其新知识的传播作用，为更多有志于科学探索的学子们领路护航，帮助他们不断攀登新的科学高峰！

中国科学院院士

前　言

　　"植物生物技术"是目前大多数农业院校或是综合性大学涉农类、生命科学类专业列入本科生或研究生培养方案的一门重要课程。自2005年起，我在浙江大学农学院为研究生开设这门课程。到了2018年，我开始转为给本科生讲授"植物生物技术"。多年来，我一直渴望编写一本《植物生物技术》教材，但因日常工作繁忙，始终未能付诸行动。前年暑假，我和团队的几位老师在广泛收集参考资料和我们自己课件的基础上，进行了认真的讨论与规划。经过一年多的反复补充和修改，一部近60万字的《植物生物技术》教材终于成形。

　　自20世纪90年代以来，植物生物技术步入了高速发展的时期，对生物育种、基础生物学等许多领域都有交叉渗透。国内陆续出版过一些《植物生物技术》教材与参考书，其中发行量相对较大且较有影响的当属北京大学许智宏先生主编（上海科学技术出版社，1998年）的一本，华中农业大学张献龙教授主编（科学出版社，2004年第一版、2008年再版）的一本，以及中国农业大学刘庆昌教授主编（中国农业大学出版社，2020年）的一本。这几本教材各有特色，许智宏先生那本从细胞生物学基础说起，比较侧重植物细胞的分化及发育，另有一些篇章介绍组织培养和细胞工程、植物基因工程技术等内容；张献龙教授主编的那本，以及刘庆昌教授主编的那本结构与篇幅都比较相似，基本上将植物生物技术纳入了组织培养、基因工程和分子育种三个篇章，其中，又都相对偏重组织培养方面的内容，而基因工程与分子育种的内容比重较小。与已有的几本《植物生物技术》相比，本教材具有以下特点：第一，增加了植物细胞生物技术的内容。我们觉得细胞生物技术是生物技术中不可或缺的一环，各类显微镜，以及显微标记技术（如荧光原位杂交技术、GFP等报告基因等）的熟练使用，对于深入理解植物生理的微观机制非常有帮助。第二，增加了单个或高通量基因表达分析技术。我们在DNA层面，介绍了测序技术、蛋白质-DNA相互作用检测手段、染色体构象捕获技术等；在RNA层面，介绍了（由粗放到精细的）基因表达检测技术；在蛋白质层面，介绍了免疫印迹、免疫金标记和免疫组化、蛋白质定位的动态观察等内容。我们认为，掌握这些技术是研究基因的生物学功能的必要基础。第三，增加了一些近几年发展迅速又较为热门的技术，如全基因组5mC/6mA DNA甲基化等表观遗传修饰、组蛋白修饰，以及染色质可及性检测技术等。第四，我们还专门用了一个章节的篇幅介绍了基因编辑技术，较全面地介绍了核酸酶的种类及其发展、基因编辑的一般步骤及其所导致的各种基因组修饰，特别是基因编辑在作物育种上的应用。这些内容，在国内已有的《植物生物技术》参考书中较少涉及。

　　参加本教材编写的成员都具有长期从事植物生物技术工作的经历。我本人从事过油菜双单倍体（DH）培养，数量性状位点（QTL）定位，染色体原位杂交（FISH），RNA原位杂交，拟南芥和油菜调控生殖发育的分子机制研究，芸薹属油料作物基因资源发掘、种质创新、基因组测序等研究工作；其他编委成员包括浙江大学从事稻米品质相关分子育种研究的包劲松教授；聚焦甘蔗、小麦、油菜等物种的基因组与功能基因研究的卢运海教授；从事水稻品质及抗逆基因克隆与功能研究、转基因新技术平台建设工作的潘刚副教授；从事棉花体细胞杂种及基因工程研究的孙玉强教授；从事马铃薯种薯繁育与农机农艺融合研究的蔡兴奎副教授；

擅长植物开花的分子机制、表观遗传学等研究工作的朱杨研究员；从事蛋白质互作、细胞发育生物学研究的董杰研究员；从事麦类作物抗逆基因功能与调控机制解析、基因编辑等研究的沈秋芳副研究员；从事作物种子分子生理和植物细胞器功能研究的潘荣辉研究员；以及西湖大学从事植物细胞及代谢研究的孙宁副研究员。我们尝试在教材中结合自己发表的一些研究内容作为实例，但是这样的例子在目前的版本中还不多，有待今后进一步补充。

除了上述几位老师之外，浙江大学傅良波、徐正圆博士，以及研究生涂梦欣、赵鑫泽、周虹宇、屠一珊、徐云峰、汪丰越、韩艾灵、魏思琪、宫梦洁、屈浩、和盈、高严、李亚菲、郭奕邑、李媛媛、张琳、张嫣妮等同学，本科生吴若轩、蔡佳玲、王佳慧同学，都参与了资料收集、文字校对等工作，在此一并致谢！

本教材的编写过程中，尽管我们尽力避免在教材中出现错误，但是由于水平所限，疏漏之处仍然在所难免，我们希望广大读者积极反馈批评与匡正，以利于我们继续修订完善。

蒋立希

2023年4月25日

于浙江大学紫金港校区

目　　录

生物技术是指根据人类的需求改造生物体及其产品的技术程序，植物生物技术是各类生物技术在植物上特别是作物上的应用，旨在提高植物（作物）的产量、品质、对生物与非生物逆境胁迫的抗耐性等。生物技术最早可以追溯到远古时期人类对动植物的以大量生产为目的的驯化及采用人工选择和杂交育种的方法对动植物进行有步骤的改良。现代生物技术则是近半个多世纪来，伴随着基因组学、分子生物学、生物化学、细胞生物学、胚胎学、遗传学、微生物学、免疫学等前沿学科的迅速发展，在这些学科之间交叉而产生的一门新兴科技。生物技术的迅速进步，反过来又推动这些学科的发展。在本书中我们着重介绍的植物生物技术包括植物细胞生物技术、植物组织培养、植物基因表达研究、植物基因的克隆与DNA重组技术、植物基因编辑技术，以及分子标记辅助育种等内容。

1.1　生物技术的前期基础

现代生物技术的发展历史可以以1953年美国冷泉港实验室Watson和Crick对细胞主要遗传物质脱氧核糖核酸（DNA）双链结构的发现和精准描述作为起点，之后，分子生物技术与基因组学的发展都驶入了快车道。然而，在DNA双链结构发现之前，往前追溯一两百年，生命科学领域一些其他里程碑式的重要发现，实际上已经为现代生物技术的起飞筑好了跑道。

1.1.1　蛋白质的发现

蛋白质的发现是生命科学领域一座重要的丰碑。人们对蛋白质重要性的认识经历了一个漫长的时期。麦麸（面筋）实际上就是谷物中的蛋白质，我国民间很早就知道用清水洗涤面粉团，洗去淀粉之后，分离出了麦麸（面筋），做成美味佳肴。进入18世纪，欧洲化学家A. Fourcroy等认识到鸡蛋清、血清、纤维蛋白和小麦面筋等都是一类独特的生物分子，其共同的特点是在加热或酸处理下具有凝结或絮凝的能力。蛋白质最早被命名是在1838年，由瑞典化学家J. J. Berzelius命名（Harold，1951）。"蛋白质"一词源自希腊语proteios，意思是"主要的""领先的""前面的"。中文的蛋白质一词来自德语Eiweisskörper的意译，在德语中Ei（鸡蛋）、weiss（白色）、körper（体）最接近中文蛋白质的词义。荷兰化学家G. J. Mulder系统地对最常见的蛋白质进行了化学元素分析，他早期错误地认为所有蛋白质都由单一类型的大分子$C_{400}H_{620}N_{100}O_{120}PS$组成，这一结论后来很快被其他研究者和他自己所推翻。尽管酶作为一种蛋白质，早在1833年就成功地被分离纯化出来，但直到1926年，在J. B. Sumner证明尿素酶实际上是一种蛋白质之后，酶在生物体发育和代谢过程中的核心作用才得到充分认识。后来到1883年，John Kjedahl发明了一种能够准确测定氮，进而定量分析蛋白质含量的方法，这个方法一直沿用至今。随后，氨基酸被发现，氨基酸的发现是人类对蛋白质认识的飞跃。1902年，E. Fischer测定了氨基酸的化学结构，并且明确了肽键的性质。营养学家很早就认识到，蛋白质是维持身体机能最重要的营养元素。T. B. Osborne等在喂养实验室大鼠时提出并应用了Liebig最小值定律，即对动物体营养必需的氨基

彩图

图1-1 蛋白质晶体结构 这是第一个成功地用X射线衍射技术解析晶体结构的蛋白质。照片显示呈α螺旋的氨基酸链，盘旋折叠的中间部分有一个血红素基团和氧分子（引自Toth，2008）。

酸进行了界定。早期，生物化学家很难在技术上做到大批量地纯化蛋白质。因此，当时的研究相对集中在血液、蛋清中的蛋白质及消化代谢酶等可以大量纯化的蛋白质上。直到20世纪50年代，Sigma-Aldrich（西格玛-奥德里奇）公司发明了纯化牛胰核糖核酸酶A的技术，并成功纯化了1kg的牛胰核糖核酸酶A。这项技术为生物学、分子生物学和基因工程领域做出了重要贡献。

目前，随着测序技术、显微技术及结构生物学的发展，人们对蛋白质的认识已经到了三维结构，通过蛋白质折叠结构来预测其功能。例如，肌红蛋白是第一个成功用X射线衍射技术解析晶体结构的蛋白质（图1-1）。2020年12月，谷歌旗下的DeepMind公司宣布，其开发的人工智能软件AlphaFold，可以准确地预测蛋白质的折叠，在解决困扰人类50多年的蛋白质折叠问题上迈出了重要的一步。每个活细胞内都有数千种不同的蛋白质，这些蛋白质使细胞保持活力并发挥正常的生理功能，科学家借助对蛋白质折叠的预测来理解蛋白质的功能。

1.1.2 经典遗传学

19世纪另一项开创性的工作是奥地利生物学家Gregor Mendel（孟德尔）对一系列豌豆性状遗传规律的发现，从而奠定了经典遗传学的基础。1856年开始，Mendel进行了长达8年的豌豆实验，从当时欧洲的蔬菜良种供应商那里买到了34个豌豆品种，并从中挑选了22个品种用于他的研究工作。他的这些豌豆品种都具有某种可以相互区分的性状，如茎秆的高或者矮、豆粒的圆形或皱缩外形、种皮的颜色（灰色、白色等）等。Mendel精心培育了这些豌豆，对不同世代的豌豆性状和数目进行了系统的观察、记载和分析（图1-2）。经过8个寒暑的辛勤劳作，他发现了植物遗传分离规律，并且开创性地用数学关系式来展现这样的规律，后人称之为"孟德尔第一定律"。Mendel还发表了基因自由组合规律（"孟德尔第二定律"），这两条定律揭示了生物遗传奥秘。"孟德尔第一定律"内容为，在杂合子细胞中，位于一对同源染色体上的等位基因，具有一定的独立性；当细胞进行减数分裂时，等位基因会随着同源染色体的分开而分离，分别进入两个配子当中，独立地随配子遗传给后代。"孟德尔第二定律"的内容是，当具有两对（或更多对）相对性状的亲本进行杂交，在子一代产生配子时，等位基因分离的同时，非同源染色体上的基因表现为自由组合，其实质是非等位基因自由组合，即一对染色体上等位基因与另一对染色体上等位基因的分离或组合是彼此间互不干扰的，各自独立地分配到配子中去。因此，"孟德尔第二定律"也称为独立分配定律。

在Mendel的那个年代，绝大多数生物学家（甚至包括Mendel本人）都忽略了这些遗传学实验结果及两大定律的划时代意义。一直到1900年，孟德尔遗传定律才被一些欧洲科学家"重新发现"。其中，William Bateson的大力推广，使孟德尔的遗传学理论广为生物学界所接受，他使用了"遗传学"和"等位基因"这两个术语来进一步诠释孟德尔的遗传定律。孟德尔用数学概

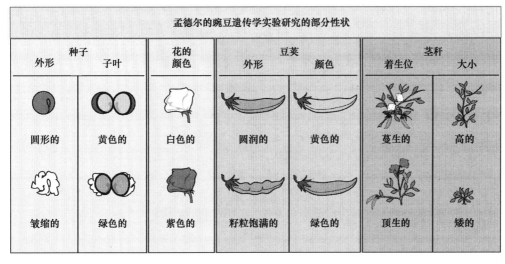

孟德尔的豌豆遗传学实验研究的部分性状						
种子		花的颜色	豆荚		茎秆	
外形	子叶		外形	颜色	着生位	大小
圆形的	黄色的	白色的	圆润的	黄色的	蔓生的	高的
皱缩的	绿色的	紫色的	籽粒饱满的	绿色的	顶生的	矮的

图1-2 孟德尔豌豆遗传学实验研究的部分性状（改自Mendel，1866）

彩图

率论的方法描述遗传学的规律，测量了诸如种子的颜色、形状等质量性状的离散特征（性状分离比例），来描述他的观察结果。他的遗传定律是建立在大量样本观察及科学的数据分析方法基础上的，因此，他的数据具有极高的可信性。他通过跟踪观察豌豆植株特定性状连续多代（P、F_1、F_2、F_3）的变异，并辅之以"测交"实验（将F_1代与亲本之一进行杂交），揭示隐性性状的存在和后代分离比例。Mendel的实践使数学家Fisher等将概率论的原理应用于生物学实验和统计的方法得以普及，从而推动了生物统计学科的发展（Simunek et al.，2011）。

到20世纪二三十年代，T. H. Morgan（1866—1945）和他的助手将Mendel的理论模型与遗传的基本物质染色体结合了起来，开创了细胞遗传学的研究领域。Morgan是美国进化生物学家、遗传学家和胚胎学家，他发现了染色体的遗传机制，是现代实验生物技术的先行者。Morgan由于在1933年发现了染色体在遗传中的作用，赢得了诺贝尔生理学或医学奖。Morgan和他的同伴最早将果蝇（*Drosophila melanogaster*）作为一种模式生物来开展遗传学研究，他们通过对果蝇性状的观察，发现一系列遗传分离数据与Mendel的遗传定理预测的数据不相符合，无法用Mendel的"独立分配定律"来解释一些性状的遗传规律，于是，Morgan在大量实验观察的基础上，提出了"连锁定律"。根据他的理论，染色体上的基因连锁群并不像铁链一样牢靠，有时染色体也会发生断裂，甚至与另一条染色体互换部分遗传物质。因此，两个基因位点在染色体上的位置距离越远，它们之间出现分离的可能性就越大。例如，果蝇的白眼基因与小翅基因虽然同在一条染色体上，但是相距较远，当染色体彼此互换部分遗传物质（基因）时，果蝇的后代中就会出现新的类型。Morgan等的"连锁定律"和孟德尔第一、第二定律一起，被称为经典遗传学，经典遗传学理论是现代分子遗传与分子生物技术的基础。

1.1.3 噬菌体的发现

20世纪初噬菌体的发现，也是生物技术领域重要的早期成果。1915年，英国科学家F. W. Twor在葡萄球菌（*Staphylococcus*）和志贺菌（*Shigella*）中最早发现了噬菌体（bacteriophage或phage）。噬菌体的体积小，它们的外形有蝌蚪形、微球形和细杆形等，其中以蝌蚪形多见。噬菌体由核酸和蛋白质构成，蛋白质起着保护核酸的作用，并决定噬菌体的外形和表面特征；核酸有DNA或RNA，双链或单链，环状或线状。噬菌体是一种病毒，具有病毒的一些特性，如个体微小，不具有完整的细胞结构。噬菌体能够感染、吞噬细菌、真菌、藻类、放线菌等微生物，引起宿主菌的裂解，因此可视为一种"捕食"细菌的病毒。噬菌体的基因组利用细菌的核糖体、蛋白质合成自身所需的各种氨基酸、产生能量来实现生长和增殖，是一团由蛋白质外壳包裹的遗传物质，大部分还长有"尾巴"，通过"尾巴"将遗传物质注入细菌等宿主体内。一旦离开了宿主细胞，噬菌体既不能生长，也不能复制。毒性噬菌体的繁殖与温和噬菌体的繁殖具有很大的不同。毒性噬菌体是指能够在宿主菌体内复制增殖，产生许多子代噬菌体，并最终能裂解细菌的噬菌体，它们的增殖方式是复制，其增殖过程包括吸附穿入、生物合成、成熟释放三个阶段，进入细菌细胞内的噬菌体核酸首先经早期转录产生早期蛋白质，并复制子代核酸，再进行晚期转录产生噬菌体的结构蛋白，子代噬菌体达到一定数量时，在一些噬菌体合成的酶类的溶解作用下，细菌细胞便裂解，裂解过程中释放的噬菌体再感染其他细菌。温和噬菌体感染宿主菌后并不增殖，它们的基因被整合到细菌的染色体上，随细菌染色体的复制而复制，并随细菌的分裂而分配至子代细菌的染色体中。噬菌体是一种普遍存在的生物体，而且经常伴随着细菌，通常在一些充满细菌群落的地方，如泥土、动物的内脏里都可以找到噬菌体的踪迹。图1-3为典型的噬菌体外形和解剖结构、感染周期。

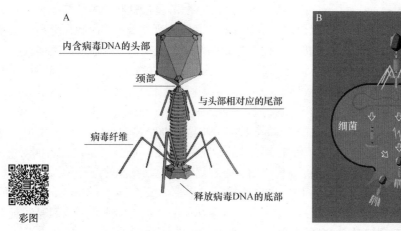

图1-3　典型的噬菌体外形和解剖结构、感染周期　A. 肌尾噬菌体的外形；B. T_4噬菌体的解剖结构和感染周期。1. 噬菌体纤维和细菌的连接；2. DNA的注入；3. 噬菌体成分的合成；4. 新噬菌体的组装；5. 细菌的溃破和感染性噬菌体的释放。

　　1952年，即1953年DNA双螺旋结构被破解的前一年，Hershey和Chase等利用标记的病毒蛋白和核酸跟踪噬菌体对细菌的附着过程，他们除去了病毒的蛋白质外壳，而只保留与受感染细胞有关的DNA物质。通过这个实验，Hershey与Chase证明了DNA具有再生大量新的病毒生长所需的全部信息，从而说明是DNA而不是之前一直认为的蛋白质是传递遗传信息最重要的物质。Hershey和Chase的这项实验，实际上与第二年Watson和Crick阐述的DNA双螺旋结构一起，共同筑建了随后半个多世纪分子生物学的重要支柱（Keen，2012）。

1.1.4　辐射引起的染色体变异

　　20世纪前半叶，另一项值得一提的科学发现是H. J. Muller发现的辐射能造成染色体变异现象，这一发现奠定了诱变育种的基石。Muller因在辐射（诱变）的生理和遗传效应方面的工作于1946年获得诺贝尔生理学或医学奖。Muller的一系列重大突破是从1926年开始的，那年11月，

Muller 用不同剂量的 X 射线进行了两次实验，其中第二次使用了交叉抑制原液（ClB），发现了 X 射线诱发基因突变的现象。首次证实 X 射线在诱发突变中的作用，搞清了诱变剂剂量与突变率的关系，为诱变育种奠定了理论基础。由他建立的检测突变的 CIB 方法至今仍是生物监测的手段之一。很快，他总结出了辐射剂量与突变发生的数学关系。Muller 在柏林举行的第五届国际遗传学大会上发表了题为 "基因改造问题" 的论文后，引起了学界的轰动。到 1928 年，其他人根据他的实验结果，把辐射诱变扩展到了其他的生物种类，如黄蜂和玉米。Muller 经常警告核战争和核试验产生的放射性尘埃的长期危险性，Muller 在后期的职业生涯中，着力宣传辐射对特殊人群（如经常操作 X 射线设备的医生、当时为了掌握顾客的脚骨状态而经常操作 X 射线成像的皮鞋制作商）可能存在的危险。X 射线诱变推动了许多理论与技术，其中包括 G. Beadle 和 E. Tatum 于 1941 年通过脉孢菌辐射研究而提出的 "一个基因对应一个酶" 的学说。

　　Muller 在荣获诺贝尔奖而发表的演讲中提出，不存在不会产生诱变的辐射阈值剂量，他的这个观点，后来发展成了关于癌症风险的线性无阈值辐射模型。在广岛和长崎原子弹爆炸之后，诺贝尔奖委员会把诺贝尔生理学或医学奖项授予 Muller，重要原因是为了将公众的注意力集中到 Muller 20 年来一直宣传的辐射的危险主题上。1952 年，核辐射成为一个热门的公共话题，越来越多的证据表明核试验辐射导致疾病和死亡。

1.2　现代生物技术发展

　　20 世纪 50 年代后，生物技术的发展进入快车道，在这里列举几项重量级的突破，并花一些笔墨介绍一些完成这些突破的著名科学家。

1.2.1　DNA 双螺旋结构模型的提出

　　DNA 双螺旋结构模型于 1953 年由 J. Watson 和 F. Crick 首次发表在 *Nature* 杂志上，论文题目为 "核酸的分子结构：脱氧核糖核酸的结构"。该论文阐明了基因信息在生物体内存储和复制的碱基配对机制（Watson and Crick，1953）。DNA 双螺旋结构的发现被认为是 20 世纪人类最伟大的科学发现之一。由于这一发现，Crick、Wilkins、Watson 共同获得了 1962 年诺贝尔生理学或医学奖。Watson 和 Crick 的论文很简短，但对生命的基本谜团进行了解答。这个谜团就是基因指令是如何保存在生物体内，以及这些遗传指令是如何代代相传的？论文给出了一个优美而简洁的答案，他们的解释让许多生物学家感到惊讶，因为当时普遍以为 DNA 信息的传递要比这更加复杂。DNA 双螺旋结构的发现对日后分子遗传学、分子生物技术领域的发展产生了重大而深远的影响，使后来的研究能够着重针对遗传密码（基因）来理解生物的各种功能。

　　DNA 双螺旋结构的提出得益于物理和化学在生物学问题上的应用，巨人是站在前人的肩膀上才变得更加伟大的。L. Pauling 是一位化学家，他在生物分子结构的解析领域做了许多非常有影响力的工作。Pauling 曾经于 1951 年发表了对于理解蛋白质结构非常重要的 α 螺旋的结构理论。1953 年初，Pauling 发表了 DNA 的三螺旋模型，然而，这个模型后来被证明是不正确的。Crick 和 Watson 两人都认为他们是在与 Pauling 的学术竞争过程中逐渐完善了 DNA 结构模型的理论。而另一位物理学家 M. Delbrück 认识到量子物理学的生物学意义，Delbrück 在感染细菌的病毒上所进行的大量研究，激发了 Watson 进一步探索 DNA 分子结构的兴趣。Delbrück 对生命基本物质基础的思考影响了量子力学另一位大师级人物 Erwin Schrödinger（埃尔温·薛定谔）的理论，薛定谔的著作当时在生物学界也颇为流行，他的著作激发了 Crick 和 Watson 去思考 "生命究竟是什么？"（Witkowski，2019）。

分子的结构其实并不容易与其功能相关联，是什么让DNA的结构与其功能如此明显相关？遗传物质的复制机制"特定配对"，即核苷酸亚基之间的配对，应该是Watson-Crick的DNA模型的一个关键支撑点。在DNA分子中，鸟嘌呤的数量等于胞嘧啶，腺嘌呤的数量等于胸腺嘧啶。A∶T和C∶G对在数量比例上是相似的，特别是，每个碱基对的长度相同，并且它们在两个"糖磷酸骨架"之间的匹配度相等。碱基对通过一种易于断裂且易于重组的化学吸引力——氢键结合在一起。在意识到A∶T和C∶G对的结构相似性之后，Watson和Crick很快就做出了DNA双螺旋模型，其中螺旋核心的氢键是打开两条互补链进行复制的关键。根据碱基配对提出了DNA分子复制的原理，即只需将两个"糖磷酸骨架"分开，每个骨架都有氢键连接的A、T、G和C成分，然后可以将每条链用作组装新碱基对互补链的模板（Watson and Crick，1953）（图1-4）。

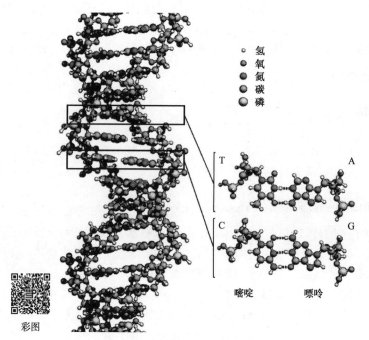

氢
氧
氮
碳
磷

T   A

C   G

嘧啶   嘌呤

彩图

图1-4　DNA双螺旋结构模型示意图　配对碱基总是A（腺嘌呤）与T（胸腺嘧啶）和G（鸟嘌呤）与C（胞嘧啶）。碱基对以氢键维系，A与T间形成两个氢键，G与C间形成三个氢键。

当Watson和Crick制作DNA双螺旋模型时，人类已经认识到地球上不同生命形式的特征都是因蛋白质的多态性而体现的，而蛋白质的本质是氨基酸长链。DNA双螺旋模型被提出来之后，有必要对DNA作为遗传分子如何确定细胞中数千种蛋白质的合成进行解释和说明。从DNA双螺旋模型可以看出，DNA分子中核苷酸的线性序列与蛋白质中氨基酸的线性序列之间存在着对应关系。分子生物学家在1953～1965年这段时间内，对DNA序列如何编码氨基酸做出了富有成效的探索。此外，DNA双螺旋结构的发现还为基因组的测序奠定了基础。J. Watson在美国国立卫生研究院发起并领导了人类基因组计划。DNA测序和操纵是目前生物技术和现代医学的核心技术之一。

1.2.2　Sanger 和蛋白质、DNA 的测序

在蛋白质和 DNA 的测序领域做出最大贡献的科学家当属 F. Sanger（1918－2013）。Sanger 是一位英国的生物化学家，曾经两次获得诺贝尔化学奖，是这一领域仅有的两次获得诺贝尔奖殊荣的科学家。1958 年，他因为在蛋白质结构，尤其是胰岛素结构方面的卓越贡献而获得诺贝尔化学奖；1980 年，由于在测定核酸碱基序列方面的成就，他与 W. Gilbert 一起荣获了诺贝尔化学奖，当年诺贝尔化学奖的另一位得主是 Paul Berg，以表彰他对核酸生物化学特性的基础性研究，特别是重组 DNA 方面的创始性工作。

Sanger 于 1918 年 8 月 13 日出生在英国格洛斯特郡的一个小村庄，他在求学阶段，尤其喜欢科学类的科目，他天资聪颖而又勤奋，提前一年获得中学毕业证。Sanger 中学时期的化学启蒙导师 G. Ordish 曾经就读于剑桥大学，曾任卡文迪许实验室研究员，Sanger 在这位老师的实验室度过了他中学最后一年的大部分时间。Ordish 唤醒了 Sanger 追求科学事业的兴趣和强烈愿望。1936 年，Sanger 前往剑桥大学圣约翰学院学习自然科学。他学习了物理、化学、生物化学和数学课程，但在物理和数学方面的学习遇到了困难。他在大学第二年，选择生理学取代了物理学。他对生物化学尤其感兴趣，由 G. Hopkins 创立的生物化学在当时是一个新兴学科，给 Sanger 上过课的教师包括 M. Dixon、J. Needham 和 E. Baldwin 等一批著名学者。Sanger 于 1940~1943 年攻读博士学位，他的博士论文题目是"动物体内赖氨酸的代谢"。

Sanger 的成就之一是牛胰岛素的两条多肽链 A 和 B 的完整氨基酸序列的测定。在此之前，人们普遍认为蛋白质在某种程度上是无定形的，Sanger 首次证明了蛋白质具有确定的化学组成。他改进了前人测定羊毛中氨基酸组成的分配色谱法，而采用了一种化学试剂，即 1-氟-2,4-二硝基苯（又名 Sanger 试剂、氟二硝基苯、FDNB 或 DNFB 等），Sanger 试剂可有效地标记多肽链的 N 端氨基。然后，他用盐酸或胰蛋白酶等将胰岛素部分水解成短肽。混合在一起的短肽在一张滤纸上进行二维层析，一个维度是电泳，另一个维度是与之垂直的色谱法。用茚三酮检测到的胰岛素的不同肽段在滤纸上的层析位置，形成一种独特的模式，Sanger 称之为"指纹"。N 端的肽可以通过 FDNB 标记产生的黄颜色予以确认，通过彻底的酸水解，来确认末端氨基酸的种类。通过重复这样的步骤，Sanger 能够确定部分水解产生的一些多肽的氨基酸序列，然后将它们组装成更长的序列以推导出胰岛素的完整结构。Sanger 的主要结论是胰岛素的两条多肽链具有精确的氨基酸序列，推而广之，每种蛋白质都有其独特的氨基酸序列。由于 Sanger 的成就，1958 年他被授予诺贝尔化学奖，这是他第一次获得诺贝尔奖。Sanger 蛋白质测序的方法，使 Crick 受到了启发，后来系统地提出了 DNA 编码蛋白质理论。

从 20 世纪 50 年代初期开始，Sanger 就着手 RNA 测序工作，并开发用于分离由特定核酸酶生成的核糖核苷酸片段的方法。然而，这项工作的主要挑战是很难找到一段纯 RNA 来进行测序实验。他与合作者于 1964 年找到了甲酰甲硫氨酸 tRNA，发现其可以在细菌中启动蛋白质的合成。当时，康奈尔大学的 Robert Holley 研究小组对 tRNA 分子进行测序的工作领先于 Sanger 团队，在这场竞赛中 Sanger 团队输给了 Robert Holley 研究小组，Holley 等在 1965 年成功地完成了酿酒酵母丙氨酸 tRNA 的 77 个碱基序列的测定。但是到 1967 年，Sanger 小组后来者居上，测定了具有 120 个碱基的大肠杆菌 5S 核糖体 RNA 的碱基序列。Sanger 随后转向 DNA 测序技术的研发，他着手测定大肠杆菌编码 DNA 聚合酶 I 的碱基序列。1975 年，他发表了称为"加减"技术的应用放射性物质标记核苷酸的 DNA 聚合酶测序方法，首先生成具有确定 3′ 端的短寡核苷酸，通过聚丙烯酰胺凝胶电泳（PAGE）加以分离，并使用放射自显影剂进行可视化。尽管仍旧是一种较为费

时费力的方法，Sanger等的DNA测序方法一次最多可以测定80个碱基序列，比之前的方法有了很大的改进（图1-5）。他的团队成功地测出了单链噬菌体ΦX174的5386个碱基中的大部分序列。目前，基因组测序技术的发展已经进化到了第三代，回顾第一个测定的物种基因组，当属Sanger小组测定的ΦX174单链噬菌体的基因组。令他们惊讶的是，当时他们发现这种病毒的一些基因的编码区域彼此高度重叠。1977年，Sanger团队发表了用于DNA测序的双脱氧链终止法，也称为"Sanger法"。这是生物技术领域的一项重大突破，利用这种测序方法，研究者可以快速准确地对长片段DNA进行测序。由于这项划时代的突破，Sanger于1980年获得了他职业生涯的第二个诺贝尔化学奖。Sanger团队使用这种新方法对人类线粒体DNA（16 569个碱基对）和λ噬菌体（48 502个碱基对）成功地进行了测序。双脱氧链终止法最终作为第一代测序技术用于人类基因组计划的测序工作，极大地推动了当代生物技术的迅速发展。

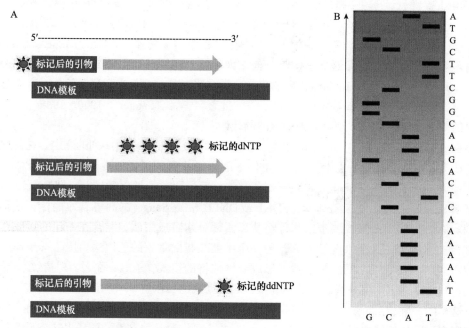

图1-5 Sanger的双脱氧链终止法DNA测序示意图 A. 核苷酸在某一固定的点开始，随机在某一个特定的碱基处终止，在每个碱基后面进行荧光标记；B. 以A、T、C、G结束的四组不同长度的一系列核苷酸，在尿素变性的PAGE胶上电泳进行检测，从而获得可见DNA碱基序列。

1.2.3 限制性内切酶的发现与应用

限制性内切酶是指能识别特定的DNA碱基序列位点，在这样的碱基序列内部将其切开的酶（Roberts，1976）。限制性内切酶这一术语起源于有关λ噬菌体宿主对噬菌体的限制与调控机制的研究。20世纪50年代初期，在S. Luria、J. Weigle和G. Bertani等研究小组开展的研究工作中发现了限制性内切的现象，发现对于可以在一种大肠杆菌菌株（如C大肠杆菌）中良好生长的λ噬菌体，在另一种菌株（如K大肠杆菌）中生长时，其产量会显著下降，下降幅度高达3～5个数量级。这里的K大肠杆菌被称为宿主细胞，它们似乎具有降低λ噬菌体生物活性的能力。也就是说，如果某一种噬菌体适合在某种宿主菌株中生长，那么该噬菌体在其他菌株中的生长能力会受到极大的限制。在60年代初，W. Arber和M. Meselson等的研究工作表明，这样的限制是由噬菌体的DNA遭受到酶切所致，这类酶被称为限制性内切酶。Arber和Meselson所研究的限制性内切酶是Ⅰ型限制性内切酶，该酶可在DNA识别位点上对DNA进行随机切割。到1970年，H. O. Smith、T. Kelly和K. Wilcox等从流感嗜血杆菌中分离到Ⅰ型限制性内切酶*Hind*Ⅲ。这种限制性内切酶在分子生物学实验中具有更加广泛的用途，它们能识别特定的序列位点并对DNA进行切割，成为常用的分子生物学工具。后来，D. Nathans和K. Danna等用限制性内切酶对猿猴病毒40（SV40）DNA进行切割，他们把切割之后的特定片段用聚丙烯酰胺凝胶电泳进行分离，从而开创了用限制性内切酶进行DNA分析的先例。由于Arber、Nathans、Smith等在限制性内切酶的发现和特性鉴定方面的突破性成就，他们于1978年被授予诺贝尔生理学或医学奖。限制性内切酶的发现，使得DNA可以被剪切和操纵，限制性内切酶就像外科医生的手术刀一样，成为分子生物技术不可或缺的工具，引发了DNA重组技术（转基因技术）的大踏步发展。

限制性内切酶很可能是从一个共同的祖先进化而来的，并通过基因的水平转移（horizontal gene transfer）得以广泛传播。越来越多的证据表明，限制性内切酶进化为一种"自私"的遗传因子（selfish genetic element），它们识别特定的核苷酸碱基序列并在DNA中导致双链切割。限制性内切酶对序列的识别一般可以根据碱基数目来进行分类，通常限制性内切酶识别的碱基数目在4~8个，识别序列中的碱基数目决定了该识别位点在基因组中的频率，例如，在理论上4个碱基对识别序列在每4^4（256）个碱基序列中会出现一次、6个碱基对的识别序列在每4^6（4096）个碱基序列中会出现一次。其中很多限制性内切酶的识别序列呈回文状，即碱基序列向后和向前读取是一样的。理论上，DNA中可能存在两种类型的回文序列：第一种回文序列叫作镜像回文，序列在单链DNA上向前和向后读取相同，如GTAATG；第二种回文序列叫作反向重复回文，也是一个向前和向后读效果相同的序列，但在互补链上出现反向的重复回文，如正链上5′端到3′端方向GTATAC，那么负链上3′端至5′端方向的碱基序列是CATATG，与正链正好相反。第二种（反向重复回文序列）比第一种（镜像回文序列）出现的频率更高，并且具有更加重要的生物学意义。

一些限制性内切酶切割之后产生黏性末端（sticky end），如*Eco*RⅠ的识别序列所示：

$$G|AATTC$$
$$CTTAA|G$$

而另有一些限制性内切酶切割之后产生平端（blunt end），如*Sma*Ⅰ的识别序列所示：

$$CCC|GGG$$
$$GGG|CCC$$

每一种限制性内切酶所识别的DNA碱基序列是不同的，因而它们切割之后产生的限制性黏性末端"突出端"的长度、序列和链方向（5′端或3′端）也不同。不同的限制性内切酶有时可以识别和切割相同的碱基位点，这样的酶被称为"同切点酶"（isoschizomer）。

研究发现，自然界存在的限制性内切酶可以根据它们的构成和酶辅因子、靶序列的特性，以及其DNA切割位点相对于靶序列的位置分为5种基本类型，即Ⅰ型、Ⅱ型、Ⅲ型、Ⅳ型、Ⅴ型。Ⅰ型酶在远离识别位点的位置切割，需要ATP和*S*-腺苷-L-甲硫氨酸才能发挥作用，是一种具有限制性消化和甲基化酶活性的多功能蛋白质；Ⅱ型酶在识别位点内或距识别位点特定距离内进行切割，大多数Ⅱ型酶的缓冲液中须有镁离子，它们是单一功能的蛋白质，不依赖甲基化酶的作用；Ⅲ型酶在距离识别位点不远的位点切割，需要ATP，但不水解ATP，*S*-腺苷-L-甲硫氨酸有助于这类限制性内切酶的作用，但*S*-腺苷-L-甲硫氨酸不是必需的，它们作为带有修饰甲基化酶复合物的一部分而存在；Ⅳ型酶专门作用于经甲基化、羟甲基化和葡糖基羟甲基化等修饰之后的DNA序列；V型酶（如来自CRISPR的Cas9-gRNA复合物）利用向导RNA专门针对入侵生物体上的特定非回文序列。这些酶的灵活性和易用性使它们成为基因工程的便利工具（Yuan，1981）。

自20世纪70年代以来，已有包括3500多种II型限制性内切酶在内的很多限制性内切酶被鉴定和分离出来。限制性内切酶的命名一般依据起初发现它存在的细菌的名称，基于细菌属、种和菌株的命名系统。以 *Eco*R I 限制性内切酶的命名为例，*E*代表细菌 *Escherichia* 属名，*co*代表种名 *coli*，R代表菌种RY13，I代表第一次发现。

限制性内切酶被发现之后，它们在许多领域得以应用，其中之一是基因克隆，通过限制性内切酶的剪切，可以方便地将合适的DNA基因片段插入质粒载体的特定位置。为了方便插入，通常将用于基因克隆的质粒修饰成富含限制性内切酶识别序列的多克隆位点（multiple cloning site）。由于基因片段中，通常会包含一些限制性酶切位点，因此在选择限制性内切酶剪切DNA片段时，必须避开基因内部的酶切识别位点，否则，在从载体上切出来的过程中所获得片段将不完整。在克隆基因片段的时候，通常使用相同的限制性内切酶切割质粒DNA和基因插入片段，然后在DNA连接酶的作用下将其黏合在一起。

限制性内切酶也可用于识别DNA中的单核苷酸多态性（single nucleotide polymorphism，SNP）来区分等位基因，原理是等位基因之间的某一个核苷酸差异导致能够或者不能够被某种限制性内切酶切开的差别。通过这种方法，可以避开昂贵的基因测序手段，直接用限制性内切酶对DNA样本进行基因分型处理。具体方法是，首先用限制性内切酶消化DNA片段，然后通过凝胶电泳分离不同大小的DNA片段。一般来说，具有某种限制性内切酶位点的等位基因会在凝胶上产生两条可见的DNA条带，而不具有那种限制性内切酶识别位点的等位基因则不会被切割，因此只产生一条条带。限制性内切酶消化某个基因组，可以产生特定的凝胶电泳条带模式，用于DNA指纹识别。限制性内切酶消化基因组DNA之后，也可以用于DNA印迹（Southern blot）分析，通过这项分析技术，研究者可以确定在基因组中某个基因的拷贝数目。

1.2.4　*Taq* 聚合酶和聚合酶链反应（PCR）

早在20世纪60年代，美国科学家在黄石国家公园的地下温泉中发现了作为聚合酶链反应（polymerase chain reaction，PCR）关键成分的耐热酶（*Taq* 聚合酶）。由于产生这种酶的细菌能够生活于高温环境下，因此其酶具有较好的稳定性和耐热性。K. Kleppe 和 H. G. Khorana 的研究小组于1971年在《分子生物学杂志》上发表的论文首次描述了一种使用"酶促法"以片段DNA为模板在体外复制DNA的方法。然而，这一重要的PCR雏形在早期并未受到太多关注。一般认为，PCR反应是由K. Mullis 在1983年发明的。"Baby Blue"是1986年用于PCR实验的第一台原型机。Mullis在《科学美国人》的文章中回忆道，当时他在琢磨一种分析DNA变化（突变）的新方法时，脑海中突然产生了一种灵感，即可以通过DNA聚合酶的催化循环复制DNA片段，他设想"从DNA的单个分子开始，PCR可以在一个下午产生1000亿个类似的分子，反应应易于执行，最好只需要一根试管，一些简单的试剂和热源"。Mullis和R. K. Saiki、H. A. Erlich 等在1985年联合发表的《β-珠蛋白基因组序列的酶促扩增和镰状细胞贫血诊断的限制性位点分析》论文中对PCR反应的原理和方法做了详细的介绍，由于Mullis发明了PCR，1993年他与M. Smith获得了诺贝尔化学奖。

PCR方法的核心是使用合适的DNA聚合酶，该酶能够承受在每个复制循环后解旋DNA双螺旋结构所需的90℃以上高温。早期用于DNA体外复制的DNA聚合酶均无法承受这样的高温。因此，早期的DNA复制实验非常低效、耗时，在整个过程中需要补充大量的DNA聚合酶。1976年发现的*Taq*聚合酶是一种从嗜热细菌*Thermus aquaticus*中纯化出来的DNA聚合酶，这种嗜热细菌生活在类似于温泉50～80℃的自然环境中。从嗜热细菌中分离到的DNA聚合酶在高温下稳定，在DNA变性后仍能保持活性，因此不需要在每个循环后补充新的DNA聚合酶，使得基于自动化热循环仪的DNA扩增过程成为可能。*Taq*酶一经发现，显著地提高了DNA分子的复制效率（Porta and Enners，2012）。

PCR反应用于扩增DNA链的特定区域（靶标），大多数PCR反应扩增0.1～10kb大小的DNA片段，有些技术允许扩增长度达40kb的DNA片段。设置基本的PCR反应通常需要以下几个要点：①包含目标扩增区域的DNA模板；②耐热、高效率的DNA聚合酶，如*Taq*聚合酶；③一对DNA引物（primer），即DNA聚合酶可以结合并延伸的起始位置序列；④脱氧核苷三磷酸（dNTP），也就是用于DNA链延伸的基本单位；⑤使DNA聚合酶产生最佳聚合作用活性的缓冲溶液，通常包括镁离子或锰离子，以及钾离子等单价阳离子。PCR反应能够在插入热循环仪体积在0.2～0.5mL导热性能良好的薄壁塑料试管中进行，反应体积一般设置在10～200μL。大多数热循环仪都有加热盖，以防止反应管顶部出现冷凝。早期没有加热盖的旧式热循环仪需要在反应混合物顶部涂一层油或在管内放一个蜡球。

一般情况下，PCR反应过程包括20～40次温度变化循环，每个热循环通常由2～3个独立的温度阶段组成。热循环开始之前，通常是非常高的温度（如94℃），热循环结束之后，设置一段时间的保温，以最大化扩增产量或进行PCR产物的短暂储存。在每个循环中使用的温度和时间取决于各种参数，这些参数包括DNA聚合酶的种类与活性、缓冲液中二价离子和dNTP的浓度、引物的解链温度（T_m）等。大多数PCR反应的热循环步骤如下：①变性，此步骤用20～30s将反应室加热至94～98℃，以破坏互补链碱基之间的氢键，产生两条单链DNA分子。②退火，设置20～40s将反应温度降低至50～65℃，使引物与每个单链DNA模板结合。为退火确定适当的温度至关重要，退火温度直接影响PCR反应的效率和特异性，该温度必须足够低以允许引物与DNA链杂交，但又需要足够高以使杂交具有特异性。③延伸，这一步的温度取决于所用的DNA聚合酶的类型，*Taq*聚合酶的热稳定性最佳，活性温度为75～80℃，延伸温度设置为68～72℃，在此步骤中，DNA聚合酶通过在反应混合物中添加单个dNTP来合成与DNA模板链互补的新链，该dNTP在5′→3′方向与模板链互补，缩合5′-磷酸基团在伸长的DNA链末端带有3′-羟基的dNTP（图1-6）。延伸所需的时间取决于所用的DNA聚合酶和要扩增的DNA目标区域的长度。在最佳温度下，大多数DNA聚合酶每分钟聚合1kb碱基。在最佳条件下，在每个延伸步骤中，DNA目标序列增殖，数量加倍。随着每个连续循环，原始模板链加上所有新生成的DNA链成为下一轮延伸的模板链，导致特定DNA目标区域呈几何指数扩增。

PCR技术极大地推动了分子生物技术的发展，PCR仪是目前任何植物生物技术实验室都配备的最基本的设备。PCR技术最基本的应用是通过选择性扩增，从基因组DNA中分离获得特定区域的DNA片段，视扩增出来的DNA片段的大小分别插入质粒、噬菌体、黏粒或其他生物载体中。一些分子生物学的研究手段，如Southern或Northern杂交，都可以通过PCR来扩增杂交所需要的探针，在PCR反应制作分子杂交探针的过程中，还可以将特殊的化学荧光染色引入探针中，方便后续杂交信号的检测。PCR的其他一些应用包括DNA片段的测序、通过基因指纹识别来鉴定动植物的亲缘关系等（Saiki et al.，1985；1988）。

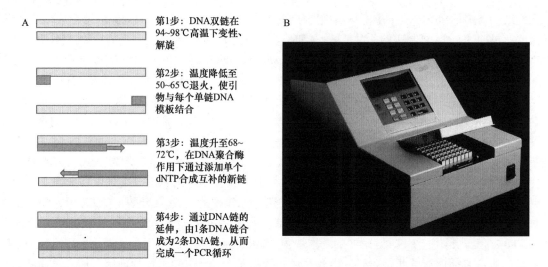

第1步：DNA双链在94~98℃高温下变性、解旋

第2步：温度降低至50~65℃退火，使引物与每个单链DNA模板结合

第3步：温度升至68~72℃，在DNA聚合酶作用下通过添加单个dNTP合成互补的新链

第4步：通过DNA链的延伸，由1条DNA链合成为2条DNA链，从而完成一个PCR循环

图1-6　PCR反应示意图　A. PCR反应包括变性、退火、延伸阶段的一个循环；B. 1986年问世的名为"Baby Blue"的PCR仪雏形。

1.2.5　miRNA的发现及其意义

microRNA（缩写为miRNA）是一种在植物、动物和一部分病毒中发现的单链非编码小RNA分子，包含约22个核苷酸，它们在转录后干涉沉默RNA和调控基因表达的过程中发挥着重要作用。miRNA通过与mRNA分子的互补序列碱基配对发挥作用，通过以下一个或多个过程沉默有关基因：①将mRNA链切割成两个部分；②缩短polyA尾巴使得mRNA不稳定；③降低核糖体把mRNA翻译成蛋白质的效率。miRNA类似于RNA干扰通路上的小分子siRNA，不同之处在于miRNA源自RNA转录区域，是这些区域自身折叠而形成的短发夹结构，而siRNA源自更长的双链RNA区域。人类基因组编码超过2300种miRNA。miRNA在许多哺乳动物细胞中含量丰富，此外，作为细胞外循环的miRNA被释放到包括血液和脑脊液在内的体液中，可以成为许多疾病的生物标志物。miRNA能针对人类和其他哺乳动物60%的基因发挥作用。许多miRNA在进化上是保守的，因此，它们具有重要的生物学功能。例如，哺乳动物和鱼类有90个miRNA家族是保守的，在小鼠中，通过敲除一个或多个上述基因，了解到这些保守的miRNA中的大多数都具有重要的生物学功能（Bartel，2018）。

第一个miRNA分子是在20世纪90年代初期由Ambros领导的团队发现的，Ruvkun团队同时期发表的工作对miRNA的作用模式进行了诠释和补充。两个研究小组背靠背地发表了关于*lin-4*基因的论文，通过抑制*lin-14*基因来控制线虫幼虫发育的时间。当Ambros团队分离出（*lin-4*）miRNA时，发现这种RNA不是编码蛋白质的mRNA，而是产生短的非编码RNA，其中一个是大约22个核苷酸的小RNA，该miRNA与*lin-14*的mRNA的3′端非翻译区（UTR）中的序列互补，正是这种互补抑制了将*lin-14*的mRNA翻译成LIN-14蛋白。当时，*lin-4* miRNA被认为是线虫仅有的。第二个miRNA分子*let-7* RNA于2000年被发现，它抑制了*lin-4*以促进线虫的后期发育。*let-7* RNA在许多物种中都是保守的，因此，推测*let-7* RNA和其他"瞬时的小分子RNA"在调节动植物发育过程中发挥着独特作用。自从第二个miRNA被发现后，miRNA这一术语才被使用，miRNA才作为一种独特的生命调控物质受到广泛关注。大量研究揭示了miRNA在不同细胞类型和组织中表达的差异，以及它们在动植物生长发育过程中的多重作用（Pasquinelli et al.，2000）。

根据命名法，在通过实验确认某一个miRNA的存在或了解其功能之后，就要赋予一个名称，前缀"miR"后跟一个短线和一个数字，如miR-124很可能是一个在miR-456之前被发现的miRNA。此外，大写的"miR-"是指成熟形式的miRNA，而小写的"mir-"是指pre-miRNA（miRNA的前体）。根据生物基因命名法的惯例，编码基因的miRNA也使用相同的三个字母前缀命名。例如，在线虫和果蝇中的*mir-1*，与在褐家鼠中的*Mir-1*和人类中的*Mir-25*都是同源基因。除了一两个核苷酸外，具有相似序列的miRNA用额外的小写字母加以注释，如miR-124a与miR-124b一定是两个序列非常近似的miRNA。相同miRNA的miRNA前体如果位于基因组的不同位置上，用短线加数字序号表示。例如，hsa-mir-194-1和hsa-mir-194-2位于不同的基因组区域，但它们都将生产成熟的miRNA，即hsa-miR-194。物种的差异用前三个字母加以标识，如hsa-miR-124代表人类（智人）的miR-124，而oar-miR-124是绵羊（*Ovis aries*）的miR-124。其他常见的前缀包括"v"代表病毒（由病毒基因组编码的miRNA）和"d"代表果蝇miRNA。当两个microRNA来自相同pre-miRNA的相反臂并且数量大致相似时，会用-3p或-5p后缀加以表示。过去，这种差别是用"s"（有意）和"as"（反义）来区分的。然而，发夹一个臂的microRNA通常比另一臂发现的数量要多，在这种情况下，名称后面的星号表示从另一臂发现的miRNA水平较低。例如，miR-124和miR-124*共享一个pre-miRNA发夹结构，但是miR-124表示细胞中存在的比较多的一种（Wright and Bruford，2011）。

植物miRNA通常与其mRNA靶标有着近乎完美的配对，通过对靶标转录物的切割抑制靶标基因的表达。动物的miRNA能够在5′端使用6~8个核苷酸（种子区域）来识别其目标mRNA，这不足以通过与靶标mRNA配对以诱导其裂解。组合调控是动物miRNA调控的一个特征。一个特定的miRNA可能有数百个不同的mRNA靶标，而一个靶标mRNA也可能受到多个miRNA的调控，对miRNA能够抑制靶标mRNA的平均数量的估计因估计方法的不同而没有定论。多项研究表明，哺乳动物miRNA有许多独特的靶标。例如，对脊椎动物高度保守的miRNA的分析表明，平均每个miRNA有大约400个保守靶标mRNA。实验还表明，单个miRNA可以降低数百种mRNA的稳定性，单个miRNA可能会抑制数百种蛋白质的产生，但这种抑制通常相对温和，一般来说下调表达的倍数低于2（Krek et al.，2005）。

植物和动物miRNA的生物合成存在明显的区别，主要区别在于核内加工和输出步骤。植物miRNA由名为Dicer-like1（DCL1）的*Dicer*同源基因执行切割，而不是被两种不同的酶切割。*DCL1*仅在植物细胞的细胞核中表达，因此对miRNA的切割在细胞核内进行。在植物miRNA:miRNA*双链体被转运出细胞核之前，其3′突出端被RNA甲基转移酶Hua-Enhancer1（HEN1）甲基化。随后，双链体被运输蛋白Hasty（HST）从细胞核转运到细胞质，并在那里进一步分解、整合。miRNA在动植物中高度保守，是古老的基因进化调控机制的重要组成部分。虽然miRNA通路的核心部分在动植物之间是保守的，但动植物两界miRNA库包含着大量不同作用模式的miRNA。miRNA进化速度明显较低，因此可作为系统发育标记。从RNAi的作用来看，其最初是用于防御外源遗传物质（如病毒）的，在进化过程中，多种形态慢慢出现，使基因表达更加具有特异性和可调节性，形态变异的集中发生通常与miRNA的高积累水平有关。在进化过程中，miRNA可以源自随机形成发夹结构的DNA"非编码"部分（内含子或基因间区域），也可以源自已有的miRNA的复制和修饰，还可以从编码序列的反向复制中形成，形成折回发夹结构。最新miRNA的进化速度与整个非编码DNA区间的其他位置相当，即进化是通过中性漂移进行的；然而，相对古老的miRNA，它们的变化率要低得多，通常每亿年不到一个碱基变化，表明一旦miRNA获得功能，它就会受到选择。miRNA基因内的各个区域面临不同的进化选择压力，其中对加工和功能至关重要的区域通常获得更高的保护水平，因而相对更加保守。新进化出来的miRNA，通常还没有明显的生物学功能，所以容易丢失。在拟南芥中，平均每百万年才产生1.2～3.3个新的miRNA。

1.2.6 基因组组装和基因组图谱的绘制

动植物基因组组装始于20世纪，但是从21世纪初开始，随着测序技术的发展和测序成本的大幅度降低，基因组序列组装、重测序、物种泛基因组图谱的绘制等进入了快速发展时期。序列组装是指对齐、合并较长DNA序列片段以重建原始序列。DNA测序技术不能一次性读取整个基因组，而是一次读取20～30 000碱基片段（因不同测序技术而不同）。最初，测序的片段来自经"鸟枪法"打散的基因组片段或表达序列标签（expressed sequence tag，EST）。基因组的序列组装可以比作多本被撕碎的书本的粘拼，通过查看碎纸片将书的文本重新拼凑在一起。这项工作的难度一方面取决于碎片细碎的程度，即碎片越多越难拼装；另一方面原件可能有很多重复的段落，此外，一些碎片在碎片化过程中可能会被撕裂成错别字，有些碎片可能完全无法通过上下文加以定位。

而重测序的前提是该物种已有拼装好的物种参考序列，在此基础上，对物种不同个体进行基因组测序，以对个体或群体进行差异性分析。通过序列比对，可以找到大量的单核苷酸多态性（SNP）位点、插入/缺失（insertion/deletion，InDel）突变位点、结构变异（structure variation，SV）位点，如有无变异（presence and absence variation，PAV）位点、拷贝数变异（copy number variation，CNV）位点等，图1-7为991份甘蓝型油菜不同遗传材料（品种、品系等）重测序结果。

泛基因组（pangenome或supragenome）是来自一个物种（或者进化枝内相关物种）的整套基因。它是一个物种（或进化枝）所有基因组的联合。泛基因组可以分解为包含存在于所有个体中的基因的"核心泛基因组"（core pangenome）、包含存在于两个或多个品种中的"壳泛基因组"（shell pangenome），以及仅在一个个体中发现的"云泛基因组"（cloud pangenome）。一些作者还将云泛基因组称为"附属基因组"（accessory genome），其中包含某些个体基因组中存在的"可有可无的"基因。"可有可无"一词曾受到质疑，因为至少植物基因组的附属基因在基因组进化及基因组与环境之间复杂的相互作用中发挥着可能尚未了解的作用。

21世纪初，第一个植物基因组，即模式植物拟南芥（*Arabidopsis thaliana*）的基因组顺利完成拼装。随后几年，水稻、玉米、番茄、白菜、油菜、棉花、大麦等农作物的基因组、（部分）泛基因组也相继发表。

拟南芥的基因组相对较小，是植物界基因组最小物种之一，且是二倍体，全基因组一共有5条染色体，大约157Mb，长期以来，人们一直认为它拥有所有开花植物中最小的基因组，但现在认为最小的被子植物基因组当属螺旋狸藻属（*Genlisea*）的物种，如球茎齿盘茳苔（*Genlisea tuberosa*）的基因组只有61Mb。拟南芥基因组是第一个被测序的植物基因组，于2000年完成测序，拟南芥基因组信息可以从拟南芥生物信息资源数据库（The *Arabidopsis* Information Resource，TAIR）获得。拟南芥的基因组大约有27 600个编码蛋白质的基因和大约6500个非编码基因。在27 600个编码蛋白质的基因中，25 402个（92.0%）被注释为"有意义的"蛋白质，尽管这些"有意义的"蛋白质中相当大的一部分知之甚少，一般仅以如"未知特异性地与DNA结合的蛋白质"加以注释。

水稻是重要的粮食作物，是全世界半数人口赖以生存的主粮，水稻也是研究单子叶植物的

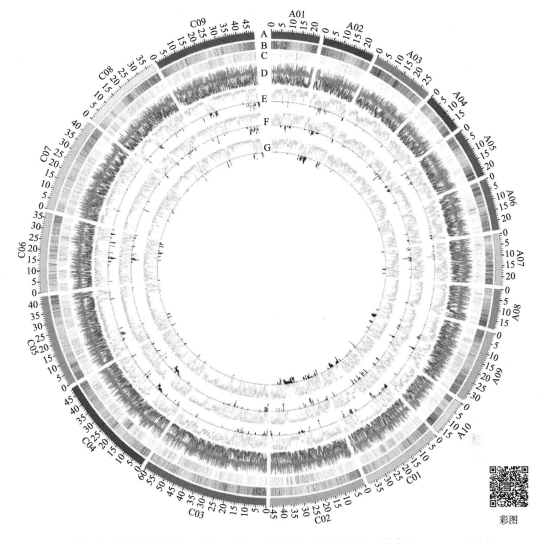

图1-7　991份甘蓝型油菜不同遗传材料（品种、品系等）重测序结果（引自Wu et al., 2019）　A. 19条染色体的大小；B. 热图示不同的染色体区域SNP的密度；C. 染色体每10kb强连锁与弱连锁区间的分布；D. 冬油菜、半冬性油菜、春油菜之间遗传多态性（π值）的比较；E. 春油菜相对冬油菜选择性清除分析F_{st}值的散点分布；F. 半冬性油菜相对冬油菜选择性清除分析F_{st}值的散点分布；G. 半冬性油菜相对春油菜选择性清除分析F_{st}值的散点分布。

模式植物。水稻基因组约为人类基因组的1/7，约430Mb，共12条染色体。我国科学家对水稻基因组研究工作做出举世瞩目的贡献。2001年10月12日，中国科学院、科技部和国家计划委员会联合宣布，中国率先完成水稻（'籼稻93-11'）基因组工作框架图的绘制，并公布了数据库。中国数据库的无偿使用，得到了国内外专家的一致好评。2002年4月5日，国际权威的《科学》杂志以14页的篇幅发表了"水稻（籼稻）基因组的工作框架序列图"，论文所公布的水稻基因组"精细图"是第一张农作物的全基因组精细图，对基因预测、基因功能鉴定的准确性以及基因表达、遗传育种等研究贡献巨大（Yu et al., 2002）。

　　粳稻的测序工作在由日本科学家主导发起的"国际水稻基因组测序计划"（IRGSP）框架内

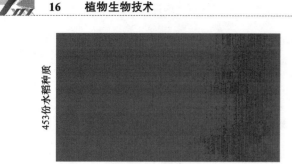

453份水稻种质

23 876个基因家族

图1-8　水稻种质基因组基因存在和缺失变异（引自Wang et al.，2018）左边的点构成的色块代表某一个水稻种质材料中存在（presence）的基因，右边的点构成的色块代表某个水稻种质材料中不存在（absence）的基因。纵坐标共453个等份，代表453个种质材料，横坐标23 876个等份，代表23 876个基因家族。大多数基因存在于所有453份种质材料中，而某些基因只存在于某些种质材料中。

完成，选取日本主要栽培品种‘日本晴’为测序材料。随后，美国Mensanto公司和瑞士Syngenta公司相继加入了对‘日本晴’的基因组测序研究工作（Goff et al.，2002）。中国科学家在水稻基因组研究方面一直处于国际领先地位，中国农业科学院黎志康团队通过对3010份水稻种质材料的深度重测序，展现了在所有水稻基因组中都存在的核心基因，以及只有在部分水稻种质材料中存在的特殊基因（图1-8）。他们提出了亚洲栽培水稻起源的新观点，并终于将90年前由日本学者对"籼""粳"稻分别命名的 *indica*（*Oryza sativa* L. subsp. *indica* Kato）和 *japonica*（*Oryza sativa* L. subsp. *japonica* Kato）恢复为"籼"（*Oryza sativa* subsp. *xian*）、"粳"（*Oryza sativa* subsp. *geng*）亚种的正确命名，使中国源远流长的稻作文化得到正确认识和传承（Wang et al.，2018）。

重要作物的基因组研究工作在这里不一一枚举，可以参考由科学出版社出版的樊龙江教授主编的《植物基因组学》一书（樊龙江，2020）。

1.3　植物生物技术与作物育种

从比较广义的概念来说，上一节提到各项生物技术在植物上的应用，都可以称为植物生物技术。从狭义上来说，植物生物技术是指运用植物组织培养、诱变、体细胞融合、多倍化、转基因、基因编辑等生物技术实现对作物品质、产量、抗虫、抗病、抗除草剂、抗（耐）非生物逆境胁迫等性状的遗传改良。

1.3.1　植物组织培养

植物组织培养简称组培，是指在无菌条件下在包含已知营养成分的培养基上维持或促进植物细胞生长、组织或器官发育的一门综合技术。组培技术基于某些植物细胞具有再生整株植物的能力（细胞全能性）这一基本原理。单细胞、没有细胞壁的植物细胞（原生质体）、叶子、茎或根的碎片通常可以在含有必需营养成分和植物激素的培养基上生长成一株新的植株（陈世昌，2020）。

组培被广泛用于植物的无性克隆及微繁殖生产。与传统方法相比，组培的优势在于：第一，可产生具有理想性状的、遗传上保持完全一致的植物再生体；第二，可加快植物生长的世代周期；第三，可在没有种子或传粉媒介条件下产生植物的后代；第四，可在经过基因改造的植物细胞的基础上，再生完整的植株；第五，可提高一些物种（如兰花）种子发芽并成苗的成功率；第六，可使植物在免于病毒和其他病原菌的侵害的无菌容器中生长，作为"清洁的无菌母体"用于再繁殖。

用于组培的植物组织在无菌的通风柜中制备，然后，植物组织被置于培养皿或烧瓶等无菌容器，在温度和光照强度受到严格控制的生长室中生长。由于用于组培的植物材料（外植体）通常来自其表面（有时是内部）被微生物自然污染的活体植株，因此，它们在被置于无菌的器皿中之前，需要用乙醇和次氯酸钠（或次氯酸钙）进行表面消毒。通常将无菌外植体置于固体培养基的表面，但有时，特别是当需要细胞悬浮培养时，将无菌外植体置于无菌液体培养基中。固体和液体培养基一般由无机盐和少量有机营养素、维生素和植物激素组成。固体培养基是由液体培养基中加入胶凝剂（通常是纯化的琼脂粉）而制备的。培养基的成分，特别是植物激素和硝酸盐、铵盐或氨基酸等氮源对外植体生长的初始形态有较大的影响。例如，过量的生长素通常会导致根的增殖，而过量的细胞分裂素可能会促进芽的产生。随着培养基中组织的生长，通常会切下碎片并在新培养基上继代培养，以改变培养物的形态。组培过程中，经验对于判断培养哪些碎片和丢弃哪些碎片很重要。不同器官和外植体再生潜能的差异源于多种因素，其中包括细胞分裂周期中的阶段、内源性生长调节剂的浓度或运输能力、细胞代谢能力的差异等。最常用的组织外植体是植物的分生组织末端，如茎尖、腋芽尖和根尖（图1-9）。这些组织的细胞分裂率很高，内含丰富的生长素和细胞分裂素等生长调节物质。组培过程中的再生效率通常是一个数量性状，在植物物种之间和植物物种内的亚种、品种、栽培品种或生态型之间存在明显的差异。植物组织培养再生的三种常见途径是从芽或节分生组织、器官和非合子胚胎再生。

图1-9 以组培形式保存在美国遗传资源保护国家中心的各类物种营养体材料

在农业生产上，植物组织培养可以应用于多个方面，如使用分生组织和枝条培养来生产商业用途的盆栽、景观和观赏花卉；稀有或濒临灭绝的植物物种的保存和维护；育种上某种特征细胞（如除草剂抗性/耐受性）的筛选；在生物反应器液体培养中植物细胞的大规模生长；植物次生代谢物和用作生物药物的重组蛋白等一些有价值化合物的生产；通过原生质体融合和新杂种的再生来实现远缘物种杂交；植物生理、生化和繁殖机制的分子基础，如抗逆植物的体外选择等的研究；通过组培来实现远缘杂交胚胎的存活，即所谓的胚拯救；通过秋水仙碱或安磺灵等染色体加倍处理来诱导多倍体植株的产生；通过转化组织对基因构建体效果的短期测试或再生转基因植株；某些技术（如分生组织尖端培养）可用于从带病毒的甘蔗、马铃薯等植株中再生洁净的（无病源的）植物材料；生产遗传背景完全相同的不育株；通过体细胞培养大规模生产人工种子。

1.3.2 植物诱变育种与TILLING技术

1. 植物诱变技术

诱变育种（mutation breeding）是指利用物理、化学等因素，诱发生物体产生突变，在变异群体中选择符合人们某种需求的个体，进而培育成新品种的技术。

辐射诱变是较常用的物理诱变方法，即用α射线、β射线、γ射线、X射线、快中子等高能粒子、紫外辐射、微波辐射等物理因素来诱发生物体的遗传变异。当辐射将能量传递到生物体时，生物体各种分子便被电离和激发，因而产生许多化学性质活跃的自由原子或基团，当这些自由原子或基团与其周围大分子核酸和蛋白质发生互作反应时，会引起这些大分子结构上的改变，继而又对细胞内DNA合成的中止、酶活性的改变等生化过程产生影响，甚至引起染色体的不可逆损伤。由于染色体裂变和重组产生的变异，或DNA分子片段中碱基的变异造成的基因突变，那些带有基因突变的细胞，经过世代交替将发生变异的遗传物质传至性细胞或无性繁殖器官，产生可以遗传的变异。诱变处理的材料一般选用综合性状优良而只有个别缺点的品种，由于受诱变处理的材料遗传背景（如植物不同科、属、种及品种）对辐射处理具有不同的敏感性，因此在诱变后代中出现有益突变的频率也不一样。一般而言，十字花科植物对辐射的敏感性小于禾本科作物，而禾本科作物（如水稻、大麦等）对辐射的敏感性又小于豆科作物。此外，植物对辐射处理的敏感性还与基因组倍数、发育阶段、生理状态和接受辐射的组织或器官等直接相关，二倍体植物对辐射的敏感性大于多倍体植物，大粒种子对辐射的敏感性大于小粒种子，幼龄植株对辐射的敏感性大于老龄植株，萌动种子对辐射的敏感性大于休眠种子，性细胞对辐射的敏感性大于体细胞。根据不同作物、品种对辐射诱变的敏感性和辐射处理的种类，选择适宜的诱变剂量是诱变育种取得成功的关键（孔令让，2019）。

化学诱变也是能引起生物体遗传变异的有效方法。化学诱变除能诱发点突变和以小片段DNA丢失的形式引起基因突变外，也具有和辐射类似的，如染色体断裂等诱变效应。第一类常用的化学诱变剂是烷化剂，这类物质含有1个或多个活跃的烷基，能转移到电子密度较高的分子中去，因其能置换其他分子中的氢原子而使碱基发生改变，比较常用的烷化剂有甲基磺酸乙酯（EMS）、乙烯亚胺（EI）、亚硝基乙基脲烷（NEU）、亚硝基甲基脲烷（NMU）、硫酸二乙酯（DES）等；第二类是与DNA碱基类似的核酸碱基化合物，如5-溴尿嘧啶（BU）、5-溴-2-脱氧尿苷（BudR）等，当这类诱变物质掺入DNA后，可使DNA复制发生配对错误；第三类诱变剂是重氮丝氨酸、丝裂毒素C等抗生素，具有破坏DNA、造成染色体断裂的能力。以上化学诱变剂一般用于植物种子的诱变处理，直接用于植株的处理比较少。在处理种子时，先在水中将种子浸泡一段时间，然后再将种子浸泡在适当浓度的诱变剂溶液中进行处理，处理之后，种子经水洗后播种。

除了上述物理和化学诱变方法外，其他诱变处理的方法包括限制性酶处理致变（Mackelprang and Lemaux，2020）、航天处理致变、离子束处理致变（Tanaka and Hase，2009）等。

目前通过物理、化学等方法诱变处理而育成的农作物品种数量最多的国家依次为中国（25.2%）、日本（15.0%）、印度（11.5%）、俄罗斯（6.7%）、荷兰（5.5%）、德国（5.3%）、美国（4.3%）、保加利亚（2.4%）、越南（1.7%）、孟加拉国（1.4%）。

2. TILLING技术（详见7.2）

TILLING（targeting induced local lesions in genomes）技术，中文名称是靶向基因组中诱导的局部损伤技术，是在化学诱变的基础上发展的一种直接识别目的基因中碱基变化的基因鉴定技术。TILLING技术最早于20世纪末在模式植物拟南芥中被应用，Comai等分子生物学家逐步将该方法扩展到斑马鱼、玉米、小麦、水稻、大豆、番茄、油菜和生菜等动植物上，作为一种反向遗传学研究方法，这种技术在鉴定生物体基因功能方面发挥着重要的作用。

所谓TILLING，是通过高通量、低成本的手段来检测因化学诱变而引起的序列多态性，这种多态性绝大多数由单个碱基的错配而造成，这种错配的产生是因为基因组受到EMS诱变剂处理后，一些位点的鸟嘌呤（G）被烷基化，从而不是正常地与胞嘧啶（C）相配，而是与胸腺嘧啶（T）相错配。有错配位点的序列经PCR扩增后，可以进一步被一种特殊的内切酶（CEL1）

切开，并用荧光技术（或其他技术）来加以识别（图1-10）。

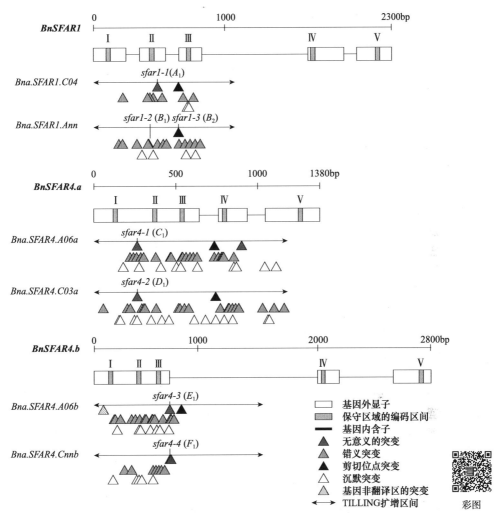

图1-10 在欧洲油菜（*Brassica napus*）EMS诱变后的M₃群体中进行种子油脂削减基因（*BnSFAR*）的TILLING分析（引自Karunarathna et al.，2020） 图中显示的突变都经Sanger测序验证。Ⅰ～Ⅴ显示*SFAR*基因的GDSL保守区域。

不同于TILLING技术用来检测基因组因EMS诱变而产生的多态性，EcoTILLING（生态型TILLING）则是识别检测未经诱变处理的物种遗传群体中天然存在的诸如小的插入片段、SNP、微卫星重复次数等序列多态性，以及这种多态性与性状表现的关联。

DEcoTILLING是TILLING和EcoTILLING技术的改进版，它使用一种更加低成本的方法来识别突变片段。自从新一代测序技术（NGS测序技术）出现以来，Illumina测序仪从多个模板中扩增目的基因，以识别可能的单核苷酸变化，即所谓的TILLING-by-sequencing。

TILLING技术的优势在于，该技术几乎适用于所有的农作物品种，不必借助于转基因技术，也没有转基因而引发的食品安全问题，高通量、高效率，应用标准TILLING分析方法，一次（跑胶或过柱子）可以检测75万个碱基对（以DNA片段平均长度1kb窗口计算），一个工作日可以检测200万个碱基对（或2300个样品）；TILLING除了用于基因功能分析外，所测得的多态性还可以用来构建高密度的遗传图谱；此外，TILLING/EcoTILLING技术可以用于全面、客观分析某个物种内部基因的遗传变异（genetic variation）程度（Comai et al., 2004；Tsai et al., 2011）。

目前，国际上有一些TILLING中心，这些中心的TILLING对象物种各有侧重，列举如下。

水稻——美国加利福尼亚大学戴维斯分校（UC Davis，USA）。

玉米——美国农业部USDA、美国普渡大学（Purdue University，USA）。

甘蓝型油菜——加拿大不列颠哥伦比亚大学（University of British Columbia，CA）。

白菜型油菜——英国约翰英纳斯中心（John Innes Centre，UK）。

拟南芥——美国加利福尼亚大学戴维斯分校（UC Davis，USA）。

大豆——美国南伊利诺伊大学（Southern Illinois University，USA）。

莲花——英国约翰英纳斯中心（John Innes Centre，UK）。

苜蓿——英国约翰英纳斯中心（John Innes Centre，UK）。

小麦——美国加利福尼亚大学戴维斯分校（UC Davis，USA）。

豌豆——法国农业科学研究院（INRA，FR）。

番茄——法国农业科学研究院（INRA，FR）、印度海得拉巴大学（University of Hyderabad，IN）。

1.3.3　植物体细胞融合技术

体细胞融合也称为原生质体融合，通过将两种物种的体细胞融合在一起，形成兼具两者特征的新杂种，即体细胞杂种。早在1988年，C. Edward团队就在烟草中开展体细胞融合的工作。

体细胞融合过程一般分为四个步骤，第一步，使用纤维素酶去除植物细胞的细胞壁以产生称为原生质体的体细胞；第二步，使用电击（电融合）或化学处理，将细胞核融合在一起，融合在一起的核称为杂核（heterokaryon）；第三步，使用激素诱导细胞壁的形成；第四步，将细胞培养产生愈伤组织，再将其进一步培养成幼苗，最后长成完整的体细胞杂合植株。这四步技术过程适合被子植物的体细胞融合，而苔藓植物原生质体的融合可以用聚乙二醇（PEG）来替代电击。此外，苔藓原生质体不需要在含有植物激素的培养基上再生，它们也不会形成愈伤组织。苔藓原生质体的再生过程，就像苔藓孢子发芽那样。需要注意的是，可以在高pH的条件下添加硝酸钠和钙离子，但是这样的处理是否能提升体细胞融合的成功率因物种而异，并无定论（Rother et al., 1994）。

体细胞融合的技术优势如下。

1）在无法进行有性杂交的植物中（如无性繁殖的植物或不育株），体细胞融合技术是实现不同亲本基因组结合在一起的唯一方法。

2）单倍体、三倍体和非整倍体等不育株，可以通过体细胞融合产生可育的二倍体或其他整倍性可育多倍体。

3）可用于细胞质基因及其功能研究，有助于设计一些特殊目的的育种实践。

目前，体细胞杂种已在同一物种的不同亚种之间（如非开花马铃薯植物和开花马铃薯植物之间）或两个不同物种之间（如小麦和黑麦之间）实现。体细胞融合技术曾成功应用于增强马铃薯对病毒病的抗性：通过体细胞融合，因蚜虫引起的病毒病而使块茎产量严重降低的马铃薯（*Solanum tuberosum*）与不产块茎的野生马铃薯（*Solanum brevidens*）之间融合，产生了具有野生马铃薯抗病特性且包含两个物种的基因组，类似于多倍体的两套基因组的杂种。

其他成功实现体细胞融合的物种包括：燕麦（*Avena sativa*）和玉米（*Zea mays*）之间；青菜（*Brassica chinensis*）和甘蓝（*Brassica oleracea*）之间；兰猪耳（*Torenia fournieri*）和马鞭草（*Verbena officinalis*）之间；甘蓝（*Brassica oleracea*）和油菜（*Brassica campestris*）之间；毛曼陀罗（*Datura innoxia*）和颠茄（*Atropa belladonna*）之间；烟草（*Nicotiana tabacum*）和黏毛烟草（*Nicotiana glutinosa*）之间；毛曼陀罗（*Datura innoxia*）和茄科曼陀罗（*Datura candida*）之间；拟南芥（*Arabidopsis thaliana*）和油菜（*Brassica campestris*）之间；矮牵牛（*Petunia hybrida*）和蚕豆（*Vicia faba*）之间；矮牵牛（*Petunia hybrida*）与凤仙花（*Impatiens neuguinea*）之间（图1-11）。

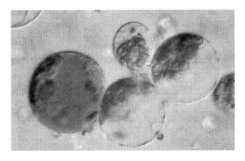

图1-11　矮牵牛的叶片细胞与凤仙花花瓣细胞之间的原生质体融合　边上的色彩示矮牵牛叶片组织的叶绿体，左边圆形中间的色块示凤仙花花瓣细胞的液泡，图片为10倍目镜、10倍物镜下的显微镜视野。

彩图

1.3.4　植物基因组的多倍化与双单倍体（DH）技术

1. 植物基因组的多倍化

多倍体是生物个体细胞具有多于两对（同源）染色体的情况。大多数真核生物是二倍体（$2n$），即它们的细胞具有两组染色体，二倍体植物通过减数分裂产生单倍体配子（卵子和精子），子代的染色体组分别来自父母双亲的遗传。然而，自然界有一些植物物种是多倍体，多倍体在植物界相对比较多见。与动物不同，植物和多细胞藻类的生命周期由两个交替的多细胞世代组成，配子体世代是单倍体，通过减数分裂产生，孢子体世代是二倍体，通过有丝分裂增殖。多倍体的出现有可能是在有丝分裂或减数分裂的中期（Ⅰ期），由于细胞的异常分裂而导致的，如染色体在减数分裂期间未能分离或由多个精子受精而引起。此外，植物细胞的染色体有可能在培养过程中受到一些诸如秋水仙碱等化学物质的诱导，从而导致染色体加倍，使用秋水仙碱也可能产生其他一些不太明显的后果。能使染色体加倍的化学物质还有多种，如氨磺乐灵（Oryzalin）。

许多重要的大田农作物是多倍体，如我国重要的粮食作物小麦（*Triticum aestivum*）就是异源六倍体作物，历史上某一时期，当伊朗西部某地栽培二粒小麦（*Triticum turgidum*）被带到粗山羊草（*Triticum triuncile*）分布地区后，发生了天然杂交，其杂种经染色体自然加倍后产生了普通小麦。按传统的观点，小麦演化的过程是：具AA染色体组的野生一粒小麦与具BB染色体组的拟斯卑尔脱山羊草自然杂交，产生了野生二粒小麦（染色体组AABB）；野生二粒小麦驯化为栽培二粒小麦，再与具DD染色体组的粗山羊草天然杂交，才产生了普通小麦（染色体组AABBDD）。我国长江流域最重要的油料作物之一欧洲油菜（*Brassica napus*）也是典型的异源四倍体，其两个亚基因组分别来自甘蓝（*Brassica olerecea*）和油菜（*Brassica campestris*），欧洲油菜（AABB）大约于7500年前，由甘蓝（CC）和油菜（AA）天然杂交而成，来自油菜的染色体有20条（$n=10$），来自甘蓝的有18条（$n=9$），因此，甘蓝型油菜的染色体是38条。另一个重要的经济作物陆地绵（*Gossypium hirsutum*）（AADD）也是异源多倍体，其是世界最主要的天然纤维来源，具有重要的经济价值。陆地棉的基因组$4x=52$分别来自起源于亚洲大陆的最古老栽培棉种的树棉（*Gossypium arboreum*）（AA，$n=13$）和生长于南美洲秘鲁一带的野生棉种美洲棉（*Gossypium raimondii*）（DD，$n=13$）。

2. 双单倍体（DH）技术

双单倍体（double haploid，DH）是单倍体细胞进行染色体加倍而形成的基因型，DH群体在育种及数量性状定位的基础研究工作中具有重要的作用。花粉、卵细胞或配子体等属于单倍体细胞，这样的细胞可以通过诱导或染色体加倍而形成DH植株。如果原初植物是二倍体，那么其性细胞就是单倍体；如果原初植物是四倍体或六倍体，那么其性细胞是二倍体或三倍体，通过性细胞加倍，获得纯合的四倍体或六倍体DH植株。传统的系谱育种程序需要6代以上才能获得近似纯合体，而通过DH技术只需要一代就可以获得基因型完全纯合的植株。

在DH群体中，一对等位基因 A 和 a 仅出现两种基因型，AA 和 aa 的频率都为50%；而在普通二倍体群体中，则会出现 AA、Aa、aa 三种基因型，三种基因型出现的频率分别为25%、50%、25%。因此，如果 AA 是理想的基因型，那么用DH方法获得后代纯合基因型的概率高于在普通二倍体的杂交后代中获得纯合基因型的概率。假设共有 n 个基因位点是独立遗传的，那么用DH方法获得所需等位基因纯合基因型的概率为 $(1/2)^n$，而从普通二倍体杂交后代中选择，获得所需纯合等位基因位点的概率为 $(1/4)^n$。因此，当需要纯合多个基因位点时，用DH群体的方法效率较高。

Blakelsee等早在1922年就发表了有关曼陀罗（*Datura candida*）单倍体研究的第一篇论文。1964年，Guha和Maheshwari开发了一种花药培养技术，通过这种技术可以在实验室中培养单倍体植株。随后，许多其他物种的单倍体研究也陆续见诸报道，Kasha和Kao等在1970年、Burk等于1979年，分别通过花粉培养产生单倍体。目前已有250个物种可以通过组培技术产生单倍体，其中，烟草、油菜和大麦等物种对通过花粉培养产生单倍体的条件比较苛刻。

DH植株既可以通过广泛杂交，在体内（*in vivo*）以孤雌生殖（子房和花器官培养）、错配（pseudogamy）或染色体消除的方式产生，也可以在体外（*in vitro*）通过雌雄器官（雌核、花药和小孢子培养）拯救、单倍体胚胎的培养、染色体加倍等方式产生。产生单倍体的另一种方法是泛杂交。例如，可以通过大麦与球茎大麦等相关物种的远缘杂交产生单倍体；这样的杂交方式，受精率固然不高，但在杂合胚发育的早期阶段，球茎大麦的染色体会逐渐消失，最后只剩下单倍体的大麦染色体组。又如，将烟草（*Nicotiana tabacum*）与非洲烟草（*Nicotiana africana*）杂交，有0.25%～1.42%的杂合后代可以存活，并且这样的杂合单倍体的染色体是来自双亲还是仅仅来自母本很容易被识别。尽管通过远缘杂交产生单倍体植株的概率很小，但是由于烟草的种子较小，在基数较大的情况下，还是可以获得为数不少的杂合体或单倍体。

在育种及基础研究领域，培养DH株有着多种用途。首先，DH群体可以用于数量性状位点（quantitative trait locus，QTL）的定位。大多数经济性状是由多个基因位点控制的，每一个基因影响很小，但多个基因位点具有累积效应。DH群体的概念在数量遗传学中其实很早就出现了，但是在许多物种中培育DH群体的需求，是在大规模鉴定分子标记技术出现并且成熟以后，由数量性状的QTL图谱定位应用所促进的。由于每一个QTL对性状的调控功效较小，且容易受到环境因素的影响，因此，一般需要通过多年多个环境的重复田间试验，在进行准确表型鉴定分析的前提下，才能得到较有价值的QTL遗传图谱。用DH群体来绘制QTL定位遗传图谱，虽然在单倍体培养、DH群体构建过程中技术要求比较高，但一旦构成了，比较容易繁殖和复制群体，并在较长时间内可以稳定地使用，而有些定位群体，如 F_2 代群体，种子一次繁殖过后数量是有限的（Jaganathan et al.，2020）。DH株的另一个用途是回交育种，在回交过程中，通过多世代的供体亲本和轮回亲本之间的杂交，将供体亲本中的某一个优异基因转育到（一般是较优异的品种）另一个轮回亲本中去。这个过程关键在于在回交后代能够鉴定到携带目标性状的单株，如果调控目标性状的是隐性基因，做这样的鉴定就比较困难。尽管分子标记可以用于鉴定调控目标性状的等位基因，但是找到基因不等于获得目标性状。在回交过程中如果结合 DH 技术，便是一条捷径：通过分子标记找到控制目标性状的等位基因，然后通过单倍体的培养并染色体加倍，直接在 DH 群体中找到具有目标性状的单株，这样回交育种的过程可以大大地被缩短。DH 技术还可以用于集群分离分析（bulked segregant analysis，BSA）法。BSA 法针对某一个性状，选择两个群体，在两个群体中，目标性状表现分别为好（高）或者不好（低）。然后在两个群体中分别测试与目标性状相关联的分子标记存在与否。由于在两个极端群体的选择过程中，是依照目标性状的差别来进行的，因此，基因在两个群体之间的等位多态性，可被假设是造成目标性状差别的原因。BSA 依赖于准确的表型分析，DH 群体具有这方面的优势，它们不但是纯合的株系，而且具有可复制性，这种 BSA 和 DH 相结合的育种技术在油菜和大麦育种中运用较多。

通过花药培养产生单倍体的技术具有一定的经验性和难度，对于亲本的基因型组合具有很高的要求，并不是所有的基因型杂交产生的 F_1 代花药（或花粉）都可以用于 DH 株的培养。此外，杂交之前亲本的养分状态、亲本生长的温度条件，均对单倍体植株培养的成功率具有影响。

1.4　转基因、基因编辑和植物的遗传转化

1.4.1　GMO 和转基因农产品的生产

GMO 是指遗传修饰生物体，而转基因食品（genetically modified food），也称为基因工程食品或生物工程食品，是指使用转基因的方法改变原生物体基因结构而生产的食品。与传统的方法（如杂交育种和诱变育种）相比，基因工程技术的优势在于能够引入全新的性状，或是能够极大地改变原有的性状。转基因食品的商业销售最早始于 1994 年，当时 Calgene 尝试推广通过转基因技术获得的延迟成熟的番茄品种（Bruening and Lyons，2000）。之后，在大多数粮食和经济作物（如大豆、玉米/玉米、油菜和棉花）上，转基因均获得了成功。在作物育种的应用上，经过精心设计，可以培育抵抗病原体和除草剂的转基因品种，或是具有更好营养成分的转基因品种。虽然很早就有人开发转基因动物，但直到 2015 年，第一例名为 AquAdvantage 的转基因三文鱼才被美国食品药品监督管理局（Food and Drug Association，FDA）批准用于生产和销售。绝大多数从事生命科学的研究人员认为，目前获得各国政府生产许可的转基因食品对人类健康构成的风险并不比传统食品大，但每种转基因食品在商业化之前都需要逐个进行安全性测试。尽管如此，无论在中国还是国外，公众对转基因食品的接受程度比生命科学工作者要低得多。转基因食品的法律和监管严苛程度因国家/地区而异，一些国家/地区严格禁止或限制 GMO 农产品，而在另一些国家/地区（如北美和南美）则较为宽松。

事实上，远在公元前 10 500～前 10 100 年，人类就通过对动植物的人工选择、驯化来操纵它们的遗传特性。例如，系谱育种（selective breeding 或 pedigree breeding）就是通过选择把人们渴望获得的动植物性状经繁殖传给下一代，而尽可能把人类不需要的或危害人类的性状排除掉，实际上这是基因改造概念的先驱。20 世纪早期 DNA 的发现，以及 20 世纪后半叶 DNA 化学结构的发现、限制性内切酶、PCR 等技术的进步，使得八九十年代通过改变作物的基因，生产抗病虫、抗除草剂、高产、优质的转基因食品成为可能（Smyth，2020）。

第一例被美国 FDA 于 1988 年批准的 GMO 实际上是转基因微生物酶在食品工业领域的应用。奶酪通常是使用从奶牛胃壁中提取的凝乳酶制成的，转基因凝乳酶显著提高了奶酪的产量和品

质，于20世纪90年代初期在一些国家被批准使用。1994年第一个转基因作物FlavrSavr番茄获准上市，Calgene通过设计反义基因敲除乙烯合成途径上的有关基因的表达，从而有效地阻断了乙烯的合成，延迟番茄的成熟，使番茄在超市中的货架保质期得以延长（Bruening and Lyons，2000）。1993年，我国引进了抗烟草病毒病的转基因烟草；1995年，苏云金芽孢杆菌（*Bt*）马铃薯获批种植，成为美国第一个获批的转基因抗虫粮食作物。其他于1995年获得上市批准的转基因作物包括：抗除草剂油菜、抗虫（*Bt*）玉米、抗虫棉花、抗除草剂溴苯腈的棉花、抗草甘膦大豆、抗病毒的南瓜等。21世纪之初诞生的黄金大米是首次通过转基因来增加食品营养价值（Paine et al.，2005）的转基因水稻品种（图1-12）。到2010年，全世界已有29个国家种植商业化的转基因作物，另有31个国家批准进口转基因农产品。美国是转基因食品生产相对超前的国家，至2011年，美国大约有25种转基因作物品种通过了监管部门的审批；至2015年，美国92%的玉米、94%的大豆和94%的棉花都是转基因品种，转基因作物品种的份额在最近5～6年又有新的提升。转基因技术最广泛的用途是抗除草剂作物品种的培育，抗除草剂作物品种的诞生为作物生产省去了大量用于除草的人力、物力，其中对草甘膦具有抗性的转基因作物的广泛种植，使得草甘膦成为非常经济、实用的除草剂。

图1-12　转基因黄金大米与普通大米的米粒色泽比较　富含维生素A前体胡萝卜素的转基因黄金大米（右）与野生型白色的普通大米（左）。

彩图

1.4.2　基因编辑技术的发现与应用

基因编辑技术（或基因组编辑技术），是最近十年来发展较快的一项生物技术。基因编辑是指在生物体的基因组中插入、删除、修改或替换原来的DNA。与将遗传物质随机插入宿主基因组的转基因技术不同，基因编辑技术在特定的基因组位置对靶标基因进行修饰。基因编辑的一种常见形式是DNA双链断裂（double strand breakage，DSB）后再修复的机制。修复DSB有两种主要途径，即非同源末端连接（non-homologous end joining，NHEJ）和同源定向修复（homology directed repair，HDR）。NHEJ使用多种酶直接连接DNA末端，而HDR使用同源序列作为模板，在断裂点产生DNA片段丢失，因此准确性更高。虽然基于HDR的基因编辑类似于基于同源重组的基因打靶，但重组率至少提高三个数量级。

早在20世纪90年代，在目前常见的基于核酸酶的基因编辑技术（CRISPR/Cas系统）出现之前，基因编辑技术实际上已经起步，初始技术使用锌指核酸酶（ZFN）、转录激活样效应因子核酸酶（TALEN）、归巢核酸内切酶（meganucleases）等核酸酶，编辑效率十分低下。CRISPR是英文clustered regularly interspaced short palindromic repeats（成簇的规则间隔的短回文重复）的缩写，CRISPR/Cas系统是基因编辑技术的一大突破（图1-13）。CRISPR/Cas系统是在原核细菌和古细菌中进化产生的RNA引导的适应性免疫反应，用以抵御诸如病毒、转座子和质粒之类的外来遗传因素的侵害。宿主基因组携带DNA重复序列，被称为CRISPR序列。CRISPR/Cas系统需要一个小的非编码RNA，称为反激活CRISPR RNA（tracrRNA），以与CRISPR RNA（crRNA）杂交，并形成双链RNA，成为引导RNA（gRNA）进行靶标识别。crRNA和tracrRNA可以结合形成单向导RNA（sgRNA）。定制sgRNA并将其递送到宿主细胞中可导致宿主基因组中具有平末端双链断裂（DSB）的靶向DNA切割，然后遵循DNA修复机制，产生插入/缺失（InDel），或通过同源配对原则进行同源定向修复（HDR），从而在目的基因位点上编辑基因组。目前，CRISPR/Cas9介导的基因组编辑已经在水稻、烟草、小麦、大麦、高粱、玉米、茄子、马铃薯、油菜、大豆、莴苣、黄瓜、柑橘、毛白杨、金银花等物种上取得成功，然而CRISPR/Cas9介导的基因组编辑技术大多依赖后续的组织培养技术，而组织培养对于许多物种而言，难度极大（Gao，2020）。

CRISPR/Cas技术相继被*Nature Methods*评选为2011年最具价值的生物技术突破，被*Science*杂志选为2015年度人类重大突破。法国微生物科学家Emmanuelle Charpentier和美国生物学家Jennifer A. Doudna，由于对开发这个技术所做出的贡献，分享了2020年度诺贝尔化学奖。

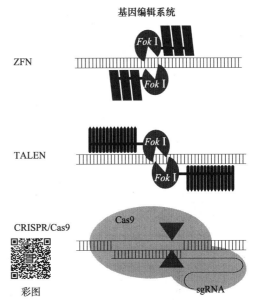

图1-13　**三种基因编辑系统的比较和原理示意图**（引自Voytas and Gao，2014）　早期ZFN基因编辑技术用于锌指蛋白核酸酶ZFN，它通过将一个锌指DNA结合结构域与核酸酶的一个DNA切割结构域融合而产生；TALEN比ZFN编辑效率更高，TALEN通过将一个TALEN效应子DNA结合域与核酸酶的一个DNA切割结构域融合而获得；CRISPR/Cas9系统是一种获得性免疫系统，携带间隔序列的RNA有助于CRISPR相关的Cas蛋白识别并切割DNA，CRISPR/Cas9是目前应用最广泛的基因编辑系统。

1.4.3　植物的遗传转化技术

植物遗传转化是现代科学中的一项重要技术进步，不仅促进人类对植物生理与发育过程的认知，而且开创了作物遗传改良的新纪元。尽管该领域已经经历30多年的技术发展，然而对于许多农作物而言，有效的转化和再生仍然是一个很大的挑战。近年来，植物基因编辑技术在作物育种应用上取得了令人振奋的突破，然而，这一技术的主要瓶颈依旧是有效的遗传转化和再生。

1. 基于农杆菌介导的植物遗传转化技术

植物病原土壤杆菌属根癌农杆菌（*Agrobacterium tumefaciens*）和发根土壤杆菌（*A. rhizogenes*）具备感染宿主植物细胞的能力。感染后，农杆菌病原体会引发DNA片段的单向转移，从而导致转移DNA（transfer DNA，T-DNA）稳定整合到宿主细胞核基因组中。根癌农杆菌含有在宿主植物（冠状区域）上诱导肿瘤的Ti质粒，而发根农杆菌则含有启动毛状根形成的Ri质粒。Ti（pTi）和Ri（pRi）质粒是导致根癌农杆菌和发根农杆菌之间物种差异的主要因素。用根癌农杆菌感染植物是目前植物遗传转化过程中用得比较多的技术，通过感染，T-DNA被复制，并通过一个复杂的过程转移并稳定地整合到植物核基因组中。整个过程涉及多个源自pTi毒力（*Vir*）区域的Vir蛋白的参与（Eckardt，2004）。为了利用根癌农杆菌，研究人员对T-DNA进行了修饰，以携带目的基因代替致癌基因（*onc*），而又不影响DNA传递机制。

2. 基于基因枪质粒轰击介导的植物遗传转化技术

基因枪质粒轰击技术是迫使DNA分子进入植物细胞的物理手段（图1-14）。这是仅次于根癌农杆菌介导的被普遍应用的植物转化方法。与根癌农杆菌介导的植物转化不同，基因枪质粒轰击介导的植物转化不依赖于宿主基因型。然而，基因枪质粒轰击介导的植物转化通常导致多重和混乱的整合。Klein等（1987）建立了第一个成功的基因枪质粒轰击技术系统，这项技术很快在小麦、水稻、洋葱和玉米的遗传转化中得到应用。基因枪质粒轰击可以传递大片段DNA（如细菌人工染色体）。在玉米、大麦和羊茅等多种植物中进行的研究表明，与农杆菌介导的遗传转化相比，基因枪质粒轰击介导的遗传转化导致了频繁发生的混乱整合。但是，在甘蔗中的研究结果恰好相反，即基因枪质粒轰击介导的遗传转化比根癌农杆菌介导的遗传转化效果更好。简而言之，基因枪质粒轰击介导的植物遗传转化被认为是最快速的一种方法。基因枪质粒轰击技术不仅可以将外源DNA传递至植物细胞核的基因组，还可以传递至叶绿体及线粒体等植物细胞器的基因组。

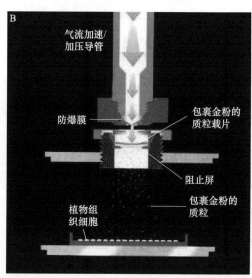

图1-14　用于质粒轰击的基因枪装置　A. BioRad公司出产的基因枪装置的外形；B. 气压腔内的作用原理，在高压气流的作用下，包裹着金粉的质粒DNA（转基因载体）被轰击到具有较强分生能力的植物组织上。

3. 基于生物活性珠（海藻酸钙珠）介导的植物遗传转化技术

该方法将DNA片段固定在海藻酸钙珠上，将含有DNA的珠子与原生质体一起温育，然后进行常规洗涤，培养再生植株。海藻酸钙珠带正电荷，可以与带负电荷的DNA分子和细胞膜发生静电相互作用。将含有氯化钙溶液的DNA滴加到乳化的海藻酸钠溶液中，然后进行混合或超声处理，形成带有DNA片段的海藻酸钙珠，该方法可以固定280kb左右的DNA片段。Sone等（2002）首次报道了海藻酸钙珠在烟草原生质体植物遗传转化中的应用。后来，该方法被用于拟南芥等其他几种模式植物的遗传转化。有学者发现生物活性珠介导的转化导致转基因拷贝数相对较低，在使用100kb以下的DNA片段时，偶尔会出现多拷贝插入和转基因重排的现象。DNA-脂质体复合物技术表明，该方法可以使转化效率提高4倍。还有学者发现，使用均匀的小于3μm的珠子也具有相似的高转化效率。

4. 基于花粉及花粉生长通道介导的植物遗传转化技术

植物组织长时间的体外培养通常会导致体细胞变异。花粉管介导的转化（PTT）是一种特殊的植物转化方法，因为它不需要常规的植物组织培养步骤。花粉管介导的转化技术类似于花蕾浸泡法。但是，它不涉及农杆菌菌液的制备。由于花粉核酸酶对外源DNA的侵入具有降解的作用，花粉管介导技术的可重复性比较差。Bibi等（2013）通过花粉管介导技术对棉花进行了有效的转化，他们将目的DNA片段放置于柱头表面，外源DNA通过花粉管整合到未分裂的新生二倍体合子的基因组中。花粉管介导受各种因素的影响，如植物物种的种类、花的大小、开花的时期及溶液中外源DNA的浓度等。由于细胞分裂会在DNA导入之前发生，因此外源DNA导入偏迟可能会导致嵌合体的形成。据报道，花粉管介导的方法已经运用于一些模型植物和农作物，在不同的作物上，具体的步骤有所优化。Matthews等（1990）对这个方法进行了改进，他们切开子房并将外源DNA直接滴注到胚珠上，该方法有效地提高了转化效率。除了花粉管介导方法之外，人们还尝试对用于受精的花粉本身进行遗传转化，用以卵细胞的受精，并产生转基因种子。Matthews等成功地用电击花粉的方法在花粉中瞬时表达了外源基因。

5. 基于碳化硅丝介导的植物遗传转化技术

Kaeppler等（1990）首次成功展示了基于碳化硅丝（SiC）介导的植物转化（SCWPT）。该方法将细胞悬浮培养物与碳化硅纤维（晶须）混合，后者通过物理途径渗透细胞，导致植物细胞穿孔和磨损，从而使得外源DNA进入。通过碳化硅丝（SiC）介导技术已经成功地转化了一些模式植物和农作物。使用农杆菌的方法转化小麦效率很低，Singh和Chawla（1999）成功地采用碳化硅丝（SiC）介导技术分别提高了对小麦与水稻的转化效率。SCWPT需要复杂的实验步骤来实现从细胞培养物开始的再生植物，因此该方法用于植物转化具有一定的难度与极高的技术要求。有研究者用二氧化硅纳米颗粒成功将DNA转到植物细胞中、利用磁性粒子转化花粉，并培育了转基因植物，或使用碳纳米管将外源DNA导入植物细胞，并将其瞬时表达。然而，纳米粒子介导的遗传转化的机制尚不完全清楚，有人猜测纳米粒子可以使外源DNA免受细胞酶攻击。

6. 基于电穿孔介导的植物遗传转化技术

电穿孔介导的植物遗传转化（EPT）与使用电穿孔转化细菌（如大肠杆菌）的技术相似。Shimamoto等（1989）首次报道了电穿孔介导技术成功地转化了水稻原生质体并获得转基因苗的工作（图1-15）。后来，其他人在大麦中进行了类似的研究。与其他技术类似，电穿孔介导方法从原生质体中再生植物都需要依照复杂的实验步骤。研究者使用电穿孔介导技术转化大麦，然而却只得到目的基因瞬时表达。后来，又有人采取了类似于花蕾浸泡的方法，用电穿孔介导技术处理节点分生组织，使携带外源基因的分生组织开花结果。还有人采用电穿孔介导方法对玉米和马铃薯的线粒体进行转化，并成功地将外源DNA整合到线粒体基因组中。

图1-15 BXT电穿孔仪 该仪器可以使细胞膜对DNA具有渗透性，通过用10~20kV/cm的电场对细胞进行短暂的电击，在细胞膜上形成孔，质粒DNA可以通过孔进入。在电击之后，这些小孔会被细胞的膜修复机制迅速关闭。

7. 基于显微注射介导的植物遗传转化技术

显微注射最初用于动物细胞系的遗传转化。与基因枪质粒轰击技术相似，显微注射介导的植物转化也是一种直接转移DNA的方法，并且不像农杆菌介导那样依赖宿主植物物种与基因型。但是，与基因枪质粒轰击技术不同，在显微注射中，单个细胞被转化，单个细胞发育成植株的概率较低。通过基因枪质粒轰击技术，可将外源DNA注射到固定在低熔点琼脂上的受体细胞的细胞质或细胞核中。在植物中的第一个显微注射介导的植物遗传转化是在烟草叶肉细胞中进行的。随后，研究者通过显微注射技术处理小孢子细胞并成功获得单倍油菜转基因植株；通过显微注射技术处理大麦的合子原生质体并成功地获得了转基因植株；用含有双元载体的根癌农杆菌菌液对黄瓜的茎尖分生组织进行显微注射，成功地获得了再生植株。鉴于显微注射介导的转化技术转化效率低下，且涉及的工作量较大，此方法并没有被广泛地应用。

8. 基于调控顶端分生组织发育的遗传转化方法技术

Maher等（2020）报道了通过引导顶端分生组织发育从而有效编辑双子叶植物的方法。调控发育的转录因子和用于基因编辑的试剂被导入活体植物的体细胞中，分生组织被诱导产生具有靶向DNA修饰的再生组织，这样，被编辑的基因有效地被传递到下一代。近期，有研究者以大麦上的茎尖分生组织（SAM）进行基因枪质粒轰击。SAM包含所谓L2的表皮细胞层，这层细胞随后发育成生殖细胞。该方法也可用于通过瞬时CRISPR/Cas9表达或直接递送CRISPR/Cas9核糖核蛋白进行基因组编辑。

9. 难转化物种的遗传转化技术

成功的植物遗传转化取决于对植物细胞基因组的修饰及把经修饰的细胞培养成再生植物。在过去的35年中，经过人类持续不断的努力，能被有效遗传转化的物种种类数目不断增多。但是，到目前为止某些植物种类仍旧难以进行遗传转化，或是难以将转化后的细胞培养成再生植株。人们尝试跳过组织培养的过程来培养再生植株。例如，研究者在转化拟南芥、甘蓝型油菜等植物时，均采用了花蕾浸泡的方法。另外，用真空抽气辅助花蕾浸泡的方法转化山茶花获得了成功。但是，并非所有物种都像拟南芥那样容易被转化。组织培养介导的植物转化方法仍然是目前最为主流的选择，而植物的基因型对组织培养成功与否具有重要的影响。有学者尝试调节与地上顶端分生组织发育相关的*WUS*和*BABYBOOM*等基因的时空表达来提高转化效率。此外，还有的学者通过下调MYB转录因子等响应伤口感染反应的基因表达，来提高植物对农杆菌侵染的敏感性。组织褐变现象严重影响组培成功率，有学者通过在培养基中添加抗氧化化合物（如α-硫辛酸）来避免组织褐变，从而提升转化效率。相比较而言，由于对伤口感染的反应差异，单子叶植物比双子叶植物更加难以通过组培技术来进行转化。通过实验方法与步骤的持续优化，许多单子叶植物的转化效率得以提高，其中有一种尝试是通过增加*Vir*基因的拷贝数目来提升农杆菌菌株的毒力，以提升转化效率。Komari（1990）开发了"超级双元载体"，该载体带有A281菌株的一段*Vir*致病区，因此能显著增强感染效果，已被多个研究小组用于玉米、小麦、大麦和高粱等单子叶农作物的转基因。还有学者以番茄作为研究系统，发现减少乙烯的合成可以提高番茄的转化效率。此外，在单子叶植物如水稻、玉米和甘蔗中，使用胚性愈伤组织可显著提高转化效率。处理小米的芽顶分生组织可以有效提高转化效率。还有学者通过加热和离心作用对胚进行预处理来提高农杆菌介导的水稻转化效率。

总而言之，无论是DNA重组还是基因编辑技术，都迫切需要简便、实用、高效率、低成本的方法将DNA/RNA和蛋白质引入宿主植物中去。随着合成生物学的快速发展，用于精确基因组编辑和基因整合的新型载体系统的研发，有可能带来作物遗传改良革命性的进步，为农业的可持续发展展示了美好的前景。因此，不依赖物种（或基因型）的、高效植物遗传转化技术将是下一阶段作物遗传改良的主攻方向之一。

1.5 合成生物技术的发展

合成生物技术在最近几年有一些重大的突破，这项技术方兴未艾，具有很好的前景。合成生物技术是涉及基因工程、分子生物学、分子工程、系统生物学、膜科学、生物物理学、化学和生物工程、电气和计算机工程、控制工程和进化生物学等多个学科的一项综合性技术，旨在创造新的生物部件、设备和系统，或更新已经在自然界中存在的生物机制。该技术的终极目标是能够设计和构建人造生物系统，操纵化学品、制造材料等的合成，大量生产能源、提供食物、增强人类健康，促进人们对生物系统及我们赖以生存的环境的认知。由于目前基因工程技术的发展，以及DNA合成和测序成本的大幅度降低，合成生物技术正在快速向前发展。截至2021年，全球已有40多个国家的450多家企业正在从事合成生物技术开发与应用，这些公司在全球市场上的净资产估值为100亿美元，这块"巨型蛋糕"正在以惊人的速度增大。

1.5.1 合成生物技术的发展轨迹

合成生物技术的发展轨迹，有以下几个里程碑。

1910年，诞生了合成生物学一词，在Stéphane Leduc的法语出版物 *Théorie Physico-Chimique de la Vie et Générations Spontanées* 中首次使用"合成生物学"一词，他还在1912年的另一份出版物 *La Biology Synthétique* 中注释了这个术语。

1961年，Jacob和Monod通过对大肠杆菌中 lac 操纵子的研究，提出了分子网络对细胞的调节网络，他预见了未来利用分子元件组装新的生化系统的可能性。

1973年，Cohen、Boyer等在美国科学院报（*PNAS*）发表了质粒DNA的分子克隆和扩增相关报道，令世人看到了合成生物学的曙光。

1978年，Arber、Nathans和Smith因发现限制性内切酶而获得诺贝尔生理学或医学奖，Szybalski在 *Gene* 杂志上发表的点评认为，限制性内切酶的发现不仅使我们构建重组DNA分子与分析基因功能的工作变得容易，而且将我们带入不仅可以描述和分析现有基因，还能够构建新的基因排列方式并对其功能进行评估的合成生物学的新纪元。

1988年，Mullis等在 *Science* 杂志上发表了使用耐热的DNA聚合酶，并通过PCR实现DNA扩增，从而极大地降低了实现DNA诱变和组装的难度。

2000年，*Nature* 上的两篇论文介绍研究人员通过在大肠杆菌细胞内组合基因排列，实现了合成生物回路、基因开关和生物钟。

2003年，Tom Knight发明了生物砖（BioBrick）及其概念，生物砖是指包含标准化DNA元件的质粒。发明这样的生物砖，成为2004年首届麻省理工学院国际基因工程机器竞赛（iGEM）的主要内容。

2003年，研究人员成功地在大肠杆菌中设计了合成青蒿素前体的生化途径。

2005年，研究人员在大肠杆菌中开发了光感应通路及启动多细胞模式的通路。

2006年，研究人员设计了一种促进细菌入侵肿瘤细胞的通路。

2010年，研究人员在 *Science* 杂志上发表了第一个通过酵母重组而化学合成的细菌基因组——mycoides JCVI-syn1.0。

2011年，研究人员在酵母中成功设计了具有功能的染色体臂。

2012年，Charpentier和Doudna的两个研究团队在 *Science* 杂志上发表了针对DNA裂解的CRISPR/Cas9细菌免疫反应，这项技术极大地简化和推动了真核生物基因的编辑。

2019年，苏黎世联邦理工学院的研究人员百分之百依赖计算机创建了名为 *Caulobacter ethensis*-2.0的人工细菌基因组。虽然这个基因组附以存在的活体细菌 *C. ethensis*-2.0还并不存在，但是第一次尝试了"创造"生物新物种。

2019年，研究人员通过把细菌基因组中64个自然密码子优化至59个，成功编码了20个必需氨基酸。

1.5.2　合成生物技术的类别

合成生物技术可以根据针对的问题细分为各种类别，包括标准元件（生物砖）的设计、生物分子工程、基因工程、代谢工程等。生物分子工程的目标是创建具有功能单元的分子构建工具包，这些工具包可以被引入活体细胞中并产生相应的功能。基因工程包括人工染色体或最小生物体，如支原体 *Mycoplasma laboratorium* 的合成等工作。生物分子设计是按照总体思路，从头（*de novo*）设计生物分子元件并组合各个元件。这些方法都是通过创造性地在前一级基础上对一个较为简单的单元进行操纵，以开发更具合成成分的后（高）一级实体。"重写者"倾向于从头开始重建一个新的系统，"重写"依赖通过测序"读取"和通过合成"写入"DNA，需要在多种条件下对DNA进行精准鉴定、精确建模并进行计算机辅助设计（CAD）。以上几种技术思路，特别是生物元件的标准化和层次抽象在合成系统中的使用，对合成生物技术的发展至关重要（Baker et al.，2006）（图1-16）。

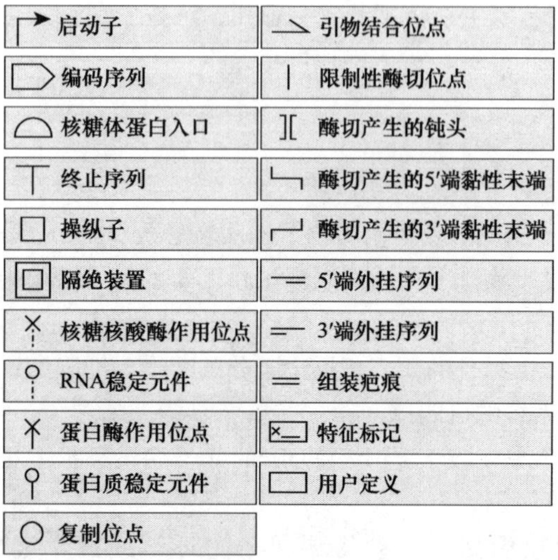

启动子	引物结合位点
编码序列	限制性酶切位点
核糖体蛋白入口	酶切产生的钝头
终止序列	酶切产生的5′端黏性末端
操纵子	酶切产生的3′端黏性末端
隔绝装置	5′端外挂序列
核酸核酸酶作用位点	3′端外挂序列
RNA稳定元件	组装疤痕
蛋白酶作用位点	特征标记
蛋白质稳定元件	用户定义
复制位点	

图1-16　用于生物砖设计图的标准符号（语言） 正如电路设计需要标准符号进行简洁地标识各类电子元件那样，图上的符号用于生物砖的设计。

合成生物技术的发展得益于20世纪50年代之后蓬勃发展的各类生物技术，包括DNA和基因的人工合成技术、测序技术、标准化分子模块技术、建模技术、微流体技术、转录因子合成技术等的成熟与发展。例如，由于核苷酸合成成本的急剧下降和PCR技术的横空出世，通过核苷酸进行DNA链构建的技术水平已发展到人工合成基因组的水平。第一例人工合成的基因组于2000年完成，是在60～80bp长度DNA碱基片段基础上合成的总长度为9.6kb的丙型肝炎病毒基因组。2002年，第二例人工合成的基因组是美国石溪大学的科研人员耗时两年合成的长度为7741bp的脊髓灰质炎病毒基因组。随后，人工合成基因组的技术越来越成熟，到2003年，J. Craig Venter 研究所的研究人员仅用两周时间就完成了长度为5386bp的噬菌体Phi X 174基因组的合成；2006年，该团队又构建了一种最小的细菌支原体基因组，致力于将人工合成的基因组导入细胞内并发挥作用，并获得了发明专利。到2007年，国际上已有好几家生物技术公司具备了在两周内合成长度为2kb左右DNA链的技术，合成成本降低至每个碱基大约1美元。借鉴光刻或喷墨制造DNA芯片的技术，可以做到低成本、大规模改变遗传系统中的密码子，以改进基因表达并产生新的氨基酸，也是一种所谓"从头开始"合成的方法。此外，CRISPR/Cas 系统作为"近30年来合成生物学领域最重要的创新"已成为一种很有前途的基因编辑技术，大大地缩短了基因编辑的周期。又如，T. Knight 发明的生物砖（BioBrick）包含标准化DNA元件的质粒，成为模块化的先行技术。生物砖的设计和创制成为2004年首届麻省理工学院国际基因工程机器竞赛（iGEM）的主要内容。在设计生物砖的过程中，涉及两个遗传元件（基因或编码序列）之间的序列重叠，即重叠基因，重叠基因不利于模块化设计，为了增加基因组模块化，重构基因组或改进"现有系统的内部结构，保持模块化的功能"的做法，已成为合成生物学技术的一条原则。固氮簇和Ⅲ型分泌系统，以及噬菌体T7

和ΦX174等都是基因组重构的成功例子。虽然DNA对于遗传信息的存储至关重要，但细胞的功能相当程度上是由蛋白质执行的。现有的合成生物技术工具可以将蛋白质定点投送至细胞的特定区域，并将不同的蛋白质结合在一起发挥功能。在活细胞中，保守的分子序列（motif）嵌合在包含上下游组件的、大的基因调控网络之中，这些motif直接影响模块的信号转导，对于一些灵敏度超高的分子模块来说，模块在细胞中的空间位置不同，信号转导的能力也有很大的不同（Ball，2016）。

1.5.3　合成生物技术的应用

1. 生物传感器

合成生物技术有许多用途，其中之一是研发生物传感器。生物传感器通常是一种"工程生物"，如细菌，可以反映在其生长环境中是否有重金属或其他毒素的存在。又如，费氏弧菌（Aliivibrio fischeri）是一种在海洋中存在的棒状革兰氏阴性细菌，其Lux操纵子编码发荧光的萤光素酶，这个操纵子可以放置在响应特定环境刺激的启动子之后，以表达萤光素酶基因。有一种传感器，就是把这种发光细菌作为一种涂层涂在光敏计算机芯片上，用于检测一些石油污染物，当细菌感应到污染物时，就会发出荧光。另一个类似的例子是利用一种能够检测TNT及其主要降解产物DNT的大肠杆菌菌株来检测地雷，当检测到地雷存在时，该菌株能发出绿色荧光信号。2021年7月出版的 *Nature Biotechnology* 上还发表了有关穿戴式生物传感器诊断SARS-CoV-2型新冠病毒的报道（Nguyen et al.，2021）。

2. 新型农产品

合成生物技术在现代农业生产上也有非常光明的利用前景，农业细胞生物学家可以通过细胞培养的方法生产蛋白质、脂肪，甚至某种组织，用以取代原来必须依赖传统畜禽饲养的方式才能获得的产品。传统的获取方式（如动物的饲养和屠宰加工）对环境造成极大的污染，造成动物伦理、食品安全和人类健康等一系列潜在的问题。合成生物技术在农业上的应用（所谓细胞农业）可以部分地解决这些难题，最近几年，细胞农业上一个最著名的例子是"人造肉"的诞生，通过豆类蛋白和合成生物技术制造的血红素的有机结合所产生的"人造肉"，可以取代汉堡包中的动物肉饼，在快餐、食品工业领域相当受欢迎。合成生物技术除了可以生产取代部分动物性蛋白质的产品之外，还可以生产其他农产品。例如，2021年利用合成生物技术生产的咖啡产品已经接近商业化生产，此外，合成生物技术在微生物食品（如太阳能蛋白粉）、不依赖细胞生产的合成食品（如人工合成淀粉等）方面（Leger et al.，2021），在利用光合微生物细胞生产蜘蛛丝绸材料等方面也取得了相当大的成功。

3. 生物计算机

合成生物技术的另一项用途是用于生物计算机的制造。所谓生物计算机是指可以执行类似计算机操作的生物系统，是合成生物技术未来主要的研究发展方向之一。研究人员已经在多种生物体中构建了各种逻辑门（logical gate）（Foong et al.，2020），在活细胞中演示了逻辑推理和数字计算。2007年，研究人员发现了一种在人类和哺乳动物细胞中运行的通用的逻辑评估器，随后于2011年，利用这种逻辑评估器，在医学上发明了一套可以检测和消灭早期癌细胞的治疗方法。2016年，研究人员利用计算机工程原理在细菌细胞中实行了数字电路的自动化设计。2017年，研究人员"通过DNA切割的布尔逻辑和算术"（BLADE）系统来进行人体细胞中的数字计算（Nielsen et al.，2016）。2019年，研究人员在生物系统中确认了"感知器"的存在，这些工作为机器学习开辟了道路。

4. 细胞改造

合成生物技术通过细胞内的基因和蛋白质之间相互作用（称为基因回路）赋予细胞对环境信号的响应、对环境反应的决策、细胞间的交流等功能，这些功能的产生牵涉DNA、RNA及多个层面（包括转录、转录后、翻译与翻译后的基因回路）对基因表达的控制。研究人员已成功地通过引入外源基因及定向优化，对大肠杆菌和酵母进行工程改造，用于生产抗疟疾特效药物青蒿素的前体并实现了商业生产。尽管可以用外源DNA来转化活的细胞，但人类尚未有能力从头开始创造一个完整的新的生物体。目前的技术手段可以构建DNA链的组件，甚至合成整个基因组，但获得所需的遗传密码之后，它们会被导入活细胞中。导入异源DNA的细胞在生长过程中展现新的表型及伴随着新的表型所具有的新的功能，细胞的遗传转化用于创建生产人类所需新产品的生化通路（Elowitz and Leibler，2000）。合成生物技术一旦与材料科学技术相结合，人类可以将细胞视为具有遗传编码特征的微观分子代工厂。Curli纤维就是一种细胞生物膜外分泌的淀粉样纳米级材料，这些纳米纤维赋予了被转化的细胞诸如黏附于基质、成为纳米颗粒模板、固定蛋白质等特定的功能，可以说就是一种分子代工厂产品。

5. 蛋白质改造

通过合成生物技术可以改造天然蛋白质使之具有新的结构和功能。据报道，研究人员先后成功发明了一种类似血红蛋白那样能够结合氧而不能结合一氧化碳的螺旋束，一种具备各种氧化还原酶活性的蛋白质结构、可以被惰性小分子氯氮平N-氧化物激活，但对天然配体乙酰胆碱不敏感，被称为DREADD的G蛋白偶联受体家族（Wang and Hecht，2020）。研究人员使用计算方法设计具有新功能或特异性的蛋白质，一个成功例子是计算机辅助设计由糖转化为长链醇的酶，研究人员使用两种不同的计算方法，一种用于挖掘序列数据库的生物信息学和分子建模，另一种用计算机编程设计特异性的酶，两种方法都成功设计了催化糖转化为长链醇的酶，人工合成的酶催化反应结合特异性超过天然酶的100倍。

另有研究人员试图扩展天然的20种氨基酸。目前，除终止密码子外，已知由61种密码子编码20个氨基酸。某些密码子被设计为编码如O-甲基酪氨酸、4-氟苯丙氨酸等非标准氨基酸。也有研究人员通过减少20个氨基酸来研究蛋白质的结构和功能，目前数据库中这类蛋白质序列数量非常有限。研究人员成功地用单个氨基酸替代一组氨基酸，如用一个非极性氨基酸替换蛋白质中几个非极性氨基酸。研究表明，当仅使用9个氨基酸时，工程版的分支酸变位酶仍然具有催化活性。一些企业通过合成生物技术来生产具有高活性、高产、高效的工业用酶制剂。这些人工合成的酶制剂用以改进洗涤剂的功效和提高无乳糖的乳制品的食用性，降低酶制剂的生产成本（Walter et al.，2005）。

6. 航空航天应用

合成生物技术还引起航天航空部门［如美国航空航天局（NASA）］的极大兴趣，因为合成生物技术可以帮助宇航员利用从地球上带去的有限化合物来生产必要的物质材料（Malyshev et al.，2014）。特别是在火星上，合成生物技术可以帮助利用火星上的资源来生产物质，成为发射器或（未来）宇航员对地球依赖的有效技术。目前，已有研究工作旨在开发类似于提升作物抗耐生物与非生物胁迫能力的那种能够应对严酷的火星环境的作物品种。

7. 药物开发

新药物的开发也是合成生物技术的一个重要领域。利用合成生物技术开发新药一般建立在工程细菌或者是工程细胞的基础上。细菌长期以来一直用于癌症治疗。双歧杆菌和梭状芽孢杆菌用于选择性地定植在肿瘤上，以缩小肿瘤的大小。最近，合成生物学家对细菌进行了旨在感知和响应特定癌症状态的重新编程。在大多数情况下，细菌用于将治疗分子直接递送至肿瘤，以最大限度地减少脱靶效应。为了靶向肿瘤细胞，研究人员在细菌表面表达能特异性识别肿瘤，包括特异性靶向人类表皮细胞生长因子受体-2（Zu and Wang，2014）和黏附性分子的肽。另一种方法是通过让细菌感知肿瘤微环境（如缺氧）在细菌中构建AND逻辑门。然后，细菌仅通过裂解或分泌系统向肿瘤释放目标治疗分子。裂解的优点是它可以刺激免疫系统并控制肿瘤细胞的生长。使用多种类型的分泌系统的优点是该系统可以受到化学品、电磁波或光波等外部信号的诱导。在这些疗法中应用了多种细菌，最常用的细菌是鼠伤寒沙门氏菌（*Salmonella typhimurium*）、大肠杆菌（*Escherichia coli*）、双歧杆菌（*Bifidobacteria*）、链球菌（*Streptococcus*）、乳杆菌（*Lactobacillus*）、李斯特菌（*Listeria*）和枯草芽孢杆菌（*Bacillus subtilis*）。这些细菌都有各自不同的特性，并且在定植于人体组织、与免疫系统的相互作用、易于应用方面对癌症治疗来说是独一无二的。

基于工程细胞的疗法主要是通过改造T细胞的免疫疗法。免疫系统在癌症中起着重要作用，可以用来攻击癌细胞。T细胞受体被设计和"训练"来检测癌症表位。嵌合抗原受体（CAR）由融合到细胞内的T细胞信号结构域的抗体片段组成，可激活和触发细胞增殖。基因开关旨在提高治疗的安全性。如果患者表现出严重的副作用，则利用设计好的终止开关以终止治疗。通过合成生物技术设计的机制可以精细地控制开关的关闭与打开（激活），由于T细胞的数量对治疗的持续性和严重程度很重要，因此T细胞的生长也被设计而受到严格的控制，以保障治疗的有效性和安全性。虽然有几种机制可以提高安全性和可控性，但风险在于将大的DNA回路引入细胞前极其困难，将外来成分（尤其是蛋白质）引入细胞可能会引起一些危险。

8. 3D器官打印

合成生物技术还可以用于3D器官打印，而3D生物打印在医学领域有多种用途。例如，医生可以利用3D打印技术为支气管软化症（TBM）患者打印支气管夹板；再如，医生可以为晚期的膀胱疾病患者打印膀胱。此外，还可以打印骨骼、皮肤和肌肉组织，理论上，医生可以通过3D打印来替换各类衰老的、衰竭的染病器官。然而，要使3D打印的组织替换真正的人体组织，远不是那么容易的事情，迄今为止，成功的例子并不多见。究其原因，与植入式支架不同，器官不但具有复杂的形状，还必须具备生物学功能。例如，3D技术打印出来的心脏不仅必须结构上分毫无差，还必须具备密布的各种血管、机械负荷、电信号转导等要求。以色列研究人员在2019年用人类细胞构建了一个大约一只兔子大小的心脏。所有这些尝试，虽然离真正的器官移植还有一段距离，但是已经开启人们无限的想象空间（Zopf et al.，2013）。

9. 人造生命

有关合成生物学技术的一个重要命题是合成生命的技术，该技术旨在利用生物分子和其化合物在体外创建假想生物。通过这样的实验可以利用非生物成分创造生命，从而探索生命的起源，研究生命的一些基本特性。从实用性和商用目的出发，合成生命的实验，可以创造能够执行对受污染的土地和水进行解毒等重要功能的生物体；在医学方面，合成生命的实验开启了设计生物部件作为新的治疗和诊断技术的诱人前景（Hutchison et al.，2016）。活的"人造细胞"可以被定义为完全人工合成的细胞，这样的细胞可以捕获能量、维持离子梯度、包含大分子及具有存储遗传信息的能力。迄今，人类还没有能力创造出这样的细胞来。Craig Venter于2010年创制了一条完全人工合成的细菌染色体，他的团队将其导入基因组被预先清空了的细菌宿主细胞，宿主细胞能够生长和复制。第一个具有"人工"扩展DNA代码的生物体于2014年诞生。研究人员使用了具有扩展遗传密码（核苷为d5SICS和dNaM）的人工合成染色体，导入了原来的基因组已经被移除的大肠杆菌。2019年5月，《纽约时报》报道了一项里程碑式的研究工作，研究人员通过将大肠杆菌基因组中64个密码子减少到59个密码子，创造了一种新的人工合成生命形式，即在大肠杆菌中尝试用59个密码子来编码20种必需氨基酸。2017年，国际上发起了名为"人工构造细胞"（Build-a-Cell）的国际合作，随后一些国家相继成立了一些国家级的"构造细胞"研究机构。

1.5.4　合成生物技术带来的安全和伦理问题

合成生物技术虽然给人带来无限的遐想，但是也带来一系列必须正视和值得被充分讨论的伦理问题。常见的伦理问题包括：篡改天然物种、生命在道德上是正确的吗？创造新生命的人是在"扮演上帝"吗？如果人工合成的生物意外逃逸会产生怎样的后果？如果有人滥用合成生物技术并制造有害的产品（如生物武器）该怎么办？如何有效地控制和使用合成生物技术开发的产品？相关的法律完备吗？现行的专利制度是否允许对某种人工合成的生物物种授予专利？是否允许对人工合成的某些基因（如人类的HIV抗性基因）授予专利？一个新的合成物种是否拥有道德或法律上的保护地位？人类是否可以对其进行任意的虐杀或滥用？

目前，创造新生命、新物种的步子迈得很大，人类对其中潜在的好处和危险充分了解了吗？合成生物技术的拥趸认为，人工合成新的生命形式对农业、医学和基础研究领域具有巨大的潜在价值，新物种可以扩展人类的科学知识，已超过目前人类通过研究自然物种所积累的已有知识。然而，另一部分人们担心，人工合成的生命形式可能会降低自然界生物种类的纯天然性，即人类的自大和无知可能会对大自然造成不可挽救的伤害，这些人还担心，如果将人工合成的新物种释放到大自然中，新物种可能会因为人类赋予的特殊能力而击败自然界原有的物种，类似于藻类因其大量繁殖而杀死其他的海洋生物，从而不利于生物多样性的保持。另一个问题是有关人工合成新物种的伦理道德问题，即如果它们能感觉到疼痛、具备感知和自我感知的能力，那么这样的物种是否也有应得的精神或者法律上的权利呢？

上述问题不但涉及生物安全，而且还涉及专利法及其他法律的制定与修改的问题。事实上，重组DNA和转基因生物的伦理问题早已浮出水面，包括中国在内的许多国家都制定了基因工程和病原体研究的法律法规。以美国生物伦理委员会前任主席Amy Gutmann为代表的一些人倾向于认为，人类应该避免过度监管一般的合成生物技术产品，尤其是基因工程产品。根据Gutmann的说法，"尽管对于新兴技术及其产品的涌现，适度的监管不可缺位，但是过度的监管往往会在不确定性和对未知的恐惧的基础上扼杀人类的创造性"。法律和生硬的监管工具往往会抑制新生事物、新技术带来的新的生产力，对生物安全生产往往会起到反作用。

有关生物安全，不能仅考虑人工合成的生物对自然物种的潜在遏制效应，还要考虑合成生物技术保护公众免受潜在危险因素侵害的问题。有人认为，大多数合成技术都是良性的，还没有一个例子展现转基因微生物在野外具有不可控制的扩展性。这部分人认为，为传统转基因生物制定的危害控制、风险评估方法和法规足以用于合成生物。在实验室环境中，研究人员可以通过生物安全柜和手套箱及个人防护设备来避免合成生物带来的一些不安全因素。在农业领域，类似于转基因生物的控制方法，如设置隔离距离和花粉屏障，也可以用于人工合成物种的防范。应该设计更高等级的危害控制办法对人工合成生物加以防范，如使其在绝对封闭的环境中生长，以防止基因水平转移到自然生物。

1.5.5 我国生命科学界对合成生物技术的基本态度

鉴于合成生物技术是21世纪初新兴的生命科学研究领域，我国政府高度重视这一新兴技术的战略地位。早在2010年，由中国科学院和中国工程院两院及上海市政府共同发起和主办的东方科技论坛（第144期研讨会）上，与会的科学家认为，"在合成生物学在全世界蓬勃发展的历史性机遇面前，探讨在我国开展合成生物学的研究对象与最佳切入点，发展和建立合成生物学新理论、新方法及相应的技术支撑体系，这对提升我国现代化生物技术水平、抢占合成生物学研究制高点有极大的意义"。会议在我国合成生物学发展框架等方面达成了多项共识。

第一，合成生物学是生命科学发展的必然趋势，它将创造解决现代农业、生物医药、环境能源、生物材料等重大问题的新"生命"，为产业升级带来新的动力，从根本上改变现有经济的发展模式。虽然，国际上合成生物学起步较早，但总体也是处于初级发展时期，我国在生物技术领域已积累起相当的基础，近年来更是呈现良好的发展之势，应抓住这一历史性机遇，全面开展合成生物学研究，以期在前沿领域取得创新优势。

第二，对于我国合成生物学发展的思路是鉴于合成生物学是一门集生物学、物理学、化学、数学、信息学、工程学等多个大学科高度交叉的新兴学科，我国在发展过程中必须深化学科交叉、开展基础平台建设。我国合成生物学发展的长远目标应该高度契合我国的战略需求，近期应该强调应用合成生物学的理念，聚焦科学问题，实施针对有限目标、集合力量、抓住关键环节实现重点突破的策略。我国应充分利用已有的研究与技术基础，选择若干重要元件切入，开展相关合成与设计的新理论与新方法研究，构建可共享的生物元件资源并逐步扩大，未来逐步发展到合成模块的构建与分子机器的组装，直到建立可有效提升基因工程、蛋白质工程等水平，用于解决产业需求问题的合成细胞体系和合成生物模式。

第三，合成生物学平台的建设是重中之重，要围绕"设计、制造和系统整合"的核心，重点建立合成平台（如DNA大片段拼接）、生物信息分析与结构设计平台、模式生物代谢平台（如大肠杆菌、链霉菌等代谢模式）等多个关键技术平台。

第四，要在国内形成信息和资源共享协作网络，以若干优势单位作为节点，首先建立信息共享，其次通过签订协议建立资源共享，从共享国内成果逐步发展到共享国际成果，以有利于形成群体研究态势。

第五，合成生物学研究在我国处于起步阶段，相关的基础研究迫切需要政策、资金的扶持。建议政府部门重视合成生物学，抓住发展机遇，对科学家凝练的具有应用价值的合成生物学研究予以先期布点，培育出若干具有突破能力的生力军，逐步扩大形成某些研究机构在合成生物学领域的研究优势。

1.6 参考文献

陈世昌. 2020. 植物组织培养. 3版. 北京：高等教育出版社

樊龙江. 2020. 植物基因组学. 北京：科学出版社

孔令让. 2019. 植物育种学. 北京：高等教育出版社：402

Baker D, Church G, Collins J, et al. 2006. Engineering life: building a fab for biology. *Scientific American*, 294(6): 44-51

Ball P. 2016. Man made: a history of synthetic life. *Distillations*, 2(1): 15-23

Bartel DP. 2018. Metazoan microRNAs. *Cell*, 173(1): 20-51

Bibi N, Fan K, Yuan S, et al. 2013. An efficient and highly reproducible approach for the selection of upland transgenic cotton produced by pollen tube pathway method. *Australia Journal of Crop Science*, 7: 1714

Blakelsee AF, Belling J, Farhnam ME, et al. 1922. A haploid mutant in the jimson weed, "Datura stramonium". *Science*, 55(1433): 646-647

Bruening G, Lyons JM. 2000. The case of the FLAVR SAVR tomato. *California Agriculture*, 54(4): 6-7

Cheng S, Fockler C, Barnes WM, et al. 1994. Effective amplification of long targets from cloned inserts and human genomic DNA. *Proceedings of the National Academy of Sciences of the United States of America*, 91(12): 5695-5699

Comai L, Young K, Till BJ, et al. 2004. Efficient discovery of DNA polymorphisms in natural populations by Ecotilling. *The Plant Journal*, 37(5): 778-786

Crick FHC, Watson JD. 1954. The complementary structure of deoxyribonucleic acid. *Proceedings of the Royal Society of London*, 223(1152): 80-96

Eckardt NA. 2004. Host proteins guide *Agrobacterium*-mediated plant transformation. *Plant Cell*, 16: 2837-2839

Elowitz MB, Leibler S. 2000. A synthetic oscillatory network of transcriptional regulators. *Nature*, 403(6767): 335-338

Fisher RA, de Beer GR. 1947. Thomas hunt morgan 1866—1945. *Obituary Notices of Fellows of the Royal Society*, 5(15): 451-466

Foong CP, Higuchi-Takeuchi M, Malay AD, et al. 2020. A marine photosynthetic microbial cell factory as a platform for spider silk production. *Communications Biology*, 3(1): 1-8

Gao C. 2020. Genome engineering for crop improvement and future agriculture. *Cell*, 184:1-15

Goff SA, Ricke D, Lan TH, et al. 2002. A draft sequence of the rice genome (*Oryza sativa* L. ssp. *japonica*). *Science*, 296(5565): 92-100

Guha, S, Maheshwari SC. 1964. *In vitro* production of embryos from anthers of *Datura*. *Nature*, 204(4957): 497

Harold H. 1951. Origin of the word 'protein'. *Nature*, 168(4267): 244

Hutchison CA, Chuang RY, Noskov VN, et al. 2016. Design and synthesis of a minimal bacterial genome. *Science*, 351(6280): DOI: 10. 1126/science. aad 6253

Jaganathan D, Bohra A, Thudi M, et al. 2020. Fine mapping and gene cloning in the post-NGS era: advances and prospects. *Theoretical and Applied Genetics*, 133: 1791-1810

Jones BS, Lamb LS, Goldman F, et al. 2014. Improving the safety of cell therapy products by suicide gene transfer. *Frontiers in Pharmacology*, 5: 254

Kaeppler HF, Gu W, Somers DA, et al. 1990. Silicon carbide fiber-mediated DNA delivery into plant cells. *Plant Cell Reports*, 9(8): 415-418

Karunarathna NL, Wang HY, Harloff H, et al. 2020. Elevating seed oil content in a polyploid crop by induced mutations in *SEED FATTY ACID REDUCER* genes. *Plant Biotechnology Journal*, 18: 2251-2266

Kasha KJ, Kao KN. 1970. High frequency haploid production in barley (*Hordeum vulgare* L.). *Nature*, 225(5235): 874-876

Keen EC. 2012. Felix d'Herelle and our microbial future. *Future Microbiology*, 7(12): 1337-1339

Kenney DE, Borisy GG. 2009. Thomas hunt morgan at the marine biological laboratory: naturalist and experimentalist. *Genetics*, 181(3): 841-846

Klein TM, Wolf ED, Wu R, et al. 1987. High-velocity microprojectiles for delivering nucleic acids into living cells. *Nature*, 327(6117): 70-73

Komari T. 1990. Transformation of cultured cells of *Chenopodium quinoa* by binary vectors that carry a fragment of DNA from the virulence region of pTiBo542. *Plant Cell Reports*, 9(6): 303-306

Krek A, Grün D, Poy MN, et al. 2005. Combinatorial microRNA target predictions. *Nature Genetics*, 37(5): 495-500

Leger D, Matassa S, Noor E, et al. 2021. Photovoltaic-driven microbial protein production can use land and sunlight more efficiently than conventional crops. *Proceedings of the National Academy of Sciences*, 118(26): 81-90

Mackelprang R, Lemaux PG. 2020. Genetic engineering and editing of plants: an analysis of new and persisting questions. *Annual Review of Plant Biology*, 71(1): 659-687

Maher MF, Nasti RA, Vollbrecht M, et al. 2020. Plant gene editing through *de novo* induction of meristem. *Nature Biotechnology*, 38(1): 84-89

Malyshev DA, Dhami K, Lavergne T, et al. 2014. A semi-synthetic organism with an expanded genetic alphabet. *Nature*, 509(7500): 385-388

Matthews BF, Abdul-Baki AA, Saunders JA. 1990. Expression of a foreign gene in electroporated pollen grains of tobacco. *Sexual Plant Reproduction*, 3(3): 147-151

Nguyen PQ, Soenksen LR, Donghia NM, et al. 2021. Wearable materials with embedded synthetic biology sensors for biomolecule detection. *Nature Biotechnology*, 39(11): 1366-1374

Nielsen AA, Der BS, Shin J, et al. 2016. Genetic circuit design automation. *Science*, 352(6281): DOI: 10. 1126/science. aac7341

Paine JA, Shipton CA, Chaggar S, et al. 2005. Improving the nutritional value of Golden Rice through increased pro-vitamin A content. *Nature Biotechnology*, 23(4): 482-487

Pasquinelli AE, Reinhart BJ, Slack F, et al. 2000. Conservation of the sequence and temporal expression of let-7 heterochronic regulatory RNA. *Nature*, 408(6808): 86-89

Porta AR, Enners E. 2012. Determining annealing temperatures for polymerase chain reaction. *The American Biology Teacher*, 74(4): 256-260

Reynolds JA, Tanford C. 2003. Nature's Robots: A History of Proteins. New York: Oxford University Press

Roberts RJ. 1976. Restriction endonucleases. *CRC Critical Reviews in Biochemistry*, 4(2): 123-164

Rother S, Hadeler B, Orsini JM, et al. 1994. Fate of a mutant macro chloroplast in somatic hybrids. *Journal of Plant Physiology*, 143(1): 72-77

Russel DW, Sambrook J. 2001. *In vitro* Amplification of DNA by the Polymerase Chain Reaction. New York: Cold Spring Harbor Laboratory Press

Saiki RK, Scharf S, Faloona F, et al. 1985. Enzymatic amplification of beta-globin genomic sequences and restriction site analysis for diagnosis of sickle cell anemia. *Science*, 230(4732): 1350-1354

Sanger F, Nicklen S, Coulson AR. 1977. DNA sequencing with chain-terminating inhibitors. *Proceedings of the National Academy of Sciences of the United States of America,* 74(12): 5463-5467

Shimamoto K, Terada R, Izawa T, et al. 1989. Fertile transgenic rice plants regenerated from transformed protoplasts. *Nature*, 338(6212): 274-276

Simunek M, Hoßfeld U, Thümmler F, et al. 2011. The Mendelian dioskuri-correspondence of armin with erich von tschermak-seysenegg, 1898—1951. *Studies in the History of Sciences and Humanities*, 27: 1-259

Singh N, Chawla HS. 1999. Use of silicon carbide fibers for *Agrobacterium*-mediated transformation in wheat. *Current Science*, 76: 1483-1485

Smyth SJ. 2020. The human health benefits from GM crops. *Plant Biotechnology Journal*, 18(4): 887-888

Sone T, Nagamori E, Ikeuchi T, et al. 2002. A novel gene delivery system in plants with calcium alginate micro-beads. *Journal of Bioscience Bioengineering*, 94(1): 87-91

Sumner JB. 1926. The isolation and crystallization of the enzyme urease. *Journal of Biological Chemistry*, 69(2): 22-24

Tanaka A, Hase Y. 2009. Establishment of ion beam technology for breeding. Food and Agriculture Organization of the United Nations: 243-246

Tsai H, Howell T, Nitcher R, et al. 2011. Discovery of rare mutations in populations: TILLING by sequencing. *Plant Physiology*, 156(3): 1257-1268

Twort FW. 1915. An investigation on the nature of ultra-microscopic viruses. *The Lancet*, 186(4814): 1241-1243

Voytas DF, Gao C. 2014. Precision genome engineering and agriculture: opportunities and regulatory challenges. *PLoS Biology*, 12(6): e1001877

Walter KU, Vamvaca K, Hilvert D. 2005. An active enzyme constructed from a 9-amino acid alphabet. *The Journal of Biological Chemistry*, 280(45): 37742-37746

Wang MS, Hecht MH. 2020. A completely *de novo* ATPase from combinatorial protein design. *Journal of the American Chemical Society*, 142(36): 15230-15234

Wang W, Mauleon R, Hu Z. 2018. Genomic variation in 3,010 diverse accessions of Asian cultivated rice. *Nature*, 557(7703): 43-49

Watson JD, Crick FHC. 1953. Molecular structure of nucleic acids: a structure for deoxyribose nucleic acid. *Nature*, 171(4356): 737-738

Witkowski J. 2019. The forgotten scientists who paved the way to the double helix. *Nature*, 568(7752): 308-309

Wright MW, Bruford EA. 2011. Naming 'junk': human non-protein coding RNA (ncRNA) gene nomenclature. *Human Genomics*, 5(2): 1-9

Wu D, Liang Z, Yan T, et al. 2019. Whole-genome resequencing of a world-wide collection of rapeseed accessions reveals genetic basis of their ecotype divergence. *Molecular Plant,* 12: 36-43

Yu J, Hu S, Wang J, et al. 2002. A draft sequence of the rice genome (*Oryza sativa* L. ssp. *indica*). *Science*, 296(5565): 79-92

Yuan R. 1981. Structure and mechanism of multifunctional restriction endonucleases. *Annual Review of Biochemistry*, 50(1): 285-315

Zopf DA, Hollister SJ, Nelson ME, et al. 2013. Bioresorbable airway splint created with a three-dimensional printer. *The New England Journal of Medicine*, 368(21): 2043-2045

Zu C, Wang J. 2014. Tumor-colonizing bacteria: a potential tumor targeting therapy. *Critical Reviews in Microbiology*, 40(3): 225-235

第2章
植物细胞生物技术

植物细胞生物技术是指研究植物细胞的结构、功能和植物细胞行为的生物学分支。所有的生物都是由细胞组成的，细胞是生命的基本单位，承担着与生命体生存相关的功能。认识与理解植物细胞生物学基础是研究与应用植物细胞生物技术的前提。反过来，细胞生物技术的发展，能帮助我们进一步理解植物细胞的功能和各类细胞器之间的相互关系。植物细胞生物技术与遗传学、细胞学、发育学、分子生物学、农学等其他领域存在非常紧密的关系。本章在第一部分将介绍植物细胞生物技术的细胞学基础；第二部分将着重介绍植物细胞的显微成像技术，如普通光学显微镜技术、体视显微镜技术、透射电子显微镜技术、扫描电子显微镜技术及激光扫描共聚焦显微镜技术的特点及相关应用；第三部分将特别介绍标记技术在显像成像中的应用，如荧光原位杂交技术、报告基因在显微成像中的作用、双分子荧光互补法研究蛋白质互作；最后还将介绍单细胞测序的最新进展，对测序平台、植物根部与地上部组织单细胞测序和分析等进行分享，旨在对植物细胞生物技术做一个从浅入深的介绍。

2.1 植物细胞生物技术的细胞学基础

植物细胞和动物细胞是很不一样的，从结构上看，植物细胞具有细胞壁和叶绿体，而且植物细胞有更大的液泡。跟动物相比，因为没有所谓的神经系统，植物细胞与细胞之间通过胞间连丝（plasmodesmata）来进行物质交换和信号转导等交流。从大小上看，植物细胞有很强的伸长能力，如最长的厚壁纤维（sclerenchyma fiber）细胞可以达到550mm，棉花纤维就是种子表皮细胞伸长和加粗形成的。此外，植物花粉管的伸长也是很独特的细胞发育过程。从细胞全能性上看，植物干细胞的分布范围很广，在根尖、茎尖和茎的维管束中都存在，这为植物分化成各种形态，更好地适应环境提供了必要保障。植物"很古老，其实它们很先进"，这是意大利佛罗伦萨大学植物神经生物学国际实验室的科学家Stefano Mancuso在《失敬，植物先生》一书中想要阐述的观点。

2.1.1 植物细胞壁与胞间连丝

1. 植物细胞壁的种类

主要由初生细胞壁（primary cell wall）和次生细胞壁（secondary cell wall）组成，细胞与细胞之间被细胞间层也叫中间层（middle lamella）所连接（图2-1）。一般情况下，随着细胞的成熟，初生细胞壁会向内侧积累形成一个壁层，即次生细胞壁，使得细胞失去伸展和生长的能力。

2. 植物细胞壁的组成

从结构上看，初生细胞壁出现在藻类、真菌和植物中，由细胞外比较硬而厚实的膜状结构组成。从成分上看，植物的初生细胞壁主要由多糖组成，主要包括多层纤维素（cellulose）组成的微纤（microfibrils）结构，其中镶嵌了果胶（pectin）、半纤维素（hemicellulose）、木质素（lignin）。木质素由三种主要类型的结构单元组成，即丁香基（sinapyl，S）、对羟基苯基（p-coumaryl，H）

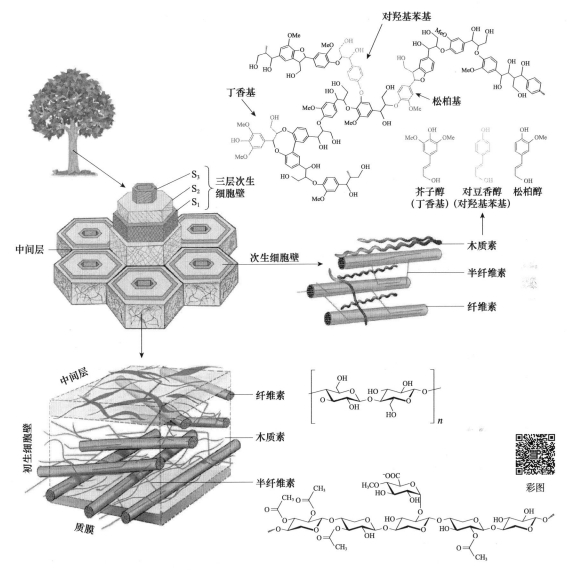

图2-1 植物细胞壁的结构（引自Zhao et al., 2019） 植物细胞壁由中间层（middle lamella）、初生细胞壁（primary cell wall）、次生细胞壁（secondary cell wall）的三层（S_1、S_2和S_3）组成。中间层富含果胶（pectin），将相邻细胞的细胞壁黏合在一起。在初生细胞壁中，微纤通过半纤维素分子交联成复杂的网络，半纤维素分子通过氢键与微纤表面连接。果胶组成纤维素和半纤维素网络的亲水性多糖。纤维素是植物细胞壁的主要成分，由首尾相连的重复葡萄糖单体组成，并扩展成微纤。半纤维素是几种不同类型的单糖构成的异质多聚体，如木糖、阿拉伯糖和半乳糖。木质素结构中的对羟基苯基单元、丁香基单元和松柏基单元决定了其特征单体。一般的次生细胞壁主要由纤维素、半纤维素和木质素组成。

和松柏基（coniferyl，G）。次生细胞壁还包括细胞壁蛋白，从外到里还可分为S_1、S_2和S_3三层，其中纤维素占40%～80%，半纤维素占10%～40%，木质素占5%～25%。细胞壁结构的复杂性和差异性是由物种特异性、组织特异性及细胞的不同功能所决定的。中间层主要成分是果胶和木质素，具有很强的亲水性和可塑性，使相邻细胞彼此黏结在一起。

3. 细胞壁结构的观察技术

按照需不需要标记物，细胞壁结构的观察技术可分为利用标记物显色的技术和无标记成像技术。基于标记物显色的技术包括利用组织化学和细胞化学的染色剂（histochemical and cytochemical dye）、免疫标记（immunolabeling）及组织特异性的报告基因（reporter gene）。无标记成像技术则需要先进的仪器和复杂的成像算法，如原子力显微镜（atomic force microscope，AFM）、傅里叶变换红外光谱仪（Fourier transform infrared spectrometer，FTIR）、共焦拉曼显微分光镜（confocal Raman microspectroscope，CRM）、相干反斯托克斯拉曼散射（coherent anti-Stokes Raman scattering，CARS）显微镜、受激拉曼散射（stimulated Raman scattering，SRS）显微镜。考虑到技术难度、使用成本和适用范围，标记物显色的技术运用得更为广泛，因为经过显色标记之后，只需要用到普通的光学显微镜，或者共聚焦荧光显微镜就可以拍到理想尺度和清晰度的照片。

图2-2中列举了几种常用的标记物显色技术，图2-2A中显示用Wiesner染色法，即用间苯三酚（phloroglucinol）可以将杨树茎中的木质部、纤维和维管组织中的木质素染色成洋红色。对于纤维素，则可以通过荧光增白（calcofluor white），如图2-2B中的Fluorescent Brightener 28来染色杨树的纤维素、胼胝质（callose）和β-葡聚糖（β-glucan）。此外，小檗碱-甲苯胺蓝（berberine-toluidine blue）染色法，使得凯氏带（Casparian strip）、木栓质薄片和木质化细胞壁的结构变得清晰可见（图2-2E）。

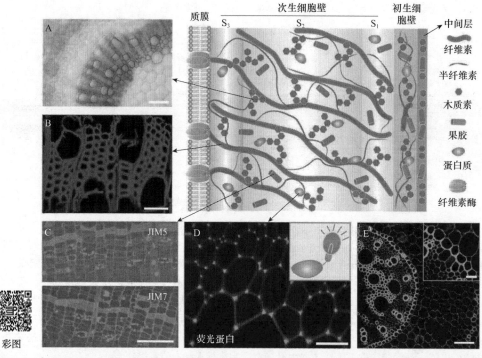

图2-2　细胞壁的组成和组织观察方法（改自Zhao et al.，2019）　对初生和次生细胞壁中的木质素、纤维素、果胶，以及中间层和凯氏带结构的观察。A. 间苯三酚染色显示杨树茎的木质素分布。B. 荧光增白剂Fluorescent Brightener 28染色显示杨树木质部中纤维素的分布。C. JIM5和JIM7单克隆抗体显示其分布在杉木活动形成层中的果胶内。D. *ProPRX64:PRX64-mCherry*在成熟拟南芥茎部的束间纤维中表达。PRX64-mCherry积聚在细胞与细胞相连的转角和中间层内。E. 小檗碱-甲苯胺蓝染色了内皮层中的凯氏带，该横截面取自距根尖12cm的6d大小的根组织。标尺在A和C中是50μm，B为10μm，D为40μm，E为100μm（放大视图中为25μm）。

为了提高细胞壁成像的准确度和清晰度，可以利用荧光染料（fluorochrome）或荧光探针（fluorescent probe）进行免疫标记。通过合成抗同型半乳糖醛酸（anti-homogalacturonan）的JIM5和JIM7单克隆抗体，可以通过检测其产生的荧光信号来确定杉木活动形成层中甲基酯化果胶（methyl-esterified pectin）的分布（图2-2C）。此外，利用组织特异性表达的报告基因，也可以清晰地勾画出细胞壁中特殊的结构。例如，拟南芥中的过氧化物酶基因（*Peroxidase 64*，*PRX64*）在束间纤维的细胞壁中有不同的表达量和差异化的分布，利用*ProPRX64:PRX64-mCherry*转基因植物，在荧光共聚焦显微镜下通过激发荧光蛋白mCherry，就可以看到PRX64-mCherry融合蛋白聚集在拟南芥茎部的束间纤维细胞边角和细胞壁的中间层上（图2-2D）。

细胞和细胞之间虽然被细胞壁隔开，但是它们之间存在蛋白质、小RNA和粒子等信号分子的交换，并且这个交换过程受到精确控制；负责物质交换功能的结构称为胞间连丝（plasmodesmata）（图2-3）。它排列在质膜（plasma membrane）上，由一串联通两个细胞的管状内质网（tubular endoplasmic reticulum）的连丝小管（desmotubule）组成。这两个膜之间充满液体，形成胞质套（cytoplasmic sleeve），其通透性被胞间连丝所控制。胞间连丝是陆生植物细胞的一大特点；从陆生植物与其藻类亲属之间的蛋白质组学和遗传鉴定来看，陆生植物进化出胞间连丝是独立于藻类的（Nicolas et al.，2017）。

如图2-3所示，在根尖组织分化过程中胞间连丝内的内质网和质膜的间距（ER-PM）是受到调节的。拟南芥根尖可以形成几层不同类型的细胞，如不活动中心（quiescent center，QC）、小柱细胞（columella cell initial，CCI）和根冠。胞间连丝中质膜和细胞壁之间的空间结构在根尖组织分化过程中受到调节。为了分析组织分化过程中胞间连丝的超微结构，主要关注拟南芥根尖的小柱细胞，这类细胞参与根系的向地性发展，有助于根系向下开拓土壤空间。小柱细胞在组织冷冻固定切片后能够较好地保存细胞和胞间连丝结构，因此可以方便观察从早期形成到后期成熟阶段的胞间连丝结构。小柱由分裂活性较强的小柱细胞和不活动中心组成。其分裂产生细胞通过胞间连丝相互连通，C1表示最新形成的细胞层，然后是C2、C3，依此类推，其中最外层细胞因为根的伸长最终脱落。与小柱细胞不同的是，从C1到最外层的根冠细胞无法分裂，但可以进行细胞快速伸长。因此，利用该组织的发育特点可以较好地分析细胞分化和形成过程中胞间连丝结构的动态变化。

2.1.2 叶绿体与线粒体

植物叶绿体（chloroplast）和线粒体（mitochondrion）是光合产物形成和消耗的两个质体（plastid）。叶绿体是一种巨大的绿色细胞器，仅存在于植物细胞中，而不存在于动物或真菌中。有核细胞可能吞噬了光合原核生物获得光合作用能力，因此叶绿体可能起源于古老的共生体。事实上，叶绿体类似于现代蓝藻（cyanobacteria），它仍然与300年前的蓝藻相似。然而，通过研究细胞最早进化出捕获光能并利用产生有机物的能力发现，光合作用的进化可以追溯到更早。叶绿体保留了类似蓝藻的小型圆形基因组，尽管它们要小得多。线粒体基因组甚至比叶绿体的基因组还要小。由于大多数编码叶绿体蛋白质的核酸序列已经丢失，因此叶绿体蛋白质多由核基因组编码，先在细胞质中合成，然后通过细胞质转运到叶绿体中。

叶绿体是一种膜类细胞器，其被两层膜包围。外膜（outer membrane）可渗透有机小分子，而内膜（inner membrane）渗透性较差，并布满转运蛋白。叶绿体里面的内含物称为基质（stroma），包含代谢酶和叶绿体基因组。叶绿体还有第三层内膜，称为类囊体膜（thylakoid membrane），它折叠成一堆扁平的圆盘。类囊体中含有捕光复合物，包括叶绿素（chlorophyll）等色素（pigment），

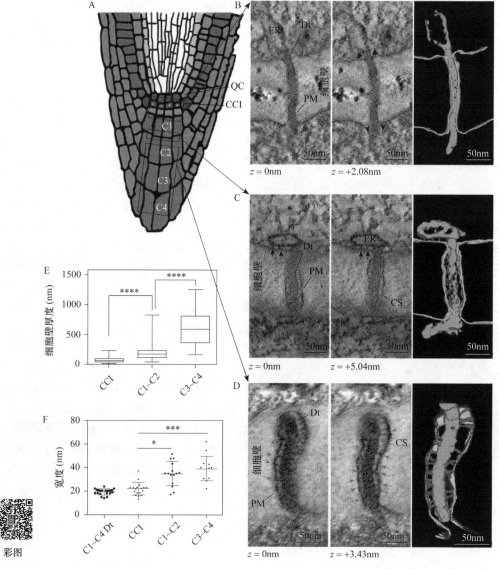

图 2-3　胞间连丝的结构与形成（改自 Nicolas et al.，2017）　A．拟南芥根尖细胞组织的示意图，不同颜色标注了不同的特征细胞。根冠 C1～C4 层细胞和小柱细胞（CCI）的胞间连丝超微结构是有所不同的。B～D．来自小柱细胞（B）、根冠 C1～C2 层细胞（C）和根冠 C2～C4 层细胞（D）胞间连丝的断层切片，其厚度分别为 0.56nm、0.56nm 和 0.49nm。B～D 的中间图是对胞间连丝立体结构从外向内进行扫描所形成的立体图像，左图是细胞膜的最外侧，通过 z 轴设置为扫描起点，即 z=0nm；通过显微镜向内深入扫描可以看到立体图像横截面的变化；最右侧是从小柱细胞向最外层根冠细胞分化过程中各自 3D 合成图，显示了细胞壁、质膜和胞间连丝的动态变化。小柱细胞中的内质网和质膜结构在胞间连丝孔中（黑色箭头）能占据整个空间（B）。随着组织分化，胞间连丝孔和质膜之间的间隙不断扩大，胞质套逐渐变得可见，胞质套中有辐条状粘连结构的产生（D 中箭头）。在 C1～C2 过渡区，胞质套中辐条结构开始形成但没有明显的成型结构。小柱细胞和不同根冠细胞的细胞壁厚度（E）和胞间连丝平均直径（F）存在明显差异（邓恩多重比较检验 [*]P<0.05，[***]P<0.001，[****]P<0.0001）。Dt．根冠中的连丝小管；CCI．小柱细胞；CS．胞质套；Dt．连丝小管；ER．内质网；QC．不活动中心；PM．质膜。

以及用于光合作用的电子传递链（electron transport chain）。

线粒体（mitochondrion）基本上存在于所有真核细胞中，它们是细胞质中最显眼的细胞器之一。在荧光显微镜中，呈现蠕虫状结构，并形成分支网络。当用电子显微镜观察时，发现单个线粒体由两个封闭且独立的膜组成，其中内膜形成折叠，突出到细胞器内部。显微镜下看到的线粒体除了结构，并不能真正判别其生物学作用。当把细胞破碎，再通过超高速离心，不同的细胞器会按照其大小和密度进行分层。对纯化的线粒体进行生物化学法测试，可以检验它们参与了哪些生物化学过程。实验表明线粒体是细胞化学能释放的发生器。它们利用有机分子，如糖类、脂质和蛋白质，通过氧化反应产生能量分子三磷酸腺苷（adenosine triphosphate，ATP），为细胞大部分活动提供能量。由于线粒体在释放能量的活动过程中消耗氧气并释放二氧化碳，因此在整个细胞水平上称为细胞呼吸（cellular respiration）。线粒体内膜上的蛋白质主要起细胞呼吸作用，其高度折叠的结构能为代谢活动提供较大的表面积。如果没有线粒体，动物、真菌和植物将无法利用氧气从储能物质中获取所需的能量。

线粒体可能是从吞噬的细菌（engulfed bacterium）进化而来的，其双层膜被认为来自被吞噬细菌的质膜和外膜，因此它包含自己的DNA，并通过一分为二的方式进行遗传物质增殖分配。由于线粒体在很多方面都与细菌相似，因此它们可能源自被真核细胞祖先所吞噬的细菌，至此创造了一种特殊的共生关系（symbiotic relationship）。

2.1.3 液泡和细胞质

植物细胞的细胞质中有体积较大且充满液体的囊泡，称为中心液泡（central vacuole）。液泡通常占细胞体积的30%左右，但它们最多可以占据约90%的细胞空间。植物细胞使用液泡来调整其大小和膨胀压力。当细胞质体积保持恒定时，液泡的大小通常决定了细胞本身的大小。植物细胞壁的机械硬度和液泡的伸缩性能够为细胞提供一定的抗压强度和渗透压力。植物细胞的细胞质中有高浓度的各种分子，正常情况下会帮助水分进入细胞，使细胞的中心液泡膨胀并向外产生压力使其压在细胞壁的内侧。在外界水分供应良好的情况下，膨胀压力可以防止植物枯萎。在干旱中，液泡由于失去一定水分而收缩，植物会出现枯萎。液泡的内部张力有助于植物的茎、叶与其他组织保持机械力与完整性。

细胞质是一种含有各种大小分子的浓缩水凝胶，如果我们从真核细胞上剥离质膜，然后去除其所有被膜包裹的细胞器，包括细胞核、内质网、高尔基体、线粒体、叶绿体等，剩下的就是细胞质。在大多数细胞中，细胞质是最大的单独腔体。它包含各种各样的分子，它们紧密地挤在一起，以至于它的特性更像是水基凝胶而不是液体溶液。细胞质是许多化学反应的场所，这些反应对细胞进行正常的生理生化反应至关重要，如营养分子分解的早期步骤发生在胞质溶胶中，大多数蛋白质在这里由核糖体制造而成。

2.1.4 细胞核、核膜与核孔

细胞核是真核细胞中最重要的细胞器，是细胞遗传、基因表达和物质代谢的调控中心。它由两个同心膜形成核膜（nuclear envelope），其中包含了编码生物体遗传信息的聚合物DNA分子。细胞核是真核生物区别于原核生物最重要的标志之一，虽然极少数真核细胞无细胞核，如哺乳动物的成熟红细胞、高等植物成熟的筛管细胞等。真核细胞分裂时，核膜会破裂，DNA分子会变得紧凑，因此通过光学显微镜就可以观察到这些巨大的分子形态，它们以单个染色体的形式出现。染色体呈现可以彼此区分的蠕虫形状（图2-4）。

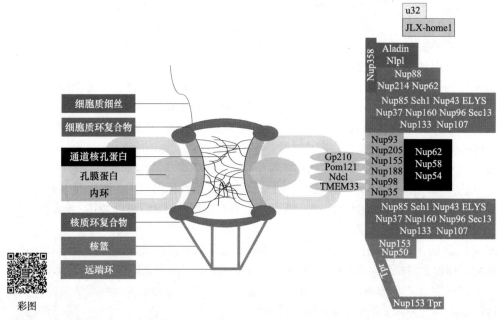

图2-4　跨越核膜的核孔复合物的结构（改自Donnaloja et al.，2019）从细胞质侧看，细胞质细丝（cytoplasmic filament）与核孔复合物中央结构结合。中央支架由细胞质环复合物（cytoplasmic ring complex）、内环（inner ring）和核质环复合物（nucleoplasmic ring complex）所组成。通道核孔蛋白位于中央通道当中，其作用是允许大分子进行选择性转移运输。核篮（nuclear basket）一头与核质环复合物相结合，另一头与远端环连接，起到稳定中央支架的作用。右侧表示构成核孔复合物不同结构的特异性核孔蛋白（Nup），其多数依据每个核孔蛋白分子质量的大小进行命名。

核孔复合物（nuclear pore complex，NPC）是跨越核膜的大型蛋白质复合物（110MDa），其组成结构随细胞大小和活性高低而变化，每个细胞核上有2000～5000个核孔复合物。根据冷冻电子显微镜和断层扫描图像，核孔复合物由8组对称的中央支架、8条细胞质细丝和8条核质细丝组成，形成旋转对称。8倍旋转对称使核孔复合物中每个辐条的弯曲刚度最大化，从而保证了大分子运输过程中的结构稳定性。此外，这种结构保证了用较少数量和类型的核孔蛋白组建形成最有效的大型核孔复合物结构。核孔复合物仅由大约30种不同的核孔蛋白（nucleoporin，Nup）组装而成；为了形成核孔复合物的八边形对称性，核孔蛋白以8的拷贝数或8的倍数出现。一般单个核孔复合物中包含约1000个核孔蛋白。核孔蛋白以不同的类型和排列组成的方式，决定了不同的子复合体（Donnaloja et al.，2019）。

2.1.5　内质网与膜系统

内质网（endoplasmic reticulum，ER）是一种相互连接的膜结构，空间上呈现不规则的迷宫状结构。它不仅是大多数细胞膜组件的合成场所，也是细胞内物质运输的通道，而且在分泌蛋白质量大的细胞中其存在数量较多。高尔基体（Golgi apparatus）是由封闭膜组成的囊状结构，呈堆状的扁平形态；它能够修饰和组装内质网中产生的各种分子，这些分子会通过细胞分泌运输到另一个细胞器中。溶酶体（lysosome）是一种体积较小，且形状不规则的细胞器。它是细胞内消化的场所，一方面释放摄入食物颗粒中的营养，另一方面分解不需要的物质，以便在细胞内将其回收再利用或直接从细胞中排出。这个过程使得细胞内的许多大小分子都在不断地被分解和改造。过氧化物酶体（peroxisome）是另一种较小的封闭膜囊泡结构，它通过过氧化氢反应灭活有毒分子，保证相对安全的细胞内环境。内质网膜还能够形成许多不同类型的小运输囊泡（transport vesicle），它们在不同的封闭膜细胞器之间进行物质运送。

内质网有两种类型，即滑面内质网（smooth endoplasmic reticulum）和糙面内质网（rough endoplasmic reticulum）。滑面内质网是一种膜结合的细胞器，存在于细胞核的外膜附近。它是一种管状膜交错形成的复杂网状结构，主要负责脂质的合成和储存。除了功能和分布之外，滑面内质网和糙面内质网之间的唯一区别是滑面内质网的膜上没有作为蛋白质工厂的核糖体。由于滑面内质网上没有核糖体，它看起来很光滑，而当核糖体附着在滑面内质网的膜上时，它看起来很粗糙。

2.1.6　细胞骨架

细胞骨架（cytoskeleton）是指真核细胞中的蛋白纤维网架系统，包括微管、微丝和中间纤维等结构，主要负责细胞的定向运动；它与细胞中的遗传系统、生物膜系统，并称为细胞三大系统。细胞质中不仅是化学物质和细胞器等的有序组合，在电子显微镜下可以看到在真核细胞中，细胞质里面还有很多细长的且纵横交错的细丝。这些细丝中最细的是肌动蛋白微丝（actin filament），它们在所有真核细胞中都大量存在，但在肌肉细胞内的数量特别多，它们主要负责肌肉收缩这个关键的动作。细胞质中最粗的细丝称为微管（microtubule），它由微小的中空管组成。在分裂细胞时，它们被重组成一个重要的阵列，帮助复制的染色体向相反的方向拉动，并将它们平均分配给两个子细胞。厚度介于微丝和微管两者之间的是中间纤维（intermediate filament），起到加强细胞机械强度的作用。这三种类型的细丝与附着在它们上面的其他蛋白质一起形成了一个由主梁、绳索和马达组成的系统，该系统赋予细胞足够的机械强度和控制动力，能够改变细胞的形状和内在运动。

2.1.7　植物细胞的生长、分化与衰老

细胞分裂（cell division）是一个非常重要的过程，它将细胞内容物分配给两个子细胞（daughter cell）。在真核生物中，该过程受始终处于运动状态的细胞骨架调控。虽然许多细胞结构和分子调控通路在真核生物之间是保守的，但植物细胞有其独特之处，这可能归因于它们扎根于某个特定的生长环境之中，要随时根据外界环境信号来调节整个生命活动。此外，植物细胞受外部纤维素细胞壁的限制，在细胞分裂时，其分裂平面方向的选择受到严格控制，这对植物形态发生和遗传调控起到关键作用。在动物细胞和酵母中，由肌动蛋白组成的细胞骨架帮助胞质分裂，而在植物细胞中，微管细胞骨架可以形成两个植物特异性的微管阵列，即早期前带（preprophase band）和膜体（phragmoplast）。植物细胞中微管阵列的形成取决于中心体微管的形成。在有丝分裂开始时，早期前带的位置决定了细胞分裂的平面，膜体结构使细胞壁和细胞质进行有效分隔。

1. 植物体细胞的产生

大多数植物终其一生都在不断地生长，生长的基本过程就是通过植物细胞的分裂，产生更多的新细胞，通过其功能的分化，产生不同的新组织和新器官。植物干细胞（plant stem cell）通过无丝分裂（amitosis）产生新细胞，在该分裂过程中细胞核先进行伸长，从核的中部向内凹陷，缢裂成为两个遗传物质均匀分配的子细胞核；细胞膜和细胞壁也从中部缢裂成两部分，最终形成两个子细胞。随后子细胞会进行生长，增加细胞大小，逐步分化成特定功能的基本单元。植

物细胞一旦分化，就不能再分裂。但是在实验条件下，将植物细胞进行分离，在特殊的培养条件下，植物分化的体细胞又能够获得细胞全能性，重新获得细胞分裂的能力。

植物细胞能够持续生长并不断修复受损组织的关键因素是分生组织（meristem）的存在。分生组织是一种由未分化细胞组成的植物组织，可以继续增殖和分化。在植物的顶端，如芽尖和根尖，存在茎尖分生组织和根尖分生组织，它们统称为顶端分生组织。由于其位于根和芽的尖端，因此根和茎能够不断生长，分化形成根系、叶片和花等器官。根和茎的增长，是因为分生组织在其后面增殖了新的组织，不断地将其自身推进到土壤（对于根）或空气（对于茎）中。通常，主茎上的顶端分生组织会成为优势生长点，通过调控激素的分布来抑制其他分支上分生组织的活性，使得植株形成主次有序的外在形态特征。在草类与禾本科作物中，地上部分的分生组织藏在叶片的基部，即便其被食草动物取食或被收割机收割，由于生长点还在，植株还能继续生长。

顶端分生组织分化为三种类型的分生组织，即原始表皮（protoderm）产生新表皮，地面分生组织产生地面组织，原始形成层（procambium）产生新木质部（xylem）和新韧皮部（phloem）。这三种类型的分生组织被认为是初生分生组织（primary meristem），因为它们使得植物的深度和高度获得初级增长。

拥有次生分生组织（secondary meristem）的木本植物，能够实现茎干的横向生长，即属于次生生长的直径增加。维管形成层（vascular cambium）产生次生木质部（朝向茎或根的中心）和次生韧皮部（朝向茎或根的外部），以此扩大了植物的直径，长成坚固的树干，这就是木材产生的过程。木栓形成层（cork cambium）位于表皮和韧皮部之间。草本植物的特点是没有次生生长（图2-5）。

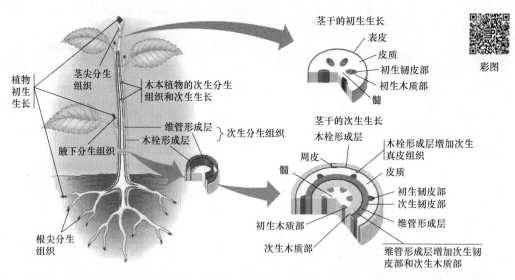

图2-5 植物分生组织及其初生和次生生长 顶端分生组织产生新细胞，茎向上生长。在木本植物中有两个次生分生组织。维管形成层位于木质部和韧皮部之间，产生木质部和韧皮部。木栓形成层位于韧皮部和真皮层之间，产生树皮。次生分生组织产生次生的横向生长，增加植物的直径和周长。

2. 植物细胞功能的形成

植物细胞经过分化之后就会形成不同的功能，如根细胞能够从土壤中吸收水分和无机盐，同时释放根系分泌物到土壤中。植物叶片有表皮细胞（epidermal cell）、叶肉细胞（mesophyll cell）、叶毛（trichome）、气孔（stoma）等不同类型的细胞。高等开花植物双受精（double ferti-lization）是不同细胞相互作用所产生的独特的受精过程。在显微镜下可以看到不同组织和器官中植物细胞的形态是有很大差异的，那么这些具有独特功能的细胞是如何形成的呢？

气孔是叶片和茎干细胞的呼吸孔，可以根据外界环境条件和内部实际需求进行开启和关闭，以确保植物叶片能够吸收光合作用所需的二氧化碳，并通过限制蒸腾作用（transpiration）减少内部水分的损失。研究沙漠植物的气孔结构，以及其在极端环境下是如何进行开关的，有利于了解气孔的具体功能。枣椰树（*Phoenix dactylifera*）是一种沙漠作物，适合在极旱和高温下生存，并生产果实。枣椰树气孔保卫细胞被烟囱状的表皮蜡质所围绕，驱动气孔关闭的保卫细胞的渗透马达，是硝酸盐与阴离子通道蛋白SLAC1。钾离子和其他阴离子一起被释放时，会启动保卫细胞去极化使得气孔开放（Müller et al.，2017）。

植物双受精是120多年以前被发现的，该过程是开花被子植物的特有现象。这个复杂的过程涉及雄性和雌性组织之间精准的相互识别。雄性组织包括花粉（pollen）和花粉管细胞（pollen tube cell），雌性组织有柱头（stigma）、花柱（style）、胚珠（ovule）和雌配子体胚囊（embryo sac）。小孢子（microspore）或花粉包含两个细胞，分别是花粉管细胞和生殖细胞（generative cell）。当花粉落在柱头上，柱头为其萌发提供所需的水、氧气和某些化学信号，花粉管细胞伸长成为花粉管。在柱头组织的支持下，花粉管通向胚囊。生殖细胞利用花粉管作为通道进入胚囊；在这个过程中，生殖细胞会分裂形成两个精子细胞。花粉管受胚囊中分泌的化学物质引导，通过珠孔进入胚珠囊。其中一个精子跟卵细胞结合完成受精，形成二倍体受精卵；另一个精子与两个极核融合，形成一个三倍体细胞，发育成胚乳。被子植物中的这两个受精事件一起称为双重受精。受精完成后，其他精子就不能再进入珠孔，被挡在受精的器官之外。受精的胚珠形成种子，果实由子房发育而来，通常包裹着种子起到提供营养和保护的作用。

3. 细胞衰老和自噬

衰老（senescence）是植物发育的最后阶段，重要特征是植物发生一系列程序化的分解和退化（Woo et al.，2018）。在植物中有两种类型的衰老，即有丝分裂衰老和有丝分裂后衰老。有丝分裂衰老也称为增殖性衰老，发生在细胞全能性干细胞的茎尖分生组织（shoot apical meristem，SAM）中。有丝分裂衰老使得分生组织细胞失去有丝分裂的能力，类似于哺乳动物细胞培养和酵母中的细胞复制衰老。但与之不同的是，植物有丝分裂衰老不受端粒缩短的控制。相比之下，有丝分裂后衰老则是一种主动发生的较为活跃且普遍存在的退化过程，发生在叶片和花等各种器官中。叶片是植物的营养器官，利用光能固碳，提供能量来源。叶片发育从叶原基的形成开始，到叶片的扩张、成熟、衰弱和凋零。叶片从成熟阶段到凋零的最后阶段称为叶片衰老。随着叶片年龄的增长，叶绿体开始退化，同时伴随着核酸、蛋白质和脂质等大分子的分解代谢。叶绿体的衰老和分解是叶片衰老的重要标志。叶绿体约占绿叶总蛋白质的70%，叶绿体的大量分解对于氮和碳的再平衡起到关键作用。在分解过程中叶绿素及其相关色素蛋白质的有序降解对于细胞解毒至关重要。游离的叶绿素及其他荧光色素分解代谢的中间体是光敏剂，会直接导致活性氧（reactive oxygen species，ROS）的积累，造成细胞损伤或细胞死亡。叶片衰老也发生在被收获或掉落的叶片中。叶片变黄是其衰老的肉眼可见的标志，由绿色色素叶绿素先开始降解而不是黄红色色素类胡萝卜素降解所致。在一些植物中，花青素和其他色素也伴随着叶片衰老，因此秋叶会呈现出各种颜色。由于叶绿素的损失，叶片的光合能力在衰老过程中急剧下降。叶片衰老的起始、发展和结束的各个阶段受到多重因素调控。有的植物激素，如乙烯（ethylene）、茉莉酸（jasmonic acid，JA）、水杨酸（salicylic acid，SA）、脱落酸（abscisic acid，ABA）和独脚金内酯（strigolactone，SL）能够促进叶片衰老，相反其他植物激素如细胞分裂素（cytokinin，CTK）、赤霉酸（gibberellic acid，GA）和生长素（auxin）则会延缓叶片衰老。多种环境因素中非生物胁迫，包括干旱、高盐、DNA损伤、高温或低温、黑暗和营养缺乏等，以及生物胁迫，包括病原体感染和昆虫吸食韧皮部等，都会影响叶片衰老。此外，内源性损伤或外源毒性胁迫引起的DNA损伤可能是叶片衰老的主要因素之一。细胞Ca^{2+}作为第二信使，能改变参与多种生化反应酶的结构；实验发现外源施用Ca^{2+}可以延缓离体叶片衰老的过程。环境中二氧化碳含量的升高通常会导致植物叶片中糖分的积累和氮含量的降低，导致成熟叶片的碳氮比失衡，这也是导致叶片早衰的另外一个原因。通过有序的衰老程序，释放的营养物质能被输出到其他发育中的器官，如新芽、幼叶、花或种子，从而增加物质利用率并提高繁殖成功率。在多年生植物如落叶树木中，从衰老叶片中分解出来的养分能被重新固定，在韧皮部组织中形成树皮储存蛋白（bark storage protein，BSP）。其可用于越冬，然后在下一个生长季节重新用于枝条或花的生长。因此，植物各个组织和器官的衰老在适当的时机开启并完成，对于植物健康至关重要。有效的衰老过程可以最大限度地提高下一代或下一季植物的生存能力。相反，由多种环境因素引起的过早衰老会降低作物的产量和鲜食产品的质量。

生物体衰老的现象是一种新陈代谢策略，具有重要的生物学意义。生殖发育在有丝分裂衰老方面发挥重要作用，尤其在生命周期中只有一个生殖生长阶段的植物物种。这种单次生殖的植物也被称为单果植物（monocarpic plant）。单果植物开花结籽后，全株开始整体性衰老。许多一年生和二年生植物如拟南芥和小麦，甚至一些多年生植物如竹子，都是单果植物。

2.1.8　植物的发育与生长周期

植物的生长周期始于受精卵形成的种子，种子在适合的光照和温度条件下萌发，进入苗期后植物地上和地下部分主要进行营养生长，根系吸收水分和营养物质，叶片进行光合作用并积累光能产物，为进入生殖生长做准备。高等开花植物经过成花转变后，顶端分生组织变成花序分生组织，形成腋芽和花器官。

不同植物的生长周期不同，有的喜温，有的喜湿，有的在长日照的光周期下开花，有的则需要日照变短才能开花。即便是种植同一类型、同一品种的植物，在不同的生长环境下，其形态建成的差异也很大，说明植物发育的可塑性和适应性很强。按照年份算，植物有一年生和多年生之分，也有单次开花和多次开花之分。不同的生长发育特性本质上是由植物不同的基因信息所决定的。同一植物在漫长的进化过程中，其基因组信息不断发生改变，形成新的植物形态和生长周期。

1. 根尖分生组织与根的发育

植物的根是植物地下部分形态建成的主要发生器官。根通过生长和发育形成根系，与土壤及其微生物形成根际，确保植物能够有效且选择性吸收水分和养分。通过研究根形态的解剖及其结构发生机理，发现根是由根尖分生组织（root apical meristem，RAM）形成主根，主根长成以后，其表皮细胞能够形成侧根分生组织，再伸长成侧根。通过分生组织不断形成新的根细胞，根系的结构能够不断扩大，事实上根系结构的大小甚至能超过地上部分的生长。根据植物品种的不同，根系表现出很丰富的形态多样性，有的根能够纵向穿透到很深的土层，有些根则长得很浅，还有一些会横向发展。这些纵向和横向的发育特点组成了不同根系的形态特征。这种通过进化而获得的多样性为植物适应当地气候或土壤条件提供了重要保证。在植物群落中，来自不同植物物种根系组成多样化的根系分层，使得不同植物能够充分利用土壤中的水和养分，并且避免过多的相互竞争。相比于植物地上部分的研究，地下根结构难以观察，因此对根系结构的系统性研究相对缺乏。然而，最近出现研究根的新技术和方法，如高清晰动态摄影、X 射线计算机断层扫描、高通量 3D 重建技术及基于荧光蛋白的高清晰成像系统，使得对根系发育及其结构形成的认识有了很大提高。

2. 茎尖分生组织与叶和花的发育

植物在营养生长阶段，顶端分生组织形成叶片原基，其营养生长特性受到内在基因表达和外在环境影响。对于长日照植物，如拟南芥和甘蓝型油菜，在短日照或者低温环境中，植物能够保持营养生长，这是通过抑制开花因子造成的。如果植物要进入生殖生长，必须启动并完成开花程序。通过研究发现，植物能够感知各种季节变化所导致的温度和日照长短的改变来精确调整开花时间。昼夜周期的相对长度，称为日照长短或光周期（photoperiod）。为了确保在适当的季节完成整个生长周期，许多开花植物进化出能够响应光周期和其他季节变化来精确控制开花时间的能力。20 世纪 20 年代，植物学家通过对几种植物的嫁接实验证明植物的叶片可以感知日照长短。叶片中能够产生促进开花的因子，该因子可以从叶片移动到茎尖分生组织以诱导植物开花。如今，这种能从叶片移动到茎尖分生组织进行长距离转运并起到促进开花作用的因子被称为成花素（florigen）。嫁接实验表明，成花素通过嫁接的位置可以从能够开花的供体转移到还没有进入成花转变的未开花受体，并使得未开花受体在还没有受到外界促进成花转变的条件前就获得外来的成花转变能力。此外，这种获得性成花转变可以发生在不同物种或不同光周期类型的嫁接植物之间。目前认为成花素是高等开花植物中某种功能保守存在且可以长距离移动的信号分子（Liu et al., 2013）。

在很长的一段时间内，成花素本身的分子特性一直难以确定，这种可移动的开花促进信号，可以是化合代谢物，或者是蛋白质和短肽，也可能是激素或者某种离子。经过不断的生理实验，到遗传鉴定和分子克隆，直到多个独立研究小组的各项证据表明模式植物拟南芥中的 *FLOWERING LOCUS T*（*FT*）基因所编码的蛋白质，以及其在其他植物物种中的直系同源物就是长期寻找的成花素。*FT* 基因编码磷脂酰乙醇胺结合蛋白家族的一个成员，并作为关键的开花促进因子，能够整合来自拟南芥中各种开花遗传途径中的信号。在促进开花的光周期条件下，拟南芥中 *FT* 基因转录及其在许多其他植物物种中的同源基因能在叶片中被特异性激活。拟南芥在长日照下，即超过 12h 的光照条件下，CONSTANS（CO）转录因子在叶片维管组织中激活 *FT* 基因转录。除了光周期途径，叶片中 *FT* 基因的表达还受到其他环境和发育信号的调节，如温度变化和植物激素赤霉素。

研究发现 FT 蛋白是一种能在维管束系统中移动的成花转变信号。FT 蛋白能够从叶片移动到顶端分生组织中以诱导植物开花。在拟南芥的顶端分生组织中，FT 蛋白与 bZIP 转录因子 FD 发生蛋白质互作，激活下游另一个开花途径中重要的整合因子 *SUPPRESSOR OF CONSTANS 1*（*SOC1*），以及在花序分生组织（inflorescence meristem）和花分生组织（flower meristem）中特异性表达的 *APETALA1*（*AP1*）。*AP1* 基因是花分生组织特征基因，主要负责启动花器官的发育。除了拟南芥之外，多种高等植物，如水稻、棉花、番茄和黄瓜中由 *FT* 同源基因编码的蛋白质也是重要的成花转变信号分子。尽管不少研究发现 FT 及其同源蛋白是可移动的成花素，但是 *FT* mRNA 也能够自主移动，且被证明参与烟草和拟南芥的花诱导。FT 蛋白是一种 19.8kDa 的小球状蛋白，它可以通过被动扩散的方式，利用质体的细胞间通道从伴胞移动到筛管中。在不同植物物种中的研究表明 FT 蛋白的运输是一个受到精密调节的过程（图 2-6）。

拟南芥 FT 蛋白在韧皮部伴胞中的含量非常低，因此 FT 蛋白的可视化一直存在较大难度。通

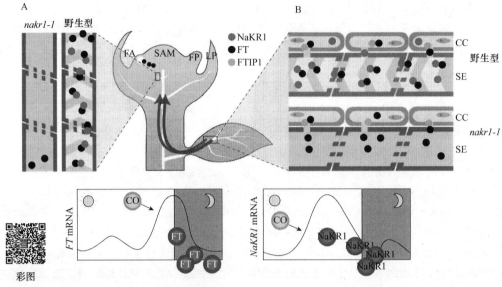

图2-6 植物响应长日照的成花素运输机制（改自Ahn, 2016） 当细胞感应到光周期信号时，CO正向调节叶片韧皮部伴胞中*FT*基因和*NaKR1*基因的转录。A. NaKR1蛋白与筛管中FT蛋白相互作用，并帮助FT蛋白向茎尖长距离运动。在*nakr1-1*突变体中，FT蛋白能够在FTIP1的帮助下进入筛管，但由于缺乏长距离转运蛋白，FT蛋白无法向茎尖运动。B. FT蛋白与伴胞中的FTIP1产生蛋白质互作促进开花的模型。CC. 伴胞；FA. 花初生分生细胞；FP. 花原基；LP. 叶原基；SAM. 茎尖分生组织；SE. 筛管。

过分子和遗传实验发现，在内质网上的膜蛋白FT-INTERACTING PROTEIN1（FTIP1）可作为FT从伴胞转运到拟南芥筛管的重要伴侣蛋白。*FTIP1*基因和*FT*基因在韧皮部具有相似的mRNA表达模式，并且两者编码的蛋白质在韧皮部的伴胞中有特异性的蛋白质互作。在缺失*FTIP1*的情况下，具有生物学功能的FT:9myc蛋白会在伴胞中积累，并且大多数的融合蛋白无法进入筛管。当*SUCROSE TRANSPORTER2*（*SUC2*）启动子在伴胞中表达FT-GFP蛋白时，FTIP1能够促进FT-GFP蛋白进入筛管细胞中（Liu et al., 2013）。FT蛋白进入筛管后，能够跟SODIUM POTASSIUM ROOT DEFECTIVE1（NaKR1）蛋白进行特异性结合。在NaKR1的帮助下，FT蛋白能够定向地从合成源头叶片向行使成花转变功能的顶端分生组织运输。在缺失NaKR1的情况下，FT:9myc蛋白在叶片的筛管中大量聚集，造成在靠近目的地的顶端分生组织附近的筛管中相对缺少（Zhu et al., 2016）。这些观察结果表明，FTIP1蛋白和NaKR1蛋白能够特异性地调控FT蛋白从伴胞到筛管，再向顶端分生组织进行长距离的定向转运，这就是光周期途径中成花转变重要的分子调控机制（图2-6）。

2.1.9 植物的生殖生长

1. 开花的调控

开花植物能否成功繁殖取决于遗传和表观遗传因素的相互作用，以及这些调控网络与外部环境的动态响应。在驯化和育种过程中，植物和作物经历了大量的遗传变化，能够适应不同日照长短、不同强度的春化时长，生命周期甚至从一年生变到多年生。在模式物种拟南芥（*Arabidopsis thaliana*）中鉴定了许多开花时间的突变体，新组学技术进一步帮助挖掘了更多调控开花时间的新基因，并揭示了它们之间相互调控的网络。

拟南芥是一年生长日照模式植物，从营养生长到生殖生长涉及遗传、表观遗传和环境互作等复杂因素。通过长年研究，发现调控开花时间内源性的信号途径包括自主、赤霉素、生物钟、年龄、糖分调控通路，外源性环境因素途径包括春化、环境温度和光周期信号通路。这些不同信号通路的信息会整合到 *FT* 和 *SOC1* 这两个关键开花促进因子上。它们通过特异性激活分生组织中的花发育基因 *LEAFY*（*LFY*）、*AP1*、*SEPALLATA3*（*SEP3*）和 *FRUITFULL*（*FUL*），使得营养分生组织向花分生组织形成不可逆转的转变。在光周期途径中，*CO* 基因表达所合成的蛋白质在长日照下能够充分得到积累，是激活成花素基因 *FT* 的必要条件之一。最近研究发现 B-BOX19（BBX19）蛋白通过与 CO 蛋白互作来抑制 *FT* 基因表达，以精确调控开花时间。在其他作物中，需要更多研究才能验证开花时间同源基因功能，并与模式植物已有的理论模型进行比较。例如，在甜菜（*Beta vulgaris*）中还没有发现真正的 *CO* 同源基因，但发现了 *BvBBX19* 基因与抽薹促进基因 *BOLTING TIME CONTROL1*（*BTC1*）相互作用以微调甜菜中的两个 *FT* 同源基因。

水稻抽穗时间由两条独立作用的途径控制，以响应不同的光周期。短日照能够诱导水稻进入开花程序，*CO* 的同源基因 *HEADING DATE1*（*Hd1*）通过激活 *FT* 同源基因 *Hd3a* 促进开花。长日照条件下，有一条独立于 *Hd1* 基因的开花调控途径。该通路主要通过 *RICE FLOWERING LOCUS T1*（*RFT1*）基因激活的 *Ehd3-Ghd7-Ehd1* 三个基因调控模块实现，该通路的所有基因在拟南芥中都没有对应的同源基因。可见在植物和作物进化和驯化过程中，同源基因的增加和缺失是造成功能差异化的遗传基础。在玉米（*Zea mays*）中通过转座子标记克隆了开花促进基因 *ID1*，发现该基因编码了一个 C2H2 锌指蛋白，它在拟南芥中也没有同源基因。水稻的 *OsID1* 基因和 *OsMADS51* 基因编码了一个 MADS-box 转录因子，在 *Ehd3-Ghd7-Ehd1* 途径中通过激活 *Ehd1* 起到促进开花的作用。大豆（*Glycine max*）最重要的调控成熟基因 *E1* 同时也是关键的开花调节因子，它在拟南芥中也没有同源基因，与 *FT* 同源基因 *GmFT2a*、*GmFT5a* 和 *GmFT4* 起拮抗调节的作用（Maeda and Nakamichi，2022）。

在拟南芥中与成花素家族基因 *FT* 基因起拮抗性作用的是 *TERMINAL FLOWER 1*（*TFL1*）基因，该基因对开花时间和地上部分株型建成起关键作用。除此之外，TFL1 蛋白参与多种信号通路和发育过程，如种子形成，对产量有重要影响。在马铃薯（*Solanum tuberosum*）中，块茎的形成受 *FT* 同源基因 *StSP6A* 控制。大麦（*Hordeum vulgare*）中的 *EARLINESS PER SE2*（*EPS2*）基因在开花时间、产量和千粒重等关键农艺性状方面有多效性作用。

2. 植物嫁接在开花时间上的应用

在拟南芥中，成花素蛋白 FT 从叶到茎尖的长距离运动是成花转变的关键。在长日照条件下的野生型拟南芥植物中，FT 主要在子叶和真叶维管细胞中表达，但在花诱导前的第一片真叶中表达较弱。为了测试子叶在花诱导中的重要性，一种与其他传统嫁接方法不同的子叶嫁接法（cotyledon grafting）允许植物发育早期子叶中 FT 蛋白通过其自然运输途径从叶向茎进行运输。通过子叶嫁接发现将单个野生型子叶嫁接到 *ft-10* 突变体上可以强烈抑制 *ft-10* 晚花表型。Y 形嫁接法将野生型枝条接嫁到 *ft-10* 植物是不会促进 *ft-10* 受体植物开花的。将 35S::*FT* 子叶嫁接到 *ft-10* 突变体发现其促进开花作用要大于野生型植物的子叶。将韧皮部特异性示踪剂应用于供体子叶时，在子叶嫁接后 6d，受体植物的真叶叶脉中可以检测到示踪剂。说明在子叶移植后 6d，FT-YFP 融合黄色荧光蛋白能够跨过嫁接连接处向作用部位运输（Yoo et al.，2013）。

子叶嫁接实验的具体方法如下，在长日照条件下将野生型拟南芥在培养基上生长 5d，将其子叶切下作为嫁接实验中的植物供体（graft donor）。子叶嫁接过程在尼康 SMZ1000 解剖显微镜下的固体 MS 培养基上进行。在整个子叶嫁接过程中，注意不要施加过大的压力，以防在摘取子叶时产生损坏，因此要使用环形钳。先使用剃刀刀片切割移植供体植物的子叶叶柄，切角以产生较大的横截面面积为关键，目的在于使嫁接枝条的界面能更大程度地产生黏附。先将切下的子叶放置在固体MS培养基上，以防止植物供体因失水而失活。对于嫁接的受体植物，用与供体植物所述相同的角度去除子叶，并将受体植物直立放置在固体MS培养基上。嫁接的每个过程都要小心处理，以避免产生任何伤害，因为子叶非常容易受到损坏。下一步将供体子叶放在镊子的尖端，并小心地转移到受体植物的叶柄部分，注意与切口对齐，否则植物在嫁接处难以自我修复形成有效对接。不正确的对齐会导致韧皮部重新连接的延迟，供体子叶过早衰老脱落。此外，特别注意不要让供体子叶的切口接触到固体MS介质的表面，因为这也可能导致供体子叶脱离（图2-7）。

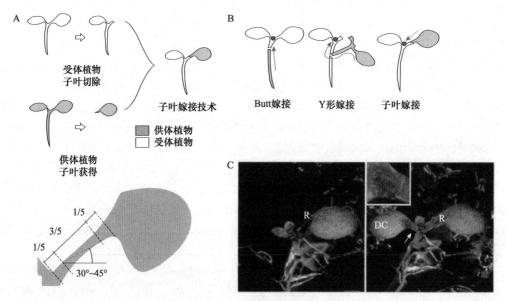

图2-7　植物子叶嫁接法研究移动蛋白对植物开花时间的影响（改自Yoo et al., 2013）　A. 子叶嫁接要先切下供体和受体植物的子叶，然后将供体子叶对接到受体植物上。虚线表示子叶叶柄的切割和连接方式，注意切角角度为30°～45°（底部）。B. 子叶嫁接与传统嫁接技术的比较。茎尖分生组织用圆圈表示，远距离信号的方向用箭头表示。在Y形嫁接中，来自Y形嫁接供体和受体植物的一张子叶被移除以促进对齐。C. 子叶嫁接后植物在培养基上的恢复。左图显示了在嫁接前去除子叶的受体植物，右图显示了成功的子叶嫁接植物。插图显示了放大的子叶嫁接的结合部位。箭头表示嫁接的角度和连接的位置。DC. 供体子叶；R. 受体植物。

嫁接手术后，用微孔胶带将含有固体MS培养基的培养皿密封，既能保持无菌，也能保持湿度。培养皿需放回原来生长条件的培养室，使其恢复约7d。在恢复期间，由于嫁接受体植物子叶叶柄的昼夜节律振荡，大多数供体子叶在手术后几天就会脱落。选择附着有供体子叶的嫁接植物进行进一步研究，并将其转移到相同生长条件的土壤中继续培养，以便后期统计开花时间（图2-7）。

3. 花的结构与配子体的发育

高等植物的花器官由外到内由四轮不同的器官组成，分别是萼片（sepal，se）、花瓣（petal，pt）、雄蕊（stamen，st）和心皮（carpel，ca）。花器官发育（flower organ development）是研究植物器官发生的分子和遗传机制的重要模型系统之一。在过去的30多年里，对花器官的形成、发育和形态建成过程中发生的细胞、遗传、生化过程的变化有了详细的了解。尤其是通过鉴定花器官形成和发育时期的关键转录调控因子，发现花发育基因的功能存在叠加、冗余和拮抗等各种不同的相互作用方式。花的四轮器官发育特征先是被ABC模型总结，后来更新的ABCE模型增加了相互叠加又相互排斥的特点（Irish，2017）。在每一轮花器官中，都有在该轮特定表达的基因。A类基因在第一轮的萼片中表达，A和B类基因在第二轮的花瓣中有特定的表达，B和C类基因在第三轮的雄蕊中表达，C类基因的功能在于决定第四轮心皮的发育，而最后E类基因，在所有四个轮系中都很活跃，能够与ABC类的核心基因形成多聚复合物，对下游调控通路起到决定性的作用（图2-8）。花器官特征发育基因如*LFY*可以作为先锋转录因子，影响整个花发育过程中染色质的三维结构（Jin et al.，2021）。花发育基因中很多属于MADS-box转录因子家族，该结构可以使得不同特征基因形成复杂的高阶复合物；这些不同类型的聚合物再跟转录辅助因子结合，使得染色质结构获得重塑，达到在特定发育时期调节靶基因的目的。这些复合物通过结合相邻的CArG-box顺式作用元件来特异性开关靶标基因的表达。

图2-8　拟南芥花器官形成的ABC模型及其他物种花器官的变化（改自Irish，2017）A. 野生型拟南芥的花。B. 通过颜色标示在（A）中的四轮花器官，以区分萼片、花瓣、雄蕊和心皮。C. 拟南芥卡通花，ABC基因功能域如下所示。单独的A类基因决定第一轮中的萼片发育，而A和B类基因的组合决定第二轮中的花瓣形成。B和C类基因的组合决定第三轮中的雄蕊，而单独的C类基因确定第四轮中的心皮。D. 滨菊（*Leucanthemum vulgare*）独特的边缘射线花瓣和中央圆盘花。尽管每种花的形态不同，但每种花的组织结构都可以用ABC模型来解释。E. 玫瑰（*Rosa* spp.）具有多轮花瓣，由A和B类基因扩展的活性所致。F. 郁金香（*Tulipa gesneriana*）在第一轮和第二轮都具有萼片状器官，这是B类基因功能域变化造成的。

　　在模式植物拟南芥中，花发育的形态不断变化，根据其变化特征可将花发育划分为12个不同的阶段。在花器官显现之前就存在的花原基（floral primordium，FP）通常被认为是花发育的起始位置。尽管在花发育第1阶段（flower meristem 1，FM1）之前，花原基在形态上是肉眼不可区分的，但它们已经可以与花序分生组织（inflorescence meristem，IM）中的细胞区分开来。这个发育学上的分子特征，可以从花发育起始标记基因的特异性表达中得到验证，其中 *AINTEGUMENTA*（*ANT*）基因编码了植物特有的 APETALA2/ETHYLENE RESPONSE FACTOR（AP2/ERF）转录因子家族。此外，*LFY* 作为一个植物界中特有的转录因子，其表达位置就能够帮助区分花原基和花序分生组织。*ANT* 和 *LFY* 随后通过对不同轮次花器官特种基因的精准调控，使得花器官有序分化和发育，形成功能完善的生殖器官。在这个从花序分生组织向花分生组织过渡阶段的花原基通常被称为第 0 阶段（FM0）。第 1 阶段（FM1）的花原基以花序分生组织侧面处产生向外的凸起，每个新生花原基与先前产生的花原基形成 130°～150° 的角错位。从第 1 阶段到第 2 阶段结束，花原基逐渐扩大为球形，并与花序分生组织分离。第一轮花器官的萼片原基，在第 3 阶段出现在花原基的外围，并在第 4 阶段开始覆盖在花原基上，然后是内轮中其他花器官相继出现，并组成正常的花形态（Yamaguchi，2021）。

4. 雄、雌配子体的发育

雄、雌配子体是植物双受精过程中最重要的器官。植物雄配子体是指花粉，其产生于花药之中。花药发育始于花分生第三轮中雄蕊原基（stamen primordium）的出现，直到其开裂释放出花粉粒。在雄蕊原基内，随着细胞分化，成熟的花药细胞形成花药和花丝两种结构。在许多开花植物中，花药具有四囊结构（four-lobed structure），每个药囊中包含相似的结构模式。每个药囊内的造孢细胞（sporogenous cell）进入减数分裂时，产生单倍体小孢子（microspore）。组织形态特异性和减数分裂是花药发育第一阶段的特点。第二阶段时，细胞室中四分体时期花药中的各种细胞分化出不同的功能，如小孢子分化成花粉粒，花丝伸长，花药扩大，花药进入开裂程序，直到开花结束。花药开裂是指两个细胞室之间的花药壁破裂，破裂后释放的花粉粒进行随后的授粉和双受精（Sanders et al.，1999）。

从野生型拟南芥花药横切面图（图 2-9 和图 2-10），可以较为直观地在细胞水平上观察雄蕊原基形成，到花药开裂，再到结构衰老等过程中发生的细微变化。拟南芥花药发育可分为 14 个阶段，可以在光学显微镜下观察到各阶段的代表性特征。一般把第 1～8 时期的发育划分为花药发育的第一阶段，随后的第 9～14 时期则为花药发育的第二阶段。在第 1～4 时期，细胞分裂发生在发育中的花药原基内，形成了具有成熟花药特征的双边结构，包括细胞室、细胞壁、细胞结缔和维管区域等。第 5 时期中花药原基 4 个角上的原孢子细胞沿周分裂形成不同的初级壁细胞和初级孢子细胞，进一步分化为小室中的内皮细胞、中间层、绒毡层和小孢子母细胞。之后的第 7 时期，小孢子母细胞在四个小室中的每一个内室中进行减数分裂，并产生四分体型的单倍体小孢子，小孢子在第 8 时期从四分体中释放出来。在第 9～12 时期分化成三细胞花粉粒。从第 7～11 时期，随着花粉发育，花药的大小也随之增加，同时几个细胞层开始退化。此外，从花药开裂到花粉粒释放之前，花药中几种特定类型的细胞变化明显，包括内皮层的扩张，内皮和结缔细胞中纤维带的沉积（壁增厚），以及绒毡层和中间层的消失。第 11 和第 12 时期，隔膜开始退化，并产生了二室花药（bilocular anther）。到第 12 和第 13 时期，裂缝细胞破裂并将花粉从小室中释放。开裂后，在 14a～14c 时期，花药衰老，并与雄蕊和花的其余部分一起从植物上脱落。

雌配子体是被子植物有性繁殖的重要结构。授粉后，雌配子体参与引导花粉管向胚珠（ovule）生长。受精过程发生在雌配子体中，很可能受雌配子体编码的许多信号分子介导。受精胚进一步发育成为种子。在种子发育过程中，受精卵和受精的中央细胞分别发育成种子的胚和胚乳。雌配子体对于某些形式的无性繁殖（asexual reproduction）也很重要，如配子体无性生殖。

雌配子体有多种多样的结构和不同的形成方式（图 2-11）。最常见的产生方式是单孢子型大

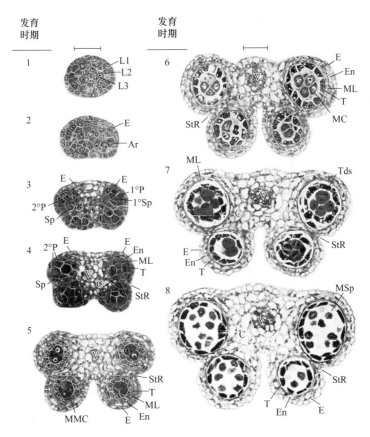

图2-9　拟南芥花药发育的第一阶段（改自Sanders et al.，1999）　将花固定并嵌入LR-White塑料树脂中并切成1μm厚的横切组织切片。花组织切片用甲苯胺蓝染色，花药用明场显微镜拍照。Ar. 原孢细胞（archesporial cell）；C. 连接器（connective）；E. 表皮（epidermis）；En. 内皮层（endodermis）；L1、L2、L3. 雄蕊原基的三个细胞层；MC. 减数分裂细胞（meiotic cell）；ML. 中间层（middle layer）；MMC. 小孢子母细胞（microspore mother cell）；MSp. 小孢子（microspore）；1°P. 初级顶叶层（primary parietal layer）；2°P. 次生壁细胞层（secondary parietal layer）；1°Sp. 初生孢子层（primary sporogenous layer）；Sp. 造孢细胞（sporogenous cells）；StR. 开裂带（stomium region）；T. 绒毡层（tapetum）；Tds. 四分体（tetrad）；V. 维管束区域（vascular region）。1～8为发育时期。第1～4时期上方的标尺为25μm，第6期上方的标尺为25μm，第5、7、8期的标尺为50μm。

孢子（monosporic-type megaspore）与蓼型大孢子（polygonum-type megaspore）两种。在单孢子型大孢子发生过程中，一个二倍体大孢子母细胞经历减数分裂产生4个单倍体大孢子；其中一个大孢子能存活，另外三个会退化。在蓼型大孢子发生过程中，其中一个大孢子经历三轮有丝分裂，产生一个八核细胞。核迁移和细胞化产生七细胞的胚囊（Christensen et al.，1997）。

拟南芥的雌配子体属于蓼型大孢子发生类型，对拟南芥透明胚珠和发育过程中的大孢子进行取样、固定和石蜡切片，在光学显微镜下可以观察到多个重要发育阶段的形态特征。此外，如果使用共聚焦激光扫描显微镜（confocal laser scanning microscope），可以在1d之内快速地呈现拟南芥雌配子体结构。共聚焦激光扫描显微镜特别适用于雌配子体发育的快速分析，因为不需要耗时很久去准备切片，此外对比干涉显微镜技术，激光共聚焦技术也不需要组织清除和染色等程序。共聚焦激光扫描显微镜所拍摄到的光学影像，具有出色的分辨率、超高的对比度和精

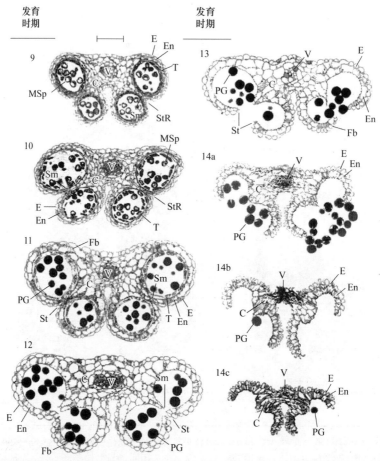

图 2-10　拟南芥花药发育的第二阶段（改自 Sanders et al.，1999）　9～14c 为发育时期。从第 9～11 时期为花药发育后期，第 12～13 时期为花药开裂的过程，第 14a～14c 时期是花药的衰老。标尺为 50μm。Sm. 隔膜；PG. 花粉粒；St. 裂口；Fb. 纤维带。

准的对焦等特点。通过对野生型拟南芥中的巨型配子发生（megagametogenesis）进行观察，发现拟南芥大配子的发生可分为 8 个形态不同的时期，即 FG1～FG8 时期。

共聚焦激光扫描显微镜观察法具体如下，首先从一朵花中去除萼片、花瓣和雄蕊来解剖雌蕊（pistil）。然后使用注射器的针头在雌蕊的两侧进行切割，将胚珠放于固定剂中。在室温下，将雌蕊固定在 4% 戊二醛（glutaraldehyde）溶液和 12.5mmol/L、pH 为 6.9 的二甲胂酸盐（cacodylate）溶液中 2h。最初 30min 的固定是在室内真空（约 200Torr[①]）下进行的。固定后，组织在乙醇梯度溶液中脱水，每步提高 20% 乙醇浓度，每次 10min。脱水后，在苯甲酸苄酯（benzyl benzoate）和苯甲醇（benzyl alcohol）的 2∶1 混合物中清除组织。将雌蕊放置在浸油中，并用指甲油密封在盖玻片下。共聚焦激光扫描显微镜用于检查雌蕊内的雌配子体。568nm 激光和对应滤光片组用于激发信号和过滤反射光。用 60 倍物镜观察 1.5μm 的光学切片，使用相应软件收集并处理图像。

---

① 1Torr≈1.333 22×10²Pa

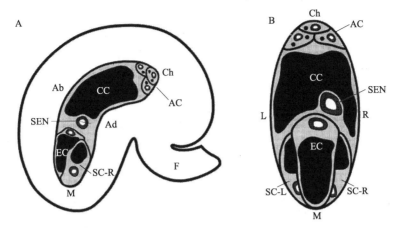

图 2-11　拟南芥七细胞雌配子体（改自 Christensen et al.，1997）　A. 七细胞雌配子体的纵向视图；B. 从背面看。细胞质为浅灰色区域、液泡为黑色区域、细胞核为深灰色区域、核仁为细胞核内的白色区域。A 中的雌配子体近轴面（adaxial，Ad），背面（abaxial，Ab）向左，珠孔（micropylar pole，M）向下，合点（chalazal pole，Ch）向上。B 中雌配子体的取向是其右表面（right，R）向右，其左表面（left，L）向左，其珠孔（M）向下，合点（Ch）向上。AC. 反足细胞（antipodal cell）；CC. 中央细胞（central cell）；EC. 卵细胞（egg cell）；F. 珠柄（funiculus）；SC-L. 左增效细胞（left synergid cell）；SC-R. 右增效细胞（right synergid cell）；SEN. 次生胚乳核（secondary endosperm nucleus）。

　　拟南芥珠心是细长的，珠被在其基部附近的位置。FG0 时期下所有大孢子开始产生。原孢子细胞直接作为大孢子母细胞开始发育，此外大孢子母细胞与珠心表皮有直接的接触。减数分裂前的大孢子母细胞是一个相对较大的细胞（约 17μm），其细胞质中含有一个或多个液泡。二倍体大孢子母细胞经历减数分裂后，形成四分体的单倍体大孢子。T 形四分体是常见的，线性四分体的出现频率远低于 T 形四分体。减数分裂后不久，三个大孢子退化，一个大孢子膨胀并形成雌配子体。退化的大孢子很容易被识别，因为与存活的大孢子和周围的胚珠细胞相比，它们的自发荧光强度更高。自发荧光是由于这些细胞壁中胼胝质的积累。合点最大的大孢子能存活是蓼型雌配子体发育的特点之一。

　　单核阶段，即 FG1 时期，也称为单核雌配子体阶段；这个阶段发生在大孢子发生后期，此时其中一个大孢子扩大，而其他三个大孢子正在退化。在 FG1 时期，发育中的雌配子体呈泪珠状，珠孔末端扩大。随着 FG1 时期的发展，三个退化的大孢子在其和珠心表皮之间的珠孔端被压碎。在 FG1 时期的后期，观察到几个直径小于 1μm 的小液泡。该时期胚珠的内珠被大约为珠心长度的 1/2，外珠被环绕着内珠被，但并未完全包围珠心。FG2 时期是早期的双核阶段，始于功能性大孢子开始进行有丝分裂，产生双核雌配子体。在整个 FG2 时期，几个小液泡出现在发育胚囊内的不同位置；但在这个阶段结束时，这些液泡在中心位置合并。这时期的雌配子体继续扩大，退化的大孢子仍然存在。FG2 时期是短暂的，中央液泡的形成发生在有丝分裂后不久。这一时期胚珠的内珠被大约扩大到珠心长度的 2/3，外珠被和内珠被完全包围着珠心。FG3 为晚期双核时期，双核雌配子体中存在大的中央液泡，该液泡将两个细胞核与合点和珠孔极分开。FG3 时期结束时，在合点极会形成一个额外的较小液泡。在这个时期，退化的大孢子仍然存在。由于胚珠的着生方向是倒生的，雌配子体开始变得弯曲（图 2-12）。

　　FG4 时期的雌配子体经历第二轮有丝分裂，产生一个四核的雌配子体。在 FG4 的早期和晚期能够识别发育中的胚胎囊。在这个阶段，合点核和小孢子核被一个大的中央液泡分开。第二

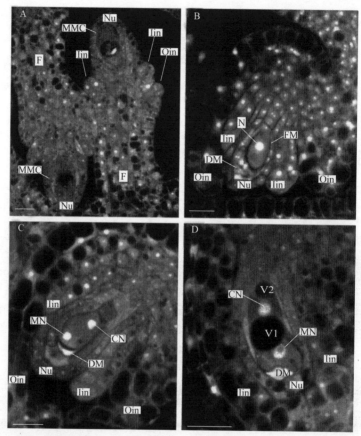

图2-12　拟南芥雌配子体发育的 FG0～FG3 时期（引自 Christensen et al.，1997） A．FG0时期雌配子体的共聚焦激光扫描显微镜图像显示了被珠心表皮（nucellar epidermis，Nu）包围并直接接触的大孢子母细胞（megaspore mother cell，MMC）。此外，外珠被（outer integument，Oin）和内珠被（inner integument，Iin）刚发育产生。B．FG1 时期发育中的雌配子体，即功能性大孢子（functional megaspore，FM），是单核（uninucleate，N）并呈泪珠状。DM是退化的大孢子（degenerating megaspore）。外珠被和内珠被不完全地包围珠心。C．FG2时期的雌配子体，由两个核组成，一个核（one nucleus，MN）朝向珠孔极，另一个核（other nucleus，CN）朝向合点极。珠心被外珠被包围，但不被内珠被包围。D．FG3时期的雌配子体由两个核（CN 和 MN）组成，被一个大的中央液泡（large central vacuole，V1）隔开。FG3雌配子体在其合点部位含有一个较小的液泡（small vacuole，V2）。在这个阶段以后，珠心完全被内珠被包围。除A外，雌配子体的方向是珠孔极向下，合点极向上。F．珠柄（funiculus）；DM．降解物质（degraded material）。标尺为10μm。

　　个较小的液泡位于合点极。由于胚珠的倒生，雌配子体的弯曲在FG4初期和晚期都非常明显。在FG4时期，退化的大孢子不明显。早期FG4雌配子体的两个合点核与合点珠孔轴处于正交位置。晚期FG4两个合点核位于平行于合点珠孔轴。因此，合点核迁移使得它们之间连线相对于合点珠孔轴旋转了大约90°。在大多数（＞90%）晚期FG4雌配子体中，珠孔核位于跟合点珠孔轴正交的位置上。然而，偶尔也观察到它位于平行于合点珠孔轴或稍微偏离此轴的位置，说明珠孔核也可能迁移到平行于合点珠孔轴的地方（图2-13）。

　　FG5时期的雌配子体是八核的，该时期也是发育最活跃的时候。在该时期，雌配子体从一个八核的胚胎发育成一个七细胞的胚囊。FG5时期始于雌配子体开始的第三轮，也是最后一轮

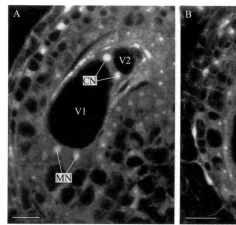
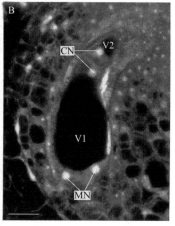

图 2-13　拟南芥雌配子体发育的 FG4 时期（改自 Christensen et al., 1997）　该时期的雌配子体由 4 个核组成，一个大的中央液泡（V1）将一对合点核（CN）与一对珠孔核（MN）分开。FG4 雌配子体在其合点极处还包含一个较小的液泡（V2）。A. 早期 FG4 雌配子体，两个合点核（CN）之间的线垂直于合点珠孔轴。B. FG4 晚期发育中的雌配子体的图像。两个中央极核之间的线平行于合点珠孔轴。在这两图中，雌配子体的定向是正面朝右，背面朝左，珠孔极向下，合点极向上。标尺为 10μm。

有丝分裂。最初是一个八核细胞，每个极有四个核，由一个中央大液泡隔开。在 FG5 时期发生了两个主要的变化，第一是极核迁移，第二是细胞化。极核迁移在第三次有丝分裂后立即开始。合点极核沿近轴表面迁移，走过大部分胚囊的长度，去向远端。相比之下，珠孔极核沿近轴表面迁移的距离要短得多。FG5 可以看到细胞边界，但其中没有明显的极性。在该阶段早期，一个中央大液泡将两组细胞核分开。在合点极有 3 个反足核和 1 个合点极核，在珠孔极有 2 个助细胞核、1 个卵核和 1 个珠孔极核。在珠孔端，两个助细胞沿近轴面分布，卵细胞沿背轴面分布。当从背轴方向观察时，两个助细胞的位置是并排的，成为左助细胞和右助细胞。在合点端是三个反足细胞，胚囊的中心有两个未融合的极核和中央细胞。到 FG5 中期，卵细胞、助细胞和中央细胞已变得高度空泡化。这些液泡的位置使细胞具有明显的极性，说明细胞已经具有独特的细胞特性。在 FG5 晚期，雌配子体细胞具有明显的细胞边界；此外，液泡和细胞有明显的极性。总之，细胞化始于 FG5 阶段早期，可能在第三次有丝分裂之后立即开始，并且在极核融合之前完成。

　　FG6 时期是七细胞阶段，始于两个极核开始融合。极核融合发生在胚囊的近轴表面，并且发生在距珠孔极约雌配子体 1/4 长度的位置。由极核融合产生的二倍体核称为次级胚乳核，是中央细胞的细胞核。在 FG6 时期，反足细胞逐渐开始突出，对足细胞簇变得越来越紧凑，并且与周围的合点珠区的差别越来越小，并最终消失。在 FG5 晚期，反足细胞处于最大突出状态。最终，反足细胞不再可区分，并且在 568nm 激光激发下，合点核处的组织具有高度的自发荧光（图 2-14）。

　　反足细胞完全消失是四细胞 FG7 时期的开始标志。雌配子体由 4 个雌性生殖细胞构成，包括中央细胞、卵细胞和两个助细胞。助细胞位于近轴表面，但在不同的截面平面上。胚囊的极端珠孔位置被两个助细胞占据，导致卵细胞处于合点位置。由于卵细胞和助细胞的长度大致相同（约为 20μm），卵细胞的合点尖端延伸到上方助细胞的合点处。卵细胞的细胞核及其大部分细胞质存在于其合点极处，一个大液泡占据了细胞珠孔的 2/3。助细胞与卵细胞有相反的极性，其细

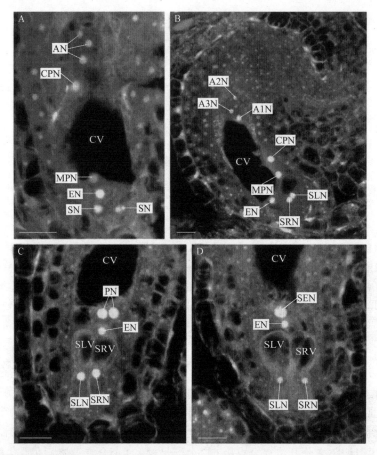

图2-14 拟南芥雌配子体发育的FG5和FG6阶段（改自Christensen et al.，1997） A．FG5早期的雌配子体图像。一个中央大液泡（central cell vacuole，CV）将两组细胞核分开；在合点极有 3 个反足核（antipodal nucleus，AN）和1个合点极核（chalazal polar nucleus，CPN），在珠孔极有2个助细胞核（synergid nucleus，SN）、1个卵核（egg nucleus，EN）和1个珠孔极核（micropylar polar nucleus，MPN）。B．FG5中期的雌配子体在合点极是三个反足核（A1N、A2N 和 A3N），在珠孔极是左、右助细胞核（SLN 和 SRN）和1个卵核（EN）。合点极核（CPN）和珠孔极核（MPN）沿近轴面相互迁移。C．FG5后期极核迁移完成，雌配子体细胞完全细胞化。两个极核（polar nucleus，PN）彼此靠近卵核（EN）。极核之间的连线大致垂直于合点微孔轴，左、右助细胞处于并排位置。D．FG6时期极核已经融合，产生次级胚乳核（secondary endosperm nucleus，SEN）。SLV．左侧助细胞液泡（synergid left vacuole）；SRV．右侧助细胞液泡（synergid right vacuole）。标尺为10μm。

胞核位于珠孔极，液泡位于合点极。中央细胞同样被极化，中央细胞核靠近卵细胞。此外，次生胚乳核和卵细胞核彼此也非常接近；透射电子显微照片看两个细胞的细胞核位于1.2μm范围内，可能是为了促进双重受精。特别注意的是，拟南芥雌性生殖单位的细胞形态是被子植物中的典型的细胞形态。

　　FG8时期以一个助细胞的退化为标志，形成三细胞作为特点。在反足细胞变性之后很长时间内，助细胞变性一直在发生。退化的助细胞在显微镜观察下表现出三个形态特征：①全细胞自发荧光较强；②没有液泡；③缺乏可区分的核仁。因此，一个FG8时期的雌配子体仅由三个细胞组成，即一个中央细胞、一个卵细胞和一个助细胞（图2-15）。

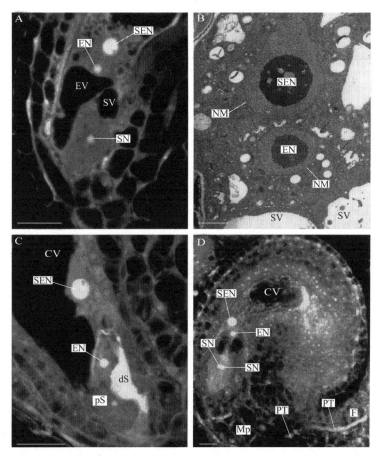

图2-15 拟南芥雌配子体发育的FG7和FG8阶段（改自 Christensen et al., 1997） A. FG7雌配子体珠孔区域，显示了位于近轴表面的助细胞（助细胞的细胞核SN和液泡SV）和位于背面的卵细胞（卵细胞的细胞核EN和液泡EV）。B. FG6时期雌配子体的卵细胞核和中央细胞核的透射电子显微图片显示了核膜（NM）彼此非常靠近（约1μm）。每个细胞核内染色质颜色较深，为核仁的区域。黑色箭头指卵细胞和中央细胞细胞壁的沉积。标尺为3μm。C. FG8时期雌配子体由一个中央细胞（次级胚乳核SEN和其液泡CV）、一个卵细胞（EN）和一个持久性助细胞（persistent synergid cell，pS）组成。另一个退化助细胞（degenerated synergid cell，dS）的区域较亮。D. 受精前雌配子体的图，显示了一根花粉管（PT）在株柄（F）中，并朝着珠孔（Mp）位置前进。在这个雌配子体中，两个助细胞（SN）都是完整的。A、C和D中的标尺为10μm。

2.2 植物细胞的显微成像技术

2.2.1 普通光学显微镜技术

光学显微镜（light microscope）是非常通用的显微仪器，与其他形式的显微镜相比具有许多优点（图2-16A）。它可用于检查各种类型的样本，而且需要额外的配件仪器较少。光学显微镜适用于检查不同大小的标本，无论是整体样品还是组织切片，活的组织还是死亡的组织。所获得的图片能够为研究人员提供有关样本的物理、化学和生物等属性的信息。来自光学显微镜的图像是彩色的，可以用肉眼直接观察，进行较为直观的拍摄或录像，后续用计算机和相关软件能对图像进行进一步的分析。光学显微镜价格相对便宜、体积较小，并且对操作条件和维护成

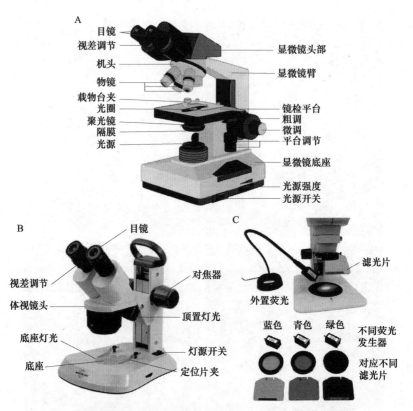

图2-16 光学显微镜（A）、体视显微镜（B）和体视荧光显微镜（C）

本的要求不高。光学显微镜的主要限制是它的分辨能力：使用数值孔径NA为1.4的物镜和波长500nm的绿光，极限分辨率为0.2μm；使用较短波长的紫外线辐射时，极限分辨率可能会减半，因为需要专门的发射光源、对应的滤镜导致系统变得更为复杂。在植物学研究中，光学显微镜的分辨率可满足大部分样本检验的需求。然而，大多数植物器官对光不透明，这是阻碍植物组织深处高分辨率成像的原因。因此，观察植物组织中被包埋的组织和器官是通过组织切片或整体透明处理来实现的。但是组织透明处理方法如果破坏了来自荧光标记的信号，这会妨碍荧光蛋白的成像，并影响整个植物器官光学切片的三维重建。

　　一般光学显微镜分为头部、底座和镜臂。镜体头部是一个主体，它承载显微镜上部的光学部件。底座充当显微镜支架，它带有显微光照系统。显微镜臂连接底座、头部和目镜管；它为显微镜的头部提供支撑，也用于携带显微镜。一些高质量的显微镜有一个带有多个关节的铰接臂，允许显微镜头多角度转动，以便获得更好的观察效果。显微镜的光学部件用于查看和放大载玻片上的样本，这些部件包括目镜、目镜筒、物镜、机头、调节旋钮、平台、光圈、显微镜照明器（光源）、聚光镜、隔膜、聚光镜聚焦旋钮、阿贝聚光镜和机架挡块。目镜用于通过显微镜观察的部分，它位于显微镜的顶部。目镜的标准放大倍率是10倍，可选的目镜放大倍率为5～30倍。目镜筒也是目镜架，它在物镜上方固定目镜。一些显微镜（如双筒显微镜）的目镜筒是灵活的，可以通过旋转以适应距离的变化从而获得最大的可视化效果。物镜是用于观察样本的主要镜头，它的放大倍数一般在40～100倍。一台显微镜上可以安装多个不同放大倍数的物镜。机头是固定物镜用，它可以根据需要的放大率旋转选择不同放大倍数的物镜。调节旋钮用于聚焦显微镜，分为微调旋钮和粗调旋钮两种。镜检平台是放置样本的平台，上面有固定载玻片的载物台夹。最常见的载物台是机械载物台，它可以用载物台上的机械旋钮来固定载玻片。光圈是显微镜载物台上的一个通光孔，来自光源的透射光通过它照射到载物台上。显微镜照明器是位于底座的光源；聚光镜用于聚焦来自照明器的光，确保高放大倍率下能生成清晰锐利的图像。聚光镜的放大倍率越高，图像越清晰。更复杂的显微镜配有一个阿贝聚光镜，放大倍率约为 1000 倍。隔膜被称为虹膜，在显微镜下部，其主要作用是控制到达样本的光量（光强和光束大小）。光学显微技术的应用举例参考图 2-2A 杨树茎的木质素成像和图 2-9 与图 2-10 中花药发育的观察。

2.2.2 体视显微镜技术

1. 体视显微镜介绍

体视显微镜（stereo microscope）是光学显微镜的一种，可观察和拍摄样品的三维视图，因此也被称为立体变焦显微镜（stereo zoom microscope）或解剖显微镜（dissecting microscope）。解剖显微镜部件包括单独的物镜和目镜，因此每只眼睛看到的信号来自两条独立的光路，左右眼略微不同的角度视图产生了三维视觉。体视显微镜独特的两个镜筒和两条独立光路，使物体反射的光可被放大 10 倍和 150 倍。三维的图像成像系统中的电子放大可以达到最终 400 倍的放大效果。体视显微镜的构造与普通光学显微镜有类似之处，但其所包含的部件可能会因配置和用途的不同而有很大差异。图 2-16B 是一个典型的教研型体视显微镜，带有轨道支架和顶置灯光。

体视荧光显微镜的荧光是一项外加的技术，其光源和光学器件可以产生高激发的各种荧光光源（图 2-16C）。然而，在许多应用中，用户并不真正需要专用的全光谱荧光发生器，仅激发一种或几种荧光光源的简单系统就足够使用了。激发光通过物镜时，要在物镜上安装滤光片以去除反射的激发光。荧光适配器的光源是位于柔性支架末端的独立发光二极管（light-emitting diode，LED）模块。每个模块包含一个适当波长（即颜色）的高强度 LED、一个产生窄光束的聚焦透镜和一个辅助干涉的滤光片。滤光片进一步修整 LED 光谱，输出最佳对比度的光。荧光适配器可以包括一个用于激发绿色荧光蛋白的蓝色激发光模块，或一个用于激发黄色荧光蛋白的青色激发光模块，或一个用于激发红色荧光蛋白的绿色激发光模块。使用 LED 激发光所需功耗非常低，可以由 12V 的电池供电以进行独立操作。LED 的其他优点是它们不需要预热或冷却，并且可以持续发光达 1 万 h。滤光片均由光学级聚碳酸酯制成，能够阻挡互补激发源的光波。

2. 体视显微技术应用于转基因材料

遗传分析需要能够识别区分群体中个体的基因型。如果每个基因型都具有独特的表型，那就很简单，可以对不同基因型进行分离；但如果这些基因型在表型上相似或相同，就会比较困难一些。对于拟南芥的某些目标突变体，通过杂交与在遗传位置上相近的绿色和红色荧光转基因材料（traffic line）进行配位，种子的纯合子或杂合子可以通过在体视荧光显微镜下观察种子中绿色或红色信号来鉴定（Wu et al.，2015）。这种杂合植物的自花授粉后代中的非荧光种子对于突变位点来说是纯合的，而具有中间强度绿色和红色荧光的种子，其突变体是杂合的。因此，在体视荧光显微镜下就能快速识别幼苗的基因型，并且还有助于筛选出纯核致死材料的杂合体进行保存。traffic line 也可用于鉴定在基因组的特定区域内发生重组的后代，从而研究遗传位置图和近等基因系。研究人员在 Columbia 生态型和 Landsberg erecta 生态型中分别产生了 330 个和 158 个转基因系，其中包含 *pNAP::dsRED* 和 *pNAP::eGFP* 单个插入基因组的材料；这套种子库中的荧光蛋白插入能够基本覆盖拟南芥基因组上大部分的区域（图 2-17）。

由 *pNAP::eGFP* 和 *pNAP::dsRED* 标记的染色体片段可以在遗传杂交中继续存在，遗传了标记

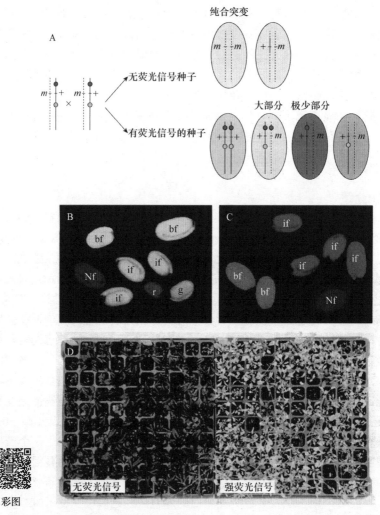

彩图

图2-17　使用traffic line识别隐性突变纯合的种子（改自Wu et al.，2015）　A．traffic line和目标突变体（*m*）杂合的植物F₂后代中最常见的几种基因型。B．基因型*CTL2.4/wus-5*植物的F₂种子，使用GFP滤光片进行拍摄，显示了明亮、中间信号强度和没有绿色荧光信号。C．*CR128/wus-5*植物的F₂种子，使用dsRED滤光片进行拍摄，显示了三种红色荧光信号。Nf．没有荧光；bf．明亮的荧光；if．中间信号强度的荧光；r．红色荧光信号；g．绿色荧光信号。D．*CTL2.4/wus-5*的F₂后代中来自没有荧光和明亮荧光种子的植物的表型。开花后用Basta喷洒植物，可以通过是否抗Basta来判断其基因型。所有没有荧光种子具有*wus-5*突变型，且都不对Basta具有抗性，表明它们是*wus-5*的纯合突变体。大多数荧光明亮的种子具有野生型*WUS*等位基因，因此Basta喷洒后显示出不敏感表型。

染色体的杂交或自交后代都具有绿色和红色荧光的种子，而遗传非标记转基因染色体片段的后代则不带有荧光。当目标遗传位点与标记的染色体片段的距离较短，染色体片段内的双重重组发生概率较低，这些无荧光种子中的绝大多数将包含目标遗传位点。此外，eGFP和dsRED的剂量敏感性使得标记的染色体片段为杂合子时，其荧光亮度比纯合时要暗。

当traffic line作为基因分型工具时，下面以荧光鉴定*wuschel-5*（*wus-5*）突变体纯合或杂合背景为例。*wus-5*是由T-DNA插入（SAIL_150_G06）引起的，在纯合条件下可通过其发芽的表型缺陷识别，在杂合条件下可通过转基因插入的Basta抗性来识别。由于*wus-5*纯合突变会产生有缺陷的分生组织，因此无法得到种子。在 *WUS* 遗传位点附近有三个可以利用的基因，分别是 *CTL2.1*、*CTL2.3* 和 *CTL2.4*，用它们与 *wus-5* 杂合的植物进行杂交，在体视荧光显微镜中选择了 traffic line/*wus-5* 植物的 F₂ 后代中的没有荧光和明亮荧光的种子进行鉴定。全部的 CTL2.1/*wus-5* 和 CTL2.4/*wus-5*，以及 99% 的 CTL2.3/*wus-5* 的无荧光子后代是 *wus-5* 的纯合子。带有荧光且非常明亮的种子形态上都是正常的，此外这些种子对 Basta 不具有抗性，因此都是野生型 WUS 的纯合子（Wu et al.，2015）。

2.2.3　透射电子显微镜技术

1. 透射电子显微镜介绍

透射电子显微镜（transmission electron microscope，TEM）利用波长更短的光源可以看到在光学显微镜下无法看清的小于 0.2μm 的精细结构，这些结构称为亚显微结构或超微结构。透射电子显微镜主要包含三个基本系统，第一是产生电子束的电子枪，以及将电子束聚焦到物体上的聚光镜系统。第二是成像系统，由物镜、可移动的样品台和投影镜头组成；该系统将通过样品的电子聚焦以形成真实的、高放大倍率的图像。第三是图像记录系统，将电子图像转变成人眼可以识别的图像形式。图像记录系统通常由一个用于查看和聚焦图像的荧光屏和一个用于拍摄记录的数码相机组成。此外，还需要一个由泵及其相关仪表和阀门组成的真空系统，以及特殊供电系统（图 2-18A）。

电子枪和聚光镜系统包括电子源作为阴极，它是一根加热的 V 形钨丝，或是一根由六硼化镧等材料制成的尖棒。灯丝被耐高温的网格包围，也称为 Wehnelt 圆柱体；中心孔位于柱体的中轴上，阴极的顶点位于中心孔的上方。电子离开阴极和屏蔽层，向阳极加速，如果高压足够稳定，则以恒定能量通过中心孔；电子枪的控制和校准至关重要。光束的强度和孔径角由电子枪和样品之间的聚光镜控制。单个透镜或者双聚光镜可以将光束汇聚到物体上。双聚光镜的第一个透镜用于产生源的缩小图像，第二个透镜将其成像到物体上。因为源图像尺寸的减小，可以节省电子枪和物镜台之间的空间，同时最大限度地减少因加热和辐射对样品造成的干扰（图 2-18B）。

图像生成系统中，物镜有 1～5mm 很短的焦距，产生的中间图像能被投影镜头进一步放大。单个投影镜可以提供 5：1 的放大倍率；此外互换投影镜中的极片，可以获得更大范围的放大倍率。现代仪器一般使用两个投影镜头，其中一个称为中间镜头；主要在不增加显微镜柱的物理长度下，得到更大范围的放大倍率和更大的整体放大倍率。通常显微镜的屏幕上得到 1000～25 000 倍最终放大倍率的图像兼具稳定性和亮度。如果需要更高的最终放大倍率，只能通过调节相机进行数码放大。电子显微镜中最终图像的质量很大程度上取决于各种机械和电气调校的准确性。通过对齐各种透镜和照明系统，为镜头提供高度稳定的电源，以及更好的电子稳定器，都可以提高分辨率。现代电子显微镜由计算机进行控制，且使用专门的软件。透射电子显微镜的图像记录跟其他显微镜有所不同，其记录的电子图像是单色的；电子需要落在位于显微镜柱底部的荧光屏上，才能显示在计算机的显示器上。通过选定图像的特定区域或抓取具有特定特征的像素，可以将虚拟的颜色改为彩色图像。这有助于从原始图像创建具有视觉吸引力的图片，提升视觉效果。

2. 透射电子显微技术的应用举例

免疫金标记法（immunogold staining）是一种利用透射电子显微镜对被标记蛋白在细胞和细

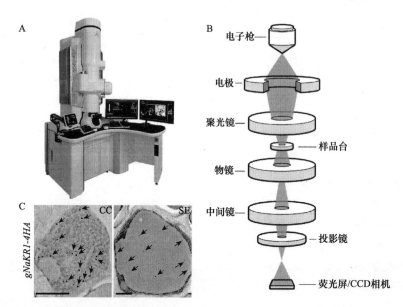

图2-18　透射电子显微镜的基本结构（改自 Zhu et al., 2016）　A．一台 JEM-F200 型的透射电子显微镜，也被称为"F2"，它是具有先进的分析系统、高通量电子束、冷场发射枪和双硅漂移探测器的 TEM。"F2"采用了 JEOL 的最新的技术，易于使用、系统稳定、分辨率高。B．透射电子显微镜的基本结构，包括电子枪（发射高能电子束，提供光源），聚光镜（将发散的电子束汇聚得到平行光源），样品杆（装载需观察的样品），物镜（电镜最关键的部分，起到聚焦成像并放大的作用），中间镜（二次放大，并控制图像模式或者电子衍射模式），投影镜（三次放大），荧光屏（将电子信号转化为可见光，供操作者观察），CCD 相机（先进的电子相机，拍照效率比传统底片高很多）。C．电子显微镜在免疫金标记法中的应用。免疫金分析法是用抗 HA 抗体对长日照下生长 11d 的 *nakr1-1 gNaKR1-4HA* 幼苗进行免疫识别，再利用透射电子显微镜观察发现 NaKR1-4HA 在第一片莲座叶维管束系统的伴胞（CC）和筛管（SE）中存在。箭头表示免疫金颗粒。标尺为 1μm。

胞器水平的高分辨率高精度的检测手段（图2-18C）。具体方法是在室温下将植物固定在 2% 多聚甲醛-戊二醛混合溶液中过夜，然后嵌入树脂。将超薄切片安装在镍网格上，然后转移到 TTBS（20mmol/L Tris、500mmol/L NaCl 和 0.05% Tween-20，pH 7.5）的封闭液滴上，添加 1%（*m/V*）BSA 溶液浸泡 30min。在室温下，用加入 1∶5（*V/V*）稀释的抗 HA 或抗 myc 的抗体，孵育 1h。用 TTBS 清洗 3 次后，放入 1∶20（*V/V*）稀释的封闭溶液中加入 15nm 的金结合抗小鼠抗体与网格一起孵育 30min。随后用 TTBS 和蒸馏水清洗网格，用 2% 乙酸双氧铀在室温下进行 15min 组织染色，然后用透射电子显微镜（JEM-1230，JEOL）拍照。为了定量分析免疫金标记，在不同位置拍摄免疫金标记的照片，通过 ImageJ 软件统计并计算金颗粒的数量和细胞面积，计算整个细胞区域中的金颗粒密度。

　　利用该实验技术，发现了一个含有重金属结合域（heavy metal-associated domain，HMA）的 NaKR1 蛋白，在长日照条件下 CO 激活 *NaKR1* 基因并调控长距离运动的成花素基因 *FT*。*NaKR1* 的功能丧失会影响 FT 从叶片筛管向顶端的运输，导致在长日照条件下开花变晚。NaKR1 和 FT 具有相似的表达模式和亚细胞定位，并且在体内相互影响。嫁接实验表明 NaKR1 通过介导 FT 从叶子转移到茎尖，从而促进开花（Zhu et al., 2016）。

2.2.4　扫描电子显微镜技术

1. 扫描电子显微镜的介绍

扫描电子显微镜（scanning electron microscope，SEM）简称扫描电镜，是电子显微镜的一种，是介于光学显微镜和透射电子显微镜之间的一种观察手段。自从1965年第一台扫描电子显微镜问世以来，经过40多年的不断改进，扫描电镜的分辨率从最早的25nm提高到现在的0.01nm。大多数扫描电镜都能与X射线波谱仪、X射线能谱仪等仪器组合，主要对样品表面的微观结构进行较为全面分析的多功能电子显微仪器。对于植物等生物组织样品，扫描电子显微镜也能对样品表面和近表面进行扫描，记录有关电子与样品之间相互作用的信息，通过进一步的信号放大形成高分辨率和高景深的图像。因此，扫描电子显微镜使用较为广泛，而且图像生成速度较快。为了获得高分辨率图像，电子源也称电子枪，向样品发射高能电子流，通过电磁透镜聚焦电子束。一旦聚焦的电子束流到达样品，它就会以矩形光栅的形式对样品表面进行扫描。电子束和样品之间的相互作用会产生二次电子、背散射电子和X射线，通过捕获这些交互作用所产生的信号，可以获得放大的图像（图2-19A）。

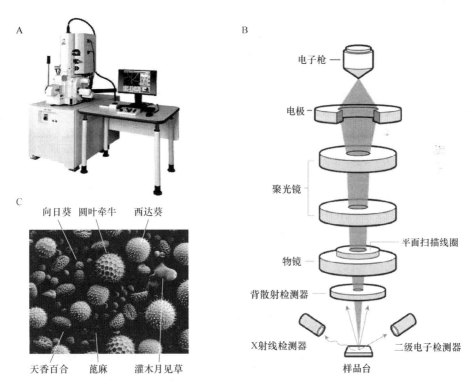

图2-19　扫描电子显微镜的基本结构　A. JSM-7900F机型结合了超高分辨率成像、增强的稳定性和卓越的易用性。B. 扫描电子显微镜的基本结构，包括电子枪、电极、聚光镜、物镜、平面扫描线圈、背散射检测器、X射线检测器、二级电子检测器和样品台等。C. 用扫描电子显微镜观察不同植物花粉粒的形态结构。该图像显示了多种常见植物的花粉粒，向日葵（*Helianthus annuus*）、圆叶牵牛（*Ipomoea purpurea*）、西达葵（*Sidalcea malviflora*）、天香百合（*Lilium auratum*）、蓖麻（*Ricinus communis*）和灌木月见草（*Oenothera fruticosa*）。

扫描电镜可粗略分为镜体和电源电路系统两部分。镜体部分由电子光学系统，信号收集、显示系统，以及真空抽气系统组成。电子光学系统由电子枪、扫描线圈和样品台等部件组成。为了获得较高的信号强度和图像分辨率，扫描电子束应具有较高的亮度和尽可能小的束斑直径。信号收集及显示系统收集样品在电子束作用下产生的物理信号，然后经显像系统的调制，信号被进一步放大。电子检测器由闪烁体、光导管和光电倍增器所组成。真空系统的作用是保证电子光学系统正常工作，防止样品污染，一般情况下要求保持 $10^{-5} \sim 10^{-4}$ Torr 的真空度。电源系统由稳压、稳流及相应的安全保护电路所组成，其作用是提供扫描电镜各部分所需的电源。

新型电子光学引擎（Neo Engine）集成了新开发的镜头控制系统和自动技术，即使电子光学条件发生变化，光束对准度仍然很高，从而可以在高电压和加速探针电流下快速地获取图像。自动化功能的改进，使得样品即便包埋在树脂中，其检测的横截面能用可伸缩背散射电子检测器在几秒钟定位，并获得放大倍率10万倍的自动对焦图片。新开发的超高灵敏度背散射电子探测器提供了清晰的图像对比度。检测器灵敏度大幅度提高，在低加速电压下可以观察到高对比度的图像。此外不同的探测器，如下电子检测器（lower electron detector，LED）和上电子检测器（upper electron detector，UED）是标准配置，此外，可伸缩背散射电子检测器（retractable backscattered electron detector，RBED）和上二次电子检测器（upper secondary electron detector，USED）可以按照不同需求组合使用。低真空功能可以方便地观察和分析没有导电涂层的非导电样品，空间分辨率率高（图2-19B）。

扫描电子显微镜和透射电子显微镜都是生物、物理和化学科学中重要的大型成像设备。通过了解这两种电子显微镜之间的差异，研究人员可以根据需要选择正确的显微镜类型。与其他成像系统相比，扫描电子显微镜和透射电子显微镜各自具有独特的优势。与透射电子显微相比，扫描电子显微镜具有成本更低，花费时间更少来创建图像，样品制备更少，可接受较厚的样品，可以检查更大的样本等特点。扫描电子显微镜和透射电子显微镜之间有许多相似之处。这两个高分辨率显微镜的组件非常相似。每个都有一个电子源/电子枪，可以向真空中的样品发射电子流，每个都包含用于控制电子束和捕获图像的透镜和电子孔径。但两者在功能上的差异是巨大的。它们在工作方式、所需样本类型、所创建图像的分辨率等方面也有所不同。

2. 扫描电子显微技术的应用举例

植物的花粉是由几个细胞组成的小颗粒。在肉眼看来，它是一种淡黄色的尘埃状物质，利用风媒或虫媒传播到雌配子上。花粉在植物花药囊或小孢子囊内形成。植物花药、花粉和雄配子的发育请参考2.1.9的第四部分，以及图2-9和图2-10。对于扫描电子显微镜，虽然乙酰化是用于制备花粉最流行的方法之一，但是其对人体有较大伤害，目前代替的方法之一是使用Aerosol-OT和乙酸戊酯进行制备。具体步骤是先将花药完整地从花中取出，将它们浸泡在3%的Aerosol-OT溶液中进行软化。将花粉从软化的花药中取出，并将它们放入15mL离心管中。花粉样品在Aerosol-OT溶液中浸泡5d，并进行补液；使用移液器去除Aerosol-OT溶液，并加水清洗约10min。等水分沥干，加入丙酮和水体积比为1∶1的混合溶液，处理约1h，通过离心以浓缩花粉粒。将试管放入超声波机器中，在水浴的条件下对花粉进行1min的超声波处理。吸除混合溶液，换上新的丙酮和水混合溶液，静置约1h，达到清除花粉粒表面多余物质的目的。用蒸馏水代替丙酮和水混合溶液，静置10min。除去蒸馏水，加入50%乙醇，静置1h。用70%乙醇代替50%乙醇处理1h。用90%乙醇和100%乙醇代替70%乙醇，重复100%乙醇两次，进行脱水。第二轮用100%乙醇，静置约4h。排出乙醇并加入乙酸戊酯约1h。小心去除乙酸戊酯以保留花粉，使用移液器将花粉粒转移到皿中，将皿放在干燥器中进行。最后将花粉放置在用于观察的螺柱上。在扫描电子显微镜下观察时，可以清楚地看到不同花粉类型的表面，有的颗粒是膨胀或收缩的，有的是粗糙或裂开的。花粉颗粒不同类型的纹饰不规则地分布在颗粒表面，但其形成与不同植物的基因组信息有关。虽然这些结构上的凹凸变化在整个花粉表面上都可见，但某些特殊的结构可能只存在于花粉的极性末端或其表面上的某个特定部分（图 2-19C）。

2.2.5　激光扫描共聚焦显微镜技术

1. 激光扫描共聚焦显微镜的介绍

激光扫描共聚焦显微镜（confocal laser scanning microscope，CLSM）是一种用激光仅聚焦在单个焦平面上的显微镜，未聚焦的平面不会被可视化。过去，传统的激光显微镜会激发样品的整个信号，导致图像饱和、模糊，有时会出现错误的定位图像。通过技术的改进，激光扫描共聚焦显微镜只激发单个焦平面，因此该技术适用于拍摄更为真实的单层图像，通过建立多个单焦平面就可以重建三维立体信号，刻画出整体的形态。此外，激光扫描共聚焦显微镜可以通过选取局部最弱或最强信号区域作为基准来优化整个图像的强度。这些照片拍摄的具体信息，如荧光的选择、强度的设置、滤光片的组合、信号收集的波段等都可以进行保存。在下一次实验开始前，可以通过软件进行一键恢复到上一次的使用设置（图 2-20）。

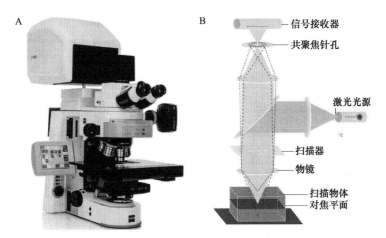

图 2-20　激光扫描共聚焦显微镜的基本结构　A. ZEISS LSM 900 激光扫描共聚焦显微镜；B. 激光扫描共聚焦显微镜的结构，包括信号接收器、共聚焦针孔、激光光源、扫描器、物镜等结构。

以 ZEISS LSM 900 倒置激光扫描共聚焦显微镜为例，它不仅能够对纳米材料、金属、聚合物和半导体进行精确的 3D 成像和分析，而且能够对各种生物组织的 3D 微结构和表面形态进行观察和拍摄。有些为正置光学显微镜或倒置光学显微镜，可以加装共聚焦激光扫描模块。

由于生物组织和器官具有复杂的 3D 结构，获得完整的 3D 图像更加有利于观测和解释其中的生物学背景和意义。激光扫描共聚焦显微镜中的激光形成共聚焦光束，在光学路径中利用孔径的排列方式使得失焦信息被阻挡，确保聚焦信息来自一个单一平面。在拍摄时，激光束通过在 X、Y 轴方向上扫描生成图像，对焦信息看起来很亮，而失焦位置就很暗。通过改变样品和物镜之间的距离，对样品进行光学切片并生成多层叠加的 z-stack 图像。通过分析 z-stack 图层中单个像素的强度分布，可以计算出相对的图层间距，然后形成整个三维视场上的图像信息。

2. 植物根和叶维管组织的实时共聚焦成像

长期以来，植物生长和发育的研究主要依赖固定的或者包埋的组织。共聚焦显微镜的不断发展，提高了细胞和分子成像的分辨率，通过不断修饰荧光蛋白发展出了一系列不同激发和反射光波长的荧光蛋白，不同目的基因可以与不同颜色的荧光蛋白进行融合，为在植物活体样本中观察多个目标信号提供保证。此外，抗荧光信号衰减的荧光蛋白能够提高细胞学水平的分辨率和敏感性。实时共聚焦成像（live confocal imaging）为植物生物学家研究植物发育阶段更多生理结构和分析标记提供了强大工具，并已广泛用于植物根系、叶片和顶端分生组织的研究中（图2-21）。

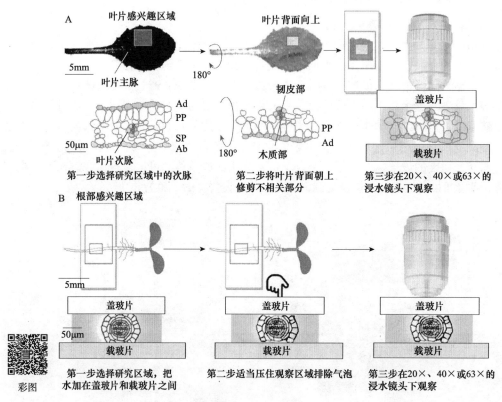

图2-21　植物叶片（A）和根部（B）维管组织的观察方法（改自Cayla et al., 2019）　SP. 海绵状实质；PP. 栅栏实质；Ad. 叶片正面；Ab. 叶片背面。

高等植物的维管组织（vascular tissue）为不同器官之间进行远距离运输水和养分等物质提供了快速通道。因此，研究韧皮部和木质部组织生长与发育、结构与功能一直是植物研究的重点。维管组织在初生和次生代谢物、激素类物质、多肽和大分子信号转导、抗逆抗病的分子信号的产生和传递，以及营养和矿物质的运输储存等方面都起着举足轻重的作用。许多在维管组织中运输的物质都有定向的运动方式，无论是在某些维管细胞中特异性的积累，还是通过运输的方式到达其他需要起作用的地方，都是受到精准调控的。例如，拟南芥SWEET11和SWEET12糖转运蛋白，其在叶片主脉和次脉的韧皮部薄壁组织细胞中表达，在木质部薄壁组织细胞糖的外排中发挥重要作用。因此，SWEET11和SWEET12成为韧皮部薄壁组织的细胞标记物。拟南芥谷氨酰胺合成酶（glutamine synthetase）基因在不同韧皮部细胞和不同层级的叶脉中表达，编码一种重要的氮再平衡酶，对叶片的发育和衰老起重要作用。韧皮部细胞中许多蛋白质的表达位置在不同细胞中有很强的特异性。韧皮部细胞类型的识别有一定困难，不仅因为它们包埋于各种重叠组织和器官之间，而且因为韧皮部细胞是微米级别的大小。为了识别不同类型韧皮部的细胞，可以用细胞特异性基因的启动子表达荧光蛋白，或用在韧皮部中可移动的示踪剂对不同功能细胞进行动态显色。例如，用强启动子 *CaMV 35S*、韧皮部特异性表达的启动子 *SUC2* 或 *PHLOEM PROTEIN2-A1*（*PP2-A1*）（详见 2.4.3 中单细胞测序结果），或伴胞特异性启动子 *SEOR1/SEOR2*，启动 SWEET11/SWEET12 和荧光标记蛋白，在拟南芥稳定转基因植物中可以观察到韧皮部薄壁细胞中表达的动态图像（图 2-22）。

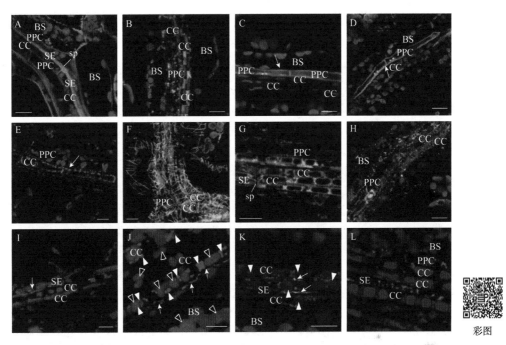

彩图

图 2-22　植物叶片维管组织中细胞与亚细胞结构成像（改自 Cayla et al., 2019）　A. *p35S::LTi6B:GFP* 植物韧皮部细胞质膜的成像。LTi6B-GFP 荧光也标记筛管。韧皮部薄壁细胞是最大的细胞，位于叶脉管系统的边缘。筛管细胞是最薄的细胞，由于没有叶绿体，因此很容易识别。伴胞中有典型的叶绿体排列。图中呈现条状分布的是 GFP 荧光。B. *p35S::COX4:YFP* 植物韧皮部细胞线粒体的成像。图中呈点块状分布的是 YFP 荧光。C，D. *pSWEET11::SWEET11:GFP* 和 *pSWEET12::SWEET12:GFP* 植物韧皮部转移细胞中质膜的成像。绿色是沿细胞壁向内生长的 GFP 荧光（箭头所示）。E. *p35S::PDLP1:GFP* 植物韧皮部细胞中的胞间连丝。绿色是胞间连丝（plasmodesmata）中 GFP 的荧光（箭头所示）。F. *p35S::GFP:MBD* 是植物中韧皮部薄壁细胞和伴胞中的微管，其完整性可以说明该细胞是具有细胞学活性的。G. 用 DiOC$_6$ 染色的韧皮部细胞的内膜成像。伴胞有大液泡。在筛管和伴胞中线粒体膜也能使用 DiOC$_6$ 染色。H. *p35S::ER:YFP* 植物韧皮部细胞的内质网。I. *pRTM1::GFP:RTM1* 筛管之间的筛板；细小点状的为叶绿体自发荧光（箭头所示）。绿色是 RTM1-GFP 荧光。J. *pRTM2::RTM2:GFP* 植物韧皮部筛管中 RTM2 标记的腔壁层；蓝色为叶绿体自发荧光（空心箭头所示），红色是用 Mitotracker Red 染料标记的线粒体（实心箭头所示），绿色是 RTM2:GFP 荧光（箭头所示）。K. *pSEOR1::SEOR1:GFP* 植物韧皮部筛管中细胞骨架蛋白。粉红色是叶绿体自发荧光（实心箭头所示），聚集的点状信号是用 Mitotracker Red 染料标记的线粒体，黄色是 SEOR1:GFP 荧光（箭头所示）。L. *pSEOR1::PP2-A1:GFP* 韧皮部筛管中韧皮部凝集素（phloem lectin）成像。其他部分的红色是叶绿体的自发荧光。BS. 维管束鞘（bundle sheath）；CC. 伴胞（companion cell）；PPC. 韧皮部薄壁细胞（phloem parenchyma cell）；SE. 筛管分子（sieve element）；sp. 筛板（sieve plate）。白色箭头指向 P 蛋白丝。标尺为 10μm。

以下是对植物叶片的样品处理的具体方法。保留 3cm 叶柄，将叶片切下；处理和观察前，需将叶片放在无菌水中保持湿润。将叶片背面朝上放在载玻片上，并使用移液器用水覆盖。用锋利的手术刀或刀片剥去叶片的表皮。在感兴趣的区域（region of interest，ROI）使用镊子去除表皮细胞层，用水清洗叶片。对表皮细胞的修剪应在叶脉以外区域进行，再用刀片轻轻剥离去海绵状薄壁组织，处理完后叶片变得几乎透明，最后用水清洗。添加pH为9.5的缓冲液，或者特定的染色液来处理样品；添加盖玻片，就可以立即观察。在叶片中，可以按照叶脉主次顺序来观察不同叶脉中的韧皮部，主叶脉外的组织一般比较厚，因而无法进行良好的成像。二级叶脉通常由5~8个伴胞组成，而且与许多筛管交错。三级叶脉由3~4个伴胞组成，筛管分子较少。拟南芥筛管分子是维管组织中最薄的细胞，直径为2~3μm。为了检查韧皮部的完整性和功能，可以使用韧皮部移动荧光示踪剂，如5,6-CFDA、HPTS、CTER等，来观察其动态分布。

以下是对植物根部样品的处理方法。将植物种子清洗后播种在1/2 MS培养基上，播种后在培养皿中生长7d，收获整株植株进行观察。将植株上的主根置于载玻片和盖玻片之间，用水液封。如果是GFP标记的荧光融合蛋白的转基因植株，使用pH 9.5的缓冲液观察GFP信号，或根据实验所需添加特定的染料。轻轻按压载玻片和盖玻片之间的组织，使表面细胞层展开，便可观察主根。在拍照时，需要避免重影。

在样品制备后直接对样品进行显微分析，在普通光源的明场下使用目镜和10倍放大物镜进行观察。在荧光照射下，木质化的木质部细胞的管壁会有强烈的自发荧光，可以通过整体组织形态对所需观察部位进行快速定位。韧皮部位于木质部细胞附近。要观察叶片中韧皮部的位置，用10倍物镜放大就够了。20倍或63倍放大倍数的物镜主要用于观察韧皮部组织或标志物的亚细胞定位。一般情况下，在普通光的低倍物镜下先找到感兴趣的区域，然后再切换到荧光光源下观察感兴趣区域的荧光信号。使用红色滤光片，就可以检查韧皮部细胞中的叶绿体分布。普通光下可以观察到6~10个叶绿体在伴胞中排列成长串形。在荧光模式下，对结合荧光标记的融合蛋白或荧光染料进行多光谱成像，要注意排除木质部中木质素和韧皮部中叶绿素的自发荧光信号。对于筛管分子的鉴别，主要根据它不会有叶绿素自发荧光的特点，或者根据其在叶片和根部的直径小于5μm的大小来判断。细胞如果有规则排列的单串自发荧光叶绿体，并且其与筛管紧密排列的话，可能是伴胞；该细胞的直径仅略大于叶绿体的直径。此外，可以根据叶片不均匀皱褶的质膜来判别是否是韧皮部薄壁组织，其细胞中的一侧排列着许多叶绿体，这些细胞的直径略大于伴胞的直径，但一般会小于10μm。最后，根据在韧皮部组织外缘的叶绿体位置识别维管束韧皮部周围细胞，其中有一个大液泡，因此它的直径比其他类型韧皮部细胞要大得多。

在亚细胞定位方面，可以分别使用MitoTracker Red CMXRos染料和Lti6b-GFP绿色荧光融合蛋白标记观察线粒体和筛管质网（sieve tube reticulum）。筛管细胞不含叶绿体、细胞核和液泡。使用RTM2-GFP和YFP-SLI1标记可以观察到其腔壁层（parietal layer）。目前还没有用于观察筛管质体（sieve tube plastid）的标记物，但GFP-RTM1可以标记与筛管质体相同尺寸的筛管体的表层，可以作为定位筛管质体的一种间接手段。对于内吞囊泡也没有特别的标记方法。使用SEOR1-GFP和SEOR2-GFP荧光标记，方便观察细胞骨架蛋白。使用特殊的荧光标记可以观察伴胞中的所有亚细胞结构，包括线粒体、液泡、细胞核、质体和细胞骨架。韧皮部薄壁组织细胞中发育为转移细胞（transfer cell）后，使用SWEET11-GFP可以标记细胞壁内陷的质膜（图2-22和图2-23）。

3. 植物花器官的实时共聚焦成像

植物地上部分的组织和器官都来自茎尖分生组织，在其侧翼能不断产生侧生器官，营养阶段以产生叶片为主，过渡到生殖阶段后以产生花分生组织为主。虽然拟南芥茎尖分生组织一次产生一个侧生器官，但会以迭代的螺旋模式（spiral pattern）不断产生新的器官，花分生组织在4个轮圈内以相对同步的方式产生4种类型的花器官，不同花发育程序会依次进行。虽然不同花器官遗传网络特点已经受到广泛报道，但花发育的许多方面，如花器官定位和各轮次器官之间的边界定义，仍然有很多待研究的部分。

植物发育早期的分子遗传研究主要依靠原位杂交（*in situ* hybridization）和 *GUS* 报告基因等技术来分析基因表达。虽然这些方法提供了丰富的信息并极大地促进了对植物生长和花发育的理解，但也存在重要的局限性，如图片缺乏良好的细胞分辨率，无法轻松观察一个样品在同一视窗下多个不同基因的表达模式。共聚焦荧光显微镜技术的不断发展克服了这些限制，并为发育生物学家提供了一个强大的工具来研究植物形态发生的细微变化。尤其是共聚焦荧光显微镜能在整个拍摄过程中观察活的组织和器官，这对于充分了解植物发育这个动态过程至关重要。

花器官成像中存在不少挑战，对花分生组织，需要过滤掉来自底层组织的荧光才能较好地观察。例如，花蕾很快变得比花序分生组织大，在花原基第4阶段，萼片开始覆盖花原基的中心位置，同时来自底层组织的荧光会因为距离聚焦点远而变得很暗不容易拍摄。如果使用直立或倒置显微镜对活的、发育中的拟南芥花蕾进行实时共聚焦成像，需要一些特殊的处理，如需要浸水透镜（water-dipping lens）和特殊的分析手段。

活体花器官共聚焦荧光显微镜的具体准备和拍摄技术如下。将经过消毒的拟南芥种子，在MS（Murashige Skoog）板上播种。MS板可以用0.5×或1×MS基础盐混合物，加0.8%琼脂，最后用氢氧化钾溶液调整pH到5.8。将板

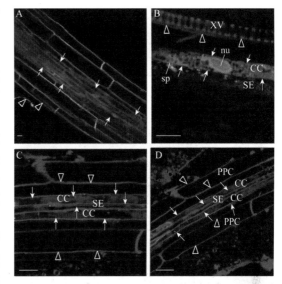

图2-23　初级根韧皮部中GFP标记蛋白质的成像（改自Cayla et al.，2019）　A. *pSUC2::GFP* 植物韧皮部细胞中绿色是GFP荧光（箭头所示），红色是FM4-64荧光（空心箭头所示）。B. *pSUC2::PP2-A1:GFP* 植物中PP2-A1-GFP标记的伴胞中的筛管。在伴胞中，尽管在细胞核中也观察到一些荧光，但PP2-A1-GFP主要位于细胞质中，蛋白质可能存在核质穿梭的现象。此外伴胞和筛管中都发现了GFP荧光，说明根中PP2-A1在伴胞和筛管之间存在转运过程，绿色是GFP荧光（箭头所示），红色是甲苯胺蓝染色的筛板（sieve plate）中胼胝质沉积物的荧光（空心箭头所示）。C，D. *pSUC2::RCI2A:YFP* 植物根韧皮部细胞的质膜成像，绿色是GFP荧光（箭头所示），红色是FM4-64荧光（空心箭头所示）。A，C，D使用20倍的放大倍数；B用63倍的水浸物镜。CC. 伴胞；PPC. 韧皮部薄壁细胞；SE. 筛管；sp. 筛板；XV. 木质导管；nu. 细胞核。标尺为10μm。

置于16h光照和22℃条件下，生长两周。为了促进生长，将幼苗移植到土壤上，在相同条件下培养三周。等花序长至2～10cm时，茎尖部分容易解剖。在肉眼条件下，用镊子夹断花序梗的基部，将主花序中长的角果、大的花蕾和次生花序尽可能多地去除。使用镊子，在含有琼脂糖的解剖盘上刺一个垂直孔，花序末端留下最后的0.5cm茎干，以便将其垂直放入琼脂糖中，确保要被观察的花蕾在琼脂糖表面之上。用无菌去离子水填充成像盘，使芽尖完全浸没。将解剖盘放在体视显微镜下，并用移液器产生水流去除茎尖周围的空气。在体视显微镜下，使用镊子再进一步移除遮挡目标花分生组织的其他花蕾。在摘除过程中，确保花梗与茎的交界处干净地断裂，因为剩余过长的花梗会阻碍花蕾的高质量成像。如果要对第5阶段或更早期的花蕾成像，则在解剖第6～8阶段花蕾之时先除去成像盘中的水。使用镊子，在成像盘的介质中刺出一个垂直孔，

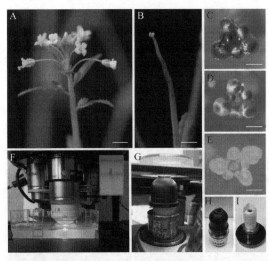

彩图

图2-24 实时共聚焦成像法拍摄生长点的准备过程（改自Prunet，2017）A～E.解剖茎尖，准备样品。主花序（A）上去除长的角果和成熟的花之后（B），将茎尖浸入解剖盘中。茎尖有时含有气泡（C），需要通过移液器吹打去除（D）。该组织是在显微镜下移除花发育第5阶段以后的花蕾（E）。在直立（F）和倒置（G）共聚焦显微镜的成像台上，成像盘中呈现茎尖的视图。一个40倍浸水透镜位于茎尖顶点上方，透镜的尖端需浸入水中（F）。其中较小的图框显示了矩形区域的放大视图，茎尖插入成像介质中，上方和下方的线分别表示介质和水的表面。茎尖倒置在40倍浸水镜头上方，水柱将成像介质连接到镜头尖端（G）。浸水镜头的尖端（H，I）需要添加特殊胶套。由火花塞保护套（H）制成的硅橡胶套筒和无粉乳胶手套手指制成的临时套筒（G）。A和B中标尺为0.5cm，C和D中为0.1cm，E中为100μm。

并将解剖的顶点直立在介质中，以便只有茎尖分生组织和周围的花蕾在介质表面上方。根据要成像的花蕾，可能需要稍微倾斜样品，使花蕾获得更好的拍摄姿态，因为花蕾生长方向与茎的方向有一个微小的倾斜角度。在这个阶段，可以对样品进行染色。从成像盘先除去多余的水，避免过多稀释染料，将30μL 80μg/mL的FM4-64溶液滴在样品处，确保整个样品都被染料覆盖，以保证染色均匀。一般情况下，染色20min后就可以用无菌去离子水冲洗。重复两次后，如果没有立即对样品进行成像，需要加水并盖住成像盘以防止组织脱水而破坏组织形态和分子信号（图2-24）。

对5级及以上的花蕾进行萼片去除，可以用固定的金属针，先将解剖盘与解剖顶点放在体视显微镜下，并将放大倍数设置为最大。将芽尖沉浸在无菌去离子水中，或在解剖萼片时，用移液器不定期将水滴在芽尖上。使用针式虎钳，将针定位在背面萼片的顶部，向芽尖外侧进行切除。轻轻地将萼片从芽尖向外推开，直到它脱离花蕾。对两个正面和侧面的萼片进行类似的操作。去除完后，将芽尖浸入无菌去离子水中几分钟，以防止脱水。对于第3～4期萼片原基的组织，由于结构过于微小，需要用到共聚焦显微镜的激光进行消融。方法是将带有染色的解剖顶点放置在共聚焦显微镜成像台的成像盘中。通过显微镜视角，定位并找到生长顶点。在显微镜的激光烧蚀系统软件中，将萼片顶部和尖端那些会覆盖花分生组织的原基细胞定义为烧蚀区。将激光功率和停留时间设置为适当的参数，既需要消融足够多的细胞，同时又不会对其他需要被拍摄的细胞造成太大损害。根据所使用的激光烧蚀系统，最初需要通过多次试验以确定适当的参数，通过反复的激光烧蚀，以确保去除足够的细胞，防止萼片随后在花原基上生长，而且不会影响花蕾的其余部分。使用过高的激光功率和过长的停留时间会损坏其他部位的细胞，影响其存活和生长。一旦确定了合适的参数，可重复用于后续实验。如果第一次的消融不充分，可以在接下来的几天对材料进行第二次消融（图2-25）。

使用正置显微镜成像拍摄时，先将解剖的顶点放到含有培养基的成像皿中，然后用无菌去离子水在其表面覆盖2.5～5mm厚度，使得样品完全浸没。用这种方法，可以将多个解剖好的生长顶点放置在同一个成像皿中。如果成像过程需要持续几个小时，染色液有可能被稀释，一些样品可能需要在成像前重新染色。通过移动显微镜载物台的X、Y轴，将待成像的样品，移动到镜头下方，在Z轴方向上降低浸水透镜并升高载物台，使透镜尖端浸入水中。小心操作，以免压

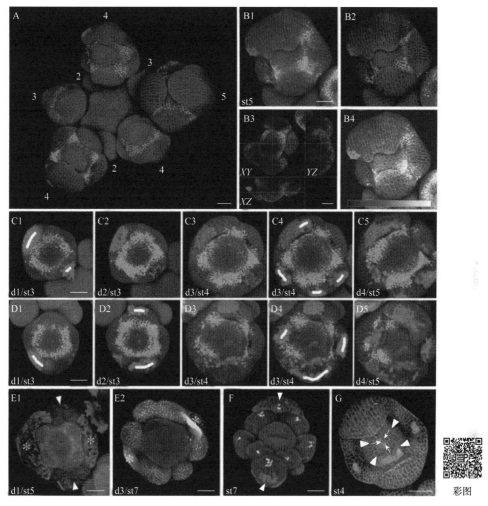

彩图

图 2-25 植物花蕾的活体组织在共聚焦 z-stack 模式下的立体可视化效果（改自 Prunet，2017） 整个花序成像（A）和第 5 级花器官视图（B1）。B3 是一张正交切片视图。A～E2 是 *APETALA3* 基因的 Venus 绿色报告基因在不同花器官阶段中的表达特征。细胞壁被碘化丙啶（propidium iodide）染成红色（底色）［B4 的绿色（亮斑）除外］。A. 花序通过数字表示花原基的发育时期，第 4 阶段和第 5 阶段花器官中的萼片遮挡了 *Venus*报告基因的荧光信号，因此看上去像是形成了一个环形结构。与花序向上生长的特点相比，一些花蕾明显呈向外的倾斜。B1～B4. 第 5 阶段花蕾的 z-stack 的 4 个不同视图，*Venus* 的最大强度投影在 B1 和 B4 中显示。信号强度用绿色（B1）或梯度色条显示（B4）。C1～C5. 4d 时间中，单个花蕾从第 3 阶段发育到第 5 阶段。在第 1 天和第 3 天进行的激光消融（laser ablation，标记为亮白色）可以防止萼片在第 5 阶段覆盖花蕾的中心。D1～D5. 类似于 C1～C5，不同的是在第 1、2 和 3 天激光消融不足的情况下，萼片会部分覆盖花蕾中心。E1，E2. 手动去除背面和正面的一对萼片（E1）及 4 个萼片（E2）后的单个花蕾，白色箭头表示剩余的萼片，白色星号表示去除萼片后留下的疤痕。F. 在 *apetala1-1* 突变体的第 7 阶段花蕾表达了 *pDR5:3xVenusN7*，呈现绿色信号；质膜用 FM4-64 染色处理，呈现红色信号；白色箭头表示突变体中产生了类似萼片的叶状结构，其结构不能够盖住花蕾中心。G. 一个第 4 阶段的花蕾，表达了 *DORNROSCHEN-LIKE7* 基因启动的绿色荧光蛋白（GFP）报告基因，红色是被 *SUPERMAN* 基因启动的 *Venus* 报告基因（白色箭头），中心的蓝色是被 *CLAVATA3* 基因启动的 dsRed 报告基因（箭头所示），灰色是细胞壁被碘化丙啶染色的颜色（底色）。d. 天数；st. 发育阶段；*XY*、*YZ* 和 *XZ*. 三维坐标。标尺为 25μm。

碎解剖的顶点或将镜头浸入成像介质中。如果镜头尖端有气泡，用移液器吸水吹打，将其除去。打开荧光灯照明后，使用正确的滤镜通过 X、Y 轴控制器将解剖的某个生长顶点定位到镜头场中。通过目镜查看，并使用 Z 轴控制器使样品对焦。共聚焦显微镜的软件界面可放大要成像的花蕾，然后对样品进行成像。

如果使用倒置显微镜，情况就有所不同。先用移液器，在镜片尖端滴一滴无菌去离子水。将成像盘倒置，并使用移液器，在解剖的顶点加入一滴无菌去离子水。将成像盘倒置在显微镜载物台上，操作要小心，以免样品掉落。在明场中找寻样品，对焦的过程如前一段落所述。需要注意的是由于是倒置的情况，如果在样品和镜头之间没有形成水柱会影响光路的透射，因此需要用移液器小心地向样品中加入水滴。

延时拍摄实验的拍摄间隔，需要将无菌去离子水从成像盘中倒出，并关闭荧光光路；为防止在不同拍照时间点之间出现组织脱水的情况，应该将带有样品的成像盘放回正常的生长条件下。在每个拍照时间点之前，重新对样品进行染色。虽然发育过程中的花器官细胞分裂速度很快，但花分生组织中的细胞平均每两天分裂 1~2 次，因此对不同花器官细胞每 24h 进行一次跟踪一般是足够的。如果实验上有特别需要，也可以每 6h 对样品进行一次成像（图 2-25）。

2.3 标记技术在显微成像中的应用

2.3.1 荧光原位杂交技术

荧光原位杂交（fluorescence *in situ* hybridization，FISH）技术，可以通过对 DNA 序列的设计，利用其跟染色体指定区域的杂交和显色，显示遗传位点，该技术是植物分子细胞遗传学研究中最重要的技术之一。对单个染色体上重复的 DNA 序列可以设计独特的探针进行荧光原位杂交，用于分析核型和系统发育分析。减数分裂粗线期染色体上的荧光原位杂交与数字成像系统相结合已成为开发植物物种物理图谱的有效方法。DNA 纤维上的荧光原位杂交拓展技术为高分辨大型 DNA 分子和表征大型基因组位点提供保障。基于荧光原位杂交的物理作图法为基因组测序和基于图谱的克隆研究提供了有效补充。荧光原位杂交与免疫分析相结合将越来越多地用于研究染色质在细胞水平上是如何控制基因表达的。DNA 原位杂交技术的发展标志着从经典细胞遗传学时代向现代分子细胞遗传学时代的转变。在早期技术中，对 DNA 探针的信号检测和记录是基于辐射信号的。由于其放射性导致的安全问题，这类方法很快被基于荧光的技术所取代。因此荧光原位杂交技术不断发展，并在现代分子细胞遗传学发展中发挥了关键作用。

1997 年在玉米中开发了一种使用光学显微镜的三维荧光原位杂交技术。减数分裂细胞被固定在用于保存染色体结构的缓冲液中，然后将花粉母细胞从固定的花药中挤出，并嵌入光学透明的聚丙烯酰胺中进行染色和成像。通过拍摄大量荧光原位杂交图像并将其组合成单个 3D 图像，可以对带有荧光原位杂交信号的染色体进行跟踪观察。由于使用这种技术可以很好地保存染色体结构，因此这种技术的优势是 DNA 探针在细胞核内染色体上的精确定位。然而，通过共聚焦显微镜进行的三维荧光原位杂交成像比传统的荧光显微镜要贵得多（图 2-26）。

荧光原位杂交可作为染色体鉴定的工具，高效的染色体鉴定法是细胞遗传学的基础。来自单个重复 DNA 探针或包含多个 DNA 探针的混合荧光原位杂交信号可以提供多种杂交方式，从而识别物种内不同的染色体。针对特定物种开发不同的探针或探针混合物，基于荧光原位杂交的染色体鉴定方法比传统的技术更加有效。如果单个 DNA 探针在单个染色体上产生特定的荧光原

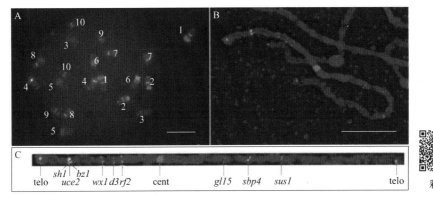

图2-26 **FISH在植物基因组研究中的应用**（改自Jiang and Gill，2006） A. 使用9种DNA探针的混合物，通过FISH鉴定玉米细胞分裂中期的20条体染色体。B. 使用9个单拷贝DNA探针序列（*sh1*、*uce2*、*bz1*、*wx1*、*d3*、*rf2*、*gl15*、*sbp4*、*sus1*）的FISH杂交图，以及玉米粗线期9号染色体上的着丝粒和端粒标记。C. 从B中通过计算拉直的第9号染色体。

位杂交信号模式，那么可以用来跟其他染色体进行区分。一般情况下需要多组DNA探针来区分不同的染色体，以提高分辨能力。例如，在小麦中，用两个DNA探针得到的荧光原位杂交可以识别该六倍体中21条染色体。对于开放授粉的植物物种，一个DNA探针对不同品种荧光原位杂交信号模式存在多态性，因此会干扰不同品系中相同染色体的鉴定。通过各种技术进步，可以把DNA探针设计到1~3kb大小以提高荧光原位杂交实验的灵敏度，并不断扩大应用场景。

基于寡核苷酸的新型探针设计已迅速成为植物新一代的FISH探针。对全基因组测序的植物物种，可以通过模型计算识别出的寡核苷酸的单拷贝序列，该序列对区域和整个染色体具有识别特异性。然后，将这些寡核苷酸大量合成并混合标记为FISH探针。这种寡核苷酸FISH探针（oligo-based FISH probe）克服了传统FISH探针的一些限制。第一，寡核苷酸FISH探针设计应用广，对测序物种染色体可以实现全覆盖。对未测序物种，可利用亲缘关系近的测序物种进行设计。第二，每个寡核苷酸-FISH探针与特定染色体或连锁群形成连锁，其信号强度可以通过改变寡核苷酸的数量来调整。

Chorus2是一种寡核苷酸设计和选择软件，用于设计植物寡核苷酸FISH探针，主要目标是提高其精确靶标效果（图2-27）。其中一个突破是能针对植物没有组装的基因组进行探针开发。Chorus2是一个可靠且方便的设计软件，特别是对包含高度重复基因组的植物物种。Chorus2有易于使用的图形用户界面（graphical user interface，GUI）和灵活的指令系统，可以在Linux、macOS和Windows上运行。Chorus2使用python脚本Chorus.py来识别和过滤寡核苷酸，只需要输入参考基因组和目标序列，就能对部分染色体或整个染色体，以及整个基因组进行靶序列设计。对寡核苷酸序列的过滤依赖于k-mer方法。这种基于k-mer的方法RepeatMasker（http://www.repeatmasker.org）能更有效地识别和去除重复序列，尤其是转座子（transposon，Tn）部分的重复。RepeatMasker可能无法识别未充分表征或未在参考基因组中组装的重复。相比之下，所有潜在的重复都可以通过k-mer的方法进行检测，而不需要参考基因组。所嵌入的Jellyfish软件可以快速识别输入序列中计算得到的k-mer值。BWA是一种高通量核苷酸测序序列比对方法，能将寡核苷酸与参考基因组进行比对，以选择寡核苷酸的特异性。寡核苷酸过滤后，Chorus2输出两个文件，一个是基因组中识别到的过滤掉的寡核苷酸，另一个包含非重叠寡核苷酸列表。

重复DNA序列是许多植物基因组中的主要成分，但是由于测序技术和组装过程的复杂性，

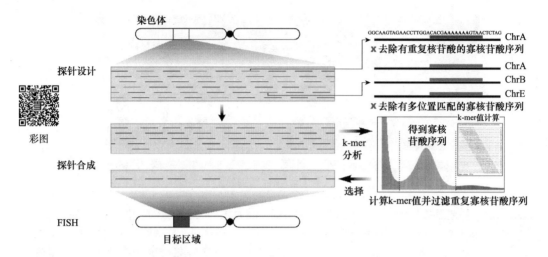

图2-27　Chorus2设计的oligo-FISH探针（改自Zhang et al.，2021）　寡核苷酸在特定染色体区域进行设计，去除所有映射到多个位置的非特异性寡核苷酸。保留的寡核苷酸用于k-mer分析并进一步过滤。最终筛选得到的寡核苷酸，可以被合成并作为FISH探针。

高度重复的DNA序列会导致参考基因组在某些区域产生缺失或折叠。设计在折叠的重复序列中的寡核苷酸可能与基因组上多个位置杂交，势必增加FISH结果中的背景噪点。通过对高通量测序序列的有效过滤，可以提高所选寡核苷酸的特异性。Chorus2把Chorus.py输出的所有保留寡核苷酸的序列都传输到ChorusNGSfilter功能块中。对输入库中每个寡核苷酸的Jellyfish能计算出k-mer的分数。如果寡核苷酸的k-mer得分偏离总k-mer得分分布，则ChorusNGSselect脚本会根据k-mer分数将其过滤。

2.3.2　报告基因在显微成像中的作用

1. 基于β葡糖醛酸糖苷酶（GUS）的报告系统

1987年，来自英国的Jefferson等科学家，将大肠杆菌（*Escherichia coli*）的β葡糖醛酸糖苷酶（β-glucuronidase，GUS）基因与植物基因的调节元件进行融合，能够对目的基因表达量进行深入研究，该技术可用于分析转基因植物中的基因表达。一般情况下仅用目的基因启动子驱动*GUS*基因，所合成的β葡糖醛酸糖苷酶对植物的发育和生长是没有影响的，而且GUS蛋白非常稳定，被检测的灵敏度高。植物组织提取物在长期储存后仍然能够检测到体内的GUS活性，因此GUS报告系统在组织化学分析已被广泛应用，对在转基因植物细胞和组织的表达水平和表达位置的鉴定提供了一种有效的手段。

GUS组织化学染色最常用的底物是5-溴-4-氯-3-吲哚-β-D-葡糖苷酸环己胺盐（5-bromo-4-chloro-3-indoyl-β-D-glucuronide，X-Gluc），它在化学反应后会产生蓝色物质，以显示转基因的表达位置。对于GUS融合标记植物样品，通过组织切片能够在光学显微镜下非常清晰地拍摄到植物组织样本的结构和蓝色的染色信号。此外，还能够通过免费图像分析软件ImageJ来对染色信号高低进行测定，将GUS组织化学染色图像中的视觉信息转换为可量化数据（Dedow et al.，2022）。

GUS染色法的过程大致分为以下步骤，首先是对材料进行固定，方法是将要观察的幼苗或者组织，如叶片、花、花序或者根，放入预冷的丙酮中，在冰上放置约30min，溶液体积应是植物组织体积的5~10倍。配制100mL磷酸钠缓冲液（0.1mol/L，pH 7），由39mL $NaH_2PO_4 \cdot H_2O$（0.1mol/L，2.76g溶解至100mL H_2O）和61mL $Na_2HPO_4 \cdot H_2O$（0.1mol/L，5.35g溶解至100mL H_2O）

兑制而成，再添加0.1%的曲拉通Triton X-100。将固定好的材料放到室温下，用几毫升的磷酸钠缓冲液清洗植物组织2～3次，每次30min，清洗过程中可以适当摇晃。配制5mmol/L铁氰化物缓冲液（ferro-ferricyanide buffer）作为染色缓冲液时，将0.08g铁氰化钾［$K_3Fe(CN)_6$］和0.105g亚铁氰化钾［$K_4Fe(CN)_6$］溶解在50mL磷酸钠缓冲液中。X-Gluc是GUS的催化底物。每次染色时最好新配制X-Gluc，方法是将1mg X-Gluc溶解在10μL二甲基甲酰胺（N, N-dimethylformamide, DMF）中。随后将固定好的植物组织转移到染色缓冲液中，注意将反应容器用铝箔包裹，置于37℃进行暗反应。根据植物基因表达量的高低，反应时间在几十分钟到几个小时，甚至12h以上（可过夜），但一般不超过24h。销售的X-Gluc铵盐的化学性质可能存在一定偏差，因此可能会显示出不同的组织特异性，因此实验需要多次重复，并且和其他实验结合来判断基因表达的活性高低和表达区域。在对染色组织进行清洗之前，可以通过光学显微镜进行镜检来判断是否达到染色的目的。由于染色结果呈现蓝色，跟植物地上部分的绿色色差较为接近，因此为了更好地显示染色结果，需要对植物组织进行脱色清洗。

先将乙醇和乙酸按3：1体积进行混合，将染色好的幼苗转移到乙醇：乙酸的混合物中，把组织浸没，直到叶绿素完全消失。然后用从低到高梯度的20%、50%和70%乙醇进行清洗幼苗，每次清洗10min或更长时间。最后将幼苗转移到适当体积的清洁溶液中，在4℃下样品可保存较长时间。虽然样品可以在4℃下保存数周，但最好立即成像，以便获得较好的实验结果。清洁溶液由90mL水、240g水合氯醛（chloral hydrate）和30mL甘油（glycerol）制成，混匀后溶液澄清。通过这些不同试剂的清洗，可以彻底清除其他色素的残留（非蓝色），由于光密度降低了，成像底色得到了优化，因此量化软件如ImageJ可以更好地对照片进行后期分析。氨基酸通透酶（amino acid permease，AAP）在植物细胞、韧皮部及种子中对氨基酸的装载和转运都起到重要作用。对于大豆*GmAAP6a*基因的表达研究，通过*GmAAP6a:GmAAP6a-GUS*转基因大豆的组织化学染色，发现其主要在韧皮部和木质部的薄壁细胞中表达（图2-28）。

2. 荧光标记蛋白对植物活细胞成像的作用

植物活细胞成像（plant live imaging）是对在正常或逆境生长条件下的植物直接观察其体细胞的一种新技术，目的是能够对植物细胞的结构、生理和功能进行更贴近其真实状态的研究。一般需要将目的蛋白和与荧光蛋白融合，获得稳定的转基因植株，在激光扫描共聚焦显微镜下就能观察植物荧光标记的强弱和分布，以此来鉴定目的蛋白的生物学功能。

之前谈到荧光蛋白已经发展出一系列具有各种不同激发光和反射光谱的蛋白质变体，由于其结构特性的不同按照反射光颜色来命名的荧光蛋白有蓝色（blue）、青色（cyan）、绿色（green）、黄色（yellow）、橙色（orange）和红色（red）等单荧光变体（monomeric fluorescent variant）；这些变体都来自受紫外线波段激发的绿色荧光蛋白（green fluorescent protein，GFP）（Tsien，2005）。信号增强型黄色荧光蛋白（enhanced yellow fluorescent protein，EYFP）及其变体金色蛋白Venus具有更高的亮度，因此广泛用于植物活细胞成像。由于不同颜色荧光蛋白的激发光和反射光不同，因此显微镜系统需要配备不同的光源和滤光体系，共聚焦荧光显微镜一般有405nm和488nm波段的激发光，有的还有514nm和544nm的激发光。有的会使用滤片形成从紫外到红外全波段的激发光源，但其光源强度和波长精确度要稍逊于单波段激发光。虽然增强型黄色荧光蛋白分子吸收的光能比增强型绿色荧光蛋白多50%，但两者有相似的荧光粒子产量（fluorescence quantum yield）。因此增强型绿色荧光蛋白对光漂白（photobleaching）不太敏感，可以拍摄时间较长的延时成像（time-lapse imaging）。当红色荧光蛋白（RFP）或增强型青色荧光蛋白（ECFP）在相对应波长激发光下被激发时，植物叶绿体中的叶绿素会发出更强的自发

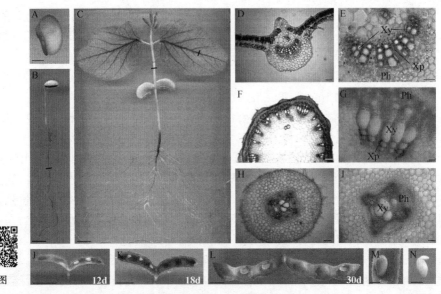

彩图

图2-28 ***GmAAP6a:GmAAP6a-GUS*转基因大豆的GUS染色**（改自Liu et al.，2020） 萌动的大豆种子（A）在4d（B）或10d（C）幼苗中GUS信号在胚根、主根和侧根中出现。此外也在叶片和新芽的脉管系统中表达（C）。横截面的图像显示，GUS信号主要在叶片（D和E）和茎（F和G）的韧皮部和木质部薄壁细胞及根的韧皮部（H和I）中。发育的豆荚中，GUS信号在脉管系统中占主导地位，在授粉18d后达到峰值（J～L）。GUS信号在授粉后28d（M）在种皮中出现，但在发育的胚胎（N）中还未发现。（B）和（C）中的短黑线表示相应位置的截面位置（D～I）。标尺在B、C、J～L中为1cm，A、M和N是3mm，D、F和H是100μm，E、G和I是50μm。Ph. 韧皮部；Xy. 木质部；Xp. 木质部薄壁组织。

荧光，因此这些荧光蛋白在使用时要使用合适的滤镜，但是植物根中不含有叶绿素因此不太受限制。由于激发增强型青色荧光蛋白所需的波长较短，因此激发光具有更强的光子能量，所以对植物组织拍摄有一定的破坏性，可以通过降低激发光强度和缩短拍照曝光来规避缺点。由于RFP和ECFP荧光激发光波段有较长和较短的特殊性，因此容易跟其他激发光的荧光蛋白搭配，进行多色实验，以便验证多个目的基因在同一明场中的信号。例如，两个或者多个基因的细胞学水平的共定位分析，双标记法就会选用绿色EGFP和红色的mCherry或HcRed，黄色EYFP和青色ECFP，而三重标记可以用青色荧光蛋白（CFP）、黄色荧光蛋白（YFP）和红色荧光蛋白（mCherry）。当CFP与EYFP或GFP配对以研究蛋白质和蛋白质相互作用时，CFP也可用于荧光共振能量转移（fluorescence resonance energy transfer，FRET）。

3. 用ClearSee染色法成像

植物组织有复杂的三维结构，在显微镜下其复杂构造产生的光散射使包埋在深处的组织结构成像非常困难。组织透明化后再进行显微成像的方法有很多，其中ClearSee的方法就可有效使组织透明化并减少叶绿素的自发荧光，此外还能保证荧光蛋白的结构，是基因表达和蛋白质定位的重要技术（Ursache et al.，2018）。ClearSee法包含不同的染色剂，进一步拓展了该方法的实用性。此外，对木质素、木栓质和其他细胞壁成分的显色，ClearSee法能与组织染色法和荧光报告系统等显色法结合使用。许多常用的染料在ClearSee溶液中的溶解度很高，从而大大简化了其组织染色方法。该方法可以用几种染料连续染色，并配合使用荧光蛋白作为报告基因或蛋白质定位的工具，可以对组织深处的不同细胞结构进行联合3D可视化。此外，该方法也可以用到组织切片中，通过减少固定、嵌入和大规模切片的时间和成本，利用共聚焦显微镜就可以获得高质量的图片。因此，该方法为研究难以可视化的较厚植物组织提供了一种低成本、有效的方法。Calcofluor White是一种水溶性染料，对细胞壁中的物质能选择性结合，如几丁质、纤维素等碳水化合物，因此被广泛用作荧光染料来显示真菌、细菌、藻类和高等植物中的细胞壁。激发Calcofluor White需要405nm的激光波长，一般共聚焦系统都有配备，但它不适合与蓝色或者青色荧光蛋白一起使用。另外两种真菌细胞壁染料，Direct Yellow 96（或称Solophenyl Flavine 7GFE 500）和Direct Red 23（或称Pontamine Fast Scarlet 4B），在ClearSee中的溶解度和在共聚焦显微镜下的荧光信号强度均表现良好。此外，Direct Yellow 96和Direct Red 23都只需要很短的染色时间，并且可以被常用的绿色（488nm）和红色（561nm）波段激发光所激发。木质素常用的荧光染料，如Basic Fuchsin和Auramine O，可以对拟南芥木质部中的木质素和凯氏带结构，以及二穗短柄草（*Brachypodium distachyon*）中的木质素沉积实现荧光高清成像。Nile Red是对木栓质（suberin）染色的染料，能与ClearSee溶液兼容并显示出红色的发射光谱。通过实验发现Nile Red与Calcofluor White兼容，并与绿色或黄色荧光蛋白兼容。*GLYCEROL-3-PHOSPHATE SN-2-ACYLTRANSFERASE5*（*GPAT5*）基因一般表达在枯萎的细胞，因此一般用*GPAT5::NLS-Venus*来标记枯萎细胞的细胞核，被标记的细胞与老根中Nile Red信号吻合度高。ClearSee方法加速了许多植物细胞结构和发育研究，希望植物细胞生物技术的突破能为植物科学研究的不断发展提供契机（图2-29）。

4. 萤光素酶蛋白成像

一种萤光素酶互补成像（luciferase complementation imaging，LCI）分析主要用于蛋白质和蛋白质的相互作用。当萤光素酶（luciferase，Luc）的N端和C端肽链与两个目的蛋白进行连接时，如果两个肽链可以重新组装，可以通过光度计或低光成像设备检测到重组的Luc发出的荧光信号（图2-30）。该方法可以测量蛋白质与蛋白质相互作用的动态变化。因为该系统发出的光是在黑暗中测量的，因此不受自发荧光的影响，所以萤光素酶互补成像对植物研究特别有用。萤光素酶片段2～416氨基酸组成N端萤光素酶（Nluc）和398～550氨基酸组成C端萤光素酶（Cluc），这种分割法已在哺乳动物系统中的蛋白质和蛋白质相互作用实验中获得成功。N端和C端结构域是两个独立折叠的，分割位置处于肽链的柔性连接处。在植物中，将*NLuc*和*CLuc*片段插入花椰菜花叶病毒*35S*启动子和*Rubisco*小亚基终止子之间，分别形成*35S::NLuc*和*35S::Cluc*片段（图2-30A）。萤光素酶和多克隆位点之间的Gly和Ser接头保留在载体中，目标融合蛋白能较容易地与之连接。将*35S::NLuc*和*35S::Cluc*片段插入pCAMBIA质粒中，用农杆菌介导法获得稳定的转基因植物或完成瞬时表达实验（图2-30B）。多个克隆位点被插入NLuc片段的N端和CLuc片段的C端，用于插入目标片段。对植物细胞中存在不同强度相互作用的蛋白质组合进行测试，表明基于萤光素酶（Luc）的萤光素酶互补成像适用于检测原生质体和完整叶片中的蛋白质和蛋白质相互作用（图2-30C）。该检测方法简单、可定量、灵敏度高，可用于瞬时表达或稳定转基因系统下的蛋白质互作。

LCI可用于测定农杆菌（*Agrobacterium*）介导的瞬时表达实验，在本氏烟草（*Nicotiana benthamiana*）的瞬时表达系统为快速分析植物中的蛋白质互作提供了快捷的方法（图2-30C）。将携带CLuc和Nluc载体的农杆菌菌株进行混合，打入本氏烟草的幼嫩叶片中，并用塑料膜覆盖侵染叶片2d以保持一定的环境湿度。在SGT1a-NLuc与CLuc-RAR1的相互实验中，通过检查叶片侵染位置的Luc活性，发现SGT1a-NLuc和空的*35S::CLuc*载体，CLuc-RAR1和空的*35S::NLuc*载体，都没有显示Luc互补信号。但是含有CLuc-RAR1和SGT1a-NLuc农杆菌的共侵染位置处发出很强的Luc信号，说明RAR1和SGT1a蛋白有蛋白质互作。在另一组阳性对照中，SGT1a-NLuc和CLuc-

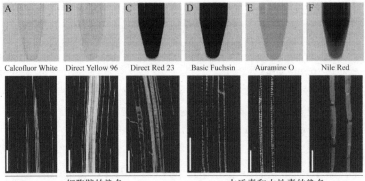

细胞壁的染色　　　　　　　木质素和木栓素的染色

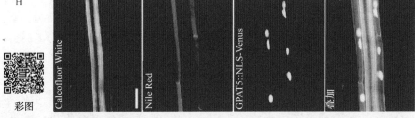

G	染色剂	染色底物	与其他荧光蛋白和染色剂的兼容性
	Calcofluor White	细胞壁	GFP, YFP, mVenus, RFP, mCherry, Basic Fuchsin, Auramine O, Nile Red
	Direct Red 23	富含纤维素的细胞壁	Compatible with CFP, YFP, GFP, mVenus, Auramine O
	Direct Yellow 96	富含木葡萄糖的细胞壁	RFP, mCherry, Basic Fuchsin
	Basic Fuchsin	木质素	Compatible with YFP, GFP, mVenus, mCitrine, Calcofluor White, Direct Yellow 96
	Auramine O	木质素、木栓素、角质栓素	Compatible with mCherry, RFP, Calcofluor White, Direct Red 23
	Nile Red	木栓素	Compatible with GFP, YFP, mVenus, Calcofluor White, Direct Yellow 96

图2-29　ClearSee方法与传统染色剂和荧光蛋白报告系统联合进行细胞三维成像（改自Ursache et al.，2018）　ClearSee溶液能兼容不同颜色的染色剂，如Calcofluor White显示为青色（A），Direct Yellow 96显示为黄色（B），Direct Red 23显示为洋红色（C），Basic Fuchsin显示为红色（D），Auramine O显示为绿色（E），Nile Red显示为洋红色（F）。图片中是对拟南芥分化的根进行染色，标尺为50μm。这些图的上半部分显示了各染色剂在ClearSee溶液中所呈现的颜色。G. 不同染色剂染色的组织结构及能够与其他兼容的荧光信号分子。H. Calcofluor White（青色）染色、Nile Red（洋红色）染色和*GPAT5::NLS-Venus*（黄色）各自信号和叠加信号。标尺为100μm。

CHORD I的Luc活性比SGT1a-NLuc与CLuc-RAR1要低，但比表达SGT1a-NLuc和*35S::CLuc*以及*35S::NLuc*和CLuc-CHORD I的阴性对照高得多，表明SGT1a和CHORD I也存在特异蛋白质互作。可以看到基于农杆菌的LCI检测灵敏度高而且阴性背景噪声非常低。

2.3.3　双分子荧光互补法研究蛋白质互作

　　另一种在植物体内研究蛋白质和蛋白质相互作用的简单方法是双分子荧光互补（bimolecular fluorescence complementation，BiFC）实验。双分子荧光互补分析方法使得能够在植物活细胞中对蛋白质与蛋白质的互作进行可视化。双分子荧光互补实验中的增强型黄色荧光蛋白N端和C端的两个片段（nEYFP和cEYFP）用于跟两个需要检测蛋白质互作的目的蛋白进行融合。如果两个目的蛋白产生相互作用而聚集在一起，nEYFP和cEYFP也随之聚合，形成能够发出荧光的增

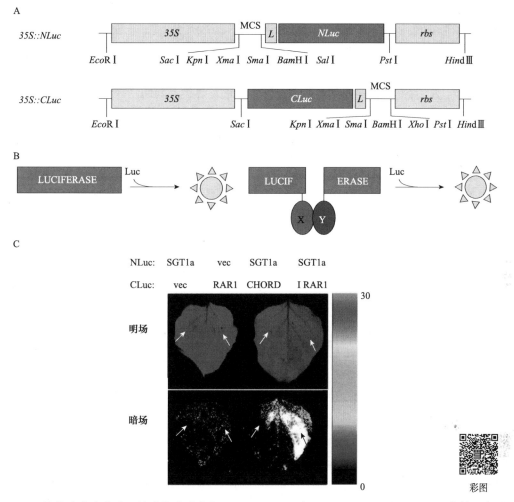

图 2-30　植物中萤光素酶互补成像法（改自 Chen et al., 2008）　A. *35S::NLuc* 和 *35S::CLuc* 载体示意图。*L* 是萤光素酶（Luc）片段和多克隆位点（MCS）之间的 Gly 和 Ser 接头。*rbs* 是源自 *Rubisco* 小亚基基因的转录终止子。多克隆位点中包含了 *Sac* I、*Kpn* I、*Xma* I、*Sma* I、*Bam*H I、*Sal* I 限制性内切酶。B. 由 NLuc 和 CLuc 融合蛋白产生的 Luc 互补图。C. 农杆菌介导萤光素酶互补成像（LCI）在瞬时表达系统中的信号。本氏烟草叶片中 SGT1a 和 RAR1 之间存在相互作用，本氏烟草叶片的 Luc 图像与含有 SGT1a-NLuc 和 CLuc-RAR1 的农杆菌菌株共同侵染。箭头表示农杆菌包含所构建体侵染叶片的部分。

强型黄色荧光蛋白。其中 nEYFP 和 cEYFP 被称为分裂的荧光蛋白（split fluorescent protein）。当分裂的荧光蛋白恢复结构，其发出信号的位置可以看作两个目的蛋白本身产生互作的空间位置。如果两个目的蛋白没有相互作用，则分裂的荧光蛋白不会重新组装，一般情况下没有荧光信号。但一些非特异性因素会使得分裂的荧光蛋白产生相对随机的互补，并产生相对比较弱的背景荧光杂信号。构建好的多个载体可以在农杆菌（*Agrobacterium tumefaciens*，GV3101）的介导下在本氏烟草幼嫩的叶片中直接进行瞬时表达，快速验证蛋白质的互作情况。在农杆菌转化的实验过程中，先把含有目标片段的载体转化进入农杆菌，在对应抗生素的筛选培养板上于 28℃ 培养箱中生长 2～3d。将单菌落在培养液中摇晃过夜，通过菌液 PCR 法验证转化的细胞中是否含有目标质粒。用10mL含有抗生素的LB（Luria-Bertani）培养液进行过夜培养。将含有载体的农杆菌稀释重悬在不含抗生素的培养液中，把锥形瓶放入28℃的摇床中摇晃一定时间。等菌液浓度达OD_{600}值为0.5左右，其细胞活性较高，侵染和表达活性因此也达到高峰。用离心机在5000g转速下室温离心15min获得农杆菌细胞沉淀。用5%蔗糖和0.01%～0.05%（V/V）表面活性剂Silwet L-77配制缓冲液，将离心沉淀的细胞重新悬浮。选取长势较好的幼嫩叶片，用5mL针筒（不带针头）从叶片的背面进行缓慢注射。这种方法具有很高的转化率，90%的被侵染细胞都能获得有效表达。高表达率保证了单个细胞中能同时表达多种蛋白质，以此为基础验证不同蛋白质的互作可能。根据不同蛋白质的表达量和稳定情况进行镜检，如果蛋白质对烟草细胞没有毒害，而且表达量相对稳定的话，在几个小时内就能看到信号。但是有些蛋白质的互作机制复杂，或者蛋白质本身稳定性差，可能需要12～24h共培养后才能看到信号。需要根据不同蛋白质互作特性进行几次重复，同时跟阴性和阳性对照进行比较，确定蛋白质互作的实际时空信息。阴性对照，一般将不含融合蛋白的半个荧光蛋白（nEYFP或cEYFP）与另一个融合蛋白进行共表达，或者仅共表达nEYFP与cEYFP作为更加严格的阴性对照。所谓的阳性对照，可以选取一定会产生互作的一对蛋白质分别与nEYFP和cEYFP进行融合，目标是用来检验该实验全过程的技术是否符合操作规范。

2.3.4 细胞器的细胞学水平定位体系

双分子荧光互补实验看到的信号，如果跟细胞结构或者细胞器定位标记共同成像，就可以将蛋白质互作信号精确到细胞器水平。在细胞核、细胞膜、内质网、液泡、运输小体等结构上，都有特殊的标记物可以使观测精度从细胞水平提高到细胞器水平。在水稻细胞中构建了一套稳定的高表达细胞器标记定位体系；利用 *Ubiquitin1*（*Ubi1*）启动子驱动特殊修饰的荧光融合蛋白，就能够对胞质溶胶（cytosol）、内质网（endoplasmic reticulum，ER）、线粒体（mitochondrion）、高尔基体（Golgi apparatus）、细胞核（nucleus）、液泡膜（tonoplast）、过氧化物酶体（peroxisome）和质膜（plasma membrane）等亚细胞结构进行精准标记。对内质网的定位方法如下，先将水稻 *Amylase 8*（*Amy8*）与GFP的N端进行融合，再把内质网定位保守信号短肽KDEL 4个氨基酸（Lys-Asp-Glu-Leu）添加到GFP的C端，得到 *Ubi::SPAmy8-GFP-KDEL* 载体（图2-31）。对于线粒体靶向定位，利用水稻线粒体核糖体蛋白Ribosomal Protein10（RPS10）的N端部分区域，将其在GFP的N端融合，通过分子克隆得到 *Ubi::NRPS10-GFP* 载体。对于细胞核定位，已知OsRH36-GFP位于洋葱细胞的细胞核中，通过类似方法构建 *Ubi::OsRH36-GFP* 载体，将其在水稻中进行瞬时表达，可以观察到OsRH36-GFP在细胞核中稳定存在。对于过氧化物酶体定位，用一型过氧化物酶体Peroxisome-Targeting Signal靶向蛋白（PTS1，KSRM）与GFP的C端融合以生成 *Ubi::GFP-KSRM*。对于高尔基体和液泡膜靶向，分别使用CD3-963和CD3-971质粒。对于质膜靶向，水稻受体蛋白激酶Receptor-like Protein Kinase1（OsRPK1）与GFP的N端融合生成 *Ubi::OsRPK1-GFP* 载体，用于农杆菌介导的表达。

除了农杆菌介导的植物转染方法以外，创制转基因植株、原生质体转化（protoplast transformation）或细胞轰击技术（cell bombardment technique）等都能使目标载体进入植物获得表达（Keshavareddy et al.，2018）。以水稻原生质体转化为例，原生质体能从2周大小的野生型水稻（*Oryza sativa*）幼苗中分离而来。用锋利的切刀将水稻幼苗的叶鞘组织切成约0.5mm宽的条带。在0.6mol/L甘露醇中培养10min后，在黑暗条件下，将条带与1.5%（m/V）Onozuka RS纤维素酶和0.75%（m/V）macerozyme R-10离析酶液混合，培养5h。其缓冲溶液是0.6mol/L甘露醇、10mmol/L 2-吗啉乙磺酸 [2-(*n*-morpholino)ethanesulfolic acid，MES]（pH 5.7）、10mmol/L

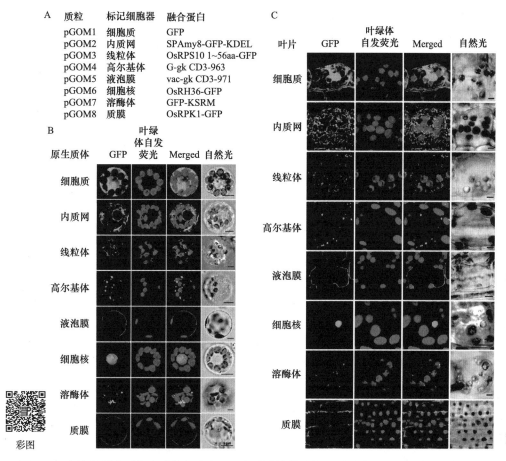

图2-31　在植物原生质体和叶片细胞中不同细胞器的荧光标记（改自Wu et al.，2016）　A. 细胞器定位的质粒表。通过不同细胞器定位短肽与荧光蛋白融合，在*Ubiquitin1*（*Ubi1*）启动子驱动下对不同细胞器进行标记。B. 在植物原生质体中观察细胞质、内质网、线粒体、高尔基体、液泡膜、细胞核、溶酶体和质膜等细胞器定位的荧光信号。C. 于植物叶片中瞬时表达以上质粒，并对信号位置和强度进行对比，发现这些标记物可以相对准确地显示不同的亚细胞结构。在不同的实验中这些标记物可以用作阳性对照来确定其他目的基因的细胞器水平定位。Merged信号通道标识将GFP和叶绿体自发荧光两个信号通道叠加在一起后的效果图。

CaCl$_2$和0.1%牛血清白蛋白（bovine serum albumin，BSA）。然后用等体积的W5溶液［154mmol/L NaCl、125mmol/L CaCl$_2$、5mmol/L KCl和2mmol/L MES（pH 5.7）］来稀释酶液和原生质体溶液，再用40μm尼龙网进行过滤。然后在1500r/min的转速下离心3min后获得原生质体。再用W5溶液洗一次，将沉淀物重新悬浮在WI溶液（0.5mol/L甘露醇、20 mmol/L KCl和4mmol/L MES pH 5.7）中。利用PEG进行瞬时介导，将10μg质粒DNA与100μL原生质体（约2×10^{5}个细胞）混合后，加入等体积的PEG溶液［40%（m/V）PEG4000、0.2mol/L甘露醇和0.1mol/L CaCl$_2$］。混合时将试管轻柔地上下颠倒，以防止原生质体因受过大的外力而破裂。将混合物在室温下避光培养10min以完成转染。然后，缓慢加入440μL W5溶液。通过轻轻倒转试管的方式，而不是用移液器吹打液体的方式，将溶液进行充分混合。在1500r/min转速下离心3min，使原生质体沉淀。将原生质体轻轻地重新悬浮在1mL WI溶液中，就可以进行后续镜检观察。

2.4 单细胞测序技术

单细胞测序（single-cell sequencing）与普通测序的主要不同在于样品的异质性。普通测序所用的样品，如转录组RNA或基因组DNA，源于样本中多个细胞。即便在同一组织和器官中，不同细胞的生长发育阶段有所不同，因此造成了细胞间的异质性。这种天然的差异特性，会影响研究人员对单细胞在不同发育时期和特定组织中功能探究的判断。所以普通测序的结果不可避免地会受到不同细胞间异质性（heterogeneity）的影响，而单细胞测序技术则是专门针对这个研究痛点，通过对单个的细胞进行测序，以此来挖掘并解释细胞与细胞之间的差异。单细胞测序，不仅能对难以大量培养的微生物进行低丰度的全基因组测序，还能对肿瘤内存在异质性突变的细胞类型进行分型以便使用更加针对性药物，此外还能够不断挖掘并重新定义器官中新的细胞亚型（Seyfferth et al.，2021）。

近5年，基于单细胞测序技术，在传统多组学基础上发展了一系列单细胞多组学的测序和分析技术。这些新的技术有单细胞基因组测序、单细胞表观基因组测序和最普遍使用的单细胞转录组学测序。对于单细胞多组学分析，可以将单细胞转录组测序的数据和单细胞ATAC-seq的染色质结构性数据结合，分析得到单细胞水平上基因组开放性与基因表达活跃度的关系。利用已经大量发表的单细胞测序技术和分析好的数据集，可以与传统测序结果进一步进行数据挖掘，这样能更好地揭示单细胞与组织和器官在分子、生理和功能上复杂因果关系。

近年来，单细胞水平的测序技术、分析手段的提高，以及成本下降，为组织多位点和发育多层次的研究提供有力支持。单细胞测序能够阐明细胞群中的基因组、表观基因组和转录组的异质性，以及这些方面的细微变化，尤其是人类细胞图谱（HCA，https://www.humancellatlas.org），其是人类细胞的综合分子数据库。这个HCA平台也收录了单细胞测序的各种数据资源，使得研究人类细胞的各方面水平进入新的维度。在植物的研究领域，由于资金、技术和人员的投入相比医学研究要小，因此还没有出现像HCA这样信息综合度高的平台，但是相信这是以后发展的趋势。

2.4.1 单细胞测序技术平台

上文提到单细胞转录组测序（scRNA-seq）已在世界范围内广泛使用。普通转录组测序（RNA-seq）分析通常使用混合细胞，以获得足够的转录本。普通转录组测序分析获得的基因表达量实际上是一个细胞群体中平均的转录本水平。对于植物单细胞测序来说，因为植物细胞在细胞壁的帮助下相互粘连，因此单个细胞的分离是最重要的一步。因为这一步的分离步骤直接影响单细胞的生命活性状态，从而影响测序分析得到的结果。一般认为分离过程中产生的机械损伤、化学物刺激和离体时间等是主要的影响因素。

为了测量单个细胞中的转录本，必须从极少量的RNA中进行反转录（reverse transcription）和cDNA扩增。Smart-seq是一种全转录组扩增方法，它使用oligo-dT引物与转录本模板结合，然后进行增量无差别的cDNA扩增。RamDa-seq技术可以检测单个细胞中的非polyA转录本，包括长链非编码RNA和增强子RNA。尽管这些方法本身已经发展得较为成熟，但对scRNA-seq实验仍然存在困难，因为受制于处理数百到上千个单细胞的能力。基于多种方法融合的微滴技术（microdroplet technology）能够更好地应用于大量细胞的单细胞测序，如Drop-Seq和DroNc-seq。该类技术的特点是，利用油性液滴而非水性液滴，使其获得较小的表面张力，而能够顺利经过用于分离单个细胞的微孔。在该类型油滴中包括了细胞核、反应液和带有条形码的凝胶珠

（barcoded bead）。因此，进行反转录反应可以在每个液滴中进行，每个序列的末端都被一个能识别的特异性条形码所标记，这样在测序时可以混合大量样品，在分析时能够根据条码的特异性将标记的不同单细胞样品进行快速、有效区分（Seyfferth et al.，2021）。

　　真核生物的 DNA 不是裸露的，其与组蛋白相互缠绕以串珠状形成复杂的染色质结构。在基因转录开启和关闭的情况下，染色质的结构也在开放和封闭之间调整。2013 年，ATAC-seq（assay for transposase-accessible chromatin using sequencing）测序技术就是利用 Tn5 转座酶不仅能够进入染色质开放区域并进行切割，而且能够在切口上将带有特异性的条形码接头序列拼接上去的特点。然后将带有条形码接口的 DNA 序列进行高通量测序，这项技术对染色质开闭性的研究很有帮助。单细胞 scATAC-seq 就是用于检测单个细胞中染色质的开放程度。普通 ATAC-seq 需要大量细胞作为研究材料，以确保提取的样品中能够获得足够量的开放 DNA，这意味着测序后得到的数据反映了所有细胞中染色质可访问性的平均值。不同实验室把 ATAC-seq 方法以不同的改造方式应用于单细胞染色质开放性的研究中，也称为 scATAC-seq。通过技术突破，研究人员通过分析数百或上千个单细胞的样品，观测到了不同细胞中染色质开放度丰富的差异性。

　　由于植物分离单个细胞有一定难度，通过对植物细胞核进行标记并分离的难度要小一些。因此，研究人员对拟南芥根细胞的不同细胞类型及功能进行单细胞核测序，如单细胞核 snATAC-seq 和 snRNA-seq，以便更好地揭示不同细胞类型中特异的染色质开放性，以及细胞分化和发育过程中染色质开放性发生变化的动态过程。通过单细胞核 snATAC-seq 技术为拟南芥根中每种类型的细胞建立了独特的染色质开闭性全景图，再整合根单细胞核 snRNA-seq 的基因表达丰度，就能够了解染色质开放性对不同细胞中基因表达活性的影响（图 2-32）。

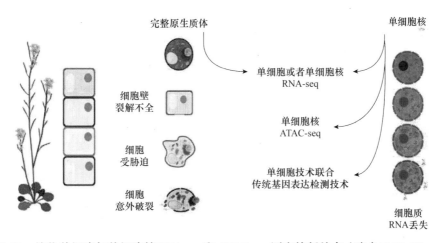

图 2-32　植物单细胞与单细胞核 RNA-seq 和 ATAC-seq 测序的新特点（改自 Thibivilliers and Libault，2021）　植物单细胞在分离时受原生质体解离不完全，环境胁迫和细胞破裂等因素影响其测序样品的质量。细胞核分离相对容易，不仅可用于 snRNA-seq 转录本测序，也可以通过 snATAC-seq 研究植物细胞染色质的开放性。将植物单细胞和细胞核多组学技术应用于不同物种的组织和器官中，能对植物细胞功能进行更加深入的研究。

2.4.2　植物 scRNA-seq 技术的发展

　　2019 年，植物单细胞转录组测序开始流行，主要利用模式植物拟南芥的根部细胞来开展研究。植物 scRNA-seq 技术的出现正在彻底改变从组织到细胞层面的全基因组转录水平的研究，因为它可以挖掘不同类型组织中细胞的异质性。通过单细胞测序可以有效地识别特定类型和新亚型的细胞。此外，研究各种不同的细胞所处的发育状态，也能从分子层面获得更准确和更全面的了解，以便更好地了解其在植物整个生命过程中的作用。在植物科学研究领域，由于植物细胞存在细胞壁，因此单细胞转录组分析仍然需要通过对原生质体或者细胞核进行分离获得单细胞水平的精度，因此需要研发植物单细胞分离特有的技术。通过scRNA-seq技术先对拟南芥根展开单细胞水平的基因表达模式研究，为植物其他组织和器官的scRNA-seq研究建立了一定的范式。通过对小批量的单细胞测序数据进行分析，不仅获得了基因表达较高的分辨率，也为规模化开展植物细胞学、发育学、生理学和遗传学等多学科研究提供了新的技术平台。

植物之所以能够应对日常环境的变化和挑战，是因为其在基因转录调控中具有高度的灵活性和准确性。不同类型的细胞在植物发育和环境适应中具有不同的生物学作用。因此，植物不同类型的细胞对各种内在和外在信号的转录组反应值得深入研究。混合相似类型的细胞或组织进行转录组高通量测序已经经过几代技术的发展，如DNA微阵列（DNA microarray）或传统的转录组测序（RNA-seq）都是应用很广的技术。自20世纪90年代发明DNA微阵列以来，利用转录组分析技术研究细胞是如何根据发育和环境因素重新调控转录的，是一直以来的重要方法。大量转录组学数据现已公开，这些数据也将继续帮助科研人员进一步理解植物中时空调控的特点。由于技术限制，早期的转录组学分析主要应用于容易切割和分离的组织和器官，甚至是整个植物体本身。这不可避免地会将样本视为一种均质的材料，并对所有细胞中本身就存在差异的基因表达量进行平均，这使研究人员无法了解细胞特异性的转录活性。因此，需要推动技术进步，在空间和时间上更准确地了解复杂转录程序的各种细节。近年单细胞转录组测序已成为一种强大的技术手段，在单细胞分辨率水平绘制并量化转录本的特点。该技术已广泛并成功地用于动物研究中，随后植物单细胞转录组分析研究也不断获得报道。值得注意的是，目前植物单细胞测序以分离原生质体为前提，并结合了高通量的液滴式标记技术。模式植物拟南芥根的单个细胞转录活性分析获得了前所未有的提高。可以通过构建详细的细胞发育轨迹，来识别细胞身份标记的动态变化。这些开创性的工作向更多研究人员展示了植物scRNA-seq的魅力和潜力，可以预见植物单细胞研究将进入快速发展阶段，尽管目前还存在一些实验和生物信息学分析的挑战（Seyfferth et al.，2021）。

从植物单细胞转录组分析的历史发展来看，提高转录组分析分辨率的方式有多种，如用荧光激活细胞分选（fluorescence-activated cell sorting，FACS）技术来捕获带有荧光标记的某类细胞群体，特定细胞类型标记的细胞核分离技术（isolation of nuclei tagged in individual cell type，INTACT）可以标记特定发育时期的一类细胞，激光捕获显微切割（laser capture microdissection，LCM）能按照组织切片上荧光所标记的特点进行人为选择性切割。2007年，通过FACS分离14种拟南芥根部细胞进行转录组分析属于这种技术突破。然而从技术根本上看，这些转录组学数据是将组织或者器官特异性的一群细胞进行整体研究，比一般意义的转录组测序要更加接近植物本身的特点。但是区分细胞与细胞之间差异的问题还未得到解决。在显微镜下通过玻璃嘴吸管获得荧光蛋白表达标记的原生质体，尽管测序的信号中含有较高的背景，但可以利用不同的计算机算法来区分不同细胞之间的信号波动和技术背景。细胞身份指数（index of cell identity，ICI）算法可以更好地对单个细胞进行分类并优化选择标记。这些早期研究为植物单细胞转录组分析提供了参考信息，同时其中的局限性也尤为明显。首先，分离方法的通量较低，对目标细胞的分离难度较大，难以把单个细胞拼合组成较为全面的能够反映组织或器官功能的单细胞图谱。此外，基于荧光标记技术分离目标细胞会大大限制研究对象，因为大部分植物和作物还不具备完善高效的转化体系。

上面提到的基于液滴的scRNA-seq技术能显著提高单细胞转录组的测序通量。基于液滴微流控技术可以对数千个拟南芥根细胞进行快速标记。具体就是在根原生质体通过微流管时对每个细胞进行条形码标记，因此对整个根部的组织或细胞类型在进行混合后，能通过条形码对单个细胞转录本进行高通量分析。对某些细胞类型的原生质体研究，以及对不同类型细胞标记的经验，促使研究人员选择拟南芥的初生根作为scRNA-seq的初步尝试。通过摸索植物根中的可行性和实用性，在此基础上可将液滴scRNA-seq技术越来越多地应用于拟南芥其他部分和其他植物物种的研究。scRNA-seq实验需要注意各种因素，如基因型、培养条件、植物年龄和植物样品批次，以及单细胞转录组分析法的选择和不同来源数据的整理方法，因为这都会影响数据分析结果及得出的研究结论。

2.4.3 植物根部scRNA-seq的分析

分析植物scRNA-seq测序数据的生物信息学方法在不断被开发和完善。在过去的几年里，越来越多的软件工具可用于分析scRNA-seq数据。专门针对单细胞转录的scRNA数据分析工具库（https://www.scrna-tools.org）是为了满足不同类型的分析需要，收集了30个类别的750多种工具，研究人员可以根据实验的具体需要进行选择和比较。大多数工具仅在动物或人体组织和样本上进行了测试，但是由于算法具有一定通用性，因此可以在已有版本的基础上利用植物scRNA-seq数据进行验证和针对性修改。开放平台的好处在于，全球的研究人员都可以进行专门针对植物单细胞测序数据的软件开发和调试。

在数据分析方面，首先对数据进行预处理得到质量合格的测序序列，然后把这些测序序列映射到参考基因组上。通过标注细胞中表达基因数量的上限和下限可以筛选去掉体系中测到的空液滴、双联体液滴或多联体液滴。有几种工具可使用，如DoubletFinder、Scruble和DoubletDecon等算法可以用来预测双峰。线粒体、叶绿体和核糖体基因的百分比可用于检测死亡和受损的细胞。将基因表达限制为最小细胞数也可以作为Seurat初始化参数，从而对基因选择和过滤设定合格的标准。10X Genomics公司是专门研发单细胞测序产品的高科技公司，一般可以选择STAR算法对scRNA-seq参考基因组比对。对读取数据的修剪、对齐和比对通常需要占用大量的计算资源，新开发的软件工具，如BUStools可以通过利用超快速的伪对齐方法来节省计算机的内存和运算时间。数据进行比对后，将获得一个表达矩阵，其中每一行代表一个基因的转录本，每一列对应一个单细胞。矩阵的每个细胞中基因转录的表达水平可通过绝对表达值或相对表达量进行表示。单细胞测序分析的特点是，需要通过随机寡核苷酸条形码（random oligonucleotide barcode）确定映射到转录组的读数，并把该数值用于唯一分子标识符（unique molecular identifier，UMI）来计数，最后将单个细胞内的UMI量化来测量绝对转录水平。分析得到矩阵形式的数据作为后续分析的原始数据（图2-33A）。

单细胞测序的最终目的是通过数据可视化，将细胞进行聚类。由于样品中存在大量的单细胞，并且每个细胞中有数千个不同基因的转录本，因此scRNA-seq的输出原始数据是高维度的，不容易可视化。为了使实验结果更易于解读，细胞过滤后的一个关键步骤是将scRNA-seq数据的维度减少到二维，并根据它们的转录组相似性绘制细胞表达图谱，从而将转录组中的差异变成无偏差的细胞群簇。实际上，对单细胞进行常规的负二项式回归后，一种广泛使用的降维方法称为主成分分析（principal component analysis，PCA），它可用于表示单细胞转录组数据集的总体分布特征。与PCA这种用于降维的线性变换技术相比，*t*分布随机邻域嵌入（*t*-distributed

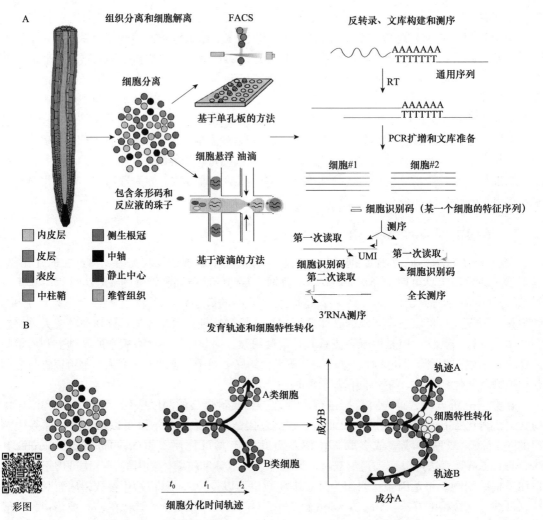

图2-33 植物根单细胞转录组测序方法（改自Rodriguez-Villalon and Brady，2019） A．拟南芥根的示意图，其中不同的组织用不同颜色编码表示。组织解离后，可以通过不同的方法分离拟南芥根细胞。荧光激活细胞分选（FACS）技术将细胞直接分选到孔板中，而基于液滴的方法将独特的分子标识符（UMI）、条形码（index），是单细胞的标记，是在测序建文库时放入的一段特异性的核苷酸序列）包被的珠子与裂解缓冲液结合起来以分离并标记单个细胞。在cDNA制备和文库扩增之后，分析测序数据以区分来自不同细胞的转录本。B．单细胞RNA测序用于分析发育轨迹。通过对每个细胞的转录谱进行无偏差聚类，算法可以推断出伪时间轨迹。基于它们的基因表达沿着这个伪时间轨迹对细胞进行排序，可以预测给定类型细胞的发育轨迹并追踪其起源。此外，该方法可以识别具有"混合"或"瞬时"身份的细胞簇，以此挖掘具有新特征的发育阶段。

stochastic neighbor embedding，tSNE）和均匀流形近似和投影（uniform manifold approximation and projection，UMAP）是二维图形视图的主要技术。scRNA-seq一般用tSNE对集群可视化。此外UAMP是一种相对较新且流行的技术，对比tSNE具有多个优势，尤其是在对总体数据的分析速度和可视化优化等方面（图2-33A）。然而，这些技术都不是完美的，因为降维会给数据带来很大的失真。因此，降维不是最终目标技术，而是一种挖掘数据集主要特征的工具，然后再把这些关键特征形成可视化图，以便研究人员理解高度复杂的scRNA-seq数据（Rodriguez-Villalon and Brady，2019）。

在解读单细胞测序生物学意义中，对不同单细胞类型中标记基因的鉴定和对细胞簇的注释是关键步骤。对无特殊表征的细胞测序数据聚类之后，最关键的步骤是对其细胞簇的区分和注释。在开始分析时，需要研究人员从传统测序数据分析中，按照个人对某些关键基因生物学功能的理解，提供一批能用于区分细胞类别的标记基因，然后通过这些标记基因将不同类型的细胞按标签分配到不同细胞簇中。可以使用绘图函数，如 Seurat 的 FeaturePlot 功能模块，或 Monocle markers 下设置 plot cell clusters 的参数，对不同类型细胞实现基于生物学意义的细胞簇分类。对于已知标记基因的细胞类型，如拟南芥根中不同类型的细胞，细胞簇的注释相对简单，其准确性可以通过使用随机聚类方法来提高。例如，k-means 和 Louvain 最大模块化，可以将细胞簇中差异表达基因（differentially expressed gene，DEG）与细胞类型特异性的标记基因进行筛选和比较。在大多数情况下，即使在拟南芥根中，许多不同类型细胞和不同发育时期细胞的标记基因尚不确定，因此注释步骤容易出现分析上的多种可能。为了克服这些问题，开发的特殊计算工具可以专门针对各种组织和样本中的细胞簇进行无偏差的自动注释。例如，Garnett 软件包，使用组织样本中单细胞表达数据组作为训练集，基于数据回归的分类器，可以快速注释细胞簇并识别细胞中新的标记基因。一旦经过训练，它就可以对这类组织样本的未知数据集进行一定程度的分类，但是其准确性需要其他平行实验进一步验证。ScType 是另一个用于自动注释细胞簇的软件包，特点是测序数据本身驱动，不依赖其他参考测序数据。它将不同细胞中最高上调表达的基因优先考虑作为标记基因，然后在其他细胞簇和细胞类型中再判定其特异性。因此 ScType 可以鉴定新类型细胞具有高特异性的新标记基因。然而，大多数分析工具尚未被广泛采用并验证，它们单独分析和配套组合分析的准确性仍有待其他相似类型数据分析的验证。

轨迹推断（trajectory inference）是一种从不同细胞类别的 scRNA-seq 数据中推断基因表达动态的计算方式。该方法先对数百到数万个细胞的转录组数据相似性进行计算并排序，为每个细胞分配一个伪时间（pseudotime）。因此，轨迹推断能够从头重建发育和生理学中的细胞状态转换轨迹，从而对动态的生物过程，如细胞分裂和分化等过程进行无偏差的和全转录组解析（图 2-33B）。通过轨迹推断方法来推断轨迹的复杂变化，以此对细胞变化的进展进行排序。例如，Monocle 法根据细胞轨迹起点到终点，通过机器学习技术获得细胞最短轨迹路径，通过基因表达的变化来解析细胞从一种状态转换到另一种状态的变更顺序。最近的 Monocle2 使用不同的方法以完全无监督的方式从 scRNA-seq 数据重建发育轨迹。它应用反向图嵌入机器学习策略来推断轨迹并产生分支形式的主图。Monocle3 增加的新功能，可以基于 UMAP 算法得到的初步结果对复杂的 scRNA-seq 数据进行轨迹推断。此外，Monocle3 还提供了新的方法来推断轨迹的拓扑结构，可以机器学习非树型结构的复杂拓扑轨迹。Monocle2 和 Monocle3 均被研究人员成功用于拟南芥根细胞图谱的绘制。此外，另外两个独立开发的工具 CytoTRACE 和 scVelo 巧妙地结合在一起，也可以分析拟南芥根不同类型细胞的发育轨迹。CytoTRACE 根据不同状态细胞之间基因表达差异预测每个细胞的分化状态。scVelo 使用转录动力学模型来估计 RNA 产生，剪切和潜伏的速度和时间，以此假设单细胞在分化过程中经历的实际时间。通过对比 CytoTRACE 和 scVelo 获得的根细胞发育轨迹，发现彼此有很强的相关性，并且可以结合起来分析得到更高精度的预测。然而，需要注意的是，轨迹推断方法的选择主要取决于数据集的维度和轨迹路径的复杂度。因此，应进一步利用不同工具的互补性，如用 Dyno 集成的工具（https://github.com/dynverse/dyno）以提高植物单细胞轨迹推断的准确性和分析速度。

2.4.4 植物地上部scRNA-seq的分析

在植物的整个生命周期中，植物地上部能够不断生长，是因为茎尖分生组织能不断产生新的组织和器官。对拟南芥营养生长时期茎尖部分细胞进行单细胞转录组测序，可以在基因表达水平上重新定义不同茎尖分生细胞的功能。由于植物茎尖干细胞包埋在组织和器官深处，此外不同类型细胞相互粘连不容易分离，而且某一类特定功能的细胞数目不多，这给植物干细胞的单细胞测序造成很大困难。2021年最新的研究通过对茎尖细胞分离并进行单细胞测序发现茎尖由高度异质的细胞类型组成，具体可分为7个类群和23个不同的细胞转录簇。通过描绘表皮细胞、维管组织和叶肉细胞的发育轨迹，能够获得与细胞命运决定相关的转录因子及其基因表达特征，这是该技术带来的重要突破。对植物芽和根顶端细胞群的综合分析可以进一步揭示表皮和维管组织的共同细胞发育特征和差异化的分化机制。

除下胚轴和子叶外，植物的所有地上部均由茎尖分生组织（SAM）产生。被子植物茎尖分生组织呈小圆顶结构，由特定结构特征的细胞组成。对营养时期茎尖分生组织的研究发现拟南芥茎尖分生组织可分为三层。最外面的L1层可以发育产生芽、叶和花的表皮，而中间的L2层提供中胚层组织和生殖细胞，最里面的L3层有助于维管组织和髓的发生。如果从另外的器官发生和分化的角度来看，拟南芥茎尖分生组织也可以分为三个不同的功能域，中央区（central zone，CZ）是干细胞所在的位置，外围区（peripheral zone，PZ）是细胞分裂比中央区更频繁的地方，它负责器官的发育，而两侧分生组织（rib meristem，RM）负责产生芽轴的中央组织（图2-34A）。三个细胞层和三个功能域彼此有相互包含的关系，划分方式上都有各自的合理性。利用单细胞测序能够将不同细胞进行进一步分类，使得茎尖分生组织不同区域的功能划分更加合理。

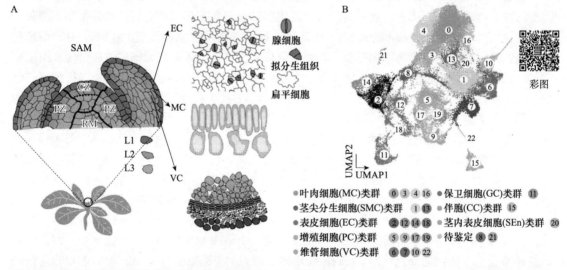

图2-34 植物营养时期茎尖分生组织中细胞异质性研究（改自Zhang et al.，2021） A．拟南芥茎尖的解剖结构和细胞类型示。CZ．中央区；PZ．外围区；RM．两侧分生组织；L1、L2、L3．分生组织从外向内的三个细胞层。B．使用UMAP将23个细胞类群可视化。单个点表示单个细胞，其中显示了36 000多个不同的细胞，不同颜色标记了不同细胞类群。

植物营养时期的茎尖分生组织和叶原基被深深包埋在叶片深处，这个时期的茎尖分生组织十分微小，直径约100mm，因此分离植物茎尖分生组织在技术上具有挑战性。研究人通过茎尖分生组织原生质体分离的方法，获取了大量茎尖细胞，为了区分茎尖分生组织和叶细胞群，还特意收集第18天植物的叶片作为对照，以降低后期数据分析的难度。并以单细胞分辨率对茎尖分生组织进行转录组分析。对所有细胞在10X Genomics单细胞测序平台进行基于液滴的scRNA-seq转录组测序，获得了一批茎尖分生组织单细胞测序的数据（Zhang et al.，2021）。

利用36 643个茎尖和叶片单细胞测序数据，通过不依赖已知细胞标记的主成分分析和无监督分析发现了22个数据质量较高的细胞族群。为了注释每个族群的功能，先对每个族群中的基因进行生物学功能和表达模式的分析。使用UMAP算法、tSNE工具和3D散点图对测序数据进行可视化，揭示了七大不同的茎尖细胞类群，如叶肉细胞（mesophyll cell，MC）类群、表皮细胞（epidermal cell，EC）类群、茎尖分生细胞（shoot meristematic cell，SMC）类群、增殖细胞（proliferating cell，PC）类群、维管细胞（vascular cell，VC）类群、茎内表皮细胞（SEn）类群、保卫细胞（guard cell，GC）类群和伴胞（companion cell，CC）类群（图2-34B）。与tSNE可视化分析相比，UMAP获得了更快的运行时间、更好的一致性、更具生物学意义的细胞族群分类。

叶肉细胞类群由4个类别（第0、3、4和16类）组成，其中参与光合作用的基因有*CHLORORESPIR-ATORY REDUCTION23*（*CRR23*）、*RUBISCO SMALL SUBUNIT 2B*（*RBCS2B*）和*PHOTOSYNTHETIC NDH SUBCOMPLEX L1*（*PNSL1*）。在表皮细胞类群，即茎尖L1层包括第2、12、14和18类，其中检测到表皮特异性基因*MERISTEM LAYER1*（*ATML1*）、*PROTODERMAL FACTOR1*（*PDF1*）和*FIDDLEHEAD*（*FDH*）。茎尖分生细胞群由第1和13两类细胞组成。*SHOOT MERISTEMLESS*（*STM*）及其同源域基因*KNOTTED1-LIKE HOMEOBOX GENE1*（*KNAT1*）、*KNAT2*和*KNAT6*的转录表达是维持拟南芥茎端分生组织活性所必需的。另外第5、9、17和19类被注释为增殖细胞类群，因为细胞周期相关基因如*HISTONE H4*（*HIS4*）、*CYCLIN-DEPENDENT KINASE B2;1*（*CDKB2;1*）和*CYCLIN A1;1*（*CYCA1;1*）所占比例较高。维管细胞类群由第6、7、10和22类组成，其中参与木质部和韧皮部分化的基因表达较为显著。例如，韧皮部基因*SMAX1-LIKE5*（*SMXL5*）和木质部基因*PHLOEM INTERCALATED WITH XYLEM*（*PXY*）的转录本分别在第7和第10类中高表达。保卫细胞和伴胞群种群分别为第11和第15类，在UMAP图上分得较开，符合其特定的生理功能和独特的基因表达水平。*FAMA*（*FMA*）和*EPIDERMAL PATTERNING FACTOR1*（*EPF1*）在保卫细胞标记基因的第11类细胞中表达，而伴胞标记基因的转录本中，*PP2-A1*和*SUC2*在第15类细胞中高度积累，都符合以往的研究结果。

2.4.5 植物单细胞测序的困难和挑战

植物单细胞转录组分析存在诸多挑战，植物和动物细胞在结构和功能上有许多相似之处，但它们之间存在少数非常显著的结构差异，这些差异也是区分两者的主要标志。植物有的细胞要比动物细胞大得多，而且其形状各异，因此不同组织中细胞大小和结构变化幅度大，这对单细胞的筛选造成了一定的难度。有的植物细胞的最长边可达100mm，而大多数动物细胞的直径为10~30mm。此外，细胞壁仅存在于植物细胞中，动物细胞中不存在，其组成和厚度因植物种类、组织、发育状态和环境压力而异。因此分离不同植物组织和器官中的原生质体需要摸索独特的方式。以上这些差异可能导致单细胞转录组分析中造成植物组织和细胞所特有的相关问题。因此，植物单细胞转录组的实验设计和数据分析必须依据具体情况来实施。

目前植物单细胞获得一般使用原生质体制备法，主要通过细胞壁消化酶将细胞壁分解，以分离获得原生质体。然而，不同植物细胞的细胞壁组成不同，因此需要不同组织解剖方法和不同的分离方法，这些都会影响原生质体分离的效率，可能导致检测到的单细胞数据来自更容易得到原生质体类型的细胞群。大多数发表的拟南芥根的scRNA-seq数据集中都观察到了这种偏差，发现位于组织中心的细胞比在边缘的细胞难以解离；这种分离度的偏差，在由好几层不同功能细胞组成的组织中，如维管组织和分生组织，尤为明显。因此，被包埋在组织中心的单细胞群，在测序数据中可能由于其数量上不具备代表性，在后期数据分析中可能被过滤和忽视。

有几种方法可以增加细胞类型的代表性，其中之一是改进原生质体分离方法。通过调整细胞壁降解酶的类型和浓度、酶溶液pH、反应时间和温度等使细胞壁酶解反应更加均匀和彻底，这样能够保证不同植物组织原生质体的产量、活力和均匀性。在有些优化的酶解方案中，原生质体分离过程通常需要几个小时，并且不可避免地会导致细胞中转录活性的改变。例如，发现数百个基因在原生质体分离的一个小时内就能够产生明显的差异。虽然获得原生质体过程中带来的实验误差可能会造成一定影响，但最近的研究表明原生质体的单细胞测序不会改变细胞类型的区分。通过比较拟南芥根细胞的scRNA-seq数据与非原生质体拟南芥根组织的常规RNA-seq数据，发现这两个数据彼此的相似部分很大。

植物细胞单核snRNA-seq测序是直接对分离得到的细胞核进行测序的方法，以细胞核代表单细胞进行转录组的一种方法。植物细胞单核测序拓宽了单细胞研究的范围，特别是对难以分离的新鲜样本及保存或冷冻的植物样本。从植物组织和器官中分离单个细胞核不一定需要进行原生质体分离的步骤，与scRNA-seq相比snRNA-seq具有以下几个优势。第一，它大大降低了因不同类型和位置细胞解离差异所造成的取样偏差；第二，消除了细胞解离诱导过程中产生的转录应激效应；第三，可以获得不同植物物种的细胞类群。对拟南芥根的snRNA-seq研究表明，在被标记的同一类根细胞中，由于失去了细胞质，每个单核检测中得到基因的数目会相对减少。因此，snRNA-seq是否可以作为一种独立的方法来定义植物复杂组织中特异的细胞类型有待进一步研究。由于这两种方法都有其自身的局限性，scRNA-seq和snRNA-seq数据集之间的重叠与差异是值得比较和讨论的。建议配合使用其他的植物细胞生物技术，如转基因报告系统、原位杂交实验来验证两种方法各自获得的结果。

植物细胞不同大小的差异给植物单细胞转录组分析造成了不小的困难，单细胞分离的效率在很大程度上受细胞大小的影响。虽然基于FACS的细胞分离能够基本确定其捕获细胞的大小和质量，但由于细胞解离时就因细胞大小而造成差异化的原生质体，FACS技术也不能从源头上解决这个问题。另一个限制因素是目前市场上可用的细胞捕获平台都对细胞尺寸有所限制，太大的细胞不会被捕获，从而导致scRNA-seq数据集存在一定的差异。建议使用基于微孔系统的snRNA-seq，因为其不限制单细胞的大小。细胞质和细胞核转录组之间的保守性表明，snRNA-seq提供了一种有效的替代方法来识别细胞类型。细胞大小的不一致性也可能导致对转录活性量化上的偏差，从而导致单细胞转录组数据的不可靠性。因此，依据单个细胞中表达基因数量来预测功能特化的细胞也不一定准确。一般来说，微小的转录变化可以通过更大的测序深度来确定其具体的变化幅度。细胞分裂过程中由于染色体倍性的变化，单个细胞中的基因表达量也会出现变化，可以采用cgCorrect专用的计算工具校正scRNA-seq数据中的倍性效应。

到目前为止，利用单细胞转录组分析技术研究植物的文章数量有限，而且大部分报道的研究都是在拟南芥根中进行的，而拟南芥其他器官和其他植物物种的细胞转录组在很大程度上尚未被研究。展望未来，单细胞转录组分析会扩展到研究较少的植物物种和器官中，并将与其他植物细胞生物技术结合，不断拓展对植物细胞生物学的了解。在不远的将来，来自多种植物物种的单细胞转录组的比较研究有望为不同细胞类型的分化提供新的见解。

2.5 参考文献

Ahn J. 2016. Flowering time: have florigen, will travel. *Nature Plants*, 2(6): 1-2

Cayla T, Hir RL, Dinant S. 2019. Live-cell imaging of fluorescently tagged phloem proteins with confocal microscopy. *Phloem: Methods and Protocols*, 2014: 95-108

Chen H, Zou Y, Shang Y, et al. 2008. Firefly luciferase complementation imaging assay for protein-protein interactions in plants. *Plant Physiology*, 146(2): 368-376

Christensen CA, King EJ, Jordan JR, et al. 1997. Megagametogenesis in *Arabidopsis* wild type and the Gf mutant. *Sex Plant Reproduction*, 10(1): 49-64

Dedow LK, Oren E, Braybrook SA. 2022. Fake news blues: A GUS staining protocol to reduce false-negative data. *Plant Direct*, 6(2): e367

Donnaloja F, Jacchetti E, Soncini M, et al. 2019. Mechanosensing at the nuclear envelope by nuclear pore complex stretch activation and its effect in physiology and pathology. *Frontiers in Physiology*, 10: 896

Irish V. 2017. The ABC model of floral development. *Current Biology*, 27(17): 887-890

Jiang J, Gill BS. 2006. Current status and the future of fluorescence *in situ* hybridization (FISH) in plant genome research. *Genome*, 49(9): 1057-1068

Jin R, Klasfeld S, Zhu Y, et al. 2021. LEAFY is a pioneer transcription factor and licenses cell reprogramming to floral fate. *Nature Communications*, 12(1): 1-14

Keshavareddy G, Kumar ARV, Ramu VS. 2018. Methods of plant transformation: A review. *International Journal of Current Microbiology and Applied Sciences*, 7(7): 2656-2668

Liu L, Zhu Y, Shen L, et al. 2013. Emerging insights into florigen transport. *Current Opinion in Plant Biology*, 16(5): 607-613

Liu S, Wang D, Mei Y, et al. 2020. Overexpression of *GmAAP6a* enhances tolerance to low nitrogen and improves seed nitrogen status by optimizing amino acid partitioning in soybean. *Plant Biotechnology Journal*, 18(8): 1749-1762

Maeda AE, Nakamichi N. 2022. Plant clock modifications for adapting flowering time to local environments. *Plant Physiology*, 190(2): 952-967

Müller HM, Schäfer N, Bauer H, et al. 2017. The desert plant *Phoenix dactylifera* closes stomata via nitrate-regulated SLAC1 anion channel. *New Phytologist*, 216(1): 150-162

Nicolas WJ, Grison MS, Trépout S, et al. 2017. Architecture and permeability of post-cytokinesis plasmodesmata lacking cytoplasmic sleeves. *Nature Plants*, 3(7): 1-11

Prunet N. 2017. Live confocal imaging of developing *Arabidopsis* flowers. *Journal of Visualized Experiments*, (122): 55156

Rodriguez-Villalon A, Brady SM. 2019. Single cell RNA sequencing and its promise in reconstructing plant vascular cell lineages. *Current Opinion in Plant Biology*, 48: 47-56

Sanders PM, Bui AQ, Weterings K, et al. 1999. Anther developmental defects in *Arabidopsis thaliana* male-sterile mutants. *Sexual Plant Reproduction*, 11(6): 297-322

Seyfferth C, Renema J, Wendrich JR, et al. 2021. Advances and opportunities in single-cell transcriptomics for plant research. *Annual Review of Plant Biology*, 72: 847-866

Thibivilliers S, Libault M. 2021. Plant single-cell multiomics: cracking the molecular profiles of plant cells. *Trends in Plant Science*, 26(6): 662-663

Tsien RY. 2005. Building and breeding molecules to spy on cells and tumors. *FEBS Letters*, 579(4): 927-932

Ursache R, Andersen TG, Marhavý P, et al. 2018. A protocol for combining fluorescent proteins with histological stains for diverse cell wall components. *The Plant Journal*, 93(2): 399-412

Woo HR, Masclaux-Daubresse C, Lim PO. 2018. Plant senescence: how plants know when and how to die. *Journal of Experimental Botany*, 69(4): 715-718

Wu G, Rossidivito G, Hu T, et al. 2015. Traffic lines: new tools for genetic analysis in *Arabidopsis thaliana*. *Genetics*, 200(1): 35-45

Wu TM, Lin KC, Liau WS, et al. 2016. A set of GFP-based organelle marker lines combined with DsRed-based gateway vectors for subcellular localization study in rice (*Oryza sativa* L.). *Plant Molecular Biology*, 90(1): 107-115

Yamaguchi N. 2021. LEAFY, a pioneer transcription factor in plants: A mini-review. *Frontiers in Plant Science*, 12: 1274

Yoo SJ, Hong SM, Jung HS, et al. 2013. The cotyledons produce sufficient FT protein to induce flowering: evidence from cotyledon micrografting in *Arabidopsis*. *Plant and Cell Physiology*, 54(1): 119-128

Zhang T, Liu G, Zhao H, et al. 2021. Chorus2: design of genome-scale oligonucleotide-based probes for fluorescence *in situ* hybridization. *Plant Biotechnology Journal*, 19(10): 1967-1978

Zhang TQ, Chen Y, Wang JW. 2021. A single-cell analysis of the *Arabidopsis* vegetative shoot apex. *Developmental Cell*, 56(7): 1056-1074

Zhao Y, Man Y, Wen J, et al. 2019. Advances in imaging plant cell walls. *Trends in Plant Science*, 24(9): 867-878

Zhu Y, Liu L, Shen L, et al. 2016. NaKR1 regulates long-distance movement of FLOWERING LOCUS T in *Arabidopsis*. *Nature Plants*, 2(6): 1-10

第3章
植物组织培养

　　植物组织培养（plant tissue culture）是根据植物细胞具有全能性的理论，以植物细胞培养技术为前提的一项生物技术，是指从植物体分离出符合需要的细胞、组织、器官或原生质体等外植体，通过无菌操作将其接种在无菌培养基上并在可控条件下进行培养以获得完整的再生植株或具有经济价值的其他产品的技术。植物组织培养的研究可以追溯到1902年德国植物生理学家和植物学家Gottieb Haberlandt（图3-1A）提出细胞全能性理论并利用植物保卫细胞、叶肉细胞、髓细胞等进行离体培养研究，而后历经组织培养探索阶段（1902～1929年）、奠基阶段（1930～1959年）及快速发展与应用阶段（1960年至今），其间经历了许多里程碑式的研究（表3-1），涌现出许多杰出的研究者和科学家，特别是被誉为组织培养学科奠基人的法国科学家Roger Jean Gautheret（图3-1B）、Pierre Nobécourt（图3-1C）和美国科学家Philip Rodney White（图3-1D）。植物组织培养主要包括组织器官培养、单倍体培养、原生质体培养及体细胞无性系变异等内容，已广泛应用于农业和医药等产业。

图3-1　在植物组织培养领域做出杰出贡献的科学家代表　A. 德国科学家Gottieb Haberlandt（1854－1945）；B. 法国科学家Roger Jean Gautheret（1910－1997）；C. 法国科学家Pierre Nobécourt（1895－1961）；D. 美国科学家Philip Rodney White（1901－1968）。

表3-1　植物组织培养史上的里程碑

年份	科学家	贡献内容
1902	G. Haberlandt	提出细胞全能性理论，尝试植物细胞离体培养
1904	E. Hannig	成功离体培养未成熟的十字花科植物胚胎
1922	W. J. Robbins，W. Kotte	分别独立短期成功培养植物根尖
1934	P. R. White	建立第一个活跃生长的番茄根无性系
1939	R. J. Gautheret, P. Nobécourt, P. R. White	分别独立离体培养胡萝卜根组织（前两位科学家）和烟草种间杂种的瘤组织获得愈伤组织
1941	J. V. Overbeek 等	发现椰子液体胚乳的价值并用于曼陀罗胚胎培养
1942	P. R. White，A. C. Braun	开展植物冠瘿与肿瘤形成的研究
1946	E. A. Ball	离体培养羽扇豆和旱金莲茎尖，再生出完整植株
1955	C. O. Miller 等	发现促进植物根茎细胞分裂的细胞分裂素
1957	F. K. Skoog，C. O. Miller	提出改变培养基中生长素与细胞分裂素的配比来调控植物细胞分裂

续表

年份	科学家	贡献内容
1958	F. C. Steward 等	观察到胡萝卜根韧皮部悬浮细胞的体细胞胚胎发生，首次证实植物细胞全能性
1960	E. C. Cocking	首次利用酶解法成功分离到植物原生质体
1960	K. Kanta 等	成功实现植物试管受精
1960	G. Morel	实现兰花茎尖脱病毒与快繁技术
1962	T. Murashige，F. K. Skoog	成功开发目前广泛用于植物组织培养的 MS 培养基
1964	S. Guha，S. C. Maheshwari	成功离体培养曼陀罗花药获得单倍体植株
1970	J. B. Power 等	首次成功实现原生质体融合
1972	P. S. Carlson 等	利用原生质体融合获得烟草种间体细胞杂种
1978	G. Melchers 等	利用原生质体融合获得马铃薯-番茄体细胞杂种
1981	P. J. Larkin，W. R. Scowcroft	提出体细胞无性系变异概念
1983	G. Pelletier 等	利用原生质体融合获得诸葛菜与甘蓝型油菜的属间细胞质杂种

3.1　植物离体培养的培养基

　　培养基是指人工模拟植物细胞在体内生长的营养环境，供给离体细胞、组织、器官或原生质体等外植体生长繁殖，由不同营养物质组配而成的营养基质，是植物离体培养中外植体赖以生存和增殖的营养和物质基础。研究表明，没有任何一种培养基是万能的，可以适合于任何类型外植体的培养，因此，培养基的合理选择或开发改良是决定组织培养成功的重要因素之一。

　　迄今为止，科研工作者已开发或改良大量不同类型的植物培养基（部分见表3-2）。最早关于植物培养基的研究可以追溯到德国科学家Sacks（1860）与他的学生Knop（1861），他们对绿色植物的成分进行分析研究，并根据植物从土壤中主要吸收的无机盐营养特点，设计出由无机盐组成的Knop（1865）盐溶液培养基。在此基础上，1939年法国科学家Roger Jean Gautheret（图3-1B）提出了植物愈伤组织诱导培养基。1943年美国科学家White（图3-1D）基于1925年Uspenski和Uspenskaia的海藻培养基提出植物根诱导培养基。而后，1962年美国科学家Skoog及其学生Murashige基于前人的大量研究结果创建了目前广泛应用于植物组织培养的MS培养基，1966年Wolter和Skoog等设计出适合木本植物的WS培养基，1968年Gamborg等设计出适合十字花科和豆科植物的B_5培养基，1969年Nitsch和Nitseh设计出适合花药培养的Nitsch培养基，1975年中国科学家朱至清等设计出适合禾本科植物花粉培养的Chu（N_6）培养基（表3-3）。

3.1.1　培养基的基本成分及其作用

　　植物原生质体的化学组成包括水85%～90%、蛋白质7%～10%、脂类1%～2%、其他有机物（如核酸）1.0%～1.5%及无机物1.0%～1.5%，这些物质是由C、H、O、N、S、P、K、Na、Ca、Mg、Cl、Fe、B、Si、Mn、Al、Zn、Co和Cu等元素构成。因此，理论上，作为外植体赖以生存的培养基应该包括构成原生质体的全部元素，而实际上，大量实验证实培养基并不是必须需要上述全部元素。1971年，Epstein提出满足植物组织培养必需元素的4条基本原则：第一，元素是植物完成生命周期必不可少的；第二，元素对植物的作用是特有的且不能被其他元素完全替代；第三，元素对植物的影响是直接的，而非间接的；第四，元素是植物关键成分的组成部分。基于这些原则，科学家确认C、H、O、N、P、S、Ca、K、Mg、Fe、Mn、Mo、Cu、Zn和B这15种元素为植物培养的必需元素。按照国际植物生理学协会的建议，将植物组织培养基中含量大于0.5mmol/L的9种（包括C、H、O、N、P、S、Ca、K和Mg）必需元素定义为大量元素，

表 3-2　常用培养基配方

（单位：mg/L）

成分	White's (1963)	Murashige & Skoog (MS) (1962)	Gamborg (B₅) (1968)	Chu (N₆) (1975)	Nitsch's (N-69) (1969)	Linsmaier & Skoog (LS) (1965)	Wolter & Skoog (WS) (1966)	Murashige & Tucher (MT) (1969)	Schenk & Hildebrandt (SH) (1972)	Bourgin (H) (1967)	Miller (M) (1965)	Eriksson (ER) (1965)	Nitsch (N) (1963)
MgSO₄·7H₂O	750	370	250	185	185	370	—	370	400	185	35	370	125
KH₂PO₄	—	170	—	400	68	170	—	170	—	68	300	340	88
NaH₂PO₄·H₂O	19	—	150	—	—	—	—	—	—	—	—	—	—
KNO₃	80	1 900	2 500	2 830	950	1 900	170	1 900	2 500	925	1 000	1 900	925
NH₄NO₃	—	1 650	—	—	720	1 650	50	1 650	—	720	1 000	1 200	725
CaCl₂·2H₂O	—	440	150	166	—	400	—	440	200	166	—	400	—
(NH₄)₂SO₄	—	—	134	463	—	—	—	—	—	—	—	—	—
H₃BO₃	1.5	6.2	3	1.6	3	6.2	—	6.2	5	10	1.6	—	—
MnSO₄·4H₂O	5	22.3	—	4.4	25	22.3	7.5	22.3	—	25	4.4	22.3	25
MnSO₄·H₂O	—	—	10	3.3	—	—	—	—	1	—	—	—	—
ZnSO₄·7H₂O	3	8.6	2	1.5	10	8.6	3.2	8.6	1	10	1.5	—	10
ZnSO₄·H₂O	—	—	—	—	—	—	—	—	—	—	—	15	—
Na₂MoO₄·2H₂O	—	0.25	0.25	—	0.25	0.25	—	—	0.25	0.25	—	0.025	0.25
MoO₃	0.001	—	—	—	—	—	—	—	—	—	—	—	—
CuSO₄·5H₂O	0.01	0.025	0.025	—	0.025	0.025	—	0.025	0.2	0.025	—	0.002 5	0.025
CoCl₂·6H₂O	—	0.025	0.025	—	0.025	0.025	—	0.025	0.1	—	—	0.002 5	—
KI	0.75	0.83	0.75	0.8	—	0.83	1.6	0.83	1	—	0.8	—	0.75
FeSO₄·7H₂O	—	27.8	—	27.8	27.8	27.8	27.8	27.8	20	—	27.8	27.8	27.8
Na₂-EDTA	—	37.3	—	37.3	37.3	37.3	37.3	37.3	15	37.3	—	—	37.3

续表

成分	White's (1963)	Murashige & Skoog (MS)(1962)	Gamborg (B₅)(1968)	Chu (N₆)(1975)	Nitsch's (N-69)(1969)	Linsmaier & Skoog (LS)(1965)	Wolter & Skoog (WS)(1966)	Murashige & Tucher (MT)(1969)	Schenk & Hildebrandt (SH)(1972)	Bourgin (H)(1967)	Miller (M)(1965)	Eriksson (ER)(1965)	Nitsch (N)(1963)
KCl	—	—	—	—	—	—	140	—	—	—	—	—	—
Na_2SO_4	200	—	—	—	—	—	425	—	—	—	—	—	—
柠檬酸铁	—	—	—	—	—	—	—	—	—	—	65	—	10
$Fe_2(SO_4)_3$	2.5	—	—	—	—	—	—	—	—	—	—	—	—
$NaH_2PO_4 \cdot 12H_2O$	—	—	—	—	—	—	35	—	—	—	—	—	—
NH_4Cl	—	—	—	—	—	—	35	—	—	—	—	—	—
$NH_4H_2PO_4$	—	—	—	—	—	—	—	—	300	—	—	—	—
草酸铁	—	—	—	—	—	—	28	—	—	—	—	—	—
抗坏血酸	3	—	—	—	—	—	—	—	—	—	—	—	—
盐酸硫铵	0.01	0.5	10	1	0.5	0.4	0.1	0.5	5	—	0.1	0.5	0.1
盐酸吡哆醇	0.01	0.5	1	0.5	0.5	—	0.1	0.5	5	0.5	0.5	0.5	0.25
烟酸碱	0.05	0.5	1	0.5	5	—	0.5	—	5	5	—	—	1.25
肌醇	—	100	100	—	100	100	100	100	1 000	100	—	0.5	—
甘氨酸	3	2	—	2	2	—	—	2	—	2	—	—	7.5
叶酸	—	—	—	—	0.5	—	—	—	—	0.5	—	—	—
生物素	—	—	—	—	0.05	—	—	—	—	0.05	—	—	—
蔗糖	20 000	30 000	20 000	50 000	20 000	30 000	—	50 000	30 000	20 000	30 000	40 000	20 000
琼脂	10 000	10 000	10 000	10 000	—	10 000	10 000	—	—	8 000	10 000	—	10 000
pH	5.6	5.8	5.5	5.8	—	5.8	—	—	5.8	5.5	6	5.8	6

表 3-3　适用于禾本科植物花药培养的常用培养基 　　　　　　　（单位：mg/L）

成分	培养基								
	S	N_6	FHG	C17	He5	NB	SK3	BAC	改良 M8
KH_2PO_4	170	460	170	400	600	400	640	170	640
KNO_3	1900	2830	1900	1400	3181	2830	2830	2600	3131
$MgSO_4 \cdot 7H_2O$	370	185	370	150	35	185	280	300	370
NH_4NO_3	1650	—	165	300	—	—	—	—	—
$(NH_4)_2SO_4$	—	463	—	—	231	463	315	400	330
$CaCl_2 \cdot 2H_2O$	400	166	440	150	166	166	166	600	166
$MnSO_4 \cdot 4H_2O$	22.3	4.4	22.3	11.2	4.4	4.4	4.4	5	4.4
$ZnSO_4 \cdot 7H_2O$	8.6	1.5	8.6	8.6	1.5	1.5	1.5	2	4.3
H_3BO_3	6.2	1.6	6.2	6.2	1.6	1.6	1.6	5	6.2
$CuSO_4 \cdot 5H_2O$	0.025	—	0.025	0.025	—	—	—	0.025	0.025
$CoCl_2 \cdot 6H_2O$	0.025	—	0.025	0.025	—	—	—	0.025	0.025
$Na_2MoO_4 \cdot 2H_2O$	0.25	—	0.25	—	—	—	—	0.25	0.1
$NaH_2PO_4 \cdot H_2O$	—	—	—	—	—	—	—	150	—
Na_2-EDTA	37.3	37.3	40	37.3	74.5	37.3	74.5	—	74.5
$FeSO_4 \cdot 7H_2O$	27.8	27.8	—	27.8	55.5	27.8	55.5	—	55.5
Sequetrene 330Fe	—	—	—	—	—	—	—	40	—
烟酸碱	0.5	0.5	—	0.5	3	0.5	2.5	0.5	3
盐酸吡哆醇	0.5	0.5	—	0.5	0.6	0.5	0.5	0.5	2.5
盐酸硫胺素	0.4	1	0.4	1	0.6	1	0.5	1	5
甘氨酸	2	2	—	2	2	2	10	—	10
肌醇	100	—	100	—	—	—	—	2000	—
L-谷氨酰胺	—	—	730	—	—	—	—	—	—
干酪素水解物	—	500	—	300	—	—	—	—	—
丙氨酸	—	—	—	—	—	—	—	—	10

而其他 6 种（包括 Fe、Mn、Mo、Cu、Zn 和 B）含量小于 0.5mmol/L 的元素则为微量元素。

1. 水

水是万物之源，是一切生物生存的物质基础，占植物原生质体的 85%～90%。植物培养基中水占 95% 以上。为了减少水中无机盐成分对培养基的影响，组织培养中所用的水通常为去离子水、蒸馏水、重蒸水（双蒸水和三蒸水）或超纯水（ultra pure water，又称 UP 水，是指 25℃ 条件下电阻率达到 18MΩ/cm 的水）等。

2. 大量无机必需元素

植物组织培养基中的大量无机必需元素包括 C、H、O、N、P、S、Ca、K 和 Mg 这 9 种元素。这些元素是构成叶绿体、核酸、蛋白质、氨基酸、酶催化剂或渗透调节剂等物质的必要组成成分。

（1）氮　氮是蛋白质、核酸和酶的必要组成成分，是植物生长和生存所必需的。氮也是组成植物叶绿素的必要成员，对维持叶片的正常绿色及光合作用起到重要作用。此外，氮还是能量传递化合物，如 ATP（三磷酸腺苷）的必要组成部分，为细胞的生长发育提供能量。植物培养基中常用的无机氮包括硝态氮（NO_3^--N）和铵态氮（NH_4^+-N），前者来源于 KNO_3 或 NH_4NO_3，后者则为 $(NH_4)_2SO_4$ 或 NH_4NO_3，适宜浓度为 25～60mmol/L。当然，植物细胞对硝态氮和铵态氮的吸收和代谢机理存在明显差异，铵态氮进入细胞后必须尽快与有机酸结合，形成氨基酸或酰胺，否则游离态铵离子将在细胞中累积并对其造成毒害，有研究显示，超过8mmol/L的铵态氮将会伤害离体培养物，而硝态氮自进入细胞后一部分被还原成铵态氮并在细胞质中进行代谢，其余部分则储存在液泡中，且较高浓度的硝态氮也不会对植物产生不良影响。因此，植物培养基一般采用硝态氮或者同时加入两种形态的氮。也有研究表明，合理的硝态氮和铵态氮比例将有助于外植体生长发育，如用于胡萝卜悬浮细胞系和番茄根系最大生物量培养的最佳NH_4^+-N：NO_3^--N比值分别为1：4和3：1。

（2）磷　　磷是构成植物核酸、核蛋白、磷脂、腺苷磷酸、磷酸酯、肌醇六磷酸和多种酶等的必需成分，也是糖类、含氮化合物、脂肪等代谢过程的调节剂，参与植物光合作用、呼吸作用、能量储存和传递、细胞分裂、细胞增大和其他生理生化过程，在植物生命活动中极其重要。植物培养基中的无机磷常以磷酸盐（PO_4^{3-}）的形式存在，来源于KH_2PO_4或NaH_2PO_4，适宜浓度为20～30mmol/L。

（3）钾　　钾是植物细胞内唯一以较高浓度存在的一价阳离子，占植物总干重的2%～10%。在植物生长发育过程中参与60多种酶系统的活化，对植物氮代谢、光合作用、脂肪代谢、蛋白质合成、膜电位和细胞内稳态等生理生化过程有重要作用。植物培养基中的钾元素通常来源于KH_2PO_4、KNO_3或KI，适宜浓度为1～3mmol/L。

（4）钙　　钙在植物细胞内通常以结合钙和离子钙的形式分布在细胞壁、细胞膜、细胞核、细胞质及液泡中。在植物细胞膜中，钙作为磷酸和蛋白质的羧基间联结纽带起作用；在细胞壁中，钙是细胞壁中的果胶质组成部分，缺钙时将导致细胞板不能形成，子细胞无法分隔；另外，钙还是第二信使，与钙调蛋白（calmodulin）结合并激活细胞生长发育所需的酶。因此，钙在植物细胞的离子选择性吸收、生长、衰老、信息传递及抗逆性等方面有着重要作用。植物培养基中的钙元素通常来源于$CaCl_2$，适宜浓度为1～3mmol/L。

（5）镁　　镁是构成叶绿素的主要成分之一，与光合作用密切相关。镁也是多种酶的活化剂，如调控核酮糖-1,5-双磷酸羧化酶、葡萄糖激酶、果糖激酶、磷酸葡糖变位酶和DNA聚合酶等的活性，参与植物细胞对二氧化碳的同化，以及脂肪、蛋白质与核酸的合成。植物培养基中的镁元素通常来源于$MgSO_4$，适宜浓度为1～3mmol/L。

3. 微量无机必需元素

植物培养基中的微量无机必需元素包括Fe、Mn、Mo、Cu、Zn和B这6种元素。这些元素是酶的辅助因子，是构成叶绿体、核酸、蛋白质、氨基酸、酶催化剂或渗透调节剂等物质的必要成分。

（1）铁　　铁元素在植物细胞内主要集中在叶绿体中，参与叶绿素的形成。铁也是许多酶的组成成分，参与能量转移、氮的还原与固定及木质素形成。铁元素通常以二价或三价铁形式存在，若培养基中添加$Fe_2(SO_4)_3$或$FeCl_3$等三价铁源，则当培养基pH>5.2时会形成氢氧化铁沉淀，致使培养物无法吸收铁元素而出现缺铁症，而且$Fe_2(SO_4)_3$中含有Mn和其他金属离子，一定程度上将影响培养物生长。在植物组织培养的早期研究中，也有科学家用$FeCl_2$替代三价铁源，但研究显示，这种形式的铁元素只有在pH 5.2左右才被植物细胞吸收利用。而植物根离体培养的结果显示，培养基pH在一周内将从4.9～5.0上升到5.8～6.0，从而造成培养物缺铁症状；当然，对于愈伤组织培养，即使pH在6.0时培养物也可以吸收利用铁，这是因为愈伤组织可以分泌螯合剂并与铁结合。为了解决上述问题，现在多数培养基中添加螯合铁，如用$FeSO_4$与Na_2-EDTA配成螯合铁，这种有机态螯合铁可以慢慢释放而被培养物吸收利用，即使培养基pH升到7.6～8.0铁元素依然可用。二价铁的适宜浓度为0.1mmol/L。

（2）锰　　锰元素是植物酶系统的组成部分，能够激活植物重要的代谢反应，辅助叶绿素的合成而影响光合作用，调控生长发育。植物培养基中的锰元素一般来源于硫酸锰，适宜浓度为 20～110μmol/L。

（3）钼　　钼元素参与植物体内氮代谢、促进磷的吸收和转运，对碳水化合物的运输也起重要作用。植物培养基中的钼元素通常来源于钼酸钠或三氧化钼，适宜浓度为 0.1～1.0μmol/L。

（4）铜　　铜元素是多酚氧化酶、抗坏血酸氧化酶和细胞色素氧化酶等的必要组成成分，参与植物体内的氧化还原反应。同时铜元素也存在于叶绿体的质体蓝素，参与光合作用电子传递。植物培养基中的铜元素通常来源于硫酸铜，适宜浓度为 0.01～0.12μmol/L。

（5）锌　　锌元素能促进植物体内吲哚乙酸的合成，从而促进茎端、幼叶、根系的生长。锌元素也是多种酶的组成成分和活化剂，参与植物呼吸作用及多种物质的代谢。此外，锌元素还与蛋白质合成密切相关，影响叶绿素的形成和光合作用，有利于植物根系细胞膜、细胞结构的稳定及功能的完整，对根表和根内细胞膜起着保护作用。植物培养基中的锌元素通常来源于硫酸锌，适宜浓度为 5～30μmol/L。

（6）硼　　硼元素是影响细胞膜稳定性的最重要的微量营养元素之一，影响植物细胞膜的结构和功能完整性，同时也在植物生殖发育等方面发挥至关重要的作用。植物培养基中的硼元素通常来源于硼酸，适宜浓度为 25～100μmol/L。

4. 碳源

植物组织培养中的外植体缺乏自养能力，因此，碳源不仅是培养物生长发育所需的碳骨架和能量，还是维持培养基渗透压的重要物质。标准碳源是糖（sugar）类物质，如蔗糖具有受热易变性的性质，高压蒸汽灭菌时可以迅速转变为葡萄糖和果糖，有利于培养物吸收利用，因此常用于植物组织培养基。植物组织培养基中碳源常用浓度为 1%～5%。

糖类按照化学分子结构可分为单糖、寡糖（低聚糖）、多糖和复合糖类四种。单糖是结构最简单的糖类，含有多个亲水基团，易溶于水，不溶于乙醚和丙酮等有机溶剂，包括葡萄糖（glucose）、半乳糖（galactose）、甘露糖（mannose）、果糖（fructose）和山梨糖（sorbose）等；寡糖（低聚糖）是由 2～10 个单糖分子聚合而成的糖类，如二糖和三糖，水解后可生成单糖，乳糖、蔗糖和麦芽糖是最常见的二糖，棉子糖则为三糖；多糖是由 10 个以上单糖分子聚合而成的糖类，水解后可生成多个单糖或低聚糖，包括阿拉伯胶、糖原、淀粉、纤维素和半纤维素等；复合糖类（complex carbohydrate, glycoconjugate）泛指糖蛋白、蛋白聚糖和糖脂等含有糖类的复合生物大分子。

根据糖类分子是否与费林试剂或托伦试剂发生红色反应，将其分为还原糖和非还原糖，前者包括葡萄糖、果糖、半乳糖、乳糖和麦芽糖等，后者包括淀粉、纤维素、蔗糖和棉子糖等。还原糖在高温条件下与氨基酸物质中的氨基发生反应，该反应经一系列复杂过程最终生成棕黑色的大分子有害色素类黑素，因此含该类糖的培养基适合过滤灭菌或者进行高压蒸汽灭菌，采用 115℃灭菌 20～25min。

5. 维生素

维生素是许多酶的辅酶，在酶反应催化过程中起重要作用，影响植物的生长、细胞分裂、成花及衰老。一般认为，硫胺素（维生素 B_1）是植物生长发育的必需成分，在电子传递及细胞分裂等方面起重要作用，一旦缺乏将导致细胞分裂基本停止。因此，在植物离体培养过程中，硫胺素可能是外植体细胞生长和分化的限制因素。植物组织培养基中最常用的维生素包括硫胺素（维生素 B_1）、烟酸（维生素 PP）和吡哆醇（维生素 B_6）、肌醇（维生素 B_8）。硫胺素的适宜浓度为 0.1～10.0mg/L。烟酸、吡哆醇和肌醇尽管不是多种植物细胞生长的必需成分，但还是常被添加到培养基中，三者的适宜浓度分别为0.1～5.0mg/L、0.1～10.0mg/L和50～5000mg/L。

6. 氨基酸

氨基酸或氨基酸混合物是容易被植物细胞吸收利用的有机氮源，是蛋白质、酶和核酶等生物大分子的基本组成部分，具有调节大量元素、微量元素及各种营养成分的比例和平衡的功能，可以增强植物细胞的代谢功能，促进外植体的芽、根或胚状体的生长分化。此外，氨基酸还可以与多种微量元素（如铁、锰、锌等）发生螯合反应，并生成溶解度好、易被植物吸收利用的螯合物，对植物所需元素起保护作用。植物组织培养中常用的氨基酸包括甘氨酸、丝氨酸、半胱氨酸、谷氨酸、L-谷氨酰胺、L-天冬酰胺等，常用的氨基酸混合物包括酪蛋白水解物和水解乳蛋白等。其中甘氨酸具有增加植物叶绿素含量、提高酶活性、促进二氧化碳渗透及离体根生长的作用，适宜浓度为2～3mg/L；丝氨酸和谷氨酸则有利于花药胚状体或不定芽的分化，但高浓度的谷氨酸抑制植物根的生长，适宜浓度分别为1～10mg/L和1～5mg/L；半胱氨酸可作为抗氧化剂，防止外植体褐化，适宜浓度为20～400mg/L；其他氨基酸或氨基酸混合物的适宜浓度：酪蛋白水解物0.25～1.00g/L、谷氨酰胺不超过1.2g/L、天冬酰胺100mg/L、精氨酸10mg/L及酪氨酸100mg/L。

7. 天然有机复合物

在部分植物培养基中，有时还会添加天然物质或提取物，如椰子胚乳/汁、酵母提取物、麦芽抽提物、香蕉泥/汁、土豆汁、橙汁和番茄汁等，这些天然有机复合物通常含有氨基酸、维生素、生长调节剂及酶等多种混合化合物，对植物细胞和组织的增殖与分化具有明显促进作用。其中椰子胚乳是使用最多且效果最大的天然有机复合物，适宜浓度为10%～20%。其他天然有机复合物的适宜浓度：酵母提取物50～5000mg/L、番茄汁30%、橙汁3%～10%、香蕉泥150g/L、香蕉汁150～200mg/L、土豆汁150～200g/L和麦芽提取物0.01%～0.5%。此外，为了降低植物离体培养过程中产生的有毒物质，有时也在培养基中添加具有吸附作用的活性炭，但过多的活性炭（如1%）将导致高压蒸汽灭菌过程中大量蔗糖水解，致使培养基酸化，同时也对激素如吲哚乙酸、萘乙酸、吲哚丁酸和激动素等具有较强的吸附作用。因此，培养基中的活性炭浓度不宜过高，适宜浓度为0.1%～0.3%。

8. 凝固剂

凝固剂（gelling agents）是组织培养过程中用于液态培养基凝固成固态培养基的物质，其自身一般不具备营养，仅作为固体支持物。凝固剂的选用原则包括使用方便，高温高压灭菌条件下不易解聚；对培养物不产生不利影响，不与培养基中其他组分发生反应；以及具有较好的透明度等。植物培养基中常用的凝固剂包括琼脂、琼脂糖、植物凝胶（Gellen gum，如Gelrite和Phytagel）、黄原胶（Xanthan gum）和Isubgol等。琼脂是植物组织培养中最常用的凝固剂，是红藻或海藻的干燥提取物，由琼脂糖和琼脂糖凝集素两种成分组成，除多数海洋细菌外，其他多数细菌都不能将其降解，不同浓度的琼脂对培养基的凝固程度不一样（表3-4），适宜浓度为0.5%～1.0%。植物凝胶是细菌［假单胞菌（*Pseudomonas elodea*）］经过发酵生产的琼脂替代物，含有葡糖醛酸、鼠李糖和葡萄糖等物质，具有透明、无色和高强度等特点。此外，凝胶的发生需要培养基含有一定浓度的二价阳离子，适宜浓度为2.5～4.0g/L。

表3-4　琼脂糖浓度和pH对培养基凝固程度的影响（引自杜永光等，2005）

pH	琼脂糖浓度（g/L）					
	2.5	3.0	3.5	4.0	6.0	8.0
2.0	0级	0级	0级	0级	0级	0级
4.0	0级	1级	2级	2级	2级	3级

续表

pH	琼脂糖浓度（g/L）					
	2.5	3.0	3.5	4.0	6.0	8.0
5.0	1级	2级	3级	3级	4级	4级
5.8	1级	2级	3级	3级	4级	4级
6.2	1级	2级	3级	3级	4级	4级
8.0	2级	2级	3级	4级	4级	4级

注：0级为未凝固；1级为轻微晃动培养基即碎裂；2级为轻微晃动培养基不易碎裂；3级为用力晃动培养基易碎裂；4级为用力晃动培养基不碎裂。

9. 植物生长调节剂

在植物组织培养过程中，外植体除了依赖于培养基中的无机和有机元素外，细胞的生长、脱分化及再分化，以及组织分化与器官的形态建成往往还需要各种关键的生长调节剂参与。植物培养基中常用到的生长调节剂包括生长素、细胞分裂素、赤霉素、脱落酸、乙烯、油菜素内酯、水杨酸、茉莉酸及多效唑等，这些激素多数不溶或微溶于水，需要用其他有机或无机化合物溶解，而且部分激素高温易分解而需要过滤灭菌（表3-5）。

表3-5　组织培养基中常用的植物生长调节剂

激素名称	溶剂	灭菌方式	一般工作浓度（mg/L）
IAA	乙醇或1mol/L NaOH	过滤灭菌	0.01~3.0
IBA	乙醇或1mol/L NaOH	高压蒸汽灭菌	0.1~10.0
NAA	1mol/L NaOH	高压蒸汽灭菌	0.1~10.0
2,4-D	乙醇或1mol/L NaOH	高压蒸汽灭菌	0.05~5.0
6-BAP	1mol/L NaOH	高压蒸汽灭菌	0.1~5.0
KT	1mol/L NaOH	高压蒸汽灭菌	0.1~5.0
ZT	1mol/L NaOH	过滤灭菌	0.01~5.0
GA_3	乙醇	过滤灭菌	0.01~5.0
ABA	1mol/L NaOH	高压蒸汽灭菌	约0.05

（1）生长素　　生长素在植物组织培养中主要用于促进细胞生长与分裂、愈伤组织诱导及根的生成等。常用于植物组织培养的生长素包括天然的吲哚乙酸（IAA）和吲哚丁酸（IBA）、人工合成的2,4-二氯苯氧乙酸（2,4-D）和萘乙酸（NAA）。其中IAA稳定性差，如光下仅能保存几天、4℃低温下保存不超过一周、植物细胞吸收后几天内就被降解等，因此，一般情况下现配现用。IAA、IBA和NAA常用于根的诱导，而2,4-D则常用于愈伤组织诱导。常用浓度为0.1~10.0mg/L。

（2）细胞分裂素　　细胞分裂素在植物组织培养中主要用于促进细胞分裂、诱导愈伤组织、胚状体及芽的形成，常与生长素搭配使用。培养基中细胞分裂素/生长素的比例高时有利于芽的分化，反之则有利于根的形成。常用细胞分裂素包括激动素（KT）、玉米素（ZT）、噻重氮苯基脲（TDZ）、6-苄基氨基腺嘌呤（6-BAP）和异戊烯基腺嘌呤（2iP），作用强度依次为：TDZ>ZT>2iP>6-BAP>KT，常用浓度为0.1~10.0mg/L。

（3）其他植物生长调节剂　　在植物外植体离体培养过程中，除常用的生长素和细胞分裂素外，偶尔还会添加如脱落酸和乙烯等植物生长调节剂。脱落酸有利于提高体细胞胚胎质量并促进体细胞胚胎发生，在合成种子过程中也用于诱导体细胞胚胎进入休眠状态，此外，还可作为抗蒸腾剂用于组培苗驯化。乙烯前体氨基环丙烷羧酸（ACC）可以促进桃中果皮组织和玉米的愈伤组织生长，而对烟草和莴苣的愈伤组织作用则反之。乙烯也可以促进皱叶烟草（*Nicotiana plumbaginifolia*）芽的再生及洋地黄（*Digitalis obscura*）根的生长。

10. pH

pH不仅与固体培养基的凝固度有关，如pH<5.0时培养基凝固效果不好，而pH>6.0时培养基又太硬（表3-4），更与植物生长发育关系密切，多数植物生长适宜的pH为5.0～6.0，当pH<4.5或pH>7.0时，植物细胞将停止生长，而当pH<4时植物根系将立即受损。此外，pH过低将阻碍植物吸收大量元素，而pH过高则阻碍微量元素吸收。因此，常用1mol/L HCl或KOH将植物培养基的pH调到5.5～6.0。而且，培养基经高温蒸汽灭菌后，pH通常会下降0.1～0.2。

3.1.2 培养基配制

1. 培养基母液配制

植物培养基（表3-2）成分很多，实验中配制培养基时，若依次称取化学药品，不仅费时费力，而且部分成分量非常少而无法准确称量。因此，为了准确配制培养基，常采用母液法，即将所选培养基配方中的各试剂用量扩大一定倍数后准确称量，分别先配制成一系列母液，置于冰箱或室温保存，使用时按比例吸取母液进行稀释配制即可。常用的母液配制方法有两种：一种是按无机大量元素（浓缩成20倍）、无机微量元素（浓缩成100倍）、铁盐（浓缩成100倍）及除碳源外的有机物（浓缩成100倍），如将MS培养基无机盐配制成3种母液（表3-6）；另一种则主要按照相同离子根的盐配制在一起，如将MS培养基无机盐配制成5种母液（表3-7）。而植物生长调节剂则需要单独配成母液，储存于4℃冰箱。

表3-6　MS无机盐母液的配制方法一

成分	终浓度（mg/L）	母液名称	母液倍数	浓度（mg/L）
NH_4NO_3	1 650	大量元素	20	33 000
KNO_3	1 900			38 000
$MgSO_4 \cdot 7H_2O$	370			7 400
$CaCl_2 \cdot 2H_2O$	440			8 800
KH_2PO_4	170			3 400
$MnSO_4 \cdot 4H_2O$	22.3	微量元素	100	2 230
$ZnSO_4 \cdot 7H_2O$	8.6			860
$CuSO_4 \cdot 5H_2O$	0.025			2.5
KI	0.83			83
$CoCl_2 \cdot 6H_2O$	0.025			2.5
H_3BO_3	6.2			620
$Na_2-MoO_4 \cdot 2H_2O$	0.25			25
$FeSO_4 \cdot 7H_2O$	27.8	铁盐	100	2 780
Na_2-EDTA	37.3			3 730

表3-7 MS无机盐母液的配制方法二

成分	终浓度（mg/L）	母液		
		母液名称	母液倍数	浓度（mg/L）
NH$_4$NO$_3$	1 650	硝酸盐	50	82 500
KNO$_3$	1 900			95 000
MgSO$_4$·7H$_2$O	370	硫酸盐	100	37 000
MnSO$_4$·4H$_2$O	22.3			2 230
ZnSO$_4$·7H$_2$O	8.6			860
CuSO$_4$·5H$_2$O	0.025			2.5
CaCl$_2$·2H$_2$O	440	卤盐	100	44 000
KI	0.83			83
CoCl$_2$·6H$_2$O	0.025			2.5
KH$_2$PO$_4$	170	PBMo盐	100	17 000
H$_3$BO$_3$	6.2			620
Na$_2$MoO$_4$·2H$_2$O	0.25			25
FeSO$_4$·7H$_2$O	27.8	铁盐	100	2 780
Na$_2$-EDTA	37.3			3 730

2. 培养基配制流程

如用仅含有全部无机盐的培养基配制时则根据需要添加有机物、碳源或凝固剂，而后调pH；用含有全部无机盐及维生素的培养基配制时则根据需要添加碳源或凝固剂，而后调pH；用含有全部无机盐及有机物的培养基配制时则根据需要添加凝固剂，而后调pH；用含有全部无机盐、有机物及凝固剂的培养基配制时则仅需要调pH；用含有全部无机盐、有机物、凝固剂且已调pH的培养基配制时则仅需要溶解定容。

用母液配制培养基的步骤：①向试剂瓶中加入60%～75%的水（去离子水或蒸馏水等）；②根据母液的倍数依次吸取相应体积的母液，如100倍的母液配1L培养基则取10mL加入试剂瓶中并充分搅拌；③称取碳源，如蔗糖，加入试剂瓶中并充分溶解后，定容（固体培养则需要加入凝固剂）；④用1mol/L HCl或1mol/L KOH将培养基调到合适的pH；⑤培养基高压蒸汽灭菌；⑥对不能高压蒸汽灭菌的试剂，则需单独过滤灭菌，待灭菌后的培养基温度降至50～60℃时加入。

3.1.3 培养基灭菌

在植物组织培养过程中，无菌操作，包括外植体的无菌操作（物理或化学方法进行表面消毒）、操作器械消毒（高温干热或化学法）及培养基的灭菌等是保证组织培养成功的关键因素。培养基常用的灭菌方法有两种：一种是高压蒸汽灭菌法，另一种是过滤灭菌法。常用高压灭菌锅对培养基进行高压蒸汽灭菌，常用的灭菌条件为：气压103.5kPa、温度121℃、时间15～40min。对于有些不适合高温高压灭菌的化合物则需要用滤膜过滤器进行过滤灭菌，滤膜过滤器有一次性无菌的或多次反复使用的，滤膜的孔径度包括0.22μm、0.45μm和0.80μm等，滤膜的类型有水系和有机系，其中混合纤维素酯（MCE）滤膜和聚醚砜（PES）滤膜属于水系膜，只能过滤水溶液，过滤有机相溶液时，滤膜会被溶解掉；而常用的有机系滤膜则有尼龙（Nylon）滤膜、聚偏氟乙烯（PVDF）滤膜和聚四氟乙烯（PTFE）滤膜等，用于有机相或者有机相溶液的过滤，如过滤水溶液错选了有机系滤膜，会导致过滤流速低或者干脆无法过滤。PTFE滤膜和PVDF滤膜惰性较强，适用于所有溶剂，并无任何可溶物。Nylon滤膜适用于绝大多数有机溶剂和水溶液，可用于强酸、70%乙醇、二氯甲烷，不适用于二甲基甲酰胺。PES滤膜适用于水溶性样品的过滤，不适用于酮类、酯类、油类等极性溶液及高浓度的酸溶液。

3.2 植物组织器官培养

植物组织培养是根据细胞全能理论发展起来的一项无性繁殖生物技术。狭义的植物组织培养是指利用植物的组织，如分生组织、形成层、木质部、韧皮部、表皮、皮层、胚乳组织、薄壁组织或髓部等进行离体无菌培养获得再生植株，也指在培养过程中从各组织器官上产生愈伤组织并经再分化形成再生植物的离体培养技术。而植物器官培养则是指以植物的根（根尖和切段）、茎（茎尖、茎节和切段）、下胚轴、叶（叶原基、叶片、叶柄、叶鞘、子叶和子叶柄）、花（花瓣、花药、花丝、胚珠和子房）或果实等器官为外植体进行离体无菌培养，其中胚胎培养（embryo culture）是植物器官培养中最重要的研究领域之一。植物胚胎培养是指对植物的胚（种胚）及胚器官（如子房、胚珠）进行人工离体无菌培养，使其发育成幼苗的技术，广义的胚胎培养还包含胚乳培养和离体授粉。

3.2.1 愈伤组织诱导培养

外植体中的活细胞在离体培养条件下经合适的培养诱导，恢复其潜在的全能性，转变为分生细胞，继而其衍生的细胞分化为薄壁组织而形成愈伤组织。所以愈伤组织是指在人工培养基上由外植体上的细胞经脱分化而形成的一团无序生长的薄壁细胞。

1. 愈伤组织的应用

1）适合大规模植株再生。对有性植物来说，种苗的生产受植物成熟时间限制，而愈伤组织再生属于无性繁殖，可以随时大规模生产性状稳定的种苗。2005年，Amin等利用菠萝叶片离体诱导愈伤组织并获得大规模再生植株。在番木瓜（*Carica papaya* L.）育种中，需要培育雌雄同体的植物，该类植株能结出具有大量果肉的梨形果实而深受果农欢迎，而有性繁殖则不可能获得100%的雌雄同体番木瓜，Xavier等（2021）在胚性愈伤组织增殖过程中利用早期分子性别鉴定技术大规模再生出雌雄同体的番木瓜。

2）培育体细胞无性系变异。体细胞无性系变异不仅在愈伤培养及继代培养过程中自发产生，也可以人为进行化学或物理诱变产生大量变异系。例如，Saraghi和Alia用高浓度二氧化碳处理银合欢（*Leucaena leucocephala* L.）愈伤组织获得无性变异系，Reyes-Zambrano等利用甲磺酸乙酯（ethyl methanesulphonate，EMS）处理龙舌兰（*Agave americana* L.）愈伤组织获得抗尖孢镰刀菌（*Fusarium oxysporum*）的无性变异系。

3）用于生产治疗用的次生代谢物和抗体。对于药用植物来说，由于受生长周期及种植规模的影响，次生代谢物的生产受限制，而用愈伤组织则可以高效、快速生产相应代谢物。同时，愈伤组织也是常见的遗传转化外植体，用于外源基因的表达而生产药用抗体。迄今，已从甘草（*Glycyrrhiza glabra* L.）等药用植物中生产或提取出芹菜素、大豆苷元、染料木素和木犀草素等有生物活性的次生代谢物。

4）用于悬浮培养和原生质体分离等。生长旺盛的愈伤组织常用于悬浮培养，变成分散良好的细胞和小的细胞聚集体。而且愈伤组织及其悬浮培养细胞系因缺乏叶绿体，是分离原生质体并用于分子研究（如亚细胞定位、双分子荧光互补及遗传转化）的理想材料。

2. 愈伤组织诱导

理论上，植物体中的任一活细胞都具有全能性，这些全能性细胞在一定的刺激条件下脱分化形成愈伤组织。因此，在自然条件下，愈伤组织可以由机械损伤的切口、细菌感染及种间杂交诱发，而在离体培养条件下，一定浓度的外源生长素（图3-2）、细胞分裂素或者两者合适的配比均可诱导愈伤组织的形成。从单细胞或其他外植体经脱分化形成典型的愈伤组织，大致经历启动期（priming）、愈伤组织形成（callus formation）及多能性建成（pluripotency establishment）三个过程（Lee and Seo，2018）（图3-3）。

图3-2　水稻成熟胚诱导形成的愈伤组织　水稻成熟胚在含2.0mg/L 2,4-D的N_6培养基上28℃暗培养10d，形成初生愈伤组织。

图3-3　细胞脱分化的三个过程（改自Lee and Seo，2018）

1）启动期，是指细胞准备进行分裂的时期。离体接种的外植体细胞通常都是成熟分化细胞，处于静止状态。在外源激素的刺激下，潜能再生细胞（regeneration-competent cell）转变成中柱鞘建成细胞（pericycle founder cell）。

2）愈伤组织形成，是指中柱鞘建成细胞经密集不对称或形成性分裂形成类侧根原基（lateral root primordium，LRP）愈伤组织（LRP-like callus）。

3）多能性建成，是指类LRP愈伤组织细胞通过表达根干细胞调节因子，建立具有再生能力的多能性愈伤组织。

3. 愈伤组织的形态类型

用不同的细胞、组织和器官诱导形成的愈伤组织的形态、颜色和质地等存在很大的差异。依据愈伤组织的组织学观察、外观特征及其再生性、再生方式等，将愈伤组织分成胚性愈伤组织（embryonic callus，EC）和非胚性愈伤组织（non-embryonic callus，NEC）（图3-4）。外观形态特征上，胚性愈伤组织质地较坚实，颜色有乳白色或黄色，表面具球形颗粒，生长缓慢；而细胞学上，胚性愈伤组织由等直径的较小细胞组成，原生质浓厚，无液泡，常富含淀粉粒，核大，分裂活性强。胚性愈伤组织又包含两类，即致密型（compact）胚性愈伤组织和易碎型（friable）胚性愈伤组织。其中致密型胚性愈伤组织是指愈伤组织内无大的细胞间隙，细胞间被果胶质紧密结合，不易形成良好的悬浮系统的细胞团；易碎型胚性愈伤组织则是指愈伤组织内有大量大的细胞间隙，细胞排列无次序，容易分散成单细胞或少数几个细胞组成的小细胞团，是进

胚性愈伤   非胚性愈伤

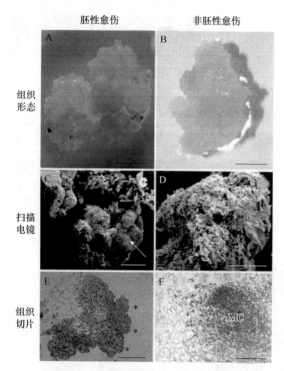

组织
形态

扫描
电镜

组织
切片

图3-4 甘蔗（*Saccharum officinarum*）的胚性及非胚性愈伤组织的组织形态特征（改自Silveira et al., 2013）在含10μmol/L 2,4-D的MS固体培养基上，甘蔗茎尖分生组织经诱导形成的胚性（A、C、E）和非胚性愈伤组织（B、D、F）的形态图（A、B）、扫描电镜图（C、D）及半薄切片甲苯胺蓝染色图（E、F）。箭头所指结构是少许圆形并向外发育，与其他部分明显不同的组织结构（C）。＊表示胚性愈伤表面的组织结构（E）。MC表示非胚性愈伤的分生组织中心（F）。标尺在A中为3.5mm，B为3.0mm，C为200μm，D为500μm，E和F为200μm。

行悬浮培养的最合适材料。非胚性愈伤组织则是指细胞体积较大、不易成团及细胞之间孔隙较多的组织细胞。当然，一定条件下，非胚性愈伤组织也可以培养成胚性愈伤组织。

4. 愈伤组织的继代培养

随着愈伤组织的培养时间延长，大量组织增殖并分泌大量次生代谢物（包括很多有毒物质），培养基中的营养物质逐渐减少甚至耗尽，导致培养基pH降低，有时培养过程中还会滋生各类微生物污染。因此，为了保障愈伤组织的健康生长，需要将培养一段时间的愈伤组织转移到新鲜的培养基上继续培养，这一过程称为继代培养（subculture）。

5. 愈伤组织的悬浮培养

悬浮培养（suspension culture）是指把细胞或小块生长旺盛的愈伤组织放入液体培养基中，进行振荡培养，从而使愈伤组织块变成分散性良好的细胞和小的细胞聚集体。在利用固体培养基离体培养愈伤组织或细胞时，培养物对培养基中的营养成分及其自身产生的代谢物都会造成一个梯度分布的影响，而且琼脂本身也存在一定的不明物质，会影响培养物的生长，从而对组织生长发育造成较大影响，而液体培养则可以通过薄层振荡培养并向培养基中通气，或者通过连续更换液体培养基等手段，使得培养物始终保持良好的分散状态。

6. 影响愈伤组织培养的因素

（1）基因型 不同基因型植物本身的内在激素含量及基因表达等分子生理生化存在明显的差异，从而造成不同基因型的愈伤组织诱导及培养存在差异，这就是常说的基因型依赖性。一般而言，裸子植物及蕨类植物较难诱导出愈伤组织，而被子植物较易诱导出愈伤组织。同一基因型的不同外植体的诱导效率也存在明显差异，种胚与幼嫩组织器官比老化组织器官更容易脱分化。因此，用于愈伤组织诱导的外植体的选择原则是：一般以幼嫩的组织或器官，如顶端分生组织、幼胚，以及无菌条件下由胚产生的根、下胚轴、子叶、茎和叶等。

（2）培养基 理论上，众多培养基都含有植物离体生长的必需元素，但不同的基因型或同一基因型的不同外植体对培养基（包括植物生长调节剂）的反应不尽相同。

（3）培养条件 外植体的离体培养条件包括温度、光照及材料的预处理等也是影响愈伤组织诱导的重要因素。

3.2.2 胚培养

1. 胚培养意义

1）克服远缘杂交不亲和性和杂种不育性。在很多种间和属间杂交中，受精作用能正常完成，胚能进行早期发育，但由于胚乳发育不良，杂种胚最终夭折而不能形成有发芽能力的种子，因此，为了克服杂种胚败育的特性，需要对杂种幼胚进行胚挽救，获得相应杂种甚至单倍体植株（图3-5）。例如，栽培大麦与球茎大麦进行正常杂交受精，但由于二者的细胞分裂周期不同，合子胚在经过几次有丝分裂以后，球茎大麦的染色体被淘汰，子细胞中只留下大麦的染色体，培育的后代为大麦单倍体。

图3-5 柑橘三倍体杂种的胚挽救成苗（改自Aleza et al., 2010） A. 柑橘品种'Fortune'含一个胚的小种子；B，C. 小种子经胚挽救后形成具有萌发能力的胚；D. 三倍体胚萌发成苗；E. 温室种植三倍体柑橘。

2）打破种子休眠，缩短育种周期及快速测定种子活力。自然界，植物种子休眠时间不统一。某些园艺植物如落叶树的育种和繁育工作因种子休眠期太长而受到影响。这些休眠的种子往往在合适的温度、氧气和湿度条件下依然不萌发，而使用离体胚培养则可以打破种子休眠，促进胚萌发及缩短育种周期。例如，苹果属的一些品种，种子播种后在土壤中需几个月才能萌发，离体培养的胚却能在48h萌发，4周内形成移植幼苗，5个月的幼苗长达1m高。红豆杉［*Taxus wallichiana* var. *chinensis*（Pilg.）Florin］的种子休眠期长达几年，利用胚培养5周左右就可以发芽。某些木本植物，如桃、苹果、梨、樱桃等种子后熟周期长，而银杏种子脱离母体后，则需继续吸收胚乳营养4~5个月后才能成熟，因此利用一般的萌发试验测定种子活力所花时间较长，而利用胚培养则可以打破种子休眠，较快地测定种子活力。

3）快速繁育特殊（稀有）植物。许多落叶果树的种子是早熟的，种子往往不育。用胚培养可以将不能正常萌发的种子培养出第二代植物。兰花、天麻的种子成熟时，胚只有6~7个细胞，多数胚不能成活。如果在种子接近成熟时，把胚分离出来进行培养，就能生长发育成正常植株。百山祖冷杉（*Abies beshanzuensis* M. H. Wu）种群个体太少，开花结实的间隔期长，可孕性极差，自然有性繁殖十分困难，常规人工无性繁殖也很困难。浙江大学陈利萍教授利用胚培养技术成功培养出百山祖冷杉幼苗。

4）诱导胚状体及胚性愈伤组织。对于很多单子叶植物，如玉米、大麦和小麦等，幼胚往往是诱导愈伤组织的最佳外植体。

5）克服种子的自然不育性，提高种子发芽率。长期营养繁殖的植物，虽然具有形成种子的能力，但种子生活力较低，胚培养则可促进萌发及成苗。例如，芭蕉属结籽品种芭碧蕉及芋块茎在自然条件下所结种子不能萌发，利用胚培养则可以培养成苗。

6）克服珠心胚的干扰。柑橘、芒果、蒲桃、仙人掌等园艺植物具有多胚性，除正常有性胚外，还存在由珠心组织长出的多个不定胚。不定胚常侵入胚囊，阻碍合子胚发育，影响杂交育种效率。利用幼胚离体培养技术，则可以排除珠心胚的干扰，获得杂种胚，大大提高杂交育种的效率。

2. 胚培养类型及发育途径

胚的发育一般经历合子胚、双细胞胚、球形胚及子叶胚等过程。根据胚发育时期将离体胚培养分为成熟胚培养（mature embryo culture）和幼胚培养（immature embryo culture）。成熟胚培养是指对子叶期后至发育完全的胚（具有胚芽、胚根、胚柄和子叶的胚）进行离体培养，用于胚发育过程的形态建成、愈伤组织和胚状体诱导及打破种子休眠等研究。幼胚培养是指对子叶期以前具胚结构的胚离体培养，用于克服远缘杂交不育、培育单倍体及愈伤组织和胚状体诱导。

离体胚培养的发育途径包括胚胎发生（embryogenesis）、早熟萌发（precocious germination）及愈伤组织等三种途径。胚胎发生途径是在离体条件下胚按活体合子胚发育过程形成幼苗。早熟萌发途径是指离体幼胚未完成正常胚胎发育的幼苗形成现象，幼苗尽管具有根茎叶，但极端弱小，且子叶中无营养物质积累，最终不能正常发育而死亡。愈伤组织途径是指离体胚在合适培养基上诱导形成愈伤组织，再经愈伤组织发育成完整植株。

3. 胚乳培养及其应用价值

胚乳是植物双受精过程中由两个中央极核（$n+n$）与一个精子（n）受精而成的$3n$组织，如二倍体蝎尾西番莲的胚乳为三倍体（图3-6）。胚乳培养（endosperm culture）是指离体无菌条件下以胚乳为外植体培养获得植株的技术。

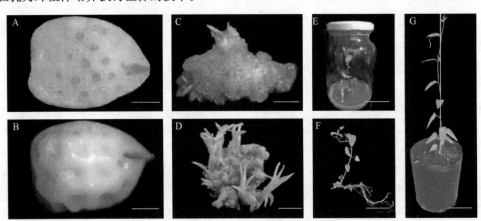

图3-6　蝎尾西番莲（*Passiflora cincinnata* Mast.）胚乳离体培养及三倍体植株再生（改自da Silva et al.，2020）A～D. 胚乳在含有6-BA的培养基上诱导培养不同时间（0d、5d、15d、30d）的表型；E. 芽伸长培养；F. 完整再生植株；G. 再生植株的驯化培养。

自然条件下，胚乳细胞以淀粉、蛋白质和脂类形式贮存大量的营养物质，以供胚胎发育和种子萌发之需，因此胚乳是研究这些天然产物代谢过程的理想系统。胚乳培养是三倍体及多倍体育种的重要途径，已成功培育枇杷、杨桃、葡萄、柿子、西番莲、猕猴桃、柑橘、枣等的胚乳植株，为无籽果实的育种奠定了基础。此外，胚乳植株染色体的不稳定性，为染色体工程研究提供了有效途径。

4. 胚珠和子房培养及其应用价值

胚珠（ovule）和子房（ovary）培养是指离体无菌条件下将受精或未受精的胚珠或子房培养成幼苗的技术。

胚珠培养的意义：成熟胚很小时，胚培养难以成功，采用胚珠或子房培养则可以克服杂种胚的早期败育。Maheshwari 将授粉 5d 的罂粟（*Papaver somniferum*）胚珠进行离体培养，得到种子。对未受精的胚珠或子房进行培养可诱发大孢子发育成单倍体植物。在棉花种间杂交中，通过胚珠培养可以防止由于棉铃脱落丧失杂种胚。同时，胚珠也是研究棉纤维发育的重要材料（图 3-7）。

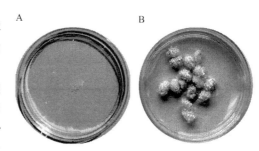

图 3-7 陆地棉（*Gossypium hirsutum* L.）胚珠离体培养纤维发育（Kim et al.，2015） A. 开花前一天的胚珠；B. 胚珠在含有 IAA 及 GA 的培养基中离体培养 7d 后的表型。

5. 离体授粉及其应用价值

植物的离体授粉（*in vitro* pollination）也叫作离体受精（*in vitro* fertilization）或试管受精（test tube fertilization），是指在人工条件下使离体的胚珠或子房完成授粉受精并形成种子的过程，以及将离体分离的精细胞与卵细胞融合形成受精卵并最终再生成完整植株的过程（图 3-8）。离体授粉技术一般包括离体胚珠试管受精、离体子房授粉、离体雌蕊授粉及体外受精。应用该技术可以克服植物受精不育障碍，如花粉在柱头上不萌发、萌发后花粉管不能进入胚囊，或者虽能受精，但杂种胚不能发育成熟等；也可以用于诱导孤雌生殖，培育单倍体植株；当然，还可以用于双受精及胚胎早期发育机理研究。

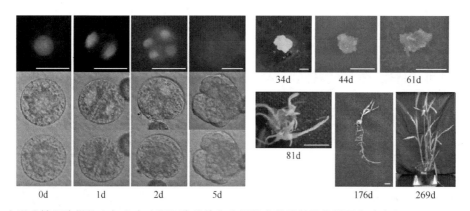

图 3-8 水稻（精细胞供体）与小麦（卵细胞供体）之间的离体受精及植株再生（改自 Maryenti et al.，2021）图中分别表示融合之后 0d、1d、2d、5d、34d、44d、61d、81d、176d、269d 的情况。标尺：0～5d 为 50μm，34d 为 1mm，44～81d 为 5mm，176d 为 1cm。

3.2.3 外植体离体再生途径

一般情况下，外植体培养的最终目的是再生出完整植株。外植体的植株再生途径包括器官发生（organogenesis）和体细胞胚胎发生（somatic embryogenesis）两种途径（图3-9）。

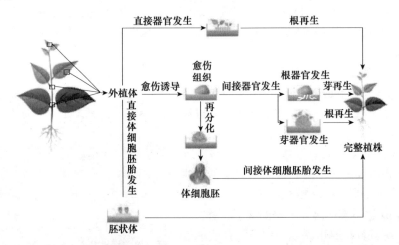

图3-9 外植体离体再生途径 外植体主要通过器官发生（包括直接或间接器官发生）或体细胞胚胎发生（包括直接或间接体细胞胚胎发生）再生成完整植株。

1. 器官发生途径

器官发生是指离体培养条件下的组织或细胞团（愈伤组织）分化形成不定芽/根（adventitious shoot/root）等器官的过程，包括直接和间接器官发生。直接器官发生是指外植体不经过愈伤组织阶段直接再生出芽。而间接器官发生则是外植体经愈伤组织阶段完成器官发生，最终再生成完整植株。间接器官发生包含4种再分化方式：①单极分化，愈伤组织中的分生中心在刺激物质的影响下向着一极分化，形成有根无芽或有芽无根的现象；②双极分化，愈伤组织中随着细胞分裂出现两个或两个以上分生中心，分化成芽和根，根芽之间并无输导等组织沟通；③先芽后根，愈伤组织中产生多个分生细胞形成分生中心，从中仅分化出芽，待芽长到一定大小时在其基部可分化出根；④先根后芽，有些植物外植体脱分化后在愈伤组织上先分化出根，而后在靠近愈伤组织的根部上再分化出芽。

2. 胚胎发生途径

体细胞胚胎发生是指离体培养下外植体没有经过受精过程，但经过了类胚胎发育过程而形成的完整再生植株，包含直接胚胎发生（direct embryogenesis）和间接胚胎发生（indirect embryogenesis）。

直接胚胎发生是指离体培养的器官、组织、细胞或原生质体直接分化成胚（胚状体）。例如，下胚轴、子叶、茎表皮等外植体细胞脱分化后，由表皮细胞经不等分裂，产生一个胚细胞和一个胚柄细胞，后者发育类似胚柄，前者进一步分裂，由原胚发育为成熟胚。在悬浮培养液中有各种类型的细胞，其中有一种细胞具有浓厚的细胞质，液泡相对较小，保持旺盛的分裂能力，经多次分裂产生的多细胞间仍保持着联结，形成称为"胚性细胞团"的聚集团块。

间接胚胎发生是指外植体先愈伤化，再由愈伤组织细胞分化成胚。在愈伤组织中，可能出现液泡小、细胞质浓的小细胞，这种小细胞聚集成胚细胞，其表面是高度分生组织化的细胞团。一个胚细胞表面可产生大量的胚状体。在原培养基中，胚细胞表面的胚状体不能进一步发育，但胚细胞中心的细胞分裂和分离会促使胚细胞崩溃。崩溃后分生性的表面细胞结合成群，又形成新的胚细胞。胚细胞在转入合适的培养基中才能完成胚状体的发育，以类似合子胚的分裂方式发育至成熟。

3.3　植物单倍体培养

单倍体是指体细胞染色体组数等于本物种配子染色体组数的个体，包括来源于二倍体物种［如水稻（*Oryza sativa* L.）、玉米（*Zea mays* L.）等］的一倍单倍体（monohaploid）和来源于多倍体物种［如欧洲油菜（*Brassica napus* L.）、陆地棉（*Gossypium hirsutum* L.）等］的多倍单倍体（polyhaploid）。1922年，Blakeslee等最早报道了天然单倍体曼陀罗（*Datura stramonium* L.）植株，而后相继在烟草（*Nicotiana tabacum* L.）和小麦（*Triticum aestivum* L.）等物种中发现。然而，自发单倍体发生率非常低，从而限制该技术的实际应用。直到1964年Guha和Maheshwari离体培养曼陀罗花药并获得单倍体胚胎，才宣告单倍体植物育种潜力的到来。迄今，科学家通过活体或离体诱导等途径（图3-10）已获得200多种单倍体植物。同时，单倍体加倍技术的完善及其效率的提高，促进了单倍体诱导技术在作物，如水稻、小麦、大麦（*Hordeum vulgare* L.）、玉米等重要农作物遗传育种研究中的应用。

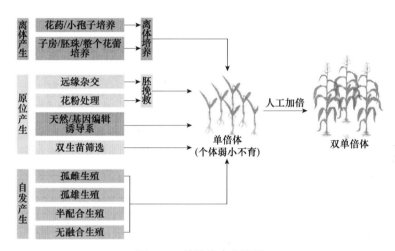

图3-10　单倍体产生途径

3.3.1　单倍体来源

1. 人工离体诱导产生单倍体

（1）雄配子诱导——雄核生殖（androgenesis）　　雄配子体诱导途径，类似于孤雄生殖（patrogenesis），是诱导产生父本单倍体植物的离体方法，包括花药培养和小孢子培养（图3-10）。花药培养以花药组织为对象，其操作简单，但单个花药产胚率低，且易受花药壁和花丝的干扰而产生嵌合体，增加后续单倍体鉴定和染色体加倍的困难。小孢子培养则以已分离的小孢子为对象，其培养密度高且纯度高，每毫升培养基中可获得1000个以上的胚胎。至今该技术已成功应用于茄科、十字花科和禾本科等250多种植物的单倍体培育。

（2）雌配子诱导——雌核生殖（gynogenesis）　　雌配子体诱导途径，类似于孤雌生殖（parthenogenesis），指对未授粉的花器官，包括胚珠、子房或整个花蕾进行离体培养获得母本单倍体植株的方法（图3-10）。与雄核生殖相比，雌核培养产生的单倍体遗传性质稳定且白化苗率低，但由于一个胚珠中仅含一个卵细胞，导致该技术的应用有限。迄今仅从洋葱（*Allium cepa*

L.）、甜菜（*Beta vulgaris* L.）、黄瓜、南瓜、非洲菊、水稻、拟南芥、玉米、向日葵、小麦和大麦等植物的未授粉花器官中离体诱导成单倍体，且育种应用仅限于洋葱和甜菜。

2. 人工活体诱导产生单倍体

（1）远缘杂交诱导　　种间或属间的远缘杂交是一种非常有效的单倍体诱导方法（图3-10），已成功应用于如大麦、小麦和马铃薯等栽培物种的单倍体培育，其中小麦×大麦的单倍体诱导率高达76%。由于该类单倍体胚乳缺乏或发育不良，因此需要对单倍体进行离体胚挽救才能获得单倍体植物。至于远缘杂交诱导形成单倍体的机制，多数研究认为两个精核完成正常的双受精并形成受精卵和胚乳，而受精卵在随后的细胞分裂中父本染色体消失而形成单倍体，这种单一亲本基因组消失现象已在100多种植物中发现。

（2）花粉诱导　　花粉诱导法是在授粉前利用物理因素（合适的辐射剂量和高温）或化学药物（硫酸二乙酯、2,4-D、NAA、6-BA、三甲基亚砜、乙烯亚胺和甲苯胺蓝等）处理花粉，致使花粉中DNA受损伤而不能与胚珠内卵细胞正常受精，进而通过花粉管伸长刺激卵细胞诱导单倍体产生，最后往往还需要结合胚挽救技术才能获得单倍体植物（图3-10）。该技术已成功应用于小麦、洋葱、黄瓜（*Cucumis sativus* L.）、苹果（*Malus domestica* L.）、康乃馨（*Dianthus caryophyllus* L.）、玉米、烟草（*Nicotiana tabacum* L.）等17种重要植物的单倍体诱导。

（3）单倍体诱导系　　诱导系是培育单倍体玉米的主要方式（图3-10），1959年Coe最早报道玉米单倍体诱导系Stock6作为父本可诱导母本产生2.0%～3.0%的单倍体种子，而后育种工作者对Stock6进行改良获得了一批优良玉米单倍体诱导系，如WS14、MHI、CAUHOI、UH400、RWS和PHI等，诱导率高达11%～16%，这些材料已广泛用于玉米遗传改良。此外，另一个可用于父本单倍体诱导的玉米材料是自发突变体*ig1*（indeterminate gametophyte1），携带有该突变性状的玉米自交系Wisconsin-23（W23）可以诱导产生约3%的单倍体。

当然，天然单倍体诱导系物种非常有限。为了创造更多的诱导系，近年来，科学家利用遗传转化手段，包括RNAi、基因编辑等技术手段创建了拟南芥、水稻和玉米等物种的诱导系。目前已知可利用的基因包括*MTL*基因和*CENH3*基因。

3. 自发产生单倍体

自然界中，高等植物自发产生单倍体途径主要包括孤雌生殖、孤雄生殖、半配合生殖、无融合生殖及体细胞减数分裂等（图3-10）。孤雌生殖（parthenogenesis），是指胚囊中的未受精卵细胞分裂形成单倍体，这种现象存在于禾本科、茄科、葫芦科和十字花科等36科370多种植物中。孤雄生殖是指在植物授粉过程中，精细胞进入胚囊后，卵细胞退化解体，精细胞独立发育成单倍体植株的现象，该现象在烟草、金鱼草和栽培大麦等物种中存在。半配合生殖是一种特殊类型的有性生殖方式，是指雌雄配子能正常结合，精核能进入胚囊和卵细胞，但不与卵核融合，两者分别进行分裂而形成代表父本和母本性状的嵌合体，这种现象首次发现于海岛棉。无融合生殖（apomixis）是一种不发生雌雄配子核融合的无性生殖方式，可以是卵细胞不经过受精，或由助细胞、反足细胞、珠心和珠被细胞等直接发育成胚，最终形成双胚或多胚，在玉米、葱、含羞草、鸢尾和柑橘类等植物中存在该现象。此外，在大麦和棉花等植物的根尖或珠心组织中的体细胞偶尔会发生减数分裂而形成单倍体。

3.3.2　单倍体培养的意义

1. 加快植物育种进程并提高选择效率

单倍体只含有一套染色体，每个基因成单拷贝存在，隐性性状能在早代表现出来，可及早对优良基因进行筛选，不良性状也能在早期被淘汰，提高性状的选择效率。另外，单倍体染色体被人为加倍后成双单倍体（double haploid，DH），即DH系，加速了基因的纯合，缩短育种周期（图3-11）。理论上杂交后代$F_3 \sim F_9$的纯合率分别为87.5%、93.8%、96.9%、98.4%、99.2%、99.6%和99.8%，假如每代需要1年的话，则第10年的纯合度才达到99.8%；而采用单倍体育种法则在第3年纯合度就达到100%（图3-11）。

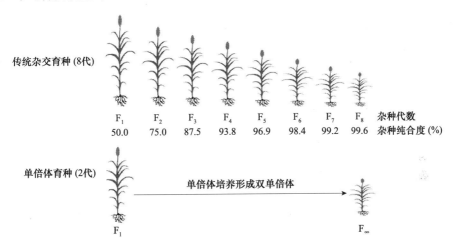

图3-11 传统杂交育种与单倍体育种 理论上，人工杂交育种要经过8代自交才达到99.6%的纯合度，而单倍体育种则仅需2代就可达到100%纯合度，两者育种速度相差6代。

2. 创建良好的遗传育种材料

DH系中的所有个体的基因型都是纯合的，是一类永久作图群体，特别适合数量性状基因的定位分离，也是杂种优势固定的育种途径之一。而且单倍体也可与二倍体杂交，创建非整倍体材料，用于染色体功能研究。此外，花药和小孢子培养还是研究细胞分裂与分化，以及小孢子发育途径的理想材料。在石刁柏（*Asparagus officinalis* L.）育种中，雌株高大但发生茎数少，产量低，雄株较矮但发生茎数多，产量比雌株高20%。因此，可以利用DH系培育出超雄单株[super male plant（YY）]，用于培育100%雄性F_1单株。

3. 突变体诱导与筛选

单倍体材料中每个基因都是单拷贝，隐性基因的效应可以完美体现，经加倍后各基因均处于纯合状态，突变体性状很容易表现出来。因此，利用单倍体材料进行诱变，可以克服显性基因存在的掩盖效应。

4. 遗传转化的良好受体材料

将外源基因导入单倍体，或通过基因编辑改良单倍体自身基因，所得到的转基因材料经加倍后，性状立即得以固定。因此，单倍体受体材料，如花药、小孢子、单倍体原生质体、单倍体胚或单倍体植株都是遗传转化的理想材料。

3.3.3 小孢子和花药培养

1. 离体花粉（小孢子）发育途径

在正常活体条件下，小孢子首先经过第一次不对称有丝分裂形成营养核和生殖核各一个，随后在第二次有丝分裂时生殖核经对称分裂产生两个精细胞，最终形成三核成熟花粉。而在离体培养条件下，花粉或小孢子的发育则明显不同于活体条件，2014年Daghma等以转*GFP*的大麦为材料，利用延时荧光成像技术观察到3条花粉/小孢子离体胚胎发育途径（图3-12）。

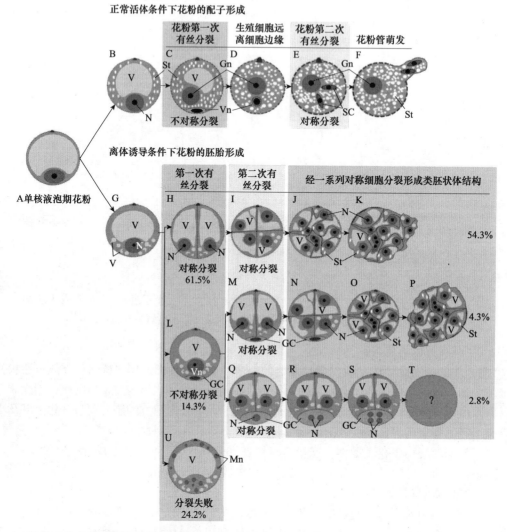

图3-12 花粉正常成熟及离体胚胎发生过程中主要发育途径的模型（改自Daghma et al.，2014） A. 有丝分裂前期小孢子；B. 有丝分裂前期开始淀粉累积的小孢子；C. 第一次不对称有丝分裂的花粉；D. 生殖细胞离开细胞边缘的双核花粉；E. 第二次有丝分裂形成双精细胞花粉；F. 成熟花粉萌发；G. 具有小液泡的有丝分裂前期小孢子；H. 第一次对称有丝分裂形成双细胞花粉；I. 第二次对称有丝分裂形成4细胞花粉；J. 多细胞花粉；K. 释放花粉；L. 第一次非对称有丝分裂形成双细胞花粉；M. 类营养细胞对称分裂形成多细胞花粉；N. 包括1个不分裂的类生殖细胞及4个类营养细胞的5细胞花粉；O. 包括1个不分裂的类生殖细胞及多个类营养细胞的多细胞花粉；P. 释放增殖组织的多细胞花粉；Q. 类营养细胞经对称分裂形成3细胞花粉；R. 类生殖核经分裂后形成4核花粉；S. 包括4个类生殖核在内的6核花粉；T. 6核花粉后的未知花粉；U. 分裂失败的花粉。GC. 生殖或类生殖细胞；Gn. 生殖或类生殖核；Mn. 微核；N. 核；SC. 精细胞；St. 淀粉；V. 液泡；Vn. 营养或类营养核。

（1）花粉均等分裂途径 小孢子/花粉在第一次有丝分裂时经对称分裂形成两个子细胞，

而后子细胞经同步增殖并最终形成类胚胎结构的细胞团。

（2）类营养细胞发育途径　　小孢子/花粉在第一次有丝分裂时经对称分裂形成类生殖细胞和类营养细胞，而后类生殖细胞不分裂或分裂几次后就退化，仅类营养细胞经有丝分裂不断增殖成多细胞团。

（3）类营养细胞和类生殖细胞并进发育途径　　小孢子/花粉在第一次有丝分裂时经对称分裂形成类生殖细胞和类营养细胞，而后类生殖细胞和类营养细胞经有丝分裂不断增殖成多细胞团。

当然，除了上述三种发育途径外，也有研究表明，离体花粉/小孢子还存在生殖细胞发育途径及核融合（如生殖核与营养核融合）等发育途径。

2. 花药培养

花药培养是指在无菌操作条件下将发育到一定阶段的花药离体接种到人工培养基上，以改变花药内花粉粒的发育途径，诱导其分化，并连续进行有丝分裂而形成多细胞的愈伤组织或分化成胚状体，随后再生出完整的植株。花药培养操作技术：首先需要分离适合培养的花药，由于花粉发育时期和花蕾/颖花的某些外部形态特征（如花蕾的大小、颖壳和花药的颜色等）之间存在大致的相关性，因此可以利用这些外部标志选择发育时期基本一致且符合花药培养的花蕾/颖花。例如，适合甘蓝型油菜花药培养的花蕾长度及花瓣与花药长度比值为0.5～0.9，花粉发育时期为单核晚期（表3-8和表3-9）；而对于单子叶模式植物水稻来说，以花粉发育至单核晚期的花药较为适宜，这个时期的水稻外部形态特征为叶枕距为5～15cm、颖片淡黄绿色（图3-13）、雄蕊长度接近颖片长度的1/2。随后在无菌操作条件下（如超净工作台上）剥去旗内鞘或花蕾苞片，用70%乙醇短暂表面消毒后加入合适浓度的NaClO或HgCl$_2$等消毒液进一步消毒，最后用无菌水洗净。用手术镊子取出花药并接种到合适的愈伤组织诱导培养基上暗培养或者分化培养基上培养，取样时确保花药不受损并丢弃受损花药，因为损伤常常会刺激花粉壁形成二倍体愈伤组织。待愈伤组织形成后进行分化培养并最终再生成完整植株（图3-14）。

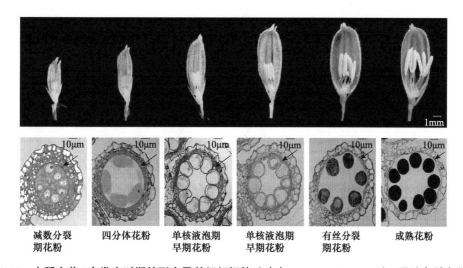

图3-13　水稻小花6个发育时期的形态及其组织切片（改自Huang et al., 2009）　通过水稻小花大小、内外颖及花药颜色可以初步判断小孢子发育时期。上排照片显示去掉一侧内外颖以展示花药的水稻小花，下排照片显示每个发育时期的花药横切面显微照片。箭头所指为绒毡层。

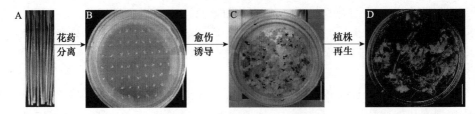

图3-14　水稻花药培养　A. 合适大小的稻苞；B. 花药离体接种；C. 花药的愈伤组织形成；
D. 愈伤组织再分化。标尺为2cm。

表3-8　甘蓝型油菜花粉发育时期对花药胚胎发生的影响（引自 Aslam et al., 1990）

花粉发育时期	花瓣长/花药长	花药接种数	产胚总数
单核早期	0.25：0.4	210	3
单核中期	0.5：0.75	210	69
单核晚期	0.8：0.9	210	51
二核期	1：1	210	28

表3-9　不同甘蓝型油菜品种的不同大小花蕾的小孢子成胚率（引自 Kott et al., 1988）

品种	花药长（mm）	花蕾大小（mm）	花瓣长/花药长	5个花药的小孢子成胚数	小孢子发育时期
G231	1.8	2.6	0.25	0	单核早期
	1.9	3.0	0.25	0	单核中期
	1.9	2.6	0.33	0	单核中期
	2.1	3.0	0.33	0	单核晚期
	2.2	3.5	0.50	0	单核晚期
	2.2	3.5	0.50	0	单核晚期
	2.5	3.8	0.67	101	单核晚期
	2.6	3.6	0.67	4185	单核晚期
	2.7	4.3	0.75	3222	多数处于单核晚期，部分开始分裂
	2.9	4.5	0.75	3285	多数处于单核晚期，部分开始分裂
	3.0	4.6	1.00	211	二核期
	3.1	5.2	1.00	0	二核期
Triton	1.6	2.1	0.25	0	单核早期
	1.7	2.2	0.25	0	单核早期
	2.0	2.7	0.33	0	单核中期
	2.0	2.7	0.33	4	单核中期
	2.2	3.3	0.50	11	单核晚期
	2.1	3.3	0.50	370	单核晚期
	2.5	3.3	0.67	257	多数处于单核晚期，部分开始分裂
	2.3	3.9	0.67	2	多数处于单核晚期，部分开始分裂
	2.7	4.0	0.75	0	二核期
	2.7	4.1	0.75	0	二核期
	2.8	4.6	1.00	0	三核期
	3.1	4.6	1.00	0	三核期

3. 小孢子培养

小孢子培养是在花药培养的基础上发展起来的一种高效再生体系，是将分离的高纯度游离小孢子在合适的培养基中离体培养，诱导产生胚状体并最终再生成完整植株。

（1）小孢子分离方法　小孢子培养首要条件是选取适龄的花药或花蕾，如甘蓝型油菜品种'G231'的花蕾大小以3.8～4.6mm为宜，这时期的花粉处于单核晚期至二核早期，而品种'Triton'的花蕾大小以3.3mm为最佳，花

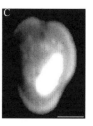

图3-15　甘蓝型油菜花蕾及单核晚期花粉 A. 3.5～4.5mm花蕾；B. 光学显微镜下的单核晚期小孢子；C. DAPI（4',6-二脒基-2-苯基吲哚）染色的单核晚期小孢子。标尺在A中为1cm，B和C为10μm。

粉发育时期为单核晚期（表3-9，图3-15）。而后分离纯化小孢子，再以小孢子为外植体进行离体培养，最终再生出完整的植物（图3-16）。小孢子分离方法包括自然释放法、研磨过滤收集法及剖裂释放法。

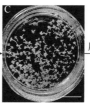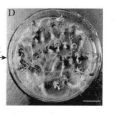

小孢子分离　胚状体诱导　胚状体成苗

图3-16　油菜小孢子培养过程　选取甘蓝型油菜主花序（A）大小合适的花蕾，经消毒及组织研磨，而后过滤获得小孢子花粉（B）再经培养形成胚状体（C）最后再生成植株（D）。标尺为2cm。

自然释放法是指无菌花蕾或花药在液体或固体培养基上自然开裂，花粉自然散落在培养基里。这种方法在油菜和禾本科植物有应用，但效率非常低。

研磨过滤收集法是指将无菌花蕾或花药置于合适的培养液中，用无菌研磨器或人工充分研磨，从而使小孢子释放，而后经一定孔径的滤网过筛、离心并纯化获得高纯度的小孢子。常用于十字花科和茄科作物。

剖裂释放法是指借助工具剖裂药壁，使花粉释放出来。这种方法在药草中有应用。

（2）小孢子培养方法

1）平板培养（plate culture）：将分离的小孢子接种在固体培养基上培养，进而诱导生成胚状体并最终再生成完整植株。

2）液体培养（liquid culture）：将适量的小孢子接种于液体培养基中，不断振荡或搅拌使其均匀地在液体培养基中生长繁殖，直至愈伤组织或胚状体形成。

3）双层培养（double layer culture）：将小孢子直接接种于固体-液体双层培养基中培养。

4）看护培养（nurse culture）：将亲本愈伤组织或高密度的悬浮细胞同低密度小孢子细胞一起培养，以促进其生长分裂的培养方法。

5）微室培养（micro-chamber culture）：取一滴载有小孢子的液体培养基，滴于盖玻片上，然后翻转盖玻片使液体培养基悬挂在盖玻片下，再置于一凹形载玻片上，最后用石蜡密封盖玻片四周。此方法的优点在于在整个培养过程中便于观察小孢子的生长过程，全程记录花粉细胞生长、分裂并形成细胞团的过程；缺点是培养条件不利于花粉细胞的持续培养，培养基会在短

期内耗尽，水分容易蒸发，从而影响花粉细胞的进一步发育。

6）条件培养（conditioned medium culture）：将培养过花药的培养基去掉花药并离心收集上清液；或者花药经沸水杀死细胞后碾碎、离心收集上清液。两种上清液（含有促进花粉发育的物质）都可以加入培养基中，用于花粉/小孢子培养。

4. 影响花药及小孢子培养的因素

（1）培养条件　培养条件包括样品前期生长条件、取样后的预处理及样品的培养条件等。有研究显示，生长在长日照（14~18h）、低温（15~20℃）条件下的白菜小孢子胚状体发生数及植株再生率显著高于短日照（12h）、较高温度（25℃）下生长的植株。在花药和小孢子培养中，对接种前的花药或小孢子进行适当的预处理，如高低温、渗透胁迫、糖饥饿和γ辐射等，可以显著提高花药培养的愈伤组织诱导率（表3-10）及小孢子的成胚率。此外，小孢子的培养方式也是影响小孢子成胚的重要因素之一，一般情况下，液体振荡培养的成胚率显著高于固体平板培养。

表3-10　不同预处理对苦瓜（Momordica charantia L.）花药愈伤组织诱导的影响

预处理条件	愈伤组织诱导率（%）		
	Lvcui	Cuifei	Bixiu
不处理对照	25.33	14.67	38.33
35℃预处理6h	36.33	29.67	53.00
2000r/min离心12h	25.67	18.67	41.33
4℃预处理24h	46.67	45.33	70.33

（2）基因型　愈伤组织及小孢子胚状体的诱导与材料的基因型密切相关。不同植物之间、同一植物不同品种，甚至同一品种不同分枝的花药或小孢子，以及不同发育时期的小孢子或花药的培养效果均存在明显差异（表3-8和表3-9）。更有学者认为基因型和花药或小孢子发育时期对胚状体或愈伤组织的产生起决定性的作用。

（3）培养基　不同植物的花药或小孢子对培养基的反应不尽相同。适合甘蓝型油菜单倍体培养的培养基为Miller和B_5，而MS、N_6和Nitch的效果较差，同时有的学者认为培养基中添加活性炭有助于胚状体的诱导。适合大白菜游离小孢子培养的NLN培养基的大量元素应该减半。而在小白菜游离小孢子培养中，适量的NAA及BA有助于胚胎发生。

5. 单倍体加倍与鉴定

（1）单倍体加倍的方法　单倍体植株一般表现为矮小、生长瘦弱及高度不育。因此需要对单倍体进行加倍处理，使其成为双单倍体，这是稳定其遗传行为和为育种服务的必要措施。加倍的方法包括自然加倍及人工加倍两种方法。

自然加倍是指在没有人工干预的情况下，单倍体有丝分裂异常而导致该细胞染色体加倍。

人工加倍是指用化学药剂，如秋水仙素、氟乐灵和氨磺乐灵等人工处理花药诱导的愈伤组织或单倍体植株茎尖，从而获得双单倍体的方法。其原理是化学药剂能与微管蛋白亚基结合并组装到微管末端，阻止新的微管蛋白二聚体继续在此末端添加，但微管在另一端的去组装不受影响，从而导致微管解聚。

（2）单倍体及其双单倍体植株的鉴定

1）直接鉴定法：取单倍体或人工加倍后的植株的茎尖或根尖等分生组织区压片，计数细胞的染色体数目，从而准确、直观地获得植株的倍性。

2）间接鉴定法：①细胞学鉴定。叶片保卫细胞大小、单位面积气孔数及保卫细胞中叶绿体的大小和数目与倍性高度呈正相关。②形态学鉴定。一般情况下单倍体植株瘦弱，叶片窄小，花小柱头长，花粉粒小，不结实。③流式细胞仪鉴定。利用流式细胞仪确定植株体细胞的核DNA含量，而由于倍性与DNA含量呈正相关，从而可以通过测定细胞核DNA含量来确定植株的倍性。④杂交鉴定。利用自交或测交，看后代性状，如育性或形态等分离情况，从而确定植株倍性。⑤分子鉴定。利用分子标记、同工酶和原位杂交等技术鉴定植株倍性。

3.4　植物原生质体培养及体细胞杂交

植物细胞主要由细胞壁、细胞膜、细胞质和细胞核组成，脱去细胞壁的植物细胞称为原生质体（protoplast）。对于采用机械或酶解法去掉细胞壁而成的裸露细胞而言，细胞膜成为细胞活物质与外界环境的唯一屏障。早在1880年Hanstein用"protoplast"这一术语指代细胞壁包围的活物质。原生质体培养是典型的单细胞培养，而原生质体融合技术是近50年来发展迅速的一门具有独特优势的细胞工程和育种技术方法，在作物遗传改良中具有较大的应用潜力。传统的育种方法不能在亲缘关系很远的物种中通过人工转移遗传物质创造新的植物类型，而体细胞杂交可以有效克服这种生殖隔离创造作物新类型和新物种。

3.4.1　原生质体研究的发展及应用

Klercker首先采用机械法分离质壁分离的植物细胞，获得了少量原生质体，此法分离的原生质体数量是极为有限的，其培养也较难，很少有成功的例子，只在葫芦藓（*Funaria hygrometrica*）中有成功的报道。1960年Cocking利用疣孢漆斑菌（*Myrothecium verrucaria*）培养物制备的高浓度纤维素酶处理番茄幼根，成功制备出大量具有活性可再生的原生质体。这是人类第一次采用酶解法获得大量的原生质体，为原生质体研究奠定了坚实的基础。随着1968年纤维素酶和离析酶商业化开始，原生质体研究进入快车道。

1968年Takebe利用商品酶两步法分离烟草叶肉原生质体，先用离析酶或果胶酶分开细胞，再加入纤维素酶得到原生质体，并在1971年成功地再生植株。同年Power等直接用酶混合液一步获得原生质体。随后原生质体培养成功的作物不断增多，方法不断改进。1985年Fujimura等率先利用水稻原生质体培养获得再生植株，在玉米、小麦等相继取得突破。1986年，单个原生质体培养获得成功，为在单细胞水平上研究生理特性、相互作用及遗传操作提供了条件。如今大部分粮食作物（如水稻、小麦、玉米、马铃薯）、油料作物（如油菜）、经济作物（如烟草、棉花、林木）和一些药用作物（如绞股蓝、毛曼陀罗等）的原生质体培养均已获得成功。

由于没有细胞壁，原生质体成为作物遗传改良和植物学研究极为有利的试验材料，可以用于种质资源保存。原生质体超低温保存具有细胞超低温保存的全部优点，为研究细胞低温生物学、低温伤害和细胞冻害等提供好的材料。目前，原生质体已应用于胡萝卜、烟草、毛曼陀罗、颠茄、玉米、杏、大豆、小麦、大麦、燕麦和柑橘等作物的超低温保存。

去掉细胞壁的原生质体可以人工诱导杂交，可以通过不同类型的原生质体融合克服传统育种方法所面临的生殖障碍，创造新的种质材料，实现不同材料的核质基因重组。此外，与有性杂交相比，可以实现两种材料的胞质重组。从1972年首次获得植物体细胞杂种以来，原生质体融合发展较快，并获得了大量的新种质。

原生质体培养作为典型的单细胞培养，能够产生丰富的体细胞无性系变异，成为农作物改良的重要遗传资源。在马铃薯、苜蓿、水稻、猕猴桃、柑橘和烟草原生质体再生植株中均存在体细胞无性系变异，而且结合离体诱变还可以加速突变体的获得，如采用紫外线照射单倍体烟草叶肉原生质体，用缬氨酸选择得到了抗缬氨酸的烟草突变体。

原生质体去掉细胞壁后比较容易获取外界遗传物质，作为遗传转化的受体的优点：稳定均一的原生质体容易获得；具有再生能力，容易获得转化植株；没有细胞壁的原生质体容易摄取外源遗传物质，如细胞器、细胞核、细菌、病毒、质粒和各种DNA分子；合适的培养方法可以避免嵌合体发生。目前，PEG（聚乙二醇）法、电激法、脂质体法、基因枪法等转化方法均获得了大豆、柑橘、小麦、水稻、诸葛菜、玉米、甘薯和牛尾草的转基因植株。

原生质体为细胞生物学、发育生物学、细胞生理学、病毒学等学科的基础理论研究提供了理想的实验体系，用于研究细胞壁再生、膜结构、细胞膜的离子转运及细胞器的动态表现、光合作用、呼吸作用、物质跨膜运输。此外，还可以采用原生质体研究气孔开关机理、物质贮运、细胞膜的作用和病毒侵染机理及复制动力学。原生质体作为典型的单细胞，为现在不同类型的单细胞测序和程序性分化研究提供了良好的实验材料。

3.4.2　原生质体分离和纯化

生长旺盛、生活力强的组织和细胞是获得高活力原生质体的关键，并影响着原生质体的复壁、分裂、愈伤组织形成乃至植株再生。原生质体分离受到较多因素的影响，包括植物的类型、基因型、外植体类型及生理状态和酶液类型、浓度等。植物外植体有叶片、叶柄、茎尖、根、子叶、茎段、胚、愈伤组织、悬浮培养物、原球茎、原丝体、花瓣和叶表皮等，可用于原生质体分离，其中幼嫩叶片、实生苗的胚轴、子叶、愈伤组织和悬浮培养物等是分离原生质体的良好来源。培养的愈伤组织和悬浮细胞系由于生长快速稳定，受环境条件的影响不大，容易获得大量高质量的原生质体。

分离植物原生质体的酶主要有纤维素酶、半纤维素酶、果胶酶、蜗牛酶和离析酶等。酶解花粉母细胞和四分体小孢子时需要加入蜗牛酶。纤维素酶的作用是降解构成细胞壁的纤维素，果胶酶的作用是降解连接细胞的中胶层，使细胞从组织中分开，细胞与细胞分开。有的植物，只采用纤维素酶和果胶酶就能分离出原生质体，但有的植物和材料要添加半纤维素酶或离析酶才能得到较多的原生质体。不同植物分离原生质体的酶液浓度可能不一样，大多数植物分离原生质体时，纤维素酶浓度在1%～3%（m/V），果胶酶在0.1%～1%，注意同一植物不同基因型或者不同外植体所用酶的种类和浓度也会不同。在配制酶液时通常加入一些化学物质，以提高酶解效率或增强酶解原生质体的活力。酶液中添加适量的$CaCl_2 \cdot 2H_2O$、KH_2PO_4或葡聚糖硫酸钾（dextran sulfate potassium）有利于提高细胞膜的稳定性和原生质体的活力，加入2-吗啉乙磺酸（MES）可稳定酶液的pH，加入牛血清白蛋白（bovine serum albumin，BSA）能够减少酶解过程中细胞器的损伤。酶液pH一般在5.6～5.8，过高或过低均不适于原生质体分离。酶液配好后，不能进行高温灭菌，只能采用微孔过滤器灭菌，常用的微孔滤膜孔径有0.22μm和0.45μm，一般先用0.45μm的滤膜过滤，再用0.22μm的滤膜过滤一次。

原生质体由于没有细胞壁的保护，对外界环境条件中的渗透压较为敏感，如果酶液的渗透压与细胞内的渗透压相差过大，则容易导致原生质体收缩或膨胀，最终导致原生质体的死亡。因此，需要使用渗透压调节剂（osmoticum）在酶液和后续培养基中保持一定的渗透压，一些常用的渗透压调节剂为糖或糖醇，如葡萄糖、果糖、蔗糖、山梨醇、甘露醇等，浓度在0.6mol/L左右，此外采用盐溶液也能起到调节渗透压的作用。酶解过程一般在25～28℃进行，通常采用混合酶液一步完成。植物材料与酶解液或培养基按一定比例混合，某些材料需要放在低速摇床上，在酶解时应尽量避光。酶解时间依不同植物和不同外植体而定。

植物材料与酶解液混合后，得到的产物为原生质体、多细胞团、未酶解的组织和细胞碎片，必须进行纯化，去掉酶液，去除未酶解的组织和碎片及多细胞团，纯化获得一定浓度和活力的原生质体才能进行培养。酶解的原生质体产物首先通过不锈钢网过滤，通常是双层钢网，孔径分别为200目和400目，过滤时要加入一些培养基进行清洗，常用的原生质体清洗培养基为Cocking等采用的CPW盐溶液，其成分为KH_2PO_4 27.2mg/L、KNO_3 101mg/L、$CaCl_2 \cdot 2H_2O$ 1480mg/L、$MgSO_4 \cdot 7H_2O$ 246mg/L、KI 0.16mg/L、$CuSO_4 \cdot 5H_2O$ 0.025mg/L，pH 5.6。在原生质体滤液中，采用上浮法和下沉法两种纯化方法。上浮法是将酶解的原生质体与蔗糖溶液（25%左右）混合，下沉法是先将原生质体与13%的甘露醇混合，然后加到25%的蔗糖溶液顶部，形成一个界面。两种方法，均在10 000g下离心5～10min，会在蔗糖溶液顶部形成一条原生质体带。用吸管将带轻轻地吸出来，用培养基悬浮离心，然后稀释到10^4～10^5mg/mL，进行活力检测和培养。

原生质体培养前通常要进行活力检测，主要有观察胞质环流（cytoplasmic streaming）、测定呼吸强度和FDA法，其中最常用的是FDA法。FDA是二乙酸荧光素（fluorescein diacetate，FDA），常用丙酮配制成2mg/mL溶液，在冰箱（4℃）中保存。FDA本身没有极性，无荧光，可以穿过细胞膜自由出入细胞，在细胞中不能积累，在活细胞中经酯酶分解为具有极性的荧光素，不能自由出入细胞膜，在细胞中积累，在紫外线照射下，发出绿色荧光，荧光的强度也受到细胞状态的影响。相反如果是死细胞，则不会发出绿色荧光。

3.4.3　原生质体培养及植株再生

原生质体培养方法主要有三种，即液体浅层培养法、固体培养法、液固双层培养法，以及其改良的培养方法如悬滴培养法、饲喂层培养、看护培养等。

液体浅层培养（liquid thin layer culture）法，适用于容易分裂的原生质体，悬浮于液体培养基中进行培养。此法操作简单，容易添加新培养液和降渗；但原生质体容易发生粘连，难以定点观察；由于经常添加培养基，容易造成污染；与细胞培养相似，原生质体自身释放的有毒物质会影响其生长和再生。在液体培养方法基础上发展了液滴培养（droplet culture），将原生质体悬浮在培养基中，即取少许（如0.1mL）置于培养皿中，每个培养皿放5～7滴，培养皿倒置培养，有利于对原生质体的生长和发育进行观察，但原生质体容易聚集在液滴的中央，培养基容易蒸发，需要勤换培养基。

固体培养（solid culture）法也叫琼脂糖平板法（agarose bead culture）或包埋培养（embedding culture）法，是将原生质体悬浮于液体培养基后，与凝固剂［主要是琼脂或低熔点琼脂糖（LMT agarose）］按一定比例混合，在培养皿凝固后封口培养，可以定点跟踪和观察。但是原生质体被固定在相应的位置，所释放的有毒物质不易扩散。现在采用低熔点（30℃）琼脂糖作为包埋剂，还有alginate bead钙-琼脂糖和钙-alginate，研究表明琼脂糖对多种植物原生质体的分裂和再生有促进作用。

固液双层培养（liquid over solid culture）法结合了液体浅层培养和固体培养的优点，在培养皿底部先铺一层固体培养基，待凝固后再在其上进行液体浅层培养。固体培养基中的营养成分可以被液体层中的原生质体吸收利用，而原生质体产生的有毒物质可以被固体培养基吸收。

植物原生质体培养密度比较重要，低于10^4/mL可能不分裂或很难分裂。为了解决低密度培养的问题，在双层培养的基础上发展起来饲喂层培养（feeder layer culture）和看护培养（nurse culture）。饲喂层培养将原生质体与经射线照射处理不能分裂的同种或不同种原生质体混合后进行包埋培养，或将处理原生质体包埋在固体层或放置在滤纸下面，待培养的原生质体在上面液体层中培养。这种方法培养的原生质体密度可以比正常的密度低。看护培养也叫作共培养（co-culture），将原生质体与其同种或不同种的植物细胞共同培养以提高其培养效率的一种方法，主要用于低密度或难再生的植物原生质体培养。这两种方法可以提高原生质体培养的植板率（plating efficiency，即形成愈伤组织的原生质体数量占所培养原生质体总数的百分比），其可能的机理是饲喂层细胞或看护细胞为待培养原生质体提供了促进生长的物质，或是吸收了待培养原生质体释放的有毒物质，减轻了对它的影响。

原生质体培养相对于植物细胞，其裸露的细胞膜直接与外界环境接触，对培养基和渗透压要求比较高。最常用的培养基是改良 MS 培养基、B_5 培养基和 KM8p 培养基及其他改良培养基等，如常用于小麦原生质体培养 KM8p、MS、N_6、WPMI 培养基等，棉花培养的 KM8p 培养基，用于木本植物培养的 MS、MT、B_5、DCR、KPR、WPM、K8p 和 KM8p 培养基。

原生质体培养及植株再生过程包括：细胞壁再生，细胞团形成，器官发生或体细胞胚胎发生，植株再生。原生质体培养首先需要细胞壁再生，在培养初期为圆球形，逐渐变为椭圆形，表明已经开始再生细胞壁。不同植物原生质体培养再生细胞壁所需时间不同，为几小时到几天。例如，香蕉原生质体培养 24h 可以再生细胞壁，棉花原生质体细胞壁再生需要 2~3d，梨原生质体细胞壁再生需要 12~13d。原生质体再生细胞壁的检测方法包括质壁分离法、冷冻-融化法、低渗冲击法、出芽法、荧光增白剂染色法和 SDS 溶膜等，其中六胺银染色电镜观察法、扫描电镜法，尤其是冰冻蚀刻法效果最佳。现在常用荧光增白剂进行检测，有 ST 和 VBL 两种，前者染壁后在荧光显微镜下细胞壁呈蓝色荧光，后者则呈绿色荧光。原生质体再生细胞壁发生在细胞分裂之前，是细胞分裂的先决条件。在没有细胞壁时，虽然能够看到有丝分裂，但胞质不发生分裂。

再生细胞壁之后不久，细胞就会进行第一次分裂和多次分裂，形成多细胞团。不同植物、不同基因型或不同来源的原生质体恢复第一次分裂的时间不一样，如落叶松需 1~2d，柿、树莓、洋麻、百脉根、柑橘等需要 4~7d，高粱等需要 10d 以上甚至更长时间。在分裂形成细胞团过程中，需要加入低渗的新鲜培养基，当细胞团进一步发育成为肉眼可见的小愈伤组织（minicallus）后，及时转移到分化培养基（differentiation medium）中，并进行不同克隆的标记。愈伤组织转入分化培养基后，通常会经历两种途径再生成植株，一种是器官发生途径（如水稻、苹果、梨、杨树、悬铃木等），另一种是胚胎发生途径（如柑橘、棉花、香蕉）（图 3-17）。

影响植物原生质体培养的因素较多，有原生质体来源、基因型、培养基、原生质体培养程序等。水稻叶片分离的原生质体，很难培养成功，采用幼胚或成熟胚诱导的胚性愈伤组织或胚性悬浮细胞系游离原生质体取得了突破。分离原生质体所用外植体的生理状态与原生质体的质量和其后的分裂频率有着密切的关系。小麦 3~6 月龄的悬浮细胞系分离的原生质体分裂率比 1 月龄的原生质体高。番茄叶肉原生质体再生的愈伤组织比悬浮系原生质体再生的愈伤组织分化早 2 个星期。

基因型与植物愈伤组织、原生质体培养及形态分化有密切的关系，同一植物不同基因型的原生质体脱分化与再分化所要求的条件不一样。基因型影响原生质体的持续分裂和植株再生的现象已在甜菜、水稻、棉花、柑橘和油菜等作物中观察到。Zhang 等（1995）进行 8 个品种的水稻原生质体培养，只有 3 个品种得到再生株。芸薹属 6 个类型和新疆野生油菜 36 个基因型的原生质体培养实验中，油菜（*Brassica campestris*）和新疆野生油菜再生株最少。基因型影响原生质体持续分裂能力的作用可能与其抗逆性强弱和组织培养分化能力有关，棉属体细胞胚胎发生能

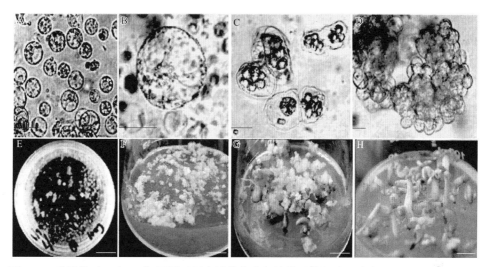

图3-17　陆地棉'珂字201'悬浮系原生质体分离、培养及体细胞胚胎发生　A. 悬浮系原生质体；B. 细胞壁再生；C，D. 细胞分裂；E，F. 原生质体诱导愈伤组织；G，H. 体细胞胚胎发生。标尺在A~D中为100μm，E~H为2cm。

力强的基因型的愈伤组织分离的原生质体容易再生植株。

来源于同一种基因型的原生质体，在不同培养基中的再生能力不一样。培养基除影响培养效果外，还影响分化类型。许智宏等（1982，1984）发现在形成细胞团的数量上，KM5p和KM5都不如B5P培养基，但对细胞的持续分裂来说，KM5p和KM5优于B5P培养基。

培养基中的附加物质也会影响到原生质体培养效果，如培养基中激素组合对原生质体分裂和再生有较大的影响，其他成分如水解酪蛋白、柠檬酸、谷氨酰胺和羟脯氨酸、硝酸银等也会对培养产生影响。培养环境如光质和温度影响到原生质体细胞壁再生。渗透压调节剂对原生质体分裂能产生较大的影响，渗透压调节剂类型较多，包括蔗糖、甘露醇、葡萄糖、果糖及其组合，主要依赖于所培养的植物类型。在一种植物原生质体培养中起促进作用的调节剂在另一种植物中则不能起到相同的作用。

原生质体来自植物的外植体，在很多原生质体再生植株中，出现了一些再生植株的变异，属于体细胞无性系变异。就物种保护而言，产生变异是不利的，尤其在以原生质体作为超低温保存的材料时，不利于供体材料原有性状和遗传特征的保留；对遗传改良来讲，产生变异为选择新优材料提供了可能，为品种选育提供了材料。原生质体再生植株发生变异具有普遍性，已在颠茄、水稻、猕猴桃、马铃薯、苜蓿、谷子、莴苣、烟草、甘蓝、番茄、柑橘、大麦、小麦、报春花和鄂报春等原生质体再生植株中观察到变异。马铃薯'Russet Burbank'原生质体再生植株中出现丰富的变异类型，从中选出了两三个较有价值的品系。日本选出的一个矮秆水稻新品种'世锦'就是水稻原生质体培养产生的变异，与对照相比，变异品种增产10%。在原生质体培养过程中自然发生遗传变异，不需要经过其他的特殊操作和选择，能够缩短育种年限，节约时间，加速育种进程。通过酶解法能够分离得到大量的原生质体，遗传变异广、变异频率大、整齐度高而且性状稳定快，可以获得大量的变异材料。

3.4.4　原生质体融合与遗传育种

原生质体融合（protoplast fusion）即细胞融合（cell fusion），也叫体细胞杂交（somatic

hybridization）、超性杂交（parasexual hybridization）或超性融合（parasexual fusion），是指不同种类的原生质体不经过有性阶段，在一定条件下融合创造杂种的过程。原生质体融合不同于有性杂交，在融合过程中不涉及性配子，可以人为操作。为了与有性杂交区别开来，原生质体融合常常写作"a＋b"，其中a和b是两个融合亲本，＋表示体细胞杂交。

植物原生质体融合研究始于融合方法的探索，建立在植物原生质体成熟培养体系上。1970年，Power首次以硝酸钠为诱导剂进行了原生质体诱导融合；Kao（1974）利用聚乙二醇诱导植物细胞融合建立了相应的融合技术；Zimmermann（1978）采用电脉冲诱导了细胞融合，首次提出了电融合概念，开创了细胞融合技术的新局面；Senda（1979）首次实现了电穿孔实验和电刺激原生质体融合实验；Schierenberg（1984）首次利用微束激光进行细胞融合，为细胞融合找到了一种新的有效方法；1987年德国海德堡理化研究所使用准分子激光器诱导哺乳动物细胞融合和植物原生质体融合。现在基于微流控芯片的细胞融合技术已成为重点领域，1987年Schweiger建立了单对原生质体电融合技术。高通量细胞融合芯片利用微电极阵列高效进行目标细胞配对和融合，还可以结合化学诱导、电诱导融合等技术，大幅度提高融合率。

原生质体融合先在茄科植物如烟草属（*Nicotiana*）、曼陀罗属（*Datura*）、矮牵牛属（*Petunia*）、茄属（*Solanum*）、番茄属（*Lycopersicon*）和颠茄属（*Atropa*）等开展，接着在十字花科芸薹属（*Brassica*）和拟南芥属（*Arabidopsis*），伞形科胡萝卜属（*Daucus*）和欧芹属（*Petroselinum*）等开展，随后在作物、木本、观赏园艺和中草药植物中开展了原生质体融合研究，如水稻、大豆、小麦、油菜、棉花、谷子、高粱、玉米、马铃薯等，以及柑橘、猕猴桃、樱桃，杨树、榆树、云杉，菊科、柴胡和黄芪等。植物细胞融合可分为体细胞杂交和配子-体细胞杂交（gameto-somatic hybridization），这两者都不经过有性杂交过程，而直接由体细胞或性细胞的原生质体融合产生杂种细胞再生植株，能克服有性杂交的不亲和障碍，配子-体细胞杂交产生三倍体杂种，成为三倍体育种的一条新途径。这里的配子主要是指性细胞，不经过有性杂交过程，只是用性细胞作为亲本材料，如小孢子四分体、精子、精细胞、幼嫩花粉、成熟花粉、卵细胞、助细胞和中央细胞等原生质体与二倍体原生质体融合产生三倍体杂种植株。

首先，有性杂交是获得变异、实现基因重组的传统技术，一些植物的野生材料具有很好的抗性，但与栽培品种之间存在有性杂交不亲和现象，难以通过常规杂交技术实现有益抗性的转移。原生质体融合的最大优势是不涉及雌雄性配子，在人工条件下进行细胞融合，克服有性杂交不亲和的生殖障碍。例如，*Solanum brevidens*是马铃薯的野生种，具有多种马铃薯病害抗性，但与马铃薯有性杂交不亲和，Austin等得到了二者对马铃薯卷叶病毒和马铃薯Y病毒抗性的体细胞杂种。在柑橘中，大多数品种具有多胚现象，有性杂交很难甚至不能得到杂种；并且部分品种雌或/和雄性败育，不能开展有性杂交，通过原生质体已得到250余个组合的体细胞杂种。温州蜜柑雄性不育，脐橙雄性和胚囊败育，两者不能进行有性杂交，利用原生质体融合成功地得到了二者的体细胞杂种。

其次，跨越传统杂交，转移有利的农艺性状，创造新的种质材料。作物野生种中具有很多优良栽培品种常常缺乏的抗性性状，通过原生质体融合可以将野生种的抗性转移进栽培种。Helgeson等将*S. brevidens*的抗晚疫病和抗细菌性软腐病特性转移进栽培马铃薯中；Gerdemann-Knock等（1995）通过非对称融合方法从黑芥中将抗黑胫病和根肿病基因转入甘蓝型油菜；Sjodin等（1989）成功地从供体中将抗*Phoma lingam*特性转进受体甘蓝型油菜。

最后，可以特异转移胞质基因，为研究体细胞遗传提供途径和材料。绝大多数情况下，通过有性杂交获得的杂种具有双亲的核物质和母系遗传的细胞质，而原生质体融合可以将双亲的细胞质融合到一起。植物细胞质控制很多优良的性状，如线粒体控制胞质雄性不育，叶绿体控制抗除草剂特性。由于有性杂交的胞质成分主要为母系遗传，不可能实现杂交亲本的胞质杂交。通过原生质体融合将一方亲本控制胞质雄性不育的线粒体和另一方亲本控制抗除草剂的叶绿体融合到胞质杂种中。枳（*Poncirus trifoliata*）与柑橘（*Citrus reticulata*）属间体细胞杂种的线粒体来自后者，叶绿体则来自前者，是胞质杂合型。采用胞质体与原生质体融合，可以获得胞质杂种（cybrid）或异质杂种（alloplasmic hybrid）。原生质体融合结果既有核的融合也有胞质融合，还可以采用亚原生质体与原生质体融合，为研究胞质基因组的功能和核质遗传、核质互作提供全新的手段和材料。

3.4.5　植物原生质体融合方法与融合方式

植物原生质体融合的发展，建立在成熟可靠的融合方法上，体细胞杂交从自然的自发融合，发展到化学试剂诱导、电刺激、微束激光、微矩阵芯片和空间物理场等各种化学和物理技术在细胞融合上的应用和发展。其中比较常用的方法是化学方法包括高钙-高pH法和PEG（聚乙二醇）诱导法，电场诱导法即细胞电融合。

采用高浓度Ca^{2+}溶液处理烟草原生质体，融合率达到20%～50%，获得了烟草种间和属间体细胞杂种。聚乙二醇（polyethylene glycol，PEG）能促使植物原生质体融合，后来与高钙-高pH法结合使用，大幅度提高了融合率，可达50%。已有超过100例利用此法获得的体细胞杂种植物，PEG（聚乙二醇）诱导法仍是目前最成功的融合技术。

电场诱导法主要是双向电泳法，基本流程是原生质体悬浮在低电导率融合液的融合小室中，小室的两极加有高频、不均匀的交流电场，原生质体两极的电场强度不同，使其表面电荷偶极化而具有偶极子的性质，从而使得原生质体沿电场线运动，相互接触排列成珍珠串。当施加一次或多次直流方波脉冲电场，相接触的原生质体发生可逆性击穿，最终导致融合（图3-18）。

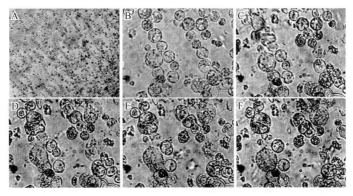

图3-18　陆地棉'珂字201'悬浮系的原生质体与野生棉愈伤组织的原生质体电融合过程　FTC-4电融合小池中的双亲混合原生质体（A）在接通电源后，每隔5s拍摄原生质体融合（B～F）。

与聚乙二醇（PEG）化学法相比，电场诱导法是一种高效的细胞融合方法。电融合技术操作简单、融合率高、重复性强、电参数（如脉冲强弱、长短等）容易精确调节、无化学毒性，对细胞损伤小，可以免去细胞融合后的洗涤程序，融合率高，可应用于许多种不同的细胞。所以电融合方法在短期内被广泛采用，融合更具目的性，减少筛选的工作量，是细胞融合研究的一大进步，也成为细胞融合的主要技术手段。

原生质体的融合方式常见的有两种：对称融合（symmetric fusion）和非对称融合（asymmetric fusion）。对称融合是指两个完整的细胞原生质体融合，含有双亲所有遗传物质；非对称融合利用物理或化学方法使某亲本的核或细胞质失活后再进行融合。其中对称融合产生核质双杂合杂种，配子-体细胞融合产生三倍体等；非对称融合又分为核不对称融合和胞质融合，产生非对称杂种、胞质杂种和异质杂种。

对称融合指融合时双方原生质体均带有核基因组和细胞质基因组的全部遗传信息，多形成对称杂种。在融合时，希望体细胞杂种同时拥有双亲的优异性状，但由于它综合双亲的全部性状，在导入有利性状的同时，也不可避免地带入了一些不利性状。尤其在一些远缘组合，融合使双亲的遗传物质整合到杂种中，由于存在一定程度的不亲和性，杂种植株的表现并不是预期的那样理想，最为典型的例子是番茄与马铃薯的体细胞杂种，虽然获得了二者的杂种植株，但并不能得到理想的地上部分长番茄地下部结马铃薯的植株。远缘的体细胞杂交也受系统进化距离的限制，要考虑亲本的系统进化距离，保证双亲同步分裂，这是异种原生质体融合的关键，是否能同步分裂与亲缘关系有关，亲缘关系远的融合体会发生其中一方染色体被排除和丢失，往往仅保留部分基因组，或一条染色体，甚至发生染色体全部丢失的现象。

植物配子-体细胞杂交具有更明显的优势，雄性小孢子原生质体在四分体时较易制备，诱导和体细胞原生质体进行融合。Desprez 等（1995）用烟草的成熟花粉原生质体和白花丹烟草体细胞的原生质体进行融合得到杂种植株。配子-体细胞杂交成功克服了有性杂交的不亲和障碍，产生了三倍体杂种植株，成为三倍体育种的一条新途径。

非对称融合是指一方亲本（受体）的全部原生质体与另一方亲本（供体）的部分核物质或胞质物质重组，产生不对称杂种，即"供体-受体"系统。不对称杂种较对称杂种来说，至少亲本一方有部分染色体被消除，较胞质杂种来说，即使亲本一方染色体全部消除，仍保留着该亲本的某些核基因控制的性状。不对称体细胞杂交一直是原生质体融合的热点，因为不对称融合只有供体的少量染色体转入受体细胞，更有希望克服远缘杂交的不亲和性，可以转移部分核基因或胞质基因得到非对称杂种，得到的杂种植株拥有所希望的性状，减少回交次数甚至不需要回交，便能达到改良作物的目的，缩短育种时间。

非对称融合需要在融合前对亲本原生质体（供体和受体）给予一定的处理。供体细胞核失活常用的方法是利用 X 或 γ 射线或紫外线辐射，或限制性内切酶、纺锤体毒素、染色体浓缩剂处理融合前原生质体，破坏细胞核部分染色体，细胞不能生长。一般染色体丢失与辐射剂量之间存在正相关的关系，并且与基因型、辐射源、辐射剂量、融合亲本亲缘关系的远近、亲本和融合产物的倍性、培养条件等有关。对供体进行处理主要是造成染色体的断裂和片段化，使供体和受体融合后供体染色体部分或全部丢失，达到转移部分遗传物质或只转移细胞质的目的。此外，当供体原生质体受到的辐射剂量达到一定值时，不能分裂，不能形成细胞团，从而减少再生后代的筛选工作。Gleba 等（1988）通过融合得到烟草和颠茄属间不对称杂种；Vlahova 等（1997）用紫外线辐射番茄原生质体，与兰雪叶烟草（*N. plumbaginifoli*）原生质体融合，得到高度不对称且部分可育的杂种；杨细燕和张献龙（2007）获得陆地棉和紫外线处理的野生棉（*G. klozschianum*）不对称杂种。

为了减少融合后代的筛选工作，利用一些代谢抑制剂处理受体原生质体以抑制其分裂。一般用碘乙酰胺（iodoacetamide，IOA）或碘乙酸（iodoacetate，IA），IOA 和 IA 都可以与磷酸甘油醛脱氢酶上的—SH 发生不可逆的结合，抑制酶的活性，阻止 3-磷酸甘油醛氧化生成 3-磷酸甘油酸，使糖酵解不能进行。罗丹明（rhodamin 6-G，R-6-G），是一种亲脂染料，能够抑制线粒体的氧化磷酸化过程而使其细胞失活，单独培养不能生长和分裂，只有融合体发生互补作用才能生长，获得杂种。受IA、R-6-G和IOA处理的细胞和未受代谢抑制剂处理的细胞或核钝化的细胞发生融合后，代谢上得到互补，能够正常地生长。代谢抑制剂处理的原生质体在培养过程中，不能分裂，原生质体慢慢地变形，最终破裂。所以说不对称融合也是一种筛选杂种细胞的方法，用此法创造和筛选出很多体细胞杂种，集中于豆科、禾本科、茄科、十字花科、芸香科、伞形科、旋花科和棉属等植物。

原生质体"供体-受体"融合是目前最常用的非对称融合方法，利用高于致死剂量的电离辐射处理供体原生质体使其核解体或完全失活，细胞质完整无损；用IA或IOA处理受体原生质体使其受到暂时抑制而不分裂，这样只有杂合体能够实现代谢上的补偿，进行持续分裂形成愈伤组织或再生植株，产生各种核质组合的胞质杂种。此技术的优点是双亲不需要任何选择标记，适用范围广，可行性强，缺点是难以掌握适宜的辐射剂量。周爱芬等（1996）用碘乙酰胺处理的小麦原生质体为受体，以^{60}Co-γ射线处理的继代后4～5d期簇毛麦愈伤组织原生质体为供体，得到不对称体细胞杂种。2009年，付莉莉和张献龙等把陆地棉原生质体经过0.5mmol/L碘乙酰胺室温下处理20min，野生棉原生质体经过38.7J/cm^{2}的紫外线处理30s，得到大部分再生植株表现出新形态，部分表现亲本中间型，少数偏向受体亲本的棉属种间不对称杂种。

胞质体是指去核后的原生质体，利用胞质体进行原生质体融合得到胞质杂种，实现细胞器的转移，避免了电离辐射可能产生的不利影响，缺点是制备胞质体比较困难。现在获得胞质体的方法：一是采用细胞松弛素B处理；二是采用Percoll等渗密度梯度超速离心。由于细胞松弛素B对细胞有一定的毒害作用，现在分离胞质体普遍采用等渗密度梯度超速离心方法。由于胞质体是只具有细胞质而不含核物质的小体，是理想的胞质因子供体，"胞质体-原生质体"融合是获得胞质杂种，转移胞质因子最为有效的方法，能有效地转移细胞质基因组控制的农艺性状。Maliga等（1982）从普通烟草突变体中分离胞质体，与 *Nicotiana plumbaginifolia* 原生质体融合，是第一例开花植物中获得的胞质杂种，实现了胞质因子控制的抗链霉素的种间转移。目前通过"胞质体-原生质体"融合，获得了烟草（＋）烟草、萝卜（＋）烟草、萝卜（＋）油菜、大白菜（＋）花椰菜等组合的胞质杂种，有效地实现了胞质因子的转移。Sakai和Imamura（1990）分离萝卜细胞质雄性不育（cytoplasmic male sterility，CMS）系胞质体，成功地将CMS从萝卜转到油菜中，获得新的CMS型油菜。Sigareva和Earle（1997）将抗寒的Ogura型CMS的花椰菜胞质体与大白菜原生质体融合，获得了抗寒胞质雄性不育的大白菜，实现了胞质因子的转移，相比传统回交方法，育种时间缩短，育种进程加快。

亚原生质体包括小原生质体（miniprotoplast，具备完整细胞核但只含部分细胞质）、胞质体（cytoplast，无细胞核，只有细胞质）和微小原生质体（microprotoplast，只有1条或几条染色体的原生质体）三种类型，主要用的是胞质体和微小原生质体。微小原生质体主要采用化学药剂处理结合高速离心获得，微小原生质体与原生质体融合，能得到高度非对称杂种。Ramulu等（1996）将转基因马铃薯的微小原生质体与番茄原生质体融合，得到的再生植株均只含有1条供体染色体和全部的受体染色体。Louzada（2007）通过柑橘微小原生质体与原生质体融合，获得只含有19条（微小原生质体提供1条染色体）和22条（微小原生质体提供4条）染色体的杂种植株。这种融合对于转移少量核物质、降低体细胞不亲和性具有一定的意义。

自发形成的不对称性杂种，是远缘种间诱导融合后离体培养过程中发生了两个亲本或一个亲本的基因组部分丢失而形成不对称的组合。对称融合和非对称融合均能够获得对称杂种、非对称杂种和胞质杂种。另外，由于亲缘关系较远，杂种细胞及其克隆在离体培养或继代选育中，常发生某一亲本的染色体部分丢失甚至全部丢失，最后形成了只有一个亲本的核基因组和双亲的胞质基因组，有的只能停留在杂种愈伤组织，不能分化得到再生植株，或得到的再生植株不育，这些就是自发形成不对称细胞杂种。

3.4.6　体细胞杂种的筛选与鉴定

有效地筛选出杂种细胞是体细胞杂交成功的另一关键步骤（图3-19）。目前主要是群体融合为主，还很难实现一对一融合得到异核子或异核子频率很低，所以在原生质体融合后的群体中，可形成各种遗传组分的异源或同源融合体。没有杂种细胞选择技术常不能有效地获得体细胞杂种，而缺乏有效的具普遍意义的选择系统，是制约体细胞杂交发展的瓶颈之一。杂种选择通常基于互补选择，以遗传标记、细胞对营养反应及生化特性差异为基础建立，既可利用自然存在的遗传、细胞、生理、生化上的不同作为标记，也可利用人工诱变的突变体，如抗药性、叶绿

图3-19　陆地棉'珂字312'（*G. hirsutum* L.）和野生棉三裂棉（*G. trilobum*）原生质体融合及杂种植株鉴定　A～D. 融合后原生质体形成愈伤组织和植株再生；E，F. 体细胞杂种植株；G. 融合亲本陆地棉'珂字312'；H. 融合亲本野生棉三裂棉；I. 利用流式细胞仪检测DNA含量；J，K. 随机扩增多态性DNA（RAPD）分子标记鉴定体细胞杂种的叶绿体DNA；L，M. 序列相关扩增多态性（SRAP）分子标记鉴定体细胞杂种核DNA。

体缺失、营养缺陷等，用以巧妙地组成互补选择体系，构成一次性或多级性选择的程序。

直观选择法，利用双亲原生质体的形态特征差异判断异核细胞，直观但准确度不高，主要利用融合亲本的物理特性差异进行筛选，如叶肉原生质体含有叶绿体呈绿色，愈伤组织原生质体含有很多淀粉粒和浓厚的细胞质，融合后在倒置显微镜下可以根据颜色将融合子挑选出来。但这种选择方法效率较低，且有一定的局限性，必须采用形态特征不同的材料作为融合亲本。

利用荧光剂标记没有形态和颜色差异的原生质体，即荧光激活细胞分拣（fluorescence activated cell sorting，FACS）技术，此法基于原生质体由不同荧光染料染色造成荧光颜色不同，如异硫氰酸荧光素（fluorescein isothiocyanate，FITC）和异硫氰酸罗丹明（rhodamine isothiocyanate，RITC）标记双亲原生质体，使不同来源原生质体细胞核发出不同颜色的荧光，在流式细胞仪中将杂种细胞区分开来，此法已成功地用于FITC和RITC标记的烟草叶肉原生质体，白菜型油菜与花椰菜等组合的体细胞杂种筛选中，分拣出来的细胞80%为体细胞杂种。

遗传互补选择法，利用突变体间在生理和遗传上互补，选择杂种细胞及其愈伤组织，或利用一亲本功能正常等位基因，纠正另一亲本的缺陷，让杂种细胞表现正常，已应用在烟草种间、矮牵牛种间、曼陀罗属间、胡萝卜（＋）羊角芹属间、苔藓种间原生质体融合中，所用的生理和遗传特性有生长互补、营养缺陷型互补、抗性互补、雄性不育与雄性可育型互补、白化突变与野生型互补、非等位基因互补等。夏光敏等利用融合产物的再生能力互补来选择杂种，即受体和供体愈伤组织都经过多年的继代，或供体经高剂量辐照后失去再生能力，但融合产物具有再生完整植株的能力，获得杂种植株，在小麦与簇毛麦、高冰草、新麦草的不对称融合中都出现这种现象。这种再生互补为建立具有普遍意义的选择体系提供了一条新的途径。不对称体细胞杂交也提供了一种选择方法，一般受体细胞核失活，单独培养不能生长和分裂；供体细胞受到射线辐照，大部分染色体受到损伤，细胞不能生长，只有融合体发生互补作用才能生长，从而挑选出杂种，此种方法已有很多成功的例子。

利用抗生素的抗性互补性筛选体细胞杂种，将抗性材料分离得到原生质体，与不抗该抗生素的材料（大多数情况下具有再生能力）融合，通过抗生素抗性和再生能力互补即可筛选出体细胞杂种，体细胞杂种筛选还可以利用具有选择压（如柑橘原生质体融合中高浓度蔗糖）的培养基、特殊的转基因材料（如转GFP基因材料）和物理射线和化学药品（如罗丹明6-G、碘乙酰胺、碘乙酸等）处理的原生质体等进行。

植物原生质体融合后，如果两个融合亲本的原生质体均具有再生能力，理论上融合后再生植株具有以下几种可能性：亲本原生质体的再生植株、亲本原生质体融合后的再生植株、体细胞杂种（异源二核和多核杂种），只有进行鉴定才能确定体细胞杂种。鉴定体细胞杂种的方法，除形态学（如花的颜色、形态，叶子的形态和大小等）、细胞学（核型、叶绿体数目、形态和DNA含量等）和生化分析（同工酶和次生代谢物等）外，最直接的杂种证据来自分子生物学鉴定和基因组学分析。目前，用于体细胞杂种鉴定的分子标记，包括但不限于限制性片段长度多态性（RFLP）、RAPD、SRAP、简单序列重复（SSR）、扩增片段长度多态性（AFLP）等分子标记，Southern杂交，原位杂交等。

形态学比较是最基本、最直接的鉴定方法，主要观察叶片、花的颜色、植株生长习性等形态性状。一般情况下，对于亲缘关系较近的物种，融合再生植株的形态介于融合双亲之间或偏向一方亲本，如普通烟草和粉蓝烟草的种间体细胞杂种在叶片形态、表皮毛状体的密度、花的结构和颜色均在二者之间；粗柠檬和哈姆林甜橙体细胞杂种花的颜色体现两者的特征。远缘的体细胞杂种，尤其是有性杂交不亲和的组合，杂种形态变化较多，有亲本形、居中、变异形等几种。

染色体数目和形态具有种属特异性，是鉴定杂种的主要细胞学证据，主要观察染色体的核型、染色体形态差异和染色体数量。传统的染色体观察法为染色法（苏木精染色或洋红染色），现在分析体细胞杂种倍性方法采用流式细胞仪（flow cytometer），进行DNA含量分析（图3-19）。染色体原位杂交技术（chromosome *in situ* hybridization，CISH）、荧光原位杂交（fluorescence *in situ* hybridization，FISH）和基因组原位杂交（genome *in situ* hybridization，GISH）在植物体细胞杂种遗传鉴定方面显示出其优势，FISH使信号检出率成倍提高，GISH技术更直接简便，可与整条染色体杂交，而且杂交位点可以在细胞分裂任何时期观察到，所以已经成为鉴定供体染色体及染色体片段最为有效而直观的方法。

利用遗传标记进行体细胞杂种鉴定，包括同工酶和DNA分子标记。利用同工酶鉴定体细胞杂种表现在两方面，一是分析其活性；二是分析再生材料是否具有双亲的同工酶位点。用于鉴定体细胞杂种的同工酶有莽草酸脱氢酶、葡糖-6-磷酸脱氢酶、过氧化物酶、天冬酰胺氨基转移酶、苹果酸脱氢酶、乳酸脱氢酶、谷氨酸氨基转移酶、乙醇脱氢酶、细胞色素氧化酶、脂酶、淀粉酶等，但同工酶的表现会受到植物生长阶段和发育时期的影响，因此在进行同工酶分析时，需要检测同一发育阶段的植物组织。采用等电点聚焦进行分析融合植株的叶绿体和核的基因组遗传情况，此法也已成功地用于番茄、烟草种间杂种和番茄与马铃薯属间体细胞杂种分析。

目前开发的DNA分子标记［用RAPD、RFLP、AFLP、SSR和简单重复序列区间（ISSR）、细胞质基因组酶切扩增多态性序列（CAPS）和叶绿体SSR等］都可以很好地用于植物体细胞杂种的鉴定。采用同工酶和分子标记鉴定体细胞杂种，如果再生植株的带型为双亲之和，或在再生植株中均具有双亲的特异带，可以确定该植株为体细胞杂种。但是，在有些分子标记的带型图中再生植株只具有融合亲本一方的特异带，而不具有另一个亲本的特异带，此时不能肯定是否为体细胞杂种，必须进行更多的分析，以确定是否存在第二个融合亲本的特异带。此外，在分子标记带型图中经常观察到新带型，同时也可以观察到特征带的丢失。对叶绿体和线粒体遗传物质的鉴定，可直接分离出叶绿体DNA（cpDNA）和线粒体DNA（mtDNA）进行RFLP、PCR-RFLP分析，或用种特异基因序列作探针进行Southern杂交分析，或对杂种总基因组进行RFLP分析和Southern杂交分析。此外，还可以通过纯化的cpDNA、mtDNA获得的限制性图谱分析鉴定叶绿体和线粒体。

3.4.7 体细胞杂种的遗传分析

体细胞杂种含有双亲全部和部分细胞质或细胞核遗传物质，在杂种细胞群中存在多种组合和互作，如异源核-核、异源质-质、同源核-质、异源核-质，以及异源核背景中的同源核-质之间的互作和协调，后代遗传过程中常发生染色体丢失或重组等遗传行为，造成后代遗传的复杂性和不可预见性。有别于有性杂交母体细胞质遗传背景下的核-核互作及后代的分离规律，原生质体融合后，在单个细胞中进行核-核并存、互作或重组，细胞器并存或重组，并伴随着体细胞杂种的单个细胞的发育和植株再生，以及体细胞杂种后代必然伴随着不同来源的遗传物质的交流和融合，在部分远亲的体细胞杂种中可能由于核分裂的不同步或核质不协调，造成部分核或质遗传物质的丢失、替代、重组，形成新的一套核质遗传物质，并适应自身生长发育，形成更广泛的遗传变异和适应性。

大部分体细胞杂种拥有双亲的部分性状，表现形态上的趋中性和双亲性状的共显性，遗传变异幅度很大，产生多个非整倍体，尤其是不对称融合，在体细胞杂种中会出现偏亲现象，尤其是体细胞杂种后代株系中。融合后的杂种细胞如果细胞分裂且核融合则能获得对称杂种。如果核不发生融合，在发育过程中就会有两种结果：一是细胞分裂几次后即停止生长从而导致细胞凋亡；二是在发育过程中某一亲本的细胞核部分或全部丢失，这样就会产生大量非整倍体或胞质杂种。染色体的部分丢失，常常使某个亲本的部分或个别基因与另一亲本的染色体发生整合，实现了亲本间的基因转移。基因转移通常在后代中某些性状得以表达，有时基因的重组可能产生双亲均没有的新性状。

体细胞杂种后代在遗传上常常不稳定，涉及多方面的因素，如亲缘关系的远近，培养过程中的染色体变异，细胞核、细胞质遗传物质的重组等。非对称融合中，供体受到射线照射或其他处理，染色体会发生一定程度的丢失。不同融合事件中供体染色体的丢失也不一样，有些非对称杂种中保留很多供体染色体；但另外一些供体染色体丢失相当严重。从同一个愈伤组织系再生丛芽的 DNA 含量也会出现不同。除了供体染色体丢失外，在一些融合杂种中也出现受体染色体丢失的现象。胡萝卜与水稻的体细胞杂种存在大量供体胡萝卜的染色体，只有几条受体的染色体。在番茄（受体）与秘鲁番茄（*Lycoperisicon peruvium*）组合再生的大部分杂种中，受体基因组的一些等位基因，甚至是完整的染色体都出现丢失。由此可见，染色体丢失是一个相当复杂的过程。

染色体丢失与所用射线的剂量具有一定的正相关性，即随着辐射剂量的增加，杂种中供体染色体的丢失也就相应地增多。X 射线钝化的多花黑麦草原生质体和牛尾草原生质体融合，当剂量为 10Gy 时，没有染色体的丢失；当剂量为 500Gy 时，有 85% 的染色体发生丢失。但也有一些研究表明有一个阈值，高于阈值，即使剂量再增加，染色体的丢失也不会趋于更严重。

融合亲本双方在亲缘关系上的远近比辐射剂量对染色体丢失影响更大。亲缘关系愈远，染色体丢失也就愈严重，能得到高度非对称杂种；亲缘关系稍近（如种间或属内）的组合，非对称杂种中会保留供体大部分基因组。亲缘关系远的组合，高度非对称（即供体染色体严重丢失）可能是正常细胞分裂、器官分化和植株再生的前提条件，因而在有些组合中，只有当供体染色体丢失较多，才能获得杂种植株。此外，亲缘关系也影响到剂量对染色体丢失的作用效果。在近缘组合中，染色体丢失与剂量呈正相关，而在远缘组合中，则不存在这种明显的相关性。融合亲本的倍性是影响染色体丢失的一个因子，倍性不同较倍性相同的组合丢失更多的染色体，因为倍性增加，分裂速率减慢，在杂种中可能容易丢失。染色体丢失是一个经历时间较长的持续过程，培养时间的长短对染色体丢失也有一定的影响。

此外，供体胞质基因组的存在也可能使得其染色体发生有限丢失。这可能是因为供体核基因组已经处于一个细胞中，二者已经达到一种很好的平衡状态。因此，如果要使进入杂种中的供体胞质基因组行使正常的功能，就需要有与之相对应的供体核基因组，这样可使染色体丢失不至于太多，否则在杂种中供体胞质基因组也会失去功能。

高等植物细胞质遗传物质主要包括线粒体基因组和质体基因组，线粒体在有性杂交中一般认为是严格的母性遗传。质体遗传，一般以叶绿体为代表，被划分为母系遗传（绝大多数被子植物）、双亲遗传（如天竺葵）和父系遗传（绝大多数裸子植物）三种类型。细胞质遗传系统控制着植物许多重要的农艺性状，大多数被子植物有性杂交中表现为严格的母系遗传。原生质体融合杂种植株的胞质遗传与有性杂交存在较大的差异，出现的遗传类型较为复杂。

体细胞杂种中叶绿体单亲传递的现象发生于对称融合和非对称融合中，在马铃薯种间、烟草种间、油菜种间、柑橘种属间等体细胞杂种的叶绿体均为单亲随机遗传。此外，叶绿体单亲传递是一个随机过程，在体细胞杂种中有可能保留亲本任何一方的叶绿体。澳洲指橘和柑橘属间融合产物在胚性愈伤组织阶段时，叶绿体与供体或受体亲本相同，大多数表现出具有双亲的叶绿体特征性带型。体细胞杂种及胞质杂种中，叶绿体的分离并非随机，这种非随机的分离可能反映了核-质不相容或源于原生质体融合的细胞类型。体细胞杂种中叶绿体也可能发生重组，只不过重组的情况较少。澳洲指橘与一种名为Hazzara（Abohar）的柑橘体细胞杂种中大部分植株的叶绿体DNA来源于悬浮系亲本，但有一些植株具有双亲的叶绿体DNA。在陆地棉和野生棉 *G. davidsonii* 不对称体细胞杂种中，发现杂种的线粒体和叶绿体发生了重组。

体细胞杂种和胞质杂种中线粒体基因组与叶绿体基因组相比，表现出更为复杂的遗传行为。体细胞杂种中线粒体的遗传有单亲分离现象，柑橘体细胞杂种中的线粒体主要表现为定向单亲分离，几乎所有体细胞杂种的线粒体基因组均来自悬浮系亲本，更多情况下出现重组和重排。线粒体重组发生于马铃薯种间、柑橘种间、烟草种间、矮牵牛、胡萝卜、油菜等植物体细胞杂种中。当然，在同一个组合再生的体细胞杂种中，会出现线粒体基因组重组，也有和融合亲本一致，还会发生线粒体质粒丢失。在二倍体野生马铃薯和马铃薯的19个杂种植株中，部分植株线粒体与亲本之一相同，其余的表现出新的带型。

3.4.8 植物原生质体融合与遗传改良

通过原生质体融合可以实现基因在远缘物种间转移和融合，可以避开有性生殖过程，有效地克服了远缘杂交中由于亲缘关系远而导致的物种间杂交不亲和、杂交不能受精、杂种胚败育等问题。相对于远缘杂交，体细胞杂交最为突出的一个优点就是在转移细胞核基因的同时转移细胞质基因组，可以创造性地得到胞质杂种和不对称杂种，实现人为转移核染色体片段和细胞质基因。

1. 克服生殖障碍，创造新种质

对于一些栽培品种来说，通常缺少野生植物所具有的抗性，而二者有性杂交不亲和，通过有性杂交和传统远缘杂交技术难以实现优异基因的交流，而且农作物的许多重要性状为多基因控制，采用遗传转化技术也难以实现多基因控制性状的转移。原生质体融合是克服生殖隔离、有性杂交不亲和、植物多胚特性、花期不遇、果树童期长、雌/雄性器官败育等生殖障碍的有效手段，并且能够转移多基因控制的性状，实现远缘重组，创造新型物种。

原生质体融合可以在种间、属间甚至科间植物中进行，已得到很多有性杂交不亲和的植物种间、属间体细胞杂种，如陆地棉（＋）野生棉、亚洲棉（＋）野生棉、胡萝卜（＋）欧芹、小酸浆（＋）毛曼陀罗、柑橘（＋）蚝壳刺等，这些材料通过常规手段难以获得，并且在自然界中不存在。大部分柑橘品种具有多胚特性，通过有性杂交很难甚至不能得到杂种，采用原生质体融合，则能够获得体细胞杂种，如酸橙（＋）甜橙、红橘（＋）甜橙，并且还有一些柑橘品种具有雌雄性器官败育的特性，有性杂交根本不能进行，如温州蜜柑雄性不育、脐橙雌雄不育，二者不能进行有性杂交，采用原生质体融合成功地得到了二者的体细胞杂种。采用配子体细胞原生质体融合获得三倍体可以克服得到合子前后的有性杂交不亲和性。

2. 转移有利性状，改善作物品质

作物栽培种改良所需的抗性性状往往存在于近缘种或野生种中，通过有性杂交难以实现抗性性状的转移，采用原生质体融合能成功地实现一些抗性的转移，包括增加生物学量和产量，改良种子脂肪酸成分，提高抗逆性，使C_3与C_4作物的有利性状相互渗透，创造三倍体和无籽胞质杂种等。

原生质体融合改善作物品质，如C_4植物与C_3植物原生质体融合以提高后者的光合效率，在十字花科和禾本科（水稻）中取得了成功。Heath 和 Earle（1997）采用原生质体融合合成了低亚油酸的甘蓝型油菜，其含量只有3.5%，杂种亚油酸含量从R_0代的29.3%增加到R_1代的36%。此外，原生质体融合能够有效地恢复育性，获得优良特性互补的材料，Rasmussen等（1996）将不能开

花、抗病原菌小种 Pa3 的双单倍体番茄与雄性败育、抗病原菌小种 Pa2 的双单倍体番茄融合，体细胞杂种的染色体变化较大，所有的体细胞杂种雌性可育，能够得到有活力的种子，接近四倍体的体细胞杂种的种子数最多，种子大小正常，具有 58 条及以上染色体的体细胞杂种的种子数少且小。采用这些体细胞杂种的花粉授粉能够引起果实发育，体细胞杂种对 Pa2 和 Pa3 表现出较高的抗性。

3. 转移部分染色体，获得非对称杂种

一个杂种中有两套不同来源的基因组并不是我们所期望的，在杂种中仍存在不同程度的不亲和性，常会导致杂种部分或完全不育，难以形成育种上有用的材料。而非对称融合一定程度上能克服体细胞不亲和现象，可以得到用一般方法得不到的杂种。染色体丢失的程度在同一组合不同的杂种中是不一致的，导致融合后再生后代中所含的染色体量变化很大。这样非对称杂种成为遗传变异的重要来源，加之原生质体群体大，可供选择的机会多，变异的范围广，从再生后代中选出较为理想的类型而应用于生产实践的可能性就增大。

山东大学夏光敏教授等利用非对称体细胞杂交创建了多种小麦渐渗系，获得了耐盐、耐碱、抗旱、高产、优质、大穗、抗病等多个新品系，选育了一批耐盐碱、抗旱和优质的新品系和新种质，培育了国际首例高产、耐盐抗旱的小麦体细胞渐渗系新品种'山融 3 号'，成为山东省盐碱地主导品种，还选育了高产'山融 1 号'和耐盐碱'山融 4 号'，挖掘了一系列抗逆重要基因，开展了小麦耐盐、抗旱和耐盐碱机制研究。

4. 转移细胞质基因组，得到胞质杂种

植物细胞质中最为重要的两种细胞器是叶绿体和线粒体，细胞质雄性不育（CMS）由线粒体基因组决定，叶绿体基因组编码抗生素的抗性特征、白化突变和 RuBPcase 组分 I 蛋白的大亚基，这些性状伴随线粒体或叶绿体遗传。如果这些抗性来自不同的亲本，通过有性杂交或基因工程难以实现二者的统一，因为在被子植物中，有性杂交的胞质基因组主要为母系遗传，杂种的细胞质来自母本，而父本的细胞质不能进入杂种中，杂交双亲的胞质基因组不能同时进入杂种中，而采用原生质体融合可同时将一方亲本由线粒体基因组编码的 CMS 和另一方亲本由叶绿体基因组控制的性状（如抗除草剂）综合在一起，这方面的研究主要集中在油菜中。Barsby 等（1987）用射线辐射抗除草剂 triazine 的甘蓝型油菜原生质体，与经碘乙酸处理的 CMS 甘蓝型油菜原生质体融合，也得到了胞质杂种，综合了双亲 Polima CMS 和抗 triazine 的胞质性状，得到抗 triazine 的胞质雄性不育新型甘蓝型油菜。

转移胞质基因研究最成功的是 CMS，CMS 是一个在高等植物中普遍存在的母系遗传性状，由线粒体基因组编码，能够导致花粉没有功能，广泛应用于生产 F_1 代杂交种子，用常规方法转移 CMS 要经过 5～8 代甚至 8～10 代才能替换掉胞质供体的核基因组，而通过原生质体融合方法则可以缩短转移 CMS 的时间，转移 CMS 已在烟草、油菜、花椰菜、水稻、矮牵牛、胡萝卜、黑麦草等植物中获得了成功。由于射线可以造成供体核基因组完全丢失，使体细胞杂种中只有受体的核基因组，从而得到胞质杂种，减少了供体核对胞质基因组的干扰，有利于细胞器基因组更好地行使其功能。

5. 作为育种材料直接应用

植物体细胞杂种的获得，为直接改良品种提供了大量可供选择和利用的材料，同时，也可以作为育种的中间材料，用作植物进一步改良，如细胞质雄性不育烟草和水稻创制。细胞质雄性不育的水稻亲本与'日本晴'原生质体杂交，融合产物再生的杂种植株，能够正常抽穗开花，但雄性不育，将其与'日本晴'回交获得种子，由种子发育来的植株是雄性不育的。

　　华中农业大学邓秀新和郭文武教授等建立了通过细胞融合实现果实无核的育种新技术，创制出柑橘二倍体、三倍体和四倍体等不同倍性的新种质，筛选出无核优系10多个，培育出国际首例柑橘胞质杂种无核新品种'华柚2号'，通过'温州蜜柑'（雄性不育）与'华柚1号'（果实有核）融合而得，果实可食率由48%提高至57%，育种周期缩短20年以上。体细胞杂种在其他作物中也多用作育种的中间材料和回交亲本，以创造新的优良品系。培育新植物，如细胞质雄性不育烟草、细胞质雄性不育水稻、马铃薯栽培种与野生种的抗病杂种等。利用棉属四倍体体细胞杂种（*G. arboreum*＋*G. stocksii*）和（*G. arboreum*＋*G. bickii*）作为亲本构建陆地棉背景的渐渗系，获得大批中间材料，进行抗逆（抗旱、抗耐黄萎病等）和纤维色泽改良。

6. 细胞器的互作研究

　　体细胞杂种相较于传统的有性杂交，可以选择性地转移细胞核和细胞质基因，因此体细胞杂种是核质杂种，同时拥有不同来源的基因组，细胞质中的线粒体、叶绿体、质体等和不同背景的细胞核基因组在单个细胞和植株中的互作和协调等，对称杂种、不对称杂种和胞质杂种等是细胞器间和细胞质中细胞器和核质间互作研究的良好材料，同时也是研究倍性化后细胞质和细胞核基因组表达模式的良好材料，也可以应用于染色体定位或者进行染色体排斥等机理研究。由于亲缘关系较远的物种进行融合后，会出现染色体排斥现象，这为此类研究提供了便利条件。

　　多倍化是植物进化过程中的一种自然现象，也是促进植物进化的主要动力。植物中虽存在着大量的多倍体种，但是有关不同亲本的基因组加倍形成多倍体后，亲代基因能否很好表达的分子机制目前知道得还比较少。在天然和人工新合成的异源多倍体植物中都存在许多遗传变异，可以引起多倍体植物产生一些重要的特征，包括基因加倍后表达的多样性，遗传学和细胞学上的二倍化及基因组间的相互协调，以及细胞核基因组和细胞质基因组间的相互作用和协调问题。

　　目前原生质体融合研究已能够应用于植物改良，原生质体操作在作物遗传改良中显出巨大的应用前景。然而，我们必须清楚地看到，原生质体培养和融合及获得的新材料在农业上的应用尚需一定的时日，一些植物原生质体培养和融合未能取得成功，获得的体细胞杂种还未有真正的应用，仍然存在体细胞杂种再生困难或再生植株寿命短等问题，这都需要在今后的研究中不断探索，并且加强原生质体融合研究和从源头进行种质资源创新。

3.5　植物脱毒苗培养

　　病毒是影响植物生长发育的重要病害之一，对于营养繁殖为主的农作物，如马铃薯和甘薯等，受病毒感染的现象尤为突出，而且带毒材料会伴随无性繁殖材料传给下一代并逐代累积，导致品种产量与品质的下降。自1952年Morel等首次通过茎尖培养获得大丽花脱毒苗（virus free plant）以来，茎尖脱毒技术已广泛应用于农作物，特别是园艺作物育种中。

3.5.1　植物脱毒的基本原理

　　早在1934年，White发现烟草花叶病毒（TMV）在烟草根中的分布是不均匀的，越靠近根尖区病毒含量越低，在根尖的顶端（生长点）不含病毒。1949年，Limasset和Cornuet根据White的发现推测，病毒在烟草茎中的分布也可能存在与根部组织相同的现象，茎尖分生组织（apical meristem）也应不带病毒。1952年，Morel和Martin首先利用茎尖分生组织培养获得了马铃薯无病毒苗，同时建立了茎尖脱毒的组织培养技术体系。Wu等（2020）系统阐述了茎尖脱毒的分子机理，由WUSCHEL在植物干细胞中触发先天抗病毒免疫机制。

关于病毒在植物体内分布不均匀性的机理目前形成了一些假说，主要有以下几种。

1. 传导抑制

Quak（1966）认为病毒在植物体内的传播主要是通过维管束实现的，但在分生组织中，胞间连丝（plasmodesmata）和维管组织还不健全，可能抑制了病毒粒子（virion）向分生组织的传导。

2. 能量竞争

病毒核酸复制和植物细胞分裂时，DNA合成均需要消耗大量的能量。分生组织细胞本身很活跃，其DNA合成是自我提供能量、自我复制；而病毒核酸的合成要靠植物提供能量来实现自我复制，因此得不到足够的能量，从而就抑制了病毒核酸的复制。所以分生组织中没有病毒或病毒含量低。

3. 酶缺乏

由Stace-Smith于1969年提出，他认为病毒合成可能需要酶的参与，但在分生组织中缺乏或还没建立病毒复制所需要的酶系统，因而病毒无法在分生组织中复制。

4. 分子机理

中国学者Wu等（2020）系统阐述了*WUSCHEL*在植物干细胞中触发先天抗病毒免疫机制，*WUSCHEL*基因表达阻止了病毒侵染分生组织区，首次阐明了茎尖脱毒的分子机理。

3.5.2　植物脱毒的技术规程

对于无性繁殖植物来讲，病毒的危害几乎是共同的。脱除病毒是繁殖健康种苗的首要保证，已广泛应用于马铃薯、柑橘、甘蔗、香蕉和花卉等无性繁殖植物的种苗生产。虽然各种植物在脱毒技术的细节上有些差异，但大体上均要经过以下几个环节。

1. 母体植株病毒诊断

在脱毒处理之前，首先应了解母体植株携带何种病毒，其感染程度如何，以便后续脱毒处理采取适当措施。可借助指示植物（indicator plant）、血清学（serology）或分子生物学（molecular biology）方法帮助鉴定。

2. 母体材料的选择和预处理

母体材料的选择首先应考虑欲脱毒材料的品种典型性，这直接关系到脱毒以后的健康种苗是否保持原品种的特征特性。其次依据外植体的健康程度进行选择，需要脱毒的母体材料或多或少带有病毒，但带病的程度可能不同，依据不同病毒的脱除难易程度选择母体材料。

由于无性繁殖植物的繁殖器官不同，在选择母体材料上也各有差异。以块根、块茎为繁殖器官的无性繁殖植物，应选择具有品种典型性的块根或块茎作为基础脱毒材料，体积为中等大小，发芽正常，无纤细芽或丛芽。以茎芽为繁殖器官的无性繁殖植物，应在生长旺盛季节选择生长正常的顶芽作为脱毒的外植体材料。对于多年生的果树、林木等植物，应选择生长基本正常的树，在春天抽梢期选择正常健壮芽作为脱毒的外植体材料。

预处理是提高脱毒效率的辅助措施。一般采用热处理，分湿热和干热两种。湿热处理一般只适用于一些木本植物的休眠芽，其处理温度和时间的控制非常严格，否则会影响芽的生命活性。在实际中使用最多的是干热处理，处理温度一般在50℃以下，根据植物的耐热性和病毒的失活温度而定。以下是几种植物的预处理方法。

1）香石竹：在38～40℃条件下经两个月处理可脱除全部病毒。

2）菊花：在35～38℃的条件下处理60d可使病毒失活。

3）马铃薯：在37℃条件下处理10～20d能除去卷叶病毒。

4）柑橘：速衰病毒、黄化病毒需要在40℃或30℃条件下处理7～12周，鳞皮病毒需要在40℃/30℃条件下处理8周，碎叶病毒需要在50℃条件下处理3～22h，亚洲青果病毒需要在50℃条件下处理30～40min。

3. 茎尖分生组织培养再生植株

茎尖分生组织培养的基本过程是外植体消毒—茎尖剥离—茎尖培养。在这一系列操作中，茎尖的剥离是分生组织培养的关键。首先用于茎尖剥离的外植体必须清洁，尽可能去掉多余的叶片，然后浸入70%乙醇中除去可能附着的空气和表面绒毛，再进行消毒处理。

利用茎尖分生组织作为外植体脱毒的效果较好，但不带叶原基（leaf primordium）的茎尖分生组织很难成苗，而带有多个叶原基的茎尖分生组织又很难脱除病毒，这就需要根据不同植物平衡外植体大小来确定适宜的分生组织区。

分生组织培养形成植株后，经过生根就可以移栽。在组织培养条件下，再生植株的生根难易往往是应用的关键，所以在茎尖培养中，常根据生根难易采取不同的措施，有时甚至要改变培养方法。一般有以下三种情况。

1）很易生根：在茎尖培养基上可以直接生根，如马铃薯、甘薯等。

2）较易生根：需转入专门的生根培养基上生根，如甘蔗、香蕉和大多数花卉植物等。

3）很难生根：对于大多数木本植物来讲，生根常常是组培苗的一大难题，因而需要从根本上改变培养方式，最有效的方法是微芽嫁接（microgract）。

4. 脱毒效果检测

经过茎尖培养再生植株不一定全部不带病毒，因此，脱毒效果的检测是十分必要的。一般来讲，再生植株后，应在6～18个月进行病毒鉴定，因为病毒在植物体内的潜伏期一般是6个月。只有完全不带国家或地方标准关于脱毒种苗限定的全部病毒才为脱毒植株。

5. 脱毒苗的保存与繁殖

通过病毒检测合格的植株就可以进行保存和繁殖生产。脱毒苗的保存与繁殖根据植物的生活习性及生产力水平可以采取不同的方法。无毒苗的保存一般由科研单位或从事脱毒工作的实验室或有条件的种子生产部门进行，以便保证无毒苗的质量。对于脱毒苗的繁殖生产来讲，则需要与所脱毒植物的供种体系相适应。大体上有以下一些环节。

1）脱毒苗的离体保存与繁殖：这一环节一般在实验室进行，在试管中不断继代繁殖脱毒苗，这样可以彻底防止病毒的再侵染。

2）建立脱毒种苗生产繁殖网络体系：试管脱毒苗可以直接供应大田生产，但在有些情况下如出现试管苗生产成本过高、移栽困难等问题时，往往首先将试管苗种植在一定的控制区域内，从繁殖技术和环境隔离上均保证较高水平，使之繁殖的种苗能防止病毒的再侵染，再提供大田生产种苗。

3）木本植物建立隔离的脱毒苗母本园：有些木本植物在试管中继代成本高，且移栽成活率低，而以嫁接繁殖为主要繁殖方式，此时就要选择隔离条件较好的区域建立脱毒苗母本园以供采集接穗。

3.5.3 影响脱毒效果的因素

1. 母体材料病毒侵染的程度

试验证明，只被单一病毒感染的植株脱毒较容易，而复合侵染的植株脱毒较难。马铃薯脱毒试验表明，在只被马铃薯病毒X（potato virus X，PVX）感染的植株中，茎尖分生组织培养产生的42株植株中有34株是无病毒的，但在PVX、马铃薯卷叶病毒（potato leaf-roll virus）复合侵染时，茎尖分生组织培养的34株植株中只有2株是无病毒的。

2. 起始培养的茎尖大小

茎尖脱毒时所剥离的茎尖大小直接影响脱毒效果，一般取不带叶原基的生长点培养脱毒效果最好，带1～2个叶原基的茎尖培养大约可获得40%的脱毒苗，而带3个以上叶原基的茎尖培养一般获得脱毒苗的频率就大大降低（表3-11）。

表3-11　茎尖大小对马铃薯脱毒效果的影响（引自谢从华和柳俊，2004）

茎尖大小（mm）	叶原基数	成苗数	脱毒株数	脱毒率（%）
0.12	1	50	24	48.0
0.27	2	42	18	42.9
0.60	4	64	0	0

3. 携带病毒的种类

已有实验证明，茎尖脱毒处理无法脱除马铃薯纺锤块茎类病毒（potato spindle tuber viroid，PSTV），对马铃薯S病毒（potato virus S，PVS）的脱除效率也不高，为10%～20%；而其他病毒的脱除效率相对较高，因此，优先选择不带难以脱除病毒的母体材料。

4. 外植体的生理状态

一般来讲，顶芽的脱毒效果比侧芽好；生长旺盛季节的芽作为外植体脱毒比休眠芽或快进入休眠的芽脱毒效果好。

需要说明的是，脱毒植株并不具有额外的抗病性，它有可能再度感染病毒。病毒的再侵染常常是脱毒苗应用中影响其效果的一个因素，所以要严格控制脱毒种苗的生产环境，在实际生产中还应重视更新基础苗。草本植物的基础苗一般1～2年更换一次，木本植物则需逐步建立健康果园，剔除感染源，适时更换基础苗。

3.5.4　操作实例

1. 马铃薯脱毒种薯生产与快速繁殖

1）从田间或温室选取健康的幼苗或发芽的薯块，用流水冲洗干净，然后在37℃条件下干热处理10～20d，再摘去成熟的叶片，将带有幼叶和茎尖的茎段用0.1%升汞消毒5～10min，最后用无菌水洗3遍，放置在无菌培养皿中备用。

2）在超净工作台中，借助体视显微镜，用解剖针小心地由外向内逐层剥去幼叶，露出生长点，去除较大的叶原基，只保留最靠近生长点的一个叶原基。然后用细小的金属解剖针或手工制作的小解剖刀切下带有一个叶原基的茎尖。

3）将切下的生长点接种到添加有0.05mg/L NAA和0.05mg/L BA的MS培养基上。培养物放置在培养室内培养，培养温度控制在25℃左右，光照强度为2000lx，每天光照16h。

4）培养2周左右，生长点即可发育成幼芽，培养8周后，幼苗长出数片真叶。此时可将苗转移到无激素的培养基上生根，待长出新根即再生苗。

5）对再生苗进行病毒检测，全部脱除马铃薯病毒的材料保留下来进行组织培养扩繁，或在实验室内诱导试管薯。

6）在隔离条件较好的网室或自然条件下，利用发芽的试管薯或试管苗长高到3～4cm，具有

4～5个浓绿色小叶时进行播种或移栽，生产脱毒微型薯作为种薯。试管苗移栽需要将其根部的培养基洗净，栽植前2周需要保持较高的空气湿度和通气良好的土壤环境。

7）生产的微型薯可直接用于大田生产，在气候温和的地区，还可以直接利用试管薯作为种薯进行大田生产。

脱毒种薯快速繁殖过程如图3-20所示。

脱毒母体材料选择　　茎尖分生组织培养　　再生苗病毒检测

脱毒苗组织培养扩繁　　　试管薯生产

隔离条件生产微型薯　　　　大田生产

图3-20　以马铃薯为例示植物脱毒快繁的基本程序　利用马铃薯薯块的幼芽分离获得茎尖分生组织，经检测获得无病毒再生苗，而后通过脱毒苗的组织快繁或直接生产试管薯并用于大田生产。

2. 草莓脱毒苗快速繁殖技术

草莓属蔷薇科草莓属，在我国具有较高的栽培价值。草莓种苗的繁殖主要是用匍匐茎进行无性繁殖，而多年无性繁殖造成病毒在草莓体内积累，致使草莓品质日益退化和产量越来越低。培育和应用脱毒苗是改善草莓果实品质、提高果实产量的有效途径。

1）外植体选择：选择适宜当地栽培的优质品种，选择田间或温室内长势旺、无病虫且未完全伸展的新生嫩梢为材料。有条件的实验室可将草莓植株栽于盆内，在人工气候箱内40℃处理16h、35℃处理8h、变温处理4周。然后在嫩梢上切取带生长点的茎段3～4cm为外植体，用流水冲洗干净。用75%乙醇表面消毒脱毛处理30s，再用0.1%升汞消毒5～7min，并不断搅动，然后用无菌水冲洗3～5次，无菌滤纸吸干备用。

2）茎尖剥离：在超净工作台中，借助于体视显微镜，用解剖针小心地进行茎尖剥离，茎尖生长点大小控制在0.2～0.5mm，保留1～2个叶原基。

3）分化培养：将切下的生长点接种到附加0.5mg/L 6-BA、0.2mg/L GA$_3$和3%蔗糖的MS培养基上，培养温度控制在23～27℃，光照强度为2000～3000lx，每天光照14～16h。

4）分苗：诱导培养2~3个月，分化成带有叶原基的小芽，将小芽转接到新鲜的分化培养基上继续培养，待小芽长出叶片后，转移至成苗培养基（MS＋0.2mg/L 6-BA、0.1mg/L GA$_3$＋0.02mg/L IBA＋3%蔗糖）上，继续培养2个月后分化成苗丛，待丛生芽长至1.5~2.0cm时分苗并进行编号，从相应植株上剪取叶片进行病毒检测，淘汰感染病毒的植株，保留无病毒植株。

5）生根培养：从脱毒苗丛上剪取株高2cm以上的试管苗，将其基部的小芽切除，然后接种于生根培养基［1/2 MS基本培养基（其中大量元素减半）＋0.1mg/L IBA＋3%蔗糖］中，在组培室内生根培养30~40d，可形成完整植株。

6）移栽：将培养草莓脱毒苗的培养容器置于100目网纱的隔离网室内，炼苗1周。用镊子从培养容器中取出生根的试管苗，清洗试管苗根部附着的培养基，然后定植于盛有营养基质的50孔穴盘中，浇透水。营养基质配方为草炭：蛭石：细土：腐熟的牛粪为5：2：2：1（体积比）的比例混合，按1kg/m^{3}加入氮磷钾（20-5-10）复合肥，混匀，过筛，高温蒸汽消毒备用。

在穴盘上方搭建塑料小拱棚，塑料薄膜上加盖遮阳网。温度控制在10~25℃。移栽后第1周，空气相对湿度控制在90%以上；移栽后第2~6周，空气相对湿度控制在80%以上。通过打开小拱棚上的薄膜来降低小拱棚中的湿度，移栽6周后撤除小拱棚上的薄膜，移栽8周后试管苗发育成可定植的脱毒原原种苗。

3.5.5 植物病毒鉴定与检测技术

1. 指示植物

所谓指示植物是指具有能够辨别某种病毒的专化性症状的宿主植物，鉴别宿主可以是草本或木本植物。常用接种方法有汁液摩擦接种和嫁接接种。

（1）草本指示植物鉴定　　将待测植物的汁液摩擦接种到指示植物上，如果被测植株带毒，则会出现特定症状。如果没有症状出现，则可以说明该植株已剔除某种病毒。常用的指示植物有千日红、曼陀罗和心叶烟等。有时不同病毒在同一种指示植物上出现相似的症状，这时就要用一套指示植物来鉴定。例如，番茄环状花叶病毒和烟草环斑花叶病毒在曼陀罗上均表现为局部坏死斑，这时就要再用千日红鉴定。番茄环状花叶病毒在千日红上呈系统花叶，而烟草环斑花叶病毒在千日红上仍表现局部坏死病斑。

（2）木本指示植物鉴定　　通常是将待测植物的芽片直接嫁接在指示植物上，或者将待测植物和指示植物同时嫁接在同一砧木上。在砧木基部嫁接1~2个待检样本的芽片，或者在待测样本上方1~2cm处嫁接一指示植物芽片。嫁接成活后，可适当修剪指示植物，使其重新发出新芽和枝叶，有利于典型症状显示。

指示植物鉴定常常不能定量而只能定性，同时由于受接种方式、发病条件的影响，鉴定结果会出现一些误差，因此需设置正负对照辅助判断。

2. 血清学

很早人们就知道，生过某些传染病的动物以后很少再受同种传染病害的侵染，因为这些动物已经有了对这种病害特异的免疫力（immunity）。这种免疫性反应有一个共同的基础，即称为抗原（antigen）的物质刺激该动物在体内产生所谓抗体（antibody）的蛋白质。抗原与所诱导产生的抗体之间有着专化性反应，从而保护该种动物不再受同种病毒的侵染，这就是免疫反应（immunology reaction）。抗原与抗体的专化性反应可以在体内进行，也可以在体外进行，因此这一反应就可以用于病毒的研究工作中。由于抗体存在于动物的血清（serum）中，因此用体外抗原和血清中的抗体所进行的结合反应就称为血清学反应。但在植物病毒研究中，血清学是作为一种手段和方法，一般对植物体内病毒并无直接的免疫作用，这和动物机体的免疫反应有着不同的含义。1927年由Dvorak首先将这一方法应用于植物病毒的研究，现在这一方法已广泛应用于植物病毒的各种研究中。用于脱毒检测的血清学有试管沉淀反应、免疫双扩散和酶联免疫吸附测定（enzyme-linked immunosorbent assay，ELISA）。

现在针对植物主要病毒都有商业化的ELISA试剂盒，根据ELISA试剂盒提供的技术规程就可以得到很好的结果。甚至有更精细的试剂盒，可以区分病毒的不同病原，如可以区分PVY^O和PVY^N菌株等。

3. 分子检测

病毒依据其基因组核酸类型可以分为DNA病毒和RNA病毒，引起植物重要病害的主要为RNA病毒。依据病毒基因组序列设计特异的扩增引物，进行聚合酶链反应（polymerase chain reaction，PCR）检测，是病毒检测的重要手段。因RNA病毒需要反转录合成互补cDNA，才能进行PCR检测，又称RT-PCR检测（图3-21）。目前检测植物病毒的PCR技术很多，有同时检测多种病毒的多重PCR（multiple PCR）、定量分析的实时荧光PCR（real-time fluorescence PCR）和常温（37℃）扩增（low-temperature amplification，L-TEAM）PCR。

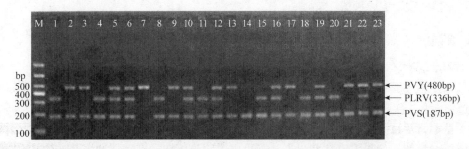

图3-21 三重RT-PCR产物鉴定马铃薯病毒（引自黄丹等，2015） 利用病毒特异引物鉴定马铃薯卷叶病毒（potato leaf roll virus，PLRV）、马铃薯Y病毒（potato virus Y，PVY）和马铃薯S病毒（potato virus S，PVS）。

3.6 植物体细胞无性系变异及应用

植物体细胞无性系变异（somaclonal variation）是指植物细胞、组织或器官在离体培养过程中自发或诱导（物理或化学诱变）而发生变异，进而导致再生植株发生遗传变异（genetic variation）或表观遗传变异（epigenetic variation）的现象。1959年Braun首次在烟草组织培养过程中发现变异现象，直到1981年Larkin和Scowcroft首次提出"体细胞无性系变异"术语，随后该现象在甘蔗、香蕉、马铃薯、番茄、杨树、亚麻、棉花、大豆、果树、玉米、小麦、水稻和烟草等植物中发现并应用于农作物育种改良中。

3.6.1 体细胞无性系变异的来源

1. 离体诱导变异

在植物组织培养过程中，植株再生方式、外植体类型（或组织来源）、生长调节剂及培养物的继代培养都可能引起细胞自发产生变异。一般而言，一个已分化的细胞经历变化剧烈的脱分化和再分化或者长时间的继代培养都很容易产生变异，因而愈伤组织培养常与体细胞无性系变异联系在一起。而且，组织培养中外源生长调节剂，如2,4-D也可刺激DNA合成并引起核内再复制而产生多倍体。此外，越衰老的、离器官分生组织越远的或高度特化的组织越容易产生变异。

当然，体细胞无性系变异更多地来源于有目的地利用物理或化学诱变培养物，产生可遗传或表观遗传的变异材料。常见的物理诱变包括紫外线、γ射线和中子等，化学诱变剂包括甲基磺酸乙酯和叠氮化钠等。

2. 外植体预先存在的变异（pre-existing variation）

在植物组织培养中，人们常常发现由多细胞外植体再分化的植株表型不尽相同，这可能是由于外植体本身预先存在变异。预先存在的变异包括核内再复制（endoreduplication）引起的细胞间染色体倍性差异、体细胞突变及DNA甲基化等带来的可遗传或表观遗传变异。其中，嵌合体，包括扇形嵌合体、部分周缘嵌合体和周缘嵌合体是预先存在变异的重要来源。在果树育种中，多年生木本植物果树是高度杂合的，常会发生芽变，而变异性状可以用无性繁殖加以固定、繁殖和利用，因此芽变是果树产生新变异无限丰富的源泉，如育种工作者利用'红富士'苹果易发生芽变的特点选育出颜色各异的苹果。

3.6.2　体细胞无性系变异表现及其遗传学基础

1. 体细胞无性系变异的性状表现

体细胞遗传物质的变异，包括DNA一级结构或染色体的变异，导致植物的性状表型发生变化。染色体的变异包括部分染色体的缺失、重复、倒置和易位，以及染色体数目的增多或减少等。基因变异则包括单基因突变（碱基的替换与缺失）、基因的扩增和丢失、基因重排、转座子激活、基因甲基化及基因沉默等。

（1）植物外在可见形态变异　　可见形态变异包括植物的生育期、株高、叶（包括叶面积、形态及叶色等）、根、果实（大小及形态等）等性状。在植物育种中，尤其是观赏园艺植物育种中，常利用体细胞无性系变异选育新材料，如Cao等（2016）以花叶芋品种'红闪'为材料进行组织培养获得不同叶型的体细胞无性变异系（图3-22）。再如，Imran等（2021）报道了大叶慈竹

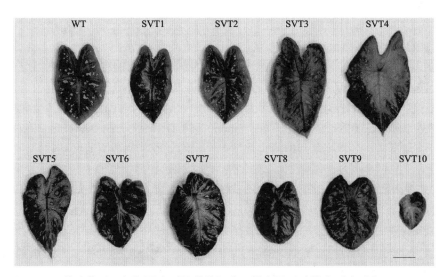

图3-22　花叶芋'红闪'野生型及其体细胞无性变异系叶片表型（引自Cao et al., 2016）　WT为野生型；SVT1～SVT10为体细胞无性变异系1～10。标尺为3cm。

（*Dendrocalamus farinosus* L.）的组培后代的株高、冠层高度及宽度、叶长及茎的直径等都发生变异。

（2）植物内在代谢成分及含量变异　植物细胞内的代谢物众多，如次生代谢物（secondary metabolites），其是由次生代谢（secondary metablism）产生的一类细胞生命活动或植物生长发育正常运行的非必需的小分子有机化合物，如植物油分、各种中药成分等。因此，选育高油、不同油组分、高中药有效成分等植物就显得很重要。例如，Nguyen等（2001）从不同大豆的不同外植体组织培养后代中选育出高含油量的材料（表3-12）。再如，Imran等（2021）报道了大叶慈竹（*Dendrocalamus farinosus* L.）组培后代的纤维素及木质素发生变异。

表3-12　不同来源的组培再生大豆的含油量（引自Nguyen et al., 2001）

材料	组培苗来源	测试植株数	含油量（%）
Jack	对照	20	19.8～21.8
Jack	胚胎发生	277	20.1～23.9
Jack	器官发生	759	18.9～26.0
Clark 63	对照	14	21.0～21.9
Clark 63	原生质体	134	20.5～23.0
Chamberlain	对照	20	19.3～21.0
Chamberlain	原生质体	142	20.0～22.6
Chamberlain	器官发生	551	15.1～22.7
Burlison	器官发生	90	19.5～21.6
A2396	原生质体	55	20.3～22.1

2. 体细胞无性系变异的遗传学基础

（1）染色体水平的变异　染色体水平的变异包括染色体数目（整倍性和非整倍性变异）或结构发生变异。例如，Devi等（2015）以印度猪笼草（*Nepenthes khasiana* L.）（$2n=80$）的带节茎段（nodal segment）为外植体获得的组培材料的染色体数目$2n=70～86$（图3-23）。Tomiczak等（2015）用斜升龙胆（*Gentiana decumbens* L.f., $2n=26$）的叶肉细胞原生质体通过间接体细胞途径获得同源四倍体再生植株。

（2）DNA分子水平变异　体细胞无性系在DNA分子水平的变异包括基因突变、基因扩增、基因丢失、DNA的转座及表观遗传变异等。

基因突变是指基因在结构上发生碱基对组成或排列顺序的改变。根据碱基变化的情况，基因突变一般可分为碱基置换突变（base substitution）和移码突变（frameshift mutation）两大类。

基因扩增是指某一个特定基因的拷贝数选择性地增加而其他基因的拷贝数并未按比例增加的过程。

基因丢失是指细胞在分化过程中丢失某些碱基序列，甚至整个基因缺失而使基因失活的现象。

DNA的转座亦称移位（transposition），是由转座子因子（transposition element），如转座子（transposon）介导的遗传物质重排现象。转座子的甲基化或去甲基化，会导致转座子失活或激活，激活的后果是转座子转座到其他染色体位置上，可能导致相关基因的沉默并影响植物的性状。

表观遗传变异，包括DNA甲基化、组蛋白修饰及小RNA变化等。其中DNA甲基化是指在DNA甲基转移酶的作用下将甲基选择性地添加到胞嘧啶上形成5-胞嘧啶的过程，是一种重要的

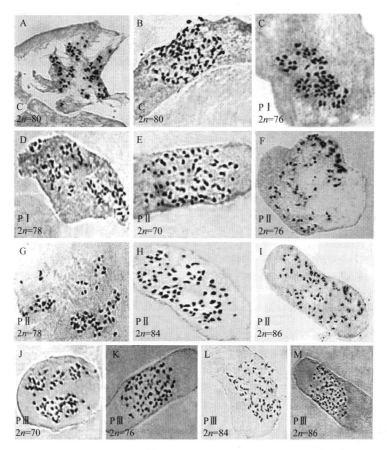

图3-23 印度猪笼草（*Nepenthes khasiana* L.）母体植株及其不同离体再生植株的根尖染色体数（引自Devi et al.，2015） C表示母体植株（A，B），P I 表示第一轮再生植株（C，D），P II 表示第二轮再生植株（E～L），P III 表示第三轮再生植株（J～M）。

表观遗传学标记，在调控基因表达、维持染色质结构、基因印记、X染色体失活及胚胎发育等生物学过程中发挥着重大的作用。例如，黑杨（*Populus nigra* L.）第一代和第二代的离体再生植株之间的DNA甲基化或去甲基化发生了显著变化。

3.6.3 体细胞无性系变异的检测

体细胞无性系变异的检测手段众多，包括宏观或微观角度的形态检测、细胞水平的染色体数量和结构变异检测、生化分析、DNA水平的分析（分子标记、全基因组测序等）或者多组合检测等。

1. 形态学检测

离体再生植株的外观形态检测是鉴定体细胞变异系的最直接、最简单也最常规的手段。但外形检测不能区分可遗传和表观遗传变异，同时检测也易受环境因素的影响，对有些性状鉴定，如果实形态鉴定就需要等到植株结实后才能鉴定，因此这种鉴定方法有时也耗时。

2. 细胞学检测

细胞学检测包括染色体压片检测及流式细胞仪DNA含量鉴定。其中染色体压片技术直观可靠，但要求技术高且依赖于显微镜；流式细胞仪DNA含量鉴定技术快速，适合大规模鉴定，但难以鉴定少量DNA含量变化。

3. 标记检测

所用的标记包括同工酶和分子检测两种。同工酶（isoenzyme）广义是指生物体内催化相同反应而分子结构不同的酶，这类标记数量有限且表达也易受环境因素影响而影响鉴定结果的准确性。分子检测主要包括分子标记（molecular marker）及原位杂交（in situ hybridization）两种。分子标记包括显性和共显性分子标记，可以快速大规模鉴定变异。原位杂交则包括荧光原位杂交（fluorescence in situ hybridization，FISH）和基因组原位杂交（genomic in situ hybridization，GISH），适合于染色体水平的变异检测。相对形态检测，分子检测费用和技术要求较高。

3.7　参考文献

曹丽娟，栾非时，李锡香．2005．植物游离小孢子培养的研究进展．东北农业大学学报，36：660-663

陈劲枫．2018．植物组织培养与生物技术．北京：科学出版社：39-203

程运江，郭文武，邓秀新．2002．印度酸橘与飞龙枳属间体细胞杂种的胞质遗传分析．遗传学报，29：364-369

杜永光，郝丽珍，王萍，等．2005．植物组织培养中琼脂浓度和pH对培养基凝固程度的影响．植物生理通讯，41：623

付莉莉，杨细燕，张献龙，等．2009．棉花原生质体"供-受体"双失活融合产生种间杂种植株及其鉴定．科学通报，54：2219-2227

黄丹，余琨，陈建斌，等．2015．马铃薯病毒PVY，PVS和PLRV多重RT-PCR检测．云南农业大学学报，30：535-540

李桂英，韩粉霞．2003．植物不对称体细胞杂交的研究进展．核农学报，17：442-446

刘庆昌，吴国良．2010．植物细胞组织培养．北京：中国农业出版社：17-208

司怀军，王蒂．2003．马铃薯种间体细胞杂种的育性和遗传改良．作物学报，29：280-284

王槐，夏光敏．1999．植物体细胞杂交的进展．生命科学，11：100-103

谢从华，柳俊．2004．植物细胞工程．北京：高等教育出版社：10-100

徐小勇，孔芬，王汝艳，等．2009．植物亚原生质体分离及融合研究进展．中国生物工程杂志，29：97-101

张献龙．2012．植物生物技术．北京：科学出版社：16-149

Aleza P, Juárez J, Cuenca J, et al. 2010. Recovery of citrus triploid hybrids by embryo rescue and flow cytometry from 2x×2x sexual hybridisation and its application to extensive breeding programs. *Plant Cell Reports*, 29: 1023-1034

Aslam FN, MacDonald MV, Ingram DS. 1990. Rapid-cycling *Brassica* species: anther culture potential of *B. campestris* L. and *B. napus* L. *New Phytologists*, 115: 1-9

Azad MAK, Khatun1 Z, Eaton TE, et al. 2020. Generation of virus free potato plantlets through meristem culture and their field evaluation. *American Journal of Plant Sciences*, 11: 1827-1846

Bairu MM, Aremu AO, Staden JV. 2011. Somaclonal variation in plants: causes and detection methods. *Plant Growth Regulation*, 63:147-173

Bradamante G, Scheid OM, Incarbone M. 2021. Under siege: virus control in plant meristems and progeny. *The Plant Cell,* 33: 2523-2537

Cao Z, Sui S, Cai X, et al. 2016. Somaclonal variation in 'Red Flash' caladium: morphological, cytological and molecular characterization. *Plant Cell Tissue and Organ Culture*, 126: 269-279

Chu CC. 1978. Proceedings of Symposium on Plant Tissue Culture. Beijing: Science Press: 43-50

da Silva NT, Silva LAS, Reis AC, et al. 2020. Endosperm culture: a facile and effcient biotechnological tool to generate passion fruit (*Passifora cincinnata* Mast.) triploid plants. *Plant Cell, Tissue and Organ Culture*, 142: 613-624

Daghma DES, Hensel G, Rutten T, et al. 2014. Cellular dynamics during early barley pollen embryogenesis revealed by time-lapse imaging. *Froniers in Plant Science*, 5: 675

Devi SP, Kumaria S, Rao SR, et al. 2015. Genetic fidelity assessment in micropropagated plants using cytogenetical analysis and heterochromatin distribution: a case study with *Nepenthes khasiana* Hook f. *Protoplasma*, 252: 1305-1312

Efferth T. 2019. Biotechnology applications of plant callus cultures. *Engineering*, 5: 50-59

Gamborg OL, Miller RA, Ojima K. 1968. Nutrient requirements of suspension culture of soybean root cells. *Experimental Cell Research*, 50: 15-158

Huang MD, Wei FJ, Wu CC, et al. 2009. Analyses of advanced rice anther transcriptomes reveal global tapetum secretory functions and potential proteins for lipid exine formation. *Plant Physiology*, 149: 694-707

Heath DW, Earle ED. 1997. Synthesis of low linolenic acid rapeseed (*Brassica napus* L.) through protoplast fusion. *Euphytica*, 93: 339-343

Ikeuchi M, Sugimoto K, Iwase A. 2013. Plant Callus: mechanisms of induction and repression. *The Plant Cell*, 25: 3159-3173

Johnson AAT, Veilleux R. 2001. Somatic hybridization and application in plant breeding. *Plant Breeding Review*, 6: 167-225

Ke L, Luo B, Zhang L, et al. 2017. Differential transcript profiling alters regulatory gene expression during the development of *Gossypium arboreum*, *G. stocksii* and somatic hybrids. *Scientific Reports*, 7: 3120

Kim HJ, Hinchliffe DJ, Triplett BA, et al. 2015. Phytohormonal networks promote differentiation of fiber initials on pre-anthesis cotton ovules grown *in vitro* and *in Planta*. *PLOS One*, 10: e0125046

Krishna H, Alizadeh M, Singh D. 2016. Somaclonal variations and their applications in horticultural crops improvement. *Biotechnology*, 6: 54

Lee K, Seo PJ. 2018. Dynamic epigenetic changes during plant regeneration. *Trends in Plant Science*, 23: 235-247

Liu JH, Pang XM, Cheng YJ, et al. 2002. Molecular characterization of the nuclear and cytoplasmic genomes of intergeneric diploid plants from cell fusion between *Microcitrus papuana* and rough lemon. *Plant Cell Reports*, 21: 327-332

Liu S, Li F, Kong L, et al. 2015. Genetic and epigenetic changes in somatic hybrid introgression lines between wheat and tall wheatgrass. *Genetics*, 199: 1035-1045

Maryenti T, Takayoshi IT, Okamoto T. 2021. Development and regeneration of wheat-rice hybrid zygotes produced by *in vitro* fertilization system. *New Phytologist*, 232: 2369-2383

Mehetre GT, Leo VV, Singh G, et al. 2021. Current developments and challenges in plant viral diagnostics: a systematic review. *Viruses*, 13: 412

Motegi T, Nou IS, Zhou J, et al. 2003. Obtaining an ogura-type CMS line from asymmetrical protoplast fusion between cabbage (fertile) and radish (fertile) . *Euphytica*, 29: 319-323

Murashige T, Skoog F. 1962. A revised medium for rapid growth and bioassays with tobacco tissue cultures. *Physioligia Plantarum*, 15: 473-497

Nguyen MV, Nickell CD, Widholm JM. 2001. Selection for high seed oil content in soybean families derived from plants regenerated from protoplasts and tissue cultures. *Theoretical and Applied Genetics*, 102: 1072-1075

Nitsch P, Nitsch C. 1969. Haploid plants from pollen grains. *Science*, 163: 85-87

Olivares-Fuster O, Pena L, Duran-Vila N, et al. 2002. Green fluorescent protein as a visual marker in somatic hybridization. *Annals of Botany*, 89: 491-497

Polsoni L, Kott LS, Beversdorf WD. 1988. Large-sacle microscore culture technique for mutation-selection studies in *Brassica napus*. *Canadian Journal of Botany*, 66:1681-1685

Rai MK, Shekhawat NS, Guota AK, et al. 2011. The role of abscisic acid in plant tissue culture: a review of recent progress. *Plant Cell Tissue and Organ Culture*, 106: 179-190

Rasmussen JO, Nepper JP, Rasmussen OS. 1996. Analysis of somatic hybrids between two sterile dihaploid *Solanum tuberosum* L. breeding lines. Restoration of fertility and complementation of *G. pallida* Pa2 and Pa3 resistance. *Theoretical and Applied Genetics*, 92: 403-410

Saad AIM, Elshahed AM. 2012. Plant tissue culture media//Leva A, Rinaldi LMR. Recent Advances in Plant *in Vitro* Culture. Winchester: InTech: 29-40

Seguí-Simarro LM. 2021. Doubled haploid technology: volume 1: general topics, *Alliaceae*, cereals. *Methods in Molecular Biology*, 2287: 23-29

Sharma A, Handa A, Kapoor S, et al. 2018. Virus of strawberry and production of virus free planting material: a critical review. *Environment and Technology*, 7: 521-545

Silveira V, de Vita AM, Macedo AF, et al. 2013. Morphological and polyamine content changes in embryogenic and non-embryogenic callus of sugarcane. *Plant Cell, Tissue and Organ Culture*, 114, 351-364

Sun YQ, Zhang XL, Nie YC, et al. 2004. Production and characterization of somatic hybrids between upland cotton (*Gossypium hirsutum*) and wild cotton (G. *klotzschianum* Anderss) via electrofusion. *Theoretical and Applied Genetics*, 109: 472-479

Tabei Y, Mutanaka T. 2020. Preface to the special issue "Technology in tissue culture toward horizon of plant biotechnology". *Plant Biotechnology* (Tokyo) , 37: 117-120

Tamura N, Murata Y, Mukaihara TA. 2002. Somatic hybrid between *Solanum integrifolium* and *Solanum violaceum* that is resistant to bacterial wilt caused by *Ralstonia solanacearum*. *Plant Cell Reports*, 21: 353-358

Tang Y, Li X, Li J, et al. 2012. Effect of different pretreatment on callus formation from anther in balsam pear (*Momordica charantia* L.) . *Journal of Medicinal Plants Research*, 6: 3393-3395

Thomas TD, Chaturvedi R. 2008. Endosperm culture: a novel method for triploid plant production. *Plant Cell Tissue and Organ Culture*,

93:1-14

White PR. 1943. A Handbook of Plant Tissue Culture. Lancaster: Jacques Cattell Press

Wu H, Qu X, Dong Z, et al. 2020. WUSCHEL triggers innate antiviral immunity in plant stem cells. *Science*, 370: 227-231

Xavier L, Almeida FA, Pinto VB, et al. 2021. Large-scale regeneration of hermaphrodite emblings of *Carica papaya* L. 'Golden' using early molecular sex determination during embryogenic callus multiplication. *Plant Cell, Tissue and Organ Culture,* 146, 643-649

Yang ZQ, Shikanai T, Yamada Y. 1988. Asymmetric hybridization between cytoplasmic male-sterile (CMS) and fertile rice (*Oryza sativa* L.) protoplasts. *Theoretical and Applied Genetics*, 76: 801-808

Yu XS, Chu BJ, Liu RE, et al. 2012. Characteristics of fertile somatic hybrids of *G. hirsutum* L. and *G. trilobum* generated via protoplast fusion. *Theoretical and Applied Genetics*, 125: 1503-1516

Zubko MK, Zubko EI, Ruban AV, et al. 2001. Extensive developmental and metabolic alterations in cybrids *Nicotiana tabacum* ($+$ *Hyoscyamus niger*) are caused by complex nucleo-cytoplasmic incompatibility. *The Plant Journal*, 25: 627-639

第4章
植物基因的表达与基因编码产物

基因表达是基因通过转录和翻译过程转化为蛋白质的关键过程，而基因编码产物是指通过基因表达产生的氨基酸，以及由氨基酸折叠产生的蛋白质。了解基因表达机制对于理解植物生长、发育和环境适应能力至关重要。它不仅有助于进行农作物品种的遗传改良，还为改善生态系统提供机会；通过研究基因编码产物，我们可以深入了解植物发育的生物化学过程，揭示蛋白质的互作与功能。本章涵盖基因组的结构和功能，基因表达的DNA、RNA与蛋白质等不同层面的分子检测技术，包括全基因组测序、染色体构象捕获、RNA印迹、定量PCR、报告基因的检测、RNA原位杂交、蛋白质免疫印迹、免疫金标记和免疫组织化学、蛋白质定位的动态观察等多项先进技术。这些技术可以帮助我们解析植物基因组的信息，了解植物基因的表达模式和调控机制，深入研究蛋白质的结构、功能和相互作用，从而推动植物生物技术的发展与应用。

4.1 基因组、基因及分子生物技术的中心法则

4.1.1 植物基因组简介

基因（gene）是遗传信息的载体，而基因本身的载体则是遗传物质。遗传物质的差异导致了地球上物种的多样性：根据中心法则，遗传物质决定了基因表达和产物组成，进而决定了不同物种细胞组成的差异和物种的多样性。另外，遗传物质的稳定遗传则决定了物种的延续性：遗传物质的精确复制和稳定遗传，使得遗传信息可以在亲代和子间准确传递，保持亲子代间基因及基因编码产物的稳定。在各类遗传物质中，脱氧核糖核酸（DNA）是被最广泛利用的一类，植物的基因组也由DNA构成。

基因组（genome）是指一个生物体所包含的所有遗传信息；1920年，德国植物学家Hans Winkler首先使用基因组一词。据不完全统计，地球上有391 000种陆地植物，它们的基因组小至10Mb，大至100Gb（https://plabipd.de/plant_genomes_pa.ep）。测定植物基因组序列一直是植物研究的前沿，也是解析植物基因功能的基石。随着基因组测序技术和组装能力的发展及测序成本的降低，越来越多的植物基因组被组装出来，这些基因组序列的公布也进一步加深了人们对基因的理解。尽管不同植物的基因组大小有巨大差异，但是植物基因的结构、组成和表达调控元件等是高度类似的，体现了物种进化过程中基因组序列的差异性和保守性。

不同作物巨大的性状差异（如水稻种子以淀粉为主，而油菜种子则含有大量的脂肪酸，棉花种子上则附着棉纤维）很大程度上也是由不同作物基因组序列的显著差异决定的；与此同时，同种作物在产量、品质、抗病能力等性状上的区别往往也是由基因组上的单核苷酸多态性（SNP）、插入/缺失（InDel）突变等导致的。一定程度上，传统作物驯化的本质就是人工选择作物中自然发生的"有利"基因突变，使得作物的各种性状得到改良。随着分子生物学和基因编辑技术的飞速发展，作物育种将进入分子设计育种时代，以便更加有针对性地改良作物的基因组和农艺性状，加快种子改良的步伐。在此背景下，基因编辑和改良的层次和准确度也得到了

极大的拓展：从DNA水平拓展到了RNA水平，从随机产生突变到精确编辑等。分子设计育种的实现离不开我们对作物基因组、基因结构和基因表达调控等过程的进一步理解，本章将对植物基因和编码产物及其相关检测技术进行着重介绍。

4.1.2　基因组DNA的结构与组成

严格来讲，植物基因组包含核基因组、线粒体基因组和质体基因组。然而，与核基因组相比，线粒体和质体基因组都相对较小；本章主要介绍植物核基因组的一般情况。

地球上植物种类繁多，基因组大小的差别也是非常大的。作为模式植物，拟南芥（*Arabidopsis thaliana*）的基因组是第一个被测定的：2000年，拟南芥的全基因组序列就已经被发布，这也直接推动了以拟南芥为模式植物的分子生物学、遗传学等的研究。拟南芥的基因组大小约为150Mb，相对比较小，这也是其基因组最先被成功测定的原因之一；而一种百合（*Fritillaria assyriaca*）基因组则高达100Gb，这可能是最大的植物基因组。在重要的粮食作物中，水稻（*Oryza sativa*）的基因组大小约为430Mb，是相对较小的，其近些年来也发展成为单子叶植物研究的模式植物；玉米（*Zea mays*）的基因组则相对较大，在2.3Gb左右，与人和小鼠的基因组大小相当；而六倍体小麦（*Triticum* sp.）的基因组则超过了10Gb，庞大的基因组为其基因组的测定和组装带来了困难。在经济作物中，四倍体栽培棉花（AADD）的基因组大小约为2.6Gb（其中亚洲棉AA约为1.7Gb，雷蒙德氏棉DD约为0.88Gb）；大豆和甘蓝型油菜的基因组则在0.8~1.1Gb（Kersey，2019）（图4-1）。

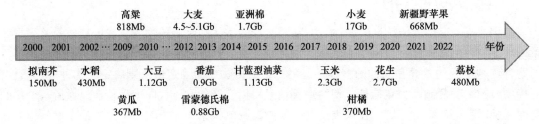

图4-1　部分植物（作物）基因组大小及全基因组测序时间点　在图示各种植物中，基因组最小的是模式植物拟南芥，最大的是小麦。随着测序手段的进步，越来越多的复杂基因组（多倍体植物）逐渐被测定，为功能基因研究和分子设计育种提供了有力的参考。

植物基因组大小的差异与其生活习性密切相关。例如，拟南芥和甘蓝型油菜同属芸薹科，且具有较近的亲缘关系，但是基因组差异较大（拟南芥150Mb，甘蓝型油菜1.13Gb）。与之相对应，基因组小的拟南芥具有较短的生命周期（Columbia生态型一般为60d左右），而基因组较大的甘蓝型油菜生命周期则相对较长（春油菜一般为80~120d）。多倍化是植物进化过程中基因组大小扩张的常见原因，也是生物进化的一个普遍现象，很多现在认为是二倍体的植物实际上也是多倍化产生的，如大豆（古四倍体）。在环境较为稳定时，多倍化导致的基因组加倍通常被认为是不利的；但是当植物在遭受极端环境变化时，基因组的加倍可能有助于植物的存活。此外，即使在二倍体植物中也会存在多倍化的细胞，如拟南芥的叶片细胞，这种现象叫作内复制。内复制的发生导致同一植物的不同细胞中基因组大小也可能存在差异，这可能也有助于二倍体植物应对复杂的生物、非生物胁迫等生存环境压力（van de Peer et al.，2021）。不仅如此，有研究表明，多倍化在驯化的作物中发生频率非常高，而且通常多倍化的发生会优先于作物的驯化（图4-2）。

基因组 DNA 的本质是脱氧核糖核酸，以双螺旋的结构形式被高度压缩在细胞核内。DNA 的组成可以根据不同的标准进行划分。

1）按照在单倍体基因组中 DNA 序列的数量，基因组 DNA 可以分为单拷贝（低拷贝）的 DNA 序列、中等重复的 DNA 序列和高度重复的 DNA 序列三种组分。单拷贝的 DNA 序列一般是编码蛋白质的基因，这类 DNA 序列一般在基因组中只有一个或者若干个；而高度重复的 DNA 序列则一般是串联重复序列，如位于染色中心位置的 DNA 序列，这类 DNA 序列一般不编码蛋白质，而且通常是位于被沉默的染色质区域。中等重复的 DNA 序列定义则相对宽泛，其数量为几十个到几千个，既包含一些大的、序列相似度较高的蛋白质编码基因（如 R 基因），也包含部分串联重复序列（如 rRNA 编码序列）。不同植物基因组的 DNA 序列组成是有差异的，如拟南芥不仅基因组较小，而且高度重复的 DNA 序列也相对较少；而玉米、油菜等基因组则比较大，其基因组中重复序列 DNA 所占的比例也相对较高。尽管植物的表型主要由相对低拷贝的编码蛋白质的 DNA 序列决定，但是高度重复序列在植物基因组进化、环境适应性等方面也发挥了不可忽视的作用。

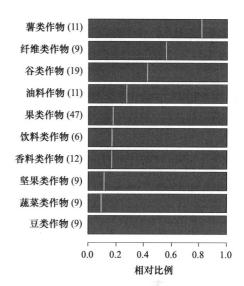

图 4-2 **各类作物中二倍体和多倍体占比**（改自 Salman-Minkov et al., 2016） 白色竖线以左和以右分别代表多倍体和二倍体占比，括号中的数字代表每种作物类别中统计的物种数目。由此可见，薯类作物中多倍体的占比是最高的，超过 80%；而蔬菜类、豆类作物中多倍体占比则很小，不到 20%。

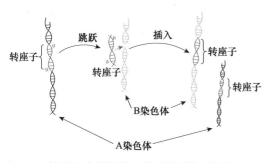

图 4-3 **转座子在基因组上的"跳跃"模式图**（改自 Rhoades, 2018） 原本位于 A 染色体上的转座子，通过表达和"跳跃"，插入到另外一条染色体 B 上，实现自身的复制、同时也会引起基因组的扩张和不稳定。

2）按照 DNA 序列的移动性，可以将 DNA 序列分为可移动序列和不可移动序列。可移动的 DNA 序列可以从基因组上的一个位点跳跃到另外一个位置，因此也叫作跳跃基因或者转座子（transposon，Tn）（图 4-3）。在多数物种的基因组中，转座子在染色中心具有较高的密度，而在远离染色中心的区域密度较低。根据转座类型，转座子又可以分为 I 类转座子（retrotransposon）和 II 类转座子（DNA transposon）：I 类转座子的转座过程通过一段 RNA 作为中间产物，而 II 类转座子则通过一段 DNA 作为中间产物。转座子在基因组上的插入会极大地丰富同一物种的基因组，同时也会导致基因表达变化和表型的改变，如玉米籽粒颜色的改变。与转座子不同，植物基因组中另外一些 DNA 序列是不可移动的，如我们通常所说的编码功能蛋白的基因序列，这类 DNA 序列往往在基因组上有相对固定的位置。植物基因序列一般包含几个功能区域，分别是 5′端的启动子区域、转录区域和 3′端序列。其中，5′端的启动子区域包含了基因表达的大多数转录调控元件。转录区域则是指从转录起始位点到转录终止位点之间的序列，是基因的主体区域；该区域又可以进一步分为 5′端非编码区、编码序列和 3′端非编码区。编码序列中的外显子则构成了蛋白质合成的模板，决定了蛋白质的氨基酸序列。植物大多数基因的编码序列是不连续的，外显子（氨基酸编码序列）通常会被内含子（不编码氨基酸序列）隔开；在信使RNA成熟、加工过程中，内含子会被切割，外显子拼接形成翻译过程的模板，进而决定了基因表达产物的序列特异性。与编码区域不同，启动子区域则决定了基因表达的时空特异性。有些基因（持家基因）在几乎所有细胞类型、细胞发育时期都会表达，也就是组成型表达；而有些基因的表达则具有器官特异性或者环境特异性，这种差异性在很大程度上是由基因表达的调节元件启动子DNA决定的（Ogbourne and Antalis, 1998; Bourque et al., 2018）。

3）按照DNA序列是否位于染色体上，可以将DNA序列分为染色体DNA和染色体外DNA。绝大多数DNA是位于染色体上的，也就是我们通常所说的核基因组DNA；但也有少数DNA是独立存在于染色体之外的，且一般呈环状，所以也叫作染色体外环状DNA（extrachromosomal circular DNA, eccDNA）（图4-4）。动物中的研究表明，eccDNA在癌症发生、抗药性形成过程中发挥了不可忽视的作用，而植物中eccDNA的研究还相对较少。一项对拟南芥不同组织中eccDNA的研究发现了743个eccDNA，长度为109~219kb，且具有一定的组织特异性和可塑性。该研究也发现，eccDNA中主要包含与转座子活性、tRNA转录相关的DNA序列，但是这些eccDNA在植物中的实际功

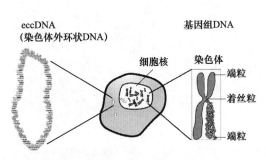

图4-4　两种不同状态DNA的存在形式（改自Pennisi, 2004）　右侧所示基因组DNA是通常所认为的"遗传物质"，左侧所示是染色体外环状DNA（eccDNA）的模式图。染色体DNA通常位于细胞核内，而eccDNA则也可以位于细胞核外；与基因组DNA不同，eccDNA游离在染色体外，通常以环状的形式存在。eccDNA上有时也会存在基因，此时该基因的表达调控会显著不同于染色体上的调控，进而会导致该基因表达量的异常。

能还是有待进一步探究的（Wang et al., 2021）。

4.1.3　DNA的调节元件和转录

1. DNA的调控序列

基因的表达是调控植物生长发育的关键生理过程；通常而言，基因表达是受到内在发育状态和外在环境信号严格调控的，也就是具有时空特异性。这种特性的实现受到一系列DNA调节元件（regulatory element）的控制。调节元件包含以下几类：启动子、增强子、沉默子等（Levine and Tjian, 2003）。

（1）启动子（promoter）　通常指转录起始位点上游1~3kb的DNA序列，有些情况下启动子序列会更长。在遗传学上，启动子序列是指可以控制基因表达的一段DNA序列；其本身一般并不编码蛋白质，而是作为一个开关，调控下游编码区的转录起始（图4-5）。启动子序列之所以可以调控基因的表达，是因为其包含一系列可以调控基因表达的元件。

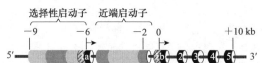

图4-5　启动子的简单模式图（改自Diaz et al., 2011）　启动子一般位于基因的上游区域，有些基因除了有近端启动子之外，还包含远端的选择性启动子，这可以大大丰富转录产物的多样性。

1）核心启动子：这是转录起始的必要部分，其通过吸引RNA聚合酶Ⅱ从而确定转录起始位点，一般位于转录起始位点上游35~37bp。

2）近端启动子：一般是特定转录因子的结合位点，也称为上游启动子元件（upstream promoter element），位于上游37~250bp。

3）远端启动子元件：主要是一些额外的可以发挥DNA转录调节能力的元件，但是其对基因表达的影响一般相对较弱。

（2）增强子（enhancer）　顺名思义，它可以增强DNA的转录，这一般发生在其与特定的蛋白质结合之后。与启动子一般位于编码序列上游不同，增强子可以位于基因上游也可以位于下游，也不一定要靠近转录起始位点便可以调控基因的转录。与增强子相反，沉默子（silencer）与转录因子（阻遏蛋白）结合之后，可以抑制DNA的转录；沉默子一般是位于基因编码区上游的，也可能位于基因本身的内含子或者外显子上（Schmitz et al.，2022）（图4-6）。

（3）沉默子（silencer）　沉默子是一段能够结合转录因子的DNA序列，这种转录因子称为阻遏蛋白。与增强子对DNA转录的加强作用

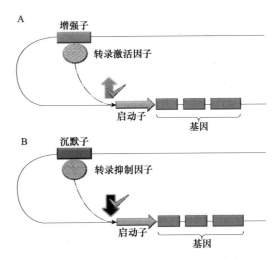

图4-6　增强子和沉默子的作用模式图（改自 Elena et al.，2018）　增强子通过招募转录激活因子（A）、沉默子通过招募转录抑制因子（B）来分别激活、抑制靶基因的转录。需要指出的是，增强子和沉默子可以与所调控的靶基因相隔"很远"，而不像启动子通常位于所调控靶基因的上游"不远"处。

相反，沉默子会抑制DNA的转录过程。DNA上的基因是mRNA合成的模板，而mRNA最终被翻译成蛋白质。当沉默子存在时，阻遏蛋白结合到沉默子DNA序列上，会阻碍RNA聚合酶转录DNA序列，从而阻碍RNA翻译为蛋白质。因此，沉默子可以阻碍基因的表达。

以上调节元件多数与所调控的基因位于同一条染色体上，因而也被叫作顺式作用元件（cis-acting element）。顺式作用元件一般与结构基因串联，位于转录起始位点上游1~2kb，通常情况下是指启动子序列当中的调节元件。且在一段调节元件中可能包含多种类型的顺式作用元件。值得注意的是，一段启动子序列当中可以包含多种类型的顺式作用元件（如生长素响应元件TGTCTC或者G-box序列CACGTG等），这些顺式作用元件组成一个模块，来协同调控靶基因的表达。由于顺式作用元件本身或者识别顺式作用元件的反式作用因子（trans-acting factor）具有时空特异性，因此基因表达调控的特异性很大程度上是由顺式作用元件决定的。

反式作用因子也叫反式因子，是指可以识别并且结合不同类型顺式作用元件、调控基因表达的蛋白质。基因表达的调控一般都是通过反式作用因子与顺式作用元件的结合来实现的，两者缺一不可。根据所识别的顺式作用元件的类型不同，可以将反式作用因子分为三大类。

1）基本转录因子：识别启动子元件。

2）转录调节因子：识别增强子或者沉默子。

3）共调节因子：通过非DNA-蛋白质结合方式（如调节转录机器的组装等）调控基因的转录。

其中转录因子（transcription factor）是研究最多也相对比较清楚的。转录因子是指可以结合在靶基因上游某些特定的DNA序列（如顺式作用元件）并调控下游基因转录的蛋白质。转录因子通常包含一个DNA结合域（结合顺式作用元件）和转录激活域（与RNA聚合酶等转录机器互作），一般还含有核定位信号（图4-7）。人体内大概有1800个基因编码转录因子；相对而言，植

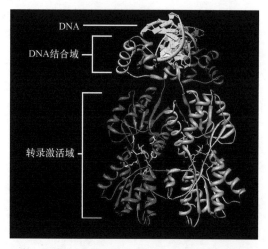

图4-7 转录因子与DNA的结合模式图
图中示意一对转录因子（可以相同也可以不同）与DNA分子的结合，它们通常都含有DNA结合域和转录激活域，而且很多时候是形成同源（异源）二聚体（多聚体）来共同结合DNA分子。

彩图

个植物转录因子数据库（PlantTFDB；http://planttfdb.gao-lab.org）。这个数据库对每个转录因子进行了详细的说明，可以查询到转录因子的表达情况、蛋白质互作因子、基因聚类（GO）分析、所含功能结构域及可能结合的DNA序列等信息。具体而言，在这个数据库中收录了从低等植物到高等植物165个物种的已经注释的约32万个转录因子，并将这些转录因子分成了58个家族（图4-8）。

下面将着重详细介绍一下数量比较庞大的几个转录因子家族。

1）bHLH（basic helix-loop-helix）家族，也就是碱性/螺旋-环-螺旋家族。该家族在模式植物拟南芥中大约有225个成员，在PlantTFDB中则收录了28 698个，数量非常庞大。该类转录因子的特征是含有bHLH结构域，这是一段长度在60个氨基酸左右的氨基酸序列。该序列具有两方面的功能，一方面负责与基因组中的顺式作用元件结合，另一方面负责bHLH转录因子成员间形成同源/异源二聚体。在植物体内，bHLH家族识别的核心DNA序列叫作E-box（序列为5′-CANNTG-3′）或者E-box变体（也叫G-box，序列为5′-CACGTG-3′）。

物体内转录因子是一个更加庞大的基因家族，有数千个成员。

根据不同的分类标准，转录因子可以分成不同的类别。依据功能来分类，转录因子可以分为以下两类：组成型激活和有条件激活。组成型激活类转录因子几乎在所有细胞内都存在，一般是基本转录因子，维持细胞基本的生命活动。有条件激活类转录因子则在特定的细胞内存在或者在特定的内外信号激活下才会发挥功能，并且可进一步细分为细胞特异型（仅在某些细胞类型里存在，可能与细胞分化有关）、信号依赖型〔依赖某些外部信号才能被激活，如很多生长素响应因子（ARF）转录因子一般在有生长素存在下才能激活下游基因表达〕等（Latchman，1997）。

依据转录因子的氨基酸序列（含有的结构域），植物转录因子可以分为50多个家族。植物体内有如此庞大数量的转录因子，那么该如何来查询和检索呢？北京大学生命科学学院建立了一

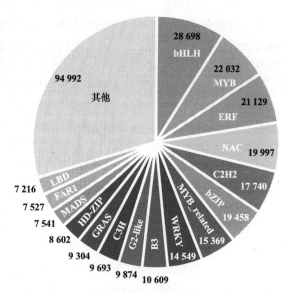

图4-8 植物转录因子家族数量统计图（引自Plant-TFDB；Jin et al.，2017） 饼形图显示bHLH家族、MYB家族、ERF家族、NAC家族等成员数量较多的转录因子家族，而数量较少的种类（共42个）则统一包含在其他类别中；数字代表各个家族的成员数量。

2）MYB（v-myb avian myeloblastosis viral oncogene homolog）家族，含有 1～4 个 MYB 结构域，用来结合 DNA 调节元件。PlantTFDB 中一共收录了 22 032 个该家族转录因子。值得注意的是，植物中第一个克隆鉴定的转录因子就是 MYB 家族成员：在 30 多年以前，一个控制玉米籽粒中花青素合成的位点 *COLORED1*（*C1*）被鉴定，该位点编码的就是一个 MYB 类型转录因子。MYB 转录因子不仅可以调控色素的合成、初级和次级代谢，还可以调控植物细胞发育等生理过程。

3）ERF（ethylene-responsive element binding factors）家族，现在收录有 21 129 个成员，也是一个庞大的家族。该家族的典型结构域是 AP2/ERF 结构域，负责结合 DNA 调节元件，一般含有 60～70 个氨基酸。已有的研究表明，该家族成员可以调控植物花的生长和发育、果实成熟和非生物胁迫等生理过程。ERF 家族转录因子主要结合的 DNA 调节元件包含以下两类：GCC 盒（5′-TAAGAGCCGCC-3′）和 C-repeat（5′-CCGAC-3′）。

4）NAC 家族，包含 NAM、ATAF、CUC 三类蛋白质，这三类蛋白质含有类似的可以结合 DNA 调节元件的结构域；目前在 PlantTFDB 中收录了 19 997 个成员。虽然 NAC 家族转录因子可以调控植物生长发育及与外界环境信号互作的方方面面，但是 NAC 家族转录因子的突出作用是调控植物的衰老。在植物叶片衰老的过程中，无论是自然衰老还是因为环境胁迫而被迫衰老，很多 NAC 转录因子都被激活，发挥促进叶片老化进程的作用。也有研究表明，该家族转录因子结合的 DNA 调节元件含有 5′-CATGTG-3′ 核心基序。

不仅如此，在该数据库的基础上，北京大学的研究学者还进一步建立了植物转录因子调控图谱（PlantRegMap；http://plantregmap.gao-lab.org/index-chinese.php）；该图谱旨在提供一个高质量、高可信度且全面的转录因子与 DNA 调节元件在体内相互作用情况的信息。基于这些调控图谱，研究人员创建了一系列的工具包以方便进行转录因子相关的检索和查询。例如，通过"BLAST"工具可以将你感兴趣的 DNA 或者氨基酸序列比对到植物转录因子数据库中，进而鉴定这是哪一个转录因子；通过"TF prediction"工具，则可以告诉你一段 DNA 序列中是否含有可能的转录因子；通过"Binding Site Prediction"（BSP）工具，你可以查询感兴趣的转录因子在基因组上可能的结合位点。在研究转录因子功能时，BSP 工具非常实用；它的预测来源于大量的转录因子与 DNA 调节元件结合能力的实验，然后将这些结合信息映射到 156 个植物物种当中，从而可以让研究人员预测一个新发现的转录因子在基因组上的结合位点。尽管这种预测并不一定准确，还需要大量实验验证（见 4.2.2 蛋白质-DNA 相互作用检测手段），但是研究人员可以基于这种预测提出大胆的假设。

2. DNA 转录

DNA 转录（transcription）通常指以转录区域的 DNA 序列为模板，用 RNA 聚合酶催化合成 RNA 分子的生理过程（图 4-9）。DNA 转录是细胞中时刻发生的生理过程，不同的 RNA 聚合酶（RNA polymerase）催化产生种类多样的 RNA 分子，来调控细胞和生物体的生长发育。RNA 聚合酶的准确说法是 DNA 依赖性 RNA 聚合酶，也就是 RNA 聚合酶通常都要以 DNA 为模板进行后续的 RNA 合成。

与转录因子类似，RNA 聚合酶也要识别

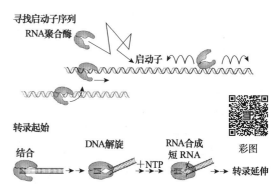

图 4-9　DNA 转录简单模式图（改自 Lee et al., 2021）
DNA 转录前期主要包含 RNA 聚合酶（RNAP）对启动子序列的识别以及转录的起始两个步骤。

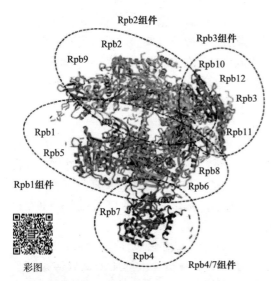

彩图

图4-10　RNA聚合酶Ⅱ的结构图（改自Wild et al.，2012）　RNA聚合酶Ⅱ不是一个蛋白质，而是一个包含多种蛋白质分子（不同颜色的分子）的蛋白质复合体，包含Rpb1组件、Rpb2组件、Rpb3组件和Rpb4/7组件（虚线椭圆标注的区域）；其中，每个组件又由2～4个不同的蛋白质组成，这些蛋白质对RNA聚合酶Ⅱ发挥功能至关重要。

相应的元件才能启动转录，这类元件通常叫作基本元件。基本元件距离转录起始位点一般比较近，在50bp左右。常见的基本元件有TATA框、TFIIB识别元件、起始子、下游启动子元件、下游核心元件和十基序元件等。一个启动子区域可以包含多个基本元件，而且相较于顺式作用元件，基本元件在不同基因的启动子间比较保守。

在植物细胞中，包含多种RNA聚合酶，而且多数RNA聚合酶都是一个蛋白质复合体（图4-10），且需要与转录因子相互作用后才能起始DNA转录过程。在细胞核内，根据分布位置和产物不同，RNA聚合酶可以分为Ⅰ～Ⅴ共五大类：RNA聚合酶Ⅰ位于核仁，其转录产物主要为25S、17S和5.8S rRNA；其他RNA聚合酶一般分布于核质，其中RNA聚合酶Ⅱ催化产生mRNA、miRNA前体等，RNA聚合酶Ⅲ则产生5S rRNA和tRNA等，RNA聚合酶Ⅳ和Ⅴ则主要产生与表观遗传调控相关的RNA分子。其中，RNA聚合酶Ⅰ～Ⅲ是在真核生物中都存在的，而RNA聚合酶Ⅳ和Ⅴ则只存在于植物细胞中。而且，与哺乳动物细胞不同，植物细胞还含有质体，质体中也有自己的RNA聚合酶复合体。与细胞核RNA聚合酶不同，质体的RNA聚合酶在组成上更接近细菌，这些RNA聚合酶识别的启动子元件序列也更接近细菌。由此可见，植物细胞内种类丰富的RNA聚合酶产生多样化的RNA分子，发挥调控植物生长发育和响应外界信号的作用（Grummt，1999；Willis，1993；Herr et al.，2005；Wierzbicki et al.，2009）。

4.1.4　RNA的种类与加工

1. RNA的种类

核糖核酸（RNA）是一类在生物体内普遍存在的生物大分子，与DNA分子不同，RNA通常是单链的。植物细胞的总RNA分子可以根据沉降系数（S）来进行分类：通过蔗糖密度梯度离心，通常可以将细胞中的RNA分为23～25S、16～17S和4S RNA；数值越大，代表该分子的沉降速率越快。不同沉降系数的RNA组分含有的RNA种类是不同的，下面将分别介绍。

沉降系数较大的两种组分23～25S和16～17S RNA主要是核糖体RNA（rRNA），这也是细胞总RNA的主要组分。rRNA分子通过折叠形成二级结构并且与大约80个蛋白质互作形成核糖体，负责在翻译过程产生多肽。不同类型的rRNA形成不同的核糖体：18S、25S、5.8S和5S rRNA形成80S的细胞质核糖体，16S、23S、5S和4.5S rRNA形成70S的质体核糖体，18S、26S和5S rRNA形成70S的线粒体核糖体（Cate et al.，1999；Ben et al.，2011）。

沉降系数较小的4S RNA则主要是转运RNA（tRNA），主要负责结合氨基酸从而协助核糖体进行多肽的合成，在植物细胞中有三种类别：细胞质tRNA、质体tRNA和线粒体tRNA。细胞质和质体tRNA含量丰富，可以满足相应区域的翻译需求；而与哺乳动物不同，植物线粒体tRNA

的种类则不全面，需要依赖于核编码tRNA的输入。

其他类型的RNA由于所占比例较低，因此很难通过蔗糖密度梯度离心获得相对完整的分离组分，其中就包括小RNA和信使RNA（mRNA）。植物小RNA一般在300nt以内，包括两大类：一类是小核RNA（small nuclear RNA，snRNA）和小核仁RNA（small nucleolar RNA，snoRNA），长度在60～300nt，主要通过形成小核糖核蛋白snRNP和snoRNP参与其他RNA的加工及化学修饰（如甲基化）等过程；另一类是长度在20～24nt的小RNA，该类小RNA主要负责植物体内基因干扰过程，因此也被称为干扰小RNA（siRNA）。siRNA的产生需要通过一个叫作DCL（Dicer-like endonuclease）的核酸内切酶剪切长的双链RNA，其中一种很经典的siRNA叫作微RNA（microRNA，miRNA）。miRNA是植物基因组编码产生的，*MIR*基因通过转录产生miRNA前体，进而通过DCL1的切割形成成熟的miRNA进行基因干扰。植物siRNA的主要作用机制是引起目的基因mRNA的切割，但有些时候也会抑制目的基因mRNA的翻译过程，以多样的机制发挥干扰基因表达的作用。

信使RNA（messenger RNA，mRNA）是基因编码蛋白质的中间产物。mRNA只占植物细胞总RNA的1%～2%，含量极低，但是由于mRNA是翻译产生蛋白质的模板，因而对调控植物生长发育十分重要。接下来将着重介绍mRNA的结构和加工过程。

2. RNA的加工

基因转录过程产生的是mRNA的前体，植物等真核生物成熟mRNA的产生还需要经历5′端加帽、3′端加尾及剪切加工等过程。成熟的mRNA除了蛋白质编码区之外，在5′端和3′端又都分别含有非蛋白质编码区。这些修饰、加工及非蛋白质编码序列都保证了mRNA能够顺利地进入翻译过程，产生多肽链，并形成有功能的蛋白质分子（Warf and Berglund，2010）。

mRNA的修饰主要发生在5′端和3′端。5′端主要发生7-甲基鸟嘌呤核苷酸（m^7G）修饰，也叫作5′端加帽。这个过程发生在RNA聚合酶转录产生mRNA的初始阶段，首先在磷酸酶的作用下5′端的磷酸基团被切除，然后在鸟苷转移酶和S-腺苷甲硫氨酸辅酶的作用下将5′端甲基化。可以认为5′端加帽是最早发生的mRNA修饰过程，其可以保证mRNA的顺利转录和翻译起始过程。3′端的修饰主要是多腺苷酸化（polyadenylation，polyA）修饰，该修饰发生在mRNA转录完成之后，由一个复杂的蛋白质复合体（多聚腺苷酸聚合酶）催化。转录完成后，多聚腺苷酸聚合酶会识别mRNA分子中的AAUAAA序列并在附近切开mRNA分子，然后在切口处加入50～250个腺苷酸尾巴（polyA尾巴）。polyA尾巴有助于mRNA从细胞核到细胞质的转运过程、保护mRNA免受RNA酶的降解，并且可以与5′端加帽修饰一起促进mRNA的翻译起始过程。在5′端和3′端发生的两种修饰都是通过共价键连接到mRNA分子上的，而且在真核生物细胞中普遍存在。

mRNA的加工或者RNA剪接（splicing）这一过程不仅在植物细胞中发生，在其他真核生物中也是普遍存在的。RNA剪接既可以发生在DNA转录完成之后，也可以发生在转录过程中。RNA剪接是一个复杂但必要的过程，因为植物基因编码序列往往是不连续的，而是"断裂"的。在前面，我们介绍了植物基因蛋白质编码序列（外显子）往往是被非蛋白质编码序列（内含子）隔开的。但是，在转录的过程中，内含子是与外显子共同被转录的，这也就导致前体mRNA不能直接进入核糖体进行翻译，而是要加工为成熟的mRNA（图4-11）。

植物mRNA内含子的长度差异很大，但是为了保证剪接的准确性，一般内含子的长度要大于70nt，有的内含子长度甚至长达7kb，比很多完整的蛋白质编码基因序列长度都要长。虽然内含子长度不一，但是被切除时所识别的特征序列却是相对保守的，即GU-AG规则：植物中几乎所有mRNA中内含子的5′端序列为GU、3′端序列为AG。在GU-AG基本规则之下，准确的

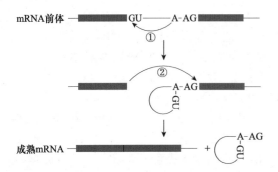

mRNA前体

①

②

成熟mRNA

图4-11 RNA加工示意图 灰色方框代表外显子，外显子之间的区域代表内含子；图中标注了5′端剪接位点（GU）、分支位点（A）和3′端剪接位点（AG）。基本的加工流程分为两个步骤：①在一系列核小核糖核蛋白颗粒（snRNP）作用下，通过转酯反应将5′端剪接位点和分支位点连接并形成套索；②在snRNP的进一步催化下，步骤①切割产生的外显子攻击3′端剪接位点，并导致套索的释放和外显子的连接（成熟mRNA分子）。

内含子切割还需要内含子3′端上游的分支位点，三个元件共同保证了内含子的准确剪接和外显子的拼装（Roy and Gilbert，2006；Binder，2003）。在真核生物中，剪接反应由一个叫作剪接体（spliceosome）的蛋白质复合体催化，剪接体由前面提到的snRNA及另外80多种蛋白质组成，是一个超级巨大的蛋白质机器，其核心组分是U1、U2、U4、U5和U6 snRNA和snRNP。

4.1.5 蛋白质的翻译、翻译后加工和定位

1. 遗传密码和翻译

遗传密码（genetic code）决定了以mRNA为模板合成多肽链的规则。尽管三联体密码定律在现代生物学中已经是基本常识，但是在20世纪60年代之前，科学家对于密码子的编码规律了解非常有限。然而通过一系列在mRNA中引入点突变的实验及mRNA的体外翻译实验，科学家证明了：①遗传密码是非重叠的，也就是每个碱基仅参与一个氨基酸的编码，而不会被重复利用；②遗传密码是连续的，中间没有非编码序列间隔；③三个连续的碱基编码一种氨基酸，也就是三联体密码（Yanofsky，2007）。

以上规律虽然决定了RNA翻译的基本原则，然而却没有解释三联体密码与氨基酸的对应关系，也就是遗传密码的破译。科学家利用人工合成的mRNA的翻译及对所编码的多肽链进行分析最终破译了遗传密码这一几乎所有生命体共用的遗传规律，发现一共含有4×4×4=64种密码子，其中UAA、UAG和UGA为终止密码子。遗传密码一般具有简并性，也就是两种或者多种不同的密码子可以编码同一种氨基酸（Crick，1968）。

绿色植物中蛋白质的合成可以发生在细胞质、质体和线粒体三个场所。其中，细胞质是主要的蛋白质合成部位，负责约75%的蛋白质合成，大多数细胞核基因编码mRNA的翻译是在细胞质的核糖体（ribosome）上进行的；在含有叶绿体的细胞中，约20%的蛋白质合成在叶绿体中发生，主要包括与光合作用相关的蛋白质分子；只有极少量的蛋白质是在线粒体中合成的。蛋白质的合成主要发生在核糖体中，核糖体是核糖体蛋白质与rRNA结合形成的，通常都包含大小两个亚基。与蛋白质合成的区室化对应，植物体内包含三种不同类型的核糖体：细胞质核糖体的沉降系数为80S，由40S小亚基和60S大亚基组成；植物质体核糖体的沉降系数为70S，由30S小亚基和50S大亚基组成；植物线粒体核糖体也是由30S小亚基和50S大亚基组成的沉淀系数为70S的复合体，但是rRNA的组成与质体核糖体有差异（Tirumalai et al.，2021）。

蛋白质（多肽链）的合成包含起始、延伸和终止三个过程（图4-12）。通常而言，无论是植物还是其他真核生物，翻译起始都是从起始密码子也就是AUG开始的，这一过程受到真核起始因子eIF的调控。蛋白质合成起始的概括性过程如下：eIF3首先结合40S核糖体小亚基，然后在eIF2的协助下40S小亚基接受起始氨酰tRNA（也就是可以识别甲硫氨酸的tRNA），进而与eIF4相互作用并结合mRNA形成48S复合体；接下来，这个48S复合体在eIF1的帮助下将对mRNA进行扫描寻找起始密码子AUG；最后eIF5水解GTP并促进60S大亚基与48S复合体的结合，形

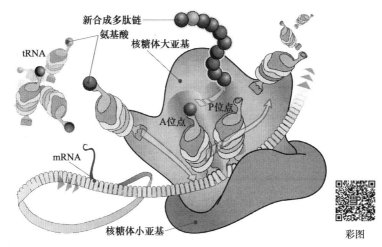

图4-12　多肽链合成示意图　核糖体大亚基和小亚基组装形成有功能的核糖体，以mRNA为模板合成多肽链。图中短箭头指示mRNA分子的移动方向，长箭头指示tRNA分子的移动，不同颜色的圆球代表不同种类的氨基酸分子。

成80S复合物，启动翻译过程（Nakamoto，2011）。

肽链的延伸是一个三步循环往返发生的过程，遵循密码子编码氨基酸的规则，准确合成以mRNA为模板的多肽链。在核糖体与mRNA的结合部位，包含三个位点：P位点、A位点和E位点。P位点和A位点是氨酰tRNA的结合位点，肽键即由P位点和A位点的氨基酸产生；而E位点是去氨酰tRNA的结合位点，也就是tRNA离开翻译复合物的位点。一步延伸概括性的步骤如下：①新的氨酰tRNA在延伸因子和GTP的协助下到达A位点；②在核糖体大亚基的肽基转移酶（本质是一种核酶，也就是rRNA）催化下，P位点的肽链与A位点的氨基酸之间形成肽键，并在A位点形成二肽酰tRNA，此时P位点结合的是去氨酰tRNA；③为了读取下一个密码子，mRNA会向着起始密码子的方向移动一个密码子的位置，此时原来的P位变为E位，同时去氨酰tRNA会解离；原来的A位变为P位，结合着二肽酰tRNA；而新读取的密码子为新的A位点，接受新的氨酰tRNA，并重复肽键的合成过程，直到读取终止密码子。另外需要指出的是，在mRNA移动的过程中会暴露起始密码子，从而使得另外一个核糖体结合mRNA并合成多肽链成为可能。这在植物和其他真核生物中是普遍存在的，也就是通常一个mRNA会结合数个甚至数十个核糖体，形成多聚核糖体，从而增强mRNA的翻译水平。

翻译的终止由终止密码子触发，没有氨酰tRNA可以识别并结合终止密码子。因此，必定有其他的因子可以识别终止密码子，这种因子叫作释放因子RF。eRF1与tRNA具有类似的结构，当终止密码子变为A位点之后，eRF1可以识别并结合三种终止密码子，并且促使合成的多肽链、去氨酰tRNA等脱离核糖体，终止翻译过程（Baggett et al.，2017）。

2. 蛋白质的翻译后加工

松散无序的多肽链并不能够发挥生理功能，多肽链还要经过一系列复杂的折叠、加工才能形成有功能的蛋白质。通常情况下，多肽链的翻译和折叠过程是共发生的，没有严格的时间隔离。折叠和加工所产生的蛋白质正确的三维结构及氨基酸构成，确保了活性蛋白质分子的产生。

多肽链折叠的目的是将疏水区包裹在蛋白质内部，这一过程需要分子伴侣的协助。植物中的分子伴侣可以分为包括Hsp70家族和陪伴蛋白在内的几大类，分布在细胞内部各种细胞器及胞质中。分子伴侣的作用并不是执行特异的折叠功能，而是阻止多肽内部疏水区不正确的折叠方式，进而保证蛋白质的正确折叠。例如，在新生肽链合成初期，Hsp70家族的分子伴侣就会结合到多肽链上，从而稳定这些未折叠的蛋白质以防止其在疏水氨基酸的作用下发生不正常聚集。该过程是非常重要的，否则错误折叠的蛋白质会引起严重的后果，如"疯牛病"的发生。植物体内多数折叠不正确的蛋白质是没有功能的，通常会通过细胞内的降解途径被清除掉，否则会引起细胞的应激反应（Dobson，2003）。

另外一种蛋白质的加工手段是多肽链的水解。与蛋白质降解过程不同，多肽链的水解是为了切除一些信号肽等无关氨基酸序列，进而形成有功能的多肽分子。水解过程有多种形式：①大约50%的蛋白质起始甲硫氨酸是会被切除的，偶尔第二位的氨基酸也会被切除；②另外一大类典型的蛋白质水解加工是植物肽激素的产生，有些成熟肽激素（如CLAVATA3）只需要把N端的信号肽切除，而另外一些（如RALF小肽）则需要从多肽链前体经历多步水解加工才能最终获得活性肽分子。还有一些蛋白质分子，如EIN2蛋白，在接收到乙烯信号之后会发生水解切割形成亚细胞定位不同的N端（EIN2-N，位于内质网）和C端（EIN2-C，转运到细胞核）多肽，协同介导乙烯信号通路的转导（图4-13）。由此可见，蛋白质（多肽）分子的亚细胞定位对于其发挥正常的生理功能也是至关重要的（Binder，2020；Hirakawa，2021）。接下来将主要介绍一下基因编码产物的亚细胞定位。

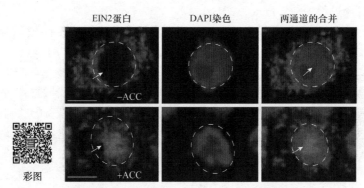

图4-13　EIN2蛋白在乙烯信号处理前后的亚细胞定位变化（改自Qiao et al.，2012）　EIN2蛋白信号来自用EIN2蛋白抗体进行的免疫组织化学实验，DAPI染色指示细胞核的位置。ACC为1-氨基环丙烷羧酸，是乙烯合成前体；−代表不施加，＋代表施加。箭头指示细胞核以及施加ACC后细胞核内的EIN2蛋白信号，标尺为5μm。如图所示，EIN2蛋白在ACC处理前定位在细胞质内，而在ACC处理后则部分定位在细胞核中。

3．蛋白质的亚细胞定位

基因编码产物最核心的是蛋白质，而基因到蛋白质的中间产物是mRNA。蛋白质包括穿膜蛋白、膜附着蛋白和可溶性蛋白等，它们的合成位置、运输途径、定位信号等均存在差异。而且，一条完整的信号转导/代谢通路往往由一组亚细胞定位各不相同的蛋白质协同调控来完成（图4-14）。另外，基因编码产物也可以是一些非编码RNA，如tRNA、lncRNA、miRNA等。总体来说，这些产物或中间产物的亚细胞定位是不同的，定位的机制也不同。这里主要介绍最核心的基因编码产物蛋白质的亚细胞定位。

（1）基因编码产物的合成及其发生的亚细胞位置　　核基因组位于细胞核中。基因编码产物合成的过程起始于RNA的转录。转录是在细胞核内进行的，由RNA聚合酶负责完成。RNA聚合酶遇到DNA的终止子序列时转录即结束。RNA转录完成以后产生的是初级转录RNA，需要经

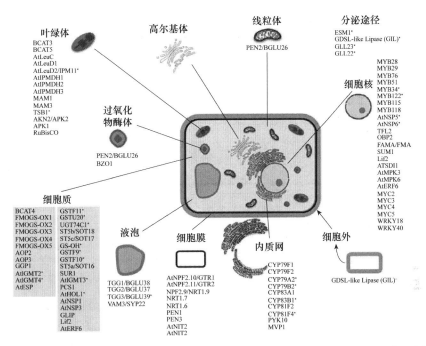

图4-14 硫代葡萄糖苷合成、代谢相关蛋白的定位信息图（改自Chhajed et al., 2019） 硫代葡萄糖苷（glucos-inolate）简称硫苷，是十字花科植物中的一种重要的次生代谢物，在植物抗虫过程中发挥了重要作用。细胞器及其在该细胞器定位的蛋白质用相同的颜色表示。带"*"的蛋白质的定位信息是预测的，而不带"*"的蛋白质的定位信息是根据文献里的实验确定的。

过RNA的加工才能成为成熟的RNA。RNA的加工也是在细胞核中完成的。

成熟的RNA只有极少数留在细胞核中，而大部分会穿过核膜被输出到细胞质中。也有些RNA甚至被分泌到细胞外，进行更长距离的运输。外泌体是细胞向外分泌RNA的方式之一。细胞外的RNA可能发挥在细胞之间传递信号的作用。

编码蛋白质的mRNA进入细胞质以后，还要进一步发挥功能，要与核糖体上的蛋白质生物合成机器结合，将基因信息翻译成蛋白质。因此，核糖体是蛋白质生物合成的场所。除了植物筛管细胞外，核糖体在植物细胞中是普遍存在的。甚至连叶绿体和线粒体也有自己的核糖体。核糖体和很多细胞器不同，它没有膜包被，主要由RNA和蛋白质构成，因此有时也被称为是核糖核蛋白体，也有少数观点不认为其是细胞器。核糖体一般附着于内质网或游离于细胞质中。

核糖体蛋白具有大小两个亚基（图4-12）。编码蛋白质的mRNA离开细胞核之后，会先结合核糖体的小亚基，再结合核糖体大亚基，从而构成了完整的核糖体。然后，tRNA会将合成蛋白质的原材料氨基酸分子运送到核糖体上用于合成蛋白质。当核糖体完成一条mRNA编码蛋白的合成以后，大小亚基就会再次分开（Tirumalai et al., 2021）。

（2）蛋白质的转运及其发生的亚细胞位置 蛋白质合成以后还要进行转运。蛋白质正确的亚细胞定位，是细胞发挥正常功能的前提。有的蛋白质定位在膜上，如细胞膜和细胞器膜；有的蛋白质定位在水相腔室（细胞质、细胞器机制、双层膜的间隙）中；甚至有的蛋白质定位在细胞壁上，或者彻底达到细胞之外。

不同的蛋白质需要运输到不同的亚细胞位置上才能发挥功能。例如，受体蛋白、离子通道蛋白、转运蛋白等需要嵌入细胞膜上；DNA聚合酶、RNA聚合酶等需要进入细胞核中；很多蛋白酶需要进入液泡中来介导蛋白质的降解回收；过氧化氢酶（catalase）则需要进入过氧化物酶体中以清除过氧化氢；伸展蛋白（extensin）则是定位在植物初生细胞壁中一类富含羟脯氨酸的糖蛋白，以维持细胞壁的结构。

真核生物细胞中含有复杂的亚细胞区室，需要严格控制的蛋白质运输机制，来保证蛋白质能定位到正确的亚细胞位置中。真核细胞中的蛋白质转运主要有两种途径：一个是信号肽（signal peptide）引导的内质网-高尔基体途径，即分泌途径；另一个是游离核糖体途径。通常认为，游离的核糖体与内质网上的核糖体是相同的，主要区别是内质网附着核糖体所合成的新生肽链含有特定的信号肽，被内质网受体识别，将其引导到内质网上，而合成没有这种信号肽的新生蛋白质的核糖体则完全停留在细胞质中（Blobel and Dobberstein，1975）。

分泌途径的核糖体附着在糙面内质网上，其合成的蛋白质进入顺式高尔基体和反式高尔基体等，在所谓的内膜运输系统中被进一步选择、加工、分泌和扩散，最终达到细胞内的特定位置发挥功能。这个途径合成的蛋白质类型主要包括分泌蛋白、膜蛋白和液泡蛋白。另外，与细胞外RNA类似，有的蛋白质也会被运输到细胞外发挥作用，这些蛋白质通常具有酶活性，这一运输过程通常也依赖内质网和高尔基体组成的内膜运输系统。

游离核糖体是游离在细胞质中的，其合成的蛋白质会直接扩散到细胞质中。这个途径合成的蛋白质类型主要包括胞质蛋白、核蛋白和一些细胞器蛋白。根据是否含有特定细胞器的定位信号序列，这些蛋白质会被保留在细胞质中，或者导向特定细胞器，如质体、线粒体、过氧化物酶体，甚至细胞核等。质体和线粒体由于具有复杂的内部结构，通过不同信号肽能使蛋白质停留在不同的亚细胞器区域中，如叶绿体的外被膜、膜间隙、内被膜、基质、类囊体膜、类囊体腔等，以及线粒体的外膜、膜间隙、内膜、基质等。

液泡定位的蛋白质中包括一类特殊的蛋白质，这些蛋白质可以作为植物种子中的一种贮藏物质，也被称为贮藏蛋白，通常贮藏在种子中特化的液泡结构内。这种液泡主要在种子发育阶段形成，其蛋白质组成在生物发育成熟后，逐步转化。贮藏蛋白一般认为是没有活性的，性质上较为稳定，主要作用是为种子发芽阶段提供氨基酸等原料物质和能量，支持幼苗的生长。

另外，从蛋白质转运发生的时间来看，蛋白质转运可分为两大类。第一类是共翻译转运，即翻译和转运同步机制，是指内质网结合核糖体上合成的蛋白质，这类蛋白质的合成和转运是同时发生的，如分泌蛋白的转运。第二类是翻译后转运机制，也就是蛋白质需要从核糖体合成之后先释放，然后才能被转运，如线粒体和叶绿体蛋白质的转运。

（3）分泌途径蛋白的转运和定位　　蛋白质进入不同的亚细胞区室依赖蛋白质本身包含的亚细胞定位信息序列。在分泌途径的共翻译转运中，新合成的蛋白肽链上存在一段引导肽链转运到内质网的多肽，也被称为信号肽。信号肽一般是位于蛋白质N端的13～36个氨基酸残基，其中含有10～15个疏水氨基酸，靠近该序列N端常有1个以上带正电荷的氨基酸残基，在该序列C端靠近切割位点处常有数个具有极性的氨基酸残基。

其中，膜蛋白的定位除了信号肽之外，还依赖一系列疏水氨基酸组成的锚定序列，决定膜蛋白的转运停止及蛋白质插在膜上的方向。膜蛋白分为Ⅰ型蛋白质（N端位于ER腔内、C端位于细胞质）和Ⅱ型蛋白质（N端位于细胞质、C端位于ER腔内）。Ⅰ型蛋白质的信号肽位于N端，可以被剪切，而锚定序列位于C端；Ⅱ型蛋白质的信号序列和锚定序列是结合的，信号序列不能被剪切且一般位于肽链内部，其位置可以决定蛋白质的哪一部分位于膜内侧或膜外侧。

（4）游离核糖体途径蛋白的转运　　游离核糖体上合成的蛋白质是翻译后被转运的。线粒体和叶绿体这两个内共生细胞器本身也含有核糖体，但是只合成很少一部分蛋白质。大多数线粒体和叶绿体蛋白质都是在细胞质游离核糖体上合成的。细胞器表面存在受体蛋白，可以识别新生蛋白质的细胞器定位信号序列，再经过跨膜转运进入细胞器中。线粒体和叶绿体蛋白质所包含的信号序列有三种，包括基质信号序列、膜间隙信号序列及转运停止序列。

叶绿体和线粒体都有双层膜包被。插入细胞器外膜的蛋白质含有基质信号序列和转运停止序列，在蛋白质跨膜运输的过程中，转运停止序列使蛋白质停止转运，从而停留在外膜中。一般认为插入内膜的蛋白质会首先进入基质，然后再插入内膜中。另外，叶绿体中含有类囊体，类囊体蛋白质同时含有基质信号序列和类囊体信号序列。

过氧化物酶体的基质蛋白也是在游离核糖体上合成的。过氧化物酶体的基质蛋白含有两种定位信号。第一种位于蛋白质的C端，包括绝大部分蛋白质，以三肽SKL（Ser-Lys-Leu）为代表，这个信号序列不会被切除；第二种位于蛋白质的N端，在进入过氧化物酶体之后会被切除。

定位到细胞核的蛋白质通过核膜上的核孔进入细胞核，这些蛋白质都含有核定位信号序列，其特征是富含碱性氨基酸且上游有一个脯氨酸（Pro）残基，一般不被切除；有的细胞核蛋白质还会被输出细胞核，这些蛋白质含有核输出信号序列，大约由10个氨基酸残基组成，富含亮氨酸（Leu）。

（5）蛋白质的小泡转运　　小泡转运是蛋白质改变亚细胞定位的一种重要方式。小泡是细胞器的膜局部突起形成小囊泡，小囊泡逐渐与供体膜分离形成独立的小泡。独立小泡脱离供体细胞器之后，携带部分蛋白质并进入另一个细胞器中，从而将蛋白质从一个亚细胞位置转运到了另一个亚细胞位置。已知的小泡有多种类型，如网格蛋白（clathrin）包被的小泡、包被蛋白Ⅰ（COPⅠ）包被的小泡和包被蛋白Ⅱ（COPⅡ）包被的小泡。这三种已知的小泡都参与内质网-高尔基体组成的内膜运输系统。其他细胞器如叶绿体、线粒体、过氧化物酶体之间及内质网之间也很可能存在蛋白质的小泡运输。

（6）蛋白质降解的亚细胞位置　　细胞中大量的蛋白质行使着各种功能维持生命体运转，但是蛋白质也可能因为基因突变、转录或翻译的错误、氧化损伤、错误折叠等原因而失去正确功能。这些功能异常的蛋白质需要及时被降解，否则会危害细胞功能。另外蛋白质的降解也可能是因为生理条件的变化，一些蛋白质不再被需要；或者是因为能量或养分不足，需要回收利用部分蛋白质中的能量和养分。

蛋白质降解有多重途径。首先是依赖泛素（ubiquitin）的蛋白质降解体系。泛素本身是由76个氨基酸组成的肽链，高度保守，在各种真核细胞中广泛存在。泛素可以说是蛋白质降解的"标签"，带有多聚泛素链的蛋白质一般意味着要被蛋白酶体降解。蛋白酶体就是蛋白质降解的主要场所之一。其次是液泡的蛋白质降解。液泡中含有各种酸性水解酶，能降解各种物质，其中包括蛋白质，可以非特异性地降解蛋白质。另外，细胞质中和细胞器内部也存在多种蛋白酶，可以降解蛋白质。

4.1.6　基因组的表观遗传修饰

1. 表观遗传学概述

伟大的分子生物学家沃森（James Dewey Watson）曾经表达过这样的观点：你可以继承的不仅仅只有DNA序列，还有表观遗传信息。表观遗传学是20世纪80年代开始逐渐兴起的一门学科，其兴起来自对进化和发育相关的研究，主要是一些与经典的孟德尔遗传定律不相符的生命现象；一个经典的例子是对X染色体失活的研究。X染色体失活是指在雌性胎盘类哺乳类细胞中，在DNA序列没有任何改变的前提下，两条X染色体中的一条随机失活的现象；该过程主要依赖于一种重要的表观遗传修饰DNA甲基化，后面会详细介绍。

最先使用表观遗传学（epigenetics）这一概念的科学家是康拉德·沃丁顿（Conrad Wadding-ton）；1942年，他把后生论和遗传学合并称为表观遗传学，后续有科学家沿用这一词汇来解释为什么相同基因型（相同的DNA序列）的细胞会产生不同的表型。不同科学家对于表观遗传学的定义是不同的，如Robin Holliday认为表观遗传学是"在复杂有机体的发育过程中，对基因活性在时间和空间中调控机制的研究"；Arthur Riggs及其同事将其定义为"有关引起可遗传的基因功能改变的有丝分裂和/或减数分裂的研究，这些变化以DNA序列改变无法解释"；Adrian Bird将表观遗传学定义为"染色体的构造适应，以便起始、发出信号或保持变构的活性状态"；Daniel E. Gottschling则更加简练地将表观遗传学定义为"非DNA突变引起的可继承的表型变化"；现代生物学则将表观遗传学从分子的角度定义为"在同一基因组上建立并将不同基因表达（转录）模式和基因沉默传递下去的染色质模板变化的总和"。

要想相对全面地理解表观遗传学，还需要先了解我们体内遗传物质DNA的存在方式。与原核生物不同，真核生物的DNA不是裸露存在的，而是与一类叫作组蛋白（histone）的分子结合。每段约147bp的DNA分子可以与一个组蛋白八聚体结合，该八聚体包含两个H2A、两个H2B、两个H3和两个H4，这样结合起来的单元叫作核小体（nucleosome）。核小体是染色质的基本单元，不同的核小体通过连接组蛋白H1形成染色质，并且高度浓缩（高达10 000倍）储存在细胞核中（图4-15）。那么，组蛋白的改变是否会在不影响DNA序列的前提下改变基因表达呢？答案是肯定的。因此，生物体内的表观遗传修饰主要可以分为两大类：DNA分子上的表观遗传修饰和组蛋白分子上的表观遗传修饰。

DNA分子上的表观遗传修饰主要包含以下几类。

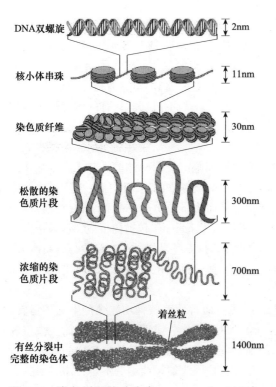

DNA双螺旋　　　　　　2nm

核小体串珠　　　　　　11nm

染色质纤维　　　　　　30nm

松散的染色质片段　　　300nm

浓缩的染色质片段　　　700nm

着丝粒

有丝分裂中完整的染色体　1400nm

图4-15　染色质结构（改自Jansen et al., 2011）
双螺旋DNA分子首先缠绕在组蛋白八聚体上形成核小体，核小体通过适度折叠形成直径为30nm的纤维状结构，这种结构进一步高度浓缩折叠形成染色质（染色体和染色质是同一物质的两种不同形态，染色质是伸展的形态，是遗传物质通常的存在形式；染色体则是染色质高度聚缩形成的结构，一般存在于细胞分裂时期）。

（1）5mC甲基化　　这是最早被发现的可以抑制基因表达的表观遗传机制，细胞内大约有1%的DNA处于5mC甲基化状态，丰度很高。该修饰是由DNA甲基转移酶所催化的，主要负责从头合成5mC甲基化或者在DNA复制过程中维持5mC甲基化。哺乳动物细胞中的5mC甲基化主要发生在CG（C代表胞嘧啶，G代表鸟嘌呤）部分，但植物细胞中的5mC甲基化可以发生在CG、CHG甚至CHH（H代表任意核苷酸）等部分。因此，植物体内5mC甲基化的存在形式和调控更加复杂（Zhang et al., 2018）。

（2）6mA甲基化　　与5mC不同，6mA甲基化则发生在腺嘌呤上。尽管早在20世纪70年代科学家就发现植物中存在6mA DNA甲基化，只是丰度比5mC低，但是6mA DNA甲基化的功能及催化机制研究一直比较滞后（较多的研究都集中在原核生物中）。直到2015年，有三篇发表在生物学著名期刊《细胞》上的研究论文利用灵敏的检测技术，详细阐述了衣藻、果蝇和线虫里6mA DNA甲基化的分布情况。2016年Wu等发表在《自然》上的一篇研究论文证明小鼠体内也是存在6mA DNA甲基化修饰的，这一修饰又重新得到了科学家的广泛关注。6mA甲基化既可以发挥抑制转座子活性的功能，又能促进一些基因的表达，相关的分子机制还有待进一步的研究和揭示。

（3）4acC乙酰化　　DNA的修饰除了5mC和6mA之外，2022年我国科学家在模式植物拟南芥中还发现了4acC乙酰化修饰，并且发现这种DNA修饰主要富集在转录起始位点附近，并且可以促进基因的表达（Wang et al.，2022）。

组蛋白分子上的修饰种类繁多，包括但不限于甲基化、乙酰化、磷酸化、泛素化等，这一系列修饰组成了组蛋白参与表观遗传修饰的组蛋白密码（histone code），细胞可以根据组蛋白修饰的变化在不改变DNA序列的情况下调控靶基因的转录水平（图4-16）。不过值得注意的是，与遗传密码（DNA分析的A/T/C/G）具有广泛的物种通用性不同，组蛋白密码在不同的物种中存在差异，通用性不高。在这里，详细介绍一下甲基化和乙酰化两种组蛋白修饰。

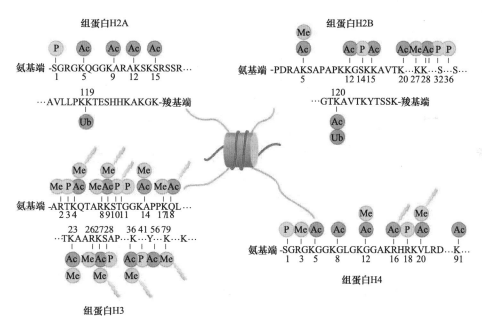

图4-16　组蛋白上常见的表观遗传修饰（改自Rodríguez-Paredes et al.，2011）　P代表磷酸化修饰，Ac代表乙酰化修饰，Ub代表泛素化修饰，Me代表甲基化修饰；这是4种组蛋白上最常见的翻译后修饰类型。如图所示，有些组蛋白上修饰种类和位点比较少，如H2A；而有些组蛋白上修饰种类和位点繁多，如H3。而且，有些氨基酸位点，如组蛋白H3的第9位K既可被Ac修饰也可以被Me修饰，可通过不同类型的修饰来激活或者抑制下游基因的表达。

组蛋白甲基化通常发生在组蛋白尾部的赖氨酸残基上，通常由组蛋白甲基转移酶（histone methyltransferase，HMT）催化发生。组蛋白甲基化是可逆的，也就是存在另一类组蛋白去甲基化酶（histone demethylase，HDM）可以去除赖氨酸残基的甲基化修饰。并且，由于赖氨酸残基上有三个潜在的位点可以被甲基化取代，因此即使在同一个位点也可能存在不同形式的甲基化

（me1、me2和me3；没被甲基化的状态一般表示为me0）。不同位点组蛋白甲基化的功能可能是不同的，如H3K4me2、H3K4me3与H3K79me3一般可促进基因表达，而H3K9me2、H3K9me3、H3K27me2、H3K27me3和H4K20me3则抑制基因表达。

与甲基化类似，组蛋白乙酰化也主要发生在赖氨酸残基上，而且也是可逆的：组蛋白乙酰转移酶（histone acetyltransferase，HAT）催化组蛋白的乙酰化，组蛋白脱乙酰酶（histone deacetylase，HDAC）负责乙酰化的去除。这里需要注意一个问题，由于甲基化和乙酰化都发生在赖氨酸残基上，因此在同一个赖氨酸位点会存在竞争关系；一般认为，在同一个赖氨酸位点上甲基化和乙酰化是互斥的。组蛋白乙酰化可以被含有溴区结构域的蛋白质所识别，而且通常的作用是增强靶基因的转录，这是因为乙酰化所带有的负电荷可以削弱组蛋白与DNA的结合能力，从而使得染色质变得比较松散，转录因子等可以更加容易地与DNA分子接触和结合，启动转录。

尽管大量的表观遗传修饰相关的研究集中在人类重要疾病的发生等生理过程，但植物中的相关研究对表观遗传学的建立和发展发挥了关键性的作用。在表观遗传学建立的早期，植物中发现了一系列暗示基因表达存在表观遗传修饰调控的现象：个体基因存在亲本印记（imprinting）、"反常整齐花"、植物转基因过程中存在同源性依赖的基因沉默（也叫"共抑制"）、玉米转座子与籽粒颜色的研究等。其中，Barbara MacClintock在美国冷泉港实验室期间开拓性地开展了玉米籽粒颜色的不稳定遗传并发现了转座子，并因此荣获了1983年的诺贝尔生理学或医学奖。不仅如此，哺乳动物系统受限于无法快速大量地构建突变体，而构建植物突变体库的方法（物理诱变、化学诱变等）则相对简单并且模式植物拟南芥可以自交获得突变的纯合个体；因此，利用正向遗传学的方法在植物中鉴定到了一系列表观遗传调控因子，大大促进了人们对表观遗传修饰功能的理解。

2. 动植物中存在显著差异的两种表观遗传修饰

（1）植物5mC DNA甲基化 与动物中5mC主要发生在对称性的CG碱基序列不同，植物中的5mC DNA甲基化可以发生在任意C碱基（CG、CHG和CHH）上。模式植物中的研究表明，植物中至少存在三条5mC甲基化的维持途径：①MET1（methyltransferase 1）途径。MET1与动物中负责5mC甲基化的酶DNMT1同源，主要介导植物体内CG位点的5mC修饰。②DRM1/2（domains rearranged methylase 1/2）。DRM1/2与动物中的DNMT3a/3b是同源蛋白，可以介导植物体内所有位点的甲基化修饰。③CMT3（chromomethylase 3）。CMT3是植物特有的催化5mC DNA甲基化的酶，主要介导CHG位点的5mC甲基化。RdDM（RNA-directed DNA methylation）途径是植物特有的一种可以从头产生5mC DNA甲基化修饰的生物学过程，主要的作用是抑制转座子（transposon，Tn）及其附近相关基因的表达。RdDM途径可以概括为两个过程：首先是在一系列蛋白质的辅助下，植物特有的RNA聚合酶Pol Ⅳ（RNA polymerase Ⅳ）催化合成可以与沉默附近区域匹配的24个核苷酸长度的小RNA（small RNA，sRNA）；然后，该小RNA会被装载到一类叫作AGO（argonaute）的蛋白质上形成AGO-sRNA复合物，该复合物可以与另一个植物特有的RNA聚合酶Pol Ⅴ（RNA polymerase Ⅴ）产生的RNA互补配对，招募DRM2甲基化附近的基因组DNA。RdDM途径不仅可以维持转座子的沉默和基因组稳定性，而且也参与到植物生长发育，如开花、胁迫响应等生理过程中（Erdmann and Picard，2020）。

（2）植物组蛋白H3的27位赖氨酸单甲基化（H3K27me1）修饰 很多有关组蛋白H3甲基化的研究都集中在第27位赖氨酸，而且无论是在植物还是动物中，主要集中研究三甲基化也就是H3K27me3。H3K27me3无论是功能还是催化方式在动植物体内都具有极大的相似性：均由多梳抑制复合物2（polycomb repressive complex 2，PRC2）介导催化且动植物中H3K27me3的催化亚基［植物中的CLF、SWN和MEA蛋白，果蝇中的E(z)蛋白和人类中的EZH1和E2H2蛋白］具有一定的同源性，通常的作用是抑制基因表达。与H3K27me3不同，动植物中的H3K27me1具有明显差异：①催化的酶不同。植物体内是一类植物特有的甲基转移酶ATXR5/6（*Arabidopsis trithorax-related protein 5/6*），动物体内则还是由多梳抑制复合物2介导。②功能不同。植物体内H3K27me1修饰主要集中在染色中心（chromocenter）位置进而抑制转座子的表达和跳跃，而动物体内H3K27me1修饰则分布在活跃转录的基因中并且促进转录的发生（Jacob and Michaels，2009）。

4.2　DNA层面的检测技术

4.2.1　全基因组测序技术

在全基因组测序技术发展之前，人们可以通过荧光染料如碘化丙啶（PI）、DAPI等对细胞核进行染色和荧光定量，配合流式细胞仪进行基因组大小的测定和估算。然而，这种方法受到染色时间、取材部位、DNA含量标准物等因素的影响，因而会有一定的误差。全基因组测序技术的发展为基因组大小的准确测定提供了更加可靠的技术手段。本小节将重点介绍全基因组测序技术相关的基本概念及三代测序技术的发展。

全基因组测序可以帮助科学家从基因组的层面（而非单个基因）挖掘作物优良农艺性状及人类遗传疾病相关的DNA变化，这大大提高了鉴定主基因的效率和准确度。在全基因组测序技术大规模运用之前，图位克隆是锁定目的DNA变化的常用手段。图位克隆的原理是寻找与目的DNA变化紧密连锁的分子标记，从而将靶标锁定在一个较小的范围之内。分子标记通常不是一个基因，而是一段DNA序列，依据限制性片段长度多态性或核酸杂交技术等建立。然而，即使目标DNA变化被锁定在一个相对较小的区域内，该区域仍然会包含几十万个碱基，通过外显子捕获等手段准确定位靶DNA序列依旧非常困难且耗时耗力。

全基因组数据的产生则让图位克隆变得相对简单。例如，科学家在有全基因组数据之前要花费15年获得10个可能的癌基因，而有了全基因组数据之后只需要几个月就可以锁定100多个可能的癌基因，效率大大提高。在植物学、作物学等的研究中也是类似的，全基因组数据的产生使得基因定位、功能研究等都变得相对容易。全基因组测序技术在测序手段、成本等方面均经历了良久的发展，总体而言可以概括为三代测序技术。第一代测序技术也就是Sanger测序。Sanger测序的原理是利用双脱氧核苷酸进行随机的链终止反应，然后结合高分辨率的聚丙烯酰胺凝胶电泳（可以区分单个碱基大小的差异），对DNA的序列进行测定。基于第一代测序技术的全基因组测序策略有细菌人工染色体（bacterial artificial chromosome，BAC）技术和全基因组鸟枪法（whole genome shotgun，WGS）。拟南芥、水稻及玉米的参考基因组是通过BAC-by-BAC的策略进行测定的，而大豆、二穗短柄草则采用的是WGS策略。BAC策略具有更高的准确度和完整性，然而费时费力；WGS因为无法区分基因组上相似度很高的DNA序列，因而准确度和完整性稍低。总体而言，无论是BAC策略还是WGS策略，都很难实现高通量测序。第二代短读长测序技术则克服了通量不高这一难题，因此也被称为高通量测序。运用第二代测序成功测定了黄瓜、油菜、棉花等作物的基因组序列。第二代测序有两种原理：一种是边连接边测序，另一种是边合成边测序。目前，更广泛运用的是边合成边测序，即通过构建DNA文库、预扩增、单碱基延伸等步骤实现同时对4万条DNA分子进行测定，再辅助专业的生物信息分析，达成测序通量的显著提高。但是，第二代测序建库过程由于涉及DNA聚合酶链反应（PCR）扩增的过程，因而会产生一定的序列偏好性，同时也存在无法有效区分重复序列的缺点。第三代测序技术，也叫作单分子测序，其最大特点就是对单个DNA分子直接进行测定而不需要通过PCR扩增过程，其也是迄今读长最长的测序技术。第三代测序以SMRT芯片为测序载体，用四色荧光标记4种碱基，通过测定不同碱基加入导致的不同荧光来判断碱基的类型。因此，第三代测序可以在相对高通量的基础上，克服第二代测序所得基因组不连续的问题，同时也被成功运用于与作物优良农艺性状相关的基因组DNA结构变异（SV）的鉴定中。例如，近期的一项研究对野生番茄（*Solanum pimpinellifolium*）进行三代测序，同时将野生番茄基因组与现代栽培番茄'Heinz 1706'进行对比，鉴定到了92 000多个SV，这些SV主要与果实重量和风味相关（Wang et al., 2020）。SV的鉴定及其在作物农艺性状驯化过程中的作用在很大程度上依赖于第三代测序，这个优势是第一代和第二代测序所不能比拟的。

4.2.2　蛋白质-DNA相互作用检测手段

1. 滤膜结合

滤膜结合法的基本原理是硝酸纤维素膜（NC膜）可以结合蛋白质，但是不能与裸露的DNA结合。因此，将目的DNA分子加以标记（如放射性同位素），然后与感兴趣的没有任何标记的转录因子在体外进行孵育，最后将转录因子-DNA分子通过NC膜并检测NC膜上是否有相应的DNA分子标记：如果有，则说明转录因子可以结合DNA分子；如果没有，则说明不能。滤膜结合法是一种体外检测蛋白质-DNA直接相互作用的方法。

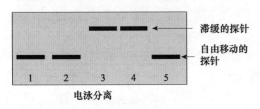

图4-17　凝胶滞缓实验原理图（改自Rowe et al., 2015）　根据DNA分子在凝胶电泳时运动速率的不同，可以体外检测DNA分子与转录因子是否特异性结合。第1列是负对照，只加入了标记过的探针A，没有加任何蛋白；第2～5列均加入了目的蛋白：第2列加入了不能与目的蛋白结合的标记探针B；第3列加入了可以与目的蛋白结合的标记探针A；第4列同时加入了可以与目的蛋白结合的标记探针A及10倍含量的不能与目的蛋白结合的非标记探针B；第5列加入了可以与目的蛋白结合的标记探针及10倍含量的可以与目的蛋白结合的非标记探针A。

2. 凝胶滞缓实验

凝胶滞缓实验（EMSA）是在体外验证转录因子（或者转录因子的DNA结合域）是否与相应启动子存在直接结合的另一种常用检测技术。其原理是DNA分子与蛋白质结合之后，在进行凝胶电泳时运动速率会显著下降。该技术需要在体外表达和纯化相应的转录因子蛋白，同时还需要合成一段被标记（如生物素标记等）的包含潜在结合序列的启动子DNA片段。在体外孵育过程中，如果转录因子可以与该启动子DNA片段结合，那么该DNA分子由于结合了蛋白质，在电泳时迁移速率会显著下降。通过检测生物素的信号即可以显示出是否存在迁移速率下降的DNA分子，就可以判断相应的转录因子是否可以与该启动子DNA结合。同时，在反应体系中也可以加入能够识别感兴趣转录因子的抗体，抗体的结合会让DNA分子的迁移速率产生进一步的下降（图4-17）。

3. 足迹法

足迹法（footprinting）依据DNA电泳条带连续性中断的图谱特点来判断蛋白质与DNA结合的区域。常见的足迹法是DNase足迹法（DNase footprinting），该方法基于的原理是当蛋白质与

DNA结合之后，结合部位的DNA会受到保护，无法被DNaseⅠ切割。首先，将双链DNA分子进行单链末端标记，然后将标记的DNA分子与蛋白质进行体外孵育，进而用DNaseⅠ处理蛋白质-DNA复合物（同时设置没有与蛋白质孵育的DNA分子作为对照），最后对切割后的DNA进行回收、纯化和聚丙烯酰胺凝胶电泳，对比分析蛋白质与DNA是否可以结合及结合部位。

与以上两种方法相比，足迹法不仅可以验证蛋白质分子是否可以与DNA进行结合，还能够根据蛋白质足迹获得蛋白质与DNA的结合区域。在以上三种方法中，体外只有转录因子和相应的DNA片段在缓冲液中进行孵育，因此可以验证转录因子是否可以直接（而不是通过第三个因子）与相应的DNA片段结合。但是，这些方法也有局限之处，如有些转录因子在体外很难表达纯化获得有活性的重组蛋白，因而无法用于这些技术。另外，由于该技术主要检测转录因子与DNA之间的直接结合水平，如果转录因子是通过第三个因子进而发挥结合启动子DNA功能的，则无法被该技术检测。这种情况下，就需要用到另外一种更加可靠的检测体内转录因子与启动子DNA结合的技术手段，也就是染色质免疫沉淀（ChIP）。

4. 染色质免疫沉淀

染色质免疫沉淀（chromatin immunoprecipitation，ChIP）可以看作转录因子（或者其他转录调节因子）在体内是否结合DNA的"金标准"，在真核生物的转录调控研究中得到了非常广泛的应用。ChIP实验需要有相应转录因子的内源抗体，或者将转录因子融合标签在植物体内表达。该技术的大致流程包含以下几个方面：第一部分是植物组织材料的固定处理，用甲醛将蛋白质与DNA进行化学交联（如果转录因子可以与某段DNA结合，那么此时转录因子蛋白就与DNA相应区段共价连起来了）；第二部分是细胞核的纯化、提取及裂解，通过蔗糖密度梯度离心可以纯化获得纯度较高的细胞核从而去除胞质蛋白的潜在影响，然后通过细胞核裂解释放结合了蛋白质的染色质DNA；第三部分是通过超声波破碎，将染色质DNA破碎为150～500bp的片段，并通过离心去除不可溶的细胞核膜等成分；第四部分是用相应的抗体富集感兴趣的转录因子（此时与转录因子结合的DNA片段也会被一起富集），并通过一系列的缓冲液进行冲洗以去除非特异结合的DNA片段；第五部分是染色质DNA片段的溶解和解交联，首先通过蛋白质变性缓冲液溶解富集下来的转录因子-DNA混合物，然后在高盐（如氯化钠）缓冲液中65℃处理过夜从而打断转录因子与DNA之间的化学键（解交联），此时被富集下来的DNA片段将会溶解在上清液中；第六部分是DNA片段的回收和检测，通过酚-氯仿抽提或者专用的ChIP DNA片段回收试剂盒从上清液中回收富集的DNA片段；最后通过实时荧光定量PCR对富集的DNA片段进行分析检测或者通过高通量测序鉴定感兴趣蛋白质的DNA结合区域（图4-18）。

5. CUT&RUN

CUT&RUN（cleavage under target&release using nuclease）是新近发展起来的一种可在体内检测蛋白质-DNA相互作用的手段，发表于2017年，由Fred Hutchinson癌症研究中心的Steven Henikoff实验室建立。CUT&RUN的基本流程为：细胞核的分离及抗体孵育、用交联了微球菌核酸酶（micrococcal nuclease，MNase）的protein A寻找并切割抗体结合的DNA区域产生DNA片段、DNA片段的回收和高通量测序。由此可见，与ChIP类似，CUT&RUN也需要抗体来识别感兴趣蛋白质，但与ChIP的不同之处在于以下几点：①CUT&RUN不需要DNA-蛋白质的交联、解交联、染色质破碎和免疫沉淀等步骤，因此操作时间大大缩短；②CUT&RUN用protein A交联MNase来切割感兴趣蛋白结合的DNA分子，产生DNA片段用于高通量测序，而不需要通过免疫沉淀的步骤；③CUT&RUN的信噪比更高，需要的测序深度较低，可以节约测序成本。

图4-18　染色质免疫共沉淀ChIP流程图（改自Nakato et al.，2021）　将蛋白质与DNA进行交联后，利用超声将DNA分子打断成小片段，用目标抗体富集目的蛋白和DNA复合体，最后将富集到复合体解交联，纯化DNA分子进行建库测序和数据分析获得转录因子或者某种组蛋白修饰在染色质上富集的位置。

6. 酵母单杂交

酵母单杂交（yeast 1-hybrid，Y1H），顾名思义是利用酵母为载体，对转录因子与启动子DNA序列的结合进行检测。与其他技术不同，该技术利用报告基因来显示蛋白质与DNA之间的结合能力。这项技术需要两个载体，一个是表达转录因子的载体（效应载体），另一个是带有报告因子的载体（报告载体）。效应载体可以利用酵母内有活性的启动子表达感兴趣的转录因子并且融合转录激活域；报告载体的一般结构是靶基因启动子＋报告基因，用于指示转录因子是否能与靶基因启动子区域结合。不同系统所用的报告基因不相同，如有些系统采用β-半乳糖苷酶（LacZ），如果转录因子可以与启动子区域结合，那么LacZ会被激活表达，以5-溴-4-氯-3-吲哚-β-D-半乳糖苷（X-gal）为底物时，会显示蓝色；有些系统则采用一种编码必需氨基酸组氨酸（HIS）的基因为报告基因，如果转录因子可以与启动子区域结合，那么*HIS*基因会被激活，酵母可以自身合成足够的组氨酸，从而酵母可以在缺乏组氨酸的培养基上生长。酵母单杂交的优势在于酵母繁殖速度快，实验周期短，操作简便、易于掌握，而且成本较低；劣势在于启动子区域包含的基本元件可能在酵母中是保守的，因此自激活（只将报告载体转入酵母体内报告基因也可以被激活的现象）程度比较高，这加大了实验结果的分析难度。

4.2.3　染色体构象捕获技术

染色体构象捕获（chromosome conformation capture，3C）是分析染色质三维状态的一种关键技术。由于染色质在细胞核内要进行高度浓缩以便于储存，这就会导致两条不同的染色体空间距离实际上很近，因而一条染色体上的调节元件（增强子或沉默子等）可能会影响另一条距离很近的染色体上的基因表达。为了研究不同染色体之间的这种互作关系，2002年Job Dekker等发明了3C技术，后续又逐渐衍生出了4C、5C和Hi-C等技术。基于3C的染色体构象捕获技术一般都包含以下步骤：①交联，将存在交叉互作的两条染色体分析黏结起来；②限制酶消化，将交联DNA和未交联DNA分离；③分子内连接，将交联的两条DNA的末端连接成环；④解交联，让环化的DNA分子重新变为线性；⑤建库测序，定量或者半定量分析两条染色体之间的相互作用情况。这几种技术在检测能力上有以下不同：3C主要检测点对点的染色体互作，4C捕捉的是一个位点与其余染色体的互作情况，5C可以捕捉多位点之间的染色体互作，而Hi-C则理论上可以检测所有的染色体互作情况。

4.3　RNA水平基因表达的检测

4.3.1　RNA印迹（Northern blot）

RNA印迹实验是1977年由James Alwine等研发的用放射性标记的DNA探针直观检测RNA表达量的方法，由于其原理与DNA印迹（Southern blot）实验类似，因此此技术被称为Northern blot。RNA印迹实验的主要原理是先将RNA通过变性琼脂糖凝胶电泳根据分子大小进行分离，然后转移至尼龙膜或者硝酸纤维素膜上，再利用DNA与RNA分子杂交的特性，使其与标记的特异性DNA探针进行杂交，最后通过放射自显影，以检测相同目的基因在不同组织器官或者不同目的基因在相同组织器官中的表达水平。主要过程包括RNA变性琼脂糖凝胶电泳、变性RNA转移至膜上、探针标记、杂交与放射自显影。

（1）RNA变性琼脂糖凝胶电泳　　与DNA不同，由于RNA多为单链，极易通过分子内碱基配对形成二级结构，因此需要在变性条件下进行电泳。常用的变性剂为甲醛、乙二醛、甲基氢氧化银和二硝基亚砜，其中甲醛琼脂糖凝胶电泳最为常见。可在RNA样品中和配制琼脂糖凝胶时各加入适量甲醛，使RNA在电泳过程中由于甲醛的存在而阻止链内碱基配对保持变性状态。一般会选择一条泳道加入RNA分子量标志物，在电泳结束时将其切下，经过染色后用紫外线照射并拍照，以用于后期查询目的基因的分子量大小。

（2）变性RNA转移至膜上　　电泳结束后，用不含RNase的溶液多浸洗几次以除去甲醛，然后将变性的RNA转移至尼龙膜或者硝酸纤维素膜上。按照滤纸、胶、膜、滤纸的顺序制成三明治状，排出中间的气泡，标记好胶的方向和上样顺序，用转膜仪将RNA转移至膜上。转膜结束后，将膜取出，清洗晾干，用紫外成像仪对RNA和膜进行紫外交联，以备后续探针杂交。

（3）探针标记　　Northern blot最初多采用同位素标记探针，后来又发展出了生物素探针和地高辛标记探针等，此处主要介绍同位素探针的标记方法。由于RNA印迹所需要的探针一般比较长，因此多用随机引物法来制备带标记的探针，其原理是在反应体系中加入目的基因的DNA模板、随机引物、DNA聚合酶、不带标记的dNTP及带有放射性^{32}P等标记的dNTP等，使得标记均匀分布于新合成的DNA产物全长中。在杂交试验前，可对探针的特异性进行检测，选择特异性高的探针进行后续反应。

（4）杂交与放射自显影　　配制杂交液，先将膜置于杂交液中进行预杂交，以封闭膜上的非特异性结合位点，减少非特异性反应。由于随机引物法合成的探针为双链DNA，在杂交之前需要高温变性为单链DNA后，再与膜进行杂交。杂交结束后，洗去未结合的过量探针，以减弱背景，吸去膜上水分后在暗室中用X射线压片或化学发光仪成像并分析结果。为了排除由于样品间上样RNA总量的不同造成的结果误差，一般会在实验中加入UBQ、Tubulin等表达量相对稳定可以作为对照的探针与目的基因探针同时或者分开杂交。

RNA印迹实验所需要的RNA量特别大，而且操作流程非常烦琐、检测低丰度RNA的分辨率也很低。尽管如此，在PCR反应被发明之前，RNA印迹一直是进行RNA定量的常用手段。

4.3.2   RT-PCR 与 RT-qPCR

1. RT-PCR（半定量）

RT-PCR 即 reverse transcription PCR（反转录聚合酶链反应），主要用于定性和半定量检测目的基因的表达水平。基本原理是将基因的转录产物 mRNA 反转录成稳定的 cDNA，然后利用特异性引物进行一定循环数的 PCR 扩增，通过产物的多少来反推基因的初始表达水平。

由此可见，RT-PCR 两个核心流程是反转录和 PCR 扩增。根据是否将两个核心流程分开在两个离心管中进行，RT-PCR 可以进一步分为一步法和两步法。一步法，顾名思义，是在一个离心管中加入反转录和 PCR 扩增所需的试剂等，在同一个离心管中完成两个流程；而两步法中，反转录和 PCR 扩增是在两个离心管中分别进行的。两个方法各有优缺点：一步法由于减少了样品的转移等过程，可以降低实验误差，但是 RNA 容易被降解；两步法的缺点是流程相对烦琐，优点是第一步反转录产生的 cDNA 样品后续可以被用于多种基因表达量的检测，同时准确率也更高。下面主要介绍两步法的基本过程：RNA 提取、反转录 cDNA 合成、引物设计、PCR 和琼脂糖凝胶电泳。

（1）RNA 提取   常用的有 Trizol 法和相应的试剂盒提取法，可根据相应的实验目的，进行试剂盒的选择。RNA 提取结束后，要对 RNA 的质量进行检测，确保 RNA 完整且不含 DNA 污染。首先要用分光光度计测定 RNA 的浓度及 OD_{260} 和 OD_{280}，OD_{260}/OD_{280} 为 1.8～2.0 时表明 RNA 纯度较高。然后取适量的 RNA 进行电泳，此时要尽量保证电泳槽和电泳液的清洁度，并适当减少电泳时间（如 5～10min），防止电泳过程中 RNA 降解，完整无降解的植物 RNA 应能看到 28S、18S 和 5S 三条清晰的条带。

（2）反转录 cDNA 合成   真核生物 mRNA 的 3′ 端基本都含有 polyA（一串连续的 A 碱基）序列，因此反转录主要有随机引物法和 oligo $dT_{12～18}$ 两种，若实验目的只是克隆特定基因，也可以用基因特异的引物进行反转录。在反转录完成之前，所有的实验用品、试剂都应经过 RNA 酶抑制剂的处理，并在 RNA 提取完成后要尽快进行反转录，避免 RNA 的降解。

（3）引物设计   RT-PCR 需要设计分析目的基因和内参基因的特异性引物。内参基因多为管家基因，在不同发育时期和不同器官中表达相对稳定，常用的内参基因有 *β-actin*、*GAPDH*、*18S* 等，若常用内参基因都不合适，也可根据表达谱测序结果选择其他合适的内参基因。在设计目的基因的特异性引物时，如有内含子，最好使引物横跨内含子，以减少 DNA 污染对结果的影响，同时要通过序列比对，确保引物的特异性。

（4）PCR   每个样品根据 RNA 浓度的测定结果取等量的总 cDNA 进行扩增。RT-PCR 对引物扩增的产物长度没有特殊的要求，可根据产物的长度和 DNA 聚合酶的扩增效率设置合适的延伸时间。

（5）琼脂糖凝胶电泳   PCR 完成后，一般取等量的扩增产物进行琼脂糖凝胶电泳和溴化乙锭（EB）染色，并根据条带的强弱判断基因的初始表达水平（图 4-19A）。这种方法虽然比较直观，但是对基因表达水平变化的定量不够精确。

2. RT-qPCR（相对定量）

RT-qPCR 即反转录-实时荧光定量 PCR，主要用于精确定量检测目的基因的表达水平变化。其主要原理与 RT-PCR 类似，不同的是 RT-PCR 通过琼脂糖凝胶电泳条带的强弱来判断扩增产物的多少，而 RT-qPCR 是通过在扩增产物中加入荧光染料或荧光探针，通过荧光强度的具体测定数值从而精确地计算目的基因的初始表达值。SYBR green 是最广泛使用的荧光染料，可以结合到双链的 DNA 产物中，随着 PCR 扩增，双链产物不断增加，荧光信号逐渐加强，进而通过荧光信号的收集实时检测 PCR 的进程。其主要过程也与 RT-PCR 类似，包括 RNA 提取、反转录 cDNA 合成、引物设计、qPCR 和数据分析。其中 RNA 提取、反转录 cDNA 合成与 RT-PCR 完全相同，以下将着重介绍引物设计、qPCR 和数据分析三个部分。

（1）引物设计　　与 RT-PCR 不同，RT-qPCR 由于延伸时间较短，对引物的扩增产物长度有一定的要求，一般要求在 80～200bp，根据延伸时长的不同选择合适的引物。引物的特异性可以通过熔解曲线进行判断。在 qPCR 扩增结束后，一般会设置一个熔解曲线测定的程序，一般是 65～95℃逐渐升温，如 0.5℃/5s，并实时采集荧光信号，随着温度的升高，双链 DNA 逐渐解链为单链 DNA，荧光强度逐渐减弱，最终可得到一半双链 DNA 解链时的温度即 T_m 值。在得到熔解曲线图后，若只有一个单峰说明只有一种特异性产物，引物质量较好，若出现双峰或者杂峰，则说明有非特异性产物或者引物二聚体，需要对产物进行优化。T_m 值也是产物中 GC 碱基对含量的体现，一般 GC 含量越高，T_m 值越高，RT-qPCR 中，扩增产物的 T_m 值在 60℃附近较好，可以在引物设计时选择产物的 T_m 值在 60℃附近的引物。

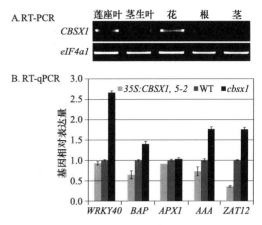

图 4-19　RT-PCR 和 RT-qPCR 代表性可视化结果（改自 Yoo et al., 2011）A. RT-PCR 检测 *CBSX1* 基因在不同器官中的表达量，*CBSX1* 基因在莲座叶和花中的表达量较高，在茎生叶、根和茎中几乎无表达；*eIF4a1* 基因是内参基因，其在各样品中条带强度相同，说明各个样品所用的初始 RNA 量相同，佐证 *CBSX1* 基因表达量的变化的确是各器官之间的表达量差异。B. RT-qPCR 检测不同基因在 *CBSX1* 过表达（*35S: CBSX1*）、野生型（WT）和 *cbsx1* 突变体（*cbsx1*）中的表达量。与野生型（深灰色柱）相比，*WRKY40*、*BAP*、*APX1*、*AAA*、*ZAT12* 5 个基因都是在过表达（浅灰色柱）中表达量降低，而在突变体（黑色柱）中的表达量升高；各基因在野生型（WT）中的表达量归一化为 1.0，其余样品中的表达量表示为三次生物学重复的平均值 ± 标准差。

（2）qPCR　　目前市面有多种 qPCR 仪器和试剂盒。不同的仪器和试剂盒反应体系的配制和反应程度的设定大同小异。反应体系主要包括 DNA 聚合酶、染料、cDNA、引物等，根据仪器的不同有 10μL 和 20μL 两种反应体系。反应程序主要有两步扩增法和三步扩增法两种。两步扩增法即在变性后，将引物退火和延伸反应合二为一，在每次延伸结束后进行荧光信号的采集，这是目前 RT-qPCR 主流的扩增方式。但是，对于 mRNA 丰度较低或者 T_m 值较低的扩增产物可尝试三步扩增法。

（3）数据分析　　在理解了 qPCR 的原理之后，数据分析相对就容易多了。一般 qPCR 都会包括内参基因和目的基因，实验组和对照组等多组比较条件，每个条件会设置至少 3 个重复，取 3 个重复的平均值进行计算。机器程序完成后，会得到一组 C_q（或者 C_t 值），这个值是对荧光强度设置一定的阈值后，每个样品在达到该荧光强度时所经过的扩增循环数。C_q 值越小，表明基因的初始表达量越高。根据指数期产物的扩增公式 X^{2C_q}（X 为基因的初始表达值），最终得到 $X_{目的基因}/X_{内参基因}=2^{-\Delta C_q}$，$\Delta C_q = C_{q目的基因} - C_{q内参基因}$。此时得到的是目的基因的表达量占内参基因表达量的百分比，是目的基因针对内参基因的标准化，以校正不同样本间模板 cDNA 总量的差异。接下来要分析实验组与对照组基因的表达变化，会将对照组基因的表达值设为 1，因此，实验组的相对表达量为$(X_{目的基因}/X_{内参基因})_{实验组}/(X_{目的基因}/X_{内参基因})_{对照组}=2^{-\Delta\Delta C_q}$，$\Delta\Delta C_q=\Delta C_{q实验组}-\Delta C_{q\ 对照组}$（图4-19B）。

4.3.3   报告基因的表达

报告基因（reporter gene）是在分子生物学研究中，研究人员添加到研究对象体内的一个"外源基因"，其通常是为了较为方便地观测研究对象的一些生命特征。其中，GUS和GFP等可以显色或者激发荧光的因子，在现代分子生物学中经常被用作启动子表达强度、部位和发育时期的检测。该方法的原理是利用靶基因启动子来启动报告基因GUS或GFP mRNA的转录，然后通过检测GUS活性或者观察GFP荧光，来表征启动子的表达部位或者强度等信息。简单的步骤如下：将感兴趣靶基因的启动子区域（转录起始位点前2～3kb的DNA序列）通过分子克隆的方式构建到GUS或者GFP编码序列的5′端，然后通过农杆菌侵染的方式将包含整个表达元件的载体转到植物基因组上，在特定的发育时期或者环境条件下进行GUS染色实验或者观察GFP的荧光。这种检测手段的优势在于操作相对简便，GUS染色或者GFP荧光观察手段都非常成熟，既可以显示组织器官层面的表达差异，又可以通过显微镜观察组织器官中细胞特异性表达情况，应用非常广泛。但是，该方法也存在一定的缺陷或者不足：启动子的表达往往还受到周围染色质环境的调控，因此转基因所插入位置的染色质环境也许不能准确模拟内源基因的情况；同时这种检测方法的结果往往也会受到所截取启动子片段长度的影响，因而也具有一定的不准确性。

4.3.4   RNA原位杂交

RNA原位杂交（RNA *in situ* hybridization）是一种用于检测RNA在组织细胞内表达部位和相对丰度的染色技术。这项技术不但可以反映RNA的表达丰度，还可以显示RNA在体内的表达时期、部位等信息，是一项较为全面的RNA表达分析手段，操作难度也相对较高。其基本原理是利用与特异RNA目标序列互补的标记性探针，与组织细胞内的目标RNA杂交，形成稳定的RNA-RNA杂交双链，进而显色成像以观察目标RNA的表达部位和相对含量。根据探针标记的不同，可分为直接标记法和间接标记法两种。直接标记法，即用放射性标记等直接结合在探针RNA上，待杂交完成后，不需要后续酶促或抗体反应即可直接显影成像，该方法敏感度较高，但信号维持时间较短，且操作过程中要严格做好保护措施。间接标记法，即用生物素或者地高辛等抗原分子标记探针，杂交结束后，再用带标记的特异性结合蛋白或特异性抗体通过酶促反应或免疫荧光反应使探针显色用于成像观察，该方法信号持续时间较长，且操作安全简单，敏感性也能符合实验要求。本节将以地高辛标记探针为例，介绍RNA原位杂交的过程。地高辛标记的RNA原位杂交，是将目的RNA与带有地高辛标记的单链RNA探针杂交形成杂交复合物，然后地高辛再与酶联地高辛抗体结合，加入显色底物后，发生酶促反应，从而显色观察目的基因的分布。

1. 组织切片制备

组织切片制备包括固定、脱水、透明、浸蜡、包埋、制片等过程。

（1）固定   固定的主要目的是用固定液穿透细胞，从而迅速杀死细胞，保持细胞原有的结构，使后续观察的信号与活细胞保持一致。常用的固定液有乙醇、甲醛和冰醋酸等，为了达到较好的穿透力并减少变形，常将多种固定液混合配制成混合固定液。FAA固定液是植物组织最常用的混合固定液，主要由乙醇、甲醛和冰醋酸按照一定比例配制。为确保固定液完全渗透植物组织，可用抽真空的方法，使组织彻底浸润，然后再浸泡在固定液中。

（2）脱水   植物组织中含有大量的水分，水和石蜡不能相溶，影响后续包埋时石蜡进入组织内部，因此需要使用脱水剂去除所有水分，即脱水过程。最常用的脱水过程是经过从低到高的乙醇浓度梯度，一般从 50% 开始，到无水乙醇完全脱水，脱水时间根据组织类型和大小而调节，一般每个浓度溶液中放置 1～2h。

（3）透明　　材料脱水后，再用二甲苯对材料进一步脱水和去乙醇。先置于乙醇和二甲苯的混合溶液中，再置于纯二甲苯中换 1～2 次，每次 0.5～2h，根据材料而定。在该步骤中可以看出脱水效果，如果脱水彻底，组织会变成透明状态。

（4）浸蜡　　组织经过透明处理后，其中的脂类等会在脱水剂的作用下溶解，留下许多空隙，会影响后续的切片过程。因此需要经过浸蜡步骤，使石蜡在二甲苯的诱导下浸透到组织内部取代二甲苯并提供支撑作用，使组织在后续的包埋冷却中不至于变形和塌陷。整个浸蜡过程均在恒温箱中进行，持续大约 2d。

（5）包埋　　包埋是使浸透蜡的组织块包裹在石蜡中，并冷却成蜡块。将融化后的纯蜡和组织置于准备好的模具中，用加热的镊子迅速调整好组织的位置和方向，并赶走组织周围的气泡，将模具放入冷水中，使其迅速凝固。取出蜡块后，标记好样品和编号等信息。

（6）制片　　用刀片对已包埋好的蜡块边缘进行修块，使组织位于蜡块中央，且蜡块表面平整均一。将蜡块底部粘至载蜡器上，用切片机切成所需厚度的连续蜡带，取符合要求的切片粘在载玻片上并伸直、展平。在展片台上放置几个小时，待多余水分干燥后放置于切片盒中待用。由于 RNA 原位杂交过程中，RNA 容易降解，切好的切片不能放置太久，也可以暂停在包埋步骤，待探针等其他步骤准备好之后再进行切片。

2. 探针合成

探针的设计与合成是原位杂交过程中非常重要的环节，可能需要根据实验结果对探针进行多次调整。RNA 杂交探针多以 cDNA 为模板转录而来。杂交所用的探针要具有非常高的特异性，且长度为 150～200bp，超过此长度的探针需要进行水解。探针的制备包括模板的克隆与线性化、探针的转录及探针检测三个主要部分。

（1）模板的克隆与线性化　　模板 cDNA 中要避免出现重复序列和长 UTR 等序列，将选取的模板 cDNA 克隆在含有 T7、SP6、T3 等启动子的载体上，然后用某种限制性内切酶对环状的质粒 DNA 进行线性化处理，选择限制性内切酶时，必须确保模板 cDNA 中没有这个酶的酶切位点，否则，环状的质粒 DNA 将被切成多条链，酶切完全后，对线性化模板用酚氯仿进行纯化。

（2）探针的转录　　转录体系中的所有试剂都必须确保不含 RNA 酶。转录体系包括线性化模板、转录缓冲液、地高辛标记的 NTP 和非标记的 NTP、RNA 聚合酶、RNA 酶抑制剂和 DEPC 水。待转录结束后，需用 DNA 酶去除 DNA 模板，留适量处理前和处理后的样品，跑胶比较 DNA 酶是否反应完全。确定无 DNA 模板后，终止反应，用 LiCl 和乙醇沉淀 RNA。取适量 RNA 进行跑胶，确定探针长度是否合适，若合适，继续下一步；若探针过长，探针不易进入细胞，需要对探针用 $NaHCO_3$ 进行碱水解，按照如下公式计算水解所需时间：

$$水解时间（min）=(Li-Lf)/(0.11×Li×Lf)$$

式中，Li 为初始探针长度；Lf 为所需探针长度。水解结束后，用乙酸钠终止反应后再用乙醇沉淀，再次确认水解后的探针长度。

（3）探针检测　　在原位杂交中一般除了实验的反义 RNA，即与体内 RNA 互补的 RNA 外，会同时合成正义 RNA，即与体内 RNA 方向相同的 RNA 作为阴性对照，可在含有 T7、SP6、T3 等启动子的载体上选取不同的内切酶进行线性化后分别转录得到正义和反义 RNA。所有的探针纯化后，在组织原位杂交之前，可将正义 RNA、反义 RNA 及已知浓度的地高辛标记 RNA 稀释一定的浓度梯度交联至尼龙膜上显色，从而粗略估计探针的浓度，方便选取合适的探针浓度进行后续实验。

3. 预杂交

在预杂交之前需要用不含RNA酶的水配制好预杂交、杂交所需要的所有试剂。取出制好的切片，先对切片进行脱蜡和复水，即切片依次经过二甲苯和从高浓度到低浓度的乙醇溶液，用蛋白酶除去组织切片中的蛋白质，Glycine溶液浸泡、PBS清洗后，再通过由低浓度到高浓度的乙醇溶液对组织切片进行脱水处理，超净台上吹干。为了减少探针与组织的非特异性结合信号，在探针杂交前，加入不含探针的预杂交液进行预杂交1~3h。

4. 探针杂交

将预杂交液换成含有合适探针浓度的杂交液，杂交16~20h。在杂交过程中要注意保湿，可用parafilm覆盖并置于湿盒中。杂交结束后，洗去多余的探针杂交液，加入封闭溶液，以减少后续抗体的非特异性结合。

5. 抗体反应和显色观察

加入酶联抗地高辛抗体，室温孵育1~2h，洗去多余抗体。加入显色液，避光显色，根据具体显色情况，确定实验组明显显色而对照组无明显显色时，终止显色反应，清洗切片，封片，进行显色观察和拍照（图4-20）。

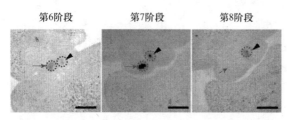

图4-20 原位杂交实验显示柑橘*WUS*基因在刺发育过程中的表达部位和含量变化（改自Zhang et al.，2020）无尾箭头指示腋生分生组织，有尾箭头指示荆棘原基，虚线圆圈内代表*WUS*基因原位杂交的可视化信号，标尺为10μm，数字代表柑橘刺发育的不同时期。如图所示，在刺发育的第6~8阶段，*WUS*基因在荆棘原基中的表达量先升高后降低，对应刺分生组织发育和终止；而在腋生分生组织中一直有表达。

4.4 蛋白质水平的检测技术

4.4.1 蛋白质免疫印迹（Western blot）

蛋白质免疫印迹是一种非常常见的检测特定样品中感兴趣蛋白质的含量、修饰等的手段。其流程可以概括为三个步骤：①通过十二烷基硫酸钠-聚丙烯酰胺凝胶电泳（SDS-PAGE）按分子量大小分离样品中的蛋白质；②将不同大小的蛋白质通过转印技术转移到一个支持物上；③利用抗体及相应的手段对目的蛋白进行可视化分析。

SDS-PAGE是一种常用的分离样品中蛋白质分子的技术。由于很多抗体，尤其是一抗，通常存在交叉反应（除了能检测到目的蛋白之外，也很可能与其他序列相似的蛋白质具有一定的结合力）。因此，通过凝胶电泳将目的蛋白与其他蛋白质分开，是免疫印迹成功的重要环节。尽管可以通过蛋白质的等电点（PI）、分子量、电荷等性质来区分不同的蛋白质，但在免疫印迹中，分子量是最常用的分离不同蛋白质的标准。在电泳之前，蛋白质样品通常会在蛋白质上样缓冲液中95℃煮沸5min，以使得蛋白质完全变性。而且，蛋白质上样缓冲液中的SDS可以覆盖不同蛋白质分子原有的电荷差异，使得几乎所有蛋白质分子均带负电，从而使得电泳过程中蛋白质可以按照分子量大小进行分离：低分子量蛋白质迁移速率快，高分子量蛋白质迁移速率慢。

处于SDS-PAGE胶中的蛋白质无法很好地与抗体结合，而且凝胶一般比较脆弱，很难进行后续的抗体孵育等操作。因此，蛋白质免疫印迹的第二个关键步骤便是通过转印技术将蛋白质从凝胶转移到一种载体上，通常所用的载体有硝酸纤维素（NC）膜或聚偏二氟乙烯（PVDF）膜。转印过程中，凝胶和膜放置在被转膜缓冲液浸润过的层析滤纸中间；在电场作用下，带负电的蛋白质会朝着正极移动，并被NC膜或者PVDF膜捕获和结合。最常用的三种转印手段是湿转、半干转和干转；顾名思义，这两种手段是通过转膜缓冲液用量多少来区分的。

　　在进行抗体孵育之前，一个必需的关键步骤是膜的封闭。其原因是，NC膜或PVDF膜与蛋白质的结合并没有选择性；而抗体也是蛋白质，因此也可以与膜结合。封闭是将膜与稀释后的牛血清白蛋白（BSA）或者脱脂奶粉孵育，这样膜上的空白区域就会被BSA或者奶粉中的蛋白质占据，从而不会非特异性地吸附抗体，进而降低最终可视化过程的背景和假阳性的产生。封闭之后，膜便可以与相应的抗体进行孵育以便将目的蛋白可视化。尽管也有一步检测法，抗体孵育检测过程通常是两步的：第一步先与可以识别目的蛋白的一抗进行孵育，第二步再与可以识别一抗的结合了报告元素的二抗孵育，从而将报告元素标记到目的蛋白区域。常见的报告元素包括辣根过氧化物酶（化学发光）、荧光基团或者放射性标记。最终标记元素的信号可以通过相应的仪器或者X射线进行可视化分析，以实现样品中蛋白质的定性、定量分析（图4-21）。

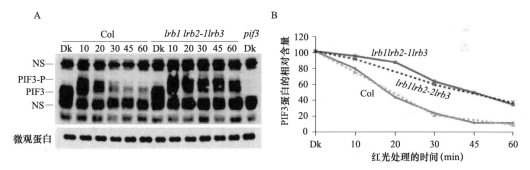

图4-21　蛋白质免疫印迹实验显示植物PIF3蛋白见光前后的含量和修饰变化（改自Ni et al., 2014）
A. 免疫印迹实验图；B. 蛋白含量定量图；Col表示野生型对照，*lrb1lrb2-1lrb3* 及 *lrb1lrb2-2lrb3* 代表 *lrb* 三突变体；Dk为黑暗，数字代表红光处理植物的时间；NS代表非特异性条带，PIF3-P代表磷酸化形式的PIF3蛋白，Tubulin是内参对照。图示Col中PIF3蛋白在见光后会被磷酸化，然后含量会迅速下降；而在 *lrb* 三突变体中，PIF3的磷酸化依然存在，但是降解速率减慢，以此说明LRB是见光过程降解PIF3的E3泛素连接酶。

4.4.2　免疫金标记和免疫组织化学

　　蛋白质免疫印迹虽然可以提供样品中目的蛋白的相对含量信息，但却丢失了目的蛋白在组织、亚细胞等层面的分布信息。要想观察目的蛋白的分布信息，需要借助其他手段，如免疫金标记和免疫组织化学（immuno histochemistry，IHC），简称免疫组化。

　　免疫金标记是一种结合透射/扫描电子显微镜的蛋白质分析技术，于1971年首次使用来鉴定沙门氏菌抗原。该技术首先需要将样品通过切片机进行加工获得薄切片，然后将切片与可以识别目的蛋白的一抗进行孵育结合，最后再与包裹了金颗粒的二抗进行孵育，以便将金颗粒标记在目的蛋白区域。最终的可视化是通过显微镜的观察，一般用透射电子显微镜或者扫描电子显微镜观察金颗粒的分布。金颗粒的尺寸对于免疫金标记的结果影响很大：较大的金颗粒易于被观察，但是与目的蛋白的结合效率会下降；较小的金颗粒，虽然结合效率高，但是需要通过"银增强"处理以便被观察到。

　　免疫组化，其核心是免疫染色，也是基于抗体-抗原相互作用的原理检测目的蛋白组织定位的方法。植物样品的免疫组化一般需要经历以下流程：①组织固定。常用的固定试剂为甲醛，目的是保留组织原有的细胞形态，固定时间长短可以显著影响抗体结合能力，因而是免疫组化的关键步骤。②包埋和切片。可以用石蜡或者丙烯酰胺对样品进行包埋，然后利用切片机切薄片（也可以不切片，采用全组织染色），此时样品组织一般会被锚定在载玻片上。③组织处理。该过程首先通过醇类和甲苯等有机溶剂处理进一步固定组织样品，然后利用纤维素酶、崩溃酶和果胶酶处理以消化植物细胞壁，之后还可以用核酸酶处理以去除 DNA 和 RNA，这些处理均可以在一定程度上增加抗原被抗体接触到的可能性。④抗体孵育和可视化。与免疫印迹类似，承载了组织样品的载玻片在封闭之后，依次与稀释过的一抗和二抗进行孵育，然后通过可视化显示目的蛋白在样品组织中的定位信息。

4.4.3　蛋白质定位的动态观察

免疫组化等手段虽然可以通过抗体-抗原相互作用显示目的蛋白的组织定位，但是通常而言，其检测的分辨率并不高。而且，免疫组化等手段往往都需要在组织细胞死亡的情况下进行处理和观察，因而会丢失目的蛋白在组织内部定位的动态变化信息。要想获取这一信息，则需要在活体细胞内观察目的蛋白的定位。

一种常用的目的蛋白标记手段是利用荧光蛋白，如绿色荧光蛋白（GFP）、红色荧光蛋白（RFP）和黄色荧光蛋白（YFP）等。荧光蛋白的发现，革新了生物学研究，因而也获得了 2008 年诺贝尔化学奖。常用的用荧光蛋白标记目的蛋白的方法是通过体外 DNA 重组技术，将编码荧光蛋白的 DNA 序列和编码目的蛋白的 DNA 序列连接到同一个阅读框中，这样在细胞内目的蛋白就会与相应的荧光蛋白融合。启动子的选择很重要，为了更加真实地反映目的蛋白的定位信息，通常认为选用目的蛋白的启动子序列来驱动融合蛋白的表达更加准确。另外一种手段则是通过基因打靶的手段，在基因组水平上将荧光蛋白的 DNA 序列与目的蛋白 DNA 序列融合，这样可以更加准确地显示目的蛋白的胞内定位。然而，由于植物基因组目前的基因打靶效率很低，因此体外 DNA 重组技术仍然是首选。当融合蛋白在植物体内表达之后，则可以通过荧光显微镜来观察和追踪目的蛋白在细胞内的动态变化。

4.5　基因组表观遗传修饰的检测

4.5.1　全基因组 5mC/6mA DNA 甲基化的检测手段

1. 5mC DNA 甲基化

要检测基因组上的 5mC 水平，最根本的就是要区分 5mC 和没被甲基化的胞嘧啶（C）。科研人员建立了一系列检测 5mC 修饰的方法，在本小节中着重介绍三种常用的手段。

第一种叫作甲基化敏感的内切酶测序（methylation-sensitive restriction enzyme digestion followed by sequencing，MRE-seq），该方法利用对 5mC 甲基化敏感的核酸内切酶（MRE，如 *Hpa* II、*Aci* I 等）切割基因组 DNA：在没有甲基化修饰的酶切位点处可以切割，被 5mC 甲基化修饰的位点则不能切割；由此产生的 DNA 片段末端的 C 都是没被甲基化的。然后，通过高通量测序，对产生的 DNA 片段进行深度测序、分析便可以确定基因组上 5mC 的分布。然而，由于核酸内切酶一般仅识别特定的序列进行切割，所以即使是几种限制性内切酶联合使用也只能覆盖 30% 的基因组，覆盖度较低。此外，大多数 MRE 识别的切割序列都包含 CG，因此该方法对于鉴定部分 CG 类型甲基化比较有效，但是对于植物中的 CHG 和 CHH 这两类 5mC 甲基化的检测能力很有限。

第二种叫作甲基化DNA免疫共沉淀测序（methylation-dependent immunoprecipitation followed by sequencing，MeDIP-seq），该方法利用可以特异识别5mC DNA甲基化的抗体。将片段化后的基因组DNA片段与5mC抗体孵育，5mC抗体便可以结合和富集甲基化程度比较高的DNA片段，最后通过高通量测序便可以鉴定基因组中甲基化水平较高的区域。该方法操作简单，成本也较低，但是局限性在于该方法只能区分甲基化程度比较高的区域，而无法在单个碱基水平鉴定基因组上的5mC修饰。

　　第三种方法叫作全基因组亚硫酸盐测序（whole-genome bisulfite sequencing，WGBS）。该方法的原理是，亚硫酸盐处理之后，基因组DNA上没有甲基化的胞嘧啶（C）会转变成尿嘧啶（U），而甲基化的胞嘧啶5mC则仍然是C。该方法被广泛应用于基因组单碱基水平上的5mC DNA甲基化分析，通过亚硫酸盐处理及后续的基因组建库、高通量测序，理论上可以相对全面地检测整个基因组中的5mC甲基化水平（甚至一对等位基因上的5mC甲基化水平差异）。该方法的优势是分辨率和覆盖度都比较高，局限性在于亚硫酸盐转化可能不完全、亚硫酸盐处理可能引起DNA的降解等。尽管如此，WGBS依然是全基因组水平检测5mC DNA甲基化的主流技术（图4-22）。

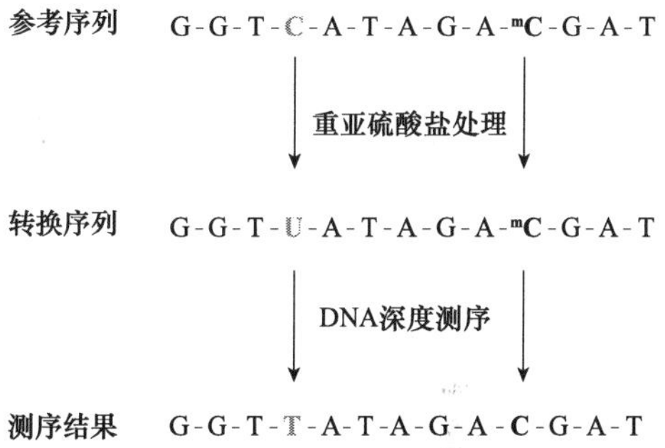

2. 6mA DNA甲基化

　　在真核生物体内，6mA DNA甲基化的水平要低于5mC，这给检测6mA DNA甲基化修饰带来了一定的困难。然而，检测5mC的MRE-seq和MeDIP-seq

图4-22　全基因组亚硫酸盐测序原理（改自 Krepelooa et al.，2021）DNA序列经过重亚硫酸盐处理后，未发生甲基化的胞嘧啶（C）会转变成尿嘧啶（U），而甲基化的胞嘧啶5mC则维持不变。如图所示，带有甲基基团的第一个和第三个胞嘧啶仍然是C，而未甲基化的第二个和第四个胞嘧啶（C）则转变为尿嘧啶（U），经过DNA建库和测序后，未甲基化的胞嘧啶（C）会被检测为胸腺嘧啶（T）。

依然可以运用到检测6mA修饰中，只不过这时使用的是对6mA修饰比较敏感的核酸内切酶（如 *Cvi*A II、*Dpn* II 等）和可以识别6mA修饰的抗体。鉴于6mA DNA甲基化水平不高，因此需要灵敏度更加高的测序技术才能实现全基因组水平、单碱基分辨率6mA DNA修饰的分析。一种可行的技术叫作单分子实时技术（single molecule real time technology，SMRT），这是一种长读长、对单个DNA分子进行测序的技术。4种DNA碱基分别用不同的荧光分子标记，零模波导孔技术（zero-mode waveguide，ZMW）使得锚定在底部的单个DNA聚合酶只能以单个DNA分子为模板进行复制；同时由于不同的碱基带有不同的荧光，ZMW可以根据荧光种类的不同判断插入的碱基类型，以此生成DNA分子的序列。不同的DNA修饰对DNA聚合酶的动力学影响是不同的，据此可以通过SMRT测序进行全基因组的6mA甲基化分析（Flusberg et al.，2010）。

4.5.2　组蛋白修饰的检测手段

　　组蛋白修饰是一种重要的翻译后修饰，可以调节修饰区域附件靶基因的表达。基于目的不同，对组蛋白修饰的检测可以采取两种策略。一种是检测某种已知的组蛋白修饰是否存在于某一样品中，这时候一般选择商业化的组蛋白修饰抗体通过Western blot技术进行检测，常见的商业化组蛋白抗体涵盖了组蛋白常见位点甲基化、乙酰化、磷酸化等修饰。如果要鉴定或发现新型的组蛋白修饰，则需要运用质谱手段。首先，利用硫酸/盐酸沉淀的方法提取体内的组蛋白样品；然后，用胰蛋白酶将所得的组蛋白样品进行消化、打断；最后，通过液质色谱-质谱法/质谱法（LC-MS/MS）进行分析，然后用可以鉴定蛋白质翻译后修饰种类的算法（如 PTMap 或者 MASCOT 软件）进行数据分析，便可以获得组蛋白修饰的种类及修饰的氨基酸位点信息。运用这一手段，2011年的一项研究成功鉴定到了67个新型的组蛋白修饰，同时将组蛋白修饰的种类丰富到了130个。

4.5.3　染色质可及性检测技术

表观遗传修饰往往会导致染色质构象的变化，进而引起染色质可及性（被转录因子结合的能力）的改变。因此，检测全基因组水平染色质可及性是分析染色质状态、预测基因表达变化的重要手段（Klein and Hainer，2020）。目前，主要有4种手段来检测染色质可及性（图4-23）。这4种手段最基本的原理都是依赖特定的酶消化不被"保护"的DNA分子，进而与"被保护"的DNA分子区分，下面将分别介绍4种技术。

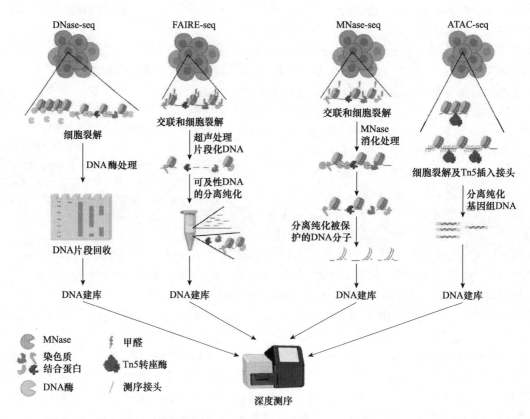

图4-23　基因组水平染色质可及性的检测方法及其流程（改自 Klein and Hainer，2020）　图示染色质可及性的4种常规检测手段 DNase-seq、FAIRE-seq、MNase-seq 及 ATAC-seq 的操作流程，4种方法最终都要依赖高通量的深度测序完成数据采集和分析。

（1）DNase-seq　　该方法最先在2006年由 Francis Collins 研究组报道，后续结合高通量测序逐步发展成为分析染色质可及性的常用手段，适用于所有的真核生物染色质分析。该方法的一般步骤包括细胞核的分离、DNase Ⅰ 消化、RNase 和蛋白酶 K 消化（去除RNA和蛋白质）、DNA的纯化和建库、高通量测序和数据分析。在测序中没有被检测到的DNA分子区域被认为是可及性比较高的区域。该方法的局限性在于 DNase Ⅰ 消化DNA时有一定的偏好性，因此会影响最终结果的准确性。

（2）FAIRE-seq（formaldehyde-assisted isolation of regulatory elements-sequencing） 该方法利用甲醛分子对DNA和组蛋白进行交联，而可及性比较高的区域的DNA分子则不被交联。后续进行超声处理打断染色质分子，并利用酚-氯仿抽提区分交联的DNA和未交联的DNA：交联的DNA由于结合了蛋白质，因此位于抽提之后的有机相；未交联的DNA分子，则位于抽提之后的水相。纯化水相中的DNA分子并进行高通量测序，便可以确定未交联的DNA分子，即染色质可及性比较高的区域。该方法的局限性在于灵敏度较低，因此并未被广泛使用。

（3）MNase-seq（micrococcal nuclease digestion with deep sequencing） 该方法分别于2006年和2008年首先用于线虫和人类基因组可及性研究。原理是利用来自金黄色葡萄球菌的核酸内/外切酶MNase来切割和消化染色质上可及性比较高的DNA区域，与DNase-seq的原理和流程类似，但是具有以下不同：①DNase I 具有更强的切割能力，可以将DNA切割至10bp，但是MNase做不到；②DNase-seq可以直接检测开放染色质的位置，但是MNase-seq通常检测的是转录因子和核小体存在的区域以间接显示染色质的可及性状态。

（4）ATAC-seq（assay for transposase-accessible chromatin using sequencing） 这是检测开放染色质的新方法，建立于2013年。该方法使用高活性的Tn5转座酶在开放性的DNA区域插入扩增序列，从而可以对开放性的DNA进行扩增建库和测序。ATAC-seq的一个显著优势是不需要经过交联、酶切、超声等步骤，而是依赖于扩增序列片段的插入，因此操作更加简便、迅捷，也更能够维持染色质原本的状态，使得结果更加可靠。但ATAC-seq也存在一定的不足，主要是Tn5也会标记线粒体DNA中的开放区域，从而使得最终的测序结果中有线粒体DNA的污染。尽管如此，相比于其他技术，ATAC-seq正成为染色质可及性分析的主流技术。

4.6 转录组、翻译组、蛋白质组、代谢组的高通量检测

4.6.1 转录组的高通量检测技术

转录组学的目的是研究生物体内RNA转录本的总和，提供一种基因表达模式的广泛描述，进而理解生物体内的基因表达是如何被调控的。1991年，报道了第一个转录组分析，但当时只报道了来自人类大脑的609个mRNA序列（生物体内应该有数以万计的mRNA序列）；2008年报道的两个人类转录组则覆盖了约16 000个基因，无论是分辨率还是涵盖度都有显著提升。几乎所有转录组分析方法的基础都是从生物体内分离出高质量的RNA样本，现在多采用RNA提取试剂盒来进行分离，从而去除生物体内的DNA、蛋白质和其他代谢物等。由于提取的总RNA中，核糖体RNA占98%左右，因此在某些特定情况下需要对mRNA进行富集。下面介绍两种主要的高通量转录组检测技术。

（1）微阵列（microarray） 在高通量测序分析转录组成为一种常规手段之前，很长一段时间里，微阵列是高通量分析转录组的有效途径。微阵列芯片一般在很小的范围内就存在成千上万个核酸探针，可以让研究人员在同一时间内高通量分析相关的基因表达情况。其基本原理是两个核酸分子之间的杂交：样本中的RNA通过反转录得到cDNA并被荧光标记，cDNA可以与芯片上互补的核酸探针结合从而使得探针序列位置产生荧光，荧光的强度则取决于与探针结合的cDNA量。

（2）RNA测序（RNA sequencing，RNA-seq） 这是一种借助二代高通量测序的转录组分析方法；与微阵列相比，其优势在于可以同时量化低丰度和高丰度的RNA，测序所需的起始

RNA量比较低，而且可以进行单细胞水平的转录组分析。因此，自2015年开始，RNA-seq便取代微阵列成为主流的高通量转录组分析手段。RNA测序的基本原理是对mRNA反转录产生的cDNA进行高通量测序，因此在测序平台上与基因组测序是一样的。其流程一般包含RNA提取、mRNA富集、反转录、片段化、PCR扩增建库、高通量测序（单端或者双端）和数据分析，一般读长为100～150bp。高通量测序会产生数千万计的序列信息，需要利用生物信息学的手段进行分析才能获得有用的信息。数据分析的基本流程是：质量控制（过滤掉测序质量不高的序列）、基因组比对（将测序所得序列比对到相应物种基因组上）、测序数据的量化（通过程序分析输出代表转录本含量的数值）、鉴定差异表达基因（在量化的基础上进一步分析某一转录本在两个不同样品中的差异表达情况）、实验验证（一般RNA-seq的结果需要通过RT-qPCR来进行验证）。

4.6.2　翻译组的高通量检测技术

全基因组转录组分析在一定水平上反映了基因的表达水平和基因产物含量，但有研究表明，基因编码产物（蛋白质）的含量与翻译组的关联性更高。因此，在全基因组水平分析细胞内mRNA的翻译水平对于推测细胞内感兴趣蛋白质的含量有重要的参考价值。目前已经发展出一系列手段来高通量分析细胞内的翻译组，下面主要介绍三项主流技术。

（1）核糖体亲和分离测序（translating ribosome affinity purification followed by RNA-seq，TRAP-seq）技术　　该方法用一个标签蛋白（如FLAG）标记核糖体蛋白（植物中经常用RPL18蛋白）并在体内表达，然后用该蛋白标签的抗体免疫沉淀细胞内的核糖体（结合的mRNA分子也会同时被免疫共沉淀下来），后续对免疫共沉淀下来的mRNA分子进行分离纯化和RNA-seq便可以得知哪些mRNA分子与核糖体是结合的，亦即处于翻译过程。标签-RPL18融合蛋白的表达可以用组织/细胞特异性启动子，因此该技术可以被用来分析组织/细胞特异性的翻译谱；但是，总体而言，该技术的分辨率不是很高。

（2）核糖体印迹测序（ribosome profiling，Ribo-seq）　　这是一种主要的全面分析细胞内正在翻译的mRNA的手段（图4-24）。该技术基于Joan Steitz和Marilyn Kozak在50年前的一项研究，2009年被首次与高通量测序结合来分析全基因组水平的翻译情况。该技术可以提供翻译起始位点、翻译过程的开放阅读框、核糖体在mRNA上的分布及翻译的速率等信息，结合适当的分析手段可以进行以下三个方面的应用：确定一条mRNA分子上的翻译区域、观察和分析新合成多肽的折叠及估算mRNA分子的翻译效率。Ribo-seq的基本原理是与核糖体结合的mRNA片段可以被保护不受RNase的降解，而裸露的mRNA则可以被RNase降解。Ribo-seq的流程包含mRNA-核糖体复合物的锚定、用RNase消化不受保护的mRNA、未被消化mRNA片段的纯化及建库分析。Ribo-seq的分辨率在分析翻译组的各种手段里是最高的，但是局限在于区分不同mRNA分子的翻译活性较低。

（3）多核糖体分析（polysome profiling）技术　　可以较为直接地反映mRNA分子在体内的翻译活性（图4-24）。多核糖体（polysome）是一组（≥2）核糖体与mRNA分子的结合物，单核糖体（monosome）是一个核糖体与mRNA分子的结合物。通常而言，多核糖体、单核糖体的沉降系数要显著大于核糖体亚基及游离的mRNA分子，通过蔗糖密度梯度离心，可以将多（单）核糖体分离、纯化出来。当设置合适的蔗糖密度梯度时，多核糖体和单核糖体也可以被有效区分，再通过高通量测序分别分析多核糖体层和单核糖体层的mRNA分子，便可以区分翻译活性不同的mRNA：多核糖体层的mRNA翻译活性更高，单核糖体层的mRNA翻译活性较低。

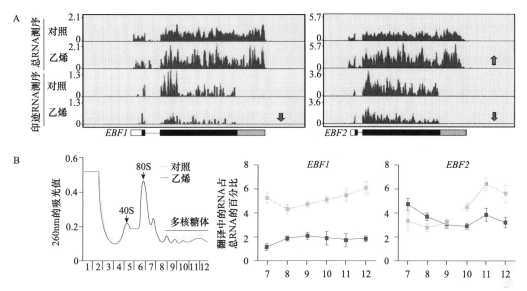

图 4-24　核糖体印迹和多核糖体分析基因的翻译效率变化（改自 Merchante et al.，2015；Li et al.，2015）
A．核糖体印迹实验中，总 RNA 测序显示 *EBF1* 和 *EBF2* 的总 mRNA 含量变化，而印迹 RNA 测序则显示两者的翻译能力在乙烯处理之后均有不同程度的下降；B．多核糖体分析，通过检测多核糖体层（数字 8～12）中结合的 *EBF1* 和 *EBF2* 的 mRNA 的含量，显示类似的结果，即 *EBF1* 和 *EBF2* 基因在乙烯处理之后的翻译效率显著下降。

4.6.3　蛋白质组的高通量检测技术

　　与转录组学、翻译组学等技术手段类似，蛋白质组学分析也日益成为科学家解析细胞内生理过程的重要手段。由于蛋白质合成还受到翻译等过程的影响，所以，转录组等翻译前组学分析只能推测体内某一蛋白质的含量。与此不同，蛋白质组学分析可以提供样品中准确的蛋白质组成和含量信息，进而可以用于分析某种实验条件处理对于植物体内蛋白质组成的影响。通过相关的数据分析，科学家可以推测和寻找与某一生理过程相关的调控蛋白；当然，蛋白质组学分析也可以用于鉴定同一植物不同器官或者不同发育时期的蛋白质组成差异，从而揭示植物生长发育的蛋白质组成基础。

　　基于质谱分析的蛋白质组学分析可以大致分为蛋白质提取、质谱鉴定和数据分析三个方面。质谱鉴定手段根据实验需求选择，如只是鉴定蛋白质种类还是需要进行定量分析、是否需要鉴定蛋白质翻译后修饰等；所得的数据需要较为专业的分析人员和软件，进行合适的统计分析。蛋白质样品准备的好坏是决定蛋白质组学分析能否成功的关键。因此，我们首先着重介绍蛋白质的提取方法，主要是植物全蛋白、核蛋白和质膜蛋白。

　　三氯乙酸-丙酮法是提取植物总蛋白的有效方法之一。该方法通过液氮研磨将植物组织磨碎，然后利用 10% 三氯乙酸-丙酮溶液沉淀蛋白质，通过清洗、干燥过程去除三氯乙酸后将所得蛋白质沉淀样品溶解在含有 5mol/L 尿素的缓冲液中。有些植物样品含有大量的多糖、脂质等代谢物，同时核酸与蛋白质也会存在相互作用，因而会加大蛋白质提取的难度。此时，利用苯酚法提取可以相对高效获得植物蛋白。该方法与三氯乙酸-丙酮法的不同之处在于，材料破碎后，利用含有苯酚的缓冲液进行蛋白质提取进而通过甲醇-乙酸铵沉淀蛋白质。

　　由于基因表达调控主要发生在细胞核中，因此细胞核蛋白质组的分析有助于科学家解释特定过程的基因表达调控机制。要提取细胞核蛋白，首先要从植物组织中分离纯化细胞核。其原理是利用植物体内不同细胞器在大小和密度上的差别，通过蔗糖密度梯度离心，可以将细胞核与其他的细胞器及质膜分开。最终分离纯化得到的细胞核可以被含有尿素或者SDS的缓冲液溶解，从而获得细胞核蛋白样品进行后续的实验分析。

植物质膜蛋白的提取在三种类型蛋白质的提取过程中是相对比较复杂的，这是因为分离植物细胞质膜的难度非常大，需要与其他细胞器膜进行区分。根据细胞质膜与其他细胞器膜的理化特性的不同，分离细胞质膜大致可以分为以下三种方法：①根据细胞质膜与其他膜结构之间的密度差异，通过连续或非连续的密度梯度离心，获得细胞质膜提取液；②根据细胞质膜比其他膜带有更多的负电荷，通过自由流电泳仪将细胞质膜与其他的膜结构分离；③根据膜囊泡之间表面特性不同，通过两相分离法分离细胞质膜。细胞质膜蛋白的提取可以通过尿素-氢氧化钠的处理进行，该方法被发现可以显著增加一些通道蛋白特别是疏水性蛋白的复性能力。

接下来介绍高通量的蛋白质组学的鉴定手段和数据分析。随着技术的发展，常规蛋白质组学通过结合新的技术模块，演化出丰富多样的蛋白质组学技术：①iTRAQ/TMT标记定量蛋白质组学，其中iTRAQ和TMT技术模块结合利用不同的同位素，与氨基反应相结合，从而对多个样本蛋白组实现定性与定量，该方法的灵敏度高、适用范围广；②Label Free非标记定量蛋白质组学，其中Label Free技术是指不用同位素，仅用液相层析和质谱连用，分析蛋白质酶解产生的肽段，并对质谱检测到的离子峰进行积分面积的相对定量分析，该方法简单但是准确度不高；③数据非依赖性采集（DIA）定量蛋白质组学，其中DIA技术可以明显提高研究的效率和可靠性；④多肽组学，是富集和针对性分析多肽和小分子蛋白的技术；⑤平行反应监测（PRM）靶向定量蛋白质组，其中PRM是一种对特定蛋白或肽段进行选择性检测的方法；⑥修饰蛋白质组学，是在液质连用基础上，结合蛋白质修饰数据库的搜索，鉴定蛋白质的修饰位点，也可以先富集特定的修饰，再针对性分析；⑦蛋白质代谢物互作组，用于研究与目标代谢物具有相互作用的蛋白质。蛋白质组学中的生物信息学分析主要包括三个方面：一是预测所有蛋白质序列并建库；二是解析采集的海量质谱图；三是可以通过算法预测蛋白质的功能、相互作用及蛋白质的二级、三级结构等。

基因组在植物的不同组织和细胞中几乎是一致的。但是蛋白质组有很高的细胞和组织特异性，不同细胞和组织中具有不同的蛋白质组。另外，蛋白质的表达和修饰还受到生长发育和环境因素的影响。因此研究蛋白质组存在很多困难，无论是在纯化、检测还是数据分析上都比研究核酸的基因组学和转录组学要复杂。当前，蛋白质组学还远不如基因组学和转录组学全面、高效和灵敏。

4.6.4　代谢组的高通量检测技术

植物的代谢物在植物生长发育中有重要作用。其种类超过20万种，其中有维持植物生命活动和生长发育所必需的初生代谢物（如糖类、脂类、核酸和蛋白质等），也有在初生代谢物的基础上衍生出来的与抗病和抗逆关系密切的次生代谢物（如萜类、酚类和生物碱等）。初生代谢中，最核心的是卡尔文循环、糖酵解和糖异生、三羧酸循环、乳糖磷酸途径，它们构成了生命活动的主干，是各种有机物代谢的基础。植物的初生代谢起源于光合作用，形成糖类；糖酵解和呼吸作用则可以分解糖类，产生各种中间产物，为脂类、蛋白质等的合成提供底物。有些次生代谢物是植物生命活动必需的，如吲哚乙酸、茉莉酸、赤霉素等激素。植物的色、香、味通常都与次生代谢物有关，可以帮助植物吸引和抵御甚至毒杀昆虫、对抗病菌、与其他植物进行交流等。植物的次生代谢极其丰富，有很多物质具有重要的药用价值，所以有人称植物是天然的"化学家"。

　　代谢组是细胞或生物体中所有代谢物的总和。代谢组学是通过对代谢物进行大规模定性定量分析，揭示生物体的生化表型及其与基因型的关系，并通过代谢信息的分析阐释基因功能和生命现象。植物代谢组是以植物为研究对象的代谢组学研究。和蛋白质组学类似，植物代谢组学可以是针对不同物种、基因型或生态型，也可以是针对特定的生长发育阶段、组织器官类型、环境因子等。代谢组学技术当前包括多种类型：①非靶向代谢组学，是定性定量地分析所有的小分子代谢物，是一种非选择性的分析方式；②全局精准非靶向代谢组学，也被称为第二代非靶向代谢组学，其在精准度、准确性上都有巨大的进步；③脂质组学，是以脂质代谢网络的变化为研究对象，探究脂质在植物中的合成调控和作用机制；④靶向代谢组学，是以特定的一组代谢物为研究对象，专门设计研究流程，更精确地分析代谢物的组成变化，常用于植物激素、花青素、类胡萝卜素、黄酮、单宁、脂肪酸、氨基酸、有机酸等物质的定量分析。

　　植物代谢组学的研究流程开始于代谢样品制备（一般包括组织取样、匀浆、抽提、保存和样品预处理等步骤）。因为植物代谢物极其丰富多样，没有一种普遍适用的样品制备方法，应该根据代谢物的特性和使用的鉴定手段来选择适合的制备策略。其次是代谢物成分的鉴定，这是最关键也是最难的步骤，常用的技术包括气相色谱和质谱联用、液相色谱和质谱联用、核磁共振和傅里叶变换红外光谱与质谱联用。最终是组学数据的分析，即对海量数据进行整合处理，是数据分类和可视化。常用的数据分析方法包括非监督方法和监督方法两种类型。

　　总而言之，代谢活动是生命体的本质特征和物质基础，而代谢组学是系统生物学的重要分支，在植物领域也有广泛且重要的应用。但是，植物次生代谢太过复杂，而且已知的植物物种也非常多（超过30万种），还有很多未知物种。植物次生代谢物可能有100万种以上。很多次生代谢物有重要的生物功能和商业价值，但其中大部分物质现在的代谢组学检测还存在挑战。可以说，植物代谢组学现在还不够成熟，有赖于未来分析仪器的进步和代谢物结构数据的积累才能进一步发展。

4.7　参考文献

布坎南 BB. 2004. 植物生物化学与分子生物学. 2版. 瞿礼嘉, 译. 北京：科学出版社

Allis CD. 2009. 表观遗传学. 朱冰, 译. 北京：科学出版社

蒂勒门特 H. 2016. 植物蛋白质组学实验指南. 沈世华, 译. 北京：科学出版社

Robert F. 2013. 分子生物学. 5版. 郑用琏, 译. 北京：科学出版社

Baggett NE, Zhang Y, Gross CA. 2017. Global analysis of translation termination in *E. coli*. *PLoS Genetics*, 13: e1006676

Ben SA, de Loubresse N, Melnikov S, et al. 2011. The structure of the eukaryotic ribosome at 3.0 A resolution. *Science*, 334: 1524-1529

Blobel G, Dobberstein B. 1975. Transfer of proteins across membranes. Ⅰ. Presence of proteolytically processed and unprocessed nascent immunoglobulin light chains on membrane-bound ribosomes of murine myeloma. *Journal of Cell Biology,* 67: 835-851

Binder BM. 2020. Ethylene signaling in plants. *Journal of Biological Chemistry*, 295: 7710-7725

Black DL. 2003. Mechanisms of alternative pre-messenger RNA splicing. *Annual Review of Biochemistry*, 72: 291-336

Bourque G, Burns KH, Gehring M, et al. 2018. Ten things you should know about transposable elements. *Genome Biology*, 19: 199

Cate JH, Yusupov MM, Yusupova GZ, et al. 1999. X-ray crystal structures of 70S ribosome functional complexes. *Science*, 285: 2095-2104

Crick FH. 1968. The origin of the genetic code. *Journal of Molecular Biology*, 38: 367-379

Dobson CM. 2003. Protein folding and misfolding. *Nature*, 426: 884-890

Erdmann RM, Picard CL. 2020. RNA-directed DNA methylation. *PLoS Genetics*, 16: e1009034

Flusberg BA, Webster DR, Lee JH, et al. 2010. Direct detection of DNA methylation during single-molecule, real-time sequencing. *Nature*

Methods, 7: 461-465

Grummt I. 1999. Regulation of mammalian ribosomal gene transcription by RNA polymerase I. *Progress in Nucleic Acid Research and Molecular Biology,* 62: 109-154

Herr AJ, Jensen MB, Dalmay T, et al. 2005. RNA polymerase IV directs silencing of endogenous DNA. *Science*, 308: 118-120

Hirakawa Y. 2021. CLAVATA3, a plant peptide controlling stem cell fate in the meristem. *Peptides*, 142: 170579

Jacob Y, Michaels SD. 2009. H3K27me1 is E (z) in animals, but not in plants. *Epigenetics*, 4: 366-369

Jansen A, Verstrepen KJ. 2011. Nucleosome positioning in *Saccharomyces cerevisiae*. *Microbiology and Molecular Biology Reviews*, 15: 103-320

Kersey PJ. 2019. Plant genome sequences: past, present, future. *Current Opinion in Plant Biology*, 48: 1-8

Klein DC, Hainer SJ. 2020. Genomic methods in profiling DNA accessibility and factor localization. *Chromosome Research*, 28: 69-85

Latchman DS. 1997. Transcription factors: an overview. *International Journal of Biochemistry & Cell Biology*, 29: 1305-1312

Levine M, Tjian R. 2003. Transcription regulation and animal diversity. *Nature*, 424: 147-151

Nakamoto T. 2011. Mechanisms of the initiation of protein synthesis: in reading frame binding of ribosomes to mRNA. *Molecular Biology Reports,* 38: 847-855

Ogbourne S, Antalis TM. 1998. Transcriptional control and the role of silencers in transcriptional regulation in eukaryotes. *Biochemical Journal*, 331 (Pt 1): 1-14

Roy SW, Gilbert W. 2006. The evolution of spliceosomal introns: patterns, puzzles and progress. *Nature Reviews Genetics,* 7: 211-221

Rodríguez-Paredes M, Esteller M. 2011. Cancer epigenetics reaches mainstream oncology. *Nature Medicine*, 17: 330-339

Schmitz RJ, Grotewold E, Stam M. 2022. *Cis*-regulatory sequences in plants: their importance, discovery, and future challenges. *Plant Cell*, 34: 718-741

Tirumalai MR, Rivas M, Tran Q, et al. 2021. The peptidyl transferase center: a window to the past. *Microbiology & Molecular Biology Reviews*, 85: e0010421

van de Peer Y, Ashman TL, Soltis PS, et al. 2021. Polyploidy: an evolutionary and ecological force in stressful times. *Plant Cell*, 33: 11-26

Wang K, Tian H, Wang L, et al. 2021. Deciphering extrachromosomal circular DNA in *Arabidopsis*. *Computational and Structural Biotechnology Journal*, 19: 1176-1183

Wang S, Xie H, Mao F, et al. 2022. *N* (4) -acetyldeoxycytosine DNA modification marks euchromatin regions in *Arabidopsis thaliana*. *Genome Biology*, 23: 5

Wang X, Gao L, Jiao C, et al. 2020. Genome of *Solanum pimpinellifolium* provides insights into structural variants during tomato breeding. *Nature Communication,* 11: 5817

Warf MB, Berglund JA. 2010. Role of RNA structure in regulating pre-mRNA splicing. *Trends in Biochemical Science*, 35: 169-178

Wierzbicki AT, Ream TS, Haag JR, et al. 2009. RNA polymerase V transcription guides ARGONAUTE4 to chromatin. *Nature Genetics*, 41: 630-634

Willis IM. 1993. RNA polymerase III. Genes, factors and transcriptional specificity. *European Journal of Biochemistry*, 212: 1-11

Yanofsky C. 2007. Establishing the triplet nature of the genetic code. *Cell,* 128: 815-818

Yoo KS, Ok SH, Jeong BC, et al. 2011. Single cystathionine b-synthase domain-containing proteins modulate development by regulating the thioredoxin system in *Arabidopsis*. *The Plant Cell,* 23: 3577-3594

Zhang F, Rossignol P, Huang T, et al. 2020. Reprogramming of stem cell activity to convert thorns into branches. *Current Biology*, 30: 2951-2961

Zhang H, Lang Z, Zhu JK. 2018. Dynamics and function of DNA methylation in plants. *Nature Reviews Molecular Cell Biology,* 19: 489-506

基因克隆与DNA重组技术是一项重要的生物技术，通过扩增和操作基因片段来改良生物体的遗传，具有巨大的商业价值。一个成功的先例是科学家在主要农作物如水稻、玉米、棉花和大豆中转入苏云金杆菌（*Bacillus thuringiensis*，*Bt*）基因，以增强作物的抗虫性。*Bt*编码一种特殊的蛋白质，转*Bt*基因的作物能够表达Bt毒素。一旦Bt毒素进入昆虫的肠道，它与肠道壁上的特定受体结合，破坏肠道的完整性，最终导致昆虫死亡。这项技术不仅提升了作物的稳产性，还有效地降低了农药的使用，保护了人类赖以生存的环境。本章涵盖了基因克隆与DNA重组技术的核心原理和操作方法。详细介绍了基因片段扩增技术，阐述了克隆载体构建的关键步骤。还介绍了植物遗传转化技术，包括农杆菌介导和基因枪法等。此外，还涉及了转基因植物的分子检测等实用技术。掌握这些技术对于深入研究植物性状的调控与遗传改良具有重要价值。转基因技术在社会上引发了一些争议。然而，无论如何，技术本身是中性的。我们需要善用这项技术，尽可能减少潜在风险，让其更好地造福人类。

5.1　基因片段的扩增——PCR技术

5.1.1　基因的概念

19世纪中叶，孟德尔（Gregor Mendel）在自己多年的豌豆实验中，通过观察和统计豌豆的某些性状在上下代之间传递情况，提出了显性法则及分离定律和独立分配定律，并提出了生物性状是由成对存在于细胞中的遗传因子决定的，每个因子决定着一种特定的性状，其中决定显性性状的为显性遗传因子；决定隐性性状的为隐性遗传因子。1909年，丹麦生物学家和遗传学家约翰逊（Wilhelm Ludwig Johannsen）根据希腊文单词genos（birth，给予生命），提议用"基因"（gene）一词来代替"遗传因子"，并提出了表型（phenotype）和基因型（genotype）的概念，分别用来表示个体的外貌和实际的遗传类型，得到了生物学家的广泛赞同。后来的遗传学、细胞遗传学及分子生物学研究逐渐表明，基因是位于细胞中具有遗传效应的一段DNA片段，根据其在细胞中的位置又可以分为核基因（nuclear gene）和质基因（cytoplasmic gene）。核基因是指位于细胞核内染色体上的基因，也叫孟德尔基因；质基因是指位于细胞质，如线粒体、叶绿体或其他质体上的基因。无论是真核基因还是原核基因，它们都能够储存、传递和表达遗传信息，也都可能发生突变，从而影响生物体的性状或表型。

1. 原核生物基因

原核生物（procaryote）是指一类细胞核无核膜包裹，只存在称作核区的裸露DNA的原始单细胞生物，如细菌。原核生物的核质与细胞质之间无核膜因而没有成形的细胞核，原核生物的基因组（genome）一般很小，多数由一条环状双链DNA分子组成，绝大多数为单拷贝序列，只有一个复制起点（replication origin），具有操纵子（operon）结构，它不与组蛋白结合，因而不构成染色体。原核生物基因分为编码区（coding region）与非编码区（non-coding region）。编码区就是能转录为相应的信使RNA（mRNA），进而指导蛋白质（protein）的合成，也就是说能够编码蛋白质。非编码区则相反，不能够编码蛋白质，但是非编码区对遗传信息的表达是必不可少的，因为在非编码区上有调控遗传信息表达的核苷酸序列。非编码区位于编码区的上游（upstream）及下游（downstream）。在调控遗传信息表达的核苷酸序列中最重要的是位于编码区上游的RNA聚合酶结合位点。RNA聚合酶（RNA polymerase）是能够识别调控序列中的结合位点（binding site），并与其结合，催化DNA转录为RNA的蛋白质。

操纵子（operon）的概念最早是由法国巴斯德研究所的Jacob和Monod（1961）根据他们在大肠杆菌的试验提出（乳糖操纵子），后来人们又陆续发现了其他操纵子（如色氨酸操纵子、组氨酸操纵子、半乳糖操纵子、阿拉伯糖操纵子等），从而进一步充实和完善了操纵子的概念。它是指原核生物基因组上包含了一个普通的启动子，一个操纵序列（operator），以及一个或多个串联排列在一起的结构基因所组成的、被用作生产信使RNA（mRNA）的基因表达单位。每个结构基因是个连续的开放阅读框（open reading frame，ORF），5′端有起始密码子（ATG），3′端有终止密码子（TAA、TGA或TAG）。在转录时，这些串联排列的结构基因受上游共同的调控区和下游转录终止信号（终止子，terminator）所控制，被转录在一条mRNA链上，然后再分别翻译成各自不同的蛋白质（图5-1）。提出这一概念的两位科学家也因此获得了1965年的诺贝尔生理学或医学奖。

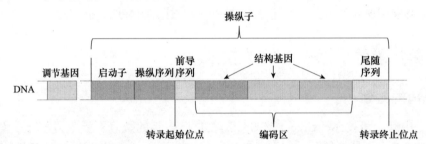

图5-1　原核生物操纵子结构示意图　操纵子是原核生物基因表达的一个协调单位，包括启动子、操纵序列、前导序列、一组结构基因（编码区）和尾随序列。另外，操纵子的上游还有一个调节基因可以调控操纵子的表达。

2. 真核生物基因

真核生物（eukaryote）是指由真核细胞构成的生物，是具有细胞核（nucleus）的所有单细胞或多细胞生物的总称，包括原生生物界（Protista）、真菌界（Fungi）、植物界（Plantae）和动物界（Animalia）。真核生物与原核生物的根本性区别是前者的细胞内有以核膜（nuclear membrane）为边界的细胞核（nucleus），因此以真核来命名这一类细胞。许多真核细胞中还含有其他细胞器（organelle），如线粒体（mitochondria）、叶绿体（chloroplast）、高尔基体（Golgi apparatus）等。真核生物的核基因组DNA与组蛋白（histone）结合从而可形成染色体（chromosome），储存于细胞核内。真核生物体细胞内的基因组是双份的（即双倍体，diploid），有两套同源的（homologous）基因组，而配子（gamete）细胞中的染色体是单倍的（haploid）。真核生物的基因组一般比较庞大，含有大量的重复序列（repeated sequence）、非编码序列（non-coding sequence）。

真核生物基因结构主要由4个区域组成（图5-2）：①启动子（promoter）区域。一般位于转录起始位点（transcription start site，TSS）的上游，是RNA聚合酶识别、结合和开始转

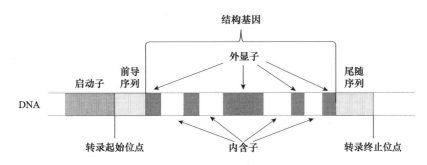

图 5-2　真核生物基因结构示意图　真核生物的基因包括启动子、前导序列、编码区（结构基因）、尾随序列。编码区是指从起始密码子到终止密码子之间的区域，包括能够编码蛋白质的外显子和一般不能够编码蛋白质的内含子。

录的一段 DNA 序列，它含有 RNA 聚合酶特异性结合和转录起始所需的保守序列（如 TATA 框、CAAT 框、CG 框等）。启动子本身不被转录，但有一些启动子（如 tRNA 启动子）位于转录起始位点的下游，这些 DNA 序列可以被转录。②编码区（coding region）。是指从起始密码子（start codon）到终止密码子（stop codon）之间的区域，包括能够编码蛋白质的序列（外显子，exon）与一般不能够编码蛋白质的序列（内含子，intron）。结构基因的第一个外显子的起始端和最后一个外显子的末端分别为翻译蛋白质的起始密码子和终止密码子。每个内含子的 5′ 端多以 GT 开始，3′ 端多以 AG 结束，是普遍存在于真核生物基因中 RNA 剪切的识别信号，被称为 GT-AG 法则；基因转录的时候，首先产生同时含有内含子和外显子序列的前体 RNA（pre-RNA），然后内含子被剪切，只保留外显子，产生成熟 RNA。所以内含子不被翻译成蛋白质序列，属于非编码序列（non-coding sequence）。但成熟的 RNA 上也有一部分序列并不被翻译成蛋白质，称为非翻译区（untranslated region，UTR），包括结构基因上游的 5′-UTR 和下游的 3′-UTR。另外，成熟 RNA 的 5′ 端还有 5′ 端帽子（cap）结构序列，3′ 端还有多聚腺苷酸（polyA）序列，它们也不被翻译成蛋白质。③前导序列（leader sequence）。从转录起始位点到结构基因起始密码子间的 DNA 区段，相当于 RNA 的 5′ 端非翻译区（5′ untranslated region，5′-UTR）。④尾随序列（trailer sequence）。从最后一个外显子的终止密码子到转录终止位点（transcription termination site，TTS）之间的一段 DNA 序列，相当于 RNA 的 3′ 端非翻译区（3′ untranslated region，3′-UTR），它含有一个能够指导 mRNA 的 3′ 端多聚腺苷酸（polyA）加尾的信号序列（AATAAA）和一个能够使 RNA 聚合酶转录终止的信号序列（被称为终止子，terminator）。终止子序列中含有一段 GC 富集区，内含一段反向重复序列（也叫作回文序列，palindrome sequence），为 7～20bp，使得转录生成的 RNA 由于序列互补作用而产生发卡结构，促使转录物从 DNA 模板上释放，同时也阻止 RNA 聚合酶向前移动，使其从 DNA 上解离下来，最终实现转录的终止。回文顺序的对称轴一般距转录终止位点 16～24bp。

5.1.2　PCR 反应的基本原理

早在 20 世纪 70 年代，研究人员就首次报道了使用合成引物（primer）和 DNA 聚合酶（DNA polymerase）从模板（template）复制单链 DNA 的技术（Kleppe et al.，1971；Panet and Khorana，1974）。根据这一原理，在进行目的片段的体外扩增时，首先根据目的 DNA 片段两端的已知序列设计并人工合成一对特异性寡核苷酸（oligonucleotide）引物，即正向引物（forward primer）和反向引物（reverse primer），然后将目的片段的双链 DNA（模板 DNA）与

2个引物、4种dNTP的等量混合物、DNA聚合酶、缓冲液（buffer）等基本成分混合在一起构成扩增反应系统（amplification reaction system），最后将反应混合液放置在适当的温度条件下（PCR反应仪）进行生化反应，就可以实现目的片段的快速扩增。

PCR反应包括如下3个基本步骤：①变性（denaturation），升高温度（92～98℃）使模板DNA解开双链变成单链状态；②退火（annealing），降低温度（40～60℃）使两个引物分别与单链模板中与之互补的区域实现特异性（specifically）互补杂交（complementary hybridization），形成局部双链区（local double-strand region）；③延伸（elongation），升高温度至72℃，使DNA聚合酶根据模板的序列并按照碱基互补配对原则将单核苷酸（dNTP）从引物的3′端逐个掺入，寡核苷酸链引物按5′→3′的方向不断延伸合成互补链，形成互补双链。这样经过上述的变性、退火、延伸三个步骤构成一个循环（cycle），原来的目的DNA片段被扩增加倍。然后将这些步骤重复（"循环"）30～35次，在反应液中目的DNA片段即可按指数方式被大量扩增。由于两个引物在反应过程中以方向相反（3′端相对）的方式分别和模板的正、负单链进行特异性杂交，而新合成的DNA链又可以作为模板在下一轮循环中被进一步复制，因而最后在反应液里形成了主要由两个引物在模板DNA上的杂交位点限定区域的特异扩增产物（图5-3）。

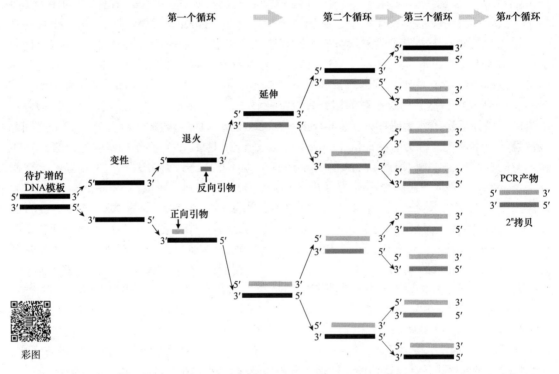

图5-3　PCR反应示意图（改自Mullis，1990）　PCR的1个循环反应包括变性、退火和延伸3个步骤。最初的1个双链DNA分子在经过 n 个PCR循环反应以后，理论上可以产生 2^n 个拷贝。

5.1.3　基因片段的PCR扩增

在一定的条件下，可以利用上述PCR技术，将植物体内的某一特定的目的基因（target gene）的全长或部分区域进行体外的大量扩增，以用于有关该基因的克隆或其他方面的深入研究。利用PCR技术进行目的基因片段的扩增包括以下几个步骤。

1. 引物设计及合成

用于 PCR 扩增的引物的长度一般为 20~24 个寡核苷酸，确定序列后可以委托专业公司去人工合成。在进行引物设计时要考虑以下几个方面：①引物中的 G+C 含量不能太高或太低，应保持在 45%~55% 水平；②引物中的 4 种碱基应该是随机分布，避免出现单一碱基的连续排列；③引物内部不会因特殊序列而引起自我杂交形成二级结构；④用于扩增的两个引物之间要避免存在序列互补，尤其在引物的 3′ 端不要因序列互补而形成"引物二聚体"；⑤引物的 3′ 端末位碱基尽可能避免选用 A 或 T。引物的设计一般要借助于计算机软件来辅助完成，如可以利用在线 PCR 引物设计软件 Primer3plus（https://www.primer3plus.com），以保证 PCR 扩增的有效性和特异性。但在某些情况下，可以人为确定引物的序列。例如，在体外扩增外源基因时，假如需要扩增的模板纯度高而且量也充足，此时引物设计可以在不严重违反上述原则的条件下，直接以该目的基因 5′ 端的 20~24 个碱基序列作为 5′ 端引物（即正向引物），以该基因 3′ 端的 20~24 个碱基顺序的互补序列作为 3′ 端引物（反向引物），由这两个引物扩增的 PCR 产物即该基因的全长序列。

2. 模板 DNA 的制备

用于扩增目的基因的模板可以是总 DNA，也可以是 cDNA（complementary DNA）。PCR 对模板 DNA 的质量要求并不是很高，少量的细胞裂解液就可以用来作模板实现 PCR 扩增。但是由于细胞裂解液中的 DNA 组成复杂，目的基因序列的浓度极低，这会导致 PCR 过程中产生错误的机会增多，扩增的特异性降低，最终的特异性扩增产物的量也不足，所以一般情况下尽量采用较纯的 DNA 样品作模板。植物基因组 DNA（genomic DNA）的制备方法可以采用快速微量提取法，常用的有十六烷基三甲基溴化铵（cetyl trimethyl ammonium bromide，CTAB）、微量提取法和十二烷基硫酸钠（sodium dodecyl sulfate，SDS）微量提取法。cDNA 模板的制作，可以利用商家提供的现成的试剂盒（kit），进行 mRNA 提取，然后通过反转录合成含有目的基因的 cDNA 样本。

3. 反应体系的建立

PCR 反应体系包括以下几个基本成分。

（1）*Taq* DNA 聚合酶　　Saiki 等（1988）最初从水生嗜热杆菌（*Thermus aquaticus*）YT-1 中提取获得一种热稳定 DNA 聚合酶，称为 *Taq* DNA 聚合酶。该酶耐高温（在 93℃下持续 2h 后其残留活性仍能够保持在原来的 60%），最适温度为 70~75℃，没有 3′→5′ 的外切核酸酶活力，因而对核苷酸的错误掺入不具校正功能（每次循环碱基错配率约为 $2×10^{-4}$）。该酶和许多其他 DNA 聚合酶一样，都是 Mg^{2+} 依赖性酶，其催化活性对 Mg^{2+} 浓度非常敏感。

（2）模板 DNA　　模板 DNA 的质量和数量会影响到 PCR 扩增的特异性，模板过少会导致扩增失败；模板过多会降低扩增特异性。合适的模板 DNA 的量受其分子量大小影响，一般需要含有 10^2~10^5 个被扩增目的基因的拷贝。植物基因组越大，扩增单拷贝基因时需要的总 DNA 样品量就越多。

（3）引物　　常用的引物浓度一般为 0.1~0.5μmol/L。引物浓度过高会导致引物序列的错误配对（mispriming），从而会产生非特异性（non-specific）扩增，同时引物之间也容易生成引物二聚体，影响正常 PCR 反应。引物浓度过低则会导致扩增的失败。

（4）dNTP　　作为底物（substrates），每一种 dNTP 在反应体系中的最终浓度（当量数，molarity）一般为 50~200μmol/L。理论上讲，dNTP 的浓度越高，聚合反应速度则越快，但碱基的错误掺入率也会增高，而低浓度的 dNTP 则可以提高 PCR 扩增的特异性。另外，反应中 4 种 dNTP 的浓度应相同，如果其中 1 种 dNTP 的浓度明显与其他 3 种不同，会导致核苷酸的错误掺入，降低合成速度，甚至提前终止延伸。

（5）缓冲液　　通常在PCR反应的缓冲液中含有10～15mmol/L Tris-HCl、50mmol/L KCl、1.5mmol/L MgCl$_2$。缓冲液的pH在室温下被调节到8.4。缓冲液中Mg^{2+}的浓度过高会导致非特异性扩增产物的增加，浓度过低时则会导致PCR产物量的下降。

（6）其他成分　　反应体系中还可以加入一些其他成分如100μg/mL的白明胶（gelatin）或牛血清白蛋白（bovine serum albumin，BSA）、非离子去污剂（如Triton X-100或Tween 20）等，其目的是要对*Taq* DNA聚合酶起稳定作用。此外，还有在反应体系的液面上加一滴矿物油以防止反应时液体挥发，但现在很少采用这一办法，如今使用的PCR仪一般都具有加热盖设备，同时也可以通过使用PCR反应管的盖帽或反应盘的封闭膜来避免反应时液体的挥发。

4. PCR循环参数的设定

PCR扩增过程中的每一个循环是由变性、退火、延伸三个步骤构成，这三个步骤分别在三种不同的温度条件下进行，由PCR扩增仪（PCR cycler）自动完成。

（1）变性　　在第一个循环前一般还设有一个3～5min的高温（如94℃）起始变性步骤，其目的是让混合液中的双链模板DNA充分解链以便使引物在每个单链上进行特异性杂交，同时也使原来样品DNA中含有的少量蛋白质或酶发生变性、失活。在之后的每个循环中，变性步骤中的高温时间一般不宜太长，多采用94℃ 30s～1min，以减少高温对DNA聚合酶活性的破坏作用。

（2）退火　　在每个循环中，退火的温度及时间的设定要考虑所用引物的长度、G+C含量、浓度及引物与模板的配对程度等因素。退火温度一般凭经验被设定为引物的T_m值−5℃。引物的T_m值可以按照下列公式来估算：$T_m=4$（G+C）$+2$（A+T），其中的A、T、C、G为引物序列中含有4种碱基的个数。根据需要，可以通过适当提高退火温度，来提高PCR扩增的特异性。退火时间一般设置在30s～2min，目的是保证整个反应体系有足够的时间达到所需的退火温度。

（3）延伸　　*Taq* DNA聚合酶在70～75℃活力最高且稳定性最强，所以在使用*Taq* DNA聚合酶时，延伸步骤的温度一般都选用72℃。而延伸时间则根据待扩增片段的长度来设定，一般来讲，对于2kb长的待扩增DNA片段，可选用1～1.5min的延伸时间。在所有循环都完成以后，还要设置一个较长时间（5～8min）的最后延伸步骤，以保证新扩增出来的片段都能得到充分的延伸，形成完整的双链DNA。

（4）循环次数　　根据反应液中DNA模板的浓度及待扩增的目的DNA片段在模板中的比例或含量来设定循环次数，以便获得足够量的扩增产物。在反应的初期循环中，产物量呈指数级增长。但经过一定次数的循环后，反应体系内各成分的浓度发生了变化，如聚合酶活性的下降、dNTP浓度的降低、产物的积累及非特异性产物的累积和竞争等，因而PCR产物量就不再呈指数增长，而是进入平台期，即反应达到了饱和状态。由于进入平台期后，非特异性扩增产物会明显增加，因此尽可能在平台期到来之前使反应停止。一般30～35个循环比较合适。

5. PCR扩增产物的检测

扩增反应结束后，取部分反应物在琼脂糖或聚丙烯酰胺凝胶上进行电泳分离（gel electrophoresis），然后利用核酸染料如溴化乙锭（EB）、Goldview、SYBR Green等对凝胶进行染色，将染色后的凝胶置于紫外成像仪进行观察和拍照，若凝胶上出现明显的条带即PCR扩增产物。将扩增产物和已知分子量的参照片段（如Ladder）进行比较来确定扩增产物（条带）的分子量，将分子量与目的DNA片段长度进行比较，如果扩增条带的分子量与目的DNA片段的长度一致，说明是正确的特异性PCR扩增产物；如果不一致那是因为扩增出了非特异性产物，需要重新设置PCR反应条件或设计新的引物来重复PCR反应，直到获得理想的结果。

5.2 基因克隆与克隆载体

5.2.1 基因克隆

分离和克隆到某一特定基因是深入研究该基因功能的基本前提，基因被克隆后可以用于产生大量的纯化拷贝，可以对其进行测序分析或开展转基因试验等，对其功能或者参与的代谢途径进行分析，以期最终能够阐明其在植物生长发育过程中扮演的角色，有效地将其利用到相关作物品种的遗传改良上。基因克隆包括以下几个步骤（图5-4）。

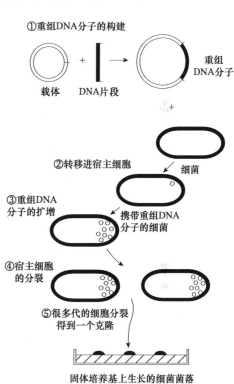

图5-4 基因克隆的基本步骤（引自 Brown，2018） ①一段包含需要克隆的目的基因的DNA片段被插入一个载体（环状DNA分子）中形成重组DNA分子；②载体将目的基因转运到一个宿主（通常为细菌）细胞中；③含有目的基因的载体在宿主细胞内增殖产生多个拷贝；④宿主细胞繁殖时，形成重组DNA分子的拷贝转移到子细胞中，随着宿主进行进一步的复制；⑤将上述步骤的细菌培养液涂抹在固体培养基表面，在适当温度下进行培养，在经过多次细胞分裂后，最初一个细胞繁殖成了一个细胞群，在固体培养基表面上形成一个菌落，菌落中的每个细胞都含有多个重组DNA分子的拷贝，此时我们称的目的基因被克隆了，一个菌落就被称为一个克隆。

（1）目的基因片段的准备 可以通过PCR特异性扩增技术，从植物总体DNA中或cDNA样本中将含有目的基因的DNA片段大量扩增，获得足够量的、纯化的目的基因片段。

（2）体外载体的构建 将目的基因片段插入到一个被称为载体的环状DNA中，制成重组DNA分子。

（3）细菌转化 将上述重组DNA分子转运到一个宿主细胞中，通常是一个细菌［如大肠杆菌（*Escherichia coli*）］，即实现细菌转化，但宿主也可以是其他种类的活细胞。

（4）转化细菌的液体培养 转化后的细菌首先在培养液中进行初步培养和繁殖，重组DNA分子进入细菌细胞后，可以通过自我复制在同一个细胞中产生多个拷贝，载体本身和外源插入基因片段因此也得到了复制。在宿主细菌进行繁殖时，重组DNA分子的拷贝被转移到子细胞中，随着细菌的繁殖而实现进一步自我复制。

（5）转化细菌的固体培养基培养 将上述步骤的细菌培养液涂抹在固体培养基表面，然后放置在适当温度下进行培养，在经过多次细胞分裂后，最初一个细胞繁殖成了一个细胞群，在固体培养基表面上形成一个菌落，菌落中的每个细胞都含有多个重组DNA分子的拷贝，此时我们称目的基因被克隆了，一个菌落就被称为一个克隆。由于最初只有目的基因片段和载体进行了重组，因此不同菌落细菌中含有的被克隆的DNA片段理论上是相同的。

（6）克隆的保存　为了能够将克隆到的目的基因片段永久保存，我们在无菌条件下，将单个菌落接种到新的细菌培养液中，经过新一轮的细菌培养，含有重组DNA分子的细菌得到大量的繁殖，我们将其分装到多个含有保护液（如甘油）的小管中，然后储藏在−80℃冰箱中，待需要时可随时取出、解冻、重新接种进行繁殖。图5-4概括了上述基因克隆的基本步骤。

假如不是单个目的基因片段，而是整个基因组DNA用来做上述的克隆试验，那么整个基因组DNA需要首先被片段化（通过限制性内切酶处理），然后随机和载体进行DNA重组形成大量不同的DNA重组分子，进而进行细菌转化、液体培养、固体培养基培养，那么每个菌落都随机克隆到一个来自基因组不同位点的DNA片段，最后将获得的大量菌落有序地集合在一起（如集中到384孔PCR盘）进行固定保存，就形成了一个基因组文库（genomic library），我们可以通过PCR或分子杂交技术，从文库中将含有目的基因片段的克隆鉴别出来。

5.2.2　克隆载体

从上面介绍的整个基因克隆的过程可以看出，基因克隆涉及目的基因片段的准备、连接、扩增和转移等多个步骤，需要具备不同功能（DNA的聚合、切割、连接等）的酶类和不同类型的载体作为基础来进行各种实验操作。用到的酶类主要包括限制性内切核酸酶类（restriction endonucleases）、连接酶类（ligases）、扩增酶类（amplification enzymes）等；用到的载体可以大致分为质粒（plasmid）、噬菌体（phage）和人工染色体（artificial chromosome）等类型。

用于基因克隆的载体是指可以携带外源基因片段在宿主细胞（如大肠杆菌）中能够进行自我复制、表达的DNA分子，通常需要具备以下几个结构特征：①在克隆载体的合适位置必须含有可以使外源基因片段重组插入的多克隆位点（multiple cloning site，MCS）；②含有能够在宿主细胞中进行自主复制（self-replication）的相关元件；③含有可用于阳性克隆鉴定或者重组子（recombinant）筛选所需要的选择标记基因；④不含有对受体（或宿主）细胞具有毒性的基因，同时不会对外界环境及其他生物体构成安全隐患。

现在人们所使用的克隆载体绝大多数都是由野生型的质粒、病毒DNA或者染色体DNA经过人工改造后而形成的。这些载体除了具有上述几个普遍特征之外，根据不同的研究目的还会增加其他一些元件，如表达载体还含有启动子、终止子和蛋白质翻译元件［如核糖体结合位点（ribosome-binding site，RBS）］等。这些经过人工改造的载体按照它们的来源可以分为质粒载体、噬菌体载体、以噬菌体和质粒为基础而构建的Cosmid载体、人工染色体载体（YAC、BAC、PAC和TAC）等；按照应用对象不同还可以分为原核生物基因克隆载体、植物基因克隆载体和动物基因克隆载体等；按照表达方式可以分为正向表达载体（sense expressed vector）和反义表达载体（antisense expressed vector）。

1. 质粒载体

质粒是存在于宿主细胞染色体之外的一种裸露的双链DNA分子或RNA分子，它是一个独立的、非必要的遗传单元。目前，人们在细菌、藻类、酵母及植物的线粒体中都发现有质粒DNA分子的存在。这些质粒分子质量的大小为几个kb到100kb，但是大多数质粒的大小在10kb以下。质粒DNA分子通常以共价闭合环状的超螺旋形式存在于宿主细胞内（图5-5），少数质粒DNA分子以开环（open circular）或者线性（linear）形式存在。

质粒载体是最简单、最常用的一类载体，人们根据质粒自身的特性和开展基因工程操作的需要，对野生型质粒进行了人工改造，形成了大小在 3～5kb 的商业化系列质粒产品，具备以下不同生物学特性。

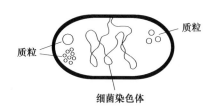

图 5-5　细菌细胞内的质粒示意图（引自 Brown，2018）1 个细菌细胞内可以同时含有不同的多拷贝环状质粒（plasmid）和丝状染色体共存。

（1）质粒载体的 DNA 复制　　质粒在宿主细胞中能够独立地自我复制，同时也能够随着宿主细胞的复制而被分配到子代中去。根据质粒在宿主细胞内复制的拷贝数大小可以将质粒分为两大类型。拷贝数在每个细胞 1～10 个的质粒称为严谨型，而拷贝数在每个细胞为 10 个以上的质粒则称为松弛型。质粒的复制过程是受特定基因严格调控的（不像病毒那样可以在宿主细胞内无限制地复制，从而导致宿主细胞的死亡）。对于大肠杆菌（*Escherichia coli*）来说，质粒的复制同时受质粒本身的基因及宿主细胞基因组上的基因协同调控，质粒上的 *cop* 基因能够指令宿主细胞基因组上的特定基因合成一种特定的抑制物（inhibitor），当质粒复制到一定的拷贝数时，细胞中同时合成的抑制物的量也累积到一定水平，使得质粒停止复制。一般来讲，质粒的复制受多种因素的影响（如宿主细胞类型、外界条件、质粒大小等）。例如，R1 质粒在大肠杆菌中的复制为严谨型，而在变形杆菌（*Proteusbacillus vulgaris*）中的复制为松弛型；含松弛型 ColE 质粒的大肠杆菌在氯霉素处理的情况下拷贝数可以大量增加到每个细胞 3000 个以上，质粒 DNA 的含量可以达到细胞总 DNA 含量的 50% 以上；大肠杆菌中的 F 质粒（fertility factor）在 37℃ 条件下可以自主复制，而在 42℃ 时则停止复制。

（2）质粒的亲和性与不亲和性　　不同类型的质粒在同一个宿主细胞中有的可以共存，有的则不能够共存。能够在同一个宿主细胞中共存的不同质粒互称为亲和性质粒，不能够在同一个宿主细胞中共存的质粒互称为不亲和性质粒。在构建质粒载体时，要考虑宿主细胞在接受外来质粒时不含任何内源不亲和性质粒。例如，大肠杆菌 DH5α 细胞不含任何内源质粒，便于接受外来的各种人工改造过的质粒以进行各类试验与分析。

（3）质粒的接合性与非接合性　　有些质粒除了具有自主复制所必需的遗传信息之外，还带有一套控制细菌配对和质粒接合转移（conjugative transfer）的基因，称为接合型（conjugative）质粒。与之相反，有些质粒虽然具有自主复制的遗传信息，但失去了控制细菌配对和接合转移的基因，因此不能从一个细胞自我转移到另一个细胞，称为非接合型（non-conjugative）质粒（又叫不能自我转移质粒）。例如，F、Ti、ColV2 和 IncP 等类型的质粒为接合型质粒。质粒的接合（conjugation）和迁移作用受两类基因控制。一类是位于非接合型质粒上的 *mob* 基因和 *bom* 位点，另一类是位于接合型质粒上的 *tra* 基因。当宿主细胞内同时存在 *mob* 和 *bom* 位点时，*mob* 基因产物能够识别 *bom* 位点（也叫 *OriT* 位点）并进行切割形成单链断裂的缺口，在 *tra* 基因产物（TRA 蛋白）的协助下，使非接合型的质粒被动地迁移到受体细胞中去。在此过程中，含有 *tra* 基因的质粒能够指令宿主细胞（如大肠杆菌）产生菌毛，合成表面活性物质，促使宿主细胞与受体细胞结合，从而使遗传物质从宿主细胞向受体细胞转移。接合型质粒通常分子质量比较大，在细胞中的拷贝数比较少，而非接合型质粒通常分子质量比较小，拷贝数则比较多。在基因克隆过程中人们通常使用非接合型质粒作载体，因为这种质粒比较安全、稳定。

（4）构建质粒载体的基本原则　　质粒载体应具有操作方便、易于检测、插入外源 DNA 片段后能够稳定被复制等特点，在构建质粒载体时要遵循以下几个基本原则：①质粒载体上必须含有能够使质粒在宿主细胞内自我复制的元件，通常为复制起点 Ori（origin of replication）

位点。质粒在宿主细胞内的复制最好是属于松弛型的，具有较高的拷贝数，便于提取质粒载体DNA。②质粒载体上必须含有能够使外源基因插入的多克隆位点（multiple cloning site，MCS）。通常在同一个质粒载体上含有多个多克隆位点，它们可以是限制性内切核酸酶的位点，如*EcoR* Ⅰ、*BamH* Ⅰ位点等；也可以是基于TA克隆（3′端加多出1个A的PCR片段与一个3′端多出1个T的载体DNA连接起来的克隆方法）的位点，如pGEM-T系列的克隆载体；也可以是重组酶的识别位点，如GATE-WAY系统的质粒载体。③质粒载体上必须含有可供筛选的抗生素标记基因。常用的抗生素标记基因包括氨苄青霉素抗性基因（*Amp*ʳ）、抗四环素基因（*Tet*ʳ）、抗卡那霉素基因（*Kan*ʳ）等，以及可能根据克隆子蓝白斑进行选择的β-半乳糖苷酶基因（*lacZ*）。④质粒载体的大小（size）要合理。质粒载体大小一般在3～5kb比较合适，大质粒载体在进行转化时的转化效率通常比较低，而小质粒载体的转化效率比较高。一般来说，在开展质粒载体构建时，首先要选择一个合适的出发质粒（starting plasmid，如pBR322等），为新质粒载体的构建提供一些基本序列元件，如复制起点、选择标记基因、启动子、终止子等。图5-6为商品化质粒载体pUC18/19结构示意图。

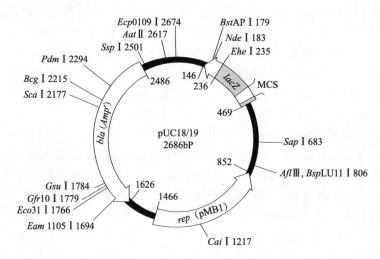

图5-6　商品化质粒载体pUC18/19结构示意图（引自张献龙，2012）　该载体具有下列几个功能元件：复制起点（*rep*），氨苄青霉素抗性基因（*Amp*ʳ），位于*lacZ*基因内部的多克隆位点（multiple cloning site，MCS）。

2. λ噬菌体载体及其衍生载体

（1）λ噬菌体　　λ噬菌体（phage，bacteriophage）是一种以大肠杆菌为宿主菌、具有极强感染能力的病毒（virus）。它由头和尾两部分构成，其基因组为线性双链DNA分子，被包含在头部蛋白质外壳内部。λ噬菌体在感染时，通过尾管将它的基因组DNA注入大肠杆菌，而将其蛋白质外壳留在菌外。λ噬菌体DNA进入大肠杆菌后可以通过两种不同的方式，即溶源性方式和溶菌性方式进行自我繁殖。在以溶源性方式繁殖时，λ噬菌体DNA能够通过其*attP*位点［为接触位点（attachment site，att）］（含POP′序列）和大肠杆菌染色体上的*attB*位点（含BOB′序列）之间通过专一性同源重组使其整合在大肠杆菌的染色体上，以原噬菌体（prophage）的形式长期潜伏在大肠杆菌的基因组中，随着大肠杆菌的繁殖进行不断的复制，这种状态下的噬菌体称为温和性噬菌体。在特定条件的诱导下，温和性λ噬菌体能够转变为烈性λ噬菌体（virulent phage），即转变成溶菌性状态，噬菌体通过"操纵"大肠杆菌的代谢途径，大量复制自己的DNA和蛋白质，并进行包装形成完整的噬菌体颗粒，进而裂解大肠杆菌完成自我繁殖。

野生型λ噬菌体DNA全长大约为48kb，含有以下几类基因：①负责合成噬菌体头部的基因。包括编码A、W、B、C、D、E、F 7种不同蛋白质的基因，分布在λ噬菌体DNA的左侧。②负责合成噬菌体尾部的基因。包括编码Z、U、V、G、H、M、L、K、I、J 10种不同蛋白质的基因。③与λ噬菌体的整合、重组等功能有关的基因，如位于噬菌体DNA中部的*att*、*int*、*gam*、*red*、*six*基因等。④与λ噬菌体基因的表达调控有关的基因，如*C Ⅲ*、*N*、*C Ⅰ*、*cro*和*C Ⅱ*等基因，位于λ噬菌体DNA右半部分。⑤其他与λ噬菌体合成有关的基因。包括与λDNA合成有关的*O*、*P*、*S*、*R*基因等。

上述野生型λ噬菌体基因中有些基因的缺失并不影响噬菌体的基本功能，因此在人工改造过程中可以将大量的非必需区段剔除掉，如*J*基因与*N*基因之间以及*P*基因与*Q*基因之间的总长度达20kb左右区段可以被剔除，这样可以使改造后的λ噬菌体载体能够装载更大的外源基因片段。野生型λ噬菌体DNA的两侧具有2个由12个核苷酸组成的黏性末端，称为*cos*位点。噬菌体侵染大肠杆菌以后，*cos*位点能够将线性DNA分子连接成为环状。环状的DNA分子进而被λ噬菌体头尾蛋白包装形成一个完整的噬菌体颗粒。一般来说，两个*cos*位点之间的DNA长度必须保持在野生型λDNA分子大小的75%～105%（即36～51kb）才能完成上述过程。由此可以推算出剔除非必需基因后的λ噬菌体载体可装载的外源基因片段的长度为8～23kb。此外，野生型λ噬菌体染色体上大量的限制性内切核酸酶位点（已知的有50多个限制性内切核酸酶位点）也需要被剔除，这样才能将之被改造成可用的基因克隆载体。

除了上述2个人工改造之外，野生型λ噬菌体还需要经过以下两方面的改造：①引入可供筛选的标记基因。常用的标记基因是能够在IPTG（异丙基-β-D-硫代半乳糖苷）和X-gal（5-溴-4-氯-3-吲哚-β-D-半乳糖苷）存在情况下的大肠杆菌*lacZ'*基因，通过α互补现象可以形成有活性的β-半乳糖苷酶，从而作用于底物X-gal生成蓝色物质这一原理来确立是否是重组的噬菌体个体（蓝色指没有重组，白色指有重组）。α互补是指*lacZ*基因上缺失近操纵基因区段的突变体与带有完整的近操纵基因区段的β-半乳糖苷酶（β-galactosidase，由1024个氨基酸组成）阴性的突变体之间实现互补，这样产生的两个有不同缺陷的β-半乳糖苷酶之间可实现功能互补形成有活性的β-半乳糖苷酶。②载体不同片段之间的连接。将上述不同片段按照一定的方向加以连接，然后进行环化，将环化以后的噬菌体DNA载体转入宿主细菌中进行繁殖。图5-7为人工改造的噬菌体载体λTripx2结构示意图。

（2）Cosmid载体　　上述的λ噬菌体载体存在扩增和繁殖比较困难的缺点，虽然在理论上λ噬菌体载体可以克隆长达23kb的外源片段，但在实际使用中一般只能克隆到10kb左右。针对这些缺点，Collins和Hohn（1978）发展出

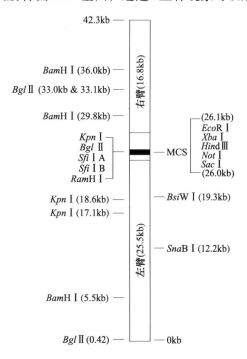

图5-7　人工改造的噬菌体载体λTripx2结构示意图（引自张献龙，2012）

一种新的克隆载体，称为Cosmid载体。该载体结合了λ噬菌体和大肠杆菌质粒的一些特点，同时含有λ噬菌体的*cos*位点及质粒的一些元件，因此被称为Cosmid载体（*cos* site-carrying plasmid），它可以在大肠杆菌中像普通质粒一样被复制和繁殖，从而方便重组载体DNA的抽提。与λ噬菌体载体和质粒载体相比较，Cosmid载体具有以下几个特点：①Cosmid载体含有λ噬菌体的*cos*位点，*cos*位点经过黏端退火相互连接以后能够像λ噬菌体一样，高效转导宿主大肠杆菌。进入大肠杆菌细胞以后，Cosmid载体通过携带的两个*cos*位点实现自身的环化，可以像质粒一样进行复制并使其宿主获得相应的抗药性。②Cosmid载体因为不含有λ噬菌体正常生长的全部必要基因，因此不会产生溶菌和溶源周期，不会产生子代噬菌体颗粒，但它可以通过添加头尾蛋白来完成包装过程。③Cosmid载体上携带有质粒载体的自我复制起点*Ori*及抗生素的标记基因，因此它在转化大肠杆菌以后，可以像质粒一样在大肠杆菌中进行复制和繁殖。④Cosmid载体由于本身较小（多数小于10kb），因而能够插入并携带较大的外源基因片段。按照λ噬菌体的理论包装能力，即可以最大承载外源片段长度为其本身的75%～105%，可以推算出Cosmid载体可以克隆的外源片段长度为15～45kb。因此，Cosmid载体常被用于基因组文库（genomic library）的构建，而λ噬菌体载体则常被用于cDNA文库的构建。图5-8为商业化的Cosmid载体pWEB结构示意图。

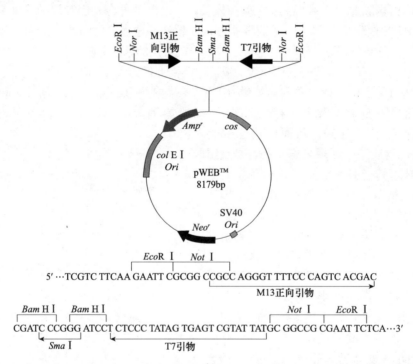

图5-8 商业化的Cosmid载体pWEB结构示意图（引自张献龙，2012）该Cosmid载体具有下列几个功能元件：来自大肠杆菌质粒的复制起点（*col*E Ⅰ *Ori*），抗生素标记基因［氨苄青霉素抗性基因（*Amp'*）和新霉素抗性基因（*Neo'*）］，来自猿猴病毒40（simian vacuolating virus 40 or simian virus 40，SV40）的复制起点（SV40 *Ori*），来自λ噬菌体的*cos*位点，多克隆位点（multiple cloning site，MCS）。图中给出了多克隆位点包含的酶切位点和详细序列信息。

（3）噬菌粒载体 与上述的Cosmid载体相似，噬菌粒（phagemid）载体也是在噬菌体和质粒载体的基础之上发展起来的一种中间载体，但两者有下列不同之处：①大小不同。噬菌粒载体更小，通常在3kb左右。②复制方式不同。Cosmid载体是通过λ噬菌体的Ter体系（terminase，末端酶）识别两个相距适宜的*cos*位点，将多连体（concatemer）分子（载体＋外源片段）切割成λ单位长度的片段，并将它们包装到λ噬菌体头部中去进行复制。而噬菌粒载体是按照质粒的方式在大肠杆菌细胞内部进行复制。在有辅助噬菌体（helper phage，可以编码产生另一个噬菌体所不能产生的重要蛋白质以使其得以生长和繁殖）存在的情况下，噬菌粒的复制方式就会发生改变，按照滚环复制方式（rolling circle replication）进行复制，然后包装成为噬菌体颗粒再分泌出大肠杆菌的细胞。③噬菌粒载体所携带的外源片段可以像质粒载体那样通过提取质粒DNA进行直接测序，而Cosmid载体上所携带的外源片段需要经过亚克隆（sub-cloning）后才能进行序列测定。

已经构建的噬菌粒载体有很多种类，图5-9为最常用的来自Stragene公司的噬菌粒载体pBluescript Ⅱ KS（＋/－）示意图，该载体具有噬菌粒载体的普遍特征：①携带有一个抗生素

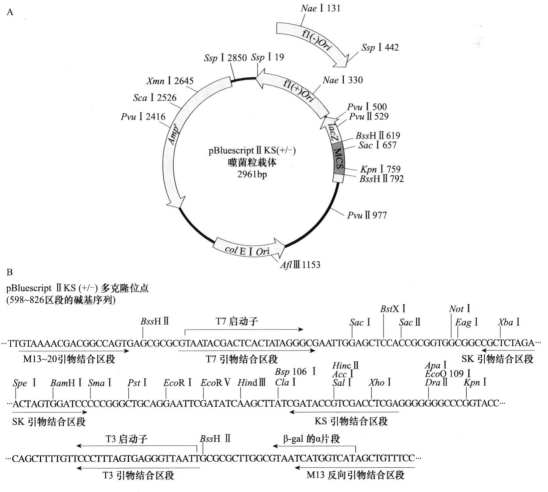

图5-9　噬菌粒载体pBluescript Ⅱ KS（＋/－）示意图及多克隆位点的信息　A. 噬菌粒载体pBluescript KS（＋/－）结构示意图。该载体具有下列几个功能元件：来自pUC质粒的复制起点（*col* EⅠ *Ori*）和来自f1质粒的复制起点［f1（＋）*origin*］，抗生素标记基因（*Amp*r），用于通过蓝白斑筛选方法来筛选重组克隆的*lacZ*基因，多克隆位点（multiple cloning site，MCS）。B. 多克隆位点的详细序列信息。含有T3和T7启动子序列，可用于定向插入外源DNA片段；同时也含有M13引物序列，用于外源DNA片段的序列测定。

标记基因（*Amp^r*），作为转化子克隆的选择标记。②在多克隆位点（MCS）上分别加入了T3和T7启动子序列，用于定向插入外源DNA片段。同时在多克隆位点中加入了M13引物用于外源DNA片段的测序。③同时携带有pUC质粒的复制起点（*col*ⅠⅠ*Ori*）和f1质粒的复制起点［f1（＋）*Ori*］。前者能够保证pBluescript在大肠杆菌中按照质粒的复制方式进行复制，后者则保证在有利于噬菌体存在的情况下启动合成单链DNA分子（＋/－）。④携带有*lacZ*基因，用于通过蓝白斑筛选方法来筛选重组克隆。

3. 人工染色体载体

（1）人工染色体（artificial chromosome）载体的基本组成　　染色体在真核生物体内能够正常地进行复制、分离和有效传递，这些特性可以被充分应用到载体的构建中。因此人工染色体需要有行使正常染色体功能所必需的各个必备元件，包括着丝粒、端粒和复制起点等。

着丝粒是细胞有丝分裂中期与纺锤丝微管（spindle microtubule）相结合的部分，牵动染色体有规律地分配到子细胞中。在酵母（yeast）中每个着丝粒只与一根纺锤丝相连。研究表明，酵母的着丝粒由120bp左右的保守序列组成，被称为着丝粒序列，该序列已被成功运用到酵母人工染色体的构建中。

端粒对确保染色体正常复制和维持染色体长度起重要作用。真核生物染色体上的端粒结构基本相同，大多由5～8bp的简单串联重复序列延伸到染色体的末端并与蛋白质形成一个复合体。端粒在端粒酶（telomerase）的作用下以能够与重复序列互补的序列作为引发体（primosome），完成染色体的末端复制，同时对复制过程中损坏的端粒进行修补，保证在复制过程中染色体不被缩短。

复制起点是所有生物进行DNA复制所必需的元件。原核生物通常只有一个复制起点，而真核生物则具有多个复制起点。在真核生物中，复制起点识别复合体（origin recognition complex，ORC）能够识别复制起点并且在起始因子和复制因子（replicator）的作用下完成DNA的解旋和延伸。酵母中已经发现自主复制序列（autonomously replicating sequence，ARS），含有该序列的环状DNA分子能够在细胞中进行自主复制。酵母的自主复制序列中含有4个不同的区域，其中的一段核心序列（A/T）TTTTT（A/T）高度保守。

（2）酵母人工染色体载体　　1983年Murray和Szostak等在pBR322质粒的基础上，加入了酵母的着丝粒、自主复制元件及类似端粒结构的简单重复序列，成功构建了一个大小为10.7kb的环状质粒，该质粒被酶切成线状后用来转化酵母菌，可以在酵母菌中像染色体一样进行正常的复制，成为世界上第一条酵母人工染色体（yeast artificial chromosome，YAC）。在此基础上，他们又以λ噬菌体为基础，加上酵母的着丝粒、自主复制序列、四膜虫（*Tetrahymena*）rDNA的末端重复序列及基因*TRP1*和*HIS3*，构建了长度为55kb的酵母人工染色体YLP21和YLP22。尽管它们在有丝分裂的稳定性上还存在一定的缺陷，但是为后来YAC载体的改进奠定了基础。目前已经有多种不同类型酵母人工染色体的质粒被构建出来。图5-10为酵母人工染色体载体pYAC-RC结构示意图（Marchuk and Collins，1988）。

酵母人工染色体载体的最大优点是能够插入较大的外源片段（可以高达2000kb），但也存在一些比较严重的缺点，如存在嵌合（chimeric）现象（在同一YAC克隆中嵌合两个来源不同的大片段）、不稳定（一些克隆中存在序列重排和插入丢失现象）、插入的DNA片段在进行分离和纯化时比较困难、转化效率较低等，限制了YAC的广泛应用。

（3）细菌人工染色体载体　　Shizuya等（1992）以*E. coli*的单拷贝性因子小F1因子为基础构建了第一个细菌人工染色体（bacterial aritifical chromosome，BAC）载体pBAC108L，它可以插入长达 300kb 左右的 DNA 片段。pBAC108L 载体主要包括控制质粒稳定性和拷贝数的 4 个功能区：①控制拷贝数的基因 *parA* 和 *parB*；②控制 F 质粒复制的基因 *OriS* 和 *repE*；③抗生素标记基因 *CM*'（氯霉素抗性基因），用于载体的筛选；④来源于 λ 噬菌体的 *cosN* 位点和来自 P1 噬菌体的 *loxP* 位点，*cosN* 可以被 λ 噬菌体的末端酶切开，*loxP* 可由 P1 噬菌体的 Cre 蛋白进行特异性识别切开。这两个位点可作为特定的切点以锚定插入 DNA 的一端，便于限制性内切核酸酶分析。T7、SP6 为 RNA 聚合酶启动序列，可用来制备 RNA 探针和末端测序特异性引物以便于染色体步移（chromosome walking）分析。图 5-11 为细菌人工染色体载体 pBAC108L 结构示意图（Shizuya et al.，1992）。

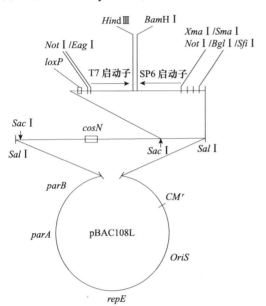

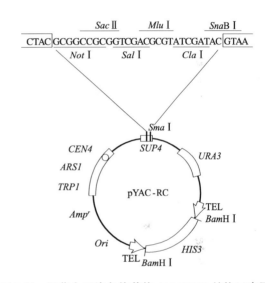

图 5-10　酵母人工染色体载体 pYAC-RC 结构示意图（引自 Marchuk and Collins，1988）　该酵母人工染色体载体主要包括下列几个功元件：着丝粒（centromere，CEN）序列，自主复制序列（autonomously replicating sequence，ARS），酪氨酸酶相关蛋白 1 基因（*TRP1*），氨苄青霉素抗性基因 *Amp*'，复制起始序列（*Ori*），两个端粒（telomeric repeat，TEL）序列，组蛋白基因 *HIS3*，以及多克隆位点（multiple cloning site）。

图 5-11　细菌人工染色体载体 pBAC108L 结构示意图（引自 Shizuya et al.，1992）　该载体包括下列几个功能区：控制拷贝数的基因 *parA* 和 *parB*，控制 F 质粒复制的基因 *OriS* 和 *repE*，用于载体筛选的抗生素标记基因 *CM*'（氯霉素抗性基因，chloramphenicol resistance gene），来源于 λ 噬菌体的 *cosN* 位点和来自于 P1 噬菌体的 *loxP* 位点。

　　pBAC108L 的构建为细菌人工染色体的发展奠定了基础，但是它的一个重要缺点就是没有重组子选择的标记基因，重组子的选择最初是通过分子杂交来实现的。为此，人们进行了下列两个方面的改进：①引入重组子选择基因 *sacB*。在含 5% 蔗糖的 LB 培养基上，*sacB* 基因的催化产物（蔗糖 -6- 磷酸果糖转移酶）对宿主菌大肠杆菌及农杆菌都是致死的。因此在多克隆位点区域采用 *sacB* 基因，当外源 DNA 的插入使 *sacB* 基因失活，携带重组子的宿主细菌能够在含 5% 蔗糖的 LB 培养基上成活继而形成菌落，而不含重组子的细菌则不能生长。②将 BAC 的严谨型复制改变成松弛型复制类型。BAC 的严谨型复制有利于本身的稳定遗传，但不利于载体的大量制备。为克服这一缺点，人们将 BAC 载体的复制启动子变为可诱导调控的启动子

(inducible promoter)。例如，pYLTAC载体上有个受*lacZ*控制的、可经IPTG诱导的P1噬菌体裂解性复制子，当培养基中加入IPTG后，pYLTAC由严谨型复制转变为松弛型复制类型进行多拷贝复制。

（4）双元细菌人工染色体载体 Hamilton等（1996）在BAC基础上构建了可用于植物大片段DNA遗传转化的双元（binary）T-DNA载体BIBAC2，称为双元细菌人工染色体（binary bacterial artifical chromosome，BIBAC）载体，也叫作穿梭细菌人工染色体载体。BIBAC2包含了以下基本元件：①小F因子（fertility factor），进行稳定复制的基本功能区。②T-DNA的左右边界（left border，LB和right border，RB）序列（为农杆菌介导的植物转化所需要的元件）。③F因子的复制子*OriS*和Ri质粒的复制子*OriR*，它们保证BIBAC2在大肠杆菌和农杆菌中以1～2个拷贝的形式稳定存在。④交配转移因子*OriT*。在辅助质粒的协助下，*OriT*可以启动任何与之共价连接的DNA片段的交配转移。这样BIBAC2既可以通过电击转化，又可以通过三亲交配（triparental cross）进行转化。⑤BIBAC2将多克隆位点（MCS）和重组选择标记基因*sacB*置于LB和RB之间，将用于鉴定转化的标记，即新潮霉素磷酸转移酶Ⅱ基因（*NPT*Ⅱ）和β-半乳糖苷酶基因的嵌合体，插入到与LB相邻位置，这样可以通过利用5%蔗糖和卡那霉素来筛选重组子和转化阳性克隆。BIBAC人工载体能够轻易插入超过100kb的外源DNA大片段，与YAC载体相比具有多个优点：没有嵌合现象、稳定性好、易于分离插入的外源DNA片段、操作简单、可采用高效的电转化体系进行转化等。

5.3 植物的遗传转化

植物的遗传转化（genetic transformation）又称为植物转基因或植物基因工程（plant genetic engineering），是指利用重组DNA并结合细胞、组织培养等技术，将外源基因导入植物细胞或组织中，使之定向重组本身的遗传物质，改良植物的性状，培育优质高产的作物新品种。与常规育种方法相比，植物基因工程具有以下特点：①打破物种的界限，可实现动物、植物和微生物间遗传物质的交流，因而可以充分利用自然界存在的各种遗传资源；②打破有利基因和不利基因之间的连锁，充分利用有利基因；③加快育种进程，缩短育成品种的年限。

用于高等植物遗传转化的方法很多，以转化的遗传特性为标准，可分为瞬时表达转化和稳定表达遗传转化两大类；以载体特性为分类标准，可分为非载体介导的（non-vector mediated）遗传转化和生物载体介导的（vector mediated）遗传转化。生物载体介导的遗传转化又可以细分为病毒载体介导的（virus mediated）和质粒载体介导的（plasmid mediated）遗传转化两大类。

5.3.1 植物遗传转化常用载体

作为植物转化载体必须满足：①能够将目的基因成功导入受体植物细胞中；②携带有能够被受体植物细胞本身的复制和转录系统所识别的有效DNA序列（包括复制起始位点、启动子和增强子等顺式作用元件），用来保证所导入的外源基因能在受体植物细胞中正常复制和表达。

1．农杆菌质粒载体

农杆菌（*Agrobacterium*）质粒是存在于农杆菌染色体以外的独立遗传物质，是一种天然的能够把自身特定的DNA区域转移并整合到宿主植物细胞染色体上的系统。根癌农杆菌（*Agrobacterium tumefaciens*）中含有 Ti 质粒（tumor induced plasmid），而发根农杆菌（*Agrobacterium rhizogenes*）中含有 Ri 质粒（root inducing plasmid），两者在结构上很相似：①都是双链共价闭合的环状 DNA；②都是体积巨大的质粒，Ti 质粒有 150~200kb，Ri 质粒有 200~800kb；③都携带有两个与致瘤有关的区域，即毒性区（*Vir* 区，负责编码能够实现 T-DNA 转移的蛋白质）和转移 DNA 区域（transfer DNA region，T-DNA 区域）。T-DNA 区域能够被转移、插入到植物基因组中并能够稳定遗传，天然存在的位于该区的基因（致癌基因）与肿瘤的形成有关。T-DNA 区域的左右两个边界（LB 和 RB）各为 25bp 的重复序列，是 T-DNA 转移所必需的，只要其存在，T-DNA 就可以将其携带的任何序列或基因转移并整合到植物基因组中。图5-12为已测序的天然根癌农杆菌的 Ti 质粒 pTi15955 结构示意图。

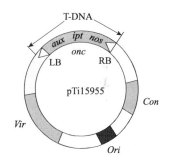

图5-12　根癌农杆菌 Ti 质粒 pTi15955 结构示意图（引自张献龙，2012）该质粒包含下列几个区域：T-DNA 区域（transfer DNA region，天然 Ti 质粒在该区内含有与肿瘤形成有关的致癌基因），毒性区 *Vir*（virulence region），复制起始区 *Ori*（origin of replication，含有调控 Ti 质粒自我复制的基因），接合转移区 *Con*（conjugative transfer，含有与细菌之间实现接合转移有关的基因，调控 Ti 质粒在农杆菌之间的接合转移）。

天然的 Ti 质粒和 Ri 质粒在基因工程应用中存在以下问题：①分子质量太大，难以操作；②含有许多各种限制性内切核酸酶的切点，难以找到可利用的单一限制性内切核酸酶位点用来插入外源基因片段；③野生质粒的 T-DNA 区域内含有致癌基因（*onc*），它的产物会干扰宿主植物中内源激素的平衡，阻碍植物细胞的分化和植株的再生；④野生的 Ti 和 Ri 质粒不能在大肠杆菌中复制，只能在农杆菌中进行复制和扩增，但农杆菌的接合转化（conjugative transfer）率只在 10% 左右，所以在常规分子克隆条件下无法实现质粒的大量复制和繁殖；⑤野生 Ti 和 Ri 质粒上还存在一些对 T-DNA 转移不起任何作用的基因。因此人们对这两种天然的质粒进行了相应的改造（如去除 *onc* 基因等），获得了能够在植物基因工程实践中广泛使用的改造载体。

农杆菌质粒载体介导的遗传转化方法属于稳定遗传转化方法，其优点是：①能够有效地研究特定基因在植物细胞中的功能、在生理和生态上的作用；②能够有效地分析目的基因中的特定序列或蛋白质的特定氨基酸序列的功能；③能够在被遗传转化的植物中持续表达新的蛋白质，或是持续特异地去除植物本身某个特定蛋白质的表达。

2. 植物病毒载体

植物病毒（virus）对植物细胞侵染的过程是自然界一种自发的基因转移过程，因此病毒本身具有一种潜在的基因转化系统。用于植物基因工程的病毒载体主要有三种类型，即单链 RNA 植物病毒、单链 DNA 植物病毒和双链 DNA 植物病毒。根据构建目的及用途，病毒载体可以分为下列4种类型。

（1）置换型载体　　置换型载体是指在病毒载体中，用外源基因置换病毒基因组中的外壳蛋白（cap protein，CP）等非必需基因，只保留与病毒侵染及复制有关的基因，以达到高效表达外源基因的目的。其缺点是：①以外源基因替代病毒本身的基因时可能会打破病毒本身的基因平衡系统，造成病毒整体基因组的紊乱，使病毒不能在宿主体内正常运动或表达；②由于插入的外源基因较小，容易发生重组而丢失外源基因。

（2）插入型载体　　插入型载体是指将外源基因插入病毒本身的启动子下游，或者将带有外源启动子的目的基因插入病毒基因下游，使外源基因随病毒的增殖而表达。外源基因插入位点（insertion site）通常选择在病毒的外壳蛋白基因启动子位点之后。

（3）基因互补载体　　基因互补载体是指把外源基因插入有功能缺陷型的病毒组分内，然后通过感染转基因植株或与辅助病毒共同侵染宿主来互补功能的缺陷。为了降低重组发生的频率，可采用两种交替突变的病毒，其中一个携带外源基因，一个作为辅助病毒共同侵染宿主，两种病毒可同时存在于宿主体内，这样可以克服对外源基因的大小限制。

（4）抗原展示型载体　　抗原展示型载体是指在病毒的外壳蛋白基因内选择性插入外源基因，在不影响病毒本身复制、包装、侵染的情况下将外源蛋白多肽呈现在病毒粒子的表面。这样通过提纯重组病毒粒子即可获得大量抗原，并且这种方法可以大大增加一些小分子质量抗原的免疫原性，从而更易被哺乳动物的免疫系统识别，因此对获得一些免疫原性较差的致病菌抗原蛋白具有重要的意义。但是这种载体也受外源基因大小的限制。例如，烟草花叶病毒抗原展示型载体系统仅能融合表达小于23个氨基酸的小肽，否则就会影响病毒的组装，甚至减慢病毒的生长速率，这个缺点限制了抗原展示型载体的广泛应用。

病毒载体介导的遗传转化方法属于瞬时表达转化方法，该方法利用病毒载体来感染植株或组织，通过高效表达目的基因进而产生大量的蛋白质。它具有以下几个优点：①外源基因直接被植物病毒载体导入植物细胞，且能够系统分布于整个植株中，因而不需要经历从外植体到再生植株这样漫长烦琐的过程，便于快速检验外源基因是否能够在植株中成功表达；②病毒的自我复制和表达能力都很强，因而可以生产大量的外源蛋白；③病毒载体的DNA一般不能整合到植物细胞核内的基因组上，因而就不会影响受体植物自身其他功能基因的表达。它的缺点是：①不能将外源基因整合到植物的染色体中，所以就不能够按照孟德尔规律传递给后代；②病毒自身基因组容易发生突变，因此具有致病的可能性，有诱发病害的风险；③病毒载体自身存在一定的不稳定性，因此容易造成所携带的外源基因丢失。基于这些特点，病毒载体介导的遗传转化主要被运用到下列两个领域：一是将病毒诱导的基因沉默（virus induced gene silencing，VIGS）等方法用于基因的功能研究；另一个是用来高效表达外源蛋白。

5.3.2　植物遗传转化技术和方法

1. 根癌农杆菌介导的植物遗传转化方法

根癌农杆菌 Ti 质粒介导的转基因方法是目前研究最多、机理最清楚、技术方法最成熟的转基因方法。迄今所获得的各类转基因植物中，80%以上都是利用根癌农杆菌 Ti 质粒介导的转基因方法所产生的。

（1）农杆菌介导的遗传转化的机理　　试验表明，当农杆菌在生长培养基上正常繁殖时，其所携带质粒上所有的 T 区基因都处于沉默状态。当在培养基内加入植物受伤细胞提取液时，所有 T 区基因都会被诱导表达。因此，植物细胞分泌物（糖、氨基酸和酚类物质等）不仅可以帮助农杆菌定向附着到植物细胞表面，同时也可以诱导和启动农杆菌质粒上基因的表达，为接下来的 T-DNA 片段的转运做准备。

Ti 质粒 *Vir* 区基因在接受植物细胞分泌的创伤信号分子后，首先是位于该区域的 *VirA* 开始表达并编码一种可以结合在膜上的受体（receptor）蛋白 VirA。VirA 蛋白分子本身可以被划分成5个区段：第一区段在 N 端，处于细胞质中；第二区段及第四区段均为疏水的跨膜 α 螺旋；第三区段处于细菌的基质区；第五区段则是很长的一段 C 端，处于胞质中。virA 蛋白的第四区段可直接对植物产生的酚类化合物进行感应。当酚类物质（如乙酰丁香酮）与感应位点结合后，会改变整个 VirA 蛋白构象，其具有激酶（kinase）功能的 C 端被活化，使蛋白质上的组氨酸残基（histidine）发生磷酸化（phosphorylation），从而激活整个 VirA 蛋白。被激活的 VirA 蛋白随后可以将其磷酸基团转移给 VirG 蛋白，使 VirG 蛋白活化。当 VirG 蛋白活化后，以二聚体或多聚体形式结合到 Vir 的启动子区域，从而成为其他 Vir 基因转录的激活因子，激活 Vir 区域的其他基因的表达并编码相应蛋白，从而导致 T-DNA 区域被切割，然后被转移到植物细胞内，最后整合到植物的基因组上。

通过遗传作图（genetic mapping）分析表明，T-DNA 在植物基因组上的插入位点是随机的，但插入位点通常具有以下特点：①优先插入到转录活跃的基因位点；②于 T-DNA 连接处的植物 DNA 通常富含 A、T 碱基对；③插入位点与 T-DNA 边界序列（border sequence）有一定程度的同源性。

（2）农杆菌介导的遗传转化技术

1）整株感染法。采用种子实生苗、试管苗或活体组织器官（根、叶、花序）作为外植体，在整体植物上造成创伤，然后把携带有重组 T-DNA 质粒的农杆菌接种到创伤面上，或用针头直接把农杆菌注射到植物体内，或进行沾根、沾花等使其进行侵染转化。拟南芥的花序浸泡法（flower-dipping method）就是该种方法的典型，该方法的转化成功率很高，且不需要经过组织培养过程，直接获得遗传转化的种子（T_0 代），对于那些在组织培养过程中难以获得再生植株的植物是一条很好的途径。

2）叶盘法。叶盘法（也叫组织器官法）最早是由 Monsanto 公司的 Horsch 等于 1985 年建立的，是双子叶植物（如烟草、番茄等）最为常用的遗传转化方法。该方法的基本原理如图 5-13 所示：选取健康的无菌苗，利用打孔器打出圆形的叶圆片（leaf disc），将带有新鲜伤

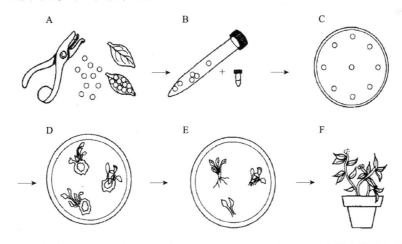

图 5-13　农杆菌介导的叶盘转化法示意图（引自 Horsch et al.，1985）　A. 选取健康的无菌嫩叶，利用打孔器打出圆形的叶圆片（leaf disc）。B. 将带有新鲜伤口的叶圆盘放进携带有重组 T-DNA 质粒的农杆菌培养液内进行短期的共培养，在此过程中农杆菌可以通过伤口使携带外源基因的 T-DNA 进入植物细胞，然后整合进植物基因组中。C. 将转化处理后的叶圆盘面向下在保育培养皿（nurse culture plate）上培养 2d。D. 将叶圆盘转移到含有筛选抗生素（如 300g/mL 卡那霉素）的培养基上培养 2～3 周，长出幼苗。E. 将上一步长出的幼苗无菌切除，放置在含有筛选抗生素（如 100g/mL 卡那霉素）的生根培养基上进行培养，只有被遗传转化的植株才能生出根来。F. 将生根的被遗传转化的植株转移到土壤中生长，收获种子。

口的叶圆盘放进携带有重组 T-DNA 质粒的农杆菌培养液内进行短期的共培养，在此过程中农杆菌可以通过伤口使携带外源基因的 T-DNA 进入植物细胞，整合进植物基因组中，然后通过组织选择培养获得被遗传转化的再生植株。除了叶片外，还可以采用叶柄、茎、子叶、子叶柄、下胚轴等作为外植体，通过相似的途径获得转基因植株，实际应用中还要根据具体研究的植物而决定具体采用哪种外植体。

3）原生质体法。原生质体（protoplast）法是指将处于原生质体再生细胞壁阶段的原生质体与携带有重组 T-DNA 质粒的农杆菌混合在一起进行共培养，一段时间之后进行除菌，转移到含有抗生素的选择性培养基上进行培养，这样只有被转化的原生质体细胞能够生长，形成细胞克隆块。这种转化方法所获得的转化体一般不会是嵌合体（chimera），但需要具备成熟的原生质体再生的技术。该方法常用的外植体除了来自幼嫩组织经过去除细胞壁获得的原生质体外，还可以是胚性愈伤组织、幼胚和体细胞胚等。

4）替代性转化法。替代性转化法是由新西兰 Massey 大学的 Muray 等（1992）提出并得到试验验证的一种遗传转化方法。该方法不是把外源基因导入并表达在植物的本身，而是导入并表达于寄生在植物体内的内生植物真菌里。一旦内寄生菌生活在植物里，则外源基因将会由于真菌菌丝体对发育种子胚珠（ovule）的侵入而进行母性遗传。

2. 基因枪介导的植物遗传转化方法

基因枪介导的（gene-gun mediated）植物遗传转化方法，又称为生物弹法（biolistic technology）、微粒枪法或微粒轰击法（particle bombardment technology），它是依赖高速的金属微粒将外源基因导入活细胞的一种遗传转化技术。最早是由美国康奈尔大学的 Sanford 等在 1987 年研制出的由火药引爆的基因枪法，并与其他同事合作研究将之用于基因转移的新方法（Klein et al.，1992）。它是继农杆菌介导的遗传转化方法之后的又一个应用广泛的遗传转化技术，已被成功用来转化水稻、小麦、玉米、大豆、棉花等重要的粮食作物和经济作物，并获得了相应的转基因植株。该方法具有以下优点：①不受宿主限制；②靶受体的类型广泛，具有潜在分化能力的组织或细胞都可用来作靶受体；③可用于将外源 DNA 转入线粒体、叶绿体、花粉等。它的缺点是：转化频率低、嵌合体较多、结果的重复性差、转化的外源基因经常出现多拷贝、容易导致基因沉默、遗传稳定性差、实验成本较高等。

3. 其他植物遗传转化方法

（1）电激法　　电激法［也称为电击穿孔法（electroporation）］是 20 世纪 80 年代初发展起来的一种遗传转化技术，其原理是利用高压电脉冲作用，在原生质体膜上"电激穿孔"，细胞膜上会出现短暂可逆性开放小孔，为外源物质提供了通道，借此可以导入外源 DNA 分子实现遗传转化（Fromm et al.，1985）。这一方法已被应用于各种单、双子叶植物中。该方法的优点是操作简便、转化效率高、特别适于原生质体的转化及瞬时表达研究。它的缺点是容易造成原生质体的损伤。电激法也可以直接在带壁的植物组织和细胞上打孔，然后将外源基因直接导入植物细胞，已在水稻上获得转基因植株。

（2）PEG 转化法　　聚乙二醇（polyethylene glycol，PEG）转化法最早用于植物原生质体融合（protoplast fusion）研究（Kao et al.，1974），其中 PEG 的作用是在二价阳离子存在下促进原生质体对外源 DNA 的吸收，同时还能够保护外源 DNA 免受核酸酶的降解。植物上，PEG 转化法最早成功用于水稻遗传转化并获得转基因植株（Peng et al.，1992）。其原理是首先将植物原生质体悬于含有重组质粒 DNA 的 PEG 中，由于渗透压（osmotic pressure）的作用，质粒 DNA 穿过原生质体膜进入细胞内部，进而随机地整合到水稻的基因组中，再经过原生质体再生植株技术获得被遗传转化的完整水稻植株。该方法的优点是所需要的设备简单且容易操作。它的缺点是原生质体的分离和植株再生都比较费时、费力，所获得的后代变异比较大，且原生质体再生植株能力受基因型限制。

（3）花粉管通道法　　花粉管通道法（pollen-tube pathway）是由我国科学家周光宇等（1978）在长期科学研究中发展起来的一种通过花粉管通道将外源 DNA 导入植物受体的技术。该技术可以应用于任何开花植物。其原理是花粉粒在柱头上萌发形成花粉管，不断向胚囊伸长，此时滴注在柱头上的外源 DNA 可以随着花粉管经过珠心通道进入胚囊，从而转化尚不具备正常细胞壁的卵、合子或早期胚胎细胞（Zhou et al.，1983）。该方法的优点是操作起来非常简单，缺点是转化的结果具有随机性和不稳定性。

5.4　转基因植物的分子检测

经基因工程修饰的生物体常被称为遗传修饰过的生物体（genetically modified organism，GMO），主要包括转基因植物、转基因动物和转基因微生物三大类。转基因植物（transgenic plant）是指人为地通过一定的实验室技术手段将外源基因转移到植物的基因组中，并遗传、表达的植物变异体，被转入植物基因组的外源基因称为转化基因（transforming gene）。1983 年人类首次报道了转基因烟草的诞生，今天转基因技术已被广泛应用到各种各样的植物上。但是从转基因植物诞生之日起，人们就担心它们是否会产生生态和食品安全隐患。为了加强对转基因生物的管理，避免其可能带来的生态、食品威胁，许多国际组织、国家和地区都制定了相应的法律、法规，要求相关职能部门、研究机构在实施管理时，对有关植物及其产品进行检测、鉴定。因此，建立一套通用的、快速且有效的转基因检测技术非常重要。

转基因植物的检测主要是对目的基因及和目的基因（target gene）一起转入植物的报告基因（reporter gene）进行检测。目的基因通常是能够赋予植物有用性状的功能基因，如抗病、抗虫、抗除草剂基因等，而报告基因则是为了方便筛选和鉴别转基因植物而采用的植物基因组没有的外源基因，如 *nos*、*NPT II*、*GUS*、*GFP*、*bar* 基因等。

5.4.1　外源基因整合的分子检测

1. PCR 检测

利用 PCR 技术扩增外源基因整合时，要以被检测组织 DNA 为模板，以外源基因（目的基因和报告基因）序列设计 PCR 引物，进行 PCR 扩增，然后用琼脂糖凝胶电泳方法分离和鉴别扩增产物。如果被检测植株基因组 DNA 中含有外源基因，则可以得到扩增产物，琼脂糖凝胶上就会出现特异性扩增的条带。非转基因植株的基因组上不含外源基因，因而无特异性扩增条带出现。这样，通过特异性扩增条带的有无及其分子量的大小来判断是否有外源基因整合到了植物的基因组上。

2. Southern 杂交及拷贝数检测

Southern 杂交是由 Southern 于 1975 年建立的一种用来检测经限制性内切核酸酶切割的植物 DNA 片段中是否存在与探针同源的序列的技术，它可以用来分析外源基因在植物染色体上的整合情况，如拷贝数、插入方式及外源基因在转化植株 T_1 代中的稳定性等问题。Southern 杂交及拷贝数检测包括以下几个步骤。

（1）植物总DNA的提取（仅列举较常用的CTAB法）

1）实验材料与试剂的准备。幼嫩的植物材料0.5g左右（视需DNA量的多少调整）；准备液氮、CTAB法所需的各种溶液：2% CTAB（cetyl trimethyl ammonium bromide，十六烷基三甲基溴化铵）、1% β-巯基乙醇、1.4mol/L NaCl、20mmol/L EDTA、100mmol/L Tris-HCl pH 8.0、3mol/L NaAc、50mmol/L Tris-HCl pH 8.0、氯仿：异戊醇（24∶1）、异丙醇、70%乙醇、TE buffer等试剂。

2）操作过程：①取0.5g植物材料，双蒸水洗净，并用滤纸吸干；②植物材料剪成1cm左右碎片，放入预冷的瓷研钵中，加入液氮速冷，研磨成细粉（越细越好）；③在5mL离心管中加入抽提缓冲液2.5 mL，60℃保温1h；④15 000r/min，离心10min，上清转入另一个新的离心管中；⑤加入等体积氯仿：异戊醇（24∶1），混匀抽提至水乳交融状；⑥15 000r/min，离心10min，上清转入另一个新的离心管中；⑦加入2/3体积预冷异丙醇，−20℃保温30min～1h，缓缓混匀，DNA呈絮状析出；⑧15 000r/min，离心10min，弃上清；⑨DNA沉淀用70%乙醇洗2次；⑩加入400μL TE buffer溶解DNA。

（2）植物DNA样品纯度及浓度的检测

1）琼脂糖凝胶电泳法。制备0.8%琼脂糖凝胶，取适量的被检DNA样品及分子质量标准DNA同时电泳，电泳后于紫外线下检测，所提植物DNA应呈现出一条分子质量较大的清晰条带。如果所提DNA样品条带呈现长带弥散状，则表明提取过程中DNA已严重降解。如果在梳孔内有荧光出现，则可能是因为样品不纯导致大量杂质与DNA样品结合。至于样品浓度，对于清晰的条带，可通过与标准已知DNA样品的荧光亮度相比较来进行估计。

2）紫外分光光度法。纯净的DNA溶液是透明的，用紫外分光光度计测定其260nm及280nm的吸收值比值应为1.6～1.8。若大于1.8，表明样品中含有较多的RNA，这时应该用RNase重新处理样品，若比值小于1.6，则说明样品中蛋白质杂质较多，这时需要用氯仿重新抽提样品。

（3）植物DNA样品的保存　　根据所测的样品DNA浓度，用无菌1×TE（Tris-EDTA）缓冲液将样品稀释成0.5～1.0mg/mL，然后放置在4℃条件下可稳定储存数周，如果需要长期储存，可放置在−20℃冷冻，但冷冻样品从冰箱中取出时要先置于碎冰上，令其缓慢解冻，以防止高温快速解冻时引起DNA分子的断裂。也可以将DNA样品以乙醇沉淀的形式长久保存在−20℃。

（4）杂交探针的制备　　探针（probe）是指经特殊化合物标记的特定核苷酸序列。用于Southern杂交的探针有DNA探针和RNA探针。根据探针是否有放射性又可将探针分为放射性（radioactive）探针及非放射性（non-radioactive）探针，根据标记物掺入部位的情况探针又分为均匀标记探针及末端标记探针。用于检测植物基因组中外源基因整合的探针应为同源探针，长度要在300bp以上，用于开展染色体上基因定位研究的探针应相对较长（可达2000bp），而用于组织细胞内原位杂交（in situ hybridization）研究的探针由于需要有较好的组织穿透性（penetrability）及较高的特异性，因此长度可以短至几十个核苷酸。

1）探针核苷酸序列的获取。鉴定转基因植株应使用外源基因片段作探针。探针核苷酸序列一般从工程菌质粒或中间质粒上通过核酸内切酶的酶切或者PCR扩增获取，短的几十个核苷酸长度的探针可以直接用人工合成寡核苷酸的方法获取。

2）探针的标记。用于分子杂交的探针标记物有多种，可以简单地分为放射性及非放射性两大类。放射性（radioactive）标记物一般采用标记有^{32}P的三磷酸核苷酸^{32}P-NTP和^{32}P-dNTP两种，前者用于RNA探针标记，后者用于DNA探针标记。^{32}P发射的β射线能量最大，其标记的核苷酸的放射性最高，因而放射自显影灵敏度高，压片时间最短，可广泛用于各种杂交，尤其适用于植物基因组中单拷贝基因的印迹杂交（blotting hybridization）检测。常用的非放射性（non-radioactive）标记物有生物素（biotin）和地高辛（digoxigenin）等。生物素是一种水溶性B族维生素，又称为维生素H，其分子中的戊酸羧基经化学修饰可含有各种活性基团，它能与蛋白质、糖、核苷酸、核酸等多种物质发生偶联，从而标记这些物质。生物素标记的探针可通过生物素-抗生物素蛋白（avidin）的亲和系统检出，也可以通过生物素-抗生物素抗体的免疫系统检出。而地高辛是一种存在于洋地黄类植物的花和叶子中的类固醇类的半抗原，又称为异羟基洋地黄毒苷配基。其通过一个11个碳原子的连接臂与尿嘧啶核苷酸嘧啶环上的第5个碳原子相连，形成地高辛标记的尿嘧啶核苷酸。地高辛标记的Dig-UTP及Dig-dUTP主要通过酶反应标记RNA及DNA探针。地高辛标记的探针杂交体的检出是利用抗地高辛抗体与地高辛发生免疫结合，抗地高辛抗体上带有的酶标记可通过酶反应检出。

放射性标记有体内（*in vivo*）标记法和体外（*in vitro*）标记法，体内标记依靠活体体内代谢来完成。体外标记法则不需要活体生物，是在体外利用化学法或酶法完成标记任务。化学法是通过标记物的活性基团与核酸分子中的某种基团发生化学反应而进行标记，标记物直接与核酸分子相连。酶法是先将标记物标记在核苷酸上，然后再通过酶促反应使带标记的核苷酸掺入核酸序列中，产生核酸探针，常用的酶法有切口平移法和随机引物法，这两种方法均为均一标记（homogene labelling）。此外还有通过利用多核苷酸激酶（polynucleotide kinase）的末端标记（end labelling）法，为不均一标记（non homogene labelling）。非放射性标记物的体外标记同样有化学法和酶法，不同标记物使用的化学标记方法也不同，常用的还是酶法，先将生物素、地高辛、荧光素等标记物标记核苷酸，这些非放射标记物标记的核苷酸与放射性同位素^{32}P等标记的核苷酸一样，可按切口平移法、随机引物法及末端标记法制备成DNA、RNA及寡核苷酸探针，但不能用多核苷酸激酶进行末端标记。

（5）Southern 杂交

1）Southern杂交原理。首先抽提待检植株的基因组DNA，选择适当的限制性内切酶进行切割，之后用琼脂糖凝胶电泳进行分离。通过碱处理使各酶切片段在凝胶上原位变性。利用印迹技术将变性的各酶切片段原位转移到固相膜上。经烘干或紫外线照射处理，使印迹的各片段与固相膜牢固结合。预杂交处理，掩盖膜上的非特异性杂交位点。之后，加入含有单链或经变性处理成为单链探针的杂交液，在适宜的温度条件下进行杂交。膜上存在的与探针同源的单链序列，可通过碱基互补作用与探针杂交成双链，从而使探针固定在相应位置上，形成带标记的特异性杂交体。在杂交过程中或许也会发生一些非特异性的杂交及探针与膜上DNA序列非特异性的结合，这些非特异性的结合及未结合的游离探针可以通过杂交后的漂洗过程而逐步除去。最后根据探针的标记性质进行检出。

2）Southern杂交的对照设计。Southern杂交鉴定外源基因整合必须有阳性及阴性对照，实验前要准备好阳性对照、阴性对照、分子质量标准DNA样品及待检转化植株总DNA样品。阳性对照样品是指含外源基因的中间载体质粒DNA、农杆菌共整合载体的Ti质粒DNA或农杆菌双元载体小质粒DNA，阴性对照样品是指非转化植株总DNA，分子质量标准DNA样品是指一套已知分子质量大小的DNA片段的汇合样本（如λDNA/*Hind* Ⅱ 或λDNA/*Hind* Ⅲ ＋ *Eco*R Ⅰ等），被检样品是指分别来自各转化植株的总DNA样本。

3）Southern杂交的实验步骤。植物总DNA的限制性酶切。首先要选择合适的限制性内切酶，多数情况下是对植物基因组DNA进行单酶切，也可进行双酶切。使用的限制性内切酶在探针序列内部（即目的基因内部）不应有切点，这样可以保证从杂交带中分析出外源基因的整合位点数。若为单位点单拷贝整合，则为一条杂交带；若为多拷贝多个位点的整合，则为多个杂交带。其次是设定酶切反应体系。酶切反应体积为20～50μL，植物总DNA的用量一般为5～15μg，内切酶用量一般为5～10U/μg DNA。最后是检测酶切效果。取部分酶切样品用0.7%或0.8%的琼脂糖凝胶分离，电泳后在紫外灯下观察。酶切效果好的样品应呈现出一条连续的、荧光由深至浅的均匀条带（高分子质量区深，低分子质量区浅）。

A．凝胶电泳分离各酶切片段。制备适当浓度的凝胶，凝胶浓度取允许范围的上限，凝胶厚度要保证在0.5cm以上，样品槽应用窄梳子制备，使样品呈细线状，以提高分辨力。胶板的长度可适当增加一些，以保证样品足够的泳动距离。然后是确定样品及样品量。分子质量标准DNA样品、阳性对照、阴性对照与被检植物DNA样品要点在同一块胶上。分子质量标准DNA样品一般点在最外侧。最后是进行酶切片段的分离。要采用低电压、长时间的电泳条件，一般为1V/cm电泳16h较为合适。

B．凝胶中的DNA变性。Southern杂交必须是单链探针与单链同源DNA片段通过碱基互补结合，因此凝胶上的双链DNA片段必须经变性成为单链。一般是将凝胶浸泡在0.5mol/L NaOH，1.5mol/L NaCl溶液中，室温下置于脱色摇床上轻摇，其间更换一次变性液以使DNA充分变性。用硝酸纤维素膜印迹时，碱变性后需要中和。使用尼龙膜时，因尼龙膜对碱稳定，碱变性后不用中和，还可以不经碱变性处理直接用碱溶液进行转移。

C．印迹。将凝胶上变性的DNA片段原位转移到固相支持物上的过程称为印迹，固相膜应该具有如下特点：既能很好地与DNA分子结合，又不影响DNA片段与探针杂交；对探针及其他物质的非特异性吸附小；具良好的机械性能。通常使用的固相膜有硝酸纤维素膜和尼龙膜。常用的印迹方法有毛细管转移法、电转移法及真空转移法。毛细管转移法是最早使用的方法，其利用毛细管作用原理进行转移。将电泳后的凝胶倒放在两张两端浸入转移液中的滤纸上。凝胶上面铺放一张与凝胶大小相同的硝酸纤维素膜或尼龙膜。膜上面放两层比固相膜略大的用转移液湿润的滤纸，滤纸上面放一叠干燥吸水纸。吸水纸上面平放一个硬塑料板且在其上放置一个重物瓶。由于吸水纸的毛细管作用，缓冲液沿滤纸上升，形成经过凝胶、膜至吸水纸的液流，这样，凝胶中的DNA片段就被转移到膜上（图5-14），从而实现DNA从凝胶到固相膜的转移。电转移法的原理是利用电泳技术使凝胶上的DNA片段在电场作用下脱离凝胶，原位转至固相支持物上。电转移法需要使用经正电荷修饰的尼龙膜，而不能使用需要在高盐溶液中才能与DNA结合的硝酸纤维素膜。电转移前，凝胶用碱溶液处理使DNA变性，然后

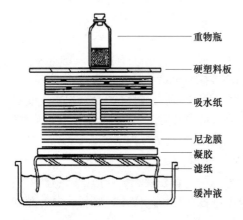

重物瓶

硬塑料板

吸水纸

尼龙膜

凝胶

滤纸

缓冲液

图5-14 传统的Southern印迹示意图（引自张献龙，2012）图示该实验缓冲液、滤纸、凝胶、尼龙膜、吸水纸、吸水纸上方放置重物的硬塑料板，以及重物瓶的相对位置。由于吸水纸的毛细管作用，缓冲液沿滤纸上升，形成经过凝胶、膜至吸水纸的液流，凝胶中的DNA片段被转移到膜上，从而实现DNA从凝胶到固相膜的转移。

浸泡在电泳缓冲液中进行中和。中和后的凝胶与尼龙膜贴紧,凝胶和膜外侧各贴1张或2张滤纸,在其外是吸饱缓冲液的海绵。将此体系夹在多孔的支持夹中,固定在电泳槽内,浸泡在电泳缓冲液中。DNA转移的方向是由负极向正极,所以尼龙膜应放在正极一侧,凝胶放在负极侧。经过300~600mA恒流电泳4~8h就可以实现DNA从凝胶到尼龙膜的转移。真空转移法的原理是利用真空作用造成流经凝胶的液流,使凝胶中的DNA片段被洗脱出来而沉积在凝胶下面的固相膜上。该方法的优点是时间短,30min就能实现DNA片段从0.4~0.5cm厚的凝胶中到固相膜的转移。DNA的碱变性可预先进行,也可在转移的同时进行变性并中和。

D. 杂交(hybridization)。首先要建立杂交反应体系,杂交反应速率主要由反应物的浓度(探针浓度与膜上同源的DNA的含量)及反应温度决定。探针浓度越高,反应速率越快,浓度过高会导致杂交本底增高,探针的浓度一般要控制在0.5ng/mL或更低。杂交反应温度,对杂交反应速率的影响也十分明显。在较低温度范围内,杂交反应速率随反应温度的升高而升高,当温度升至低于杂交链T_m(melting temperature)值20~25℃时反应速率最大。若温度再升高,则导致杂交链解链而影响其稳定性。杂交双链的稳定性由其T_m值决定,T_m值与探针序列的G+C含量、探针长度、离子强度、碱基配对情况及杂交体系中是否含有变性剂甲酰胺等有关,T_m值可由下面的经验公式算出:

$$T_m=81.5℃+16.6\log_{10}(Na^+)+0.41(G+C)\%-(600/n)-0.63(甲酰胺\%)$$

式中,n为探针的碱基数。但在实际应用中,在不含甲酰胺时,杂交温度一般采用65℃;有甲酰胺时,杂交温度一般采用42℃。

杂交的时间主要由探针的长度及浓度而定。一般杂交时间采用过夜12~24h。杂交反应的灵敏度主要取决于目的序列在膜上总DNA中的含量及探针的放射性活性。使用低浓度探针时则要求探针具有高比活(specific activity)。在杂交之前一般有一个预杂交步骤,其目的是在加入探针前用封闭剂封闭膜上的非特异性位点。常用的封闭剂有两类,一类是变性的非特异性DNA,如鲑鱼精子DNA、小牛胸腺DNA等;另一类是高分子化合物,如Ficoll 400、聚乙烯吡咯烷酮(PVP)、小牛血清白蛋白(BSA),这三种试剂按一定比例配比,就构成封闭试剂(又叫Denhardt溶液)。预杂交操作是将印迹后的固相膜放在含有封闭剂的预杂交液中,于37~42℃温育3~12h。预杂交结束后,加入标记好并变性的探针,继续在65℃条件下过夜杂交。杂交后的固相膜依次用不同浓度的洗膜液漂洗,以除去游离的及在非特异性位点上结合的探针。洗膜液的温度、离子强度和洗膜时间是影响洗膜效果的三个主要因素。洗膜温度通常采用低于特异杂交体T_m值12~20℃。离子强度也会影响杂交链的稳定性,一般采用2×SSC~0.1×SSC溶液洗膜,另外,洗膜液中还经常加入5%的SDS以促进非特异性杂交链的解离。降低洗膜液中的离子强度可提高洗膜效果。洗膜时间和次数要根据洗膜效果来定。

E. 杂交信号的检出。放射性标记的探针通过放射自显影检出,而非同位素标记的探针则根据标记物的特有性质检出。放射自显影:将洗好的杂交膜用保鲜膜包裹,装入暗夹,在暗室中于膜上压一张X射线胶片,并用两张增感屏将膜与X射线胶片夹住;然后,将暗夹盖紧,置于-20℃或-70℃放射自显影。放射自显影后的X射线胶片与其他曝光的光学胶片一样需经显影、定影、水洗处理,获得放射自显影图像。非放射性标记探针的检出采用酶反应的方法,非放射性探针的制备多数是采用分子杂交与酶反应相结合的策略。除酶直接标记的探针可直接通过酶反应检测外,其他的非放射性标记物,如生物素、地高辛等标记探针的杂交信号都不能直接检出,需要先使杂交体与酶标记的检出系统特异结合后,再通过酶反应间接检出。间接检出过程包括偶联反应和酶的显色反应两个阶段。第一阶段是使杂交体与检出系统通过免疫机制或亲和机制实现专一性偶联。当探针的标记物为半抗原（hapten）时，则通过抗体与抗原特异结合的免疫反应实现偶联。例如，地高辛标记的探针，将碱性磷酸酶连接在抗地高辛配基的抗体上构成检出系统。该系统中的抗地高辛配基的抗体与地高辛配基抗原专一结合，从而使碱性磷酸酶与杂交体偶联。当标记物有某种特异亲和物时，可通过亲和机制实现偶联。例如，对于生物素标记的探针，可将酶连接在抗生物素蛋白上构成检出系统。第二阶段是显色，通过酶反应生成不溶的有色产物将杂交信号检出。最常用的酶有碱性磷酸酶和辣根过氧化物酶，也有使用β-半乳糖苷酶（β-galactosidase）和酸性磷酸酶的。

5.4.2 外源基因的表达检测

1. Northern 杂交技术

转基因植株中外源基因的转录产物可以通过将总RNA或mRNA与探针的分子进行杂交来分析，因为整合到植物染色体上的外源基因如果能正常表达，那么转化植株细胞内就会有其转录产物即特异mRNA的生成。Northern杂交和上述的Southern杂交相似，首先将提取的植物总RNA或mRNA用变性凝胶电泳进行分离，不同的RNA分子将按分子质量大小依次排布在凝胶上；再将它们从凝胶中原位转移到固相膜上；在适宜的离子强度及温度条件下，用带标记的探针与膜进行杂交；然后通过探针的标记性质检出杂交体。通过Northern杂交技术可以对外源基因的转录情况进行较详细的分析，如RNA转录体的大小及丰度等。Northern杂交包括以下几个部分。

（1）植物RNA的提取　　植物RNA提取过程中的最大难题就是如何防止RNase的降解作用。RNase是一类水解核糖核酸的核酸内切酶，它与一般作用于核酸的酶类有着明显的不同，它的生物活性十分稳定，耐热、耐酸、耐碱，作用时不需要任何辅助因子，它的存在也非常广泛，除细胞内富含RNase外，在周围环境中也有广泛存在。

1）总RNA的提取。主要包括以下几个步骤：植物细胞的破碎；用酚及去污剂SDS或十二烷基肌氨酸钠（sarcosyl）破碎细胞膜并去除蛋白质；用酚、氯仿反复抽提纯化核酸；用LiCl选择性沉淀去除DNA及其他物质；用3mol/L乙酸钠（pH 6.0）沉淀RNA；采用CsCl密度梯度离心的方法，去除多糖等杂质，纯化RNA。目前常用的植物总RNA提取方法有Trizol试剂盒法、苯酚（phenol）法、异硫氰酸酯（isothiocyanate）法及氯化锂沉淀法等。

2）mRNA的提取。植物mRNA的3′端具有polyA结构，据此可以用oligo dT-纤维素或poly U-sepharose亲和层析技术来纯化mRNA。总RNA在流经oligo dT-纤维素层析柱时，在高盐缓冲液作用下，mRNA 3′端polyA残基与连接在纤维素柱上的oligo dT残基间配对形成氢键，使mRNA被吸附在柱上。不具polyA结构的RNA不能发生特异性结合而从柱中流出。结合在柱上的mRNA可以用低盐缓冲液或蒸馏水洗脱（因为在高盐溶液中碱基间的氢键稳定，但在低盐状态下易解离，polyA与oligo dT间的氢键被打破，因而使mRNA洗脱）。层析中涉及两种缓冲液：第一种为上样缓冲液，由Tris-HCl、EDTA、氯化物盐类及去污剂等成分组成。第二种是洗脱缓冲液，除Tris、去污剂的浓度减半外（也有Tris浓度不减半的），不含氯化物或含低浓度的LiCl。其作用是解除polyA与oligo dT的结合，使mRNA洗脱下来。

3）RNA样品质量检测。用于Northern杂交的RNA样品应是纯净的，无明显的DNA、蛋白质污染，无小分子有机物，无提取试剂的污染，分子完整，无严重降解。RNA样品质量检测同DNA样品质量检测相同，主要有紫外吸收光谱法及琼脂糖凝胶电泳法两种。

（2）探针制备　　检测外源基因转录的mRNA一般使用同源DNA探针。研究基因表达调控时由于是以报告基因表达为研究对象，所以应使用报告基因作探针。探针标记物及标记方法与上述的Southern杂交相同。

（3）印迹与杂交　　Northern杂交中除了总RNA或mRNA变性凝胶电泳分离外，其他步骤与上述的Southern杂交技术相同。RNA电泳时要防止单链RNA形成高级结构，因此必须采用变性凝胶电泳，同时在电泳过程中还要有效抑制RNase的作用。

1）变性凝胶电泳。变性凝胶电泳中常用甲醛和乙二醛作变性剂。甲醛琼脂糖变性凝胶分离效果好、操作简便，能分离较高浓度的RNA样品。制备时，先称取琼脂糖，加入DEPC处理的重蒸馏水，加热融化，当溶胶温度降至50℃左右时加入甲醛及其他成分，也可直接加入缓冲液，加热融化，当溶胶温度降至50℃后再加甲醛。使用前要检测其pH，低于4.0时不能使用。乙二醛变性凝胶配制时，称取琼脂糖，加入磷酸钠缓冲液加热融化，当溶胶温度降至50℃时加入乙二醛后倒胶。由于乙二醛易氧化，因此使用前需经强酸、强碱混合树脂（resin）处理，以除去其中的乙二酸、乙醛酸、甲酸等各种水合物及氧化物。

2）样品及样品量。一般Northern杂交的植物总RNA用量为10～20μg或mRNA 0.5～3.0μg。与前面介绍的检测方法相似，实验要有阳性对照及阴性对照，还要有分子质量标准样品。

3）电泳条件。RNA变性胶电泳的电压一般为3～4V/cm。电泳过程中由于电极缓冲液的缓冲容量有限，电泳一段时间后两电极槽中缓冲液的pH会发生变化，而pH超过8时，会引起甲醛-RNA、乙二醛-RNA复合物的解离，因此在RNA变性电泳过程中，要不断循环缓冲液或混合两槽的缓冲液。

2. RT-PCR技术

用反转录PCR（reverse transcribed PCR，RT-PCR）方法来检测外源基因在植物细胞内的表达方法最早由Larrick于1992年报道。其基本原理是以植物总RNA或mRNA为模板进行反转录，合成cDNA，然后对cDNA进行特异性PCR扩增，如果能得到特异的cDNA扩增带，则表明外源基因实现了转录。反转录由两种方式进行：一种是以oligo dT作引物，合成出各种mRNA的cDNA第一链，然后在此基础上进行PCR，扩增出特异的DNA片段；另一种是以要检测基因的mRNA 3′端的互补序列为引物，进行反转录，得到特异基因的cDNA，再加入3′端及5′端的引物，进行PCR扩增，得到特异cDNA的扩增带。相比前面的Northern杂交技术，RT-PCR方法简单、快速。

3. Western杂交技术

为证明外源基因表达的mRNA能够进一步翻译成特异蛋白质，可以采用Western杂交技术。外源基因的表达产物如果是一种酶，则可以通过测定其活性来检测该外源基因表达情况。若表达产物不是酶，则需要采用免疫学方法来检测。Western杂交技术包括蛋白质电泳、印迹、免疫测定等步骤。其原理是：转化的外源基因如果能正常表达，那么转基因植株的细胞中会含有一定量的目的蛋白。从植物细胞中提取总蛋白或目的蛋白，将蛋白质样品溶解于含去污剂和还原剂的溶液中，经SDS-聚丙烯酰胺凝胶电泳（SDS-polyacrylamide gel electrophoresis，SDS-PAGE）使蛋白质按分子大小分离，将分离的各蛋白质条带原位转移到固相膜上，再将膜在高浓度的蛋白质溶液中温育，以封闭非特异性位点。然后加入特异抗体（一抗），印迹上的目的蛋白（抗原）与一抗结合后，再加入能与一抗专一结合的被标记的二抗，最后通过二抗上标记化合物的性质进行检出。根据检出结果来判断被检植物细胞内目的蛋白表达与否、表达量的高低及大致的分子质量。

Western杂交包括下列几个步骤。

（1）植物总蛋白质的提取　植物细胞的功能蛋白绝大多数都能溶于水、稀盐、稀酸和稀碱等溶液，其中稀盐溶液对蛋白质稳定性好、溶解度大，在提取时最为常用。植物蛋白质提取的第一步是将细胞破碎，可以采用液氮冷冻研磨法，也可以采用砂或氧化铝进行研磨，然后加入大致为样品体积3～6倍的提取缓冲液，混合制成匀浆，再进行离心，上清液则为总蛋白样品液。如果目的蛋白含量极微可经透析（dialysis）或用聚乙二醇（polyethylene glycol，PEG）进行浓缩。

（2）SDS-聚丙烯酰胺凝胶电泳（SDS-PAGE）　PAGE（polyacrylamide gel electrophoresis）是根据蛋白质所带的电荷多少及分子大小两个因素来分离蛋白质的。若要通过电泳来测定蛋白质的分子质量，需要消除蛋白质分子的电荷因素，可采用SDS-PAGE技术。SDS可以使蛋白质的亚基解聚，在二硫苏糖醇（DTT）或β-巯基乙醇（β-mercaptoethanol）存在时，蛋白质上的二硫键被还原，多肽链由特定的三维构象转变成松散的伸展状。由于SDS带有大量的负电荷，样品中的各种蛋白质与SDS结合后，都带上大量的负电荷，而各蛋白质分子间原有的电荷差异则被掩盖。这时，蛋白质分子的电泳迁移率就只取决于它们的分子质量。用一组已知分子质量的蛋白质作为标准，求出蛋白质样品的分子质量。为提高SDS-PAGE的分辨力，在均一浓度基础上又发展出SDS-PAGE梯度凝胶电泳技术，即蛋白质分子在电场作用下沿浓度由低向高的凝胶泳动。泳动过程中凝胶的孔径越来越小，蛋白质分子所受阻力越来越大，不同大小的蛋白质颗粒将分别被阻滞在孔径与其分子大小相当的凝胶区段，大小相同的同一组分逐步集中在凝胶的同一区段，而得以浓缩，形成狭窄而清晰的条带。谱带一旦形成，其位置不因电泳时间延长而改变。此外，梯度凝胶电泳可以使得同一块胶分离蛋白质的分子质量范围增大，如一块4%～30%梯度的凝胶可同时分离分子质量为$5 \times 10^4 \sim 2 \times 10^6$Da的不同蛋白质。上样前加入含4% SDS的上样缓冲液，95℃加热3min。电泳方向为负极向正极。样品在浓缩胶（stacking gel）中，使用较低的电压；当进入分离胶后，就可以提高电压。电泳时间一般为4～5h。

（3）蛋白质条带印迹　蛋白质印迹是指利用某种动力（如毛细作用、扩散作用或电动力等），将经SDS-PAGE分离的蛋白质谱带由凝胶转移到固相膜的过程。蛋白质印迹使用的固相膜有硝酸纤维素膜、重氮化纤维素膜、阳离子化尼龙膜（Zeta-探针膜）和DEAE-阴离子交换膜等类型。其中硝酸纤维素膜使用最广泛，它可能是通过疏水作用与蛋白质非共价结合，结合容量可达80μg/cm²。印迹方法有电印迹法及扩散印迹法两种，一般采用电印迹法。该方法的优点在于经过电泳转移，蛋白质可被浓缩地印迹在固相膜上，不产生扩散，而且原凝胶中的SDS、巯基乙醇等物质在电转移时可被除去，蛋白质能恢复其天然构象及生物活性，从而可以使用抗体灵敏地检测出极微量的抗原蛋白。电转移前的凝胶要用印迹缓冲液洗涤、平衡，以除去胶中的SDS，并使胶的pH及离子强度与印迹缓冲液一致，防止胶变形。固相膜、滤纸需用印迹缓冲液平衡。电转移时凝胶一边接负极，固相膜一侧接正极。通常采用pH 8.3的Tris-甘氨酸缓冲液（含20%的甲醇）。电泳时采用恒定电流20～100mA，电泳4～16h。

（4）探针制备　这里用的探针是指针对目的蛋白的抗体，又称为一抗（primary antibody）。一抗探针的质量（特异性及效价）是影响杂交效果或灵敏度的主要因素之一。一抗可使用由目的蛋白制成的抗血清或单克隆抗体。Western印迹杂交使用的一抗一般不标记，与一抗结合的二抗带有特定标记。标记物有放射性及非放射性两种。放射性标记主要使用^{32}P、^{125}I等。非放射性标记主要是酶。酶标记中最常用的是过氧化物酶及碱性磷酸酶。酶可直接连接在二抗上，如碱性磷酸酶标记的羊抗兔（sheep anti-rabbit）IgG。有时是二抗与生物素相连，酶标记物与抗生物素蛋白相连，通过生物素与抗生物素的特异结合，使酶与二抗相连。

不管哪种机制，目的蛋白的最终检出还是通过放射自显影或酶的显色反应来完成。

（5）杂交与杂交结果的检出　　包括四个步骤：封闭、第一抗体反应、第二抗体反应和显色。封闭也称为猝灭。由于探针多是蛋白质，很容易与固相膜结合。加入探针后，探针不仅与结合在膜上的特异蛋白质（抗原）结合，也会与膜上未结合蛋白质的部位结合，造成很高的背景，使检出的灵敏度下降。因此在未加入探针之前必须将膜上的空白部位封闭。所用的方法是将印迹后的膜浸泡于一种非特异蛋白质溶液中，使这种蛋白质与膜上空白部位结合，然后再加入探针，探针就只与特异蛋白质结合，消除了背景。常用的封闭剂有小牛血清白蛋白（BSA）、血红蛋白、酪蛋白、卵白蛋白、白明胶、脱脂奶粉及非离子去污剂（如Tween-20）等，实际应用中可根据实验材料及实验方法加以选择。封闭后的固相膜经缓冲液洗涤后，加入第一抗体，于37℃轻轻摇动反应1h，或室温条件下轻轻摇动反应2~3h，或采用4℃过夜的做法（可根据具体情况而定）。结合了第一抗体的固相膜经洗涤后加入适宜浓度的二抗，于室温或37℃轻轻摇动反应1h。最后加入酶反应底物，摇动至固相膜产生清晰的色带。显色后的膜用蒸馏水漂洗后晾干，照相，封闭保存。

（6）Western杂交实验对照设计　　实验中一般设置两个负对照和一个正对照。负对照包括免疫前血清作为不与目的蛋白反应的负对照和不含目的蛋白的同类蛋白质制品的负对照，负对照可以用来确定杂交结果中哪些属于非特异蛋白质条带；正对照是含已知量目的蛋白的同类蛋白质制品，正对照可以用来确定被检样品中目的蛋白的电泳位置，并估计大致的含量。所用凝胶浓度根据被测蛋白质的分子质量来确定，如20kDa左右的蛋白质一般使用5.4%的浓缩胶和15%的分离胶。

5.4.3　转基因植物检测存在的问题

转基因植物的检测主要是对目的基因、报告或标记基因的检测。目的基因即赋予植物有用性状的功能基因，如抗病、抗虫、抗除草剂基因等，目前在研的目的基因很多，而且每天都在增加。报告或标记基因是为了方便筛选和鉴别转基因植物而采用的植物基因组没有的外源基因，常用的报告或标记基因有20多种，如*nos*、*NPT II*、*GUS*、*GFP*、*bar*基因等。目前常用的转基因植物检测技术都存在一定的局限性。

1）DNA的分子杂交（Southern杂交）、PCR等分析技术，用以探测目的基因、报告或标记基因的存在状况，其局限性是，如果一个具体植物不知道研究者导入了何种基因，如果一种制品中含有多种植物成分，用上述方法将带有很大的盲目性，需要花费较长的时间才能确定是否是转基因植物或制品。

2）RNA的分子杂交（Northern杂交）、反转录PCR（RT-PCR）等分析技术，用以探测目的基因在RNA水平的表达状况，除了存在上述问题以外，还要求检测样品必须是鲜活的植物材料，干枯、死亡的材料或以植物为原料的各种制品无法用该技术。

3）蛋白质的ELISA、Western blot等分析技术，利用抗体-抗原之间的免疫反应来分析目的基因在蛋白质水平上的表达状况，其缺点是，如果目的基因未知或者一种制品中含有多种植物成分，将难以确定选用何种基因产物的抗体进行检测。

4）基因功能分析技术，有些转基因产物（酶或蛋白质）的功能可以通过转基因植物的活体、活组织、蛋白质粗提液与底物反应来观察；而另一些转化基因编码抗生素抗性、除草剂抗性等，则可以通过种子萌发等活体试验进行分析。都需要利用活体或活组织进行分析，在结果的判断上也容易出现错误。

5.5 植物目的基因的鉴定与克隆

随着近20年来基因组技术的迅速发展，目前几乎所有重要作物的基因组已被测序，这些作物基因组上含有的基因也被第一时间通过生物信息学、比较基因组学等手段进行了预测。因此，有关基因功能的研究就成为人们的研究重点。基因功能研究的目的是要搞清楚以下几个问题：①基因的结构信息，包括在染色体上的位置及其在基因组上的拷贝数目；②基因的表达模式，是否具有组织、器官及发育阶段的特异性；③该基因的突变或缺失等对植株生长发育造成的后果如何；④该基因在植物细胞中参与的代谢途径及其在其中的角色。也就是说，要搞清楚目的基因在植物整个生长发育过程中的功能与角色。但研究基因功能的基本前提还是要获得基因的序列或克隆，基因序列既可以是DNA序列，也可以是cDNA序列。具体到不同植物、不同基因，其克隆方法或策略也会不同，可简单归纳为以下五大类（张献龙，2012）：①基于已知序列的基因克隆方法；②基于分子标记连锁图谱的基因克隆方法；③基于人工突变体的基因克隆方法；④基于表达差异的基因克隆方法；⑤基于蛋白质分子互作的基因克隆方法。

5.5.1 基于已知序列的基因克隆方法

基于已知序列的基因克隆方法是指在已经拥有待克隆基因的部分或全部氨基酸或者核苷酸序列的基础上去分离基因全长的方法。如果某植物的基因组序列已完全被测序，某个具体需要克隆的基因序列是已知的，那么首先可以试用最简单、直接的PCR办法，通过设计可以特异性扩增的PCR引物，以总DNA或总cDNA为模板，利用高保真DNA聚合酶（high-fidelity DNA polymerase），将完整的基因序列一次性或分步骤地扩增出来，然后将扩增出来的片段插入合适的载体（质粒）中，再转化宿主（大肠杆菌）进行繁殖和永久保存，以用于进一步的研究。假如基因序列太长，这时最好用cDNA作模板，同时可以采取分段扩增，然后再进行连接、整合的办法，以获得全长基因的克隆。如果某植物种的基因组序列还没有被完全测序，需要克隆的基因序列在该植物上尚属未知，但是该基因在其他植物（特别是近缘植物）种上已被克隆或序列已知，那么鉴于同一个基因在不同物种（特别是在近缘种、属）之间的同源性，即在DNA或氨基酸序列上存在着的相似性，有些区段的序列在不同种、属之间高度保守，可以利用该基因保守区段的DNA序列信息，通过以下两种方法去克隆序列未知的同源基因。

1. 基于文库筛选的基因克隆方法

基于文库筛选的基因克隆方法包括以下几个步骤：①构建要研究植物的基因组文库（genomic DNA library）或cDNA文库（cDNA library）；②利用同源基因保守区段对应的核苷酸片段为探针（probe）进行分子杂交或者利用该保守区段的序列信息来设计PCR特异性引物进行PCR反应，来筛查文库中的阳性克隆；③将筛选出的阳性克隆的插入片段进行测序；④对获得的阳性克隆序列进行生物信息学分析以确定基因的结构及完整性；⑤对克隆到的基因进行功能鉴定。

2. 基于RACE技术的基因克隆方法

cDNA末端快速扩增（rapid amplification of cDNA end，RACE）技术是由Frohman等于1988年发明的一种基于PCR的基因克隆技术，主要通过RT-PCR技术由已知部分cDNA序列来得到完整的 cDNA 5′ 端和 3′ 端，包括单边 PCR（one-sided PCR）和锚定 PCR（anchored PCR）。该技术被广泛应用于大多数的植物基因克隆研究中。RACE 技术包括以下几个基本步骤。

（1）3′ 端 RACE　　首先提取植物的 mRNA，根据 mRNA 3′ 端天然存在的 polyA 尾部特征设计附带有已知接头（adapter）序列的 PCR 引物，在反转录酶的作用下，对 mRNA 进行反转录合成互补 DNA（complementary DNA，cDNA），即第一条 cDNA 链；再根据已知的 cDNA 序列设计基因特异性引物，以第一条 cDNA 链为模板合成第二条 cDNA 链。随后以基因特异性引物（GSP）及正义链（sense strand）3′ 端引物（接头序列）作为一对引物，以得到的 cDNA 为模板，进行 PCR 扩增，然后对获得的 PCR 产物进行测序，从而得到 cDNA 的 3′ 端序列（基因特异性引物位点到 3′ 端之间的序列）（图 5-15A）。

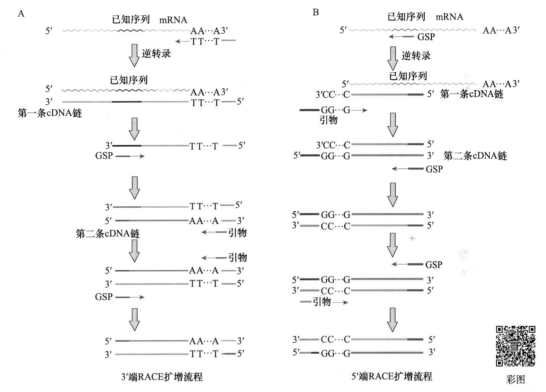

图 5-15　RACE 技术原理示意图　A. 3′ 端 RACE 扩增流程。首先根据 mRNA 3′ 端天然存在的 polyA 尾部设计带有已知接头（adapter）的反转录引物，通过反转录获得第一条 cDNA 链。然后根据已知的 cDNA 序列设计基因特异性引物（gene specific primer，GSP），利用该引物来合成第二条 cDNA 链。随后以基因特异性引物（GSP）及正义链 3′ 端引物（接头）作为一对引物，对得到的 cDNA 链进行 PCR 扩增，从而得到 cDNA 的 3′ 端序列（基因特异性引物→3′ 端）。B. 5′ 端 RACE 扩增流程。根据已知的 cDNA 序列设计基因特异引物（GSP），反转录获得第一条 cDNA 链，同时用末端脱氧核苷酸转移酶（terminal deoxynucleotidyl transferase）在 cDNA 3′ 端加 polyC 尾。依据 polyC 尾设计特定引物合成第二条 cDNA 链。随后以第二条 cDNA 链为模板利用基因特异性引物合成双链 cDNA。最后以基因特异性引物（GSP）及反义链 3′ 端引物（接头）为一对引物进行 PCR 扩增获得 cDNA 5′ 端序列（基因特异性引物→5′ 端）。最终通过序列分析与拼接，获得全长 cDNA 序列，即全长基因序列。

（2）5′ 端 RACE　　和上述 3′ 端 RACE 方法相似，即根据已知的 cDNA 序列设计基因特异引物（GSP），在小鼠白血病病毒（Moloney murine leukemia virus，MMLV）反转录酶作用下，对mRNA进行反转录以合成互补DNA链，即第一条cDNA链。同时利用该反转录酶具有的末端脱氧核苷酸转移酶（terminal deoxyribonucleotidyl transferase，TdT）活性，在反转录达到第一链的3′端时自动加上3～5个C，即polyC。依据polyC尾设计一个附带有已知接头（adapter）序列的特定引物，以上述的第一条cDNA链为模板，合成第二条cDNA链。随后以第二条cDNA链为模板，利用基因特异性引物合成双链cDNA。最后以基因特异性引物及反义链（reverse strand）3′端引物（接头序列）为一对引物进行PCR扩增，然后对获得的PCR产物进行测序，从而获得cDNA的5′端序列（基因特异性引物位点到5′端之间的序列）（图5-15B）。

（3）序列分析与拼接　　利用生物信息学分析软件将上述步骤中获得的3′端及5′端的两个片段进行序列拼接，在拼接的过程中将重叠的片段剔除掉就可以获得目的基因的全长cDNA序列。

（4）全长cDNA的获得　　根据上述步骤得到的全长cDNA序列，设计一对可以扩增全长基因的特异性引物，利用该对引物扩增目的基因的全长片段，然后将该片段插入合适的载体中就可以获得目的基因全长cDNA的克隆。

5.5.2　基于分子标记连锁图谱的基因克隆方法

基于分子标记连锁图谱（molecular marker linkage map）的基因克隆又可以称为图位克隆（map-based cloning）或者基因定位克隆（positional cloning），1986年首先由剑桥大学的Coulson等提出。其主要原理是根据基因在图谱上的相对位置并利用染色体步移（chromosome walking）进行基因克隆的一种方法。一般在仅知道表型数据而不知道是由哪个基因控制的情况下采用该种方法，它包括以下5个基本步骤（Peters et al.，2003）。

（1）开发紧密连锁的分子标记　　利用分离群体开发分子标记（molecular marker），根据标记间重组率进行连锁分析构建高密度遗传图谱（hight density genetic map），再根据性状（表型）调查数据进行数量性状基因座（quantitative trait locus，QTL）精准定位，将控制该性状的目的基因定位在染色体的一定区间内，在目的基因的两侧获得若干个紧密连锁的分子标记。通常要求分子标记与待克隆基因之间的连锁遗传距离为1～2cM（centiMorgan）。分子标记与待克隆的基因的紧密程度直接关系到实现目的基因最后克隆的快慢程度。

（2）构建大片段基因组文库　　构建含有大的基因组DNA插入片段（100～300kb）的基因组文库，如YAC（yeast artificial chromosome）文库和BAC（bacterial artificial chromosome）文库，以及插入几十个kb的Cosmid文库。

（3）进行染色体步移（chromosome walking）　　利用与目的基因最紧密连锁的已知分子标记作探针来检测大片段基因组文库，找到含有分子标记序列的阳性克隆，然后再以该阳性克隆的末端（end）片段为探针从文库中筛选出另外一个阳性克隆。依此类推，筛选出多个阳性克隆，每次获得的阳性克隆的插入DNA片段与前一个克隆的插入DNA片段之间具有部分重叠，更加靠近目的基因，类似于人的"步行"，因而称为染色体步移。而由此筛选出的多个阳性克隆片段可以按照标记或探针的位置被排序，形成一个克隆片段的重叠群。经过多次染色体步移后最终可望获得含有目的基因的阳性克隆。

（4）含有目的基因阳性克隆大片段的测序　　将获得的含有目的基因的阳性克隆大片段进行测序和拼接，利用生物信息学方法对获得的序列进行分析和预测，确定候选基因，分析它们编码区的DNA在产生分离群体的双亲之间的变异情况，如单核苷酸多态性（single nucleotide polymorphism，SNP）和小片段序列的插入/缺失（insertion/deletion，InDel）等，据此信息设计新的PCR特异性扩增引物，用这些新的引物来分析每个变异在分离群体中与目的性状的连锁情况，开发新的更加靠近目的基因的标记，并确定每个变异是否与表型发生共分离（co-segregation）。如果发生共分离，则要同时结合其他分子生物学手段来确定候选基因是否就是要克隆的目的基因。

（5）鉴定候选基因的功能　　通过功能互补（将野生型基因转入到含有突变型基因的突变体中，观察该基因控制的表型在转基因植株上是否恢复到野生型）、基因功能缺失（loss of function，即通过该基因的突变使其失去功能）等方法来分析候选基因的功能并确定候选基因正是要克隆的目的基因、最终实现目的基因的克隆。

相较其他基因克隆方法，图位克隆的方法时间长、步骤多，但是由于它是从基因的表型出发，在不具备其他信息的情况下最终分离到新的基因，在表型和基因之间第一次建立联系，因此原创性比较强。图5-16为甘蓝型油菜*Bn-CLG1A*基因的图位克隆原理示意图。

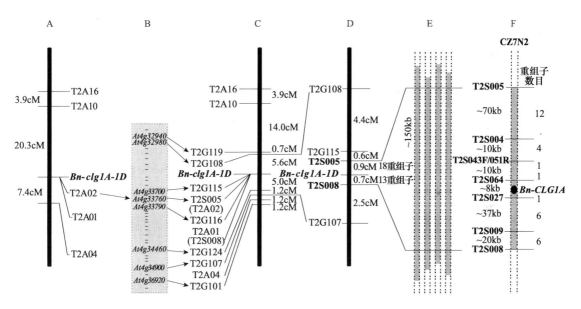

图5-16　甘蓝型油菜*Bn-CLG1A*基因的图位克隆原理示意图（引自Lu et al., 2012）A. 通过对甘蓝型油菜分离群体（segregating population）的255个DH个体（doubled-haploid line）的初步遗传分析获得了5个和*Bn-clg1A-1D*（突变型）遗传位点紧密相连锁的AFLP分子。图左侧的数据为标记之间的遗传距离cM（centiMorgan）。B. 甘蓝型油菜的AFLP标记T2A02通过序列比对发现对应拟南芥的*At4g33760*基因，图中列出了拟南芥基因组上与该基因相邻的其他基因的名字。C. 利用拟南芥中相邻的基因序列设计PCR引物，来分析甘蓝型油菜的分离群体，获得7个新的更加靠近目的基因位点的分子标记。D. 利用上述步骤开发的PCR标记来分析甘蓝型油菜分离群体的2158个个体，计算标记之间的遗传距离，获得了围绕目的基因位点的精细遗传图谱（fine genetic map）。E. 利用与目的基因位点两侧紧密相邻的两个分子标记T2S005和T2S008在基因组大片段克隆库（BAC library）中筛选出了4个含有*Bn-CLG1A*的阳性BAC克隆。F. 上述4个克隆之一CZ7N2经过试验验证后被测序，获得了全长为237 660bp的DNA序列，通过对该序列分析找出了分子标记T2S005和T2S008的对应位置，并根据CZ7N2序列设计了其他更多的PCR引物，用这些引物来分析T2S005和T2S008之间的重组个体（recombinant line），开发出了5个更加靠近目的基因位点的分子标记，即T2S004、T2S043F/051R、T2S064、T2S027和T2S009。生物信息学分析发现围绕目的基因位点的两个相邻标记T2S064和T2S027之间只有一个基因，因而被确定为目的基因*Bn-CLG1A*的最佳候选基因。

5.5.3 基于人工突变体的基因克隆方法

虽然每个生物体都存在着许多天然突变类型，但是要在自然界中找到具体到某一个特定性状的突变体是十分困难的，这是因为有些基因的突变会使生物体死亡（致死效应）或者被其他基因修补（补偿效应）或者受人为条件限制等。因此采用人工的方法来创造突变体就十分有必要。人工突变体的产生方法有多种，主要包括化学诱变、物理诱变和遗传学方法等。化学诱变、物理诱变可以短时间内产生大量的突变体材料，但都属于随机突变（没有方向性），突变位点本身及周围没有可用于检测的标签（tag）。因此从得到的突变体基因组中克隆目的基因需要通过图位克隆的方法进行。相反，利用遗传学手段（如T-DNA、转座子等方法）获得的突变体在突变位点附近往往含有"分子标签"，为快速分离目的基因提供了极为有利的条件。下面重点介绍一下T-DNA标签法（T-DNA tagging method）。

T-DNA是存在于植物根癌农杆菌（*Agrobacterium tumefaciens*）Ti质粒中的一段特殊的DNA序列，两端具有25bp左右的碱基重复序列（分别被命名为LB和RB）。当根癌农杆菌感染了宿主植物细胞以后，T-DNA区域能够在*Vir*基因的协助下从细菌细胞转移到植物细胞中，然后通过两端重复序列随机整合到植物基因组中。如果T-DNA区域整合到某个功能基因的内部或者它的调控区域，就会导致该功能基因的失活从而产生突变。由于农杆菌的遗传转化技术在植物上已经十分成熟，因此可以利用T-DNA在基因组上的随机插入这一特性，大量开展遗传转化工作，从而创建插入位点可以覆盖全基因组（几乎每个基因）的突变群体，并且可以产生大量可以观察到突变表型的突变个体。

基于T-DNA插入突变体的基因克隆基因方法包括以下几个步骤（Topping et al.，1995）。

（1）构建T-DNA插入突变体群体　　选定一个合适的植物受体材料（一般选择那些容易被转化并能再生出植株的基因型），利用农杆菌介导的遗传转化（*Agrobacterium*-mediated transformation）技术将T-DNA随机插入目标植株的基因组上，通过抗生素的筛选获得被转化并再生的植株，然后对这些再生植株进行分子检测（如PCR、Southern杂交等）以确认是否含有T-DNA序列。经过持续重复上述转基因工作，获得一个有足够规模的T-DNA插入突变体群体。

（2）突变体材料的表型鉴定　　对上述步骤获得的突变体材料进行表型观察，如果发现有某个表型相对于野生对照植株发生了变化，那么该突变体材料就可以用于克隆基因组上控制该表型变异的基因或调控序列区域。

（3）候选基因的分离　　由于插入的T-DNA序列的两端具有25bp左右的特殊重复片段，它们的序列是已知的，因此可以根据该片段序列设计特异性引物，通过反向PCR的方法（图5-17）扩增获得T-DNA插入位点两侧相邻区域（flanking region）的DNA片段，然后通过对该扩增片段进行测序及和全基因组序列的比对，就可以找到被T-DNA插入突变的基因，从而可以对其进行分离和克隆。

（4）候选基因的功能鉴定　　通过功能互补分析或转基因等手段，来鉴定分离出的基因是否为控制某个表型（或性状）遗传的目的基因。

5.5.4 基于表达差异的基因克隆方法

抑制消减杂交（suppression subtractive hybridization，SSH）方法最早是由Diatchenko等（1996，1999）建立的一种用来分离具有表达差异的EST（expressed sequence tag，表达序列

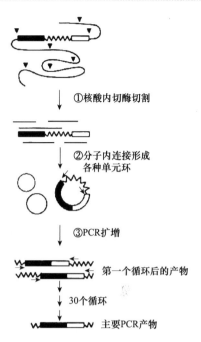

图5-17　反向PCR（inverse PCR）方法原理示意图（引自Ochman et al.，1988）　①总基因组DNA被选定的一个核酸内切酶切割，该核酸内切酶在已知插入序列（如T-DNA序列或转座子序列）内没有可识别并切割的位点。②通过连接（ligation）反应，使酶切DNA片段发生分子内（intramolecular）连接形成各种单元环（monomeric circle）。③利用已知插入序列的两端序列设计一对方向相反的PCR引物，利用该对引物对上一步的连接产物进行PCR扩增，经过30多个循环后可以获得含有基因组上插入序列两端相邻DNA区域的大量纯化DNA片段。图中锯齿状单线（jagged line）区域代表已知的插入序列，黑色和白色框分别为插入位点的长下游区域（flanking region），黑色三角代表限制性内切核酸酶识别位点。箭头代表PCR引物。

标签）的一种方法。这种方法的原理是利用不同样品之间基因表达水平的差异，分离具有表达差异的EST，然后根据找到的EST序列去克隆对应的全长基因。该方法包括以下几个步骤（图5-18）。

（1）cDNA的合成与限制性内切核酸酶酶切　　将两个不同的组织（如待测试组织和对照组织），或者同一个组织的两种不同试验处理后细胞中的mRNA分别抽提出来，并利用反转录酶将它们反转录为双链cDNA。然后利用限制性内切核酸酶*Rsa* I将这两种不同的双链cDNA样本酶切为小的EST片段。

（2）引物接头的连接　　将待测试组织和对照组织的EST分别命名为测试cDNA（tester cDNA）和驱动cDNA（driver cDNA）。将测试cDNA样本分成相同的两个组分，通过DNA连接酶（DNA ligase）分别与不同的引物接头（adaptor1和adaptor2）相连接。而驱动cDNA样本则不与任何接头相连接。

（3）第一次杂交　　将连有不同接头的两个测试组分的cDNA样本在两个不同的试管中分别与过量的驱动cDNA进行混合、高温解链、退火使单链分子之间杂交（称为第一次杂交），在杂交的组分之中将会产生5种不同类型的cDNA分子，包括单链的测试cDNA、自身退火的双链测试/测试cDNA、异源退火的双链cDNA（测试/驱动cDNA）、单链的驱动cDNA和自身退火的双链驱动cDNA分子。基于分子竞争的原理可以预想那些能够形成自身双链的测试/测试cDNA的分子对应的基因在最初的测试组织和对照组织之间有差异表达。

（4）第二次杂交　　取出第一次杂交后两个试管中的部分组分放置到新的试管中进行混合，再加入过量的驱动cDNA进行混合、高温解链、退火使单链分子之间杂交。这些杂交组分混合在一起进行杂交以后，在上述成分的基础之上能够形成一种新的杂交成分或分子，即分别含有不同接头的双链测试cDNA分子（tester-adaptor1/tester-adaptor2）。在第二次杂交混合产物中，利用DNA聚合酶将所有杂交DNA分子的黏性末端（单链的引物接头序列）进行互补链合成。

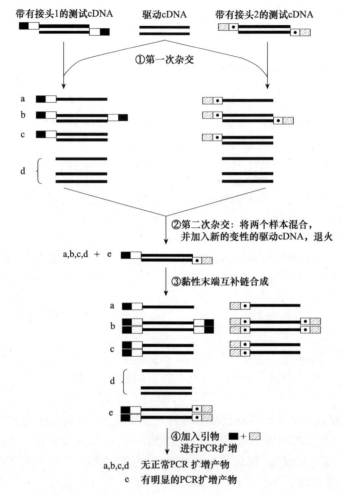

图 5-18 抑制消减杂交方法原理示意图（引自 Diatchenko et al., 1999） ①第一次杂交。将连有接头的两个测试组分的 cDNA 分别与过量的驱动 cDNA 杂交。通过第一次杂交以后，在杂交的组分之中就可以形成 5 种不同的 cDNA 分子，包括单链的测试 cDNA、自身退火的双链测试/测试 cDNA、异源退火的双链 cDNA（测试/驱动 cDNA）、单链的驱动 cDNA 和自身退火的双链驱动 cDNA 分子。②第二次杂交。取出第一次杂交中的部分组分合并以后再与过量的驱动 cDNA 杂交。这些杂交组分合并在一起以后，在上述的成分基础之上能够形成一种新的杂交成分，也就是分别含有不同接头的测试 cDNA 分子。③利用 DNA 聚合酶合成杂交 DNA 分子黏性末端的互补链。④特异性的片段扩增。同时含有两个不同引物的 DNA 片段（带接头 1 的测试 cDNA/带接头 2 的测试 cDNA）经过 PCR 被特异性扩增。黑线代表被核酸内切酶酶切后产生的 cDNA 片段，黑色框代表接头 1 的外部区域和用于 PCR 引物 1 的序列，斜线框代表接头 2 的外部区域和用于 PCR 引物 2 的序列，白色框代表两种接头的内部区域和用于第二轮或巢式（nested）PCR 的引物序列。

（5）特异性 cDNA 片段扩增 　以上述进行互补链合成后的混合液为模板，利用基于两个不同接头序列所设计的一对引物进行 PCR 特异性扩增，这样含有不同引物 tester-adaptor1/tester-adaptor2 的片段就可以被有选择地扩增并产生大量的 PCR 产物。经过两次 PCR 扩增（分别用接头上的外侧、内侧序列设计的两对引物）以后就能够获得具有特异性差异表达的 EST 序列。将这些差异表达的 EST 片段与载体连接并转化大肠杆菌细胞，就可以形成差异表达 EST 文库。然后对文库中每一个差异表达的克隆进行测序分析，就可以获得测试组织和对照组织之间差异表达的 EST 序列。根据序列设计引物，通过实时定量 PCR（quantitative real-time PCR，qRT-PCR）分析可以验证它们对应的基因确实在测试组织和对照组织之间存在表达差异。

（6）差异表达 EST 的全长 cDNA 克隆　　根据上一步找出的差异表达的 EST 序列，利用前文所述的 RACE 技术实现差异表达 EST 对应基因的全长 cDNA 的分子克隆。

5.5.5　基于蛋白质分子互作的基因克隆方法

1．酵母双杂交体系

酵母双杂交体系（yeast two-hybrid system，Y2H）最早是由 Fields 等（1989）在研究真核基因转录调控中建立的一套用于研究蛋白质之间相互作用的技术，后经多年的使用已经被进一步完善（Chien et al.，1991）。该体系可以用于分析已知蛋白质之间是否存在特异性分子互作，或者用于筛选能够与已知蛋白质产生特异性互作的未知蛋白质分子。它的基本原理如下：真核细胞基因转录的启动需要有反式转录激活因子的参与，而反式转录激活因子（如酵母转录因子 Gal4）在结构上是组件式的，通常由两个或两个以上功能上相互独立的结构域构成，其中有 DNA 结合域（binding domain，BD）和转录激活域（activation domain，AD）。这两个结合域分开时不能激活下游基因的转录，但通过适当的方法（通过共价键或者非共价键连接）使两者在空间上较为接近时，又可以恢复呈现完整的转录因子活性，可以激活下游目的基因的转录。不同转录激活因子的 BD 和 AD 形成的杂合蛋白仍然具有正常的激活转录功能。正是基于这个特点，我们可以分析不同蛋白质之间是否有特异性互作。

为方便理解，可以假设有两个不同的蛋白质分子 X 和 Y，需要研究它们之间是否存在互作。那么，可以先将 X 和 Y 分别与酵母转录激活因子的两个结构域进行结合形成融合蛋白质，即 BD-X/AD-Y 或 BD-Y/AD-X。通常将已知蛋白质 X 与 BD 融合形成 BD-X，称为诱饵蛋白（bait protein）；而待测蛋白质 Y 与 AD 融合形成 AD-Y，称为被诱捕蛋白（prey protein）。这样为获得相应的融合蛋白，我们将"诱饵"蛋白 X 基因克隆到含有 BD 的载体中，用于表达 BD-X 融合蛋白；将待测试蛋白 Y 基因克隆到含有 AD 的载体中，用于表达 AD-Y 融合蛋白，然后将两种载体同时转化到一个酵母菌（yeast）中进行表达，如果 X 与 Y 之间能够发生特异性互作，那么细胞中产生的诱饵蛋白和被诱捕蛋白之间能够在空间相互拉近，使得 BD 和 AD 在空间上也被拉近，恢复转录激活功能，从而激活重组载体中的报告基因如 *lacZ* 和 *HIS3* 的表达。相反，如果 X 与 Y 之间没有互作，诱饵蛋白和被诱捕蛋白质没有在空间上被拉近，那么报告基因也就不会有表达。据此来检测蛋白质 X 与 Y 之间是否有互作。

最初采用的报告基因是编码 β- 半乳糖苷酶（β-galactosidase，Gal）的 *lacZ*，这样通过检测 β- 半乳糖苷酶活性（蓝色菌落代表有活性，白色菌落代表没有活性）来确定蛋白质 X 和 Y 之间是否有互作。之后发展起来的双杂交系统又引入了一个 *HIS3* 基因作为报告基因，这样只有当 *HIS3* 基因被启动表达时宿主酵母细胞才能在缺乏组氨酸的选择性培养基上生长并形成白色菌落，也就是说有白色菌落生长时为阳性，说明蛋白质 X 和 Y 之间有互作，否则就是阴性没有互作。

因此，利用酵母双杂交体系方法来筛选与已知蛋白质 X 有互作的未知蛋白质 Y 包括以下 4 个步骤（图 5-19）。

1）将待测基因 *X* 与 Gal4 或其他合适蛋白的 DNA 结合域进行融合构建诱饵质粒载体。

2）将诱饵质粒转化缺乏报告基因启动子的酵母细胞，选择被转化的酵母细胞株系。

A. 杂合蛋白BD-X

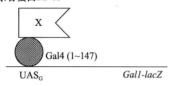

B. 杂合蛋白AD-Y库

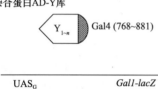

C. 杂合蛋白BD-X和杂合蛋白AD-Y库中的AD-Y$_i$ 蛋白之间存在特异性互作

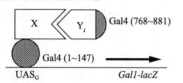

图5-19 利用酵母双杂交系统来检验蛋白质之间存在互作的原理示意图（引自Chien et al., 1991） A. 首先，通过构建融合基因来生产含有被研究蛋白X和Gal4的DNA结合域（1~147区域）的融合蛋白（杂合蛋白BD-X），Gal4的DNA结合域可以使得BD-X定位在酵母细胞核内，并能和酵母 *Gal* 基因的上游激活序列（upstream activation sequence），即图中的UAS$_G$位点进行特异性结合。B. 通过构建融合基因库来生产含有Y（Y$_1$，Y$_2$，Y$_3$，…，Y$_n$）蛋白和Gal4的转录激活域（768~881区域）的融合蛋白库（杂合蛋白AD-Y库），该融合蛋白也被定位在细胞核内。C. 任何一个能够和X蛋白杂交的融合蛋白AD-Y$_i$都会促使Gal4蛋白的DNA结合域（BD）和转录激活域（AD）在空间上靠近，从而激活下游报告基因 *Gal1-lacZ* 的转录。

3）将提前建好的含有基因文库的质粒也转化到上述已被诱饵质粒转化的酵母细胞株系中。

4）在固体培养基上进行培养，通过检测报告基因的活性来筛选出和已知蛋白质X有互作的蛋白质Y（Y$_1$，Y$_2$，Y$_3$，…，Y$_n$），然后提取对应的质粒载体，进行测序，找到对应的基因，实现目的基因的克隆。

酵母双杂交系统充分利用了酵母细胞能够表达真核生物的基因这一特点，不需要进行蛋白质的分离纯化，整个过程只需要对DNA进行操作，同时酵母细胞的生长速度快、容易操作，这些优点使得酵母双杂交系统得到了广泛应用。

2. 噬菌体展示技术

噬菌体展示技术最早由Smith于1985年提出，其基本原理是将外源蛋白质或多肽的DNA序列插入噬菌体外壳蛋白结构基因的适当位置，在开放阅读框正常且不影响外壳蛋白正常功能的情况下，使外源基因随外壳蛋白基因的表达而表达，形成一个新的融合蛋白质，这样，外源蛋白（连同外壳蛋白一起）随着噬菌体的重新组装被展现在子代噬菌体的表面，然后利用抗此外源蛋白的抗体，通过抗原-抗体的亲和作用，从大量噬菌体中筛选出含有目的基因的噬菌体，然后进行富集、扩增就可以得到大量所要的目的基因片段，用于进一步的序列测定与基因克隆。

噬菌体展示技术包括以下几个步骤。

（1）噬菌体抗体库（antibody library）的构建 用于构建噬菌体抗体库的噬菌体有单链丝状噬菌体（single-stranded filamentous phage，如M13、f1、fd等）和双链噬菌体（double-stranded phage，如T1、T4、T7等），但实际应用中人们更偏向于使用人工合成的噬菌体质粒载体（phagemid，也叫作噬菌粒）。噬菌体质粒载体含有上述单链噬菌体的包装序列、复制起点及细菌质粒（plasmid）的复制起点、克隆位点、标记基因等，它是一种双链质粒，同时具有噬菌体和质粒的特征，它兼具丝状噬菌体与质粒载体的优点，可以像噬菌体或质粒一样在细菌中进行复制。由于噬菌体质粒载体本身不含噬菌体蛋白质编码基因，因此在导入大肠杆菌后不能产生子代噬菌体，需要有辅助噬菌体（helper phage）的存在，首先将双链DNA噬菌体质粒载体诱导成单链DNA噬菌体质粒载体，然后由辅助噬菌体编码的噬菌体蛋白质可将单链噬菌体质粒载体的DNA包装成噬菌体病毒颗粒释放出来，能通过再次感染大肠杆菌而繁殖。通常被用来与外源DNA序列一起产生融合蛋白的基因是丝状噬菌体的外壳蛋白基因Ⅲ和基因Ⅷ，基因Ⅲ编码由406个氨基酸组成的P3蛋白，而基因Ⅷ编码50个氨基酸组成的P8蛋白。这两种不同蛋白质的共同点是它们的N端位于噬菌体的外部，而C端位于噬菌体的内部。当外源DNA片段与这两个基因相互融合时形成的蛋白质片段正好被暴露在噬菌体的表面。使用噬菌体质粒载体来构建噬菌体抗体库的流程如下：首先利用限制性内切核酸酶将噬菌体质粒载体酶切，然后与需要分析的cDNA分子进行连接，连接以后的重组DNA分子直接转化大肠杆菌宿主细胞，转化以后的大肠杆菌再被辅助噬菌体超感染。在辅助噬菌体的诱导下，重组噬菌体质粒载体在大肠杆菌细胞中被包装，进而产生大量的噬菌体，形成噬菌体抗体库。

（2）噬菌体抗体库的筛选　　抗体库的筛选是基于亲和捕获的原则。要从抗体库中筛选某特异抗体，首先将它的抗原（靶蛋白）包被在固相物质的表面，如384孔的微孔板上，然后加入噬菌体抗体库（流动相，fluid phase）与抗原进行共同温育，温育一段时间以后，将微孔板放入缓冲液中进行淘洗，未结合的游离噬菌体被洗去，表面只留下了那些能够与抗原相结合的抗体噬菌体，然后用酸碱或者竞争的分子洗脱下结合的噬菌体，经过中和后再去感染大肠杆菌进行繁殖和扩增，这样经过3～5轮的富集，逐步提高可以特异性识别靶蛋白的噬菌体的比例或纯度，最终获得高纯度的能够特异性识别靶蛋白的阳性噬菌体抗体克隆（图5-20）。

图5-20　噬菌体展示技术的原理示意图（引自Smith，1985）　将多肽或蛋白质的编码基因插入噬菌体外壳蛋白结构基因的适当位置，在开放阅读框正确且不影响其他外壳蛋白正常功能的情况下，使外源多肽或蛋白质与外壳蛋白融合表达，融合蛋白随子代噬菌体的重新组装而展示在噬菌体表面，形成噬菌体抗体库。展示到噬菌体表面的多肽或蛋白质保持相对独立的空间结构和生物活性，可以与靶分子（抗原）特异性识别并结合。噬菌体展示的肽库或蛋白质库与固相抗原进行杂交结合，洗去未杂交结合的噬菌体，然后用酸碱或者竞争的分子洗脱下结合的噬菌体，中和后的噬菌体再去感染大肠杆菌进行繁殖和扩增，经过3～5轮的富集，逐步提高可以特异性识别靶分子的噬菌体比例，最终获得识别靶分子的多肽或者蛋白质。

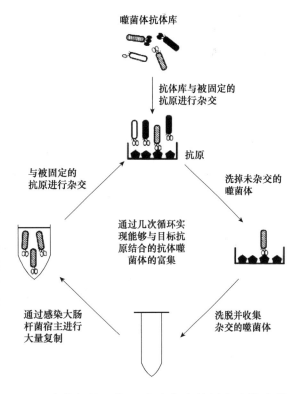

（3）阳性噬菌体抗体克隆DNA序列的分析　　将获得的和靶蛋白有高度特异亲和能力的

噬菌体进行回收，提取其中的重组噬菌体质粒载体，分离出其中的外源DNA片段，通过测序获得目的基因的全部序列，最终实现目的基因的克隆。

5.6　增强子的鉴定与功能验证

5.6.1　增强子的概念

　　绝大多数真核生物都是由多种不同类型的细胞构成的。具体到某个特定生物，它的不同类型的细胞都拥有相同的一套染色体，并且所有细胞都能够应答外界的生物和非生物胁迫，如光、温度、化学物质及病原体等。生物体能够产生高度分化的细胞类型及细胞能够应答外界信号的关键是染色体上的基因能够在特定时间上和空间上有选择地表达，而这主要是通过相关顺式作用元件（*cis*-acting element）如转录增强子（transcriptional enhancer，简称增强子）和沉默子（silencer）在特定时间上和空间上及时地激活和抑制来实现的。增强子是染色体上能够被多个转录因子（transcription factor，TF）结合从而激活与之相距可达上千kb（Mb）之遥的靶基因表达的非编码DNA序列（图5-21A），而沉默子则是可以抑制基因表达的DNA元

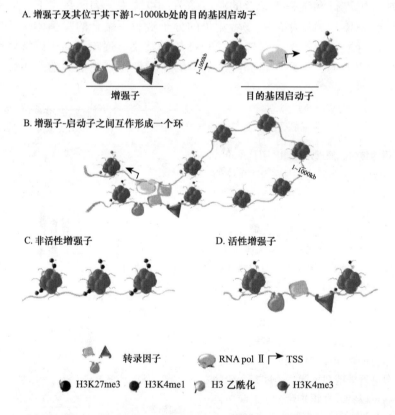

图5-21　增强子及目的基因启动子所在位置的染色质特征示意图（引自Weber et al.，2016）　A. 增强子与它调控的目的基因之间的距离变化在1～1000kb。增强子附近的组蛋白一般带有H3K4me1修饰，而基因的启动子附近的组蛋白一般带有H3K4me3修饰。B. 具有活性的增强子与目的基因启动子区域通过蛋白质复合体进行互作。C. 非活性增强子区域的组蛋白带有H3K27me3和H3K4me1修饰。D. 活性增强子的区域没有核小体（nucleosome），其附近的组蛋白带有H3K4me1、H3K9ac和H3K27ac（图中标为H3乙酰化）修饰。

件。增强子和沉默子都可以位于靶基因的上游或下游，它们的方向（正向或反向）不影响其功能，同一个 DNA 调控元件可以具有增强和沉默功能。

有关增强子激活和启动靶基因转录的基本机制方面已有很多研究，增强子激活靶基因转录的过程一般如下：首先由先锋转录因子和增强子结合，然后再由先锋转录因子招募其他共同激活因子（co-activator）如组蛋白乙酰转移酶（histone acetyltransferase）和染色质重塑因子（chromatin remodeler）来一起提升局部染色质可及性，这样进一步促进其他转录因子来结合，从而导致靶基因的转录激活，由此增强子和靶基因的启动子之间产生物理互作（图 5-21B），最后由 RNA 聚合酶Ⅱ（RNA polymerase Ⅱ）在靶基因的转录起始位点（transcription start site，TSS）启动转录。

5.6.2　增强子的特征

增强子最早被发现于 20 世纪 80 年代初期。1980 年，Grosschedl 等发现位于组蛋白 *H2A* 基因转录起始位点上游大于 100bp 处的一段 DNA 序列能促进 *H2A* 基因有效转录。1981 年，Benoist 等及 Benerji 等在猿猴病毒 40（SV40）早期基因的上游 3000bp 处发现了首个增强子序列，由两个正向重复序列组成，每个长 72bp，该序列的缺失会使 SV40 基因的转录效率降低，将增强子序列反转后放置在 SV40 基因的下游依然可以增强转录，由此将这种不依赖位置和方向增强基因转录的顺式作用元件命名为增强子。Benerji 等（1981）发现该 SV40 增强子序列可使报告基因（SV40 DNA/兔 β-血红蛋白融合基因）的表达水平增强 200 倍以上。植物上，Simpson 等（1985）首先报道了豌豆叶绿素 a/b-结合蛋白基因（*AB80*）的增强子序列。近 40 年来，有关增强子的研究取得了长足的进展，证明了增强子具有以下几个特征。

1）增强子是增强靶基因转录的顺式作用元件，可以位于靶基因的上游，也可以位于下游，甚至位于基因的内含子中；和靶基因之间的距离可远可近；同一个基因可以由多个增强子来调控；而每个增强子可以在不同的生物学条件下给出不同的转录调节指令来调节靶基因的表达水平。

2）增强子含有能够与转录因子进行特异性结合的基序（transcription factor binding motif），增强子必须通过与转录因子结合才可促进靶基因的转录。

3）增强子位于染色质的开放区域，即染色质上未被核小体或其他染色质关联蛋白占据的区域，也叫"核小体缺失区域"（nucleosome-depleted region，NDR）。

4）增强子两端相邻核小体中的组蛋白通常带有特异性组蛋白标记（图 5-21C 和 D）。在动物中，活性和非活性增强子两端相邻核小体中的组蛋白通常带有 H3K4me1（H3 lysine 4 monomethylation）甲基化修饰；H3K9ac（H3 lysine 9 acetylation）、H3K12ac、H3K14ac 和 H3K27ac 乙酰化修饰通常标记活性增强子，而 H3K27me3（H3 lysine 27 trimethylation）甲基化修饰通常标记非活性增强子。但所有上述标记同时也存在于转录起始位点（TSS）和编码区，后来发现 H3K4me3 标记则优先富集在转录起始位点（TSS）。在植物上，也有研究表明 H3K27me3 通常标记非活性增强子，而 H3 和 H4 乙酰化修饰（如 H3K27ac）通常标记活性增强子。

5）活性增强子通常可以转录成 RNA（enhancer RNA or eRNA）。eRNA 是非编码的、相对较短（<2kb）、被加帽的、多数没有被多腺苷酰化的（non-polyadenylated）、没有被剪接的（unspliced）、被外泌体（exosome）迅速降解的 RNA。动物的增强子通常被双向转录成 RNA，尽管它们的绝对转录水平很低，但和它们的靶基因转录水平相关联。研究表明，某些 eRNA 可以用于为增强子招募转录因子，或者介导增强子和启动子之间的相互作用。

　　6）增强子的活性受到本身DNA甲基化修饰的影响，被甲基化的增强子会导致eRNA表达下降，同时也会导致其调控的靶基因转录水平的下调。动物研究发现，许多增强子的DNA甲基化水平被动态调控，和其活性呈负相关，因而可以鉴别出组织特异性增强子；植物上，目前还没有获得相关研究结果。

　　7）增强子区域和靶基因的启动子区域必须非常接近，形成三维环状（3D-loop）结构，直接相互作用，才能发挥增强靶基因转录的功能。增强子和启动子的相互作用由多种蛋白质介导，如动物中，有CTCF蛋白、黏连蛋白（cohesin）、中介复合物，甚至是eRNA可以介导增强子和启动子之间的互作。增强子和启动子之间的互作也需要具有序列特异性的转录因子。

5.6.3　增强子的鉴定方法

1. 基于DNA序列

　　由于增强子一般位于基因组上非编码区，不同增强子相对于其靶基因的位置也不固定，而且增强子可能只在特定组织细胞或特殊生理条件下才具有活性。因此，增强子的发现和功能鉴定比较复杂，具有挑战性。在已知各物种基因组序列的前提下，可以利用下列生物信息学分析方法，来预测增强子的存在。

　　（1）比较基因组学　　即通过对不同物种基因组进行横向比较，进而发现基因组上非编码区内在不同物种间高度保守的DNA序列，从而预测增强子。但与编码基因序列比较，增强子的保守性较差，因此基于保守性预测增强子的效率较低。

　　（2）转录因子结合基序扫描　　其原理基于增强子中包含充当转录因子结合位点的DNA基序（一般只有6~10bp），利用结合位点的保守性，在全基因组范围搜索与已知转录因子基序匹配的序列。但由于较短的DNA序列在整个基因组中出现的频率较高，因而会影响增强子鉴定的准确率。鉴于多个转录因子经常会一起形成复合物和增强子结合，因而可以通过寻找多个转录因子结合基序簇来减少假阳性结果。上述两种方法无法预测增强子的活性状态。

2. 基于染色质可及性

　　DNA缠绕在组蛋白上形成核小体，一连串的核小体呈螺旋状排列构成染色质。常染色质状态下的DNA压缩包装比约为1000，在细胞有丝分裂前期染色质高度螺旋化成染色体，此染色体状态下的DNA压缩包装比最高可达8400，染色体长度约为伸展状态的万分之一，核小体的高度压缩使DNA序列不被暴露。非活性增强子通常由未修饰的核小体紧密包裹，因此它不能与转录因子或聚合酶结合。当增强子被激活时，它的局部染色质首先被修饰（如H3K4me1）变得松散，可以与转录因子和RNA聚合酶结合。当增强子与一些转录因子结合，被充分激活，增强子将去除核小体结构，局部染色质完全开放，形成"核小体缺失区域"（nucleosome-depleted region，NDR），使其具有可接近性（也称为染色质可及性），据此，可利用下列方法来检测染色质开放区域。

　　（1）DNase-seq技术　　DNase-seq技术原理是基于脱氧核糖核酸酶Ⅰ（deoxyribonuclease Ⅰ，DNase Ⅰ）能够识别并切割每个染色质开放区域（open region）内被转录因子结合保护后两端裸露的DNA部位，从而产生小的DNA片段，然后对这些切出的DNA片段进行测序，将获得的序列与已知基因组序列进行比对，从而在全基因组范围内确定染色质开放的区域位点，或称作DNase Ⅰ超敏位点（DNase Ⅰ hypersensitive site，DHS），最后通过对这些位点的序列进行分析预测或实验验证以确定是否为增强子。

　　（2）ATAC-seq技术　　ATAC-seq（assay for transposase-accessible chromatin sequencing）技术

原理是基于人工改造过的Tn5转座酶可以进入并切割染色质上的裸露DNA区域，并将已知序列标签（称作接头，adapter）连接或插入到被切割部位，连接上adapter的DNA片段可以被分离出来，这些已知序列标签可以被用作测序引物以进行高通量测序，从而来捕获全基因组范围内染色质开放区域，最后对这些区域序列进行分析验证以确定是否含有增强子。

（3）FAIRE-seq技术　　FAIRE-seq(formaldehyde-assisted isolation of regulatory elements sequencing，甲醛辅助分离调控元件测序）技术原理是首先将组织或细胞和甲醛（formaldehyde）进行交联（cross-linking），然后裂解细胞，用超声波打断染色质，进行酚氯仿（phenol-chloroform）处理、离心分离，这样染色质上含有组蛋白并和甲醛交联的部分被沉淀溶解在下面的有机溶剂酚液中，而染色质上不含组蛋白的开放区域因未与甲醛交联，其裸露的DNA片段则被集中溶解在上层的水相中，从而把全基因组DNA分为两部分，即水相和有机相DNA，然后回收上层水相中的DNA并对其进行测序，将获得的序列与已知基因组序列进行比对，最后验证其在基因组上的位置及是否为增强子。

3. 基于转录因子和转录辅助因子结合位点

转录因子可以直接结合在增强子的DNA序列上从而调控靶基因的表达，同时转录因子又可以招募转录辅助因子，如广泛表达的通用辅助转录激活因子组蛋白乙酰转移酶P300和CBP（CREB-binding protein），形成复合体，一起协助RNA聚合酶与靶基因启动子的结合，促进靶基因（甚至增强子本身）的RNA转录。据此可利用ChIP-seq（chromatin immunoprecipitation sequencing）即染色质免疫沉淀技术在全基因组范围内寻找增强子DNA序列与转录因子的结合位点以进行增强子的预测。

ChIP-seq技术原理是在活细胞状态下首先用甲醛固定染色质上所有的蛋白质-DNA复合物，然后提取全基因组DNA，用超声波将其打断成具有一定长度的小片段，再添加与目的蛋白特异结合的抗体，该抗体与目的蛋白形成免疫结合复合体产生免疫沉淀，这样将含目的蛋白的复合物沉淀下来，与目的蛋白特异性结合的DNA片段被富集，然后对其进行DNA提取和测序，从而获得与目的蛋白互作的DNA区域的序列，再将获得的序列与已知基因组序列进行比对，最后验证其在基因组上的位置及是否为增强子。因此，可以利用ChIP-seq技术在全基因组范围内获得与转录因子及辅助转录因子特异结合的DNA区域的序列信息。

4. 基于组蛋白修饰

染色质上缠绕在组蛋白上的DNA处于高度压缩状态，基因很难表达，为了提高基因的表达，需要改变DNA与组蛋白的紧密结合程度。组蛋白修饰是表观遗传学的重要部分，组蛋白修饰的改变可导致组蛋白与DNA结合程度的改变，从而实现表观遗传修饰对基因表达的调控作用。组蛋白修饰主要包括甲基化、磷酸化、乙酰化和泛素化。目前，关于增强子研究较多的组蛋白修饰是组蛋白甲基化和乙酰化。不同的组蛋白甲基化修饰可能会激活也可能会抑制增强子的转录表达，如H3K4me1修饰会促进增强子转录，而H3K27me3修饰会抑制增强子转录。组蛋白乙酰化修饰可以减弱增强子DNA序列与组蛋白的结合程度，让部分DNA序列暴露，进而可以与转录因子结合促进增强子转录表达，如H3K27ac修饰使增强子序列转录活跃；相反，组蛋白去乙酰化会使增强子DNA序列与组蛋白的结合更加紧密，抑制增强子的转录表达。动物上，目前H3K4me1和H3K27ac常用来作为鉴定增强子的组蛋白修饰特征标记。因此，可以根据增强子区域的这些组蛋白修饰特征，利用抗原抗体特异结合的原理，同样采用上述的ChIP-seq技术在全基因组水平上寻找和富集多种不同的组蛋白修饰位点，进行增强子预测和鉴定。

5. 基于DNA甲基化

DNA甲基化是指在DNA甲基转移酶的催化下DNA序列特定碱基共价结合一个甲基基团，DNA甲基化通常发生在CpG（胞嘧啶-磷酸-鸟嘌呤）位点，胞嘧啶在DNA甲基转移酶的催化下结合一个甲基基团转化为5-甲基胞嘧啶。通过甲基化修饰，增强子DNA可以在不改变序列的情况下影响其活性。增强子DNA序列高甲基化会导致eRNA表达下降，而低甲基化可导致eRNA表达的增强，因此，增强子序列CpG位点的甲基化可成为增强子活性预测的标志物。

常用的DNA甲基化检测方法为BS-seq（bisulfite sequencing）直接测序法，其原理是首先用重亚硫酸氢盐处理DNA，将DNA上未甲基化的胞嘧啶残基（C）转化为尿嘧啶（U），但5-甲基胞嘧啶残基（5mC）对重亚硫酸氢盐有抗性，不会发生转变。因此，用亚硫酸氢盐处理过的DNA仅保留甲基化的胞嘧啶，原来未甲基化的胞嘧啶被转化成了尿嘧啶（U）。然后对处理后的DNA进行PCR扩增，PCR扩增过程中原来DNA模板中的尿嘧啶（U）被变成了胸腺嘧啶（T），这样就与原本具有甲基化修饰的C碱基区分开来，最后对PCR产物进行测序，将序列与参考序列比对，就可以判断其甲基化水平。增强子序列的甲基化水平与增强子的转录活性成反比，通过BS-seq直接测序法可以检测已知增强子序列CpG位点是否甲基化，进而预测增强子的活性。也可以用BS-seq直接测序法来检测某一特定组织细胞中的全基因组上的甲基化水平。

6. 基于转录活性

（1）RNA-seq及其衍生技术　　动物中的研究表明，能够转录的增强子是其活性的标志。转录时，增强子区域与RNA聚合酶结合启动转录，转录出增强子RNA（eRNA），因此可以通过检测增强子RNA，鉴定增强子的活性。为此可以采用RNA-seq（RNA sequencing，即转录组测序）技术，在全基因组范围内检测eRNA的表达，从而判断已知增强子的转录活性。由于eRNA的表达量一般很低，因此要求有较高的测序深度，否则难以检测出来。为克服这一困难又衍生了其他先进技术，如CAGE（cap analysis of gene expression）技术（只对RNA的5′端进行测序）、GRO-seq（genome-wide nuclear run-on sequencing）技术［对新生（nascent）RNA进行测序检测，确定在某一阶段细胞内的转录情况］及GRO-Cap（genome-wide nuclear run-on cap sequencing）技术（对5′端RNA的特异性富集然后测序来检测新生RNA）。

（2）STARR-seq技术　　STARR-seq（self-transcribing active regulatory region sequencing，自转录活性调节区测序）技术最早是在果蝇（*Drosophila*）研究中建立的一种用来捕获活性增强子序列的技术。其原理是首先将基因组DNA降解成许多随机片段，然后将这些片段随机大量地克隆到核心启动子或最基本启动子（minimal promoter）＋报告基因的下游（3′-UTR）和一个多聚腺苷酸序列之间。这里的核心启动子是指能够保证RNA聚合酶Ⅱ转录正常起始所必需的、最少的DNA序列，包括转录起始位点及转录起始位点上游TATA区，但无法驱动下游靶基因的高表达。将组装好的载体转化到特定细胞中，这样含有活性增强子的克隆片段会和它上游的核心启动子相互作用从而增强靶基因＋它自身在细胞的转录，然后将带有多聚腺苷酸序列的转录产物（RNA）提取出来，进行基于RNA-seq技术的测序分析，这样既可以同时检测被克隆DNA片段是否具有增强子活性及它的序列。这种载体组装方式允许在一个高度复杂的报告文库中同时测试数百万个DNA序列，并确保检测到的序列作为真正的增强子（而不是启动子）从远程位置激活靶基因转录。但这项技术中核心启动子决定能鉴别出的增强子的类型和数量。植物上，可以用绿色荧光蛋白（green fluorescent protein, GFP）基因作报告基因，在烟草叶片中进行瞬时表达试验，这样可以通过检测荧光信号的强弱来检测报告基因的表达水平，从而判断是否存在活性增强子。

（3）增强子捕获技术　增强子捕获（enhancer trapping）技术原理是首先构建一个带有核心启动子（core promoter）＋报告基因（reporter gene）的 T-DNA 表达载体，然后利用农杆菌介导的转基因技术，通过大量的转基因试验，将含有核心启动子＋报告基因的片段随机插入基因组上，制成 T-DNA 插入突变体库，假如该插入片段相邻区域存在活性增强子序列，那么它就会增强报告基因的转录水平，因此通过检测转基因植株上报告基因的表达强度和模式来析出增强子的存在与否及其组织或器官特异性。植物上，一般采用最小 CaMV-35S 启动子序列作为核心启动子，GUS（β-glucuronidase，β 葡糖醛酸糖苷酶）或 GFP（green fluorescent protein，绿色荧光蛋白）基因作为报告基因。如果检测到插入附近有活性增强子存在，可以将相关区域的 DNA 克隆和测序，通过序列分析找到候选增强子序列，然后对其进行功能验证。

7. 基于增强子和靶基因启动子之间的互作

增强子只有通过和靶基因启动子之间直接相互作用，才能发挥增强靶基因转录的功能，两者互作时在染色质上可以形成三维环状（3D-loop）结构；另外，增强子和启动子的相互作用由多种蛋白质介导，除了具有序列特异性的转录因子外，还有其他多种蛋白质，如在动物中，有 CTCF 蛋白（CCCTC-binding factor）、黏连蛋白、中介复合物等。基于上述特征，可以采用 3C（chromosome conformation capture，染色质构象捕获）技术来检测不同基因组区域之间的互作频率从而推断是否存在增强子。该技术的原理是首先用甲醛固定这些耦合交联的（cross-linked）染色体不同区域间的蛋白质 - 蛋白质和蛋白质 -DNA 互作，然后用限制性内切酶进行酶切，再进行互作片段之间的分子连接，然后再除去蛋白质获得纯化 DNA，进行 qPCR 反应或者直接测序，如果 A、B 两点间存在互作，那么根据这两点位置序列所设计的特异 PCR 引物就能够扩增出 PCR 产物，从而验证了它们之间有互作，而 qPCR 反应或测序的结果可以用来量化基因组上产生上述互作的频率。基于 3C 技术还衍生了其他类似技术，如 4C（circular chromosome conformation capture，环形染色质构象捕获）技术、5C（chromosome conformation capture carbon copy，染色质构象捕获碳拷贝）技术，以及 Hi-C（high-through chromosome conformation capture，高通量染色体构象捕获）技术等。

5.6.4　超级增强子

1. 超级增强子概念

超级增强子（super enhancer）是一类具有超强转录激活特性的顺式作用元件（图 5-22）。2013 年，Whyte 等报道在胚胎干细胞中发现了首个超级增强子，与普通增强子相比，超级增强子是多个具有转录活性增强子串联而成的长 8~20kb 的区域（相比普通增强子的 200~300bp），可以强力驱动相关靶基因的表达。近些年来研究发现，超级增强子在癌症发生、细胞分化、免疫应答等重要生物学过程中发挥着重要调控功能，其所调控的基因包含原癌及抑癌基因、细胞身份决定基因、炎症通路关键基因等，具有重要研究价值，已成为生物医学领域一个新的研究热点。

2. 超级增强子的特征

随着科学研究的深入，发现超级增强子有如下几个特征。

1）超级增强子可以结合更多的转录因子及转录辅助因子。

2）超级增强子具有更多的转录活性相关组蛋白修饰，如 H3K27ac 和 H3K4me1 修饰。

3）超级增强子的 DNA 序列具有较低的甲基化修饰。

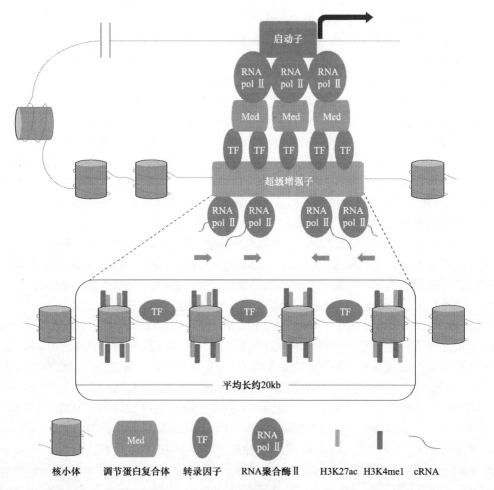

核小体　　调节蛋白复合体　　转录因子　　RNA聚合酶Ⅱ　　H3K27ac　H3K4me1　cRNA

图5-22　超级增强子的结构特征示意图（引自刘倩和李春燕，2020）　超级增强子由多个具有转录活性的增强子串联而成，平均长约20kb（相对于普通增强子的平均长约300bp）。与普通增强子相比，超级增强子区域组蛋白的H3K4me1和H3K27ac修饰更加富集，暴露的DNA序列结合更多的转录因子，转录因子招募更多的Mediator复合体介导增强子与RNA聚合酶Ⅱ的相互作用。暴露的超级增强子序列通过结合RNA聚合酶Ⅱ双向转录出超级增强子RNA。超级增强子区域与启动子区域同样形成三维环状结构相互作用，促进靶基因转录的效果比普通增强子更为显著。

4）组成超级增强子中的单个增强子同样具有增强子激活靶基因转录的功能。

5）超级增强子活性对转录因子表达水平的变化更敏感。

6）超级增强子驱动的基因表达量更高。

3. 超级增强子鉴定方法

超级增强子鉴定，依据的是增强子转录活性标记分子结合水平强度的差异，这些分子包括辅因子（如mediator和cohesin）、组蛋白修饰标记（如H3K27ac和H3K4me1）、染色质修饰分子（如p300）等。在鉴定过程中，首先通过ChIP-seq分析这些增强子转录活性标记分子在基因组上的富集情况，确定活性增强子位点。之后再对所有活性增强子进行分析，鉴定得到超级增强子。通过与转录组测序数据进行关联分析，可发现超级增强子所调控的靶基因。

5.6.5　增强子的功能研究

1.　基于分子克隆和转基因技术

针对由上述方法鉴别出的候选增强子序列，可以逐个将其克隆到含有核心启动子＋报告基因的表达载体上（插入核心启动子的上游），然后转入特定的组织或细胞中，以测量报告基因的活性。植物上，既可以用瞬时表达方法（如农杆菌介导的烟草叶片瞬时表达研究方法）也可以通过产生稳定的转基因株系的方法来研究候选增强子对报告基因表达的增强效率，以及是否存在组织或器官特异性表达。通常采用最小 CaMV-35S 启动子序列作核心启动子，GUS（β-glucuronidase，β葡糖醛酸糖苷酶）或 GFP 基因作报告基因。最好在候选增强子起源的物种上进行试验，因为涉及的转录因子及其基序也许在不同物种之间不能完全保守，因而会影响到试验结果的准确性。

2.　基于 CRISPR/Cas9 基因编辑技术

目前最常用的基因编辑工具是 CRISPR（clustered regularly interspaced short palindromic repeat-Cas9）/Cas9 系统，该系统中 Cas9 核酸内切酶与 gRNA（guided RNA）融合，gRNA 可将 Cas9 蛋白靶向到基因组上的目标位点进行切割。CRISPR/Cas9 技术在基因功能研究方面得到了广泛的应用，因此可以利用 CRISPR/Cas9 基因编辑技术构建靶向增强子关键区的重组质粒，实现目标增强子序列的定向敲除，从而实现对增强子功能的预测和深入研究。而 CRISPR/dCas9 系统是在 CRISPR/Cas9 的基础上对 Cas9 蛋白进行改造，使其失去内切酶活性，从而成为 dCas9 蛋白。在 gRNA 的引导下，dCas9 蛋白只结合到目标序列上并不进行切割，这样可以实现拟制增强子活性的目的。因此，在已知增强子条件下，可以利用 CRISPR/dCas9 系统靶向增强以实现抑制增强子活性的目的，进而影响靶基因的表达。

5.7　参考文献

刘倩，李春燕. 2020. 增强子的鉴定及其在肿瘤研究中的应用. 遗传，42（9）：15

张献龙，2012. 植物生物技术. 2 版. 北京：科学出版社

张晓磊，章秋艳，熊炜，等. 2020. 转基因植物检测方法及标准化概述. 中国农业大学学报，25（9）：12

朱鹏宇，商颖，许文涛，等. 2013. 转基因作物检测和监测技术发展概况. 农业生物技术学报，21（12）：1488-1497

王关林，方宏筠. 2005. 植物基因工程. 2 版. 北京：科学出版社

Brown TA. 2018. 基因克隆和 DNA 分析. 7 版. 魏群，译. 北京：高等教育出版社

Banerji J, Rusconi S, Schafner W. 1981. Expression of a beta-globin gene is enhanced by remote SV40 DNA sequences. *Cell,* 27: 299-308

Benoist C, Chambon P. 1981. *In vivo* sequence requirements of the SV40 early promotor region. *Nature*, 290(5804): 304-310

Campisi L, Yang Y, Yi Y, et al. 1999. Generation of enhancer trap lines in *Arabidopsis* and characterization of expression patterns in the inflorescence. *The Plant Journal*, 17(6): 699-707

Chien CT, Bartel PL, Sternglanz R, et al. 1991. The two-hybrid system: a method to identify and clone genes for proteins that interact with a protein of interest. *Proceedings of the National Academy of Sciences of the United States of America*, 88(21): 9578-9582

Collins J, Hohn B. 1978. Cosmids: a type of plasmid gene-cloning vector that is packageable *in vitro* in bacteriophage lambda heads. *Proceedings of the National Academy of Sciences of the United States of America*, 75(9): 4242-4246

Coulson A, Sulston J, Brenner S, et al. 1986. Toward a physical map of the genome of the nematode *Caenorhabditis elegans*. *Proceedings of the National Academy of Sciences of the United States of America*, 83(20): 7821-7825

Diatchenko L, Lau YF, Campbell AP, et al. 1996. Suppression subtractive hybridization: a method for generating differentially regulated or tissue-specific cDNA probes and libraries. *Proceedings of the National Academy of Sciences of the United States of America*, 93(12): 6025-6030

Diatchenko L, Lukyanov S, Lau YF, et al. 1999. Suppression subtractive hybridization: a versatile method for identifying differentially expressed genes. *Methods in Enzymology*, 303: 349-380

Field A, Adelman K. 2020. Evaluating enhancer function and transcription. *Annual Review of Biochemistry*, 89: 213-234

Fields S, Song O. 1989. A novel genetic system to detect protein-protein interactions. *Nature*, 340(6230): 245-246

Frohman MA, Dush MK, Martin GR. 1988. Rapid production of full-length cDNAs from rare transcripts: amplification using a single gene-specific oligonucleotide primer. *Proceedings of the National Academy of Sciences of the United States of America*, 85(23): 8998-9002

Fromm M, Taylor LP, Walbot V. 1985. Expression of genes transferred into monocot and dicot plant cells by electroporation. *Proceedings of the National Academy of Sciences of the United States of America*, 82(17): 5824-5828

Galli M, Feng F, Gallavotti A. 2020. Mapping regulatory determinants in plants. *Frontiers in Genetics*, 11: 591194

Grosschedl R, Birnstiel ML. 1980. Spacer DNA sequences upstream of the T-A-T-A-A-A-T-A sequence are essential for promotion of H2A histone gene transcription *in vivo*. *Proceedings of the National Academy of Sciences of the United States of America*, 77(12): 7102-7106

Grosveld F, van Staalduinen J, Stadhouders R. 2021. Transcriptional regulation by (super)enhancers: from discovery to mechanisms. *Annual Review of Genomics and Human Genetics*, 22: 127-146

Hamilton CM, Frary A, Lewis C, et al. 1996. Stable transfer of intact high molecular weight DNA into plant chromosomes. *Proceedings of the National Academy of Sciences of the United States of America*, 93(18): 9975-9979

Horsch RB, Rogers SG, Fraley RT. 1985. Transgenic plants. *Cold Spring Harbor Symposia on Quantitative Biology*, 50: 433-437

Huang MK, Zhang L, Zhou LM, et al. 2021. Genomic features of open chromatin regions (OCRs) in wild soybean and their effects on gene expressions. *Genes*, 12(5): 640

Jacob F, Monod J. 1961. Genetic regulatory mechanisms in the synthesis of proteins. *Journal of Molecular Biology*, 3: 318-356

Jain M, Garg R. 2021. Enhancers as potential targets for engineering salinity stress tolerance in crop plants. *Physiologia Plantarum*, 173(4): 1382-1391

Jeong DH, An S, Kang HG, et al. 2002. T-DNA insertional mutagenesis for activation tagging in rice. *Plant Physiology*, 130(4):1636-1644

Jores T, Tonnies J, Dorrity MW, et al. 2020. Identification of plant enhancers and their constituent elements by STARR-seq in tobacco leaves. *The Plant Cell*, 32(7): 2120-2131

Kao KN, Constabel F, Michayluk MR, et al. 1974. Plant protoplast fusion and growth of intergeneric hybrid cells. *Planta*, 120(3): 215-227

Klein RM, Wolf ED, Wu R, et al. 1992. High-velocity microprojectiles for delivering nucleic acids into living cells. *Biotechnology*, 24: 384-386

Kleppe K, Ohtsuka E, Kleppe R, et al. 1971. Studies on polynucleotides. XCVI. Repair replications of short synthetic DNA's as catalyzed by DNA polymerases. *Journal of Molecular Biology*, 56(2): 341-361

Larrick JW. 1992. Message amplification phenotyping (MAPPing): principles, practice and potential. *Trends in Biotechnology*, 10(5): 146-152

Lin Y, Meng F, Fang C, et al. 2019. Rapid validation of transcriptional enhancers using agrobacterium-mediated transient assay. *Plant Methods*, 15: 21

Lu YH, Arnaud D, Belcram H, et al. 2012. A dominant point mutation in a RINGv E3 ubiquitin ligase homoeologous gene leads to cleistogamy in *Brassica napus*. *The Plant Cell*, 24(12): 4875-4891

Marand AP, Zhang T, Zhu B, et al. 2017. Towards genome-wide prediction and characterization of enhancers in plants. *Gene Regulatory Mechanisms*, 1860(1): 131-139

Marchuk D, Collins FS. 1988. pYAC-RC, a yeast artificial chromosome vector for cloning DNA cut with infrequently cutting restriction endonucleases. *Nucleic Acids Research*, 16(15): 7743

Meng F, Zhao H, Zhu B, et al. 2021. Genomic editing of intronic enhancers unveils their role in fine-tuning tissue-specific gene expression in *Arabidopsis thaliana*. *The Plant Cell*, 33(6): 1997-2014

Mullis KB. 1990. The unusual origin of the polymerase chain reaction. *Scientific American*, 262(4): 56-65

Mullis KB, Faloona FA. 1987. Specific synthesis of DNA *in vitro* via a polymerase-catalyzed chain reaction. *Methods in Enzymology*, 155: 335-350

Murray AW, Szostak JW. 1983. Construction of artificial chromosomes in yeast. *Nature*, 305(5931): 189-193

Murray FR, Latch GC, Scott DB. 1992. Surrogate transformation of perennial ryegrass, *Lolium perenne*, using genetically modified *Acremonium* endophyte. *Molecular & General Genetics : MGG*, 233(1-2): 1-9

Ochman H, Gerber AS, Hartl DL. 1988. Genetic applications of an inverse polymerase chain reaction. *Genetics*, 120(3): 621-623

Oka R, Zicola J, Weber B, et al. 2017. Genome-wide mapping of transcriptional enhancer candidates using DNA and chromatin features in maize. *Genome Biology*, 18(1): 137

Panet A, Khorana HG. 1974. The linkage of deoxyribopolynucleotide templates to cellulose and its use in their replication. *The Journal of Biological Chemistry*, 249(16): 5213-5221

Peng J, Kononowicz H, Hodges TK. 1992. Transgenic indica rice plants. *Theoretical and Applied Genetics*, 83(6-7): 855-863

Peters JL, Cnudde F, Gerats T. 2003. Forward genetics and map-based cloning approaches. *Trends in Plant Science*, 8(10): 484-491

Pott S, Lieb JD. 2015. What are super-enhancers? *Nature Genetics*, 47(1): 8-12

Ricci WA, Lu Z, Ji L, et al. 2019. Widespread long-range cis-regulatory elements in the maize genome. *Nature Plants*, 5(12): 1237-1249

Saiki RK, Gelfand DH, Stoffel S, et al. 1988. Primer-directed enzymatic amplification of DNA with a thermostable DNA polymerase. *Science*, 239(4839): 487-491

Saiki RK, Scharf S, Faloona F, et al. 1985. Enzymatic amplification of beta-globin genomic sequences and restriction site analysis for diagnosis of sickle cell anemia. *Science*, 230(4732): 1350-1354

Shizuya H, Birren B, Kim UJ, et al. 1992. Cloning and stable maintenance of 300-kilobase-pair fragments of human DNA in Escherichia coli using an F-factor-based vector. *Proceedings of the National Academy of Sciences of the United States of America*, 89(18): 8794-8797

Shlyueva D, Stampfel G, Stark A. 2014. Transcriptional enhancers: from properties to genome-wide predictions. *Nature Reviews Genetics*, 15(4): 272-286

Simpson J, Timko MP, Cashmore AR, et al. 1985. Light-inducible and tissue-specific expression of a chimaeric gene under control of the 5'-flanking sequence of a pea chlorophyll a/b-binding protein gene. *The EMBO Journal*, 4(11): 2723-2729

Smith GP. 1985. Filamentous fusion phage: novel expression vectors that display cloned antigens on the virion surface. *Science*, 228(4705): 1315-1317

Southern EM. 1975. Detection of specific sequences among DNA fragments separated by gel electrophoresis. *Journal of Molecular Biology*, 98(3): 503-517

Sun J, He N, Niu L, et al. 2019. Global quantitative mapping of enhancers in rice by STARR-seq. *Genomics, Proteomics & Bioinformatics*, 17(2): 140-153

Topping JF, Wei W, Clarke MC, et al. 1995. *Agrobacterium*-mediated transformation of *Arabidopsis thaliana* application in T-DNA tagging. *Methods in Molecular Biology*, 49: 63-76

Weber B, Zicola J, Oka R, et al. 2016. Plant enhancers: a call for discovery. *Trends in Plant Science*, 21(11): 974-987

Whyte WA, Orlando DA, Hnisz D, et al. 2013. Master transcription factors and mediator establish super-enhancers at key cell identity genes. *Cell*, 153(2): 307-319

Wu C, Li X, Yuan W, et al. 2003. Development of enhancer trap lines for functional analysis of the rice genome. *The Plant Journal*, 35(3): 418-427

Yang Y, Hao P, Huang H, et al. 2004. Large-scale production of enhancer trapping lines for rice functional genomics. *Plant Science*, 167(2): 281-288

Zhang W, Wu Y, Schnable JC, et al. 2012. High-resolution mapping of open chromatin in the rice genome. *Genome Research*, 22(1): 151-162

Zhou G, Weng J, Zeng Y, et al. 1983. Introduction of exogenous DNA into cotton embryos. *Methods in Enzymology*, 101: 433-481

Zhu B, Zhang W, Zhang T, et al. 2015. Genome-wide prediction and validation of intergenic enhancers in *Arabidopsis* using open chromatin signatures. *The Plant Cell*, 27(9): 2415-2426

第6章
植物基因编辑技术

      自20世纪80年代以来，生物学界的研究热点逐渐从宏观的遗传学领域转向微观的分子生物学领域，如何实现人为定向地改造基因组成为科研工作者主要的攻克目标和研究共识。正是在这一时期，基因编辑技术开始崭露头角，特别是在CRISPR/Cas9基因编辑技术横空出世之后，基因编辑技术有了突飞猛进的实质性发展，也让其发现者获得诺贝尔化学奖的至高荣誉。近年来，基因编辑技术已在临床医学、药物靶点筛选、作物育种、基因功能研究等方面发挥了重要作用。本章节围绕"基因编辑及其在育种上的应用"这一主题，主要阐述了基因编辑技术的发展与种类、一般操作步骤及其在植物基因组修饰、下一代作物育种技术等方面取得的突破性进展。相信在不远的将来，基因编辑有望为农业科技"卡脖子"难题提供解决思路，为实现我国农业现代化和种业快速发展提供有效途径。

6.1　基因编辑技术的发展与种类

      基因编辑（gene editing）又称为基因组编辑（genome editing）或基因组工程（genome engineering），是一种新兴的、能精确对生物体基因组特定目的基因进行修饰的基因工程技术或过程。早期的基因工程（转基因技术）只能将外源或内源遗传物质随机插入宿主基因组，而基因编辑则能定点编辑想要编辑的基因。通过基因编辑工具酶（各类核酸酶）在基因组特定位置产生位点特异性双链断裂（double-strand breakage，DSB），这种双链断裂可利用生物体内的非同源末端连接（non-homologous end joining，NHEJ）或同源重组（homologous recombination，HDR）进行修复，由于该修复过程容易出错，从而导致靶向突变，那么这种靶向突变就是基因编辑（图6-1）。

      具体而言，产生基因编辑的方法主要分为非同源末端连接（NHEJ）和同源重组（HDR）。NHEJ是指真核生物细胞在不依赖DNA同源性的情况下，为了避免DNA或染色体片段的滞留而造成的DNA降解或对生命力的影响，强行将两个DNA片段彼此连接在一起的一种特殊的DNA双链断裂修复机制；HDR是指DNA的两条相似（同源）链之间进行遗传信息的交换（重组），通过生产和分离带有与待编辑基因组部分相似的基因组序列的DNA片段，将这些片段注射到单核细胞中，或者用特殊化学物质使细胞吸收，这些片段一旦进入细胞，便可与细胞的DNA重组，以取代基因组目标部分。NHEJ最常见于移码突变破坏基因功能，而HDR主要用于对靶标序列的精准替换或定点插入。在多数物种中，NHEJ是DSB最主要的修复途径，而通过HDR途径精准修复的概率较低。另外，由于HDR修复需要提供同源重组供体作为修复的模板，因此在动物中比较容易实现CRISPR/Cas系统及同源重组供体递送入细胞中，而在植物中主要通过农杆菌侵染或基因枪轰击愈伤组织进行CRISPR/Cas系统及DNA供体传送。相比较，NHEJ很有可能破坏原本序列的完整性，尤其是单细胞生物；而HDR的工作效率极低，且出错率较高。

      基因编辑的关键是在基因组内特定位点创建特异性双链断裂（DSB），核酸酶（nuclease）则是实现这一步骤的重要工具酶，也被形象地称为基因编辑剪刀。由于常用的限制性内切酶在DNA水平上识别和切割造成DSB是有限的，往往能在基因组多个酶切位点进行识别

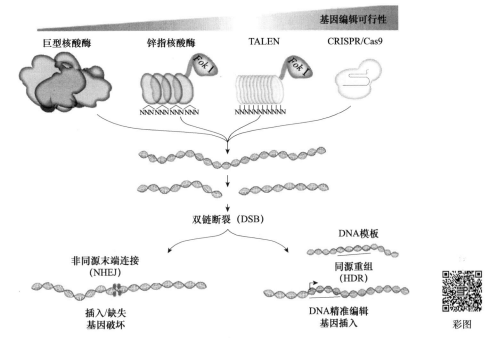

图6-1 基因组编辑技术的基本工作原理（改自Mazhar，2018） 图中涉及基因编辑可行性由低到高的4种基因编辑工具酶（核酸酶）。其中巨型核酸酶是一种可识别长链DNA序列的限制性内切酶，锌指核酸酶（ZFN）能识别特定DNA序列，转录激活样效应因子核酸酶（TALEN）通过TALE识别DNA碱基，成簇规律间隔短回文重复（CRISPR）系统的RNA-DNA碱基配对和PAM序列决定了它具有极强的靶向特异性。以上4种基因编辑工具酶都能造成DNA双链断裂，且这些双链断裂可通过容易出错的非同源末端连接（NHEJ）或同源重组（HDR）进行DNA修复。通常，NHEJ会导致随机InDel靶位点的基因破坏，而HDR可利用插入特定的DNA模板（单链或双链）在靶位点进行精确的基因编辑。

和切割，导致特异性较差。为了克服这一问题并在特定位点创建DSB，人们依次对4种不同类型的核酸酶进行了生物工程改造。由于核酸酶的发现对基因编辑技术的发展具有重要意义，结合基因编辑可行性，下面将介绍以巨型核酸酶（meganuclease）、锌指核酸酶（zinc finger nuclease，ZFN）、转录激活样效应因子核酸酶［transcription activator-like（TAL）effector nucleases，TALEN］和成簇规律间隔短回文重复（clustered regularly interspaced short palindromic repeat，CRISPR）系统这4种核酸酶为主的基因编辑技术及其发展历程（图6-2）。

6.1.1 巨型核酸酶（meganuclease）技术

在20世纪80年代后期发现的巨型核酸酶（meganuclease）是一种脱氧核糖核酸内切酶，其特点在于能够识别和切割大的DNA序列（14～40bp）。由于具有能够识别长序列的特点，它们天然就具有高度的特异性。巨型核酸酶曾被誉为"分子DNA剪刀"，可用于以高度特异性的方式替换、消除或修饰序列。通过蛋白质工程改变其识别序列，进而改变基因组上的目标序列，从而可用于修饰所有基因组类型，可在细菌、植物、动物中发挥一定作用。为满足不同现实需求，巨型核酸酶需具备多种变型。而在其改造过程中，人们大多选择I-CreI巨型核酸酶作为最基本的分子骨架，以产生新的巨型核酸酶。具体而言，I-CreI巨型核酸酶含有24bp的核心靶序列，分为4个亚区域：5NNN内部回文序列、10NNN外部回文区域、7NN中值簇

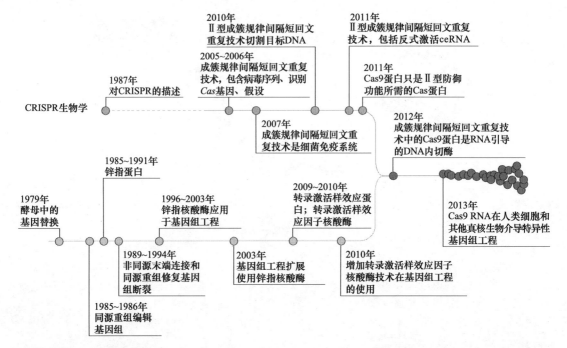

图6-2 CRISPR和基因编辑技术大记事（改自Doudna and Charpentier，2014） 图示为CRISPR和基因组编辑领域的主要研究进展。2012年，由于发现Cas9是一种RNA引导的DNA内切酶，故将CRISPR和基因组编辑技术事件加以合并，此后从2013年开始，Cas9被用于编辑人类细胞及其他多种细胞类型和生物体基因的论文激增。

及2NN-2NN 4个碱基对。通过改造靶序列，巨型核酸酶变异体往往以二聚体的形式聚集，并对目标DNA回文序列进行切割（图6-3）。此外，LAGLIDADG归巢内切酶家族是一类DNA内

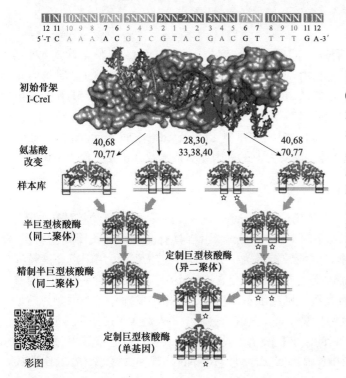

图6-3 巨型核酸酶的结构和工作原理（改自Daboussi et al.，2015） 如图所示，24bp的I-CreI靶点被划分为以下几个子区域：5NNN内部回文区域，对应碱基位点＋/－5-4-3；10NNN外部回文区域，对应碱基位点＋/－10-9-8；7NN中值簇，对应碱基位点＋/－7-6；4个中央碱基对为2NN-2NN。巨型核酸酶的结构变异体往往以二聚体的形式聚合在一起，并对目标回文序列进行切割。图中的数字表示氨基酸位点发生改变的位置，细箭头所指之处为相应的二聚体结构，五角星表示定制的巨型核酸酶。

切酶，能够识别12~40bp长度的靶序列，通常寄存于自剪接内含子中，并通过归巢过程，驱动宿主内含子的扩增，因此用作工具酶应用于靶向基因修饰和基因治疗。当前，巨型核酸酶已在人类健康等领域得到应用，可通过消除病毒遗传物质或使用基因疗法"修复"受损基因。

但是，由于难以找到能作用于目标DNA序列所需的天然巨型核酸酶，往往需使用诱变、高通量筛选和融合不同大型核酸酶的方法，来产生能识别特定序列的巨型核酸酶，且这些过程中需要耗费大量人力、物力和时间成本，这也是巨型核酸酶基因编辑技术无法被广泛应用的主要原因之一。

6.1.2 锌指核酸酶（ZFN）技术

1996年，锌指核酸酶（zinc finger nuclease，ZFN）作为真核生物中最为普遍的DNA结合模块而被发现。它是一类由锌指蛋白结构域ZFN和*Fok* I 核酸内切酶的切割结构域人工融合而成的核酸酶。锌指蛋白由多个锌指基序串联而成，识别并结合特定的DNA序列，可通过设计锌指结构域以靶向基因组内的特定DNA序列。由于*Fok* I 需要二聚化才能发挥功能，需要设计两个互补的ZFN分子与靶位点特异结合。当两个ZFN分子相互靠近且间隔距离合适时，*Fok* I 发挥切割功能，造成基因组靶位点的双链断裂，从而启动生物体内的DNA损伤修复机制（图6-4）。*Fok* I 二聚化的过程是独立于DNA剪切的，两个不同ZFN分子形成的异二聚体和两个相同ZFN分子形成的同源二聚体均会导致DNA序列的剪切。另外，具有较低特异性的同源二聚体会切割基因组中的假回文序列，在某些特定情况下，单一ZFN分子结合于DNA（识别序列只有9~12bp）也会导致DNA序列的剪切。通常，两个不同ZFN分子可产生7种不同识别序列的内切酶，这些非特异性的脱靶切割可导致较多的双链断裂且超过DNA损伤修复的速度，产

图6-4 **锌指核酸酶对基因组双链断裂进行修复的作用机制**（改自Dana，2011） 图中举例说明了一对三指ZFN结合到目的基因序列（开放阅读框），造成基因组双键断裂。如右图所示，如添加同源供体DNA，则可以此供体为模板进行同源重组修复，产生靶向基因重排。图中所示，在不添加供体DNA的条件下，生物体可通过非同源末端连接修复双键断裂，在裂解位点引起小范围的靶位点突变。

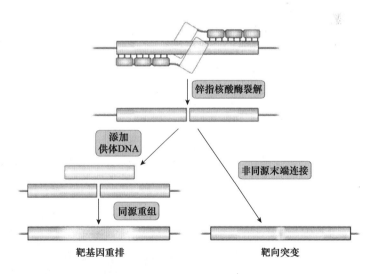

锌指核酸酶裂解

添加供体DNA

非同源末端连接

同源重组

靶基因重排　　靶向突变

生染色体重排或细胞死亡。为了解决这些问题，研究人员改进了这一技术，构建了一系列偏爱异二聚体形式的*Fok* I 酶，可介导ZFN分子α螺旋上的氨基酸发生突变，以减少同源二聚体的形成。至此，脱靶现象显著减少，但仍然不可避免地发生单个ZFN分子结合于DNA时发生剪切。

锌指核酸酶可应用于多种植物和动物基因组操纵，包括拟南芥、烟草、大豆、玉米、果蝇、秀丽隐杆线虫、海胆、家蚕、斑马鱼、青蛙和各种类型的哺乳动物细胞等。近年来，

研究人员发现ZFN敲除*CCR5*基因的自体细胞疗法，能够在患者体内产生记忆性CD4＋T细胞，不能被HIV-1病毒识别，该疗法或可作为艾滋病（AIDS）治疗的潜在手段（Zeidan et al.，2021）。同样，锌指核酸酶技术在血友病等遗传病治疗方面也显现出较好的应用前景。

6.1.3 转录激活样效应因子核酸酶（TALEN）技术

2011年发现的转录激活样效应因子核酸酶［transcription activator-like（TAL）effector nucleases，TALEN］是一类特异性DNA结合蛋白，它也是实现基因敲除、基因敲入或转录激活等靶向基因组编辑的里程碑。TALEN由植物病原菌黄单胞菌的类转录激活因子效应因子TAL和核酸内切酶*Fok* I 的剪切区域融合而成。典型的TALEN包括一个可识别特定DNA序列的串联TALE重复序列的中央结构域、一个包含核定位信号的N端结构域，以及一个具有*Fok* I 核酸内切酶功能的C端结构域组成。TALEN技术的工作原理通过DNA识别模块将TALEN原件靶向特异性的DNA位点并结合，然后在*Fok* I 核酸酶的作用下完成特定位点剪切，并借助HDR和NHEJ实现特定序列的插入或缺失（图6-5）。TAL最初是在一种名为黄单胞菌（*Xanthomonas* sp.）的植物病原体中作为一种细菌感染植物的侵袭策略而被发现。由于TAL效应因子具有序列特异性结合能力，其对靶点的特异性是由重复组件数目和排列顺序决定的，而高度保守的33～35个氨基酸重复组件决定了TAL结合DNA的特异性。通常，天然TALEN元件识别的特异性DNA序列长度为17～18bp，而人工TALEN元件的特异性DNA序列长度则一般为14～20bp。

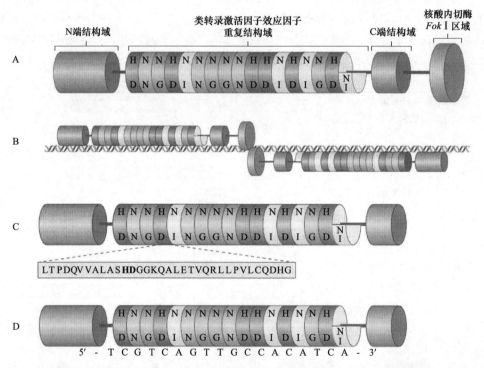

图6-5　TALEN的基本结构及作用原理（改自Joung and Sander，2013）　A. TALEN核酸酶的基本结构，包含TALE（N端结构域、类转录激活因子效应因子重复结构域、C端结构域）和核酸内切酶*Fok* I 。B. TALEN以二聚体的形式在目标DNA位点上结合并对靶位点进行切割，造成双链裂解。C. TALE衍生的DNA结合域示意图，将单个TALE重复序列的氨基酸序列以粗体标记的两个高变量残基展开。D. 与目标DNA序列对应的TALE衍生的DNA结合域。

TALEN技术可应用于修饰植物基因组，创造具有良好营养品质的粮食作物；产生敲除特定基因的秀丽隐杆线虫、大鼠、小鼠和斑马鱼；产生敲入特定基因的生物。TALEN技术也可用于临床医学研究中，如体外纠正导致生理紊乱的遗传缺陷（如镰状细胞贫血和大疱性表皮松解症）。此外，TALEN还可用于癌症治疗，TALEN介导基因靶向改变可产生兼具抗肿瘤细胞活性和化疗药物抗性的T细胞。2012年《科学》杂志将TALEN技术列入了年度十大科技突破。

6.1.4　CRISPR/Cas9技术

　　CRISPR/Cas系统是由CRISPR重复间隔序列和与之相连锁的Cas蛋白基因组成，也是细菌和古细菌的一种由RNA介导的适应性免疫系统，通过切割入侵核酸基因组来防御噬菌体和其他入侵基因元件。早在1987年，科学家发现大肠杆菌中存在串联间隔重复序列，直到2002年被命名为CRISPR，2012年CRISPR/Cas9的详细作用机制被发现，开启了以CRISPR/Cas9为主的基因编辑技术时代。在2012年以前的一些文献中，Cas9也被称为Cas5、Csx12和Csn1，2014年美国麻省理工学院华人科学家张锋团队在梳理CRISPR基因编辑系统开发进程的综述论文中采用了Cas9的命名法，并延续至今（Hsu et al.，2014）（图6-6）。该技术原理主要借助古细菌和细菌的免疫记忆机制，即将含有*Cas*基因和特异性构建的CRISPR质粒导入真核细胞，利用人工设计的gRNA（guide RNA）识别目的基因序列，并引导Cas蛋白酶有效切割DNA双链，形成双链断裂，损伤后修复造成基因编辑。根据Cas蛋白基因和干扰复合物的性质，CRISPR/Cas系统可大致分为两类，而根据Cas特征性进一步细分为Ⅰ～Ⅵ 6种类型。具体而言，第一类CRISPR/Cas系统（Ⅰ、Ⅲ和Ⅳ型）采用多Cas蛋白复合物进行干扰，而第二类系统（Ⅱ、Ⅴ和Ⅵ型）通过与CRISPR RNA（crRNA）的复合物实现对单效应蛋白的干扰。现已开发用于基因组编辑的CRISPR系统，大多基于RNA引导的DNA干扰。

图6-6　CRISPR基因编辑系统开发标志性进程（改自Hsu et al.，2014）　2012年以前，一些文献曾将Cas9称为Cas5、Csx12和Csn1，这之后统一命名为Cas9。

　　尽管大多数CRISPR系统需要多种Cas蛋白参与，但是Ⅱ型CRISPR系统只需要1种Cas9

蛋白即可发挥相应的免疫功能，因而被科学家改造和应用最多，也是目前使用最多的编辑技术（CRISPR/Cas9）。Cas9蛋白在切割双链前须形成切割复合体，即Cas9蛋白需要与一个特定的双链RNA分子结合形成复合体，这个双链RNA即相当于crRNA和tracrRNA所形成的RNA双链。根据这一特点，科学家在实际应用CRISPR系统时将这个双链RNA改造成一个向导RNA（single-guide RNA，sgRNA）。sgRNA分为3部分：特异性的20nt区域，其转录产物可与靶向DNA配对；42nt的发夹结构，其转录产物为双链RNA，可被Cas9蛋白特异识别并结合，形成切割复合体；40nt的转录终止子，可终止sgRNA转录。CRISPR/Cas9将sgRNA和Cas9蛋白的序列构建到表达载体，由sgRNA引导Cas9蛋白对靶标进行切割形成DSB，通过HDR和NHEJ修复，造成基因序列或碱基插入、敲除、缺失及修饰等，从而实现基因编辑（图6-7）。

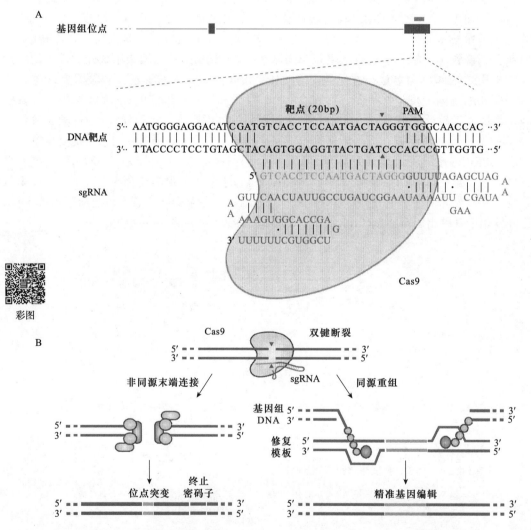

图6-7 sgRNA引导的Cas9示意图及其工作原理（改自Ran et al.，2013）　A. *Sp*Cas9核酸酶（来源于*Streptococcus pyogenes*，黄色）通过sgRNA靶向基因组DNA（如人类EMX1位点），通过sgRNA引导其与位于5′-NGG前间区序列邻近基序（PAM，红线）上游的DNA靶点配对（蓝线），使得Cas9诱导PAM上游约3bp（红色三角形处）位点产生DSB。B. 由Cas9（黄色）诱导产生DSB，通过非同源末端连接（NHEJ）和同源重组（HDR）两种DNA修复方式，造成基因编辑。

2015年9月，美国麻省理工学院张锋研究组报道了一种不同于Cas9的新型Ⅱ类CRISPR效应因子Cas12a（也写成Cpf1）。Cpf1是一种不依赖tracrRNA，由单个RNA介导的核酸内切酶。Cas9是在同一个位置同时剪切DNA分子的双链，形成的是平末端；而Cpf1剪切后形成的是两个不同长度的链，被称为黏性末端。同时Cpf1能够识别富含胸腺嘧啶（T）的PAM序列，可扩展Cas9首选富含鸟嘌呤（G）的PAM序列的编辑范围，也相应地减少了脱靶效应。随着人们对CRISPR系统的研究不断深入，一种新型的碱基编辑方法被发现：通过将胞嘧啶脱氨酶与CRISPR/Cas系统融合，就可以实现C→T（或者G→A）的转换，这样就大大提高了编辑效率，同时也减少了随机插入或缺失的风险。鉴于该技术的成功应用，已有多家CRISPR相关公司成立，致力于基因治疗、临床医学、设计育种等应用。鉴于该技术存在巨大的应用价值，CRISPR/Cas9系统被美国《科学》杂志选为2015年度人类重大突破，2020年其发明者被授予诺贝尔化学奖。

鉴于巨型核酸酶的应用存在明显的局限性，一些学者通常则将ZFN、TALEN、CRISPR并称为三大基因编辑技术（表6-1）。相比较而言，TALEN与ZFN核酸酶的性质相似，即均可识别特异的DNA序列，剪切形成双链缺口，通过HRD或NHEJ，实现基因插入或缺失，从而造成基因编辑。但相比于ZFN，TALEN的时间成本更低，操作更简便，剪切效率更高，并且其识别位点更加广泛，几乎可敲除所有基因。相较于前两代基因编辑技术，CRISPR/Cas系统具有更加高效、快捷、准确、廉价等显著优点。随着对CRISPR/Cas基因编辑技术的深入研究，该系统也存在一定局限性，如由靶向DNA的前间区序列邻近基序（protospacer adjacent motifs，PAM）造成的脱靶效应，以及靶序列前无PAM序列不能切割等。

表6-1　三种基因编辑技术的比较

核酸酶种类	ZFN	TALEN	CRISPR/Cas9
识别模式	蛋白质-DNA	蛋白质-DNA	RNA-DNA
靶向元件	ZFN阵列蛋白	TALEN阵列蛋白	sgRNA蛋白
切割元件	Fok Ⅰ蛋白	Fok Ⅰ蛋白	Cas9蛋白
识别长度	（3～6）×3×2bp	（12～20）×2bp	20bp
识别序列特点	以3bp为单位	5′端前一位为T	3′端序列为NGG
优点	平台成熟、效率高于被动同源重组	设计较ZFN简单、特异性高	靶向精准、脱靶率低、细胞毒性低、廉价
缺点	设计依赖上下游序列、脱靶率高、具有细胞毒性	细胞毒性，模块组装过程烦琐，需要大量测序工作，一般大型公司才有能力开展，成本高	靶区前无PAM则不能切割、特异性不高、NHEJ仍然会产生随机毒性
能否编辑RNA	不可以	不可以	可以

迄今为止，基因编辑技术当属科学界最瞩目的关键共性技术之一，而Cas核酸酶的发现和应用直接推动了基因编辑技术的快速发展。其中，巨型核酸酶、ZFN和TALEN被*Nature Methods*选为2011年度技术，而CRISPR/Cas9系统被科学界选为2015年度最佳突破。2020年诺贝尔化学奖授予法国科学家Emmanuelle Charpentier和美国科学家Jennifer A. Doudna，以表彰她们在CRISPR/Cas9基因编辑技术上的贡献。

6.2　基因编辑的一般操作步骤

基因编辑技术的操作对象是指含目的基因靶序列的动植物细胞或组织。当前，基因编辑技术进入快速发展和稳步推进阶段，已在大多数动物、植物和微生物中得到了有效应用，因而引起了人类社会的广泛关注。动物和植物中有关基因编辑的操作方法大致相同，主要涉及核酸酶系统选择、分子载体构建、载体转化外植体、组织或细胞再生、阳性个体筛选和培育等。其中，动植物基因编辑操作方法的不同点之一是植物需要经过组织培养技术获得基因编辑再生苗植株，而动物实验由于涉及医学伦理问题，一般停留在细胞或组织阶段的研究与临床应用。因此，CRISPR/Cas9基因组编辑技术更适合于植物科学研究，与传统通过遗传杂交获取高阶突变体的方法相比，该技术避免了后期大量的筛选和鉴定工作，同时也缩短了植物研究的时间周期。

植物基因编辑操作方法，通常分为以下6个步骤：①基于靶序列选择合适的核酸酶；②构建基因编辑分子载体；③原生质体验证载体活性（可选步骤）；④基因编辑分子载体转化植物细胞或组织；⑤植物组织培养获得基因编辑再生苗；⑥筛选并鉴定基因编辑阳性植株。中国科学院高彩霞研究员在2021年发表了《细胞》综述文章，形象生动地展现了植物基因编辑的关键操作步骤和技术要点（图6-8）。本节将重点围绕这6个操作步骤，详细讲解每个操作步骤的要点。

6.2.1 基于靶序列选择合适的核酸酶

随着基因编辑技术的不断改进，越来越多的核酸酶被发现可用于基因编辑。对于序列已知的测序物种，在明确目的基因的前提条件下，应根据目的基因的靶序列特征选择合适的核酸酶。上节提到的ZFN、TALEN和CRISPR/Cas核酸酶种类及其工作原理，可以作为核酸酶选择的主要依据。由于CRISPR/Cas技术几乎可用于绝大部分物种，且具有普适性、高效性和精准性等优点，因此，当下指的基因编辑手段大多运用Ⅱ型CRISPR的Cas9和Cas12a核酸酶。

Cas9蛋白大多分离自嗜温细菌，如*Sp*Cas9来源于化脓链球菌（*Streptococcus pyogenes*），是最常见的Cas9核酸酶来源。当sgRNA与Cas9蛋白结合时，可由sgRNA引导Cas9蛋白与5′-NGG-3′间隔邻近基序（PAM）相邻的同源DNA序列进行切割。由此可见，Cas9/sgRNA复合物组成高效、精准的基因编辑载体，是CRISPR/Cas9技术系统的核心。而来源于其他细菌的Cas9蛋白也被开发成基因编辑的工具，包括金黄色葡萄球菌Cas9（*Sa*Cas9）、嗜热链球菌Cas9（*St*Cas9）和脑膜炎奈瑟菌Cas9（*Nm*Cas9）等。为了扩大靶向范围，人们将Cas9蛋白进行改造，可识别不同的PAM序列，如VQR-Cas9（NGA PAM）、EQR-Cas9（NGG PAM）、VRER-Cas9（NGCG PAM）、SAKH-Cas9（NNNRRT PAM）、xCas9（NG、GAA和GTA PAM）和*Sp*Cas9 NG（NG PAM）等。

Cas12a核酸酶（又称为Cpf1），是一种新型的Ⅱ型CRISPR系统，包括*Fn*CPf1（*Francisella novicida*）、*As*Cpf1（*Acidaminococcus* sp.）、*Lb*Cpf1（*Lachnospiraceae bacterium*）等多种来源变型。Cpf1/sgRNA比Cas9/sgRNA的序列更短（43～80个核苷酸），而Cpf1切割位点位于PAM序列的远端和下游，即从3′端PAM第18个核苷酸交错切割产生5个核苷酸的黏性末端（图6-9）。此外，为解决Cpf1仅识别TTTV PAM的局限性，通过改造Cpf1蛋白可以识别不同的PAM序列，如*As*Cpf1 RR（TYCV PAM）、*As*Cpf1 RVR（TATV PAM）、*Lb*Cpf1 RR（CCCC和TYCV PAM）和*Lb*Cpf1 RVR（TATG PAM）等。

6.2.2 构建基因编辑分子载体

区别于一般分子载体，植物基因编辑分子载体的主要元件需要同时构建的Cas核酸酶基因表达盒和sgRNA表达盒。如前所述，选择合适的Cas核酸酶基于目的基因片段特征和

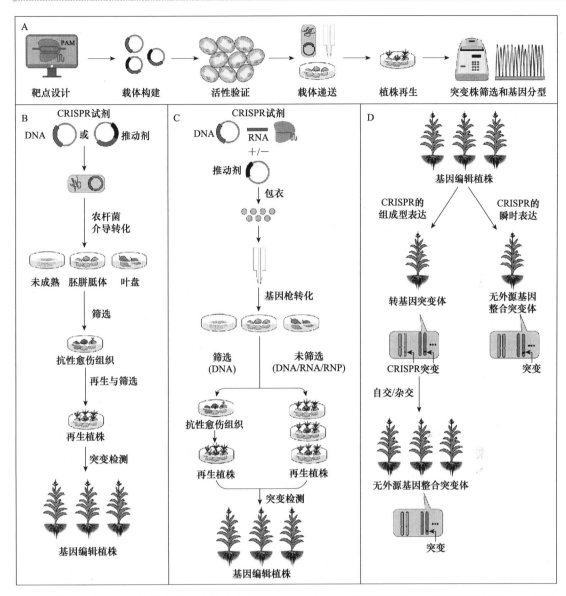

图6-8 基因编辑的一般操作步骤示意图（改自Gao，2021） A. 基因编辑的6个主要步骤示意图——靶点设计、载体构建、活性验证、载体递送、植株再生、突变体筛选和基因分型；B. 农杆菌介导CRISPR DNA递送植物组织，经遗传转化产生基因编辑植物；C. 粒子轰击介导CRISPR DNA、RNA或RNP在植物细胞中表达，产生瞬时表达或稳定表达的基因编辑植物；D. 利用CRISPR组成型或瞬时表达，获得无外源基因整合的突变体的两种策略。

编辑物种类型，而Cas酶基因表达则由CaMV-35S或Ubi等RNA聚合酶Ⅱ组成型启动子驱动，以*nos*终止子或其他终止子终止。通常Ubi适用于单子叶植物系统，CaMV-35S适用于双子叶植物系统。相比而言，sgRNA表达盒较小，一般由长约300bp的U6或U3等RNA聚合酶Ⅲ组成型启动子驱动，以连续6个以上的T碱基终止即可。目前常用的基因编辑载体骨架，如pCAMBIA1300所有的元件均已构建好，包括细菌抗性基因（卡那霉素抗性*Kan^r*、四环素抗性基因*Tet^r*等）和植物筛选标记基因（潮霉素抗性基因*hyg*、抗除草剂草丁膦基因*bar*、新霉素磷酸

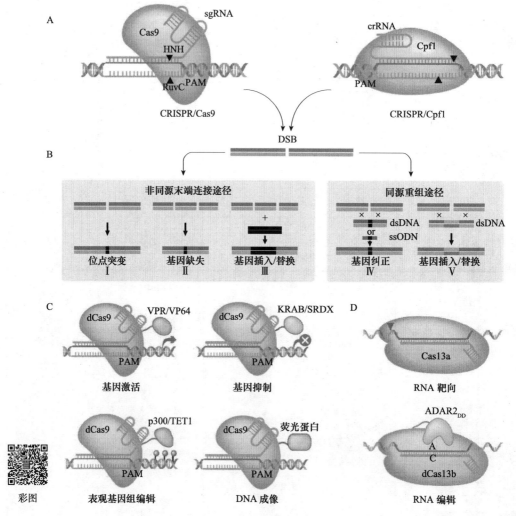

图6-9　不同CRISPR/Cas系统用于基因组编辑及其他操作（改自Chen et al.，2019）　A. 用于植物基因组工程的两种CRISPR/Cas系统：Cas9和Cpf1。B. 由Cas9和Cpf1介导基因组编辑，经NHEJ和HDR两种途径产生多种结果，其中Ⅰ、Ⅱ和Ⅲ是NHEJ修复途径结果；Ⅳ和Ⅴ是HDR途径使用DNA供体模板修复结果。C. dCas9与其他蛋白质融合的基因组操作应用。融合蛋白质包括转录激活因子（VPR/VP64）或抑制因子（KPAB/SPDX）、表观遗传效应因子（p300/TET1）和荧光蛋白，可用于基因调控、表观基因组编辑和基因组标记。D. Cas13a用于RNA靶向，dCas13b与ADAR（作用于RNA的腺苷脱氨酶）融合用于RNA编辑。

转移酶基因*npt Ⅱ* 等）等基本元件，只需连入与靶位点配对的那一小段sgRNA即可（图6-10）。因此，基因编辑分子载体构建的第一步是从基因库获取目的基因，筛选合适的sgRNA靶序列。

　　构建单靶点分子载体是基因编辑的常规操作，而在一些科学研究中需要同时编辑多个目标靶基因或单基因的多个靶位点，制造双突或多突。因此，研究人员开发了一系列简便高效的多靶点CRISPR/Cas9基因编辑载体系统（曾栋昌等，2018）。实现多个gRNA的高效表达有以下两种方法：第一种方法是将每个gRNA用一个独立的启动子驱动并进行串联表达，即向编辑细胞中导入多个gRNA表达框；第二种方法是由一个启动子同时驱动多个gRNA序列的表达，这些gRNA再被进一步加工或切割成为几个单独的gRNA，可用于识别不同的靶位点，从

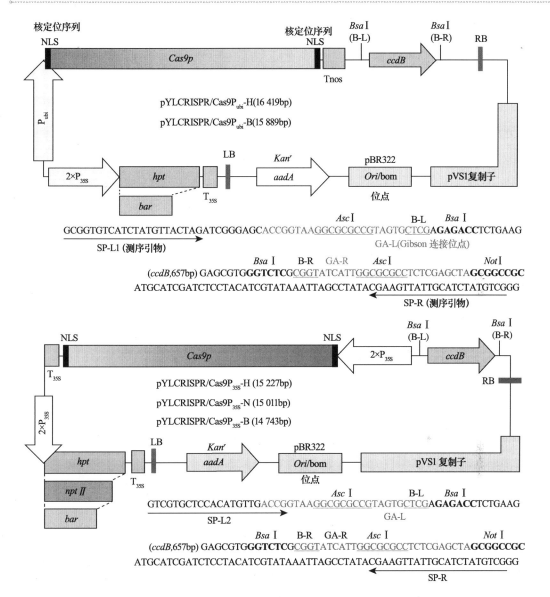

图6-10 CRISPR/Cas9基因编辑载体的基本元件（改自Ma et al., 2015） 图中举例说明了5个基于pCAMBIA1300载体骨架主干的pYLCRISPR/Cas9双元载体结构，*Cas9p*为改造后5′端含高GC含量的*Cas9*基因，其中上图2个载体适用于单子叶植物系统，下图3个载体适用于双子叶植物系统。图中还展示了可用于克隆和分析sgRNA表达盒的关键序列片段和限制性酶切位点。

而进行基因编辑。在构建植物基因编辑双元载体时，*Cas9*基因和sgRNA序列及其相应的启动子序列必须位于载体T-DNA区域内，这样经农杆菌介导的转化后，T-DNA可以插入植物基因组。但是，T-DNA插入区域的一些标记基因与靶位点通常并不连锁，一旦产生了基因组编辑的突变体后，就可以通过自交或杂交从突变体基因组中分离这些T-DNA分子组件，从而获得无转基因成分的突变植株。

sgRNA也称为目的基因的靶序列，迄今已开发多个基因编辑在线设计网站，可用于目的基因的靶序列分析和引物设计，且大多支持*Sp*Cas9核酸酶分子载体。表6-2列举了几种常用

表 6-2 几种常用 CRISP 基因编辑系统在线设计网站比较（改自 Hanna and Doench，2020）

项目	E-CRISPR	CRISPOR	GUIDES	CRISPick	RGEN Cas-Designer	CHOPCHOP
物种覆盖	数十种	数百种	人类、小鼠	人类、小鼠、大鼠	数百种	数百种
转录本搜索	是	否	是	是	否	是
Cas 酶类型	SpCas9	>10，含 PAM 变型	SpCas9	SpCas9, SaCas9, AsCas12a, enAsCas12a	>10，含 PAM 变型	允许任何 5′ 或 3′ PAM
中靶部位测序预测	Rule Set 1, SAE score	Rule Set 2, Moreno-Mateos, Lindel	Rule Set 2	Rule Set 2	Moreno-Mateos	Rule Set 2, Moreno-Mateos 等
脱靶部位测序预测	失配计数	CFD score, Hsu–Zhang	CFD score	CFD score	失配计数	失配计数
脱靶检测	否	是	否	是	是	是
支持 CRISPRa 和 CRISPRi	是	否	否	是	否	是
可视化结果	否	是	是	否	否	是
批量处理	是	否	是	是	否	否
排除在外	polyN 保守序列	polyT 保守序列	无	polyT 保守序列，BsmB I 限制性位点	无	与载体序列同载体
备注	支持蛋白质标记	SNP 可视化；PCR 引物设计	目的蛋白结构域；GTEx 数据来源	根据 on-target 和 off-target 打分排序	全套工具的一部分	支持 UCSC 浏览器，PCR 引物设计，不排除 ATG
网址	http://e-crisp.org	http://crispor.tefor.net	http://guides.sanjanalab.org	https://broad.io/crispick	http://rgenome.net	http://chopchop.cbu.uib.no

CRISPR基因编辑系统在线设计网站，并比较了它们的适用物种范围、核酸酶类型及网站特点，可以更好地帮助科研人员选择适合的酶系统进行目的基因特异性靶点的设计。以 *Sp*Cas9 为例，通过将目的基因序列输入靶点设计在线网站指定区域，网站就会在几分钟内自动生成目的基因包含的所有 PAM 序列（20nt＋NGG），并对产生的靶点进行打分排序、检验脱靶效应等，根据这些靶点设计相应的 PCR 引物，可作为 sgRNA 的特异性识别序列。然后利用限制性酶［通常为 *Bsa* Ⅰ，其识别位点 5′-GGTCTC（N1）/（N5）-3′］进行酶切、连接，将其转化大肠杆菌，经筛选、测序鉴定阳性重组分子载体。

推荐以下几个常用的植物基因组靶点设计在线网站：①植物基因组编辑一站式设计网站 CRISPR-GE（http://skl.scau.edu.cn）；②适用于 CRISPR 系统的设计、评估和序列克隆网站 CRISPOR（http://crispor.tefor.net/crispor.py）；③适用于动植物基因组 CRISPR/Cas9 在线靶点设计网站 E-CRISPR（http://www.e-crisp.org/E-CRISP）。这些网站通过打分原则对设计的靶点进行打分排序和脱靶检测，从而给出与目标序列相匹配的候选 sgRNA。

近年来，利用植物中的 Cas9/sgRNA RNP（同时包含 Cas9、sgRNA 和核糖体蛋白 RNP 元件）开发了一种高效的无 DNA 基因组编辑系统，可以避免基于质粒和信使 RNA（mRNA）表达 Cas9/sgRNA 的缺陷。Cas9/sgRNA RNP 系统与质粒表达系统一样有效，并且在细胞中具有较低的非靶向频率。其基本原理是 Cas9/sgRNA RNP 在传送到细胞后可立即切割靶点，而无须细胞转录和翻译机制，随后迅速降解，因此这种方法并不直接基于 DNA 的表达，却具有较低的非靶点切割倾向，可以实现在细胞中瞬时编辑或表达。2015 年，Woo 等首次证明了使用聚乙二醇介导的 RNP 转染在水稻、拟南芥、烟草和莴苣原生质体中进行基因组编辑，再生莴苣突变体的产生频率高达 46%，而在拟南芥原生质体或 *bin2* 莴苣突变体中未检测到脱靶突变。CRISPR/Cas9 RNP 也已成功导入葡萄、苹果、矮牵牛和马铃薯原生质体。此外，Kim 等将 Cpf1 添加到植物 RNP 编辑器，将 LbCpf1/crRNA 和 AsCpf1/rRNA RNP 导入大豆和野生烟草原生质体。

6.2.3　原生质体验证载体活性

将构建好的基因编辑分子载体传输到植物细胞并发生编辑事件，是实现基因组编辑的关键步骤。CRISPR/Cas9 系统的主要元件包括 Cas9 蛋白、sgRNA 和 RNP，可以通过原生质体转染、农杆菌介导的 T-DNA 转化或基因枪轰击输送到植物细胞中。植物原生质体转染是利用原生质体的细胞活性（化学酶解法去除植物细胞壁，保留细胞膜、膜内细胞质及其他具有生命活性的细胞器），即通过聚乙二醇化学转化法或电击转染法，将重组质粒或 RNP 元件导入植物原生质体，使其在活细胞中进行瞬时表达，经原生质体再生可实现稳定遗传。原生质体转染通常用于验证载体活性或基因瞬时表达，也是实现无转基因编辑的一种替代方法。然而，对于大多数禾谷类作物，尤其是单子叶植物，原生质体再生仍然是一项不小的挑战性工作，因此这一步骤通常为可选步骤。

6.2.4　基因编辑分子载体转化植物细胞或组织

CRISPR/Cas9 核酸酶系统递送进生物细胞或组织主要有以下三种方式：质粒递送、Cas9 mRNA/sgRNA 共递送和 Cas9/sgRNA 核糖核蛋白（RNP）递送。前已述及 RNP 转染植物原生质体的方法，在此不再复述。质粒递送方式主要是利用质粒转化、T-DNA 插入等技术，将 *Cas* 基因和 sgRNA 序列同时组装在重组质粒分子的形式转入细胞或组织，在活细胞内完成相应的转录和翻译，最终实现对基因的编辑。Cas9 mRNA/sgRNA 共递送方式则是将 *Cas* 基因序列和sgRNA序列在体外转录得到mRNA，然后将最终得到的mRNA通过粒子轰击法导入受体细胞，仅在受体细胞内完成后续的翻译过程，就可实现基因编辑。由于mRNA在体外容易降解，而RNP需要相对成熟的组装技术，因此在植物中，最常用的CRISPR/Cas系统递送策略是质粒递送方式，即利用农杆菌介导的遗传转化方法将编辑系统的各个元件以T-DNA插入至植物基因组的形式进行稳定表达和遗传。进一步区分，质粒递送可利用粒子轰击法和农杆菌介导的遗传转化传递到植物细胞中，而mRNA共递送和RNP只能通过粒子轰击法传递到植物细胞中。

农杆菌介导法通常使用根癌农杆菌（*Agrobacterium tumefaciens*），它是普遍存在于土壤中的一种革兰氏阴性细菌，能在自然条件下趋化性地感染大多数双子叶植物的受伤部位，并诱导产生冠瘿瘤或发状根。根癌农杆菌细胞中含有Ti质粒，其上有一段T-DNA，农杆菌通过侵染植物伤口进入细胞后，可将T-DNA插入植物基因组中。农杆菌介导CRISPR/Cas9基因编辑质粒载体进入植物细胞或组织的基本原理，是以植物的分生组织和生殖器官作为外源基因导入的受体，通过真空渗透法、浸染法及注射法等方法，使含目的质粒的农杆菌与受体材料充分接触，以完成可遗传细胞的转化，然后利用组织培养的方法培育出转基因植株，经抗生素筛选和分子检测鉴定转基因植株后代。因此，农杆菌是一种天然的植物遗传转化体系，也被誉为"自然界最小的遗传工程师"。农杆菌介导法以其费用低、拷贝数低、重复性好、基因沉默现象少、转育周期短及能转化较大片段等独特优点而备受科学工作者的青睐，但也存在较强的依赖性等弊端。

基因枪法，又叫作粒子轰击细胞法或微弹技术，由美国康奈尔大学生物化学系John C. Sanford等于1983年研究成功，主要适用于单子叶植物细胞或组织。基因枪的作用原理是利用压缩气体（氦气或氮气等）动力产生一种预冷的气体冲击波进入轰击室，以一定速度把粘有CRISPR/Cas9系统的质粒或必要元件的细微金粉打向植物细胞，穿过细胞壁、细胞膜、细胞质等层层构造最终到达细胞核，从而完成外源物质的转移。基因枪法具有应用面广、方法简单、转化时间短、转化频率高、实验费用较低等优点。对于农杆菌不能侵染或基因型依赖性较强的植物，采用该方法可打破载体法的局限，但也存在转化效率较低、容易产生多拷贝事件等弊端。

此外，当选择基因编辑载体作为基因组编辑的主要原料时，后续植物组织培养可采用两种不同的策略：其一是传统的转基因筛选方法；其二是瞬时表达转化方法。具体而言，传统转基因方法需要在组织培养过程中使用选择性标记（如潮霉素和草丁膦筛选）进行抗性愈伤组织的筛选培养，从而获得较高阳性率的转基因植株。利用这种方法产生的基因组编辑突变体，后续需要通过自交或杂交从基因突变的植株个体中分离出无筛选标记的阳性植株，才能获得无转基因标记的突变植株。另一种方法，即瞬时表达转化方法，在组织培养的全过程中不使用选择性标记，无须经后代分离过程，就可以获得无转基因的编辑突变体。这种方法也可以利用RNA或RNP转化获得，但由于没有DNA基因组整合事件就进入植物基因组，因此往往不能获得稳定遗传的基因编辑突变体。通过瞬时表达CRISPR RNA（crRNA）或RNP创建的基因组编辑植物，属于无基因组DNA整合编辑的突变体。一般而言，无基因组编辑创制突变体的方法相比传统转基因方法更加简便、有效、安全，因为它不涉及外源DNA整合基因组，可以大大减少植物中的脱靶编辑事件，从而提高CRISPR/Cas9系统的基因编辑效率。这也使得该方法成为众多解决基因编辑中的脱靶问题的有效方法之一。

6.2.5 植物组织培养获得基因编辑再生苗

当CRISPR/Cas9基因编辑系统递送进植物愈伤组织、幼胚、叶盘等外植体细胞或组织以后，需要经过植物组织培养再生体系，获得稳定遗传的基因编辑植株。利用基因编辑分子载体上的筛选标记，添加合适浓度的潮霉素、草丁膦等进行筛选，是获得较高转化效率的阳性植株的关键。另外，由于植物组培苗的生长受外植体的种类、培养基成分、激素种类和浓度、培养温度、光照等因素的影响，因此，不同植物物种或基因型的组织培养体系需要经过反复摸索和实践，尚无一劳永逸的规律可循，极大地限制了组织培养技术的应用和推广。

具体而言，不同植物物种或基因型对营养元素的需求存在显著差异，研究人员由此发明了 MS、B_5、N_6 等多种无机盐、有机物质、矿物质配比不同的基本培养基。因此，选择适合的实验材料及基本培养基对植物组织培养过程尤为重要。培养环境对植物外植体的生长也有明显的影响。首先是对光环境的选择，愈伤增殖阶段需要黑暗培养，而在分化阶段，需要根据光照强度、光质、光照时间进行光照强弱的调节。其次是合适的温度，通常组培室的温度设置是冬季植物 22～23℃，夏季植物 26～28℃。当组培室温度低于 15℃时，培养的外植体组织生长缓慢或停滞；温度过高，顶芽褐变或死亡，产生灼苗现象。但是，短期的低温或高温处理有利于某些植物的分化。此外，植物激素或生长调节剂的配比是促进愈伤组织增殖和分化的主要调节剂。在愈伤组织快速增殖阶段，需要高水平的细胞分裂素和低水平的细胞生长素；在壮苗阶段一般不额外添加植物生长调节剂，或者仅加入少量的细胞生长素，有利于芽的生长；在生根阶段，往往需要加入少量的生长素，有利于根系的形成。因此，在植物组织培养过程中，通过对培养基成分和植物生长调节剂的调节，培养室的光照、温度等环境因子的调控，可以为愈伤组织增殖或组培苗的再生提供良好的环境。

6.2.6　筛选并鉴定基因编辑阳性植株

基因编辑阳性植株的检测方法形式多样，主要用到两种检测手段：一种是利用 PCR 扩增结合测序技术，另一种是利用 PCR 扩增结合限制性内切酶（RE）的检测手段（PCR/RE 方法）。两种方法均需要通过 PCR 扩增靶位点序列，才能明确靶点突变位点和突变类型。

具体而言，运用第一种方法时，首先应确定靶点位置上下游各 250bp 以外的序列（长度 500bp）为 DNA 扩增的模板，以此设计正反两段 PCR 引物，注意避免在复杂结构处设计引物，并保证检测引物的特异性。其次对扩增得到的 PCR 产物进一步测序分析，根据测序结果的信号双峰嵌套位置和强弱判断突变类型，如靶点位置出现双峰，一般为杂合突变，或存在少量嵌合体现象；如出现单峰，则除了分析是纯合突变还是无突变以外，还需要分析是单碱基还是多碱基的插入或缺失突变。该检测方法的优点有：①几乎适用于所有靶序列，不存在酶切位点的局限性；②能够准确测定靶位点插入或缺失片段的大小、SNP 序列，可视化效果好，精确性高；③能对靶位点的突变类型进行有效分类，包括杂合、纯合及嵌合体等。缺点在于该方法依赖于测序技术，结果分析需要花费 1～3d，也与测序仪器的稳定性和目标序列的复杂程度有关。

采用第二种方法，则需要对 PCR 扩增的 DNA 片段进行限制性酶切分析，区分目标位点是否存在编辑。具体而言，首先设计靶点附近 300～1700bp 的 DNA 扩增片段，经 PCR 扩增检测目标片段后，利用序列上的限制性内切酶酶切位点对该片段进行酶切，最终经琼脂糖凝胶电泳检测，根据电泳条带的带型区分是否存在编辑。该方法尤其适用于对多倍体植物基因编辑植株的检测，在此基础上，还发展出了其他检测方法。PCR/RE 方法的优点有：①可以检测所有类型的突变，包括 SNP 和各种大小片段的插入缺失；②具有很高的灵敏性，整个过程需要的时间也比较短，大约几个小时；③检测成本较低，切割产物可以简单地通过琼脂糖凝胶来分辨，非常方便。但该方法的局限性是被编辑的靶位点处，必须有限制性酶切位点。

6.3 基因编辑导致的植物基因组修饰

基因编辑技术作为生命科学几十年不遇的颠覆性技术，已在农业领域得到了广泛应用。基因编辑将给植物育种带来革命性的变化，并可能有助于确保全球粮食供应。基于基因编辑的植物改良新技术，是传统育种无法企及的。因此，基因编辑育种在农业领域被称为"5G"育种技术。ZFN和TALEN通过蛋白质-DNA相互作用识别目标序列，进而CRISPR/Cas系统通过Watson-Crick碱基配对来靶向编辑DNA序列（图6-11A），加速了植物基因组编辑的发展（Yin et al.，2017）。最近开发的与CRISPR相关的工具，如碱基编辑（base editing，BE）（Gaudelli et al.，2017）（图6-11B）和引物编辑（prime editing，PE）（Anzalone et al.，2020）（图6-11C），极大地扩大了基因编辑的范围，从而可以创建精确的核苷酸替换和有针对性的DNA片段插入或缺失。

基因编辑技术的快速发展，使得植物产生各种可遗传的基因组修饰，主要包括：①小片段随机插入/缺失（InDel）（图6-11D）；②点突变或核苷酸替换（图6-11E）；③DNA片段插入（图6-11F）；④DNA片段缺失（图6-11G）；⑤有针对性的染色体重排（图6-11H）。

6.3.1 双链断裂介导的随机位点突变

前已述及，经典的ZFN、TALEN及CRISPR/Cas系统导致的基因组编辑主要涉及目标位点双链断裂（DSB）的修复，主要通过非同源末端连接（NHEJ）和同源修复（HDR）这两种DNA修复途径产生突变。其中NHEJ是DSB修复的主要途径，当NHEJ修复DSB时，可能会在重新连接的染色体的连接处引入InDel。由此产生的InDel是随机的，长度和序列各不相同，并且通常会由于移码突变而导致基因敲除。此外，如果提供同源DNA供体模板，则可发生HDR。HDR介导的基因组编辑可以产生精确的基因替换、点突变及DNA插入和删除，但HDR在植物细胞中的效率极低。

6.3.2 碱基编辑系统介导的碱基突变

除了DSB介导的基因组编辑，碱基编辑（base editing）系统可以诱导特定的碱基发生改变。随着近年来Cas蛋白及其突变类型不断被开发，一些由Cas蛋白主导的基因编辑可实现嘧啶和嘌呤碱基间的位点替换。碱基编辑通常不依赖于HDR或供体DNA，也不涉及DSB的形成，为在目标位点设计核苷酸替换提供了一种高效、简单、通用的策略（Chen et al.，2019）。

1. 胞嘧啶碱基编辑（CBE）系统

最先开发的胞嘧啶碱基编辑（cytosine base editor，CBE）系统，由胞苷脱氨酶与nCas9（D10A）尿嘧啶糖基化酶抑制剂融合而成，可以在基因组DNA中靶向胞嘧啶并转化为尿嘧啶，即产生C·G到T·A碱基替换（图6-12）（Komor et al.，2016）。胞苷脱氨酶首先将DNA中的胞嘧啶转化为尿嘧啶，然后在DNA复制过程中尿嘧啶被胸腺嘧啶取代。在这个过程中，融合的尿嘧啶糖基化酶抑制剂结合并抑制尿嘧啶DNA糖基化酶，从而阻断尿苷切除和随后的碱基切除修复途径，提高了碱基编辑效率。高效的碱基编辑器（BE3）系统融合了大鼠胞苷脱氨酶APOBEC1，已被广泛用于各种动植物物种的基因编辑。另外，对BE3进行改造，可以扩大其PAM要求，并提高其编辑效率和特异性（Hess et al.，2017）。同样，胞苷脱氨酶的三个同源物，七鳃鳗PmCDA1、人AID和人APOBEC3A与nCas9结合，可以实现有效的C到T的取代。基于

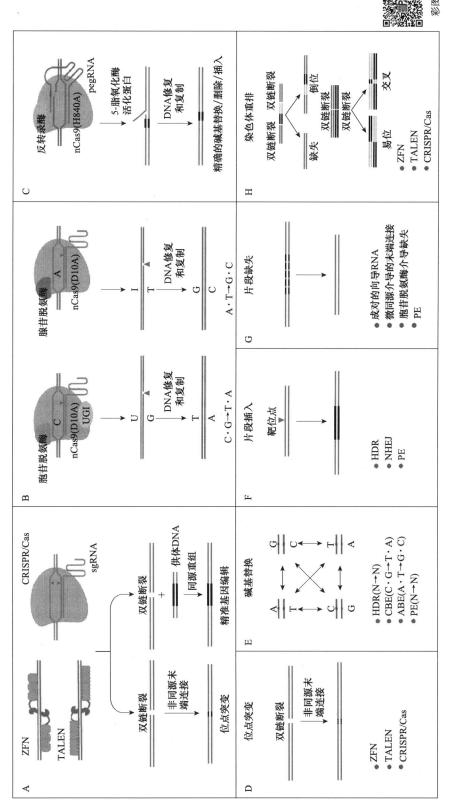

图 6-11　**植物基因组编辑产生的遗传修饰**（改自 Gao，2021）　A. 由经典的核酸酶主导产生 DSB，经 NHEJ 和 HDR 两种 DNA 修复途径改造基因组编辑。B. 融合或腺苷脱氨酶与 nCas9（D10A）融合，分别生成胞嘧啶碱基编辑器（CBE）或腺嘌呤碱基编辑器（ABE）。C. 引物编辑器（PE）由 nCas9（H840A）融合反转录酶和引物向导 RNA（pegRNA）组成，产生多个碱基替换和 DNA 片段插入或敲除。D. 双链断裂经 NHEJ 修复途径生成随机小片段突变。E. 由 HDR、CBE、ABE 和 PE 产生的碱基替换。F. 由 HDR、NHEJ 和 PE 引起的靶向 DNA 片段插入。G. 由 sgRNA，胞苷脱氨酶介导的碱基缺失、微同源介导的末端连接（MMEJ）和 PE 进行靶向 DNA 片段敲除。H. 成对的双链断裂 DSB 同时被引入染色体中，诱导染色体发生缺失、倒位、易位、交叉等有针对性的重排。CBE 为胞嘧啶碱基编辑器，产生 C·G 到 T·A 碱基替换；ABE 为腺嘌呤碱基编辑器，产生 A·T 到 G·C 碱基替换；PE 为引物编辑器。

彩图

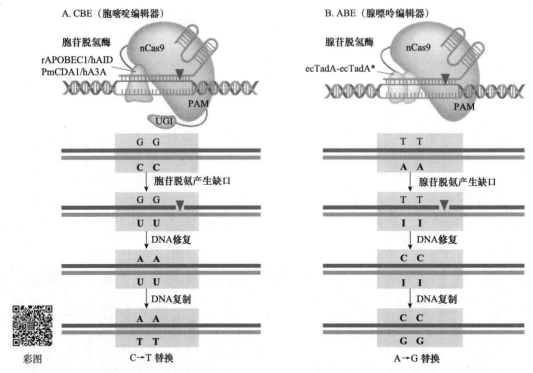

图6-12 碱基编辑的机制（改自Chen et al.，2019） A．CBE介导C到T碱基替换策略。胞苷脱氨酶包括rAPOBEC1、hAID、PmCDA1和hA3A。B．ABE介导A到G碱基替换策略。腺苷脱氨酶是融合蛋白ecTadA-ecTadA*。UGI．尿嘧啶糖基酶抑制剂。

人类APOBEC3A的植物胞苷碱基编辑器已被用在小麦、水稻和马铃薯中有效地将Cs转化为Ts，所有被检测的位点具有1~17个核苷酸编辑窗口，并与前后序列无关（Chen et al.，2019）。

2. 腺嘌呤碱基编辑（ABE）系统

随后开发的腺嘌呤碱基编辑器（adenine base editor，ABE），介导基因组DNA中A到G的转换，即产生A·T到G·C碱基替换（Gaudelli et al.，2017）。几个版本的ABE通过7轮定向进化和蛋白质工程开发，由大肠杆菌TADA（转移RNA腺苷脱氨酶）和nCas9（D10A）组成。第7代ABE用于将A转化为G，目标范围广，效率高，产物纯度高。ABE系统也针对小麦和水稻进行了优化，已有研究表明，使用增强型sgRNA［sgRNA（F＋E）］结合nCas9 C端的三个副本的核定位序列，在水稻和小麦中可以实现高达60%的A→G转换效率（Li et al.，2018）。

在植物中，碱基编辑系统与非DSB介导的基因组编辑系统相比有几个优点：①它们比DSB介导的系统效率更高，产生的不良产物要少得多；②多重或全基因碱基编辑不太可能导致染色体重排，如大的缺失和倒位；③它们可以用来产生无义突变，以避免DSB诱导的框内缺失。虽然碱基编辑系统可以有效地在目标位点产生点突变，但不太可能完全取代DSB介导的基因组修饰策略，如基因插入和基因替换。碱基编辑系统将成为基因研究的宝贵工具，应用于农业科学领域的方方面面（图6-13）。

6.3.3 引物编辑系统介导的片段突变

诚然，当前的碱基编辑系统仅限于碱基转换（C·G→T·A和A·T→G·C），但不能

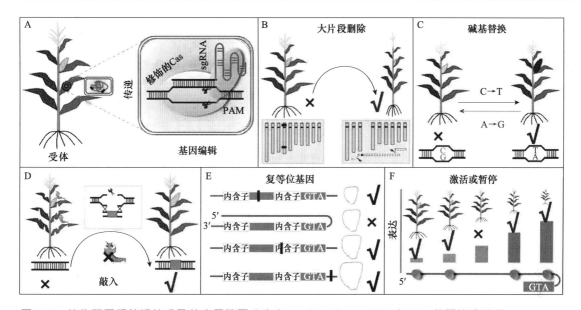

图6-13　植物基因组编辑技术及其应用简图（改自Fernie and Yan，2019）　A. 基因编辑模型，包括编辑元件传递和具有单向导RNA（sgRNA）和不同功能CAS蛋白的修饰模型或蛋白质复合物。B，C. 序列筛除，包括sgRNA配对引起的染色体大片段筛除（B）和任意碱基替换（C）。D～F. 基因敲入，敲入原始基因组中不存在的基因（D），创制复等位基因（E），激活或暂停功能基因（F），椭圆代表激活复合物或阻遏复合物。

彩图

生成DNA碱基颠倒和预定的DNA插入和删除。最近的一项技术突破，即引物编辑系统（prime editing），允许在人类细胞中创建所有12种类型的碱基替换及小的DNA插入和缺失（Anzalone et al.，2020）。值得一提的是，引物编辑系统中通过改造Cas9（H840A）-反转录酶融合蛋白和引物向导RNA（pegRNA），实现了多个碱基替换和DNA片段的插入或缺失［图6-11（c）］。引物编辑器（primeeditor）由两部分组成：一部分是工程Cas9尼克酶（H840A）-反转录酶（RT）融合蛋白，另一部分是pegRNA。pegRNA是具有3′端延伸碱基的修饰sgRNA，包括引物结合位点（primer binding site，PBS）和编码所需要编辑处理的反转录模板。Cas9尼克酶识别目标位点，并切割非靶DNA链，释放出与PBS配对的ssDNA，作为RT的引物。通过反转录，在pegRNA上受到编辑的序列被转移到非靶DNA链上。新合成的编辑后的DNA随后通过DNA修复被结合到目标位点。尽管目前在植物基因组的大多数目标位点上，prime editing的编辑效率远远低于base editing（Lin et al.，2020），但是prime editing已迅速用于植物细胞，经过编辑的水稻和玉米植株已成功再生（Zhu et al.，2020）。

　　DNA的精确插入使得操纵基因功能及堆叠多个作物性状成为可能。HDR介导的DNA插入植物的效率相对较低。当提供供体DNA模板时，可以利用NHEJ途径在DSB位点高效插入DNA。一个成功的例子是通过NHEJ途径，靶向内含子实现了CRISPR/Cas9介导的基因替换和插入（Li et al.，2016）。为了提高NHEJ的靶向插入频率，在供体DNA的末端添加了短的同源染色体片段，以产生与DSB周围序列相容或具有微同源性（Dong et al.，2020）的末端。NHEJ的靶向插入也可以使用具有5′端磷酸化末端和化学稳定性的双链寡核苷酸（dsODN）供体来刺激（Lu et al.，2020）。

　　靶DNA缺失对于编辑调控非编码DNA尤其重要，对于这些DNA来说，小的InDel不太可能导致功能丧失。靶向DNA缺失可以通过使用SSN诱导两个单独的DSB来获得（Shan et al., 2013）。例如，与一对sgRNA共表达Cas9可能导致两个靶位点之间>100kb的区域缺失。或者通过将Cas9或Cas12a与T5核酸外切酶融合或与核酸外切酶共表达SSN，可以利用单个gRNA产生靶向缺失，但这种缺失的长度是有限的（Zhang et al., 2020）。因为修复通过NHEJ途径进行，使用这些策略获得的缺失DNA序列是不可预测或不精确的。

精确的DNA缺失可以通过微同源介导的末端连接（MMEJ）产生，它在连接DSB之前使用微同源序列来对齐DSB的末端（Tan et al., 2020）。然而，这种策略只能在两个微同源序列之间产生缺失。新开发的APOBEC/Cas9融合诱导缺失系统（AFID）可以产生多核苷酸缺失（Wang et al., 2020）。在这些系统中，Cas9在靶DNA序列上产生DSB，同时APOBEC将非靶DNA链上的胞苷脱氨基为尿苷，然后被尿嘧啶DNA糖基化酶切割，产生碱性（AP）位点。AP裂解酶去除AP位点导致从脱氨基胞苷延伸到DSB的精确的、可预测的缺失。

当SSN被用来诱导DSB时，也可以实现有针对性的染色体重排，这对断开或修复遗传联系是有用的。将一对DSB同时引入同一染色体时，两个断裂点之间可能会产生缺失和倒置。最近研究表明，在玉米（Schwartz et al., 2019）和拟南芥（Schmidt et al., 2020）中可以实现以百万碱基对（Mb）为目标的染色体倒置。此外，后者证明了通过这种方法确实可以实现遗传交叉的恢复。当在不同染色体上产生两个或更多DSB时，也会触发染色体间重排，如交叉、易位和序列交换。最近利用CRISPR/Cas9系统在拟南芥中产生了异源染色体之间的相互易位。重要的是这些易位在Mb范围内，并且是可遗传的。尽管如此，还必须开发更有效的工具，以挖掘定向染色体重排在植物育种中的巨大潜力。

CRISPR/Cas9多基因编辑技术的发展对植物基因功能研究和作物遗传改良产生革命性的影响。在细胞质中，CRISPR可以分别通过靶向RNA和Cas蛋白，如FnCas9、Cas13及由ADAR衍生的RNA编辑器来切割和编辑RNA分子，也可以被引入细胞器来编辑线粒体、叶绿体的基因组，常用的Cas系统如Cas9、Cas12a和Cas12b对温度敏感，需要较高的温度才能获得最佳活性。在细胞核中，CRISPR技术用于基因敲除、精准基因组编辑和转录调控。为了敲除基因，CRISPR/Cas核酸酶可以用于靶向编码区或调控元件。单碱基编辑可靶向编码区（如引入终止密码子）或调控元件。当具有左同源臂（LHA）和右同源臂（RHA）的DNA修复供体与CRISPR/Cas一起进入细胞时，可以通过HDR实现精准的基因组编辑。为了调控转录，CRISPR/Cas核酸酶和碱基编辑器可以用来编辑调控元件或剪接位点，也可以通过dCas蛋白招募调控因子到启动子区域，这些调控因子包括激活因子、抑制因子、DNA甲基转移酶、去甲基化酶等。

6.4 基因编辑与下一代作物育种技术

在未来的30年里，全球人口预计增长25%，达到100亿。迄今为止，得益于作物品种的改良和生产方式的改变（如密植、农药化肥的使用等），传统育种的方法已经生产出高产的作物，来满足不断增长人口的粮食需求，为世界人口的增长发挥了关键的支撑作用。

Wallace等认为，杂交育种、杂种优势育种及主动诱变育种这3种相继出现的育种技术可被统一归纳为传统育种。这些育种手段在过去近100年的时间里极大地提高了作物产量，推动了农业发展，缓解了"人口爆炸"带来的粮食紧缺问题。然而，传统育种中针对优良性状的改良，需要将带有该优良性状或基因的材料（供体亲本）与所需改良的材料（受体亲本）杂交，再经过6～8代的回交和烦琐的背景选择，最终从后代中选择出其他性状像受体亲本、同时携带来自供体亲本优良性状或优异基因型的个体，用于下一步的育种。这个过程不仅费时费力，成本高昂，而且依赖于育种家的经验来选择好的表型育种材料，加之传统育种对于复杂性状的选择有限，往往难以兼顾产量、品质及生物胁迫和非生物胁迫的抗耐性，所得的结果并不总能与预期目标相符。因此，生产上急需一种能够快速、精准改良作物性状的育种方法，以加快作物育种的进程。

得益于现代分子生物学、基因工程的发展，自20世纪80年代开始，以转基因、分子标记辅助选择（marker assisted selection，MAS）、全基因组选择（genome selection，GS）、等位基因挖掘为代表的现代分子技术手段在作物育种中广泛应用。自1983年出现第1例转基因植物开始，转基因育种已经发展成为应用效率最高的精准育种技术之一（王红梅等，2020）。目前该技术已在作物的抗病、抗虫、抗除草剂上得到应用并取得商业化成功，在北美地区，90%以上的玉米、大豆、棉花、甜菜和油菜品种都是转基因品种。分子标记辅助育种是以QTL作图和RFLP、SSR、SNP等分子标记为基础，利用与目的基因紧密连锁的分子标记对个体进行全基因组筛选，从而减少连锁累赘，获得目标个体（关淑艳等，2018）。分子技术育种是对传统育种理论和技术的重大突破，实现了对基因的直接选择和有效聚合，大幅度缩短了育种年限，极大地提高了育种效率（图6-14）。目前，各国对分子标记辅助选择、全基因组选择和基因定位等精准育种的理论和试验研究很多，但在实际育种中应用十分有限。

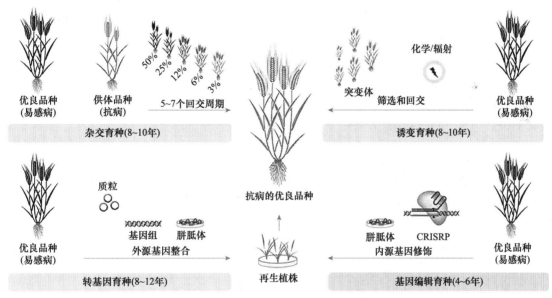

图6-14　现代农业育种技术的发展与变化（改自Chen et al.，2019）　杂交育种：通过将受体与性状优异的供体杂交，挑选出目标性状优良的后代，并经多代回交消除不利的连锁性状，从而改良这一性状（如抗病性）。诱变育种：利用化学或物理诱变剂处理植物材料（如种子），通过随机诱变和多代筛选及回交产生目标性状突变体。转基因育种：通过有目的地将外源基因转入优良品种来改良目标性状。基因编辑育种：通过精确编辑目标内源基因或调控元件或染色体重排来改良农艺性状。一般而言，杂交育种、诱变育种和转基因育种需历经8年以上，而基因编辑育种大大缩短了育种年限。

近年来，基因编辑技术快速发展，主要包括ZFN基因编辑技术，TALEN基因编辑技术和CRISPR/Cas基因编辑技术。利用基因编辑技术可使目的基因发生定向突变，从而获得具有目标性状的突变材料，同时该效率远高于通过自发突变、化学诱变、物理辐射等手段获得的随机突变材料，且能有效地避免连锁的累赘效应，为作物的基因编辑研究提供了前所未有的便利。

6.4.1　定向诱变与精准育种

定向诱变，顾名思义，是使目的基因或DNA片段中的任何一个特定碱基发生取代、插入或缺失突变的过程。目前，利用CRISPR/Cas9系统在农作物中主要实现三种基因编辑类型：敲除、单碱基编辑、等位基因替换或插入。当形成的DSB进行非精准的NHEJ修复时，靶标基因靶点位置通常会产生数个核苷酸的随机插入或缺失，导致靶标基因移码突变或提前终止表达，最终使该基因的功能丧失，实现敲除编辑，在细胞中NHEJ为主要的修复途径（Chang et al., 2017）。

CRISPR/Cas9介导的基因敲除可用于植物基因功能的研究和精准育种。这里举一个作物定向诱变与精准育种的典型案例，在小麦抗病育种研究中，中国科学院高彩霞和邱金龙团队的研究人员利用基因组编辑技术定向突变小麦的感病基因 *MLO*，在大量的基因组编辑小麦突变体中筛选获得了一个新型 *mlo* 突变体Tamlo-*R32*，该突变体对白粉菌表现出完全的抗性，同时生长发育和产量等性状均表现正常（图6-15A～D）。他们进一步解析了小麦Tamlo-*R32*突变体表型形成的分子机制，发现在Tamlo-*R32*突变体基因组的 *TaMLO-B1* 位点附近存在约304kb的大片段删除，染色体三维结构的改变导致上游基因 *TaTMT3* 的表达水平上升，进而克服了感病基因 *MLO* 突变引起的负面表型，最终实现了抗病和产量的双赢（图6-15E，F）。更为重要的是，利用CRISPR基因组编辑技术，可以直接在小麦主栽品种中创制相应的基因突变，仅2～3个月就成功在多个小麦主栽品种中获得了具有广谱白粉病抗性，且生长和产量均不受影响的小麦种质（图6-15G）。该研究是小麦等作物抗白粉病育种的重要进展，一方面充分展现了基因组编辑在现代农业生产中巨大的应用前景，另一方面证明了叠加的遗传改变可以克服

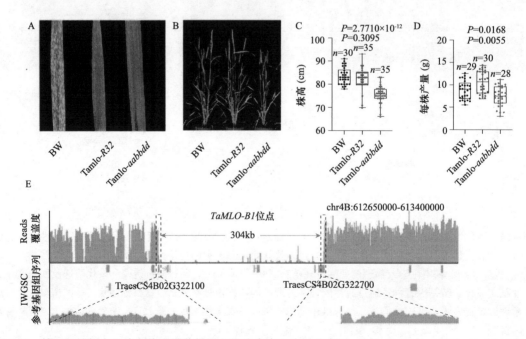

图6-15　基因组编辑介导染色体重排获得抗白粉病高产小麦（改自Lin et al., 2022）　A～D. Tamlo-*R32*小麦基因编辑株系抗白粉病且无生长缺陷；E. Tamlo-*R32*在 *TaMLO-B1* 位点附近产生304kb大片段缺失；F. *TaTMT3*表达调控示意图；G. 基因编辑快速获得突变体小麦新种质。BW为春小麦品种'Bobwhite'；Tamlo-*aabbdd*为小麦品种'Tamlo'的ABD三个亚基因组相关基因（基因编辑）敲除之后的突变体。

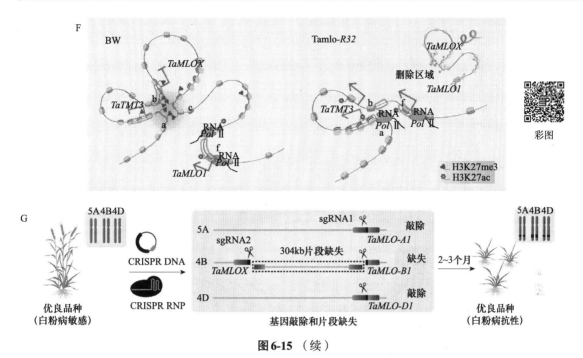

图6-15　（续）

感病基因突变带来的生长缺陷，为作物抗病育种研究提供了新的理论视角。

其他研究表明，基因编辑技术除了可精准调控作物抗病或抗逆性外，在产量和品质性状上也具有广泛应用。在小麦品质和产量性状改良上，α-*gliadin*家族基因编码谷蛋白，其含量影响小麦的食品加工品质，并且容易引发易感个体乳糜泻等严重的健康问题，Sanchez-Leon等（2018）利用基因编辑技术获得了α-*gliadin*基因敲除突变体，降低了籽粒中谷蛋白含量；Tucker等（2017）通过敲除花粉外壁发育基因*TaMs1*，创制了完全雄性不育的杂交小麦育种材料；*TaSBEIIa*基因编码淀粉分支酶，Li等（2021）在春小麦品种'Bobwhite'和冬小麦品种'郑麦7698'中利用CRISPR/Cas9系统获得了三重敲除突变体，可以显著提高小麦的抗性淀粉含量。在水稻中，Miao等（2013）利用CRISPR/Cas技术成功对水稻分蘖夹角控制基因*OsLAZY*进行了编辑，高达91.6%的转基因植株中*LAZY*基因发生了突变，其中纯合编辑植株的比例高达50%，且这些植株均表现出分蘖夹角变大的表型；Ma等（2015）利用CRISPR/Cas9对水稻*OsWaxy*基因进行靶向编辑，使水稻中直链淀粉含量从14.6%降至2.6%，其表型与天然糯米品种类似。在大豆中，Cai等（2015）利用CRISPR/Cas9系统敲除*GmFT2a*和*GmFT5a*基因，获得了适合低纬度区域种植的大豆新种质。在玉米中，利用CRISPR/Cas9系统建立了*ZmRAVL1*的敲除系，与野生型相比，此敲除系具有叶夹角减小、株型紧凑的表型，田间实验表明，在密植情况下，*ZmRAVL1*的敲除系具有显著的增产效应（Tian et al.，2019）；利用引导编辑系统对*ZmALS1*和*ZmALS2*基因进行W524L和S621I双位点突变，获得了抗磺酰脲类除草剂的玉米新种质（Jiang et al.，2020）。

单碱基编辑技术可在不产生DSB的情况下，在DNA靶点位置实现碱基的精准替换，具有不需要供体修复模板参与、编辑效率高的特点，目前已发展成为一种高效的基因精准编辑手段。单碱基编辑系统主要包括胞嘧啶编辑系统（CBE）、腺嘌呤编辑系统（ABE）、REPAIR RNA编辑系统及RESCUE RNA编辑系统，其中CBE和ABE应用最为广泛。CBE系统由nCas9、dCas9或dCas12a与胞苷脱氨酶（rAPOBEC1）融合而成，在编辑窗口内rAPOBEC1催化非互补链中的胞嘧啶（C）脱氨，使其变为尿嘧啶（U）；而在DNA复制时U被识别为胸腺嘧啶（T），最终导致C·G至T·A的单碱基替换。为了提高CBE的编辑效率、缩小编辑窗口及降低随机插入/缺失频率等，相关研究人员对CBE系统进行了一系列优化，建立了包含多种编辑器的CBE编辑系统。近年来，CBE已被广泛用于植物单碱基编辑。在水稻中，Li等利用CBE系统，实现了*OsPDS*和*OsSBEIIb*基因的单碱基编辑，在S5、S3和P2靶点上精准编辑的效率分别为19.2%、10.5%和1.0%，其中对*OsSBEIIb*基因的单碱基编辑破坏了其内含子与外显子的边界。2018年，Ren等（2018）利用单碱基编辑系统rBE5对*Pi-d2*基因进行精准编辑，获得了具有稻瘟病抗性的水稻材料。通过对番茄和拟南芥中的*ALS*（乙酰乳酸合成酶）基因进行单碱基编辑，获得了抗除草剂的编辑植株（Shimatani et al., 2017；Ren et al., 2017）。在小麦中，利用CBE系统，以*TaALS*和*TaACCase*基因为靶基因，获得了一系列新的抗除草剂小麦种质，为麦田杂草的防治提供了新的育种材料和技术途径（Zhang et al., 2019）。ABE系统由nCas9或dCas9与腺嘌呤脱氨酶融合而成，在编辑窗口内脱氨酶催化腺嘌呤（A）脱氨，使A变为肌苷（I），在DNA复制过程中I被识别为鸟嘌呤（G），从而实现A·T到G·C碱基的精准替换。为了提高ABE的编辑效率，扩增ABE的编辑范围，多个科研团队对ABE系统进行了优化，建立了ABE7.10、ABE-P1S和ABE-NG等ABE系统。ABE系统已被广泛用于植物中A·T向G·C的精准编辑。2018年，Li等（2018）利用ABE系统对水稻*OsACCase*（乙酰辅酶A合成酶基因）进行单碱基编辑，实现了C2186R的氨基酸变化，赋予了水稻材料除草剂抗性；Hua等（2016）利用ABE-P1系统在水稻中实现了两个基因的同时单碱基编辑，其中*OsSPL14*和*OsSLR1*基因编辑效率分别为26%和12.5%。为了进一步提高ABE单碱基编辑效率，将修饰的ecTadAs（大肠杆菌Tad As）与nCas9（D10A）融合，建立了pcABE7.10系统，此系统的应用使得在拟南芥和油菜中单碱基编辑效率分别提高了4.1%和8.8%（Kang et al., 2018）。为了扩展ABE的编辑范围，研究人员利用*SpCas9-NG*突变体开发了新的ABE系统——ABE-NG，此系统在OsSPL14和LF1靶位点分别识别CGG和ACG的原间隔序列邻近序列（protospacer adjacent motif，PAM），单碱基编辑效率分别为2.6%和2.9%，成功扩展了Cas9介导的ABE系统在植物中的应用范围。

6.4.2 多位点编辑与性状的聚合

随着重要作物基因组测序的完成，"后基因组时代"到来，功能基因组学研究基因间相互作用、代谢调控网络的需求日益迫切，一方面植物的复杂性状往往需要不同基因的协同作用，包括多层次的转录与调控网络；另一方面植物生长发育过程中遗传冗余大量存在，在这种情况下，只有同时敲除多个基因或位点才能获得特定的能显现的表型，以达到为功能基因组学研究、遗传育种提供素材的目的。尽管随着基因组编辑技术的发展，近几年来在植株水平，利用ZFN、TALEN基因编辑技术已经实现单个基因或同时对两个位点的定向敲除编辑，但是对于家族基因的功能分析、多基因调控同一个复杂农艺性状的阐明则需要多个基因同时突变且稳定遗传的突变体进行研究。按照传统的杂交育种方法获得多基因突变体，不但累加突变并纯合化的过程极为耗时，而且当突变基因个数增长到一定数量时，品种间基因渗透和连锁使得基因型检测和筛选工作量过于庞大。CRISPR/Cas9作为一种简单、多功能、强大和经济的基因组操作系统，近年来已成为功能基因组学和作物改良中序列特异性靶向突变和多重基因编辑的广泛应用工具。利用CRISPR/Cas9介导的多重编辑技术对优良作物品种的有利等位基因进行聚合，将大大加快育种进程，且破译由多个基因/位点控制的复杂性状，有助于基因的发现和在育种程序中的应用。此外，多个位点的同时敲除，对于小麦、燕麦、烟草、棉花等多倍体植物的研究也非常有意义（Zhang et al., 2019）。

研究证实Cas9和sgRNA在转录后是分离的，且多个sgRNA之间是独立的，Cas9蛋白装载sgRNA的数量是充足的，使得CRISPR/CaS9系统能够实现高效地共敲除多个靶基因。这对于基因家族功能赘余基因的和多倍体个体的研究非常有帮助。通过高效驱动多个gRNA转化植物，经筛选获得的多突稳定突变体库是功能赘余基因研究的极好材料。然而，区别于动物和微生物，植物利用CRISPR/Cas9技术进行基因组编辑通常依赖于稳定的遗传转化，且在植物中多基因/多位点同时敲除还存在一些问题需要考虑：选择适宜的启动子驱动gRNA和Cas9的表达；高效地将多个gRNA连同Cas9导入植物细胞中，以及高通量检测方法用于检测靶位点阳性植株的筛选。另外，还要结合具体目的基因序列，平衡、放宽设计gRNA规则，以尽可能多地同时敲除目的基因。尽管Cas9和sgRNA表达框可以共同组装在一个T-DNA区域，然而目前植物利用CRISPR/Cas9系统进行基因组编辑时大部分仅设计一个sgRNA，编辑基因组中一个基因的某个特定位点（Zhang et al., 2014；Jia et al., 2016；Peng et al., 2017）。CRISPR/Cas9的靶向能力和多重基因组编辑效率，往往受到导向RNA（gRNA）表达策略的限制。因此，研究人员将tRNA和gRNA嵌合到一起，开发了从一个多顺反子基因生产大量gRNA的通用策略，在水稻基因组中对多个位点同时进行基因修饰发现内源tRNA加工系统能够精确加工这个合成基因，有效生成大量携带正确靶向序列的gRNA，引导Cas9编辑多个染色体的目标（Xie et al., 2017）。多重基因编辑也是CRISPR/Cas9相对ZFN或TALEN的一大优势。

分子性状聚合育种或基因叠加常常要求叠加的所有性状同样表达，并且按照单一孟德尔遗传方式遗传，这对于传统的分子育种是艰巨的挑战。利用CRISPR/Cas9技术可以把不同的基因聚合到基因组的同一区段中，有效地保证不同基因表达的稳定性与遗传的统一性，在分子性状聚合育种或基因叠加方面具有传统分子育种无可比拟的优势。多位点编辑由于一次能突变多个基因或者对一个基因造成大片段的染色质缺失，更有利于研究基因功能或植物遗传改良。早期的多位点编辑是利用共转化方法将2个或2个以上的sgRNA转入植物中（Li et al., 2013；Mao et al., 2013），由于多个质粒的共转化效率低，从而限制了利用CRISPR/Cas9进行基因组的多基因编辑。因而，将多个sgRNA表达框与一个Cas9表达框共同组装入一个质粒的T-DNA区域，实现仅一个质粒的转化，可同时编辑多个基因或一个基因的多个位点（Fan et al., 2015；Ma et al., 2015），从而加速了CRISPR/Cas9系统在基因的功能研究和植物遗传改良上的应用。

作为一种有效且通用的多位点同时基因编辑策略，多重基因编辑系统将极大地促进基础生物学研究，如破译多基因赋予的复杂性状，以及六倍体小麦和其他重要多倍体作物的育种过程，促进作物分子生物学研究和复杂性状形成的网络解析，定向创制新种质，加速育种进程。例如，有学者利用多顺反子tRNA策略的CRISPR/Cas9多基因编辑系统，以穗发芽抗性相关（*TaQsd1*）、氮吸收利用（*TaARE1*）、株型（*TaNPT1*、*TaIPA1*）、支链淀粉合成（*TaSBE Ⅱ a*）和磷转运（*TaSPDT*）6个基因作为靶基因，在冬小麦品种'郑麦7698'中实现了同时靶向2~5个基因的定点敲除编辑，一代实现了多个优异等位基因聚合，并通过胚拯救和后代分离，成功获得了无转基因、聚合多个优异等位基因的小麦新种质，为小麦和其他多倍体农作物开展多基因聚合育种提供了重要的技术支撑（Luo et al., 2021）。另有研究基于CRISPR/Cas9定向修饰技术，以模式作物'日本晴''吉粳88号''辽星1号''楚粳37号'作为实验材料，设计同时敲除*OsGS3*、*OsGW2*和*OsGn1a*的定向编辑载体，实现多基因定向聚合突变体材料创制，为水稻增产和品种改良提供了分子工具及典型范例（Tang et al., 2017）。

目前已在许多植物中成功应用了CRISPR/Cas9系统获得多基因敲除的突变体，但是，大部分目前植物CRISPR/Cas9载体系统采用传统的酶切连接克隆片段的方法，来构建表达载体所需的通过多轮克隆才能实现的多个sgRNA组装至CRISPR/Cas9双元载体。因此，建立高效的、简单的多基因敲除体系是亟待解决的问题。科研人员的一项最新工作实现了在单个转录本上编码Cas12a和CRISPR矩阵，从而对基因组多个位点进行编辑。Cas12a和CRISPR矩阵可以通过添加一个稳定的三级RNA结构实现在单个转录本中进行编码（Campa et al., 2019）。通过利用该系统，研究人员在单个质粒上传递了多达25个单独的CRISPR RNA来验证针对内源性靶标实现的复杂基因组工程技术（包括组成型、条件性、诱导型、正交和多位点）的可能。同时修改多个遗传元件的能力将有助于阐明和控制复杂细胞功能背后的基因相互作用网络，这个方法提供了一个强大的平台来研究和调控复杂细胞行为的遗传程序。然而，当前的基因组工程技术在同时进行操控的数量和类型方面受到限制。此外，Clarke等（2021）开发了一个由许多相互级联的gRNA组成的CRISPR/Cas系统：一种gRNA可以激活另一种gRNA，这一模块还可以设计成按特定顺序排列的遗传算法程序，从而实现基因编辑的时间顺序可编程，并且成功利用该系统实现了链式排列的4个顺序步骤的基因编辑功能，以及由两个分支点组成的分支级联，并诱导细胞中两个顺序的基因组编码表型变化。另有研究人员开发了一种名为CHyMErA（Cas Hybrid for Multiplexed Editing and Screening Applications）的能够系统性地同时靶向作用多个位点DNA片段的新技术，这种技术能将Cas9和Cas12a两种不同的DNA切割酶进行结合，且都能被部署到附近的基因组位点中从而实现多种用途。尽管许多先进的技术仍未应用于植物研究领域内，但已为植物基因功能和分子遗传研究提供了许多新的思路和方法。

多重基因组编辑已经被应用于作物QTL基因的编辑、作物驯化和无融合生殖技术等。但是植物多重基因组编辑技术开发集中在多sgRNA的表达，能够实现同一编辑类型的多基因编辑，用于产生不同编辑类型的植物多重基因组编辑系统的报道仍比较少。高彩霞研究组基于Cas9 nickase（nCas9）核酸酶开发了一个名为单系统产生的同时多重编辑系统（simultaneous and wide-editing induced by a single system, SWISS）。SWISS利用两个含有不同RNA配体的RNA scaffold（scRNA）分别招募相应结合蛋白融合的胞嘧啶脱氨酶或腺嘌呤脱氨酶，同时在不同的靶位点分别实现CBE和ABE两种编辑类型。再利用nCas9的切口酶活性，将成对的sgRNA引入SWISS系统中，可以在第三个靶位点处产生DSB，使得SWISS成为具有三重（C→T、A→G和敲除）编辑功能的CRISPR系统（Li et al., 2020）（图6-16）。

6.4.3　QTL的编辑

农作物的众多农艺性状往往由多个微效基因共同决定，且受多个数量性状基因座（quantitative trait loci, QTL）控制。换言之，每个QTL对农艺表型的直接影响很小，但它们相互关联、紧密连锁且相互作用。因此，QTL并不遵循简单的孟德尔遗传定律，在实际的科学研究中较难操作和应用。本节将探究如何利用基因编辑技术研究植物QTL的遗传变异，从而更好地应用于作物遗传改良和育种实践。

挖掘影响重要性状的基因是作物遗传改良的关键路径之一。然而，基因克隆的方法大多费时费力、效率较低，难以满足全球日益增长的对粮食总量及营养品质提升的需求。当前挖掘功能基因主要有两种方法：一是构建各种群体通过连锁或关联分析进行遗传定位；二是借

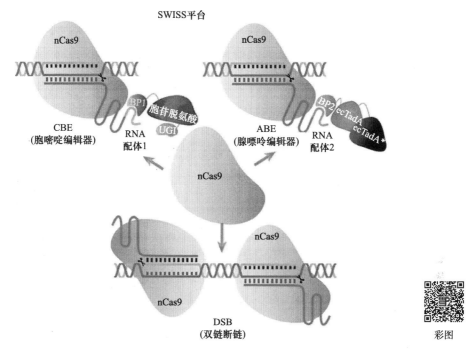

图6-16 SWISS：CRISPR/nCas9核酸酶多重基因组编辑系统（改自Li et al.，2020） 利用
SWISS将含有不同RNA配体的RNA scaffold分别结合含融合蛋白的胞苷脱氨酶或腺苷脱氨
酶，在不同靶点实现CBE和ABE两种单碱基编辑类型，再利用nCas9酶活性将成对sgRNA引
入SWISS，在第三个靶点处产生DSB。BP为结合蛋白（binding protein）。＊表示蛋白质修饰。

助随机突变体库通过对表型的大规模筛选鉴定功能基因。遗传定位十分耗时耗力，即便被寄
予厚望的关联分析也很难达到预期单基因水平的精度，依旧需要发展新的群体进行精细定位，
且发展的特定群体一般仅能针对特定性状的特定QTL；基于生物、化学乃至物理技术所构建
的突变体库已被广泛用于作物基因挖掘，然而这一方法常常需要群体大面积种植后进行目标
表型筛选而缺少针对性，即便筛选到目标表型由于单个突变植株往往携带数十个乃至上百个
突变位点，依旧需要进一步发展群体进行功能基因筛选及验证。这些不足造成当前基因克隆
整体效率较低，无法通量化，成本较高。对于植物生长发育必需的基因，彻底敲除往往会造
成植株死亡从而无法获得敲除体，因此需要通过调控表达量进行相关的功能研究。目前提高
基因在植物中的表达主要依赖外源基因的插入，但该技术无法控制基因插入位点和拷贝数，
从而导致表达水平不稳定，且进行多基因插入时载体构建过程烦琐。在农业生产中，重要农
艺性状往往由QTL控制，QTL必须通过QTL作图和全基因组关联分析（GWAS）等统计方法
鉴定，而不是传统的遗传分析（Cooper et al.，2009）。QTL定位依赖于可测量的表型，通常对
主要的QTL定位有效（Nadeau and Frankel，2000）。基于深度测序的GWAS和泛基因组技术
揭示了大量的单核苷酸多态性（SNP）和结构变异（SVS）与植物数量性状变异有关（Huang
and Han，2014）。其中许多SNP和SVS位于基因的非编码区或调节区，使得分子特征和确认
变得复杂。

目前最为普遍的育种方法是将带有目的QTL的不同作物品种进行杂交组合，随后根据表
型从后代中选出优良的株系。过去几十年中，许多具有经济价值的QTL已经应用于多种作物

中。但是，由于基因组中存在大量的QTL，在育种工作中不同作物品种的杂交和回交世代中不可避免会出现基因渗透和基因连锁现象，不必要的基因渗透使得育种工作耗费大量的人力和物力资源；而且如果几个QTL紧密连锁，那么通过传统的育种手段是不能将感兴趣的QTL引入优良的株系而不携带与其连锁的QTL。

发展迅速的CRISPR/Cas9基因编辑系统已被证实，能够实现定向修饰作物中的目的基因，并成功获得该基因突变的植株。通过基因编辑等技术实现植物体内源基因精确、高效地表达调控是理论研究和生产实践的迫切需求。该方法的代表性研究为Rodriguez-Leal等通过对番茄中多个基因顺式作用元件的编辑获得了人工的QTL变异，实现了对番茄果实大小等重要农艺性状的精准调控（图6-17）。基因组编辑也被用于通过候选QTL的高通量编辑来识别QTL。使用CRISPR/Cas9和碱基编辑来编辑基因的上游开放阅读框（uORF）已被用于微调植物中的目的蛋白表达水平，促进植物生产力、食品质量和对胁迫的适应之间的平衡（Zhang et al.，2018）。此外，CRISPR多重策略可用于修改候选QTL的组合或定义QTL区域中的所有基因，以导致可测量表型的变化。基因组编辑可以提供将遗传多态性与表型差异联系起来的工具，有克服这些限制的巨大潜力，QTL编辑可用于将多个所需的数量等位基因直接引入优良作物品种，从而避免对密集杂交的要求，尤其适用于低重组区QTL的编辑。

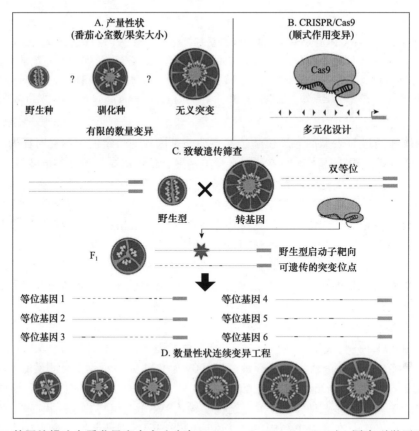

彩图

图6-17　QTL基因编辑改良番茄果实大小（改自Rodriguez-Leal et al.，2017）　图中列举了采用CRISPR/Cas9编辑顺式作用元件技术，对一个番茄QTL实现可遗传的驯化，即直接对野生番茄多个产量性状相关基因簇同时进行CRISPR/Cas9顺式作用元件编辑，可以在单个转化实验中获得番茄产量、果实大小等多种变异突变体。

华中农业大学严建兵教授联合国内外多家合作单位研究提出构建基于先验知识的靶向突变体库（knowledge-driven targeted mutagenesis），大大加速了对玉米中功能基因的挖掘与鉴定研究（Liu et al.，2020）（图6-18）。植物学主流期刊 *The Plant Cell* 同时配发评论文章，认为该研究完美诠释了如何利用新兴的科学技术和工具进行基因发掘和验证，并总结了多个应用场景，称该方法为"暴力破解方法"（brute-force approaches）。研究提出了综合传统遗传定位和高通量靶向基因编辑加速玉米功能基因挖掘的思路，这一设想在于充分利用CRISPR/Cas9高度特异和靶向性的同时，借助先前的定位线索为每一个靶向基因提供预期的潜在表型。该研究主要包括三方面亮点：一是探索并完善了基于CRISPR/Cas9的高通量技术体系，大大降低了成本。前期完成了适用于非参考基因组高通量设计sgRNA的流程及覆盖目的基因所需转化事件的设计和模拟分析，并通过改进MassARRAY和靶向捕获测序技术实现高通量和低成本的靶标突变序列鉴定。二是基于先验知识的靶向突变体库是玉米功能基因挖掘的有益资源。研究人员利用CUBIC群体所获得的大量初定位QTL及其他重要候选基因，进行了1000多个候选基因的大规模实验。通过调查QTL区间所有突变体的表型就可以鉴定到功能基因，省去了繁杂的精细定位过程。研究人员不仅利用所获靶向突变体库对遗传定位的共验证，还分析了同一QTL鉴定到多个功能基因、更丰富的非预期突变表型的获得、基因冗余导致编辑后未有预期表型等多个案例，揭示了传统基因定位克隆手段难以发现的科学现象和规律，展现了这一靶向突变体库的重要价值。三是增加了对植物基因编辑规律的认识。研究发现植物基因编辑突变谱与人类细胞系一样，具有较高的可预测性，且目的基因的表达模式对编辑产物有显著影响。此外，该研究还发现一定频率的以体内异源（不同染色体）模板进行同源重组介导的基因修复现象，为基因敲入提供了新的思路，并且指出作物基因编辑过程中的脱靶频率很低，但嵌合现象及因基因冗余带来的额外靶点值得高度重视。

遗传变异是作物品种改良的基础，借助基因组编辑技术可针对目的基因进行定向改造，创建新的遗传变异，该技术在作物品种定向改良方面显示出巨大潜力（Wang et al.，2019）。已有学者利用CRISPR/Cas9系统编辑5个广泛种植的水稻栽培品种中重要产量性状QTL基因，研究相同QTL在不同遗传背景下对产量的影响（Shen et al.，2018）。但从作物重要性状QTL研究进展看，已克隆的基本为主基因，在基因组中占比很低，严重限制了基因组编辑的育种应用。虽然目前已研究的QTL克隆数目较多，但与初定位的QTL个数相比，占比依然很低。究其原因，绝大部分QTL效应很小，易受表型鉴定误差影响，精细定位难度大；另外，等位基因之间的遗传作用差异小，遗传互补效果不明显，基因功能验证困难。但是，根据数量遗传学理论和现代分子定位结果，微效QTL在水稻重要农艺性状调控中也扮演着重要角色，无论是机理剖析，还是育种应用，这类QTL都不容忽视。微效QTL由于精细定位和基因功能验证困难的原因，相比主效QTL，研究进展缓慢。此外，基于传统杂交、回交选育的方式很难快速实现多个产量性状的有效聚合，通过基因编辑技术高效聚合多个基因后对产量的影响也有待研究；多个位点同时敲除时，每个位点的突变效率也不同。

6.4.4 从头（*de novo*）驯化

传统驯化，一般通过人工栽培、自然选择和人工选择，使野生植物、外来植物能适应本地的自然环境和栽培条件，成为生产或官商需要的本地植物。但该方法往往费时费力，需要经过上千年的摸索实践才能选育到适宜作物。为消除传统驯化的弊端，现代农业更趋向于从头驯化。所谓植物的从头驯化（*de novo* domestication），就是根据人类的自身需求，通过群体

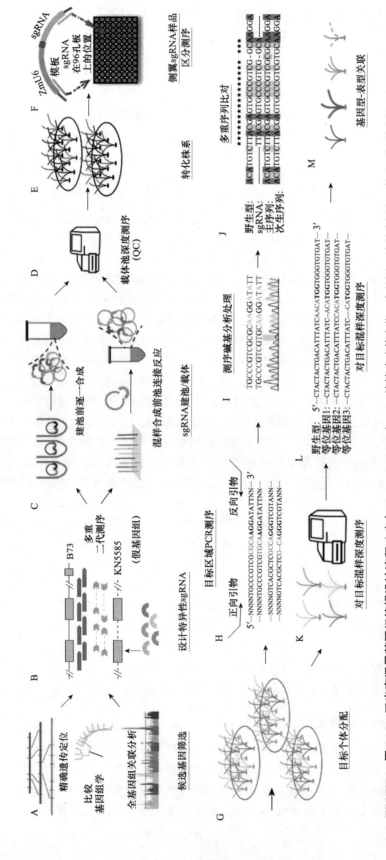

图 6-18　玉米高通量基因组编辑设计流程（改自 Liu et al., 2020）　A. 从精确遗传定位、全基因组关联分析和比较基因组学中挑选候选基因。B. 基于组装的受体系 KN5585 假基因组设计特异性 sgRNA。C. 双 sgRNA 池（DSP）和单 sgRNA 池（SSP）的不同载体构建方法。D. 通过深度测序评估载体库的覆盖度和均匀性。E~G. 通过样品区分测序将目标转化和分配到每个 T_0 个体。H~J. Sanger 测序鉴定突变序列（J 图中★表示排比对结果相同的碱基）。K、L. 基于捕获的深度测序鉴定突变序列。M. 测定表型变化和功能基因鉴定。

遗传、基因编辑技术等对植物优良性状的少数关键基因进行驯化和改造，在较短时间内将自然界中的野生植物物种转变为家养品种的过程（表6-3）。通常，野生植物物种是否驯化成功依赖于人工种植收获过程中的某类或几类关键性状指标，如在小麦、大麦和水稻等谷类作物中的不落粒性和种子休眠等。

表6-3　传统驯化和从头驯化的区别（引自马小飞等，2021）

项目	传统驯化	从头驯化
概念	通过人工栽培、自然选择和人工选择，使野生植物、外来（外地或外国）的植物能适应本地的自然环境和栽培条件，成为生产或观赏需要的本地植物	根据人类的自身需求，通过群体遗传、基因编辑技术等对植物优良性状的少数关键基因进行驯化和改造，将自然界中的野生植物物种转变为家养品种的过程
对象	野生植物	野生植物
驯化时间	上千年	数十年
技术手段	自然选择和人工选择	人工选择、基因编辑、群体遗传等

尽管驯化通常被认为是人类意图明确的选育结果，是人类在自然选择的基础上强化了定向驯化的能力，但驯化是人类、环境、植物和动物之间连续不断的相互作用的复杂过程的结果。该过程通常受到生态、生物本身、生物多样性及人类文化等多方面因素的驱动，是一个长期的过程。传统的引种驯化效率常常会受到基因与环境间的相互作用（gene-by-environment）及基因与基因间的相互作用（gene-by-gene）影响而降低。此外，早期的选种驯化仅发生在较小的群体范围内，性状的选择范围有限，由于受基因流、遗传漂变等遗传因素及种植技术和气候变化等因素的影响，植物驯化的不确定性和驯化所需的时间大大增加。由于集约型田间管理，植物的生存和繁殖越来越依赖于人类，一些未受到人类关注的优异基因资源在驯化选择中丧失，即所谓的"驯化惩罚"（domestication punishment）。因此与野生种相比，由于受基因间共表达关系等效应的影响，驯化作物的遗传多样性和对环境变化的适应性大量丢失，严重阻碍了植物资源的多样性保护和可持续发展。

一个新物种可以通过多种方式形成，包括特定器官的选择、亚种间的异源多倍体，或通过从附近物种的渐渗吸收新的等位基因。这也是作物形成的三条主要途径。最显著的例子就是十字花科的物种形成。这种形态和生理上的不同变化可以通过简单的基因变化来呈现，这一事实预示着未来可以使作物生产适应预先设定的生长习惯。

作物驯化过程中，株型直立紧凑、种子增大、落粒性丧失、休眠性降低、开花时间改变及种子颜色的改变等都是人工选择的结果，这些在不同物种驯化过程中普遍出现的复杂性状被称为驯化综合征（domestication syndrome），并得到了广泛的研究。大部分复杂性状在不同的作物品种中是共同的，特别是在一种作物类型中。例如，谷类作物的特征是获得了种子落粒性、种子大小和休眠特性的改良，而蔬菜作物的特征是获得了果实大小和形状的改良。尽管许多物种具有相似的驯化性状，但相同和不同的基因已被证明是驯化的基础。驯化综合征既有共同机制，也有趋同机制。

对于野生植物的重新驯化，人们提出了两种并行的方法：传统育种方法和基因编辑。对于基因编辑，CRISPR/Cas9方法已成为首选方法。至少在理论上，基因编辑可以用于：激活或中止任何基因的功能；创造任何基因的多个不同等位基因；实现任何碱基替换；添加原始基因组中不存在的基因；删除任何序列，包括大的染色体片段甚至整个染色体。理想作物模型是一种结合形态特征和生理特征的生物模型。该模型最初是针对小麦提出的，但同样适用于任何其他驯化作物。在世界6种主要作物的驯化中，基因编辑技术可以用于将关键的单基因性状引入作物野生亲缘，作为一种全新驯化的手段（Zsogon et al., 2018）。

为解决创制多倍体水稻新作物的难题，中国科学院遗传与发育生物学研究所李家洋院士带领的科研团队于2021年首次提出从头驯化异源四倍体野生稻的新育种策略，具体分为4个阶段（图6-19）：第一阶段，收集异源四倍体野生种质资源，综合重要农艺性状、基因组特征分析及遗传转化难易等筛选出最佳种质；第二阶段，建立快速从头驯化技术体系，包括绘制异源四倍体野生稻参考基因组，注释与分析功能基因，优化遗传转化体系，以及建立高效的基因组编辑体系；第三阶段，精准分子设计与快速从头驯化，基于先前重要基因功能研究，尤其是驯化基因和控制重要农艺性状相关基因的注释及同源比对分析，结合分子设计理念进行品种设计，并综合利用各种植物基因组编辑技术进行多基因编辑和优良性状聚合，获得候选新作物的田间性状综合评估；第四阶段，培育出综合性状更加优良的新型多倍体水稻未来作物品种并推广应用（张静昆等，2021）。

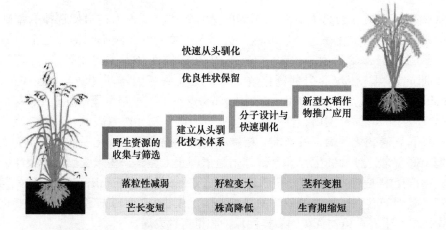

图6-19 异源四倍体野生稻快速从头驯化育种策略（引自张静昆等，2021） 这一育种策略主要包含4个阶段：野生资源的收集与筛选、建立从头驯化技术体系、分子设计与快速驯化、新型水稻作物推广与应用。

现存的植物有40多万种，而被驯化成栽培作物的植物不到100种，其中的15种作物提供了人们从粮食中所获能量的70%。驯化育种的历程极其漫长，尽管经过了上万年的人工选择，但本质上却仅改变了基因组上少数关键基因。例如，从野生大刍草到栽培玉米只需要10个左右关键基因的改变，而在玉米后续驯化和持续改良中，也只有不到1200个基因受到选择或改良，仅占基因组总量的2%~4%。水稻在漫长的驯化中经历了一系列重要事件，包括由匍匐生长变为直立生长，由极易落粒变为落粒性丧失，由长芒变为短芒或无芒，由散穗变为紧穗，由小粒变为大粒等。此外，休眠性降低、抽穗期提前、种子颜色等也发生改变。

在二倍体水稻中已知的10个驯化基因和113个控制重要农艺性状的基因在四倍体野生稻中具有同源基因，包括控制产量与品质、育性、生育期、生物胁迫、非生物胁迫及植物营养元素利用效率等农艺性状的关键基因（张静昆等，2021）。二倍体栽培稻中，这些重要的驯化基因和控制重要农艺性状基因的克隆和机制解析为野生稻的从头驯化提供了重要的遗传资源。进一步利用基因组编辑技术对落粒基因*qSH1*、芒长基因*An-1*、绿色革命基因*SD1*、粒长基因*GS3*、理想株型基因*IPA1*、生育期基因*Ghd7*和*DTH7*进行基因组编辑，成功驯化了野生稻的重要农艺性状，如降低落粒性、减短芒长、降低株高、增加粒长、增加茎粗、不同程度缩短生育期等。基于此策略，李家洋院士团队研究人员从生物量大、胁迫抗性强的CCDD型异源四倍体野生稻资源中筛选出一份高秆野生稻资源Poly Ploid Rice 1（PPR1），同时解决了多倍体水稻组培再生与遗传转化体系、高效精准的基因组编辑技术体系、高质量四倍体野生稻参考基因组等技术难题。通过注释驯化基因及农艺性状基因，系统分析其同源性，并对PPR1中控制落粒性、芒长、株高、粒长、茎秆粗度及生育期的同源基因进行基因组编辑，创制出落粒性降低、芒长变短、株高降低、粒长变长、茎秆变粗、抽穗时间不同程度缩短的各种基因编辑材料（Yu et al.，2021）。结果证实了异源四倍体野生稻快速从头驯化策略具有一定可行性，对未来创制培育新的作物种类从而保障粮食安全具有重要意义（图6-20）。

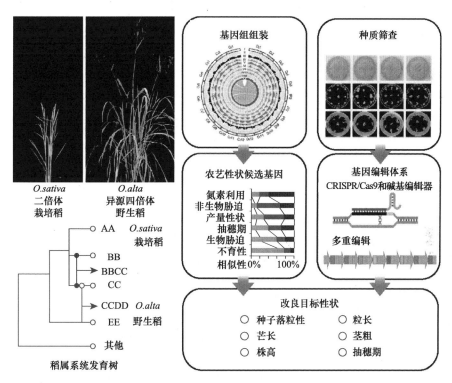

图6-20　异源四倍体野生稻快速从头驯化育种实践（改自Yu et al.，2021）　李家洋院士团队开发了一条野生异源四倍体水稻的从头驯化育种路线，为创造新作物提供了合理的策略，并产生了一系列由驯化相关农艺性状重要基因编辑的异源四倍体水稻株系。

从头驯化策略不仅适用于水稻作物，也适用于其他野生植物，如中国科学院遗传与发育生物学研究所许操团队和高彩霞团队合作实现了野生醋栗番茄的从头驯化，培育出株型紧凑、有限花序、果实增大、收获指数和维生素C含量显著提高的新型番茄，同时保持野生番茄的耐盐碱和抗病能力，同时巴西和德国科学家一项研究也表明从头驯化野生醋栗番茄的可行性（Li et al.，2018；Zsogon et al.，2018）。小众作物也可以作为从头驯化的底盘材料，小众作物指适应于当地环境但没有经过强烈人工选择而不适于广泛种植的半驯化地方品种。小众作物灯笼果利用基因组编辑也可以进行快速驯化，改善了灯笼果的品质和产量（Lemmon et al.，2018）。

6.4.5 单倍体诱导与人工无融合生殖

近几十年来，农业科研工作者培育了几种重要作物的杂交种子，这些作物具有高产、高品质、抗生物和非生物胁迫耐受性等优势。但是，杂交种子面临一个主要挑战——杂种优势的不可遗传性，即它们无法在后代中产生同样高品质的植株。无融合生殖（apomixis reproduction）是一种植物通过克隆种子进行无性繁殖的生殖方式。最初无融合生殖主要指植物不发生核融合的无性生殖过程，不仅包括雌配子体不经受精产生孢子体（孤雌生殖），还包括各种营养体的营养繁殖及体细胞胚的不定胚繁殖方式。目前，无融合生殖主要是指雌雄配子不经过减数分裂和核融合而形成胚或种子的一种特殊生殖方式。在具有重要农艺性状和经济价值的作物研究及育种实践中，无融合生殖具有保持多世代杂交活力的潜力。

现代农业育种技术可以将作物从有性繁殖方式转化为无融合生殖方式，涉及以下三种最常见的方法：①与无融合野生亲缘植物的广泛杂交；②突变育种；③遗传转化技术。通过种间杂交实现无融合生殖的有性杂交在很大程度上依赖于野生亲缘关系的可用性。在玉米中，无融合生殖是通过杂交手段从其野生亲缘摩擦草属（*Tripsacum*）植物获得的，而经过一系列回交后产生的杂种在自然界是不育的，不产生兼性无融合生殖来恢复玉米基因组。人们普遍认为无融合生殖的广泛杂交并不是一种成功的方法。人工突变研究的应用为无融合生殖的遗传结构提供了重要的证据。减数分裂和有丝分裂是根据三个整体特征来区分的。第一，同源染色体之间的重组和配对诱导DNA双链断裂。第二，第一次细胞分裂导致着丝粒分裂，姐妹染色单体分开。第三，基因组复制后，细胞分裂发生两次。在植物中已经确定控制这三个发育过程的遗传因素（Fiaz et al., 2021）。

人工创制无融合生殖必须满足以下两个必备条件：①生殖细胞不经历减数分裂期间发生的遗传重组形成可育的克隆配子；②未经减数分裂的雌雄配子不发生核融合即可发育形成胚或种子。减数分裂是生物细胞染色体数目减半的分裂方式，与有丝分裂存在差异。减数分裂共包括两次分裂，第一次分裂时发生同源染色体的配对、重组和交换，随后同源染色体分离非同源染色体自由组合并均匀地向两极移动产生子细胞，随后子细胞会再度进行第二次细胞分裂，此时姐妹染色单体分离并形成单倍体配子。因此，为了成功获得克隆配子，生殖细胞的减数分裂过程中染色体不能发生遗传重组，减数分裂Ⅰ后期姐妹染色单体需提前分离并均匀向两极移动，并且不能够再发生第二次分裂。进一步研究发现，当拟南芥中同时缺失 *SPO11-1* 与 *REC8* 基因后，细胞减数分裂Ⅰ期会被类似于有丝分裂行为所替代，促使减数分裂Ⅱ后期染色体分配不均匀，产生的配子严重败育。但是若在 *spo11-1rec8* 双突变背景下继续突变 *OSD1*、*TAM* 或 *TDM* 基因，*spo11-1rec8* 双突变体的染色体不平衡分配会被有效抑制并最终产生与母本遗传信息完全一致的可育克隆配子。这种发生减数分裂被类似有丝分裂行为替代并产生克隆配子的突变体被命名为 "MiMe（mitosis instead ofmeiosis）"。

无融合生殖现象通常认为主要发生在多倍体基因型，然而，二倍体物种无融合生殖的发现推翻了多倍体是无融合生殖所必需的观念。中国水稻研究所王克剑及其团队在水稻等主要作物中引入无融合生殖特性，在深入解析水稻有性生殖分子机理和研发多基因编辑技术体系的基础上，通过精准编辑有性生殖过程多个涉及不同步骤的关键基因，成功获得了杂交水稻的克隆种子，实现了杂交水稻无融合生殖从0到1的原创性突破，开辟了无融合生殖固定杂种优势研究及作物育种发展的新方向，为未来杂种优势固定作物的研发与应用奠定了坚实基础。研究人员在水稻中同时聚合 *PAIR1*、*REC8* 和 *OSD1* 三个基因的突变，成功地将MiMe策略引入水稻中并产生克隆配子，但是MiMe植株的结实率与野生型相比显著下降（Wang et al., 2019）。在正常减数分裂过程中，同源染色体发生配对与重组并最终产生了遗传信息发生过重组的单倍体配子，并在经历正常受精后形成二倍体种子，后代植株性状发生分离。MiMe植株生殖细胞的减数分裂过程被类似有丝分裂行为替代并产生二倍体克隆配子，进一步利用卵细胞中异位表达*BBM1*或敲除*MTL*基因诱导植株孤雌生殖实现植物无融合生殖，最终产生克隆种子且后代植株表型与亲本相似（图6-21）。*Nature Biotechnology*杂志评论认为"这项种子克隆技术将显著降低作物的生产成本、保障粮食安全"。

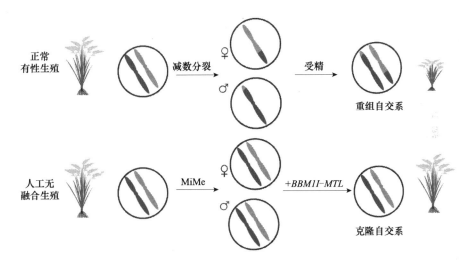

图6-21　人工创制水稻无融合生殖的示意图（改自张燕等，2021）　在正常减数分裂过程中，同源染色体发生配对与重组并最终产生了遗传信息发生过重组的单倍体配子，并在经历正常受精后形成二倍体种子，后代植株性状发生分离。MiMe植株生殖细胞的减数分裂过程被类似有丝分裂行为替代并产生二倍体克隆配子，进一步利用卵细胞中异位表达*BBM1*或敲除*MTL*基因诱导植株孤雌生殖实现植物无融合生殖，最终产生克隆种子且后代植株表型与亲本相似。

由于无融合生殖群体间的遗传变异，母体基因型的可靠传递也需要足够的科学研究。当前已知，至少有三种机制可能导致无融合生殖物种的遗传变异：①新的突变积累起来；②不规则的有性生殖会导致群体中基因型的重组，这种现象通常被称为无融合生殖漏泄；③兼性繁殖发生。由于胚胎发生中受精的需求是由多潜能因子的雄性基因组传递介导的，当基因组编辑以有丝分裂替代减数分裂（MiMe）表型与卵细胞中*BBM1*的表达结合时，可以获得保留全基因组亲本杂合性的克隆后代。这种人工合成的无性繁殖特性可以通过多代无性系遗传，也被称为无性系固定策略。相关研究报道了杂交水稻中3个关键减数分裂基因（*REC8*、*PAIR1*和*OSD1*）的多重编辑导致了无性系二倍体配子和四倍体种子的产生。另外，对参与受精的*MTL*基因进行编辑，诱导杂交水稻产生单倍体种子。利用CRISPR/Cas9系统同时编辑这4个内源基因，获得了能够通过种子进行无性繁殖的植株。通过敲除*OsSPO11-1*、*OsREC8*、*OsOSD1*和*OsMATL*获得的4个aop（无融合后代生产者）突变体产生了MiMe表型。这些突变体具有产生无融合生殖植物的能力，即揭示了一种直接促进无融合生殖以保持水稻杂种活力策略。此外，通过增加具有相同杂交活力的种子的百分比，这种方法也可以用于其他具有相同基因的谷类作物，如小麦、玉米、大麦和小米，最终，这些种子可以到达农民的田地。而鉴定控制无融合生殖分子机制的基因对了解其遗传结构至关重要，但目前对其遗传结构仍不甚了解。无融合生殖在本质上是定性的，涉及遗传分析的组成部分。由于大多数无融合生殖并不是重要的作物，为了揭示无融合生殖的遗传基础而进行的分子研究无法解释这些神秘现象。可以确定的是，在多倍体和配子体无融合生殖之间存在着明确的联系。二倍体植物群体中无融合生殖现象的发现揭示了多倍体与无融合生殖同时发生的绝对必要性。一些研究人员认为，无融合生殖的遗传控制不是一个独立的性状，而是由性系统的表观遗传时间和空间改变触发的。以前认为无融合生殖的遗传控制是由隐性基因控制的，而隐性基因的平衡可能在每次成功杂交后发生变化。最近，遗传过程的一个新概念预测，一个主要调控基因或一组关键显性基因的参与，使大孢子母细胞或体细胞核细胞在不受精的情况下，由未减少的卵细胞形成胚囊和胚胎。但是这些基因在发育过程中的时空分布仍不清楚。自然界无性繁殖的遗传机制是复杂的，因此，在无融合生殖分离（无减数分裂、孤雌生殖和功能性胚乳发育）的背景下，无融合生殖复合体中的种间杂交或种内杂交被广泛研究。此外，无论是无性繁殖还是有性繁殖，植物的表型分析都涉及耗时的细胞学或后代检测。

了解无融合生殖现象仍然是植物遗传学家面临的挑战，也是植物育种家关注的焦点。自然存在的基因和诱导突变都可以使自然的性途径转向无融合生殖，这值得进一步研究。针对无融合生殖、孤雌生殖和种子形成的联合策略可能对充分开发无融合生殖潜能以消除育种障碍具有极其重要的意义。

6.5 挑战与未来展望

6.5.1 挑战

粮食为人类提供了最根本的需求，是决定社会发展的关键因素。通过人类社会不懈努力，全球粮食生产能力持续提升，尤其是工业革命以后，世界粮食总产有了质的飞跃。以中国为例，其主要粮食作物——水稻的年产量从1950年的5700万吨（年人均约100kg）增加到现在的2亿多吨（年人均约140kg）。然而，在世界粮食总产不断提升的同时，饥饿和营养不良问题仍然持续困扰着亿万民众，粮食安全问题依旧严峻。当前世界两大特征影响未来粮食安全：①人口数量增加、中高等收入群体占比上升和膳食结构变化带来的全球食物安全问题。到2050年，世界人口预计接近100亿，比2020年增加近20亿；中等收入家庭占比将由7.8%上升到9.7%，高等收入家庭占比将由3.2%上升到5.6%；与此同时，膳食结构中，动物性蛋白需求大幅度增加，随之产生的植物类的饲料需求剧增，同时，生产、加工、运输、存储和消费习惯带来的食物浪费十分严重。这些变化深刻影响着全球食物安全，据测算，食物总量需要增加一倍才能满足100亿人的吃饭问题（Ray et al.，2013）。②全球气候变化深刻影响着农业的发展。全球范围内，灾害气候频发、耕地资源减少、水资源变得越来越匮乏，这些都从不同的层面对粮食生产总量和效率提出了更高要求。

2020年《世界粮食安全和营养状况》估计，2019年饥饿人数近6.9亿，新型冠状病毒感染（coronavirus disease 2019，COVID-19）疫情导致可能饥饿人数新增超过1.32亿（FAO，2020）。同时，人类生活方式和食物消费的改变导致了隐性饥饿现象的出现，高昂的粮食成本和低经济收入致使30亿人无法吃上健康、有营养的食物（Nair et al.，2016）。在撒哈拉以南，非洲和南亚，57%的人口无法支付健康膳食的成本（高于日均1.90美元的国际贫困线），欧洲、亚洲和北美洲也同样包括这类人群或食物不足人群。与此同时，全球有3800万5岁以下儿童超重，肥胖已在成人中呈全球蔓延趋势。面临如此严峻的人口、资源和气候灾害问题，全球粮食安全依然面临挑战（Foley et al.，2011；Wallace et al.，2018）。

我国是世界人口大国，第七次全国人口普查结果表明全国人口已达141 178万，约占世界人口的18.6%。对一个14亿人口的大国来说，保障粮食充足供应始终是国家安全的头等大事，也是农业农村现代化的前提。要想满足国人吃饱吃好的小康需求，需要进一步提高粮食单产和品质。同时，我国耕地面积占比较小，仅为世界耕地总面积的8%左右。由于人口多耕地少的基本国情，我国为保障粮食安全付出了巨大的生态代价。例如，农业用水占水资源消耗总量的60%，化肥、农药、除草剂、抗生素的使用量占世界总量的30%～50%，资源与生态环境承载能力已到极限，生态安全面临严重威胁。加之当今极端气象灾害频发已成常态，这些对农业生产造成极大的威胁。培育减投增效、减损促稳的作物新品种是保障我国粮食供给的重大需求。

分子设计育种的指导思想是耦合和优化优异等位变异的分子模块，最大优势地发挥分子模块群对复杂性状的非线性叠加效应，有效实现复杂性状的精准改良。分子设计育种将会大幅度提高作物育种的理论和技术水平，带动传统杂交育种向高效、定向化发展。

6.5.2　育种技术发展

种子是农业的"芯片"，良种对我国粮食增产的贡献率超过40%。纵观农业育种技术发展历程，每一次技术的革新都与基础理论的突破密切相关。人类对不同作物的原始驯化选育可以追溯到上万年前，但真正意义上的科学育种并由此发展起来的农业产业始于100多年前孟德尔遗传定律的重大发现（1900年）。据文献记载，最早关于育种研究论文可以追溯到1905年Biffen发表的关于小麦育种的研究。20世纪30年代的玉米杂交育种和20世纪60年代矮秆绿色革命基因的成功应用成为杂交育种的里程碑。常规育种在过去近百年对农业的发展起到了巨大的推动作用，但常规育种存在育种周期长、遗传改良实践效率偏低的缺陷，加上需要多年回交等，通常整个育种周期一般需要花费8～10年（Gao，2021）。1953年，沃森和克里克解析了DNA双螺旋结构，这标志着生命科学研究进入分子水平阶段。而基于分子生物学理论的分子育种发源于20世纪90年代初，得益于DNA分子标记技术的开发和转基因生物育种技术的发展，特别是以功能分子模块和可遗传操作为特征的分子模块育种，大大增加了育种的目标性，明显减少了育种周期，品种培育效率也得到了大幅度提升。2005年后，以新一代测序、基因组编辑、单倍体制种等为代表的新型技术的出现，全面改写了作物育种的理论与策略，分子设计育种应运而生。分子设计育种将生物遗传学理论与杂交育种相结合，基于对控制作物重要性状的关键基因及其调控网络的认识，利用基因组学、表型组学等多组学数据进行生物信息学的解析、整合、筛选、优化，从而获取育种目标的最佳基因型，最终高效精准地培育出目标新品种。分子设计育种彰显出比传统杂交育种更为突出的优越性，尤其是整合了基因组编辑技术，可将育种周期缩短至2～5年，大大提高了育种效率，已经成为作物育种新发展方向。上述不同作物育种发展阶段，在理论与技术探索方面均有着明显不同的特征。

在人工选择与常规育种的时代，科技论文的数目少，仅为91篇，增长缓慢。转基因生物育种与分子标记辅助育种技术的出现引发了生物领域的大变化，也大大增加了科技论文的数量，1991年发文量突增至355篇并逐步增加到2005年的851篇。自2006年后，科技论文出现直线快速增长阶段，充分反映了新理论与新技术带来的全面科技创新与知识信息大爆炸。中国现代作物育种尽管起步晚于西方，但发展迅速，尤其自2003年，我国科学家倡导并率先发展了以水稻为模式的作物育种基础理论与技术研究，中国成为水稻等作物育种技术及其理论研究的引领者。特别是在基因编辑等新型育种技术的理论突破和应用探索上，我国科学研究人员取得了优异成绩。截至2021年底，我国作物育种科技论文已逾8000篇，仅次于美国，位居全球第二。

总体而言，在农业良种育成的必要途径上，全球生物育种技术目前已经历了三个主要的发展阶段，并正全力在向第四个阶段稳步推进。

1）原始驯化选育阶段（1.0版）：通过人工选择，优中选优，将野生种驯化为栽培种并进一步选育为优良品种与种质。最早可追溯至一万多年前。

2）常规育种阶段（2.0版）：包括杂交育种、诱变育种、杂种优势利用等育种方法。杂交育种是通过父母本杂交并对杂交后代进一步筛选，获得具有父母本优良性状的新品种、新种质；诱变育种是人为利用物理、化学等因素，诱发亲本材料产生突变，从中选育具有优良性状的新品种、新种质。始于1900年孟德尔遗传定律的发现，育种研究的文献记载最早在1905年。

3）分子育种阶段（3.0版）：将分子生物学技术手段应用于育种中，通常包括分子标记辅助育种、转基因育种和分子模块育种等。1953年，DNA双螺旋结构的解析是该阶段里程碑。

4）设计育种或智能化育种阶段（4.0版）：基于大数据信息时代，将基因编辑、生物育种、人工智能等新型技术融合发展，实现性状的精准定向改良。近10年间，农业作物基因组解析和新型智能育种环节的不断完善，推动了育种技术进入4.0时代（图6-22）。

图6-22　育种技术进入设计育种4.0时代（改自Gao，2021）　图中揭示了4种育种技术的基本特征。其中，基于自然发生的突变的杂交育种被用于将各种优异性状引入优良受体系；诱变育种被用于诱导全基因组随机突变，从而扩大遗传变异，但由于需要回交，杂交育种和诱变育种所需年限较长；转基因育种可用于引入外源基因或性状，但外来DNA是随机整合到植物基因组，且转基因作物的商业化面临着一个漫长而昂贵的监管评估过程；相比较，基因组编辑技术可以有效地修改植物基因组，更好地改良作物性状，而不需要将外源DNA整合到基因组中。这些精确育种技术定义了下一代植物育种。

习近平曾指出，我国高等教育要立足中华民族伟大复兴战略全局和世界百年未有之大变局，心怀"国之大者"，把握大势，敢于担当，善于作为。种业一直是国际农业竞争的战略高地，种业自主创新是国家乡村振兴战略和创新驱动发展战略的重要领域。当前，人口不断增长、全球气候变化、自然资源约束及社会经济发展对生物育种提出了更多更高的要求，粮食安全、环境安全和营养健康的需求正孕育着重大科学问题集聚及研究的新热点。"设计育种计划"（全称为"农业设计育种会聚研究计划"）是以农业领域优势学科为支撑，旨在布局融合生物技术和信息技术的现代农业科技，促进农业育种与生物信息、大数据与人工智能等学科领域的会聚融合，引领农业育种发展的新方向，解决粮食安全与生态安全、人民健康需求等的重大难题。"设计育种计划"瞄准国家战略目标和国际科学前沿，以水稻等主要粮食作物、番茄等主要经济作物和猪等主要畜禽动物为重点研究对象，聚焦生物资源与基因组解析利用、生物信息与大数据挖掘技术创新应用、基因编辑等前沿技术开发应用、新品种选育与推广等4个重点方向，力争在前沿生物技术、农业种质创新、新品种选育等方面取得突破，培育一批优质、高抗的绿色农业新品种，为新经济发展提供有力支撑。

分子设计育种是多学科交叉实现的新型育种方式，是未来作物育种的不二选择，它的精准性、高效性都将带领作物育种进入一个全新的时代。作物设计育种中心，为培植种业发展提供创新沃土，打通产学研的"最后一公里"。

6.5.3　未来展望

传统育种中利用的遗传变异主要来自自然过程、物理或化学的诱变，而这些变异概率低且突变位点不可预测，基因编辑技术与转基因技术均能克服以上缺点，这对作物基因功能研究与遗传育种具有重要的意义，但这两种技术之间也有巨大的差异。转基因技术一直在许多国家被称为基因改造（genetic modification）技术，是将外源基因导入特定作物基因组当中并使其表达相应的产物的新型育种技术，这些基因可以来自同一物种内部，也可以跨越物种边界来生产新的作物。其核心在于具有表达优良性状能力的外源基因的导入，通过后代筛选保留该优良性状。与转基因作物育种不同的是，基因编辑作物育种仅用于编辑作物内源基因，且可以通过后代的杂交分离将导入的外源基因剥离，所以经过基因编辑育种获得的品种完全不含外源基因。

未来基因编辑育种技术在作物改良育种方面的发展大概有以下几种思路：①许多作物的全基因组测序已经完成，而大多数已测序的基因功能仍未知。通过基因敲除创建全基因组水平的大规模突变体文库是该工具未来应用的必然趋势，此举对于功能基因组研究与作物改良具有重要意义。②作物的优良性状往往依赖复杂的代谢网络进行调控，而除了敲除外，该工具还可以通过调控基因的上下游序列或转录因子致使某些基因表达或被抑制。甚至该工具可直接调控RNA，在不影响遗传的情况下直接在转录水平进行调控，这可以直接用来评估调控区域与表型的关系进而促进作物育种。③优秀的品系往往需要集各种优良性状于一身，这需要多个控制优良性状的基因组同时表达，因此能够同时操控并调控多个基因的基因编辑技术具有重要的应用价值。

利用基因编辑技术进行作物改良育种的优势已经显而易见，但在能否市场化的问题上还存在较大争议。到目前为止，欧盟批准了大约118种转基因生物，但大多数转基因生物是用来喂养动物的，只有极少数供人类直接食用，欧洲几乎没有转基因食品的市场，基因编辑作物被一并认为是转基因技术产物并按照该技术对其进行监管。与欧盟的态度不同，2016年宾夕法尼亚大学利用基因编辑培育的抗褐变蘑菇，在美国并未受到监管。此举标志着美政府对该技术的缓和态度，而在2018年，美国农业部正式发表声明，表示不会对一些新育种技术的作物进行监管，而其中就包括基因编辑技术。

由于各国对于基因编辑及其产物定义并不统一，因此各国的管理方法与管理现状也不尽相同。而对于全世界来说，这种新颖的生物技术所带来的意义十分深远，其不光在农业与医学方面带来全新的局面，还会对社会的经济贸易方面造成影响。只是现在这种不稳定的局面还无法让其飞速拓展开来，但随着基础研究的加深与其他学科的发展，该技术定将获得大众接受并广泛应用。中国作为农业大国，其粮食作物产量近年来屡创新高，但这些产量的背后是除草剂与化肥的不合理使用造成的环境破坏问题与无法应对日渐恶劣的环境而逐渐枯竭的优良品种。基因编辑技术对于我国农业的发展以及提高产业创新能力具有重大意义，社会民众对基因编辑技术的认可度普遍较高，我国科学研究机构和高校科研人员也在基因编辑育种理论和应用上取得了不俗成绩，研究热情高涨。相信在不久的将来，我国将建立健全成熟的技术和管理体系，切实推进该技术在农业等领域的产业化进程，在新一轮农业革命中把握住机会，引领全球农业往更健康、更友好、更高效的方向发展。

6.6 参考文献

关淑艳，费建博，刘智博，等．2018．分子标记辅助选择（MAS）在玉米抗逆育种中的应用．吉林农业大学学报，40：399-407

马小飞，燕霞，钱朝菊，等．2021．作物的从头驯化：原理、进展及挑战-以野生植物沙米的驯化为例．南通大学学报（自然科学版），20：19-30

王红梅，陈玉梁，石有太，等．2020．中国作物分子育种现状与展望．分子植物育种，18：507-513

曾栋昌，马兴亮，谢先荣，等．2018．植物CRISPR/Cas9多基因编辑载体构建和突变分析的操作方法．中国科学-生命科学，7：783-794

张静昆，曾鹏，余泓，等．2021．多倍体水稻从头驯化：育种策略与展望．中国科学-生命科学，51（10）：1467-1476

张燕，王春，王克剑．2020．人工创制植物无融合生殖的研究进展．科学通报，65：2999-3007

Anzalone AV, Koblan LW, Liu DR. 2020. Genome editing with CRISPR-Cas nucleases, base editors, transposases and prime editors. *Nature Biotechnology*, 38: 824-844

Biffen RH. 1905. Mendel's laws of inheritance and wheat breeding. *Journal of Agricultural Science*, 1: 4-9

Cai YP, Chen L, Liu XJ, et al. 2018. CRISPR/Cas9-mediated targeted mutagenesis of *GmFT2a* delays flowering time in soya bean. *Plant Biotechnology Journal*, 16: 176-185

Campa CC, Weisbach NR, Santinha AJ, et al. 2019. Multiplexed genome engineering by Cas12a and CRISPR arrays encoded on single transcripts. *Nature Methods*, 16: 887-893

Carroll D. 2011. Genome engineering with zinc-finger nucleases. *Genetics*, 188: 773-782

Chang HHY, Pannunzio NR, Adachi N, et al. 2017. Non-homologous DNA end joining and alternative pathways to double-strand break repair. *Nature Reviews Molecular Cell Biology*, 18: 495-506

Chen KL, Wang YP, Zhang R, et al. 2019. CRISPR/Cas genome editing and precision plant breeding in agriculture. *Annual Review of Plant Biology*, 70: 667-697

Clarke R, Terry AR, Pennington H, et al. 2021. Sequential activation of guide RNAs to enable successive CRISPR-Cas9 activities. *Molecular Cell*, 812: 226-238

Cooper M, van Eeuwijk FA, Hammer GL,et al. 2009. Modeling QTL for complex traits: detection and context for plant breeding. *Current Opinion in Plant Biology*, 12: 231-240

Daboussi F, Stoddard TJ, Zhang F. 2015. Engineering meganuclease for precise plant genome modification. *Advances in New Technology for Targeted Modification of Plant Genomes*, 3: 21-38

Dana C. 2011. Genome engineering with zinc-finger nucleases. *Genetics*, 188: 773-782

Doudna JA, Charpentier E. 2014. The new frontier of genome engineering with CRISPR-Cas9. *Science*, 346: 6213

Dong OXO, Yu S, Jain R, et al. 2020. Marker-free carotenoid-enriched rice generated through targeted gene insertion using CRISPR-Cas9. *Nature Communications*, 11: 1178

Fan D, Liu TT, Li CF, et al. 2015. Efficient CRISPR/Cas9-mediated targeted mutagenesis in *Populus* in the first generation. *Scientific Reports*, 5: 12217

FAO. 2020. The State of Food Security and Nutrition in the World

Fernie AR, Yan JB. 2019. *De Novo* domestication: an alternative route toward new crops for the future. *Molecular Plant*, 12:615-631

Fiaz S, Wang XK, Younas A, et al. 2021. Apomixis and strategies to induce apomixis to preserve hybrid vigor for multiple generations. *GM Crops & Food-Biotechnology in Agriculture and the Food Chain*, 12: 57-70

Foley JA, Ramankutty N, Brauman KA, et al. 2011. Solutions for a cultivated planet. *Nature*, 478: 337-342

Gao CX. 2021. Genome engineering for crop improvement and future agriculture. *Cell*, 184: 1621-1635

Gaudelli NM, Komor AC, Rees HA, et al. 2017. Programmable base editing of A.T to G.C in genomic DNA without DNA cleavage. *Nature*, 551: 464-471

Hanna RE, Doench JG. 2020. Design and analysis of CRISPR-Cas eperiments. *Nature Biotechnology*, 38: 813-823

Hess GT, Tycko J, Yao D, et al. 2017. Methods and applications of CRISPR-mediated base editing in eukaryotic genomes. *Molecular Cell*,

68: 26-43

Hua K, Tao X, Yuan F, et al. 2018. Precise A.T to G.C base editing in the rice genome. *Molecular Plant*, 11: 627-630

Huang XH, Han B. 2014. Natural variations and genome-wide association studies in crop plants. *Annual Review of Plant Biology*, 65: 531-551

Hsu PD, Lander ES, Zhang F. 2014. Development and applications of CRISPR-Cas9 for genome engineering. *Cell*, 157: 1262-1278

Kang BC, Yun SJ, Kim ST, et al. 2018. Precision genome engineering through adenine base editing in plants. *Nature Plants*, 4: 427-431

Jia HG, Orbovic V, Jones JB, et al. 2016. Modification of the PthA4 effector binding elements in TypeI CsLOB1 promoter using Cas9/sgRNA to produce transgenic Duncan grapefruit alleviating XccΔpthA4:dCsLOB1.3 infection. *Plant Biotechnol Journal*, 14: 1291-1301

Jiang YY, Chai YP, Lu HM, et al. 2020. Prime editing efficiently generates W542L and S621I double mutations in two ALS genes in maize. *Genome Biology*, 21: 257

Joung JK, Sander JD. 2013. TALENs: a widely applicable technology for targeted genome editing. *Nature Reviews Molecular Cell Biology*, 14: 49-55

Komor AC, Kim YB, Packer MS, et al. 2016. Programmable editing of a target base in genomic DNA without double-stranded DNA cleavage. *Nature*, 533: 420-424

Lemmon ZH, Reem NT, Dalrymple J, et al. 2018. Rapid improvement of domestication traits in an orphan crop by genome editing. *Nature Plants*, 4: 766-770

Li C, Zong Y, Wang YP, et al. 2018. Expanded base editing in rice and wheat using a Cas9-adenosine deaminase fusion. *Genome Biology*, 19: 59

Li C, Zong Y, Jin S, et al. 2020. SWISS: multiplexed orthogonal genome editing in plants with a Cas9 nickase and engineered CRISPR RNA scaffolds. *Genome Biology*, 21: 141

Li J, Meng XB, Zong Y, et al. 2016. Gene replacements and insertions in rice by intron targeting using CRISPR-Cas9. *Nature Plants*, 2: 16139

Li JF, Norville JE, Aach J, et al. 2013. Multiplex and homologous recombination-mediated genome editing in *Arabidopsis* and *Nicotiana benthamiana* using guide RNA and Cas9. *Nature Biotechnology*, 31: 688-691

Li JY, Sun YW, Du JL, et al. 2017. Generation of targeted point mutations in rice by a modified CRISPR/Cas9 system. *Molecular Plant*, 10: 526-529

Li JY, Jiao GA, Sun YW, et al. 2021. Modification of starch composition, structure and properties through editing of *TaSBEIIa* in both winter and spring wheat varieties by CRISPR/Cas9. *Plant Biotechnology Journal*, 19: 937-951

Li SN, Lin DX, Zhang YW, et al. 2022. Genome-edited powdery mildew resistance in wheat without growth penalties. *Nature*, 581: 237

Li TD, Yang XP, Yu Y, et al. 2018. Domestication of wild tomato is accelerated by genome editing. *Nature Biotechnology*, 36: 1160-1163

Lin QP, Zong Y, Xue CX, et al. 2020. Prime genome editing in rice and wheat. *Nature Biotechnology*, 38: 582-585

Liu HJ, Jian LM, Xu JT, et al. 2020. High-throughput CRISPR/Cas9 mutagenesis streamlines trait gene identification in maize. *Plant Cell*, 32: 1397-1413

Lu YM, Tian YF, Shen RD, et al. 2020. Targeted, efficient sequence insertion and replacement in rice. *Nature Biotechnology*, 38: 1402-1407

Luo JM, Li SY, Xu JJ, et al. 2021. Pyramiding favorable alleles in an elite wheat variety in one generation by CRISPR-Cas9-mediated multiplex gene editing. *Molecular Plant*, 146: 847-850

Ma XL, Zhang QY, Zhu QL, et al. 2015. A robust CRISPR/Cas9 system for convenient, high-efficiency multiplex genome editing in monocot and dicot plants. *Molecular Plant*, 8: 1274-1284

Miao J, Guo DS, Zhang JZ, et al. 2013. Targeted mutagenesis in rice using CRISPR-Cas system. *Cell Research*, 23: 1233-1236

Mao YF, Zhang H, Xu NF, et al. 2013. Application of the CRISPR-Cas system for efficient genome engineering in plants. *Molecular Plant*, 6: 2008-2011

Mazhar A. 2018. The CRISPR tool kit for genome editing and beyond. *Nature Communications*, 9: 1911

Nadeau JH, Frankel WN. 2000. The roads from phenotypic variation to gene discovery: mutagenesis versus QTLs. *Nature Genetics*, 25: 381-384

Nair MK, Augustine LF, Konapur A. 2016. Food-based interventions to modify diet quality and diversity to address multiple micronutrient deficiency. *Frontiers in Public Health*, 3: 277

Peng AH, Chen SC, Lei TG, et al. 2017. Engineering canker-resistant plants through CRISPR/Cas9-targeted editing on the susceptibility gene *CsLOB1* promoter in citrus. *Plant Biotechnology Journal*, 15: 1509-1519

Ran FA, Hsu PD, Wright J, et al. 2013. Genome engineering using the CRISPR-Cas9 system. *Nature Protocols*, 8: 2281-2308

Ray DK, Mueller ND, West PC, et al. 2013. Yield trends are insufficient to double global crop production by 2050. *PLoS One*, 8: e66428

Ren B, Yan F, Kuang YJ, et al. 2017. A CRISPR/Cas9 toolkit for efficient targeted base editing to induce genetic variations in rice. *Science*, 60: 516-519

Ren B, Yan F, Kuang YJ, et al. 2018. Improved base editor for efficiently inducing genetic variations in rice with CRISPR/Cas9-guided hyperactive hAID mutant. *Molecular Plant*, 11: 623-626

Rodriguez-Leal D, Lemmon ZH, Man J, et al. 2017. Engineering quantitative trait variation for crop improvement by genome editing. *Cell*, 171: 470-480

Sanchez-Leon S, Gil-humanes J, Ozuna CV, et al. 2018. Low-gluten, nontransgenic wheat engineered with CRISPR/Cas9. *Plant Biotechnology Journal*, 16: 902-910

Schmidt C, Fransz P, Ronspies M, et al. 2020. Changing local recombination patterns in *Arabidopsis* by CRISPR/Cas mediated chromosome engineering. *Nature Communications*, 11: 4418

Schwartz C, Lenderts B, Feigenbutz L, et al. 2020. CRISPR-Cas9-mediated 75.5-Mb inversion in maize. *Nature Plants*, 6: 1427-1431

Shan QW, Wang YP, Chen KL, et al. 2013. Rapid and efficient gene modification in rice and brachypodium using TALENs. *Molecular Plant*, 6: 1365-1368

Shen L, Wang C, Fu YP, et al. 2018. QTL editing confers opposing yield performance in different rice varieties. *Journal of Integrative Plant Biology*, 60: 89-93

Shimatani Z, Kashojiya S, Tamayama M, et al. 2017. Targeted base editing in rice and tomato using a CRISPR-Cas9 cytidine deaminase fusion. *Nature Biotechnology*, 35: 441

Tan JT, Zhao YC, Wang B, et al. 2020. Efficient CRISPR/Cas9-based plant genomic fragment deletions by microhomology-mediated end joining. *Plant Biotechnology Journal*, 18: 2161-2163

Tang X, Lowder LG, Zhang T, et al. 2017. A CRISPR-Cpf1 system for efficient genome editing and transcriptional repression in plants. *Nature Plants*, 3: 17018

Tian JG, Wang CL, Xia JL, et al. 2019. Teosinte ligule allele narrows plant architecture and enhances high-density maize yields. *Science*, 365: 658-664

Tucker EJ, Baumann U, Kouidri A, et al. 2017. Molecular identification of the wheat male fertility gene *Ms1* and its prospects for hybrid breeding. *Nature Communications*, 8: 869

Wallace JG, Rodgers-Melnick E. 2018. On the road to breeding 4.0: unraveling the good, the bad, and the boring of crop quantitative genomics. *Annual Review of Genetics*, 52: 421-444

Wang C, Liu Q, Shen Y, et al. 2019. Clonal seeds from hybrid rice by simultaneous genome engineering of meiosis and fertilization genes. *Nature Biotechnology*, 373: 283

Wang SX, Zong Y, Lin QP, et al. 2020. Precise, predictable multi-nucleotide deletions in rice and wheat using APOBEC-Cas9. *Nature Biotechnology*, 38: 1460-1465

Xie KB, Minkenberg B, Yang YN. 2015. Boosting CRISPR/Cas9 multiplex editing capability with the endogenous tRNA-processing system. *Proceedings of the National Academy of Sciences of the United States of America*, 11211: 3570-3575

Yin KQ, Gao CX, Qiu JL. 2017. Progress and prospects in plant genome editing. *Nature Plants*, 3: 17107

Yu H, Lin T, Meng XB, et al. 2021. A route to *de novo* domestication of wild allotetraploid rice. *Cell*, 184: 1156-1170

Zeidan J, Sharma AA, Lee G, et al. 2021. Infusion of CCR5 gene-edited T cells allows immune reconstitution, HIV reservoir decay, and long-term virological control. *BioRxiv*, DOI: 10.1101/2021.02.28.433290

Zhang H, Zhang JS, Wei PL, et al. 2014. The CRISPR/Cas9 system produces specific and homozygous targeted gene editing in rice in one generation. *Plant Biotechnology Journal*, 12: 797-807

Zhang HW, Si XM, Ji X, et al. 2018. Genome editing of upstream open reading frames enables translational control in plants. *Nature Biotechnology*, 36: 894-898

Zhang QW, Yin KQ, Liu GW, et al. 2020. Fusing T5 exonuclease with Cas9 and Cas12a increases the frequency and size of deletion at target sites. *Science China-Life Sciences*, 63: 1918-1927

Zhang R, Liu JX, Chai ZZ, et al. 2019. Generation of herbicide tolerance traits and a new selectable marker in wheat using base editing. *Nature Plants*, 5: 480-485

Zhu HC, Li C, Gao CX. 2020. Applications of CRISPR-Cas in agriculture and plant biotechnology. *Nature Reviews Molecular Cell Biology*, 21: 661-677

Zsogon A, Cermak T, Naves ER, et al. 2018. *De novo* domestication of wild tomato using genome editing. *Nature Biotechnology*, 36: 1211-1216

作物传统育种是基于有性杂交通过遗传重组和表型选择进行品种培育的过程。随着作物重要基因资源的逐步挖掘，通过传统育种选育出新品种越来越困难。第一，由于种间生殖隔离的限制，很难利用近缘或远缘种的基因资源开展作物遗传改良；第二，传统育种易受不良基因连锁的影响；第三，优良基因聚合需要依据表型或生物测定来判断，选择效率低，易受环境影响；第四，育种效率较低，周期长，一般需要10年以上。生物技术已成为新的科技革命的主体之一，当前农业生物技术的飞速发展正推动着农业育种史上新一次"绿色革命"。分子标记辅助育种作为一项新兴的育种技术，可以有效提高作物目标性状改良的效率和准确性，已在作物育种中得到广泛应用，实现了由表型选择到基因型选择的过渡。转基因技术同样是一种新型生物育种技术，通过将人工分离和修饰过的基因插入作物基因组中，借助插入基因的表达，使作物获得一个可遗传的新性状。利用TILLING（targeting induced local lesions in genome，基因组定位缺失突变）技术可以快速、定向创制并精确鉴定目的基因的等位变异，不但有利于了解目的基因的功能，而且有利于提高目的基因的利用效率。基因组重测序（genotyping by sequencing）技术及基因芯片技术的进步，使高通量鉴定基因型成为可能，从而促进了全基因组关联分析及基因组选择育种的发展。本章主要介绍分子标记辅助选择、TILLING、全基因组关联分析、转基因育种技术等生物技术的原理及其在作物育种中应用。

7.1 分子标记辅助育种

标记育种就是利用与目标性状基因紧密连锁的遗传标记，对目标性状的表型及其遗传特性进行跟踪和选择的育种技术。育种家在长期的育种实践中探索出利用遗传标记来提高选择效率与育种预见性。遗传标记是指可以明确反映单个生物或物种间遗传差异的生物特征。一般而言，遗传标记不是目的基因本身，而仅起一种"标记""指纹"的作用，可以帮助人们更好地研究生物的遗传与变异规律。在遗传学研究中，遗传标记主要用于连锁分析、基因定位、遗传作图及标记辅助育种等。在作物育种中，通常用与育种目标性状紧密连锁的遗传标记来对目标性状进行追踪选择。在现代分子育种研究中，遗传标记的应用已经成为基因定位和辅助选择的主要工具。

遗传标记主要有四类：①形态标记（morphological marker），也称为经典的或可见的标记，自身就是表型状状或特征，如花色、粒形、生长习性或色素等。Sax（1923）发现菜豆种子大小与种皮色素（单基因控制性状）相互关联，Rasmusson（1935）发现豌豆开花期与色素相互关联，因此可以利用色素等简单易识别的性状对其他性状进行间接选择。由于形态标记数量少、可鉴别标记基因有限、易受环境和生育期等因素的影响，在植物育种中应用受到一定限制。②细胞学标记（cytological marker），是指通过细胞学技术能观察到的遗传标记，主要指染色体上可以识别的特征，如染色体的核型、带型及染色体缺失、重复、易位、倒位等。一个物种的核型特征及染色体的数目、形态、带型是相当稳定的。非整倍体和染色体结构变异常常具有特定的形态学特征而易与正常二倍体区别开来。非整倍体是指在物种的正常染色体数基础上增加或减少了一条或几条染色体，如缺体、单体、三体、端着丝粒染色体等。减数分裂过程的异常，容易导致特定染色体上基因的分离与重组发生偏离，因而可以作为一种遗传标记来测定基因所在的染色体及其相对位置或通过染色体代换系进行基因定位。③生化标记（biochemical marker），包括同工酶的等位变异。同工酶是基因表达的产物，它们是催化相同反应的同一种酶的不同分子组成形式。通过与酶活性有关的显色反应的电泳图谱可识别同工酶。同工酶是一个或几个基因的多种等位基因产物。用得最多的是单体同工酶和二聚体同工酶，因为这两种同工酶的分子分析过程比较容易进行。同工酶通常是共显性的。同工酶的缺点是每一种同工酶各需特殊的显色方法和技术、同工酶仅反映编码基因的表达信息、有些酶活性具有发育和组织特性、标记数量非常有限。④DNA标记（DNA marker），有时也称为分子标记，是以DNA多态性（DNA变异位点）为基础的遗传标记。分子标记源于基因组DNA的自然变异，数量上几乎不受限制，而且分子标记不受环境与发育阶段的影响。

7.1.1　各类分子标记的特性

1. 分子标记的分类

按技术特性，分子标记可分为三大类。

第一类是以分子杂交为基础的DNA标记技术，主要是限制性片段长度多态性（restriction fragment length polymorphism，RFLP）标记。

第二类是以聚合酶链反应（polymerase chain reaction，PCR）为基础的各种DNA标记技术。PCR是Mullis等（1986）首创的在模板DNA、引物和4种脱氧核糖核酸（dNTP）存在的条件下，利用依赖于DNA聚合酶的体外酶促反应，合成特异性DNA片段的一种方法。PCR技术的特异性取决于引物与模板DNA的特异结合。按PCR所需的引物类型又可分为：单引物PCR标记，其多态性来源于单个随机引物作用下的扩增产物长度或序列变异，包括随机扩增多态性DNA（random amplified polymorphic DNA，RAPD）标记、简单重复序列区间（inter-simple sequence repeat，ISSR）标记。双引物选择性扩增的PCR标记，包括扩增片段长度多态性（amplified fragment length polymorphism，AFLP）标记、简单序列重复（simple sequence repeat，SSR）标记、插入/缺失（insertion/deletion，InDel）标记。SSR又称为微卫星（microsatellite）标记或短串联重复（short tandem repeat，STR）标记，是目前在遗传学及分子育种中应用最广泛的标记。

第三类是单核苷酸多态性（single nucleotide polymorphism，SNP）标记。SNP是由基因组核苷酸水平上的变异引起的DNA序列多态性，包括单碱基的转换、颠换及单碱基的插入、缺失。

2. 分子标记的原理及遗传特性

（1）限制性片段长度多态性（RFLP）标记　　Grodzicker等（1974）首创RFLP分子标记，Botstein（1980）最早提出利用RFLP标记构建基因与分子标记的连锁关系，进而确定基因的位置。在20世纪八九十年代，RFLP广泛应用于植物连锁图的构建和重要农艺性状基因定位等研究。

1）基本原理。植物基因组DNA经某种限制性内切酶（restriction enzyme，RE）酶切消化后，能产生数百万条DNA片段，通过琼脂糖电泳可将这些片段按分子大小分离，然后将它们按原来的顺序和位置转移到易于操作的尼龙膜或硝酸纤维素膜上，用放射性同位素

（如 ^{32}P）或非放射性物质（如生物素、地高辛等）标记的DNA作为探针，与膜上的DNA进行杂交（Southern杂交），若某一位置上的DNA酶切片段与探针序列相似或高度同源，则标记好的探针就结合在这个位置上。放射自显影或酶学检验后，即可显示出不同材料对该探针的限制性片段多态性情况（图7-1）。DNA碱基替换造成RE酶切位点的增加或丧失及DNA插入、缺失或重复等造成酶切片段大小的改变是产生限制性片段长度多态性的原因。对每一个DNA/RE组合而言，所产生的片段是特异性的，它可作为这一植物DNA所特有的"指纹"。对于线粒体和叶绿体等相对较小的DNA分子，通过合适的RE酶切，电泳分析后就有可能直接检测出DNA片段的差异，即不需要Southern杂交。RFLP分析的探针，必须是单拷贝或寡拷贝的。否则，杂交结果不能显示清晰可辨的带型，表现为弥散状，不易进行观察分析。RFLP探针主要有3种来源，即植物cDNA克隆、基因组克隆（random genome克隆，RG克隆）和PCR克隆。

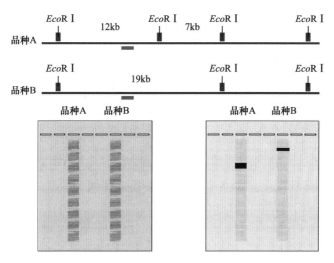

图7-1　RFLP原理　品种A和品种B的DNA由于 *EcoR* I 的酶切位点不同，酶切电泳后，经探针杂交检测到不同大小条带。

2）特点。RFLP标记具有共显性（co-dominance）的特点。共显性标记是指来源于双亲的同一基因位点产生2个以上分子量不同的多态性片段，均在F$_1$中表现。RFLP标记所需DNA量大（5~15μg），检测步骤比较烦琐，需要的仪器、设备较多，周期长，检测少数几个探针时成本较高，用作探针的DNA克隆的制备与存放较麻烦。检测中要利用放射性同位素（通常为 ^{32}P），易造成污染。尽管可以用非放射性物质标记方法，但价格高，杂交信号相对较弱，灵敏度也较同位素标记低。目前，RFLP标记直接用于育种成本高，人们一直致力于将RFLP标记转化为基于PCR的标记，便于在育种上利用。

（2）随机扩增多态性DNA（RAPD）标记　　RAPD标记是由美国科学家Williams等（1990）研发的一种基于PCR的DNA分子标记技术，又称为任意引物PCR。

1）基本原理。利用单一人工合成的10个碱基随机序列的寡核苷酸作为引物，以植物基因组DNA为模板进行PCR扩增，用琼脂糖凝胶电泳检测PCR产物DNA片段长度多态性的一种分子标记技术。两个不同个体的基因组DNA用同一引物扩增通常得到不同的谱带（随机扩增的多态性DNA）。某个特异片段存在于其中一个个体，但不存在于另一个个体，说明具有

DNA多态性，可作为分子标记。RAPD标记在一定的扩增条件下，扩增的条带数取决于基因组的复杂性。对于特定的引物，基因组复杂性越高，所产生的扩增条带数越多。RAPD片段的适宜长度为400～2000bp。

2）特点。RAPD引物长度为10个核苷酸，不需要专门设计引物，也不需要预先知道基因组的核苷酸序列，省去了设计引物的相关工作。RAPD-PCR的退火温度低，一般为36℃左右，较低的退火温度能保证核苷酸引物与模板的稳定结合，同时允许适当的错配，以扩大引物在基因组DNA中配对的随机性，提高对基因组DNA进行多态性分析的效率。RADP-PCR扩增无特异性，每个反应中，仅加单个引物，就可对模板DNA随机配对实现扩增，从而利用一套随机引物便可得到大量分子标记。RAPD-PCR对DNA质量要求较低，技术简便易行，易于程序化和自动化。RAPD技术的不足之处是实验结果稳定性和重复性较差。RAPD标记表现为显性遗传（极少数共显性），不能鉴别杂合子和纯合子。但只要扩增到的RAPD片段不是重复序列，便可以将其回收并克隆，转化为基于PCR的分子标记，进一步验证RAPD分析的结果。

（3）扩增片段长度多态性（AFLP）标记　　AFLP由Zabeau和Vos（1993）创建，是以RFLP和RAPD技术为基础，利用PCR扩增基因组DNA限制性片段的分子标记方法（Vos et al.，1995）。

1）基本原理。植物基因组DNA用限制性内切酶（RE）切割成小的DNA片段，然后酶切片段与含有黏性末端的人工接头连接，连接后的黏性末端序列和接头就作为PCR反应的引物结合位点。限制性片段通常用两种RE切割产生，一种是识别6bp的低频剪切酶，一种是识别4bp的高频剪切酶。植物基因组DNA经两种RE酶切后，将酶切产物与两种人工合成的特异寡核苷酸片段（接头）连接，根据接头和酶切位点的序列设计出相应的引物，进行特异性PCR扩增。PCR引物的3′端加上1～3个选择性核苷酸，这样的引物只能扩增酶切产物的一部分片段。只有那些在酶切位点侧翼的核苷酸与选择性核苷酸匹配的限制性片段才能被扩增出来。通过不同的选择性引物组合，可产生大量不同的AFLP指纹。一个典型的AFLP扩增产生50～100个限制性片段。基因组DNA经RE酶切后，要求大多数片段在100～500bp。在实验中，通常6bp识别位点的酶选用 *Pst* Ⅰ、*Eco*R Ⅰ、*Hind*Ⅲ等，而4bp识别位点的酶选用 *Mse* Ⅰ和 *Taq* Ⅰ等，常用的酶组合为 *Eco*R Ⅰ/*Mse* Ⅰ。AFLP标记特异性PCR扩增片段比较小，大多为100～800bp，可在变性聚丙烯酰胺凝胶中电泳和染色显带（图7-2）。

2）特点。结合了RFLP和RAPD的优点，DNA用量少，重复性好，可靠性高，每个AFLP分析所需的DNA用量少（0.05～0.5mg），但对模板DNA纯度和RE的质量要求较高。用同样一套限制酶、接头和引物，可对各种模板DNA进行分子标记研究。多态性好，信息量大，每个AFLP反应能检出多态片段多，信息量很大。AFLP可以通过改变限制性内切酶和选择性碱基的种类与数目来调节扩增的条带数，理论上AFLP标记技术可产生无限多的标记数并且可以覆盖整个基因组。AFLP的多态性带远远超过其他的分子标记，一般一次检测可获得50～100个AFLP扩增产物。AFLP标记大多数情况下表现显性遗传，当不同材料选择性扩增片段有长度差异时就表现为共显性。AFLP的缺点是操作技术比较复杂，需要标记引物或采用银染技术，成本较高，操作难度大，不易实现自动化，扩增时存在假阳性带和假阴性结果。

（4）简单序列重复（SSR）标记　　真核生物基因组中存在大量的串联重复序列，按重复单位大小，可将这类串联重复分为卫星（重复序列＞70bp）、小卫星（6～70bp）、微卫星（microsatellite）（1～6bp）DNA。微卫星是一类由几个（一般2～4个）核苷酸为重复单

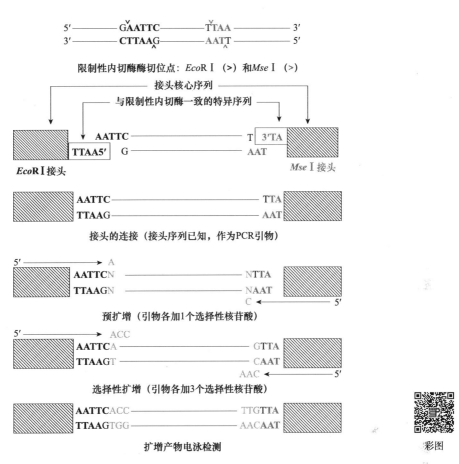

图7-2　AFLP原理　当DNA用*Eco*R I和*Mse* I酶切后，酶切产物与两种人工合成接头连接，根据接头和酶切位点的序列设计引物，同时在引物的3′端加上1~3个选择性核苷酸，有选择性地扩增一部分片段。PCR产物大多为100~800bp，可在聚丙烯酰胺凝胶中电泳分离。

位（又称基序，motif）组成的长达几十个核苷酸的串联重复序列，又称为简单序列重复标记技术。"微卫星"这个术语是由Litt和Lutty（1989）提出来的。各类微卫星的频率在不同的生物种类之间存在着显著的差异。在人类基因组中，最丰富的微卫星是（AC）$_n$和（GA）$_n$，植物基因组中最丰富的微卫星是（AT）n。在植物中，双子叶植物微卫星的丰度约为单子叶植物的3倍。在单子叶和双子叶植物中SSR数量和分布也有差异，平均分别为64.6kb和21.2kb中有1个SSR。SSR可以存在于DNA的任何区域，如基因间区域、基因区域包括编码区（内含子和外显子）和非编码区等。单核苷酸及二核苷酸重复类型的SSR主要位于非编码区，而有部分三核苷酸重复类型位于编码区。另外，在叶绿体基因组中也存在一些以A/T序列重复为主的微卫星。在微卫星DNA中，简单序列的重复次数在同一物种的不同品种或不同个体中存在较大差异，即微卫星座位上存在着非常丰富的等位基因。在植物核基因组中，各种SSR数量从多到少依次为（AT）$_n$、（AG）$_n$、（CT）$_n$、（AAT）$_n$、（ATT）$_n$、（GTT）$_n$、（AGC）$_n$、（GCT）$_n$、（AAG）$_n$、（CTT）$_n$、（AATT）$_n$、（TTAA）$_n$、（AAAT）$_n$、（ATTT）$_n$、（AC）$_n$和（GT）$_n$等。

1）基本原理。植物基因组中存在丰富的微卫星，某一特定微卫星的侧翼序列通常是保守

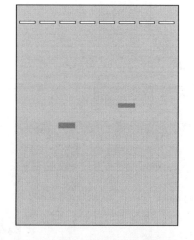

图7-3 SSR的原理 品种A和品种B的DNA存在（CA）重复次数不同，用两个特异引物进行PCR扩增，产物存在长度多态性，经电泳后，可以看到不同大小条带。

的单拷贝序列，因而可以将微卫星侧翼的DNA片段克隆、测序，就可以人工设计引物进行PCR扩增，从而将单个微卫星位点扩增出来（图7-3）。由于单个微卫星位点重复单元数量的变异，不同个体的扩增产物在长度上的变化就可产生长度的多态性，这种多态性称为简单序列长度多态性（simple sequence length polymorphism，SSLP）。由于SSR标记是针对微卫星序列作特异PCR扩增，设计引物的前提是要知道引物所在座位的DNA序列。因此，微卫星两侧DNA的测序便成为微卫星标记发展的最大限制因素。目前SSR标记引物的设计主要有两种途径：①通过构建文库和测序来设计引物；②从公开发表的DNA数据库、表达序列标签（express sequence tag，EST）数据库资料中寻找微卫星序列设计引物。在EST或cDNA数据库中找到的SSR标记简称为EST-SSR或cSSR。EST-SSR来自基因的转录区域，是稳定可靠的基于表达基因的特定分子标记。这些标记能更好地对基因功能的多样性进行评估。部分EST-SSR标记可以跨物种应用，因为在不同物种中的表达基因大多数是相似的，针对这些表达基因设计的SSR标记就可以在物种间通用。

2）特点。多态性高，微卫星DNA广泛分布于基因组中，SSR标记数量相当丰富，覆盖整个基因组，分布比较均匀，可揭示的多态性高。信息量大，SSR标记具有多等位基因的特性，提供的信息量大。实验重复性好，结果可靠性高。SSR是共显性标记，以孟德尔方式遗传。SSR的缺点是引物开发难度大，成本高。

（5）简单序列重复区间（ISSR）标记 ISSR又称为锚定简单重复序列，是Zietkiewicz等（1994）开发的一种基于微卫星序列的、利用重复序列并在3′端或5′端锚定的单寡聚核苷酸引物对基因组进行PCR扩增的标记技术。如果单个引物扩增条带太多，也可利用2个不同引物进行PCR扩增。

1）基本原理。ISSR是利用人工合成的核苷酸重复序列作为引物，对微卫星序列之间的DNA序列进行PCR扩增。由于ISSR标记利用在基因组常出现的微卫星序列DNA设计引物，引物由1~4个碱基组成的串联重复和几个非重复的锚定碱基组成，引物长度一般为16~18bp，为增加特异性，可用18~24bp的较长引物。例如，锚定引物为（CA）₈RG、（CA）₈RY、（CA）₇RTCY（其中Y代表嘧啶，R代表嘌呤）。锚定引物的作用是将引物退火到模板的每个靶序列处的一个特异位点，以保证引物与DNA中SSR的5′端或3′端结合，对位于反向排列、间隔不太大的重复序列间的基因组节段进行PCR扩增。

2）特点。ISSR技术结合了RAPD标记技术和SSR标记技术的优点，模板DNA用量少，实验操作简单、快速、高效、成本低。引物具有通用性，不需要预先获知任何靶序列的SSR背景信息。遗传多态性高，重复性好。ISSR通常为显性标记。

（6）序列相关扩增多态性（SRAP）标记技术　　SRAP是由Li和Quiros（2001）提出的一种基于PCR的标记技术，又称为基于序列扩增多态性（sequence-related amplified polymorphism，SRAP）。

1）基本原理。SRAP分子标记是针对基因外显子里GC含量丰富而启动子和内含子里AT含量丰富的特点来设计引物进行扩增，因不同个体的内含子、启动子与间隔区长度不等而产生多态性。PCR扩增引物的设计是关键，它利用独特的引物设计对开放阅读框（open reading frame，ORF）进行扩增。正向引物长17bp，5′端的前10bp是一段非特异性的填充序列，紧接着是CCGG，它们一起组成核心序列，靠着3′端的是3个选择性碱基，对外显子进行扩增。反向引物长18bp，5′端的前11bp是非特异性的填充序列，紧接着是AATT，它们一起组成核心序列，靠3′端的是3个选择性碱基，对内含子和启动子区域进行特异扩增。因不同个体的内含子与启动子间隔长度不等而产生多态性扩增产物。由于在设计引物时正、反引物分别是针对序列相对保守的编码区与变异大的内含子、启动子和间隔序列，因此多数SRAP标记在基因组中分布是均匀的。

2）特点。稳定性高，重复性好，SRAP使用长17～18bp的引物及变化的退火温度，能够保证PCR扩增结果的稳定性和重复性。SRAP正向引物和反向引物可以自由组配，引物具有通用性。SRAP标记通常呈显性，部分呈共显性。SRAP标记的缺点是对开放阅读框（ORF）进行扩增，对基因组相对较少的着丝粒附近及端粒的扩增会较少。

（7）单核苷酸多态性（SNP）标记　　SNP是指某一个核苷酸的变异导致不同DNA序列间存在多态性，通常是由单个碱基的替换引起的（Lander，1996）。SNP在染色体上的分布十分广泛，在25个常见的玉米样本中，大约每隔106bp就存在一个SNP（Tenaillon et al.，2011）。水稻中大概250bp就有1个SNP标记。SNP已经广泛应用于基因定位、关联分析、基因组育种中，是目前应用范围最广的分子标记。

1）基本原理。SNP是指基因组水平上由单个核苷酸的变异引起的DNA序列多态性，包括单个碱基的转换和颠换等。转换是指同型碱基之间的替换，如嘌呤与嘌呤（G/A）、嘧啶与嘧啶（T/C）间的替换；颠换是指发生在嘌呤与嘧啶（A/T、A/C、C/G、G/T）之间的替换。依据排列组合原理，SNP一共可以有6种替换情况，即A/G、A/T、A/C、C/G、C/T和G/T。实际上转换的发生频率更高，主要以C/T转换为主，原因是CpG的C是甲基化的，容易自发脱氨基形成胸腺嘧啶T，CpG也因此成为突变热点。发现和检测SNP的方法很多，对目的基因进行PCR扩增，对扩增产物进行测序是鉴别和发现SNP的最便捷方法；在数据库中搜索同一物种不同品种间同一基因序列，通过同源序列比对也能发现SNP。找到SNP后，需要设计引物，验证SNP的存在。目前，已经开发很多技术可以检测SNP标记。最常见的技术是基于SNP的存在，引入或缺失一个限制性内切酶（RE）酶切位点，这个RE只能切开其中一个PCR产物。这种检测SNP的方法是一种特殊的酶切扩增多态性序列（cleaved amplified polymorphism sequence，CAPS）。如果SNP处没有找到合适的RE位点，还可以利用衍生的酶切扩增多态性序列（derived CAPS，dCAPS）标记，即在SNP附近的引物中引入错配碱基，结合该SNP就产生了新的RE酶切作用位点，产生类似CAPS的标记。CAPS和dCAPS方法可以将几乎所有的SNP位点转换成以PCR为基础的分子标记。此外，还有很多高通量自动化检测SNP的技术与方法，如高通量测序技术、基因芯片法等。

2）特点。SNP数量多，分布广，遗传稳定性高，共显性标记。易实现高通量自动化检测。缺点是每个SNP标记只有2个等位基因，信息量有限，特别是其中一个等位基因是稀有等位基因时（出现的频率小于5%）。SNP标记的开发成本较高。

（8）插入/缺失（InDel）标记　　InDel是相对于参考基因组而言的，不同个体的基因组同一位点的序列存在一定数量的核苷酸插入或缺失，本质仍属于长度多态性标记。基于InDel位点两侧的序列设计特异引物进行PCR扩增，通过电泳可以很容易检测InDel（图7-4）。随着测序技术的发展，获得了许多物种的基因组数据。比较同一物种不同个体间的同源序列信息，很容易发现存在大量的InDel。这些InDel标记已经广泛地应用于植物遗传群体分析、基因精细定位、标记辅助选择等。InDel分子标记在基因组内数量多、分布广、变异稳定、容易检测。缺点类似SNP，只有2个等位基因。

品种A	ATTTCTTTGGCCACAGGCGACTCTCGGGCGACAGCCCCAAAACCCCGACACCCCACCGCC
品种B	ATTTCTTTGGCCACAGGCGACTCTCGGGCGACAGCCCCAAAACCCCGACACCCCACCGCC
品种C	ATTTCTTTGGCCACAGGCGA-------------------CAGCCCCAAAACCCCGACACCCCACCGCC
品种D	ATTTCTTTGGCCACAGGCGA--------------------CAGCCCCAAAACCCCGACACCCCACCGCC
品种A	GACCACCTCGCCGCCGGCGGCACCGCTCCCCTTTGCCGCCGTCGGCTCTACCTCCTTCCC
品种B	GACCACCTCGCCGCCGGCGGCACCGCTCCCCTTTGCCGCCGTCGGCTCTACCTCCTTCCC
品种C	GACCACCTCGCCGCCGGCGGCACCGCTCCCCTTTGCCGCCGTCGGCTCTACCTCCTTCCC
品种D	GACCACCTCGCCGCCGGCGGCACCGCTCCCCTTTGCCGCCGTCGGCTCTACCTCCTTCCC
品种A	ACTCTCCCGTCCTTCTCCTAGCCTCCCTCCTCTCTCTCTCTCTCTCTCAATACTTTTT
品种B	ACTCTCCCGTCCTTCTCCTAGCCTCCCTCCTCTCTCTCTCTCTCTC--------AATACTTTTT
品种C	ACTCTCCCGTCCTTCTCCTAGCCTCCCTCCTCTCTCTCTCTCTCTC--------AATACTTTTT
品种D	ACTCTCCCGTCCTTCTCCTAGCCTCCCTCCTCTCTCTCTCTCTCTC--------AATACTTTTT
品种A	TCTACCTTTCATACTACCTTCCATGTTCTTGTTCCGAATCTGGG
品种B	TCTACCTTTCATACTACCTTCCATGTTCTTGTTCCGAATCTGGG
品种C	TCTACCTTTCATACTACCTTCCATGTTCTTGTTCCGAATCTGGG
品种D	TCTACCTTTCATACTACCTTCCATGTTCTTGTTCCGAATCTGGG

图7-4　InDel标记与SSR标记检测　第1～4行显示一个InDel序列，第9～12行显示一个SSR标记，两箭头表示两个引物。

（9）基于混样测序的DNA标记开发　　除了上述分子标记外，还有很多分子标记，这些分子标记的基本原理与上述介绍的大同小异。开发、建立分子标记的目的就是要找到DNA序列上的多态性位点。随着高通量测序技术的发展，针对一些遗传背景不清楚、缺乏基因组信息的物种，也能够很快的开发出分子标记。例如，通过混样测序技术，可以同时对很多样品DNA进行测序，通过序列分析、比对，很容易找到SNP与InDel标记。

混样测序是指把多个样品DNA均匀混合后进行高通量测序，不同DNA样品带有不同标签（Barcode序列标签），测序数据根据标签即可区分出不同的DNA样品。由于带有不同的序列标签，也可以避免在分析过程中混淆样品，保证了测序结果的准确性。与一次仅测序单个DNA样品相比，混样测序具有高效性，并能明显降低测序成本。对没有参考基因组的物种，该方法可用于挖掘SNP和InDel标记。对于有参考基因组的物种，通过这种方法挖掘的SNP和InDel标记，可用于全基因组关联分析、开展基因组设计育种及基因组选择育种。

（10）功能性分子标记　　上述的DNA分子标记所检测的多态性在基因组上位置大多

是随机分布的，它们与基因的功能没有直接的关系。如果某一标记的多态性位点落在基因的编码区，则可能影响到基因的功能，如内含子剪切、翻译的终止、氨基酸非同义替换等。Andersen 和 Lubberstedt（2003）定义了功能性分子标记（functional marker，FM），即从表型相关的功能基因序列中的 SNP 位点开发而成的新型分子标记。FM 又可以分为直接型功能性分子标记（direct functional maker，DFM）和间接型功能性分子标记（indirect functional maker，IFM）。如果一个 SNP 不改变氨基酸序列，则这种 SNP 叫作同义 SNP，它是中性的，不影响蛋白质功能。如果改变了氨基酸序列，则为非同义 SNP，可能影响到基因功能。虽然定义中只提到 SNP，其实有些 InDel 也是功能性标记。DFM 主要来自功能基因/数量性状位点（quantitative trait locus，QTL）的克隆，某个 SNP 位点直接决定了基因的功能，而且与目标性状直接相关。IFM 主要来自全基因组关联分析或候选基因关联分析，找到与目的性状显著关联的非同义 SNP，其实际功能并未完成研究。对目的基因序列进行测序，是开发候选基因 FM 的简单方法。比对分析 EST 序列信息或不同种质资源中的基因序列，也可以开发出针对特定等位基因的 SNP 标记，其中一些是 FM。通过基因 FM 与目的性状的关联分析，可以预测 FM 的功能。FM 的特点是相对于随机标记与非功能性标记而言，其与目标性状的关系是确定的、可靠的、稳定的，且可被准确检测，用于跟踪目标性状。

（11）基因芯片技术　　基因芯片（gene chip）又称为 DNA 微阵列（DNA microarray）、DNA 芯片，属于生物芯片（biochip）中的一种。基因芯片是 20 世纪 90 年代发展起来的一项前沿生物技术，是分子生物学和微细加工技术相结合的产物。基因芯片是一种反向的杂交技术，利用微阵列技术将探针（已知序列的高密度 DNA 片段或原位合成的 DNA）通过高速机器人按预先设计的排列方式固定在固体基质（如载玻片或硅片等）表面制成。基因芯片有不同的分类方法。按照载体上 DNA 种类的不同，可分为寡核苷酸芯片和基因组 DNA 芯片，其中寡核苷酸和 cDNA 芯片是其中的两个主要类型；按照基因芯片的用途可分为表达谱芯片、指纹图谱芯片、测序芯片、检测芯片等；按其制备方法不同可分为原位合成芯片和合成后点样芯片（合成后交联芯片）等。SNP 基因芯片在基因分型、全基因组关联分析及全基因组选择育种中发挥着重要作用。在 SNP 芯片研究领域，我国已经开发水稻 6K、60K 和 90K SNP 芯片，小麦 35K、50K 和 660K SNP 基因芯片，棉花 80K SNP 芯片等。

1）基本原理。基因芯片（DNA 微阵列）技术和传统的 Southern 杂交、Northern 杂交等技术一样，均基于核酸之间的互补结合特性开发，但是传统技术只检测单个基因，而微阵列技术则是高通量的。传统技术利用探针检测待测样品，而基因芯片反其道而行之，将探针固定在芯片上，反而将待测样品制成能被检测的探针与芯片杂交。基因芯片的制备及检测过程主要包括：芯片的制备（选择点样仪和玻片、靶基因的扩增和固定）、杂交探针的制备（DNA 或 mRNA 的抽提、mRNA 的反转录、PCR 及探针荧光标记制备）、杂交条件优化（杂交液、杂交条件和洗涤条件的选择）和信号检测与数据分析等。

微电子工业中应用十分成熟的光学光刻技术和微机电系统加工技术是制备基因芯片的技术基础。美国 Affymetrix 公司是最早开发和研制基因芯片的公司。寡核苷酸的原位光控合成技术是由 Affymetrix 公司开发的，由这种方法得到的芯片通常称为 Genechip™。首先使固体表面羟基化，并用光敏保护基团将其保护起来，然后选取适当的避光膜（mask）使需要聚合的部位透光，其他部位不透光。这样，当光通过避光膜照射到支持物上时，受光部位的羟基就会失去光敏基团保护而活化，从而可以反应结合碱基。由于参与合成的碱基单体一端可以进行固相合成，另一端受光敏基团的保护，所以原位合成后，可进行下一轮的光照、脱保护和固相合成。如此循环，不断改变避光膜的透光位点，在玻璃片上进行32步化学反应，就可能得到所有65 536个不同的8nt寡核苷酸探针。合成后交联芯片制作比原位合成简单，利用手工或自动点样装置将预先制备好的寡核苷酸或cDNA样品点在经特殊处理的玻璃片或其他材料上即可，主要用于中、低密度芯片的制备。合成后交联制备芯片，载体的表面处理是一个重要环节。对不同长度的核酸分子，固体表面的处理方法也不一样。例如，cDNA芯片的制备主要是利用cDNA与载体之间进行共价交联或通过静电作用产生非共价吸附。

基因芯片的检测主要基于放射标记技术、荧光标记技术、化学发光等技术。对于高密度的基因芯片，最常用的是激光共聚焦显微镜和高性能的冷却CCD（charge-coupled device，电荷耦合装置）。使用荧光标记的基因芯片需要专用的荧光扫描仪，专用荧光扫描的扫描仪分为两类：一类是基于CCD检测光子；另一类是基于PMT（photomultiplier tube，光电倍增管）的检测系统。

2）特点。基因芯片技术具有高通量、微型化、自动化、成本低等特点，能够快速、高通量开展全基因组范围内基因分型、基因表达检测等。

7.1.2　遗传图谱构建

遗传图谱构建即遗传作图（genetic mapping），是利用遗传学的原理和方法，构建能反映基因组中遗传标记之间遗传关系的连锁图谱，确定不同分子标记在染色体上的相对位置或排列情况，为作物种质资源收集、目的基因或QTL定位、基因克隆及分子育种方法的确定等提供理论依据。利用分子标记构建连锁图谱的一般步骤包括：根据遗传材料间的多态性，确定用于产生作图群体的亲本和组合，培育作图群体；作图群体中不同个体或品系标记基因型的确定；标记连锁群的构建。

1. 作图群体

作图群体（mapping population）是指用于遗传作图的分离群体。用作遗传作图的作图群体要符合群体足够大、群体随机分离和双亲间多态性高的要求。

作图群体分为暂时性分离群体和永久性分离群体两类。暂时性分离群体包括F_2群体、BC_1群体等。这类群体构建容易，分离符合孟德尔遗传定律，基因型（带型）容易识别，能够估计显性效应及与显性有关的上位性效应，但一经自交或近交其遗传组成就会发生变化，无法永久使用。永久性分离群体包括重组自交系群体（recombinant inbred line，RIL，由F_2经6~8代自交遗传后，使后代基因组相对纯合的群体）、加倍单倍体（doubled haploid，DH）群体等。这类群体以品系作为分离单元，不同株系之间存在基因型的差异，而株系内个体之间的基因型是相同且纯合的，自交后不会发生分离，因此可通过自交繁殖后代，而不会改变群体的遗传组成，可以在多个环境中开展表型鉴定，可以永久使用，但构建这些作图群体耗时较长。利用RIL和DH群体无法估计显性效应。但是，将RIL和DH群体中不同株系间随机交配，获得的F_1品系组成的群体，与F_2具有相同的遗传结构，每年配置同样的组合可满足重复试验的需要，使得群体的遗传结构得以长期保持，故又称为永久F_2（immortalized F_2）群体。这种群体可用于多环境互作研究，有利于鉴别紧密连锁的标记及QTL定位，能解析显性效应，有助于揭示杂种优势的遗传机理。

上述作图群体构建适用于自花授粉植物，因为它们的亲本都是高度纯合的自交系，杂交后代又可通过多代自交而纯合。异花授粉植物的亲本不是纯合的自交系，杂交F_1代即作为作图群体，用于连锁图谱构建。这些群体都是暂时性分离群体，但无性繁殖作物可以通过无性繁殖永久保留作图群体。

2. 标记的多态性鉴定与数据处理

有了作图群体后，就要对双亲及不同个体进行基因型鉴定，又称为基因分型（genotyping）。一般可以对亲本先进行基因型鉴定，以筛选多态性标记，用于个体株系分型。由于各种分子标记最后显示的形式都是电泳分离的带型。因此，收集群体各株系分子标记分离数据的关键是将电泳的带型数值化。对于共显性标记，F_2群体中共有3种带型，即P_1带型、P_2带型和杂合带型。可以根据习惯和个人喜好，用任意一组数字或符号记录每个个体的带型。例如，将P_1带型记为1，P_2带型记为3，杂合带型记为2。如果带型模糊不清或其他原因导致数据缺失（missing），则可记为0。确定了数据记录方法后，对每一个标记必须统一这种赋值方法，不得混淆。收集数据时应该避免利用没有把握的数据，如带型模糊时宁可将其作为缺失数据也不要进行赋值，或重做实验。有些作图软件对基因型赋值有规定，则按软件规定赋值。

在分析主基因控制的质量性状与遗传标记之间的连锁关系时（实际上是主基因定位），应将表型数字化，用相同的赋值方法对群体各株系赋值。例如，糯稻和非糯稻杂交后代，出现糯与非糯性状分离，如果亲本P_1是糯稻，则后代中的糯与非糯稻分别赋值1和2。相反，如果亲本P_1是非糯稻，则后代中的糯与非糯稻分别赋值2和1。经过这样的赋值后，这个主基因就可以和DNA标记一起进行连锁分析，直接将其定位在连锁图谱上。

3. 标记连锁群的构建

分子标记遗传作图的原理是基于染色体的交换与重组。在细胞减数分裂时，非同源染色体上的基因相互独立，自由组合，而位于同源染色体上的连锁基因在减数分裂I前期非姐妹染色单体间的交换而发生基因重组。重组型配子占总配子的比例称为重组率，用r表示。r取决于减数分裂细胞中发生交换的频率。即使所有减数分裂的细胞中，在这两对基因的连锁区段上都发生交换，r也只有50%。两对基因之间的交换频率取决于它们之间的直线距离，r的取值在完全连锁的0%到完全独立时的50%。所以，遗传标记间的遗传距离（又称图距），也用重组率r来表示。遗传距离的单位一般用厘摩尔根（centiMorgan，cM）来表示，两个标记的遗传距离是1cM，表明两个标记间存在1%的交换重组率。遗传图谱只显示标记在染色体上的相对位置，并不反映DNA的实际长度。

两点测验是最简单，也是最常用的连锁分析方法。在进行连锁测验前，必须检测标记等位基因分离是否符合孟德尔分离比，只有在待检测的两个标记各自的等位基因分离比正常时，才可进行两个标记间的连锁测验。然而，在构建连锁图谱时，每条染色体上都有许多标记，靠两点测验是无法完成的任务。这时需要开展多点测验，利用多个标记间的共分离信息来确定它们的排列顺序及遗传距离。当然，在事先未知各标记位于哪条染色体上的情况下，可先进行两点测验，根据两点测验结果，将标记分成不同的连锁群，然后再对各连锁群（染色体）上的标记进行多点连锁分析。

无论是两点测验还是多点测验，通常采用似然比（likelihood ratio或odds ratio）检验法，比较两个标记间以r重组率相连锁的概率与备择假设（即非连锁时$r=1/2$）概率的比值。为计算方便，将该比值取以10为底的对数（logarithm of odds，LOD），称为LOD值。构建连锁图谱时一般使用LOD值>3，表示两个标记间存在连锁比不连锁的概率高1000倍。多点测验时先对各种可能的标记排列顺序进行最大似然估计，然后通过似然比检验确定出可能性最大的顺序，并计算出这些标记间的重组率。

用于构建连锁图谱的常见软件有Mapmaker/EXP（Lander et al.，1987）、MapManager QTX（Manly et al.，2001）、JoinMap（Stam，1993）、QTL IciMapping（王建康等，2009）。连锁图谱构建主要分3步：①分群（grouping），就是把具有遗传连锁关系的标记放在一个标记群中。如果标记已覆盖全基因组，则理想的分群结果是，有多少染色体，就把标记分成多少个群，一个标记群代表一个染色体上的所有标记。判断2个标记之间是否有连锁关系，可以依据检测连锁的LOD统计量、重组率的估计值或依据重组率转换成的图距。②标记排序（ordering），通过一定算法确定同一群内的所有标记的相对顺序，目的是寻求图距最短的一个标记顺序。理想的排序结果是，标记顺序与它们在染色体上的物理位置的顺序完全一致。③图谱调整（rippling），根据临近标记重组率总和、临近标记图距总和等对图谱进行调整，以得到图距最短的图谱。

连锁图谱完成后，可以分析图谱中标记总数、图谱长度（包括各连锁群的长度和基因组的总长度）及标记密度（座位/cM）、分子标记的平均距离。图7-5是水稻'窄叶青8号'/'京系17'的DH系群体构建的遗传图谱。这是我国构建的较早的水稻遗传图谱，在我国分子数量遗传学发展过程起到了非常重要的作用。当分子标记的密度足够大时，通常称为高密度图谱。

7.1.3 基因定位

基因定位（gene mapping）是指通过遗传作图的方法，将控制某一表型性状的基因或QTL定位于分子标记连锁图中，确定基因与遗传标记之间的关系。基因定位通常是指质量性状基因（主基因）的定位，而数量性状基因（微效基因）的定位通常称为QTL定位。

1. 质量性状基因定位

在分离群体中表现为不连续性变异并能明确分组的性状称为质量性状（qualitative trait）。质量性状通常由单个或几个主基因控制。质量性状基因定位就是寻找与该目标性状紧密连锁的分子标记，主要目的是在育种中对质量性状进行标记辅助选择及对质量性状基因进行图位克隆。基因定位的前提是准确地鉴定性状。若已构建遗传图谱并确定分子标记在染色体或连锁群上的位置，只要将质量性状转换为与基因型编码一致的数值，与基因型数据整合在一个库中，就可以用连锁分析软件迅速地将质量性状定位在染色体上。图谱上包含的标记数越多，分布越均匀，则基因定位就越精细。若未构建遗传图谱，则只能随机地从大量标记中筛选出与目的基因连锁的分子标记。其基本方法是先分析亲本多态性，筛选出具有多态性的分子标记，然后对分离群体进行标记分型，找到与目的基因连锁的分子标记。

（1）利用近等基因系定位主基因　　一组遗传背景相同或相近，只在个别染色体区段上存在差异的株系，称为近等基因系（near isogenic line，NIL）。NIL需要通过多次回交筛选得到，品系与轮回亲本（又称受体亲本）间的主要差异就是该目标性状。理论上，NIL间除了目的基因及其邻近区段不同外，其他染色体区段应完全一致。因此，如果在NIL间检测出多态性，那么这个标记必定在目的基因及其邻近区段中，与目的基因连锁。利用NIL进行基因定位可在没有连锁图谱的情况下，找到与目的基因连锁的分子标记。此时，应该再利用NIL间的杂交分离群体，验证标记与目标性状的共分离情况。

（2）利用混合群体分离分析法定位主基因　　在没有近等基因系可利用的情况下，利用混合群体分离分析（bulked segregant analysis，BSA）法可以快速筛选到与目标性状连锁的多态性标记。BSA法由NIL分析法衍生而来，它克服了许多作物没有或难以创建NIL的限制，

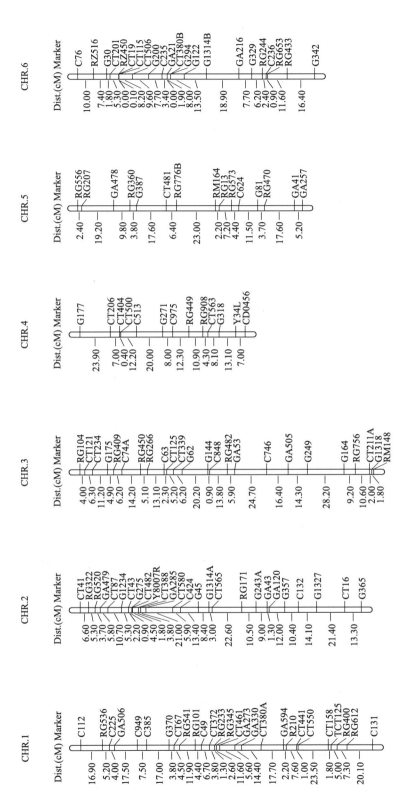

图7-5 水稻'窄叶青8号'/'京系17'的DH系群体构建的遗传图谱（引自徐云碧等，1997）图示水稻单倍型12条染色体上的分子标记的分布及标记间遗传距离，构建遗传图谱所用的分子标记包括RFLP和SSR标记，作图函数是Kosambi函数，图距单位为厘摩（cM），染色体右边的数字是标记名称，左边的数字是两标记间的遗传距离（cM）。

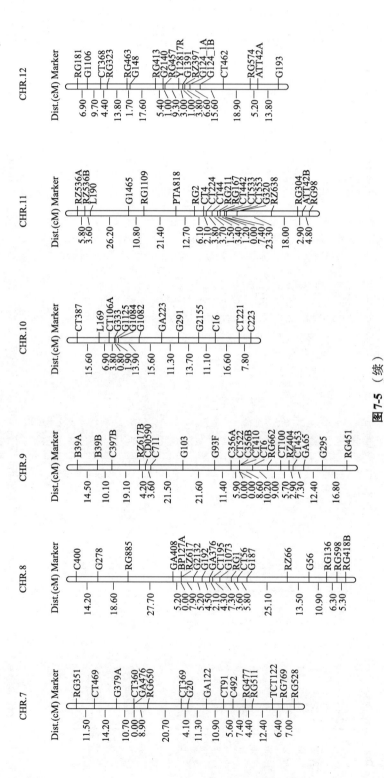

图 7-5 （续）

但又能体现NIL的作用。从具有表型差异的亲本所产生的分离群体中，根据表型差异，分别选取一定数量的植株（如20株），构成两个群体（如抗病群与感病群、高秆群与矮秆群）的"混合池"。提取单株的DNA后，将每群中的单株DNA等量混合，形成两个相对性状"DNA池"（bulked DNA pool）。在两个DNA池中，除了目标性状或控制该性状的基因组区段不同外，其他染色体区域完全随机。因此，两个DNA池间的差异相当于一对NIL，仅目标区段不同，其他遗传背景均相同。筛选两个DNA池间存在的多态性标记，就可能与目的基因连锁。检测两个DNA之间的多态性时，通常应以双亲的DNA作为对照，以利于正确分析与判断实验结果。利用共显性分子标记如SSR、RFLP等筛选混合DNA池的效果更好。大多数情况下，当双亲带型有差异，而某个标记在两个混池间相同的情况下，同时又具有双亲的两条带（共显性），可以判定这个标记与目的基因不连锁。BSA的基本步骤：①根据目标性状表型或基因型的相对差异构建两个近等DNA池，寻找在两个池之间表现多态性的标记。②利用分离群体验证候选标记是否与目标性状共分离。③根据标记基因型的分离比例和单株目标性状分离比例进行遗传作图。此外，利用BSA法，也可以定位主效QTL。

在基因定位中，找到已定位的分子标记，只是完成了基因的粗定位，即只知道基因在染色体上的大概位置。根据研究目的，需要进一步精细定位，即在粗定位的基础上进一步完善。其目标是在基因两侧都要找到紧密连锁的分子标记，标记与基因之间的距离小于5cM，或标记之间的距离小于10cM。对定位克隆而言，标记与目的基因的距离越近越好。如果用两个DNA池去做重测序，可以在亲本间找到几十万甚至上百万个SNP及InDel的差异，针对每个SNP，计算在每个池中的SNP_index（等位基因频率），将两个池SNP_index相减，得到ΔSNP_index，根据性状的遗传关系就可找到与目标性状关联的染色体区段，乃至直接找到主基因（图7-6）。

2. QTL定位

大多数重要作物的农艺性状，如产量、品质、生育期、抗逆性等都是数量性状（quantitative trait）。数量性状在分离群体中表现为连续性分布，受微效的多基因即数量性状位点（quantitative trait loci，QTL）控制，遗传基础复杂，且易受环境因素的影响。QTL定位就是利用分离群体及其分子标记遗传图谱，根据遗传连锁的原理，对分离群体中各株系的标记基因型和性状表型值进行统计分析，检测分子标记与QTL之间的连锁关系，将决定数量性状的多基因定位在遗传图谱中，并估计QTL的遗传效应。QTL定位的常用群体有F_2、RIL、DH等。

（1）QTL定位方法 常用的QTL定位方法有单标记分析法（single marker analysis）、简单区间作图法（simple interval mapping）、复合区间作图法（composite interval mapping）、完备区间作图法（inclusive composite interval mapping）、混合线性模型复合区间作图法（mixed composite interval mapping）。目前已经开发出一些功能强大的软件包，如Mapmaker/QTL、MapManager（Wang et al.，2012）、QTLIciMappingV4.1（Li et al.，2008）、QTLNetwork2.0（Yang et al.，2008）等。

1）单标记分析法。该方法是最简单的分析标记与性状关联的方法，通过检测不同标记基因型间数量性状平均值的差异显著性来确定标记与性状是否关联。差异显著性检测方法有t检验、方差分析、回归分析和极大似然法等。对某标记而言，当不同基因型均值存在显著差异时，则表明该标记位点可能与控制该数量性状的一个（或多个）QTL连锁。该方法不需要完整的分子标记连锁图，用基本的统计软件程序即可完成，但不能准确估计QTL的位置，由于标记和QTL间可发生重组，两者距离越远被检测到的概率越低，从而可能低估其遗传效应。

2）简单区间作图法。简单区间作图法由Lander和Botstein（1989）提出，是基于染色体

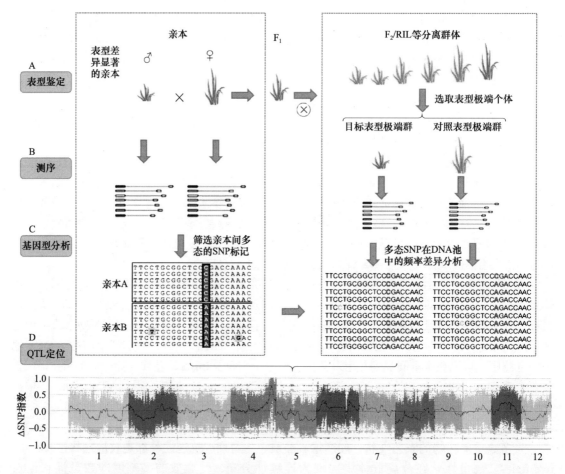

图7-6 基于BSA的重测序，快速定位主基因或主效QTL A.两个亲本杂交后代F₂群体或构建的RIL群体，选取表型极端个体；B.分别提取单株DNA，构建2个DNA池；C.对亲本及2个DNA池分别进行重测序，亲本间有差异的SNP，计算出两个DNA池的SNP指数，相减得到ΔSNP指数；D.根据性状的遗传关系找到与目标性状关联的染色体区段，纵坐标为ΔSNP指数，横坐标不同颜色是指不同染色体。同一染色体上的SNP按物理位置从左到右增加，图中黑线指该处SNP与性状关联的概率，即图中显示第4染色体上存在与性状显著关联的SNP。

上相邻2个标记（1个区间）的QTL定位方法。以正态混合分布的最大似然函数和简单回归模型，利用完整的分子标记连锁图谱，按一定遗传距离扫描基因组任意区间，检测存在和不存在QTL的LOD值。这样，根据每条染色体上各点的LOD值可以判断存在QTL的区间。当LOD值超过某一给定的临界值时（如LOD=3，即该位置有QTL的概率是无QTL的概率的1000倍），认为该区间存在一个QTL，QTL可能位于该区间LOD的峰值所在位置，同时可以估算出该QTL的遗传效应。此法的优点是利用相邻标记的信息可以获得该区间所有位点与QTL的最大连锁信息，进而完成整个基因组任意位点的测试。若一条染色体上只存在一个QTL，则QTL的定位和遗传效应估计比较准确。此方法可以同时利用两个相邻标记的分离信息，定位的QTL较单标记分析定位的位置准确，因此在早期得到广泛的应用。但如果一条染色体存在多个QTL则将产生偏差。Lander和Botstein（1989）提出区间作图方法时，曾假定每条染色体上的QTL不超过一个。如果一个区间存在两个连锁QTL，并且QTL遗传效应的方向相同（又称为相引连锁），区间作图会在两个QTL的中间出现一个峰，这种现象称为幻影QTL（ghost QTL）。如果存在两个遗传效应方向相反的连锁QTL（又称为互斥连锁），区间作图在整条染色体上的LOD会很低，可能检测不出任何QTL的存在。

3）复合区间作图法。为提高区间作图的可靠性与精度，Jansen（1993）和Zeng（1993，1994）分别提出了带有背景控制的复合区间作图法。其分析原理是对某一特定标记区间进行检测时，选择多个可能的QTL（标记）也拟合在多元回归模型中以控制背景的干扰，求出特定QTL与性状间的偏回归系数来判断QTL存在与否。此法的优点是充分利用背景控制，使一个区间的检测不受该区间外的其他标记和QTL影响，减少了残差，提高了QTL定位的精度。缺点是在算法实现上有缺陷，致使QTL效应可能会被侧邻标记区间之外的标记变量吸收；同时，不同的背景标记选择方法对作图结果的影响较大，并且难以分析上位性互作QTL的定位。

4）完备区间作图法。为提高复合区间作图法的可靠性与精度，王建康（2009）提出了完备区间作图法。其分析原理是利用全基因组上所有标记信息通过逐步回归选择重要的标记变量并估计其效应；然后利用逐步回归构建的线性模型校正表型数据，利用矫正的表型值进行区间作图，以达到控制背景遗传变异的目的。在QTL的效应满足可加性的假定下，表型对标记的偏回归系数只依赖于两个相邻标记所标定区间上的QTL，而不受其他区间上QTL的影响。图7-7是利用完备区间作图扫描水稻剑叶长的QTL的LOD图，在第3染色体上存在两个LOD值大于3的QTL。

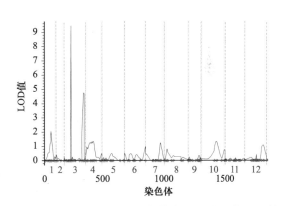

图7-7 利用完备区间作图扫描水稻剑叶长的QTL的LOD图 横坐标上的1～12数字代表各条染色体，0、500、1000、1500代表图距，单位是cM。

5）混合线性模型复合区间作图法。朱军等（1999）提出包括加性效应、显性效应、上位性效应及其与环境互作的混合线性模型定位方法。该方法将群体平均值、QTL的各项遗传效应（加性效应、显性效应、上位性效应）作为固定效应，把环境效应、QTL与环境互作效应、上位性与环境互作效应作物随机效应，将效应估计和定位分析结合起来，进行多环境下的联合QTL定位分析，提高了作图的精度和效率，能无偏地估计QTL主效应及其与环境的互作效应。

（2）QTL的精细定位　影响QTL定位灵敏度和精确度的主要因素有控制该性状QTL的遗传性质、环境因素、群体大小和试验误差等。QTL的遗传性质包括单个QTL效应的大小（只有表型效应足够大的QTL才能检测到，效应小的QTL可能达不到显著性阈值）和连锁QTL间的距离（紧密连锁的QTL常常只检测出一个单一的QTL）。环境因素对数量性状的表达产生很多影响，利用永久群体做多地点、多时间（不同季节、不同年份）的重复试验，可以确定环境因素对QTL的影响。群体大小是对QTL定位精度影响最大的因素，群体越大，定位结果越精确，越有可能检测到效应值小的QTL。实验误差主要来源是基因分型中的错误与缺失数据及表型鉴定中的误差。一般初级QTL定位所用群体不可能很大，增大群体会给田间试验的具体操作和误差控制带来困难。由于群体的限制，无论怎样改进统计分析方法，也无法使初级定位达到很高的分辨率或精度。因此，QTL位置的置信区间都比较大，不能确定检测到的一个QTL中到底是只包含一个效应较大的基因还是包含数个效应较小的基因。要更进一步深入研究数量性状的遗传基础，需要对QTL进行精细定位。精细定位目标是使定位的精度达到亚厘摩水平。

QTL的精细定位一般用含有该目标QTL的近等基因系（near-isogenic line，NIL）（图7-8）或染色体单片段代换系（single-segment substitution line，SSSL）（图7-9）与受体亲本进行杂交构建分析群体。如果要进行全基因组的QTL精细定位需要建立一套覆盖全基因组的、相互重叠的染色体片段代换系（代换系重叠群）。这个群体除目标QTL所在的染色体片段完整地来自供体亲本之外，基因组的其余部分全部与受体亲本相同。QTL精细定位的基本过程是构建精细定位分析群体（通常需要很大的群体），调查群体中各单株目标性状的表型值；加密目标区间的分子标记，筛选出大量在亲本间存在多态性的分子标记或新开发出分子标记，测定群体各单株的标记基因型；重建目标区间高密连锁图谱，结合表型和标记型进行QTL定位，估算出目标QTL与标记间的连锁遗传距离。

（3）QTL定位的新策略　　由于数量性状遗传受多基因控制，易受环境因素影响，进行QTL定位比主基因定位复杂，从QTL定位的发展策略上，QTL分析的发展方向是把复杂性状变为简单性状，把多基因分解为单基因，把数量性状变成质量性状。

1）次级作图群体的利用。次级作图群体是利用NIL、导入系（introgression line，IL）、SSSL等次级品系发展的群体（图7-8和图7-9）。利用次级作图群体进行QTL分析的优势是次级作图群体具有永久性群体的特点，可以反复种植，排除了环境的影响；由于每个品系与轮回亲本的遗传背景十分相似，排除了遗传背景的干扰，因此QTL表型分析的结果较准确；每个品系只携带来自供体亲本的很小染色体片段，通常只有1个或少数几个片段，可以把控制同一数量性状的多个QTL进行分解，即把多基因分解为单一的孟德尔因子，使复杂性状简单化，因此大大地提高了QTL分析的准确度和可靠性。

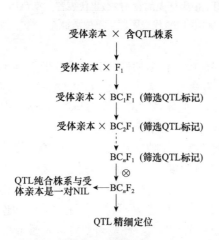

图7-8　通过回交创建近等基因系（NIL） 受体亲本通过与带有QTL筛选标记的F_1、BC_1F_1、BC_2F_1、BC_nF_1世代轮回杂交，直至BC_nF_1自交，并从自交产生的BC_nF_2群体中选择到QTL纯合株系，这样的株系与供体亲本之间是近等基因系的关系。BC为回交（backcross）；n为世代。

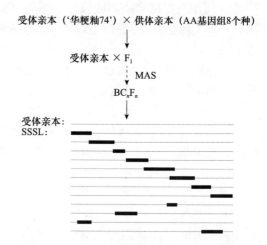

图7-9　水稻染色体单片段代换系（SSSL）的构建 图示经过受体亲本与供体亲本、F_1杂交，并通过在分子标记辅助选择之后，在BC_nF_n世代呈现的染色体单片段代换系SSSL。

2）AB-QTL分析。AB-QTL（advanced backcross QTL）分析即高世代回交QTL分析，是

把QTL分析的世代推迟到BC$_2$或BC$_3$的一种QTL分析方法。这种方法能更好地鉴定和利用QTL，特别适用于野生型等非优良材料中鉴定优良的QTL，并转移到优良的育种品系中。AB-QTL分析的主要优点是：①与低世代群体（F$_2$、BC$_1$等）相比，AB群体中个体的基因型（及表型）与优良的亲本（轮回亲本）更加相似，使产量等数量性状的测量更加准确。②在远缘杂交的低世代群体中，通常会出现一些不良的性状（如不育性、落粒等），影响数量性状的测量。③在AB群体的发展过程中，逐步淘汰一些来自供体的不良性状，使AB群体的数量性状表现更加正常。AB群体中供体的基因频率较低，供体基因型之间的相互作用（上位性作用）较小，供体中的QTL转移到受体后，其效应值变化不大。④增加回交次数，容易获得目标QTL的近等基因系（QTL-NIL），可以进行重复的田间试验。⑤由于多次回交，在减数分裂过程中有更多的机会发生重组，因此QTL与不良基因之间的连锁关系容易被打破，可以更好地利用QTL。

7.1.4　分子标记辅助选择育种

选择是育种的重要手段，提高选择效率是选育新品种的关键。传统的育种主要依赖于植株的表型进行选择。一般情况下，通过表型对质量性状选择有效，但对数量性状的选择效率则比较低，主要是数量性状的表型受到环境条件、基因间互作、基因型与环境互作等因素的影响而与基因型缺乏明确的对应关系。分子标记技术的发展使人们能够利用与目标性状紧密连锁的DNA分子标记对目标性状进行选择，实现对基因型的直接选择。所谓分子标记辅助选择（maker-assisted selection，MAS）就是利用与目标性状紧密连锁的分子标记或功能性分子标记对目标性状进行间接选择，再结合常规育种手段培育出新品种的现代育种技术。

MAS的准确率是基于检测标记与目的基因的距离来判断的。由于在MAS中，直接选择的是分子标记的基因型，而不是目的基因的基因型，因此MAS的效果取决于连锁的紧密程度。一般随着分子标记接近目的基因，发生重组的可能性逐渐减小，直至达到共分离状态，即标记与目的基因之间的遗传距离越小，MAS准确率越高。一般来说，用于MAS的分子标记应具备3个条件：①分子标记与目的基因紧密连锁；②标记重复性好；③不同遗传背景和环境中选择有效。MAS主要步骤包括选择目的基因/QTL、亲本选配、群体构建、多态性筛选和世代材料筛选5个方面。相对于常规育种，MAS具有以下特点：①可以克服表型或基因型不易鉴定的困难；②可以利用控制单一性状的多个（等位）基因，也可以同时对多个性状进行选择；③可进行早期选择，提高选择强度；④非破坏性；⑤可加快育种进程，提高育种效率。

1. 质量性状的MAS

由单个基因控制的质量性状的表型与基因型之间存在清晰的对应关系。一般情况下不通过分子标记辅助选择就可以根据表型进行有效选择。筛选与质量性状基因紧密连锁的分子标记用于辅助育种，可免受环境条件和生长发育进程的影响。一些质量性状或表型测量难度比较大，或除主基因控制质量性状外，还受一些微效基因的影响，表型与基因型之间的对应关系不十分清晰，采用MAS就可以明显提高选择效率。质量性状的分子标记辅助选择主要通过前景选择（foreground selection）和背景选择（background selection）。

前景选择就是对目的基因的选择，其选择效果主要取决于标记与目的基因连锁的紧密程度，标记与基因连锁得越紧密，依据标记进行选择的正确率越高。如果分子标记与目的基因共分离，就可以根据标记基因型直接确定目的基因的基因型；当分子标记与目的基因紧密连锁时，通过选择分子标记的基因型，可以有效地选择到目的基因的基因型；当分子标记与目的基因之间的距离较远时，通过分子标记的基因型选择目的基因的基因型的效果就变得较差。选择的正确率随重组率的增加而迅速下降，重组率越小，选择正确率越高，所需选择的植株数越少；重组率越高，选择正确率越低，所需选择的植株越多。假定某标记（等位基因为 M/m）与目的基因（等位基因为 Q/q）连锁，重组率为 r，F_1 的基因型为 $MmQq$，在 F_2 要通过 M 来选择 Q，选择标记基因型 MM 而获得目的基因型 QQ 的概率 p（单株选择的正确率）为 $p=(1-r)^2$。如果用一个分子标记对目的基因进行选择，要达到理想的准确率（一般要求准确率达到99%以上），标记与目的基因的遗传距离应当小于5cM。如果遗传距离超过10cM，选择准确率会下降到80%以下。

如果在一个群体中要求至少选到1株目的基因型 QQ 的概率为 P，则必须选择具有标记基因型植株的最少数目（n）为

$$n=\log(1-P)/\log(1-p)$$

为了提高MAS的准确率，不但要选择与目的基因紧密连锁的分子标记，还要利用目的基因两侧的分子标记。假设目的基因（等位基因为 Q/q）与两侧分子标记（M_1/m_1 和 M_2/m_2）的重组率分别为 r_1 和 r_2，F_1 代的基因型为 $M_1m_1QqM_2m_2$。那么 F_1 产生的标记基因型为 M_1M_2 的配子其实具有两种类型，一种是 M_1QM_2，为亲本型，另一种是 M_1qM_2，为双交换型。由于双交换型发生的概率很低，因此双交换型配子比例很小，绝大多数为亲本型配子。所以，在后代中通过同时跟踪 M_1 和 M_2 来选择等位基因 Q 的正确率必然很高。在单交换间无干扰的情况下，在 F_2 通过选择基因型 $M_1M_1M_2M_2$ 而获得目的基因型 QQ 的概率 p 为

$$p=(1-r_1)^2(1-r_2)^2/[(1-r_1)(1-r_2)+r_1r_2]^2$$

背景选择是指对目的基因之外的其他部分（遗传背景）进行选择。背景选择有利于加快遗传背景恢复成轮回亲本基因组的速度，加快育种进程，也可有效避免或减轻连锁累赘的程度。背景选择的对象为整个基因组，这样就必须知道每条染色体的组成和分子标记在染色体上的分布，也就是说要有覆盖整个基因组的遗传图谱。在分离群体中，由于在上一代形成配子时同源染色体之间会发生交换，因此每条染色体都可能是由双亲染色体重新组装的杂合体。当一个个体中覆盖全基因组的所有分子标记的基因型都已知时，就可以推测出各个标记等位基因来自哪个亲本，进而推测出该个体的所有染色体组成，根据标记基因型绘制成直观的图形，称为图示基因型（graphic genotype）。图示基因型使人们对每一个体的基因组成一目了然，极大地方便了背景选择的开展。在MAS中，根据图示基因型，可以同时对前景和背景进行选择。由于目的基因是选择的首选对象，因此应该先进行前景选择，以保证不丢失目的基因，然后对入选个体进一步进行背景选择，以加快育种进程。

2. 数量性状的MAS

大多数作物的重要农艺性状如产量、成熟期、粒型、千粒重、品质等均表现出数量性状的遗传特点，受环境因素和生长发育进程的影响大，而且每个QTL分布在同一连锁群的不同区段或不同连锁群上，因此对QTL的选择比对单个基因控制的质量性状选择要复杂很多，选择效率普遍较低。理论上，质量性状的MAS方法适用于数量性状的MAS，就是利用单个与QTL紧密连锁的分子标记或每个目标QTL两侧与QTL连锁的分子标记进行选择。但大多数数量性状遗传的重要农艺性状受到表型准确检测方法、作图群体大小、重复性、环境影响和不同遗传背景的影响，选择难度远比质量性状大，MAS的难度也大。开展数量性状MAS应有比较精确的QTL遗传图谱，分子标记连锁图的饱和度及QTL定位的准确度越高，QTL定位越精细，MAS的可靠性越高，选择效果越好。性状遗传力大小也是影响MAS的关键因素，一般来

说，性状遗传力越高，则标记辅助选择效率越高。控制数量性状的QTL数目对MAS的应用也有影响，当目标性状由少数几个QTL控制时，可以假定所选定的QTL之间相互独立，MAS效果就比较理想。但如果QTL数目太多，就不能假定选定的QTL之间是独立的，相互之间会产生一定影响，选择效果会有所降低，需要选择的世代也更多。

3. MAS的应用

MAS育种是常规育种研究的发展，它的基本程序与常规育种类似，只是在常规表型鉴定基础上，在各个育种世代增加了分子标记的检测工作。然而，随着作物功能基因组的发展，分子标记特别是功能性分子标记数量指数级增多，这样"品种设计育种"便应运而生。设计育种（breeding by design）这一名词最早由Peleman和van der Voort（2003）提出，并进行了商标注册。他们提出分子设计育种分3步：①定位所有相关农艺性状的QTL；②评价这些位点的等位性变异；③开展设计育种。虽然他们当时提出的技术体系中，品种分子设计的元件主要是指基于QTL而创制的经过分子标记辅助选择的QTL渗入系和近等基因系，但是基于关键功能基因而创制的等位变异系和转基因系也是品种分子设计的重要元件。

（1）基因/QTL转移　　杂交育种过程中选择转移有利基因是MAS的主要应用之一。所谓基因转移是在育种过程中将有利基因/QTL从供体亲本（地方品种、国外品种、野生种、远源种质）转移到受体品种的遗传背景中，以达到改良个别性状的目的。基因转移主要在回交育种过程中使用，见图7-7，在育种中回交次数不需要太多。通过分子标记技术与回交结合，可以有效提高选择效率，快速将与分子标记连锁的目的基因转移到另一个品种中。一般要改善优良品种的某一性状，应该以此品种作轮回亲本，以具有目的性状的另一品种为供体，经过数次回交将目的基因从供体亲本转移到轮回亲本，使这一性状得到改善而培育出更优良的品种。例如，要把抗病基因从野生稻转移到高产优质栽培稻中，经过数次回交结合MAS，就可以培育抗病、高产、优质水稻新品系。基因转移的基本方法是在进行回交育种时，利用与目的基因紧密连锁的DNA分子标记，对每次回交获得的后代进行标记辅助选择，直接选择在目的基因附近发生重组的个体，再用含有目的基因的个体进行回交，这样就可以有效避免或显著减少连锁累赘，提高选择的准确性和选择效率，减少选择世代，加速育种进程。如果要把外源种质的隐性基因导入另一品种，常规育种通常是回交一次，再自交一次，分离出隐性纯合个体与轮回亲本回交。而用分子标记则可选择只含目标性状的杂合体进行下一轮回交，省去自交，从而有效缩短育种年限。针对大豆胞囊线虫抗性的选择是MAS在植物育种中首次应用（Concibido et al.，1996）。小麦赤霉病抗性（Anderson et al.，2007；Salameh et al.，2011）、玉米赖氨酸和直链淀粉含量（Yang et al.，2013）、水稻耐淹性（Septiningsih et al.，2008）和食用品质（Zhou et al.，2003）等性状的成功选择，都是MAS成功应用于植物育种中的范例。

（2）基因/QTL聚合　　基因聚合（pyramiding）是将分散在几个不同品种中的有利基因通过杂交方式聚合到一个基因组中，使某一性状表现更加突出的育种方法。将多个有利目的基因聚合到同一品种（材料）之中，使其多个性状同时得到改良，产生更有实用价值的育种材料，培育具有多个优良性状的品种，如聚合多个抗性基因或优质基因到同一品种，获得高抗、多抗、优质的新品种。由于有许多基因的表型是相同的，通过传统育种方法无法区分不同基因的效应，不易鉴定一个性状的产生是由一个基因还是具有相同表型多个基因的共同作用，或者缺乏病原而无法鉴定其抗病性。基因聚合方法一般是借助分子标记先在不同亲本中将基因定位，找到与相关基因连锁的标记，对杂交后代群体进行选择，利用分子标记跟踪新的有利基因导入，将表型的检测转成基因型的检测，通过检测与不同基因连锁分子标记的有无来推断该个体是否含有相应的基因，然后根据选择结果通过杂交或回交将有利基因转移到同一材料中，有效提高选择的效率。Jin 等（2011）利用控制表观直链淀粉含量（apparent amylose content，AAC）的 *Wx* 基因 [编码颗粒结合的淀粉合成酶（granule-bound starch synthase，GBSS1）]、控制糊化温度的 *SSIIa* 和香味基因 *fgr*（fragrant）的功能性分子标记通过 2 次回交和 4 次自交，将来自品质优良保持系宜香 B 的 3 个等位基因导入品质较差保持系 II -32B 中（图 7-10）。最终选出 14 株具有 *Wx*-（CT）17、*SSIIa*-TT 和 *fgr* 纯合基因型的株系。改良后的 II -32B 具有香味和较低的直链淀粉含量和糊化温度。

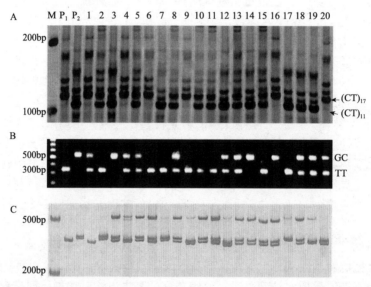

图 7-10　三个标记在 F₂ 群体中的分离　A. *Wx* 标记，具有（CT）₁₁ 和（CT）₁₇ 两个微卫星等位基因，分别代表高和低直链淀粉含量；B. *SSIIa* 标记，具有 GC 和 TT 两个 SNP 的等位基因，分别代表高和低糊化温度；C. *fgr* 标记，具有一个 8bp 的 InDel，上面一条带代表插入（即野生型 *Fgr*，稻米无香味），下面一条带代表缺失（即突变型 *fgr*，稻米有香味）。图中所示第 9 号单株是 *Wx*-（CT）17、*SSIIa*-TT 和 *fgr* 纯合基因型的株系。M. 分子量标准；P₁. 宜香 B；P₂. II -32B；1～20. F₂ 单株。

（3）分子设计育种　　上述基于分子标记的基因 /QTL 转移及聚合一般基于一个杂交组合，而分子设计育种可以同时利用来自不同种质资源的不同基因 /QTL 的等位基因。设计育种就是要有目的地将重要农艺性状关键基因的优异等位基因高效聚合，设计并培育出人们所需要的新品种。

中国科学院薛勇彪等（2013）提出了"分子模块设计育种"的新型育种理念，综合运用前沿生物学研究的最新成果，获得控制农业生物复杂性状的重要基因及其等位变异，解析功能基因及其调控网络的可遗传操作的功能单元，即分子模块；采用计算生物学和合成生物学等手段将这些模块有机耦合，开展理论模拟和功能预测，系统地发掘分子模块互作对复杂性状的综合调控潜力；实现模块耦合与遗传背景及区域环境三者的有机协调统一，发挥分子模块群对复杂性状最佳的非线性叠加效应，从而有效实现复杂性状的定向改良。

张桂权实验室制定了"三步走"的策略开展基于染色体单片段代换系（SSSL）平台的水稻设计育种（张桂权，2019）。第一步，构建水稻 SSSL 文库，把水稻育种上能利用的基因最大限度地收集到文库中来；第二步，对 SSSL 代换片段中的基因进行分析，广泛获取育种上有用的基因信息，为设计育种提供依据；第三步，利用SSSL文库中的优良基因开展设计育种，设计并培育出各种各样的水稻新元件、新品系和新品种。例如，从已构建的SSSL文库中筛选出代换片段上携带Wx基因的SSSL，对Wx基因进行了等位基因变异分析。利用16份来自不同供体亲本的SSSL，通过检测稻米AAC、GBSS1活性、Wx基因序列及Wx基因表达量，从中鉴定出5个Wx等位基因（图7-11）。每个Wx等位基因控制的AAC均具有显著差异。这些结果为利用Wx基因开展设计育种，培育具有不同AAC的水稻新品系和新品种提供了设计依据及可利用的基因资源和育种材料。开展基于SSSL平台的水稻设计育种，首先是根据需要制定育种目标，然后根据育种目标设计基因型，再根据设计方案把目的基因聚合在一起，培育出符合设计要求的新品系或新品种（图7-12）。利用SSSL文库中已知的基因信息，围绕设计目标制定基因组合方案，然后把代换片段上的目的基因聚合在一起，从而使设计育种的目标得以实现。在该策略指导下，利用SSSL文库已经育成优质恢复系H121R、优质抗稻瘟病恢复系H131R，审定了两个新品种。

	In1 SNP	(ACGGGTTCCAGGGCCTCAAGCC)$_n$	Ex6 SNP	Ex10 SNP	
Wx					
					直链淀粉含量
Wx	T	$n=2$	A	C	糯
Wx^l	T	$n=1$	A	C	低
Wx^{g1}	G	$n=1$	C	C	中
Wx^{g2}	G	$n=1$	A	T	高
Wx^{g3}	G	$n=1$	A	C	最高

图7-11　利用染色体单片段代换系（SSSL）分析水稻Wx基因的等位基因变异（引自张桂权，2019）　水稻Wx基因DNA序列中有许多变异，不同Wx等位基因的直链淀粉含量不同，糯稻的第2外显子上有一个22bp序列重复2次，而非糯稻只重复1次。另外，在第1内含子剪接点处及第6、10外显子处存在SNP。

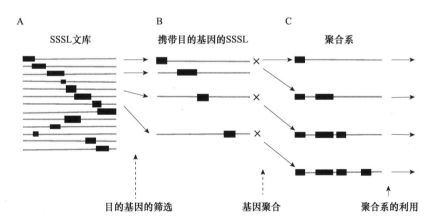

图7-12　基于SSSL文库的水稻设计育种平台（引自张桂权，2019）　A. 带有各种目标片段的SSSL文库；B. 带有单个目的基因的SSSL；C. 通过聚合育种，先后将4个目的基因聚合到一起。

作物设计育种实施中面临的最大挑战是如何使育种策略的设计达到最优化，特别是高产优质等复杂性状设计育种策略。一个合理的育种方案应该是尽量保持高产品种的遗传背景，设法把决定品质和粒型的基因"导入"高产品种中去，这样得到的品种就聚合多种所需要的基因。中国科学院李家洋团队经过精心设计（图7-13），以超高产但综合品质差的水稻品种

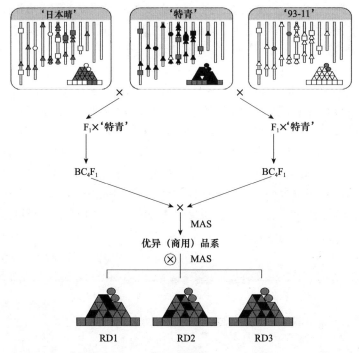

图7-13　高产优质水稻品种设计流程及品种培育（引自Zeng et al.，2017）　三个品种分别有不同的有利基因，合理的分子设计育种就是通过回交结合MAS，将有利基因尽可能多地聚合在一起。RD1、RD2和RD3分别为3个设计型新品系。

'特青'作为受体，以蒸煮和外观品质具有良好的品种'日本晴'和'93-11'为供体，对涉及水稻产量、稻米外观品质、蒸煮食味品质和生态适应性的28个目的基因进行优化组合，经过8年多的努力，利用杂交、回交与分子标记定向选择等技术，成功将目的基因的优异等位聚合到受体材料，并充分保留了'特青'的高产特性。这些优异的品种设计材料，在高产的基础上，稻米外观品质、蒸煮食味品质、口感和风味等方面均有显著改良，并且以其配组的杂交稻稻米品质也显著提高（Zeng et al.，2017）。

7.2　TILLING技术与诱变育种

作物诱变育种是重要的育种技术之一，诱发突变群体除了可以从中筛选出高产、优质、多抗的品系外，还可以供正向遗传学和反向遗传学研究。随着完成基因组测序的作物越来越多，突变体在反向遗传学研究中的重要性日益突出。TILLING（targeting induced local lesions in genome，定向诱导基因组局部突变）技术便应运而生。TILLING是一种定向的等位变异创制和快速精确鉴定技术。同时，作为一种重要的反向遗传学研究方法，可以产生目标性状的一系列等位变异位点，有利于深入研究基因功能，并可能选育出新材料。

7.2.1　TILLING技术原理及技术改进

1. TILLING技术原理

TILLING是由美国华盛顿Fred Hutchinson癌症研究中心Steven Henikof领导的研究小组

发展起来的一种反向遗传学研究方法（McCallum et al.，2000）。反向遗传学是在已知基因序列的基础上研究基因的生物学功能的遗传学研究方法，一般通过创造功能丧失突变体研究突变造成的表型效应。甲基磺酸乙酯（ethylmethane sulfonate，EMS）是常用的化学诱变剂，使DNA中的鸟嘌呤（G）烷基化后与T配对，从而产生G/C突变成A/T。EMS诱变处理后，G/C到A/T转变占总突变位点的99%。但如何快速筛选到目的基因的点突变是一个挑战。TILLING技术借助高通量的检测手段，能够从EMS突变群体中快速有效地鉴定出点突变，该技术一经产生就很快应用于拟南芥基因功能研究中。

TILLING技术主要基于 *Cel* Ⅰ核酸内切酶能够切开异源双链DNA。利用EMS处理种子或组织器官构建突变群体后，提取群体中每一个体的DNA，将多个样品的DNA等量混合并对目标基因进行PCR特异性扩增。如果有点突变发生，就会形成含有碱基错配的异源双链。利用 *Cel* Ⅰ等特异性核酸内切酶对变异位点切割，最后电泳检测酶切片段，鉴定出变异位点。为了便于检测，在两个引物末端引入不同的荧光染料，在专门用于TILLING检测的LI-COR 4300 DNA仪器上配备双红外荧光扫描系统，很容易检测到酶切后的DNA片段。由于两个引物的荧光基团不同，若有酶切，酶切后2个片段大小之和与未酶切的片段大小一致，这样就有效地排除了假阳性条带，提高了检测效率。TILLING技术具体流程如下（图7-14）：①EMS处理种子，以诱导产生可能的点突变；②种植突变一代M₁种子，收获M₁植株自交产生M₂种子；③继续种植M₂，提取M₂单株DNA，并将多个株系DNA等量混合得到DNA池，同时收获M₃种子并储存；④设计基因特异性引物，对DNA池进行PCR扩增，得到特异性目的基因片段；⑤PCR产物通过变性、退火，得到野生型和突变型所形成的异源双链DNA分子；⑥用特异识别并切割错配碱基的核酸内切酶（*Cel* Ⅰ）剪切异源双链核酸分子；⑦酶切产物变性产生两条DNA单链分子后，在LI-COR 4300 DNA分析系统上经变性的聚丙烯酰胺（PAGE）凝胶电泳，分别得到700nm和800nm两张图。发生突变的泳道，在700nm的图上可以在野生型条带下方

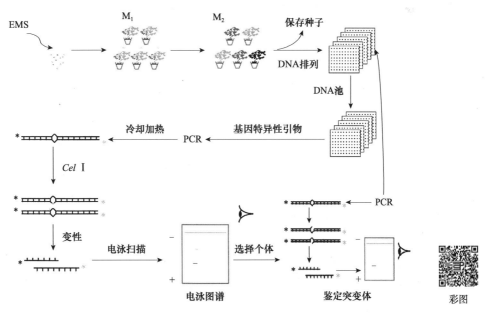

图7-14 植物高通量TILLING技术流程（引自Colbert et al.，2001）经EMS处理的拟南芥种子，种植M₁种子，可以考察M₂性状，提取M₂单株DNA，并保存相应M₃种子，通过基因特异引物的设计、PCR与 *Cel* Ⅰ酶切，在电泳胶上找到突变位点。可以单株DNA检测逐个检测，也可以将DNA混合形成DNA池进行检测。

看到一个条带，同时在800nm的图上相同的泳道也会有一个条带，这两个条带就是*Cel* I核酸酶的剪切产物，两个条带片段大小之和等于扩增片段的大小（图7-15）；⑧当混合样本检测到突变后，要对混合样本中的每个DNA样本再次进行筛选，检测出发生突变的DNA样本，并对PCR产物进行测序验证，确定变异位置与类型；⑨找到产生突变的株系及其M_3种子，继续开展表型鉴定分析。

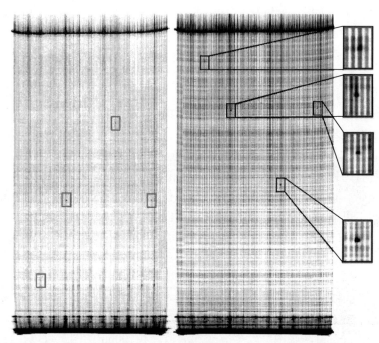

图7-15　TILLING技术检测突变结果示例（引自Colbert et al.，2001）
左右两个图中同一泳道的2个片段之和等于PCR扩增片段的大小。

虽然TILLING技术通常用于筛选EMS诱变群体目的基因突变，在自然群体中也可以用该技术找到自然发生的变异（naturally occurring variation），这些变异类似于分子标记，或可以转换成相关的分子标记。Comai等（2004）把利用TILLING来寻找自然群体中等位基因变异的技术叫作EcoTILLING（图7-16和图7-17）。与常规TILLING技术不同之处在于EcoTILLING除了能检测到SNP外，还能检测到InDel和SSR等。EcoTILLING需要提取每个个体的DNA，个体DNA要与一个参考样品DNA按1：1混合后，再进行PCR（图7-16）。其他步骤与常规TILLING相同（图7-17）。EcoTILLING技术可以大规模和快速地在自然群体中发现有利的等位基因，当然这些有利等位基因可以用于MAS。

2．TILLING技术改进

为了进一步扩大TILLING技术的应用范围，提高突变检测效率，许多科学家对TILLING技术进行了改进和优化，主要包括TILLING分析群体的构建与突变位点检测技术的改进。

（1）TILLING分析群体的构建　　诱变群体的构建是利用TILLING技术检测突变的基础，适合的突变群体是能检测到目的基因突变位点的保证。其他诱变技术获得的突变体也可以利用检测突变体，如*N*-亚硝基-*N*-甲基脲（*N*-nitroso-*N*-methylurea，NMU）、叠氮化钠（sodium azide）与-NMU复合处理（Az-NMU）、γ射线等。但是，γ射线诱变机理比较复杂，处理产生点突变SNP外，还有不同大小片段的InDel，研究发现γ射线诱变的点突变频率低于EMS诱

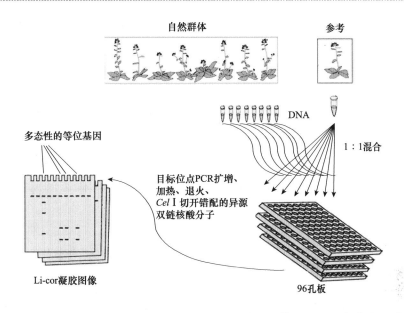

图7-16　EcoTILLING流程（改自Comai et al.，2004）　提取自然群体的DNA，与参考品种（通常是已测序的品种）的DNA按1∶1等量混合，利用目标位点的引物进行PCR扩增，产物经变性、退火后，用*Cel* I核酸酶剪切异源双链核酸分子，酶切产物的检测与TILLING相同。

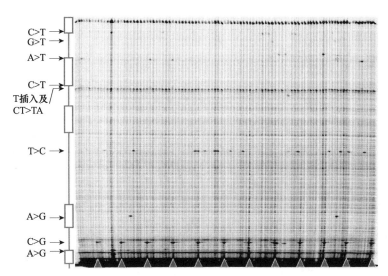

图7-17　EcoTILLING在一个拟南芥*DNMT2*基因的1kb区域内发现10个多态性位点（改自Comai et al.，2004）　图上箭头所指的是产生各类突变的位置，三角形所指的是具有突变碱基的电泳道。

变，小片段缺失频率却比EMS诱变高得多。例如，Sato等（2006）采用γ射线处理水稻种子，采用单粒传法构建M₂检测群体，共2130个单株。在M₂群体中通过对25个基因区域检测，鉴定出6个突变位点，其中4个突变为SNP，另两个分别为2bp与4bp的缺失突变，γ射线诱导的突变频率为1/6190。

（2）DNA建池策略　　DNA混池方法除了不同数量样品随机混合外，还可以采取两维（2-Dimension，2-D）混池策略，即在一个$n \times n$的DNA样品盘中，按照每一横排与每一竖列的所有DNA，分别进行混合，共得到2n个混池。这种混池策略的优势在于：若存在突变，通过一次检测，就可确定哪个样品发生突变。

（3）电泳检测技术　　最初TILLING利用变性高效液相色谱检测，后来利用具有双色红外荧光检测功能的LI-COR 4300 DNA遗传分析系统检测酶切片段。这些检测技术操作复杂，检测成本高。Garvin和Gharrett（2007）报道一种叫作Deco-TILLING（double stranded Eco-TILLING）技术就是用只在异源双链处切开DNA的核酸酶*Cel* I，从而可以用琼脂糖凝胶电泳分离双链DNA。其实，*Cel* I是单链切割酶，当酶浓度优化到一个合适范围时，*Cel* I可以在突变位点对双链进行切割，这样可以通过琼脂糖凝胶检测突变，EB染色观察，而且凝胶也不需要变性处理，这样简化了TILLING流程，降低了实验成本，但同时也降低了检测灵敏度。若通过非变性聚丙烯酰胺凝胶，通过银染显带，则比琼脂糖电泳效果更好。

（4）非电泳检测技术　　检测突变，除了利用*Cel* I酶切、电泳检测外，还有其他方法。随着高通量测序成本的下降，Tai等（2011）提出了TILLING-by-sequencing技术，就是将不同程度DNA混样中扩增不同基因的PCR产物用barcode序列标签分开，进行Illumina测序，通过序列分析从中找到突变位点。Bush和Krysan（2010）提出了基于高分辨熔解曲线（high-resolution melt-curve，HRM）的iTILLING技术。HRM的基本原理是DNA分子由于片段长短、GC含量、GC分布及单个碱基差异等物理性质不同，在加热变性过程会形成不同的熔解曲线。运用高浓度的饱和荧光染料，能够嵌入DNA双链，随着DNA双链解开，荧光强度下降，从而形成一条熔解曲线。熔解曲线经过处理可以迅速地检测出核酸片段中GC含量和单碱基的突变。利用HRM检测EMS突变体目的基因的突变位点，在PCR反应液中加入荧光染料，PCR结束后，产物在HRM检测仪器上测定熔解曲线，当温度从50℃升到95℃的过程中，记录下荧光强度，从曲线中判断有没有突变（图7-18）。

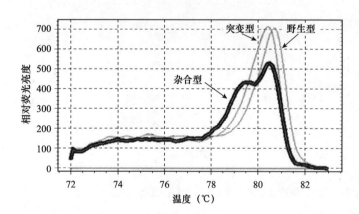

图7-18　利用高分辨率熔解曲线识别突变　突变体单株DNA经混合后，在PCR反应液中加入荧光染料，PCR结束后，在HRM仪上测定熔解曲线，在温度从50℃升到95℃的过程中，记录下荧光强度。图中所示某基因从野生型A突变为G后的熔解曲线。

7.2.2　TILLING技术特点

1. 技术相对简单

由于TILLING技术是传统的化学诱变技术与*Cel* I核酸内切酶特点相结合的技术。虽然通过双色红外荧光检测时需要特定的仪器设备，但采用琼脂糖凝胶电泳、PAGE电泳时只用到实验室常用设备就可以对突变体库进行大规模筛选，筛选效率高。

2. 高通量、可以实现自动化操作

TILLING技术集成了自动加样设备、高通量的电泳检测设备，以及优秀的图像处理和分

析系统，容易实现自动化操作。拟南芥中TILLING技术已能实现完全自动化。1个技术员1d就能完成4轮筛选，可检测3000个突变株，相当于检测了300万个碱基对。对于突变频率高的群体，1d可筛选20个突变，至少鉴定1个基因。如果用标准的自动加样器结合自动化手臂替代手工操作，有望把筛选量增加到每天16轮，这样每天就可以鉴定3～4个基因。由此可见，TILLING技术适应了大规模高通量的筛选要求。

3. 对绝大多数物种都适用，没有严格的物种局限性

只要能开展诱变育种的群体材料，包括多倍体作物、无性繁殖作物等都可通过TILLING技术筛选目的基因突变体。

4. TILLING技术限制

TILLING技术受到诱变群体的大小及DNA高通量提取技术的限制。另外，对高度杂合的作物，也很难找到诱变产生的点突变。

7.2.3　TILLING技术的应用

基因组学的快速发展推进了TILLING技术的广泛应用，加之TILLING技术自身高效、快速、便捷的独特优势，使其成为主要的反向遗传学研究方法。目前TILLING技术的应用范围主要包括功能基因组学的研究、创造突变资源改良作物品种、突变位点的检测及突变特性的研究和自然群体的遗传评估等。目前，TILLING技术已广泛应用于小麦、水稻、大麦、玉米、大豆、高粱、油菜、豌豆、番茄、莲子、香蕉等20多种作物，产生并检测出大量的目的基因变异位点，获得了多个不同类型的突变体，为功能基因组学研究和作物育种提供了新材料、新种质。

在反向遗传学研究方面，利用TILLING技术在突变体库中筛选目的基因的突变体方面效果明显。Till等（2004）首次将TILLING技术应用于玉米中，用EMS处理玉米花粉后获得750个M_2诱变植株，通过TILLING技术对11个目的基因进行筛选，共得到17个核苷酸突变位点，其中有些等位基因存在错义突变。Till等（2007）分别用EMS和Az-NMU对水稻进行诱变处理，通过TILLING技术对10个目的基因进行筛选，在EMS群体中共检测到27个突变位点，在Az-NMU群体中共检测到30个突变位点。Wang等（2008）构建了一个含有1344个M_2植株的油菜突变群体，利用TILLING技术筛选了脂肪酸链延长酶1（FAE1）基因的突变位点，共找到19个突变，有3个突变改变了基因功能，即在突变体中芥酸含量下降。Stephenson等（2010）利用EMS创建了油菜突变群体用于功能基因组学研究，从9216个M_2植株中筛选6个基因的突变位点，发现该群体的突变密度很高，每筛选60kb就能找到一个突变位点；即使只筛选1/3个体（3072个）中1kb序列，就有97%的概率平均找到68个突变位点。

TILLING技术在作物育种中应用的最有代表性的例子是小麦淀粉品质改良。淀粉是作物种子的重要成分，对作物品质起到决定性作用。小麦是异源六倍体作物，有ABD三套基因组，只有三套基因组上的*Waxy*基因同时突变，才可能获得*Waxy*完全丧失的糯小麦突变体。Slade等（2005）利用TILLING技术在1920个EMS诱变的M_2单株中，通过检测3个同源片段，共获得246个独立的等位变异位点。在一个品种的突变体中，同时找到一个*Wx-D1*缺失突变及*Wx-A1*错义突变的杂合植株（这个品种的*Wx-B1*本来就缺失），这样在16个M_3植株中就找到一株A和D组*Wx*同时突变的植株，从而获得了*Wx*完全丧失的糯质突变体。

TILLING所创制的系列等位变异体对于从多个方面认识关键基因的功能非常必需，多种等位变异体的获得和比较研究也能迅速拓展功能基因的应用潜力，提高功能基因的利用效率。在TILLING技术基础上发展起来的EcoTILLING技术则可以大规模和快速地在自然资源中发现有利的等位基因。

7.2.4 TILLING技术发展趋势与前景

TILLING作为一种高通量鉴定目的基因突变位点的技术，在反向遗传学研究、作物品种改良、突变资源创制中发挥着重要的作用，将传统诱变育种推向分子突变育种新时代。随着越来越多物种基因组序列的破译，将会进一步扩大TILLING技术应用的物种范围及更多的目的基因。虽然已有更多的、更先进的定点诱变技术用于育种及反向遗传学研究（如基因编辑技术），但对于普通实验室而言，建立基于TILLING技术的快速筛选目的基因突变体的方法还是非常实用的。总之，TILLING技术作为一种高效的反向遗传学研究方法，在作物的功能基因组研究和提高关键基因利用效率的分子育种中将继续发挥越来越重要的作用。

7.3 关联分析

在人类遗传学研究中，关联分析是定位人类遗传疾病发生相关致病位点的常用方法。受到人类疾病遗传学研究的启示，植物遗传育种学家将关联分析理论发展到植物遗传和育种研究中来，用于定位QTL、挖掘优异等位基因、验证基因功能。关联分析，亦称连锁不平衡作图或关联作图（association mapping），是一种以连锁不平衡（linkage disequilibrium，LD）为基础的鉴定某一群体内目标性状与遗传标记或候选基因（candidate gene）关系的分析方法，主要有基于候选基因的关联分析和基于全基因组的关联分析。

关联分析与连锁作图的理论基础不同。连锁作图是基于两个位点的遗传距离或重组率，重组率通过遗传群体（两亲本杂交后代）检测。作图就是将目的性状定位在染色体的某个位置，这个位置可以由分子标记来定义，所以作图就是检测目标性状和分子标记的遗传距离，遗传距离小到一定程度才能叫连锁，这个距离当然越小越好，小到最后性状被图位克隆了。

关联作图的理论基础是自然群体中两个位点产生LD。两个位点是不是连锁是未知的，但两个位点的LD是能检测到的。两个位点连锁，可能产生LD；但两个位点存在LD，它们未必是连锁的，因为即使不连锁的两个位点也可能存在LD。最常见的一个原因就是存在群体结构，或存在家系相关。

与传统的连锁定位相比，关联分析具有如下优势：①作图定位更精确，关联分析利用的是自然群体在长期进化中所积累的重组信息，具有较高的解析率，可实现QTL的精细定位，甚至直接定位到基因本身，而QTL连锁作图利用的是遗传群体构建中配子的重组信息，解析率较低，一般只能将基因定位到10~30cM的基因组区间内；②可同时考察一个基因座的多个等位基因，关联分析可实现对其作图群体（自然群体）一个基因座上所有等位基因的考察，而QTL作图利用的群体是来自两个亲本，每一基因座只涉及两个等位基因；③不需要构建作图群体，关联分析利用的群体是自然群体，不需要人工构建，省时省力，并有较多的群体可供利用，而QTL作图至少需要花费两年的时间去完成群体的构建，费时费力。

候选基因关联分析需要预先了解哪些基因的功能可能与目标性状有关，而全基因组关联分析（genome-wide association study，GWAS）是以不同群体的LD和基因组中数以百万计的SNP为基础，进行表型与基因型关联分析以定位与目标性状相关的SNP或基因组区域。随着高通量测序和基因芯片等生物技术的发展，GWAS方法在作物遗传学研究中得到广泛应用，在解析复杂数量性状形成的遗传基础、挖掘有利等位基因上发挥着重要作用。

7.3.1　连锁不平衡

LD是生物群体在自然选择过程中出现的一种现象，亦被称为配子相不平衡（gametic phase disequilibrium）、配子不平衡（gametic disequilibrium）或等位基因关联（allelic association），是指群体内不同位点上的等位基因间的非随机性关联，它既包括染色体内的连锁不平衡，又包括染色体间的连锁不平衡，在关联分析中利用的是染色体内的连锁不平衡，这是关联分析的基础。

LD并不等同于遗传连锁，它们之间既有联系又有区别：遗传连锁考虑的是两位点间的位置关系，可通过重组率来度量，需要通过遗传群体检测重组率。一般来说，同一染色体上的任何两位点间都存在一定的连锁关系。LD考虑的是群体中两个位点上等位基因的关联性，需要群体的数据。只要一个基因座上的特定等位变异与另一基因座的某等位变异同时出现的概率大于群体中随机组合概率时，就称这两个等位基因处于LD状态。当然，当两位点间处于紧密连锁状态时，其等位基因间可能存在较强的LD。

1. LD的度量

LD统计的是实际观测到的单倍型频率与随机分离时单倍型的期望频率之间的差异，称为配子不平衡度（D）。假设有两个连锁的座位A和B，其等位基因分别为A、a和B、b，则4个等位基因的频率分别为p_A、p_a、p_B、p_b，4种单倍型AB、aB、Ab和ab的频率分别为p_{AB}、p_{aB}、p_{Ab}和p_{ab}。那么，实际观测到的单倍型频率与期望单倍型频率之间的差异D的计算公式为

$$D_{AB}=p_{AB}-p_A p_B$$

当$D=0$时，两个基因座位处于连锁平衡状态；当$D\neq0$时，两个基因座位处于LD状态。其他单倍体型的D值用相同方法计算，可以得到$D_{AB}=-D_{Ab}=-D_{aB}=D_{ab}$。由此可见，$D$值可正可负，为便于比较不同群体中的不平衡度，通常将D与最大不平衡度的比值表示不平衡的程度，称为相对不平衡度（D'），其取值为0~1。

D'的计算公式为

$$D'=D_{AB}/[\max(-p_A p_B,-p_a p_b)]　当D_{AB}<0时$$
$$D'=D_{AB}/[\min(p_A p_B,p_a p_b)]　当D_{AB}>0时$$

两个座位之间的LD还通常用相关系数r^2（squared allele-frequency correlations）来估计，其取值为0~1。

r^2的计算公式为

$$r^2=D^2/p_A p_a p_B p_b$$

在进行统计时，频率小于5%等位变异可以忽略不计。r^2和D'反映了LD的不同方面，r^2包括重组史和突变史，而D'仅包括重组史。D'能更准确地估测重组差异，但样本较小时发现低频率4种等位基因组合的可能性大大减小，因此D'不适宜小样本研究中的应用。r^2可以提供标记是否与QTL相关的信息，因此LD作图中通常采用r^2来表示群体的LD水平。

2. 连锁不平衡程度的图示

r^2和D'是两个座位间LD的度量。对于基因组内某区域的LD分布状况，通常用两种形象化的方式来表示：LD矩阵（图7-19）和LD衰减图（图7-20和图7-21）。LD矩阵是某基因内或某染色体上多态性位点间LD的线性排列。LD衰减图是以位点间的LD对遗传或物理距离作图来表示一个区域内的LD分布情况，这种表示方法也便于对不同物种中的LD水平进行比较。

基因组LD的范围是指相距多远的两个基因间能够检测到LD，它决定作图精度和基因组扫描所需的标记密度。如果LD在短距离内衰减，则有望获得较高的作图精度，但需要大量的

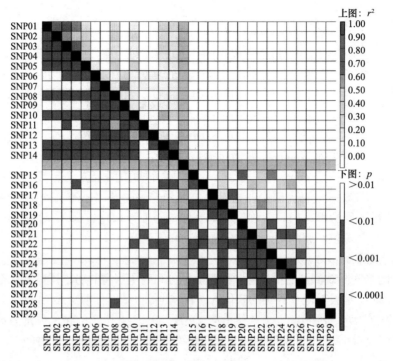

图7-19　LD衰减的矩阵图　图示两个基因不同SNP间两两LD，小方块颜色分别对应r^2（上图）与p值（下图）。

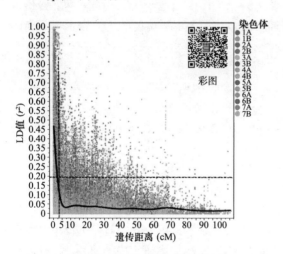

图7-20　LD衰减随着遗传距离的衰减图（引自Aoun et al.，2016）　496份硬粒小麦14条染色体上两两SNP标记间的LD，图中显示LD衰减到r^2为0.20时的遗传距离约为2.6cM。

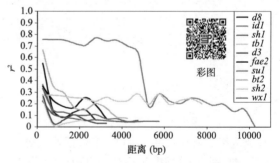

图7-21　玉米自交系不同基因LD随物理距离衰减图（引自Remington et al.，2001）　图示10个淀粉合成相关基因在玉米自交系中LD，其中线条代表10个不同的淀粉合成基因。

标记；如果LD长距离延伸，有时以cM表示，则作图精度较低，所需标记相对较少。

3. 连锁不平衡的影响因素

所有改变群体结构的因素，如授粉方式、突变、迁移、选择和随机漂变，在影响单个座位上等位基因频率和基因型频率的同时，也必然影响到两个或多个座位之间的连锁不平衡度。

（1）授粉方式　　不同授粉类型植物间的LD水平存在很大差异。在拟南芥、水稻、大麦和大豆等自交物种中，个体绝大多数为纯合子，虽然重组仍然发生但不再对LD产生任何影响，即有效重组率较低，因此这些物种在很长的物理距离内（可达几百kb）存在LD。异交物种如玉米中有效重组率高，重组导致连锁的位点彼此独立存在，从而削弱染色体内部的LD，因此异交物种中的LD快速衰减。因此，异花授粉植物的关联分析效果要普遍好于自花授粉植物。但是，在进行关联分析时异花授粉植物需要检测较多的分子标记，而自花授粉植物需要相对较少分子标记。

（2）群体特性　　LD作图是基于自然群体中的自然变异，即通过分析自然群体中标记与紧密连锁QTL间的LD关系来鉴定和定位QTL，而且可以鉴定由QTL所代表的真正与目标性状相关联的基因。LD的一个明显特性是群体依赖性，即同一物种的不同群体的LD可能明显不同。多样性较高的群体，其LD水平较低；群体来源有限时，其LD维持在较高水平。例如，在玉米中，地方品种在600bp范围内存在LD衰减，不同育种自交系在2kb范围内存在LD衰减，而骨干自交系在100kb范围内存在LD。群体混合可以影响LD水平，不同遗传结构的平衡群体的混合，会产生两个座位间的不平衡；两个不平衡群体的混合，可能会产生一个平衡的群体。

（3）选择和驯化　　选择是改变群体结构最重要、最有效的手段。对某物种的正向选择和驯化可增加其LD水平。对某特定等位基因的强烈选择限制了该座位周围的遗传多样性，导致所选择基因周围区域的LD水平增加。例如，人工选择使玉米基因组中的$y1$座位对多样性显著降低，LD显著增加。玉米胚乳有黄色和白色两种，其祖先大刍草的胚乳为白色。黄色胚乳因含有较高的类胡萝卜素，营养价值高，成为育种家的选择目标。$Y1$是与玉米黄色胚乳有关的编码八氢番茄红素合酶的显性等位基因，其上调作用导致黄色胚乳类胡萝卜素含量大大提高。对黄色和白色玉米品种此座位的序列分析发现，由于选择的作用，黄色等位基因$Y1$比白色等位基因$y1$的多样性低19倍，且距其500kb的范围内均受到选择引起的多样性降低（Palaisa et al.，2003）。

染色体位置也会影响LD程度，不同染色体位置的LD程度不同，一般位于染色体着丝粒附近的区域，重组率低，LD水平高；而位于染色体臂上的区域重组率相对较高，LD程度就较低。例如，位于玉米4号染色体着丝粒附近的$su1$基因的LD的衰减距离超过10kb（图7-21）。

了解生物基因组LD的结构和特征是有效进行关联分析的前提和基础，关联研究的成效在很大程度取决于群体中LD的强弱和特征，因此，关联分析前首先应该研究群体结构及LD特征。

7.3.2　关联分析的步骤和基本方法

1. 关联分析的步骤

关联分析要考察基因型（分子标记）与表型性状间的关系，包括种质材料的选择、材料的群体结构和LD分析、表型测定、表型与基因型的关联分析等步骤（图7-22）。

（1）关联分析群体的选择　　选择具有地域和广泛遗传多样性的种质材料对关联分析起决定性作用。尽可能选择能代表物种全部表型和遗传变异的材料可以提高关联分析的分辨率。采用核心种质是较好的选择，核心种质虽然数量不多，却涵盖了大部分的表型和遗传变异。关联分析的样品数应该越多越好，小群体很难鉴定出标记-性状关联。目前已完成的"3000份水稻基因组计划"，其样本来自全球89个国家和地区，代表了全球78万份水稻种质约95%多

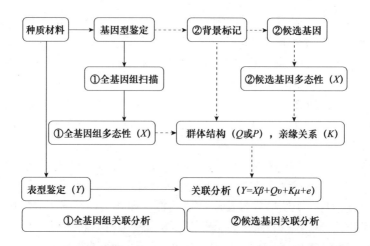

图7-22 关联分析基本步骤 *Y*. 表型值向量；*X*. 标记基因型向量；
β. 基因型固定效应向量；*Q*. 遗传结构向量；*υ*. 遗传结构固定效应向
量；*K*. 亲缘关系矩阵；*μ*. 亲缘关系随机效应向量；*e*. 随机误差向量。

样性的核心种质（Wang et al.，2018）。这些材料共检测到32M个高质量SNP和InDel，水稻的
数量远远少于所检测的多态性标记数量，因此，进一步增加水稻材料的数量，有利于减少关
联分析不利因素的影响，提高关联定位的精度。

（2）表型鉴定　通过合理的试验设计在不同环境、不同地点、不同年份对关联定位群
体的表型（如产量、品质、耐性或抗性）开展精准鉴定，尽可能减少表型测定过程的误差。
表型精准鉴定也是富有挑战性的工作，并且日益得到重视。某一生物的全部性状特征，称为
表型组（phenome）。2019年《植物表型组学》（*Plant Phenomics*）杂志创刊，说明精准表型鉴
定在关联分析及其他相关研究中的作用与基因组等各种组学技术同等重要。

（3）基因型鉴定　利用分子标记对作图群体中的个体进行基因型鉴定。这些分子标
记除了作为关联分析寻找是否与目标性状关联外，还可作为背景遗传标记用于估算群体结构
（群体亚群划分及各亚群间的遗传差异水平）和血缘关系（群体内成对个体间的亲缘系数）。
SSR标记具有多等位基因、检测容易的特点，成为亲缘关系、群体结构研究和关联定位研究
中重要的分子标记。目前，SNP标记以其数量丰富、遗传稳定性高、易于实现自动化分析及
性价比高等特点，很快成为关联定位研究的最常用分子标记。常用的检测SNP的技术有基因
芯片、重测序等。

（4）估算基因组的LD范围　利用全部分子标记估算群体的LD。不同类型的群体LD水
平不同，因此，每个关联定位群体都应该采用分子标记估算LD。候选基因关联研究中一个重
要问题是精确估计遗传关系所需的背景标记的数量，所需SNP的数量远多于SSR标记。若采
用SSR标记，最少数量应该为该物种染色体数的4倍，每个染色体臂2个标记。

（5）估算群体结构和亲缘关系　理想的关联定位群体应该是一个无群体结构或群体结
构效应不明显的大群体。而实际上，大部分作物都存在群体结构，例如，水稻存在籼稻和粳
稻两个亚种，这就是群体结构，利用分子标记很容易将2个亚种区分开。3000份水稻基因组
计划对亚洲栽培稻群体的结构和分化进行了更为细致和准确的描述和划分，由传统的5个群
体（籼稻、Aus、香稻、温带粳稻、热带粳稻）增加到9个，分别是东亚（中国）的籼稻、南
亚的籼稻、东南亚的籼稻和现代籼稻4个籼稻群体，东南亚的温带粳稻、热带粳稻、亚热带

粳稻3个粳稻群体，以及来自印度和孟加拉国的Aus和香稻（Wang et al.，2018）。因而在进行关联分析时，一个首要的必须考虑和解决的问题是群体的结构问题。群体结构会增加染色体之间的LD，使目的性状与不相关的基因座间发生关联，因此群体结构被认为是引起假阳性的最主要因素。

群体结构的分析是利用群体标记基因型检测并校正种质材料的遗传结构。目前群体结构分析普遍采用STRUCTURE、INSTRUCTURE等软件。在大部分情况下，并不知道这个群体实际包含几个亚群，但可以假设群体的亚群数为K个，STRUCTURE软件能找出合适的K值及每个个体属于每个亚群的遗传构成。先预设群体亚群数等于$1\sim n$，即$K=1\sim n$。那么基于贝叶斯模型的计算方法，对每个K值模拟的结果，都会对应产生最大似然值（取对数，ln likelihood），该值越大，说明K值越接近于真实情况。一般随着K值升高，ln likelihood值也会不断升高，但会慢慢进入平台期。选择最优K值的目标是要找到那个拐点。主成分分析（principal component analysis，PCA）也是群体结构分析的有效方法。PCA是一种数据降维算法，通过正交变换将一组数量庞大且可能存在相关性的变量转换为一组低维的线性不相关的变量。通过PCA，所有分子标记的信息概括为少数成分变量。这些主成分可解释为与亚群体有关，取其中两个成分作散点图，数据集中的个体认为来源于同一亚群体。大量水稻材料经STRUCTURE软件分析、PCA分析，一般都能检测到有5个亚群体（籼稻、Aus、香稻、温带粳稻、热带粳稻）存在，若选$K=2$，就划分成籼稻与粳稻两个亚种。

材料间不平衡的血缘关系是导致标记出现非连锁相关（伪关联）的另一个重要原因。亲缘关系（kinship）是反映材料间的共祖关系情况。群体中个体间两两的亲缘关系矩阵可以通过SPAGeDi软件估算。

（6）关联定位　　理想情形下关联分析的基本统计学方法有线性回归、方差分析（ANOVA）、t检验或χ^2检验。不过，因为群体结构可能会产生"伪"的基因型-表型关联，为解决伪关联问题，结构关联（structured association，SA）提供了一种检测和控制群体结构的方法，是植物关联分析中最常用的方法。该方法利用随机标记估计群体结构（Q）或PCA主成分（P）和相对亲缘关系矩阵（K）作为协变量放入混合线性模型（mixed linear model，MLM）中。其中，标记、群体结构（Q或P）是固定效应，K是随机效应（图7-22）。

2. 关联分析的基本方法

根据基因组扫描范围，关联分析可分为全基因组途径和候选基因途径两种。前者基于标记水平，通过对引起表型变异的标记位点进行全基因组扫描，一般不涉及候选基因的预测。若利用高密度的SNP，有些性状往往定位在已克隆的主基因上。后者基于候选基因序列水平，在基因水平上将那些对目标性状有正向贡献的等位基因从种质资源中挖掘出来，一般应该先预测可能影响目标性状的候选基因或某一代谢途径的所有候选基因的功能。

（1）全基因组途径　　利用分布于整个基因组上的高密度的分子标记（如SNP）对研究群体目标性状进行扫描，以找到与目标性状密切关联的分子标记，即利用全基因组范围内的LD来确定影响表型性状或数量性状的QTL。随着各个主要物种全基因组测序的完成，SNP标记的大量开发，GWAS将成为研究植物数量性状的强有力工具。在作物中进行全基因组扫描，重要的一步是利用高容量DNA测序或高密度寡核苷酸检测设备高效地鉴定SNP。另外，需要存储及处理大量数据的处理器。

GWAS方法主要分为两大类，即单位点GWAS（single-locus genome-wide association study，SL-GWAS）和多位点GWAS（multi-locus genome-wide association study，ML-GWAS）。

SL-GWAS方法每次只能检测一个标记的一维基因组扫描，是基于群体结构和多基因背景控制的单标记分析。SL-GWAS主要包括一般线性模型（GLM）、混合线性模型（MLM）、压缩混合线性模型（CMLM）等。TASSEL是植物SL-GWAS最常用的软件包（Bradbury et al.，2007）。该软件使用Java程序编写，适用于Windows、Linux和MacOS等多个操作系统。除了主要GWAS模型外，该软件还可进行基因型数据处理（格式转换、填补和过滤等）、估算LD和亲缘关系、聚类分析和可视化等功能。另外，基于R语言环境的GAPIT（genome association and prediction integrated tool），即全基因组关联和预测整合工具，也是当前流行的GWAS软件。单位点模型有时并不完全适合多基因位点控制的复杂数量性状，该方法需要多重假设检验确定关联阈值来控制假阳性，当阈值太高，会导致许多重要的基因位点不能通过检验而被忽略。

为了考虑多基因背景效应，提高位点检测功效与精度，许多ML-GWAS方法被开发出来。例如，基于R的多位点随机SNP效应混合线性模型方法软件包（multi-locus random-SNP-effect mixed linear model，mrMLM），包括6种ML-GWAS方法；采用C++编程语言编写的限制性两阶段多位点模型GWAS（restricted two stage multi-locus GWAS，RTM-GWAS）程序，可在Windows、Linux和MacOS X等主流操作系统运行。除了自然群体GWAS外，该程序发展至双亲和多亲衍生群体如RIL和巢式关联作图（nested association mapping，NAM）群体的QTL定位和分子设计育种。

GWAS扫描整个基因组与目标性状的关联，就是测试非常大量的独立假设。如果使用0.05的p值作为阈值，将会出现大量的假阳性结果。为了控制关联分析假阳性，需要采用检验程序对GWAS结果进行校正，以调整p值阈值。通常的校正方法有：①Bonferroni校正法，将单个假设检验得到的每个位点的p值乘以本研究中同时进行假设检验的次数（即乘以所选择的遗传标记数量），如果校正后的p值仍然小于0.05，可判断该位点与目标性状存在显著关联。②控制错误发现率（false discovery rate）法，首先将未校正的p值从小到大排序，最大的p值保持不变，其他的p值依次乘以系数（位点总数/该p值的位次），校正后的p<0.05的位点可认为与目标性状存在显著关联。

水稻中真正意义上的GWAS开展于2010年。Huang等（2010）对517份水稻地方品种进行低覆盖率的基因组重测序（图7-23）。开发出一套有效算法可以对低丰度测序数据进行高效、准确、快速基因分型鉴定和对缺失数据进行填充，共鉴定到3 625 200个SNP，进而构建

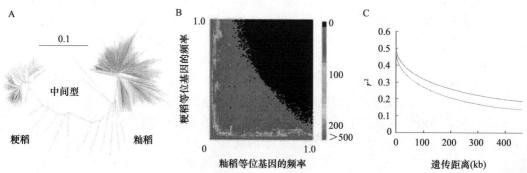

图7-23　517份水稻地方品种的遗传多样性及地理分布（引自Huang et al.，2010）A. 根据所有SNP构建的neighbor-joining树。籼稻、粳稻和中间型的分类如图所示。B. 籼粳亚种等位基因频率的比较。C. 利用373份籼稻和131份粳稻估算基因组水平平均LD衰减速度。

彩图

了一张水稻高密度基因型图谱（haplotype map）。群体结构分析表明，这些材料明显分属籼稻和粳稻两大亚种（图7-23）。利用SNP数据分析了籼稻和粳稻的LD水平，将LD的衰减速率定义为平均两两r^2下降到其最大值的一半时的染色体片段长度。全基因组水稻的籼稻和粳稻LD衰变率估计分别为123kb和167kb（图7-23）。对籼稻的株型、产量、籽粒品质和生理特征等14个农艺性状利用P+K的MLM模型进行了GWAS分析（表7-1和图7-24），并确定了若干农艺性状的候选基因位点。其中，定位到2个控制粒宽的SNP，其中一个的候选基因为*qSW5*，抽穗期共定位到7个SNP，没有找到候选基因。

表7-1 籼稻粒宽和抽穗期的GWAS结果（引自Huang et al.，2010）

	染色体	位置	主要等位基因	次要等位基因	次要等位基因频率	P值（CMLM模型）	已知基因
粒宽	5	4 907 158	C	G	0.21	2.7×10^{-9}	
	5	5 341 575	G	A	0.17	7.2×10^{-18}	*qSW5*
抽穗期	2	1 439 288	G	A	0.42	3.9×10^{-7}	
	2	30 818 552	G	C	0.07	3.8×10^{-7}	
	4	18 773 995	A	T	0.25	3.0×10^{-7}	
	6	11 083 237	G	A	0.05	6.6×10^{-8}	
	9	10 738 885	C	A	0.06	2.8×10^{-10}	
	11	28 247 391	C	T	0.12	4.2×10^{-9}	
	12	18 324 888	G	A	0.06	1.4×10^{-7}	

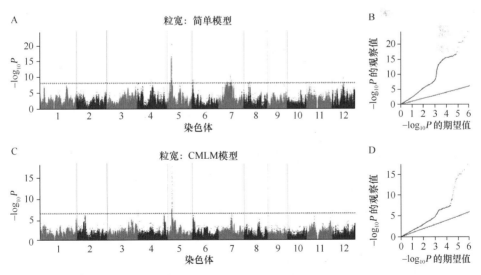

图7-24 水稻宽粒和抽穗期的GWAS分析 A，C，E，G为简单模型和CMLM模型的Manhattan散点图，将从全基因组扫描得出的P值转化成$-\log_{10}P$值。B，D，F，H为两种模型的Quantile-quantile点图。

（2）**候选基因途径** 候选基因关联分析建立在对目标性状基因有一定了解的基础上，根据模式植物和非模式植物中有关遗传学、生物化学及生理学研究结果选择相关的候选基因，对群体中个体进行候选基因测序，获取多态性分子标记，利用关联分析方法对候选基因与目标性状表型的关系进行验证。

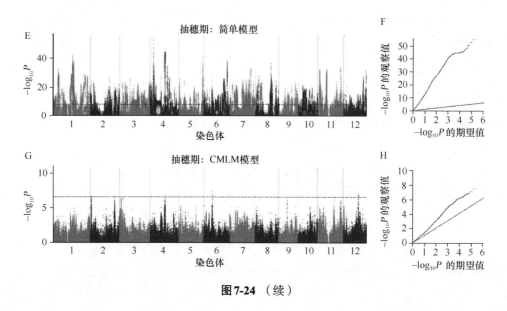

图7-24 （续）

简单的生化途径（如淀粉合成途径）或通过正向遗传学研究得很清楚的途径（如拟南芥的开花时间），很容易选择候选基因。但是对于一些复杂性状如籽粒或生物产量，很难选择候选基因，因此不适宜候选基因关联分析，应当开展GWAS。当然，选择某个基因，验证是否与一些目标性状存在关联，对这些基因进行测序，通过候选基因关联分析的方法进行验证也是可行。Thornsberry等（2001）首次成功地将关联分析引入植物，他们利用92个玉米自交系材料对*dwarf8*基因的多态性进行分析发现，该基因不但影响玉米株高，更重要的是有几个多态性位点与玉米开花期的变异显著相关。这意味着基于LD的关联分析可能是基因功能验证和基因挖掘的一种有效手段，为植物数量性状研究提供了新的思路。但是，随着关联分析方法的不断发展，后来他们又否定了*dwarf8*基因和开花期存在关联（Larsson et al.，2013）。植物候选基因关联分析中最典型例子的是玉米代谢途径关键酶基因与代谢物的关联分析。淀粉代谢调控途径有6个关键酶*sh1*、*sh2*、*bt2*、*wx2*、*ae1*和*su1*，在测定基因核苷酸多态性及LD程度的基础上，开展了淀粉籽粒成分和淀粉特性的关联分析，发现*bt2*、*sh1*和*sh2*与籽粒成分性状显著关联；而*ae1*和*sh2*与淀粉糊化特性显著关联；*ae1*和*sh1*都与直链淀粉含量显著关联（Wilson et al.，2004）。Harjes等（2008）测定了玉米类胡萝卜素合成代谢途径的8个关键基因序列，开展了类胡萝卜素成分的关联分析，发现*lcyE*基因有4个等位基因与类胡萝卜素的分支比例，即（α-胡萝卜素＋叶黄素）/（β-胡萝卜素＋β-隐黄质＋玉米黄质）显著关联，可解释58%的表型变异。

7.3.3　关联定位与连锁定位的整合

连锁分析和关联作图是检测复杂性状遗传结构常用的两种方法，连锁分析常常利用相对低的标记覆盖鉴定较宽的目标染色体区段，而关联作图则利用候选基因信息或高密度标记覆盖基因组扫描进行高精度作图。GWAS能够有效检测等位基因频率较高的SNP，而次要等位基因频率＜5%的等位基因特别是一些稀有等位基因往往被过滤掉了，而难以被检测到，导致很大比例的遗传率丢失。但是，连锁作图对于检测稀有的或那些次要等位基因频率＜5%的等位基因非常有效。整合连锁作图和关联分析作图的优势，研究者提出巢式关联作图

（nested association mapping，NAM）分析群体（图7-25）和多亲本聚合杂交高代（multiparent advanced generation intercross，MAGIC）群体（图7-26）开展关联定位研究。这些群体有助于降低群体结构的影响同时解决稀有等位基因难以被检测到的问题。

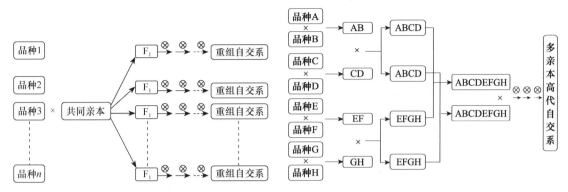

图7-25　巢式关联分析群体构建过程　　　　图7-26　MAGIC群体构建过程

1. NAM群体关联定位

NAM作图方法是Yu等（2008）首先提出的。NAM定位策略是通过构建基于共同亲本的多个遗传群体基础上进行复杂性状的遗传剖析。其步骤如下：①选择多样化的奠基者亲本构建一大套作图群体，以最大限度地获取遗传多样性，最好是RILs，以便进行表型性状数据收集；②对所有亲本及群体各个体进行全基因组重测序或高密度基因芯片分型；③对各RIL群体分别进行连锁定位；④对所有群体一起进行GWAS。虽然NAM群体中单个RIL群体内无群体结构，但群体之间没有经过重组，因此NAM群体仍然具有一定的群体结构，在关联分析中仍需考虑群体结构。

目前，NAM作图方法已成功应用在玉米、水稻、小麦、大麦、高粱、大豆、花生等主要作物上。Buckler等（2009）选择一个共同亲本（B73）与25个多样性亲本的杂交组合，构建了一个大规模的玉米NAM作图群体，包括5000个RIL。对25套群体分别进行逐步回归和完备区间QTL定位，联合整套群体的信息进行联合逐步回归和联合完备区间作图（joint inclusive composite interval mapping，JICIM），多群体联合逐步回归方法分别鉴定了36个雄穗开花期（days to anthesis，DA）和39个吐丝期（days to silking，DS）的QTL，分别解释总变异的89%，29个控制雄穗开花-吐丝间期（anthesis-silking interval，ASI）的QTL可解释总变异的64%。此外，每个性状还各发现20余个微效QTL（图7-27）。利用NAM进行QTL作图可估计基因主效应、上位性、基因-环境互作和多效性等遗传效应，还可检测到一些稀有等位基因的效应，测定并比较不同等位基因的效应。

2. MAGIC群体关联定位

利用MAGIC群体开展关联定位主要在于亲本选择和群体构建。由于MAGIC群体比传统双亲本群体需要更多次杂交，构建MAGIC群体之前需要精心设计，特别是选择好亲本。利用MAGIC群体定位QTL具有以下优势：①与传统的双亲本群体如RIL相比，MAGIC群体亲本数量增多也增加了等位基因和表型的多样性，可以同时定位多个主基因和QTL，由于MAGIC群体中包含来源于不同亲本的多个等位基因，可以同时检测多个等位基因的效应。②重组交换事件的增多提高QTL作图精度。从亲本间相互杂交到子代相互杂交，以及形成的最终多亲本的F₁间相互杂交，显著地提高了位点间的重组次数，使得该群体的作图精度显著调高到

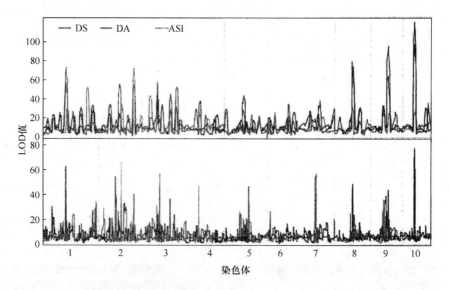

图7-27　利用玉米NAM群体开展联合QTL定位　上图为应用联合线性模型（GLM）对基因组进行扫描；下图为应用联合逐步回归和联合完备区间作图（JICIM）对基因组进行扫描；DA. 雄穗开花期；DS. 吐丝期；ASI. 雄穗开花-吐丝间期。

精细定位的水平。③较低的群体结构。在MAGIC群体内由于个体间不断进行相互杂交，群体结构通常很弱。④MAGIC群体可选用育种中性状优异的材料作为亲本，创造大量的遗传变异，优良材料可以直接用作育种材料，使育种群体和定位群体合二为一，定位到的QTL可以直接指导育种。利用MAGIC群体在水稻、玉米、小麦、大麦、高粱、棉花、番茄、鹰嘴豆等主要农作物中开展关联定位，多数群体由4个或8个亲本构建而成。

7.3.4　全基因组选择育种

通过关联分析找到与目的性状显著关联的分子标记，与通过连锁定位找到的QTL一样，可以用于优异等位基因的发掘、功能基因的克隆与功能验证、功能性分子标记开发及MAS。对于简单的性状，MAS只选择具有主要作用的QTL相关标记的个体，不使用与性状无显著相关标记的个体。由于QTL与环境相互作用，难以在多种环境中或不同的遗传背景下找到相同的QTL，通过使用QTL相关标记检测来改善多基因控制的复杂数量性状是不可行的，因此，新的MAS技术，即基因组选择（GS）育种技术应运而生。

随着分子标记检测技术高通量化、低成本化和自动化的逐渐实现，开展全基因组选择（genomic selection，GS）逐渐成为可能。GS概念由Meuwissen等（2001）首次提出。其基本思想是利用覆盖全基因组的分子标记对复杂数量性状进行预测，基本假设是与目标性状相关的QTL至少与一个分子标记处于连锁不平衡状态。GS育种分为两步。第一步利用训练群体（training population，TP）的基因型数据和表型数据建立最佳线性无偏预测（best linear unbiased prediction，BLUP）模型，得到训练群体每个个体的育种值（breeding value，BV）。育种值是每个个体所有等位基因遗传效应的总和，它是通过其杂交后代的平均表型来判断的，而不是自身的表型。第二步利用该预测模型，根据育种群体（breeding population，BP）的基因型数据，预测得到基因组育种值（genomic estimated breeding value，GEBV）。育种群体中的个体没有表型，只有基因型。选择是建立在GEBV的基础上，而不是依靠表型性状的信息。

实际上，全基因组选择的价值在于表型性状仅仅是用来建立和改进预测模型，而GEBV则是通过DNA即SNP标记的评估来进行预测。适合做GS的高通量分子标记主要有两大类，一类是基于新一代测序技术的分子标记，另一类是基因芯片技术。目前，开展GS的成本还比较高。但是，GS也已经在小麦、玉米、水稻、大麦、大豆、番茄等作物上开展了研究。例如，利用25个NAM群体共4699 RIL进行GS研究，发现利用RR-BLUP（ridge regression best linear unbiased prediction）方法的选择效果要显著高于MAS方法，而且RR-BLUP方法在预测准确度方面要优于贝叶斯A（BayesA）和贝叶斯B（BayesB）方法（Guo et al.，2012）。

GS与GWAS不同，GWAS目的是找到与目标性状显著关联的位点，这些位点虽然数量较少，但也可用于MAS。GS目的不是为了找到显著相关的位点，即不需要QTL定位，而是利用大量的分子标记对有效育种值进行预测，当然GWAS发现的显著关联位点一定包括在GS模型里面，根据预测的育种值高低，选择出性状优良的株系。值得指出的是，GS除了利用基因组分子标记外，还可以利用转录组、代谢组等多组学数据进行联合分析。

GS与传统的MAS相比有以下优点：①不需要进行主基因或者QTL的检测；②GS的标准是育种值，所以更精确，而MAS可以用来预测少量基因控制的性状，所以性状遗传率越高效果越好；③GS对于低遗传力、难以度量的性状选择效率高于MAS。

7.4 转基因技术与作物改良

获得高产、优质、高强抗逆性新品种一直是作物育种的主要目标。人口激增、可耕地面积不断减少、粮食安全问题愈加突出，提高作物单位面积粮食产量面临严峻挑战。无机化肥的大量施用、化学农药的滥用、极端气候频发使农业生态环境逐渐恶化，营养高效、抗病抗虫抗逆作物需求日益增强。人民生活水平不断提高，提高作物品质特别是培育营养健康型作物新品种可以满足人民对更加美好生活的向往。除了MAS技术在作物育种中得到广泛应用外，转基因育种也已经取得显著的成果。本节简要介绍转基因技术在作物产量、品质、抗性改良的策略及取得的主要成果。

7.4.1 转基因培育高产作物

目前对产量性状形成的分子机制已有深入研究，克隆了许多影响籽粒大小、千粒重、单株产量的相关基因。与作物产量形成密切相关的生理过程如光合作用、碳源分配、灌浆等的分子机制已逐步被揭开。就作物产量形成的生理过程而言，籽粒产量受到源、流、库的影响，三者之间既相互促进又相互制约。通过转基因技术改善源、流、库可以实现提高植物产量的目标。例如，通过对源组织代谢的调节增加对库组织的碳源供应能力；通过提高源库组织之间同化物的运输能力，促进光合产物向库组织的转运；通过调节库组织的代谢，增加对光合同化物的利用效率，进而增加特定化合物的合成和积累。选择培育理想株型品种可以协调源、库矛盾，使经济器官生长期间具有较高的光合生产和物质积累能力，在保证群体叶面积指数的前提下尽可能扩大库，提高库源比。生物钟基因可以使植物感知昼夜节律和季节性节律，通过改变昼夜节律，设计转基因在一天中最有效表达时机，达到计时种植（chronoculture）的目的，可以获得更高产量和更低的投入的作物新品种（Steed et al.，2021）。

1. 提高源强

根据不同的CO_2同化方式，高等植物分为C_3（如水稻、小麦、大麦、马铃薯等）、C_4（如玉米、高粱、甘蔗等）和景天酸（CAM）植物。其中，C_4植物具有光合速率高、CO_2补偿点低、几乎没有光呼吸等优点，特别在强光、高温、干旱等条件下，C_4植物具有明显的生长优势及较高的水分和营养利用率，生物产量也较高。长期以来，人们一直希望能将C_4光合特性转入C_3植物，以提高它们的光合效率。核酮糖-1,5-双磷酸羧化酶/加氧酶（Rubisco）是固定CO_2的限速酶，O_2与CO_2竞争结合Rubisco的活性位点，由此产生了光呼吸过程。Yoon等（2020）在水稻中过表达水稻的Rubisco编码基因，转基因水稻在N素供应充足的条件下能提高氮肥利用率、提高生物量、增加产量。

将C_4光合途径的关键酶，如磷酸烯醇丙酮酸羧化酶（phosphoenolpyruvate carboxylase，PEPC）、NADP-苹果酸酶（NADP-ME）和丙酮酸磷酸双激酶（PPDK）基因等通过转基因技术转入C_3植物已有很多研究。过表达*PEPC*对转基因水稻净光合速率的影响有不同的结果，有的认为是净光合速率下降（Agarie et al.，2002；Fukayama et al.，2003），有的认为能提高净光合速率（Ku et al.，2000；Jiao et al.，2002；Bandyopadhyay et al.，2007；Ding et al.，2007）。Ding等（2013）将谷子的*PEPC*基因转入粳稻，发现转基因水稻只有在干旱的条件下增加净光合速率，并增加单株产量。Ishimaru等（1998）将玉米的*PPDK*基因转入马铃薯中，转基因植株的PPDK活性比对照高5.4倍。Fukayama等（1999）将玉米的*PPDK*基因转入水稻，转基因植株的PPDK活性比对照高20倍以上，达到玉米的40.3%。Honda等（2000）将CAM植物立木芦荟（*Aloe arborescens*）的*NADP-ME*基因转入水稻中，在转基因水稻植株中检测到有生物活性的NADP-ME。Ku等（2001）将两个C_4循环酶基因分别连同上游的特异性启动子同时导入水稻，获得的转基因植株的光合性能和产量分别比对照提高了35%和22%。Sen等（2016）将玉米编码PEPC、PPDK及碳酸酐酶（carbonic anhydrase）的基因同时转入水稻，发现转基因水稻三个基因表达量分别提高了6.75、3.6和6.57倍，光合效率显著提升，单株粒数（产量）提高12%。

光合作用同化CO_2经卡尔文（Calvin）循环后迅速用于合成淀粉等碳水化合物，才能保证光合作用顺利进行。加快卡尔文循环产物运向终产物合成，即可提高光合效率。Miyagawal等（2001）将蓝细菌的果糖-1,6-双磷酸酶（景天庚酮糖-1,7-双磷酸酶）导入烟草，使其在叶绿体中表达。在含360mg/kg CO_2空气条件下，转基因植株的光合效率和生长均明显提高，转基因植株的干物质和CO_2固定率分别增加1.5倍和1.24倍，Rubisco活性提高了1.2倍，卡尔文循环中间产物及碳水化合物积累均比对照增多。

光敏色素是植物感受外界环境变化的最重要光受体之一，phyA在远红光信号转导中起主要作用，phyB负责调节短暂和持续红光照射下的大多数反应，phyC则参与对持续红光的反应。Boccalancro等（2003）将拟南芥*phyB*基因导入马铃薯使其过量表达，提高了叶片气孔导度，改变了马铃薯植株对光信号的响应能力，使得高种植密度下的转基因马铃薯的光合作用和块茎数量均得到了显著提高。

2. 调节光合产物分配

蔗糖是植物体内碳水化合物长距离运输的主要形式，蔗糖从源到库的转运效率及卸载能力是产量形成的限制因素之一。蔗糖转运蛋白（sucrose transporter，SUT）家族负责蔗糖的跨膜运输，在韧皮部介导源-库运输及库组织的供给中起关键作用。组织特异性抑制*StSUT1*基因在马铃薯块茎中的表达，使收获的块茎产量明显减少（Kuhn，2003）。而在马铃薯中过量表达蔗糖转运子*SoSUT1*，改变了马铃薯叶片中的碳源分配，使源叶中蔗糖含量降低，却提高了块茎中的蔗糖水平（Leggewie et al.，2003）。将两个水稻*OsSUT5Z*和*OsSUT2M*基因转入马铃薯，发现转*OsSUT5Z*马铃薯块茎蔗糖含量提高，单株块茎平均产量提高1.9倍，而

转 *OsSUT2M* 植株与对照都没有显著差异（Sun et al.，2011）。将拟南芥 *AtSUC2* 基因转入水稻（Wang et al.，2015），大麦 *HvSUT1* 基因转入小麦都能提高产量（Weichert et al.，2017）。

细胞壁转化酶（cell wall invertase）是蔗糖卸载的关键酶，催化蔗糖水解为葡萄糖和果糖，作为储存物质淀粉的主要来源。将由分生组织特异型启动子调控的细胞壁转化酶基因导入拟南芥，形成了额外腋生花序，引起籽粒增多，转基因拟南芥种子产量增加了20%（Heyer et al.，2004）。*GIF1* 基因负责控制蔗糖酶（转化酶）的活性，蔗糖酶位于细胞壁上，在水稻种子中的过量表达 *GIF1* 基因，促进了胞外蔗糖水解，提高了籽粒灌浆效率，转基因水稻的种子千粒重显著提高（Wang et al.，2008）。Li等（2013）将来自拟南芥、水稻或玉米的细胞壁转化酶基因在玉米中表达，都能显著提高玉米产量，最高增产145.3%，同时使籽粒淀粉含量提高20%。

淀粉是禾谷类粮食作物籽粒和薯类作物块茎或块根中的主要贮藏化合物，增强作物储藏器官组织中淀粉合成和积累能力及改变淀粉结构一直是基因工程育种的主要目标。通过转基因操作淀粉合成既可以提高作物产量，又可以增进作物品质。作物淀粉合成的途径及参与淀粉合成的酶及其功能都已经阐明。Loef等（2001）研究报道，质体中腺苷酸含量的水平与淀粉合成密切相关，提高质体腺苷酸水平导致马铃薯ADP-葡萄糖焦磷酸化酶（adenosine 5′-diphosphate-glucose pyrophosphorylase，AGPase）的增加，促进淀粉的合成。Regierer等（2002）通过对质体腺苷酸激酶基因修饰而改变该酶的活性，转基因马铃薯块茎中腺苷酸水平得到明显提高，淀粉含量增加了60%，块茎产量增加了39%。由AGPase催化葡萄糖-6-磷酸（G-6-P）和葡萄糖-1-磷酸（G-1-P）形成淀粉合成的前体物质——腺苷二磷酸-葡萄糖（ADP-glucose），是淀粉合成过程中第一个限速步骤，抑制AGPase的活性将导致淀粉合成的部分或完全终止。通过遗传修饰AGPase的特性或者改变该酶的变构效应物水平，可以增加ADP-葡萄糖的含量。将不同来源的 *AGPase* 基因转入作物，已成功地提高了ADP-葡萄糖含量，同时使马铃薯块茎淀粉含量增加（Stark et al.，1992），提高玉米（Giroux et al.，1996）、小麦（Smidansky et al.，2002）、水稻（Smidansky et al.，2003）的等作物产量（Tuncel and Okita，2013）。

3. 扩大库容

库容是高产的主要限制因子之一，库容大的品种具有实现高产的潜力。扩大库容主要应从提高产量构成因素，如单位面积的有效穗数、每穗粒数、粒重等入手。粒重与粒形性状呈显著正相关，是粒长、粒宽和粒厚的综合指标。以水稻为例，通过对水稻产量性状自然变异的QTL分析，共克隆到25个QTL。其中，2个基因（*IPA1* 和 *OsOTUB1*）主要控制单株穗数（Jiao et al.，2010；Wang et al.，2017），8个基因（*Gn1a*、*OsSPS1*、*SPIKE*、*Ghd7*、*Ghd7.1*、*DTH8/Ghd8*、*DEP1* 和 *FZP*）主要控制每穗粒数（Ashikari et al.，2005；Hashida et al.，2013；Fujita et al.，2013；Xue et al.，2008；Yan et al.，2013；Wei et al.，2010；Yan et al.，2011；Huang et al.，2009；Bai et al.，2017），15个基因（*GW2*、*GS2/GL2*、*GS3*、*GL3.1*、*OsLG3*、*qLGY3/OsLG3b*、*TGW3/GL3.3*、*GL4*、*qSW5/GW5*、*GS5*、*TGW6*、*GW6a*、*GL7/GW7*、*GLW7* 和 *GW8*）主要控制粒重（Li et al.，2018；Yu et al.，2017；2018；Hu et al.，2018；Xia et al.，2018）。这些基因大部分是负调控基因，少部分是正调控基因。例如，*GS2/GL2* 和 *GLW7* 正调控粒长、粒宽和粒重；*GL7/GW7* 正调控粒长和粒重而负调控粒宽；*GW8* 基因编码类Squamosa启动子结合蛋白OsSPL16，可以正向调控颖壳横向细胞的增殖，导致籽粒变得更宽和粒重增加。值得一提的是，*IPA1* 是控制水稻理想株型的主基因，编码类Squamosa启动子结合蛋白OsSPL14，参与调控多个生长发育过程。*ipa1* 突变体的表型为水稻株高增加，茎秆粗壮，分蘖数减少，穗粒数及千粒重显著增加，具有典型的理想株型特征。但是，*IPA1* 对株型有着精细的剂量调控效应，利用*IPA1*的不同等位位点，实现*IPA1*的适度表达是形成大穗、适当分蘖和粗秆抗倒理想株型的关键。通过转基因改变这些基因的表达，可以达到提高产量的目的。但由于这些基因在自然群体中已经有不同等位基因，通过MAS已可以达到提高产量的目的。而对于正调控基因，若需要进一步提高表达量，则需要通过转基因技术才能达到目的。

7.4.2　转基因培育优质作物

作物品质形成涉及作物贮藏器官的各大代谢途径，属于代谢工程范畴。将一些用传统育种方法无法培育出的品质性状从其他生物中引入目标作物，是转基因技术的优势，这些性状的获得也只能通过转基因技术才能实现。例如，将单子叶植物中的性状导入双子叶植物中，或者将双子叶植物中的性状导入单子叶植物中，以提高作物的营养价值；改进食用和非食用油料作物的脂肪酸成分；引入甜味蛋白质改善水果及蔬菜的口味等。其中，通过转基因提高作物营养成分的含量，又称为营养生物强化（biofortification）。迄今，通过转基因工程技术，按照人类的意愿，在淀粉特性及食用品质、蛋白质含量及品质、脂肪品质、纤维品质、微量元素营养、维生素含量、具有抗氧化活性的植物化学素含量等方面都获得了许多有应用前景的转基因作物。

1. 淀粉品质

淀粉由直链淀粉和支链淀粉组成，二者比例及精细结构决定着淀粉的特性与用途。颗粒结合淀粉合成酶（GBSS）是合成支链淀粉的关键酶，把*Wx*基因反义导入作物中，可获得不含或只含少量直链淀粉的糯性作物，这种淀粉适用于食品业和造纸业。将谷物淀粉分支酶基因*BEIIb*通过反义RNA技术抑制表达或通过基因编辑技术敲除，可以获得直链淀粉含量提高、支链淀粉中长链含量增加的品系，并显著提高抗性淀粉含量，此种淀粉具有降低血糖指数功能。在大麦中，通过反义RNA技术同时抑制三个淀粉分支酶基因表达，获得了只含直链淀粉的大麦材料。

2. 氨基酸含量及蛋白质品质

人类饮食中的8种必需氨基酸通常来源于植物。然而没有任何一种植物储藏器官中含有所有这8种氨基酸，如水稻、小麦、大麦等谷物的赖氨酸含量很低，赖氨酸是谷物的第一限制氨基酸，这些谷物还缺乏苏氨酸（第二限制氨基酸），玉米还缺乏色氨酸（第二限制氨基酸），大豆蛋白中则缺少含硫的蛋氨酸。在食物中，一种限制性氨基酸缺乏时会影响其他氨基酸吸收，使谷物和大豆蛋白质得不到充分利用。增加赖氨酸含量可以通过改变种子贮藏蛋白的组成来实现。通过同时降低27kDa和16kDa γ醇溶蛋白（zein）、22kDa和19kDa α-zein的水平，并同时过度表达α球蛋白、15kDa β-zein和18kDa δ-zein，Jung等（2005）使玉米粉的赖氨酸含量比对照增加了70%以上，色氨酸含量增加了60%以上。过表达内源性富含赖氨酸的蛋白质基因，如水稻富赖氨酸结合蛋白（lysine-rich binding protein，BiP）基因、水稻富含赖氨酸组蛋白基因（*RLRH1*和*RLH2*）、四棱豆富赖氨酸蛋白（lysine rich protein）基因，使水稻种子赖氨酸含量比对照分别增加了190%、35%和20%（Kawakatsu et al.，2010；Wong et al.，2015；Liu et al.，2016）。在谷物中，还有一个提高赖氨酸含量的特殊策略，就是通过在转运RNA中，将编码谷氨酰胺、天冬酰胺、谷氨酸的密码子或终止密码子修改成编码赖氨酸的密码子（Wu et al.，2003）。该策略提高了谷蛋白和醇溶蛋白中的赖氨酸/种子蛋白比例，通过该策略产生的转基因水稻的赖氨酸/蛋白质比率比野生型高6.6%（Wu et al.，2003）。

色氨酸的合成由邻氨基苯甲酸合成酶（anthranilate synthase，AS）催化，受负反馈的调节。在AS α亚基中已鉴定出对反馈不敏感的突变，这种突变可以增加作物游离色氨酸含量。在水稻中表达编码AS α亚基基因（*OASA1D*）的不敏感形式，转基因水稻中的游离色氨酸含量是对照的300倍，总色氨酸含量是对照的15倍（Wakasa et al.，2006）。还有一个编码水稻AS α亚基的等位基因*OASA2*，对于高浓度的色氨酸，*OASA2*比*OASA1*更不敏感。通过靶向转基因技术，将内源基因替换成反馈不敏感的*OASA2*，转基因水稻叶片中游离色氨酸含量是对照的120倍，种子中游离色氨酸含量是对照的230倍（Saika et al.，2011）。将农杆菌*AS*基因（*AgroAS*）的反馈不敏感等位基因与玉米*AS* α2亚基（*ZmASA2*）的叶绿体转运肽一起转入玉米中，转基因玉米种子的游离色氨酸含量是对照组的120倍（Manjunath et al.，2006）。

小麦的烘烤品质取决于种子蛋白中的麦谷蛋白及其高分子量蛋白（high molecular weight，HMW）的含量，麦谷蛋白及其HMW亚基决定着面团的弹性和延展性。通过增加HMW麦谷蛋白亚单位的拷贝数或插入特殊的编码HMW亚单位的基因或改变HMW亚单位本身的基因表达，可以达到改良小麦的烘烤品质的目的。

3. 脂肪品质

脂肪是大豆、向日葵、油菜、油棕榈等油料作物的主要成分，脂肪含量及品质影响食用油的质量。谷物及其他作物也含有少量的脂质，其含量与质量对作物品质也有重要影响。例如，脂肪含量较高的稻米通常有较好的食味品质。目前，许多编码控制种子贮藏油脂合成、控制油脂含量和质量的重要基因相继被克隆，并应用于基因工程，培育出富含高附加值的食用或工业用油脂的作物。脂肪即甘油三酯，由甘油和三分子脂肪酸组成。脂肪酸是甘油三酯的主要成分。不饱和脂肪酸的生物合成是饱和脂肪酸去饱和合成。乙酰辅酶A羧化酶（acetyl-CoA carboxylase，ACCase）在脂肪酸合成途径中起着关键作用，其催化的反应可以限制脂肪酸合成速度，并控制碳流进入脂肪酸合成途径。在油菜种子中过表达拟南芥*ACCase*基因使油菜种子含油量提高3%～5%（Roesler et al.，1997）。在磷酸烯醇丙酮酸羧化酶（PEPC）作用下，丙酮酸合成草酰乙酸，进入蛋白质代谢，如果抑制*PEPC*基因的表达，可能促进更多的丙酮酸用于脂肪酸的合成。将反义*PEPC*基因导入油菜，使油菜种子含油量高达47%（陈锦清等，1999）。但也有报道称，将从玉米*PEPC*基因正义导入水稻，光合效率显著提高，脂肪含量较对照有较大幅度提高。

种子脂肪中饱和脂肪酸主要是棕榈酸（16：0），饱和脂肪酸对人体心脑血管有不利影响。抑制脂肪酸脱氢酶（fatty acid dehydrogenase，FAD2）基因的表达，不仅能减少对人体健康不利的棕榈酸以及引起谷物陈化的亚油酸（18：2）含量，还能提高油酸（18：1）含量（Zaplin et al.，2013）。利用RNA干扰方法，抑制*FAD2*表达，获得了高油酸含量的转基因油菜（陈苇等，2006）、大豆（Graef et al.，2009）等；利用CRISPR/Cas9介导的基因编辑技术，增加了甘蓝型油菜种子中油酸含量（Okuzaki et al.，2018）。

4. 纤维品质

纤维品质改良一直是棉花育种重要目标。纤维长度与强度是主要品质性状。成熟棉纤维的主要组成部分是纤维素，纤维素合成途径及其调控机理已有很多研究。导入纤维素合成相关基因既可以提高纤维长度，又可以提高纤维强度。Li等（2004）将木质醋酸杆菌的纤维素合酶基因*acsA*和*acsB*导入棉花中，转基因棉花纤维的强度和长度比对照提高15%，纤维素的含量比对照高7.06%，而细度比对照低11.76%。Joohyun等（2010）将棉花木葡聚糖内糖基转移酶/水解酶（xyloglucan ednotransglucosylase/hydrolase）基因转入棉花中使转基因株系的纤维长度比对照增长16%左右。利用棉纤维中细胞骨架结构蛋白、微管蛋白、肌动蛋白及其调节因子也可以改良棉花纤维品质。例如，南芝润等（2009）将棉花肌动蛋白解聚因子（actin-depolymerizing factor，GhADF1）的反义基因导入陆地棉中，发现转基因纯合株系棉纤维强度和长度比对照分别增加4.7%和4.9%。另外，转入一些来源于动物的相关基因，也可改良棉花的纤维品质，如兔角蛋白基因、蚕丝心蛋白基因、蚕丝心蛋白轻链基因等。

5. 微量元素与维生素

微量元素是影响作物营养品质的一个重要因素。目前，全世界贫血人数占世界人口的30%。铁和维生素A缺乏会导致严重的贫血、智力发育不良、失明甚至死亡。通过转基因技术将外源铁蛋白基因（*ferritin, Fer*）转入水稻、小麦、玉米、木薯、菠萝、香蕉等经济作物内，提高作物中的铁、锌含量，不仅可以满足人类对铁、锌的需求，还可防御由铁缺乏引起的各种疾病。Singh等（2017）将水稻烟酰胺合酶（nicotinamide synthase，*OsNAS2*）基因和菜豆的铁蛋白基因单独或一起转入小麦，转基因小麦的铁和锌含量都显著提高。Beasley等（2019）将*OsNAS2*转入面包小麦，也得到相似结果，发现铁和锌更多地分布在胚乳中。Narayanan等（2019）将拟南芥的铁转运子（iron transporter，IRT1）和铁蛋白基因同时转入木薯中，田间种植下，转基因木薯的铁含量比对照高7~18倍，锌含量比对照高3~10倍。

维生素是维持人体健康的重要活性物质，缺乏维生素会导致严重的健康问题。维生素A缺乏症是世界各地普遍存在的现象。根据联合国儿童基金会的数据，2013年，6~59个月大的儿童中有近1/3是维生素A缺乏者，其中撒哈拉以南非洲地区和南亚地区的比例最高。Ye等（2020）向水稻中转入了4个酶的基因，其中2个基因来自水仙，另2个基因来自细菌，它们编码4种酶，能够在水稻胚乳中合成β-胡萝卜素，β-胡萝卜素在人体中能转变成维生素A。这种转基因水稻生产出来的大米是金黄色的，所以被称为黄金大米。Paine等（2005）在胚乳特异启动子驱动下表达玉米八氢番茄红素合成酶（ZmPSY）和细菌八氢番茄红素脱氢酶（CRTI）基因，使总类胡萝卜素在水稻胚乳中的积累高达37μg/g。这种大米颜色呈金黄色，被称为"金米2号"。目前，美国、菲律宾等国家已经批准黄金大米上市。

叶酸即维生素B$_9$，是一种水溶性维生素。如果每天叶酸摄入量低于400mg，将面临叶酸营养不良的严重威胁。它与神经管缺陷、自闭症、阿尔茨海默病、神经精神疾病和巨幼红细胞贫血等疾病有关。叶酸营养不良的问题可以通过叶酸基因工程对粮食作物进行生物强化解决。叶酸合成途径中，GTP环化水解酶Ⅰ（GTP cyclohydrolase Ⅰ，GCHI）和氨基脱氧分支酸合酶（aminodeoxychorismate synthase，ADCS）基因的过表达显著提高了水稻叶酸水平（Storozhenko et al.，2007；Dong et al.，2014）。同样，Liang等（2019）将两个大豆的基因*Gm8gGCHI*和*GmADCS*在玉米和小麦中表达，在玉米和小麦中叶酸含量分别提高了4.2倍和2.3倍。为进一步提高小麦的叶酸含量，将密码子优化的*Gm8gGCHI*和番茄的*LeADCS*基因转入小麦，叶酸含量增加了5.6倍。

6. 抗氧化物

花青素（anthocyanin）是一类黄酮类植物色素，作为植物营养素具有强抗氧化活性，对人体健康具有重要的保健作用。大多数番茄不合成花青素，在番茄中同时超量表达两个来自金鱼草的转录因子*Delila*和*Rosea1*能够获得富含花青素的番茄果实（Butelli et al.，2008），转录因子*AtMYB12*能够进一步增加果实中花青素的含量（Zhang et al.，2015）。黑米的种皮中含有花青素，但胚乳不含花青素，黑米糙米的蒸煮特性和口感较差。Zhu等（2015）采用多基因载体系统同时导入合成花青素的8个花青素相关基因（来自玉米的2个调节基因和来自彩叶的6个结构基因），首次创造出具有高抗氧化活性的紫色胚乳水稻"紫晶米"。在黄金大米的基础上，再导入β-胡萝卜素酮化酶基因（*sCrBKT*）和β-胡萝卜素羟化酶基因（*sHpBHY*），可以在水稻胚乳中合成虾青素（Zhu et al.，2018）。虾青素是一类橙红色类胡萝色素，为类胡萝卜素的最高级形式，具有超强抗氧化活性。

7.4.3 转基因培育高抗作物

1. 抗虫作物

全球的农作物每年因为病虫害导致的产量损失在11%～30%。虫害是影响农作物高产的主要原因之一，长期以来人们通常采用化学杀虫剂控制害虫，不仅费用高，而且易导致环境污染及害虫抗药性提高。利用转基因技术培育抗虫新品种是农作物害虫防治的有效途径。

目前，在转基因植物中常使用的抗虫基因主要有三大类。第一类是从细菌中分离出的毒蛋白基因，主要是苏云金杆菌（*Bacillus thuringiensis*，*Bt*）分离的*Bt*毒蛋白基因；第二类是从植物中分离出来的抗虫基因，主要为蛋白酶抑制剂基因、淀粉酶抑制剂基因、外源凝集素基因等；第三类是从昆虫体内分离到的毒素基因，如蝎毒素基因和蜘蛛毒素基因等。

苏云金杆菌在产胞期间分泌一种伴孢晶体蛋白如Cry1Ab、Cry1C等，这些Bt毒蛋白对鳞翅目、双翅目、鞘翅目等昆虫（如小菜蛾、玉米螟、草地贪夜蛾）有很强的杀伤作用。Obukowicz等（1986）最先使*Bt*毒蛋白基因在玉米根际微生物假单孢杆菌中表达，基因表达产物Bt毒蛋白对烟草天蛾幼虫有毒杀效果。第一个转*Bt*毒蛋白基因的抗虫植物是转基因抗虫烟草（Vaeck et al.，1987），对烟草天蛾的毒杀率在3d后可达95%～100%。现今全世界已获上百种含有转*Bt*毒蛋白基因的抗虫植物，转基因抗虫棉已在多个国家种植，也有国家已允许种植转基因玉米、马铃薯、大豆、茄子等作物。为了使转基因植物具有更好的持久抗虫效果，构建双价抗虫基因和培育两个抗虫基因共表达的转基因植物是可行途径。Macintosh等（1990）已经表明Bt与豇豆胰蛋白酶抑制剂（cowpea trypsin inhibitor，CpTI）协同作用可增强Bt的杀虫能力。郭三堆等（1999）报道，将*Cry1A Bt*基因和*CpTI*基因构建成双价基因同时导入棉花，获得了抗虫性稳定表达的转基因抗虫棉，抗虫效果较单个*Bt*基因好。*Bt*菌在营养期会分泌另一种和*Bt*完全不一样的杀虫蛋白，即营养杀虫蛋白（vegetative insecticidal protein，Vip）。Vip1、Vip2共同作用于鞘翅目昆虫产生杀虫活性，而Vip3则对玉米和棉花等主要鳞翅目害虫具广谱杀虫活性（Estruch et al.，1996）。Vip蛋白与传统的*Bt*晶体毒素具有不同毒杀机理，并且在进化上不同源。目前，*Vip3*基因已广泛应用于玉米、棉花和水稻等抗虫作物培育。

2. 抗病作物

现今发现的致病性植物病毒有450余种，植物病毒常造成农作物大幅度减产。转基因技术使用最早和最广泛的是利用弱毒株病毒的外壳蛋白（coat protein，CP）基因或其他基因转化植物，从而使植物获得对强毒株病毒的抗性。Abe等（1986）首次将烟草花叶病毒（TMV）的*CP*基因转移到烟草和番茄细胞，获得的转基因植株在一定程度上降低了TMV的系统侵染，并延迟发病12～30d。现今利用病毒外壳蛋白基因策略已培育出抗约35种病毒的转基因植物，抗病毒转基因植物有烟草、番茄、苜蓿、马铃薯、水稻、玉米、小麦、黄瓜、南瓜、甜椒、欧洲李、杏等。其他策略如卫星RNA基因、RNA沉默（反义RNA策略）、与病毒复制相关基因的部分序列（如病毒编码的RNA依赖的RNA聚合酶基因）、病毒的运动蛋白、核酶等基因也用于抗病毒基因工程。

高等植物多数病害都是由真菌侵害引起的，如水稻的240多种病害中真菌性病害占90%。由于病原菌变异迅速，植物抗性资源有限及常规育种方法耗时费力，所培育的抗病品种远不能满足生产上的需要。植物抗真菌病害基因工程策略包括利用植物抗病基因（resistance gene，*R*基因）、参与抗病反应信号转导的基因和抗真菌蛋白基因等。自Johal和Briggs（1992）在国际上克隆了第一个抗病基因玉米抗圆斑病基因后，迄今已在不同植物中包括模式植物拟南芥、烟草、番茄以及农作物水稻、小麦、玉米等克隆了400多个抗病基因。将R基因导入其他感病的同种植物或远缘材料中，转基因植株能表现出一定程度的抗病性。然而由于多数R基因抗性十分专化、抗病谱窄，且随着病菌群体组成的变化和快速进化，抗性会很快丧失，克隆和转育具有广谱和持久抗性基因对提高转基因改良植物抗病性成效极为重要。番茄抗叶霉病原菌（*Cladosporium fulvum*）cf-ECP2基因就是一种广谱抗病基因，该R基因的转育可使受体品种获得广谱和持久抗病性（Lauge et al.，1998）。大麦mlo基因是另一个有较大应用价值的R基因，它不需要病原菌无毒基因的激活，便对所有白粉病原真菌*Erysiphe graminis*菌系具有抗性（Buschges et al.，1997）。此外，转化植物防卫反应基因（几丁质酶基因、葡聚糖酶基因、溶菌酶基因、抗真菌多肽基因）对改良植物抗病性也有一定效果。例如，同时表达烟草几丁质酶和葡聚糖酶基因的转基因番茄对真菌病害抗性明显高于转单基因植株的抗性。Gao等（2000）将从苜蓿种子中克隆的抗真菌多肽基因导入马铃薯，转基因植株对重要的病原菌*Verticillium dahliae*抗性显著提高。

通过转R基因提高植物免疫响应的同时又不影响其他性状是一个挑战，因为抗病反应是有代价的。抗病基因持续保持高表达会影响植物生长和繁殖，使转基因植物适应性下降。Xu等（2017）通过利用uORF（上游开放阅读框）在翻译水平上精准调控抗病蛋白NPR1的表达。在没有病原菌入侵时候，NPR1蛋白处于极低表达水平；一旦有病原菌危害，NPR1蛋白快速表达，短时间内即可阻止病菌的入侵。在水稻中进一步研究发现精准调控NPR1的表达，不仅不影响水稻的农艺性状，而且对水稻生产上重要病害如稻瘟病、白叶枯病和细菌性条斑病均有很好的抗性。

3. 抗除草剂作物

除草剂已成为现代农业生产的一种重要生产资料，广泛用于大田作物杂草防治。草甘膦、绿黄隆和溴苯腈等高效、低毒、无公害的除草剂多为无选择性的广谱除草剂，在杀死杂草时，也将作物杀死。采用基因工程技术将对除草剂有抗性的基因导入作物是增加除草剂选择性和安全性的一条新的有效途径。目前农作物抗除草剂的基因工程主要有两种策略，一是改变除草剂靶酶的水平和敏感性；二是导入1个能解除除草剂毒性的酶。耐除草剂性状是转基因作物中发展最快的导入性状。已开发抗除草剂作物有大豆、玉米、水稻、小麦、棉花、油菜、甜菜、烟草、花生、番茄、马铃薯、向日葵、甘蔗、高粱、豇豆、菠菜、胡萝卜等20余种，有些已进入商品化生产。2017年，全球耐除草剂转基因作物种植面积占全球转基因作物总种植面积的47%；其次是抗虫-耐除草剂复合性状，占41%。

5-烯醇丙酮草酰-3-磷酸合酶（5-enolpyruvylshikimate-3-phosphate synthase，EPSPS）是草甘膦的靶酶。EPSPS催化过程产生一个中间产物莽草酸，但EPSPS对草甘膦十分敏感，当使用草甘膦类除草剂时，植物体内会大量积累莽草酸而导致细胞死亡。在作物体内过表达*EPSPS*，能使作物对草甘膦产生抗性。现已从矮牵牛、番茄、拟南芥、玉米、大豆等植物中分离到*EPSPS*基因。转*EPSPS*基因在叶绿体中表达量增加20多倍，对草甘膦抗性提高4倍。

乙酰乳酸合酶（acetolactate synthase，ALS）是植物支链氨基酸（亮氨酸、异亮氨酸、缬氨酸）生物合成途径中的关键酶。ALS能够催化由两个丙酮酸分子合成（2*S*）-乙酰乳酸或由丙酮酸和2-酮丁酸酯合成（2*S*）-2-乙酰-2-羟基丁酸，是磺酰脲、三唑并嘧啶、嘧啶基硫代苯甲酸酯、磺酰氨基羰基三唑啉酮和咪唑啉酮（imidazolinone）等5种结构不同的除草剂的共同靶点，这些除草剂统称为ALS抑制剂类除草剂。当*ALS*基因存在错义突变时，会产生异构的ALS，从而降低了ALS对除草剂的敏感程度，增强了转*ALS*基因作物对除草剂的耐性。2009

年，巴西农业科学院与德国巴斯夫公司共同研制的耐咪唑啉酮除草剂大豆获准商业化种植。

以除草剂或其有毒代谢物为底物的酶可以催化降解除草剂而达到保护作物的目的。从 *Ochrobactrum anthropi* 中克隆出的 *gox* 基因［编码草甘膦氧化酶（glyphosate oxidase）］，可将草甘膦降解为无毒性的氨甲基膦酸乙醛酸。广谱除草剂膦丝菌素（basta，也称作草铵膦）以在氨同化及氮代谢调节中起重要作用的谷氨酰胺合成酶（glutamine synthetase, GS）为靶标。植物 GS 受到抑制后，组织细胞中的氨水平升高产生毒害，光合作用停止，植物死亡。从土壤吸水链霉菌（*Streptomyces hygroscopicus*）中分离克隆的双丙氨磷抗性基因（bialaphos resistance, *bar*），编码膦丝菌素乙酰转移酶（phosphinothricin acetyltransferase, PAT），使膦丝菌素 *N*-乙酰化，而解除其毒性。该基因已导入烟草、番茄、马铃薯和水稻等20多种作物。这些转基因植株对草丁膦、双丙氨膦的抗性比对照提高4～5倍。

细胞色素 P450 加氧酶在高等植物解除除草剂毒性代谢中起重要作用，将从细菌、动物和植物中分离到的细胞色素 P450 基因导入马铃薯、烟草等植物，已获得了抗（耐）除草剂能力提高的转基因植株。

4. 耐环境胁迫的作物

干旱、盐碱、高温、冷（寒）害和涝害等逆境条件是严重影响作物生长发育的非生物胁迫因素。据统计全世界的盐碱地近10亿 hm^2，约占陆地面积的1/3。我国大约有1亿 hm^2 盐碱地，且有逐年增加的趋势。现今极端气候频发，干旱、水涝给农业生产带来的损失有时甚至是毁灭性的。植物胁迫耐性大多属于数量性状，现有可利用的种质资源匮乏，采用常规育种技术改良植物的胁迫耐性困难较大。已证明克隆到来自微生物等有机体的编码生化代谢关键酶和逆境胁迫信号转导的一些重要基因，如编码渗透调节产物合成酶、膜修饰酶、活性氧清除酶、胁迫诱导蛋白等，将它们转入栽培植物中，能改良作物的耐（抗）胁迫性（表7-2）。

表7-2　应用于改良植物胁迫耐性的外源基因

基因（来源）	酶	功能
BetA (E. coli)	胆碱脱氢酶	抗盐碱、冷（冻）胁迫
Badh (Atriplex hortensis)	甜菜碱醛脱氢酶（BADH）	提高抗盐性
Afp 和 *afa3* (winter flounder)	抗冻蛋白	提高抗冷（冻）性
CodA (Arthrobacter globiformis)	胆碱氧化酶	增强对低温和盐的耐性
Des9 (A. thaliana)	D9-脱氢酶	增强耐寒性
FeSOD (A. thaliana)	铁-超氧化物歧化酶	保护光系统 II 和膜
fad7 (Arabidopsis)	ω-3 脂肪酸去饱和酶	提高耐寒性
Hval (Hordeam vulgare)	HVA1-胚胎发生后期富集蛋白	维持受胁迫植物高的生长率
MnSOD (Nicotiana plumbaginifoba)	锰-超氧化物歧化酶	在特定细胞中减少活性氧的破坏作用
Mltd (E. coli)	1-磷酸甘露醇脱氢酶	在 NaCl 中提高种子发芽率和幼苗期耐盐性，清除叶绿体中的活性氧
SacB (Bacillus subtilis)	果聚糖蔗糖酶	果聚糖积累，提高生长率和耐旱性
Tps1 (Saccharomyces cerevisiae)	海藻糖合成酶	在低浓度时提高干旱耐性
p5cs (Vigna aconitifolia)	吡咯啉-5-羧化合成酶	甜菜碱积累，增强对低温和盐的耐性
Gst/Gpx (Nicotiana tabacum)	谷胱甘肽-S-转移酶/谷胱甘肽过氧化物酶	消除氧化胁迫，加快幼苗生长
GR/Cu,ZnSOD (E. coli/rice)	谷胱甘肽还原酶/铜锌超氧物歧化酶	抗氧化性提高
Vhb (Vespula stercoraria)	血红蛋白	抗低氧和缺氧胁迫

许多其他性状及特性的转基因育种虽未能在本章提及，但都有成功的例子。已经允许商业化栽培的转基因作物可在https://www.isaaa.org/gmapprovaldatabase/default.asp中查到。转基因技术作为全球发展最成熟、应用最广泛的生物育种技术，已成为我国必须抢占的科技制高点。解决民族种业卡脖子问题，保障我国的种业安全、粮食安全归根到底要靠转基因技术等生物技术。

7.4.4 全球转基因作物生产现状

1996年被称为转基因作物大规模种植元年，美国是当时全球唯一种植转基因作物的国家，种植面积为170万hm^2，标志着全球转基因育种商业化正式起步。自1983年第一例转基因植物问世至1996年转基因作物大面积推广仅用了13年，其后转基因农作物种植面积不断增加（图7-28）。迄今，全球转基因作物发展经历了早期发展（1996～1999年）、快速推广（2000～2010年）和成熟发展（2011年至今）三个阶段。1996～2018年，转基因技术应用为全球提供农产品产量6.576亿吨，价值2250亿美元；提升耕地生产力，节省1.83亿hm^2土地，减少全球8.6%的农药使用量和0.271亿吨二氧化碳排放量，为应对全球性的气候变化、环境污染和资源短缺，保障全球粮食、饲料和纤维的供应做出巨大贡献。

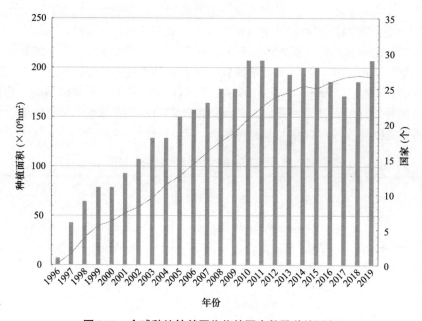

图7-28 全球种植转基因作物的国家数及种植面积

1. 全球转基因作物种植现状

在早期发展阶段，截至1999年，全球共有11个国家种植转基因作物，种植面积达0.4亿hm^2。在2000～2010年，全球种植转基因作物国家逐渐增多，种植面积迅速扩增。截至2010年，29个国家种植转基因作物，种植面积达到1.48亿hm^2。2011年至今，种植转基因作物国家略有变化，种植面积趋于稳定。2019年，全球29个国家种植了1.904亿hm^2的转基因作物，比商业化之初的1996年增加约112倍（图7-28）。美国、巴西、阿根廷、加拿大、印度、巴拉圭是最大转基因作物种植国家，占了总种植面积近9.3成（表7-3）。其中，美国种植面积为7150万hm^2（占37.55%）；巴西种植面积为5280万hm^2（占27.73%）；阿根廷种植面积为2400万hm^2（占12.61%）；加拿大种植面积为1250万hm^2（占6.57%）；印度种植面积为1190万hm^2（占6.25%）；

巴拉圭种植面积为410万hm²（占2.15%）。转基因作物以大豆（占种植面积的48.3%）、玉米（占32.0%）、棉花（占13.5%）为主。

表7-3　2019年转基因作物种植面积最大的7个国家及作物种植情况

国家	种植面积（万hm²）	转基因作物种植率（%）	转基因作物
美国	7150	95	玉米、大豆、棉花、油菜、甜菜、木瓜、南瓜、苹果
巴西	5280	94	大豆、玉米、棉花、甘蔗
阿根廷	2400	100	大豆、玉米、棉花、苜蓿
加拿大	1250	94	油菜、玉米、大豆、甜菜、苜蓿、苹果
印度	1190		棉花
巴拉圭	410		大豆、玉米、棉花
中国	320		棉花、木瓜

根据转基因改良的性状，转基因作物历经三代发展（表7-4），第一代主要是抗除草剂、抗虫、抗病毒等单一性状改良，第二代则将多种抗性性状聚合，第三代主要是品质和营养改良。目前，国内外大规模商业化种植的转基因作物还是以第一、二代转基因产品为主，涉及耐除草剂、抗虫、抗病毒和抗旱等目标性状。2019年，抗除草剂性状转基因作物种植面积占全球转基因作物种植总面积的43%，抗虫性状占12.0%，复合性状占45%。

表7-4　转基因改良性状的先后

代际	性状	代表品种（商业化时间）
第一代	抗除草剂、抗病虫、抗病毒	抗除草剂大豆（1996）、抗虫玉米和抗虫棉（1997）、抗病毒番木瓜（1997）、抗除草剂甜菜（2008）
第二代	复合抗性及抗旱	抗虫抗除草剂玉米、抗虫抗除草剂棉花、抗旱玉米（2013）
第三代	品质和营养改良	淀粉品质改良的马铃薯、防褐变马铃薯（2017）、防褐变苹果（2017）、含β-胡萝卜素和铁蛋白主粮

为了满足种植、生产、加工或消费的多样化需求，正在研发的转基因作物的目标性状不断扩展，包括耐除草剂性状如耐草丁膦和耐麦草畏等，抗病性状有抗晚疫病和抗黄瓜花叶病等，抗虫性状如抗马铃薯甲虫和抗水稻褐飞虱等，抗逆性状有耐盐碱和养分高效利用等；品质改良性状如高赖氨酸、高不饱和脂肪酸、延熟耐贮和防褐变等。近年来，利用基因沉默技术培育的直接食用转基因产品产业化加速，防褐变和抗晚疫病转基因马铃薯、防褐变转基因苹果、番茄红素转基因菠萝相继在美国上市。

2. 我国转基因作物研发及生产现状与安全政策

自20世纪80年代中期以来，我国设立了国家高技术研究发展计划（简称863计划）等系列国家重大研发计划，大力支持转基因技术研发，使我国转基因技术研发及其育种应用取得了巨大成就。我国转基因作物研发历经两个阶段。

第一个阶段从1986年我国启动863计划，到2008年我国启动了国家转基因生物新品种培育重大专项。为应对世界高技术蓬勃发展和国际竞争日趋激烈的严峻挑战，从跟踪世界科技前沿和国家战略需求出发，1986年我国启动了863计划，在生物技术领域设立"优质、高产、抗逆动植物新品种"主题，重点支持水稻基因图谱、两系法杂交水稻和转基因农作物研发。

1999年，我国首次启动了以转基因研究为主的"国家转基因植物研究与产业化"专项，重点支持水稻、玉米、棉花、大豆等主要农作物和园艺植物的转基因研究与产业化。这一时期，我国研究的转基因植物达数十种，其中抗虫棉花、改变花色的矮牵牛、抗病毒番茄、耐储存番茄和抗病毒甜椒等获得商业化生产许可。尤其是在抗虫棉研究方面，成功研制出具有自主知识产权的 Bt 抗虫转基因棉花，使我国成为世界上第二个拥有抗虫棉研究开发整套技术的国家。进入21世纪后，发展转基因育种技术成为我国增强产业核心竞争力、把握未来发展主动权的基本国策。在863计划等专项支持下，我国在基因克隆、基因转化和转基因新品种培育等方面取得重要进展。截至2006年8月31日，我国共批准转基因生物中间试验495项，环境释放237项，生产性试验194项，发放安全证书475项。2006年，国务院发布《国家中长期科学和技术发展规划纲要（2006—2020）》，把转基因生物新品种培育列为16个国家科技重大专项之一。2008年，转基因生物新品种培育重大专项正式启动，以培育一批抗病虫、抗逆、优质、高产、高效的转基因动植物新品种、实现产业化为主要目标。这一时期，我国转基因抗虫棉、抗虫水稻的研发处于世界领先水平，转基因高赖氨酸玉米、抗虫玉米、抗穗发芽小麦、抗病毒小麦等转基因作物产业化蓄势待发。培育出转基因棉花新品种55个，转基因抗虫杨树新品种3个，各类具有优异性状的水稻、玉米、小麦、棉花、油菜、大豆等转基因农作物新品系415个。2008年，我国转基因作物种植面积达380万 hm^2（图7-29），位居世界第六位。国产抗虫棉种植面积已达近200万 hm^2，占全国棉花种植面积的70%。

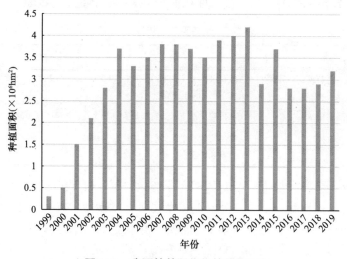

图7-29　我国转基因作物的种植面积

第二个阶段，从2009年我国批准转基因抗虫水稻和饲用转植酸酶基因玉米安全证书，到2020年批准转基因抗虫耐除草剂玉米和耐除草剂大豆安全证书。2009年，农业部（现农业农村部）颁发抗虫转基因水稻和饲用转基因玉米的安全证书。虽然在社会上引发对转基因安全的空前关注，并展开激烈争论，但我国仍然在转基因生物育种研发领域取得显著成效。我国已成为继美国之后第二个转基因产品研发大国。水稻转基因育种等领域已处于世界领先水平。在重要农艺性状基因鉴定、克隆，以及植物基因组学相关基础学科方面取得了突破性进展。一批自主克隆的重要性状基因开始应用于育种，转基因品种遗传转化效率达到国际先进水平，建立了完备的转基因育种技术产业化体系和生物安全技术保障体系；国产抗虫棉在印度、巴基斯坦等国大面积推广种植，抗虫水稻在美国获准上市，耐除草剂大豆在阿根廷获准种植；优质功能稻、抗旱节水小麦、抗旱玉米、抗虫大豆、耐盐碱棉花等产品研发取得重要进展；育成新型抗虫棉188个，国内市场份额占99%以上，创造经济效益500亿元。特别是2019～2020年，我国自主研发的3个转基因玉米和2个转基因大豆获得生产应用安全证书。

2019年，我国的转基因种植面积为320万hm^2（图7-29），占全球转基因作物总种植面积的1.68%，位居全球第七位。其中，棉花种植面积占比约为99%以上，番木瓜种植面积占比很低。另外，我国还批准了转基因大豆、玉米、油菜、棉花、甜菜5种国外研发的转基因农产品作为加工原料进入国内市场。

虽然目前我国转基因技术发展的方针是"大胆研究、自主创新"，但同时指出"严格管理、慎重推广"。我国转基因生物研究和产业化需要经过严格的审批流程。农业农村部下设农业转基因生物安全委员会，负责农业转基因生物的安全评价工作。农业转基因生物安全委员会由从事农业转基因生物研究、生产、加工、检验检疫以及卫生、环境保护等75位跨部门、跨学科的专家组成。根据国务院《农业转基因生物安全管理条例》，我国对农业转基因生物安全实行分级管理评价制度。我国转基因全过程的安全评价分为试验研究、中间试验、环境释放、生产性试验和申请安全证书5个层次。农业转基因生物在实验室研究结束后，需要转入中间试验的，试验单位应当向国务院农业行政主管部门报告。农业转基因生物试验需要从上一试验阶段转入下一试验阶段的，试验单位应当向国务院农业行政主管部门提出申请；经农业转基因生物安全委员会进行安全评价合格的，由国务院农业行政主管部门批准转入下一试验阶段。在完成中间试验、环境释放、生产性试验后可以向国务院农业行政主管部门申请领取农业转基因生物安全证书。获得安全证书是进入品种审定与种子管理程序的必要条件。

在获得转基因生物安全证书后，还需要经过作物新品种审定。根据农业农村部《主要农作物品种审定办法》，品种试验包括区域试验、生产试验及品种特异性、一致性和稳定性测试（DUS测试）。每一个品种的区域试验，试验时间不少于两个生产周期。每个品种的生产性试验时间不少于一个生产周期。但申请转基因主要农作物（不含棉花）品种审定的，应当直接向国家农作物品种审定委员会提出申请。申请审定的转基因品种，除目标性状外，其他特征特性与受体品种无变化，受体品种已通过审定且未撤销审定，按以下两种情形进行品种试验：①申请审定的适宜种植区域在受体品种适宜种植区域范围内，可简化试验程序，只需开展一年的生产试验；②申请审定的适宜种植区域不在受体品种适宜种植区域范围内的，应当开展两年区域试验、一年生产试验。对于转育的新品种，应当开展两年区域试验、一年生产试验和DUS测试。根据农业农村部印发的《2020年农业转基因生物监管工作方案》，"严格落实未获得农业转基因生物安全证书的品种一律不得进行区域试验和品种登记的要求，对参加区域试验的玉米、水稻、大豆、小麦等品种以及进行登记的油菜等品种，申请单位要确保不含有转基因成分"，因此，目前转基因水稻、小麦还不能进行区域性试验，进而也就无法进行品种审定。根据2021年农业农村部办公厅关于鼓励农业转基因生物原始创新和规范生物材料转移转让转育的通知，为强化产品迭代，支持高水平育种，"鼓励已获生产应用安全证书的农业转基因生物向优良品种转育，转育的品种综合农艺性状应不低于当地主推品种"。因此，对已获得生产应用安全证书的转基因抗虫耐除草剂玉米和耐除草剂大豆，可以依法开展优良品种转育工作。

获得转基因作物新品种，根据《农业转基因生物安全管理条例》，生产转基因植物种子，应当取得国务院农业行政主管部门颁发的种子生产许可证。根据《农作物种子生产经营许可管理办法》，进行种子生产加工的企业需要取得种子生产经营许可证。申请领取转基因农作物种子生产经营许可证的企业，应当具备下列条件：①农业转基因生物安全管理人员2名以上；②种子生产地点、经营区域在农业转基因生物安全证书批准的区域内；③有符合要求的隔离和生产条件；④有相应的农业转基因生物安全管理、防范措施；⑤农业农村部规定的其他条件。从事种子进出口业务、转基因农作物种子生产经营的企业和外商投资企业申请领取种子生产经营许可证，除具备本办法规定的相应农作物种子生产经营许可证核发的条件外，还应当符合有关法律、行政法规规定的其他条件。

在转基因作物及其产品进口审批上，我国不仅要求输出国已经在国内广泛种植和消费，还需经过我国专门机构的检测验证，经过国家转基因安全委员会严格评审，确认不存在食用和环境风险，政府才能批准进口；其他国家的进口审批一般只要求出口商提供证明资料即可。在标识上，欧盟、日本等国对转基因成分超过一定比例才需标识，我国是世界唯一采用定性按目录强制标识的国家，只要含有转基因成分就须标识，是最严格的标识制度。在推广应用上，我国按照"非食用→间接食用→食用"的路线图，首先发展非食用的经济作物，其次是饲料作物和加工原料作物，最后是一般食用作物，口粮作物的推广应用是慎之又慎。目前，我国没有批准任何转基因粮食作物商业化种植。因此，商业化种植转基因粮食作物是非法的，必须禁止。在监管上，农业农村部严格依照法律法规，查处转基因作物种植违法违规行为。

3. 社会上一些关于转基因的争论及我们的基本态度

虽然我国在2020年取得了脱贫攻坚战的全面胜利，完成了消除绝对贫困的艰巨任务，创造了一个彪炳史册的人间奇迹，但是在世界的其他地方，因粮食不足而生存在贫困线下的饥饿及营养不良人口还在不断增加。如何解决粮食安全问题、如何摆脱贫困一直是困扰全球发展和治理的突出难题。高新技术特别是转基因技术是解决粮食安全问题的金钥匙。

转基因育种技术是20世纪生命科技不断进步的产物。纵观世界科技发展史，新的重大科学发现和技术突破往往会伴随激烈的争论，但从没有因争论而止步，而是在争论中不断完善，最后服务社会，造福人类。20世纪30年代，美国杂交玉米种子的应用就曾遭到当前对转基因作物类似的阻力和争论。那时，杂交育种及杂种优势利用成功应用于玉米等农作物育种。但杂交玉米种子生产程序复杂，农业试验站不感兴趣。最后美国成立一家公司来生产杂交玉米种子。但是，美国农民还是拒绝购买杂交玉米种子，而是习惯于自己留种给下一年使用。直到在1934~1936年出现沙尘暴异常炎热天气年份，杂交玉米表现出产量及抗旱性优势，美国农民才开始快速接受杂交玉米。到1965年，美国杂交玉米的种植比例已经超过了95%。而如今，玉米品种都是杂交一代。杂交水稻出现的时候，已经没有杂交玉米那时的争论，因为，杂种一代具有优势已成为共识。

"转基因"一词在20世纪80年代初已出现在中文期刊上，在20世纪90年代成为高科技的代名词而一度被神化。1999年我国首次启动了以转基因研究为主的国家转基因植物研究与产业化专项，当时全社会对转基因技术几乎毫无争议并寄予厚望。但2008年我国启动国家转基因生物新品种培育重大专项时，"转基因"一词已逐渐被妖魔化，其中一个重要原因是"转基因"被误导为食用转基因产品后人体可能被转基因甚至对后代产生影响，引起国内公众的巨大恐慌。2009年，农业部颁发抗虫转基因水稻和饲用转基因玉米的安全证书，引发了全社会对转基因安全的空前关注，"挺转"和"反转"两方在转基因食用安全、环境风险、产品标识、政策法规和生物伦理等方面展开激烈论战。

已经批准上市的转基因产品是安全的。全球的科学机构和监管机构反复研究表明，通过生物技术改良的农作物和食物哪怕不比通过其他方法生产的农作物和食物更加安全，至少也是与之同等安全的。至今从未有过一起关于人类或动物因消费这些产品而引起不良健康效应的案例被确认。虽然有发表的论文报道转基因引起的所谓生物安全问题，但是，这些论文都存在没有经过严格的同行评审、实验设计不合理、统计方法不当等问题，甚至违反生物学一般常识，只按作者个人意愿断章取义。

转基因作物产业化必须要有严格的环境评估。转基因作物的环境安全是指转基因作物的种植是否会产生潜在的环境和生态影响。其实，很多转基因作物的种植都对环境产生了有利的影响，如转基因抗旱作物会减少地球上有限的淡水资源的使用；抗病、抗虫转基因作物会减少农药的使用从而减轻对环境的危害等。有学者认为转基因植物可能造成基因漂移，诱使"超级杂草"和"超级害虫"的诞生，破坏农业种植生态环境。这些说法并不科学。事实上，即使发现能抗多种除草剂的杂草或能抗多种农药的害虫，还是可以通过更换除草剂、更换农药得到有效控制。基因漂移是植物进化的动力，如果没有基因漂移，自然界就不会有这么多种的植物和现在的作物栽培品种。转基因可能向野生资源漂移，也可能向常规作物资源漂移，同样常规作物也会向野生资源漂移，所以基因漂移不是转基因所特有的。我国获准的第三方检测机构，除了常规基因及其产物检测外，还开发了非靶标生物安全评价技术、基因漂移评估与控制技术、生物毒理学安全评价技术、生物致敏性安全评价技术等专门的检验检测技术，以确保通过检测的转基因产品的生物安全和环境安全。

社会公众对新生科技没有做好知识和心理上的准备，因此持慎重甚至疑惑态度在所难免。科学家特别是从事转基因研究的科学家应该加大转基因技术的科普，要善于开展大众传播与沟通，向公众传播转基因等生物技术知识，消除公众的恐惧与质疑，增强社会公众对食品安全的信任。当然，转基因已经不单纯是技术工作，它不仅涉及公众认知，而且可能涉及经济、国际贸易及政治问题。因此，要消除社会上对转基因技术的疑虑，消除那些刻意将转基因"妖魔化"、消除误导公众的谣言信息制作和传播的市场并非易事。即使在全球转基因作物商业化种植面积最大的美国，2015年1月29日由皮尤研究中心与美国科学促进会联合发布的民意调查报告显示，88%的美国科学促进会会员（科学界人士）认为食用转基因食品是安全的，而美国普通公众中，则有57%认为转基因食品是不安全的。即使这样，转基因食品已经在美国食品市场上存在20多年了！从事转基因相关科研的科学家，特别是权威科学家，应该积极走出实验室与公众进行沟通，开展有公信力的转基因科普宣传，提高公众对转基因的科学认知，有助于提高对转基因技术、转基因食品的接受程度。同时，媒体也应科学、准确报道，不能有意歪曲、误导公众。

中国人的饭碗任何时候都要牢牢端在自己手中，只有攥紧中国种子，才能端稳中国饭碗。我们是否有能力持续保障粮食食品安全？在全球气候不断变化的背景下，饥荒是否会肆意蔓延？我们是否有能力解决对转基因技术的恐惧？这些问题的答案，无论是好是坏，终将会塑造我们未来的文明。

7.5　参考文献

崔世友，孙明发. 2014. 分子标记辅助选择. 北京：中国农业科学技术出版社

方宣军，吴为人，唐纪良. 2002. 作物DNA标记辅助育种. 北京：科学出版社

林敏. 2021. 农业生物育种技术的发展历程及产业化对策. 生物技术进展，11（4）：405-417

彭立新. 2014. 园艺植物生物技术. 北京：中国农业出版社

沈亚欧．李淑君，林海建，等. 2011. 通过转基因手段改善作物产量性状. 农业生物技术学报，19（4）：753-762

万建民. 2006. 作物分子设计育种. 作物学报, 32（3）: 455-462

王健康, 李慧慧, 张鲁燕. 2020. 基因定位与育种设计. 2版. 北京: 科学出版社

徐云碧, 朱立煌. 1994. 分子数量遗传学. 北京: 中国农业出版社

徐云碧, 沈利爽, McCouch SR, 等. 1997. 利用微卫星标记扩充水稻双单倍体群体的遗传图谱. 科学通报, 42（20）: 2220-2223

薛勇彪, 段子渊, 种康, 等. 2013. 面向未来的新一代生物育种技术: 分子模块设计育种. 中国科学院院刊, 28（3）: 308-314

闫新甫. 2003. 转基因植物. 北京: 科学出版社

张桂权. 2019. 基于SSSL文库的水稻设计育种平台. 遗传, 41（8）: 754-760

Abel PP, Nelson RS, De B, et al. 1986. Delay of disease development in transgenic plants that express the tobacco mosaic virus coat protein gene. *Science*, 232: 738-743

Andersen JR, Lubberstedt T. 2003. Functional markers in plants. *Trends in Plant Science*, 8: 554-560.

Aoun M, Breiland M, Turner MK, et al. 2016. Genome-wide association mapping of leaf rust response in a durum wheat worldwide germplasm collection. *Plant Genome*, 9: 24

Beasley JT, Bonneau JP, Sanchez-Palacios JT, et al., 2019. Metabolic engineering of bread wheat improves grain iron concentration and bioavailability. *Plant Biotechnology Journal*, 17: 1514-1526

Botstein D, White RL, Skolnick M, et al. 1980. Construction of a genetic linkage map in man using restriction fragment length polymorphisms. *American Journal of Human Genetics*, 32: 314-331

Bradbury PJ, Zhang Z, Kroon DE, et al. 2007. TASSEL: Software for association mapping of complex traits in diverse samples. *Bioinformatics*, 23: 2633-2635

Buckler ES, Holland JB. 2009. The genetic architecture of maize flowering time. *Science*, 325: 714-718

Bush SM, Krysan PJ. 2010. iTILLING: a personalized approach to the identification of induced mutations in *Arabidopsis*. *Plant Physiology*, 154: 25-35

Colbert T, Till BJ, Tompa R, et al. 2001. High-throughput screening for induced point mutations. *Plant Physiology*, 126(2): 480-484

Comai L, Young K, Till BJ, et al. 2004. Efficient discovery of DNA polymorphisms in natural populations by EcoTILLING. *Plant Journal*, 37: 778-786

Concibido VC, Denny RL, Lange DA, et al. 1996. RFLP mapping and marker-assisted selection of soybean cyst nematode resistance in PI 209332. *Crop Science*, 36: 1643-1650

Estruch JJ, Warren GW, Mullins MA, et al.1996. Vip3A, a novel *Bacillus thuringiensis* vegetative insecticidal protein with a wide spectrum of activities against lepidopteran insects. *Proceedings of the National Academy of Sciences of the United States of America*, 93: 5389-5394

Garvin MR, Gharrett AJ. 2007. Deco-TILLING: an inexpensive method for single nucleotide polymorphism discovery that reduces ascertainment bias. *Molecular Ecology Notes*, 7: 735-746

Grodzicker T, Williams J, Sharp P. 1974. Physical mapping of temperature-sensitive mutations of adenovirus. *Cold Spring Harbor Symposia on Quantitative Biology*, 34: 439-446

Guo Z, Tucker DM, Lu J, et al. 2012. Evaluation of genome-wide selection efficiency in maize nested association mapping populations. *Theoretical and Applied Genetics*, 124: 261-275

Harjes CE, Rocheford TR, Bai L, et al. 2008. Natural genetic variation in lycopene epsilon cyclase tapped for maize biofortification. *Science*, 319: 330-333

Huang XH, Wei XH, Sang T, et al. 2010. Genome-wide association studies of 14 agronomic traits in rice landraces. *Nature Genetics*, 42: 961-967

Jin L, Lu Y, Shao YF, et al. 2010. Molecular marker assisted selection for improvement of the eating, cooking and sensory quality of rice (*Oryza sativa* L.). *Journal of Cereal Science*, 51: 159-164

Lander ES. 1996. The new genomics: global views of biology. *Science*, 274: 536-539

Lander ES. 1987. MAPMAKER: an interactive computer package for constructing primary genetic linkage maps of experimental and natural populations. *Genomics*, 1: 174-181

Larsson SJ, Lipka AE, Buckler ES. 2013. Lessons from Dwarf8 on strengths and weaknesses in structured association mapping. *PLoS Genetics*, 9(2): e1003246

Li G, Quiros CF. 2001. Sequence-related amplified polymorphism (SRAP), a new marker system based on a simple PCR reaction: its application to mapping and gene tagging in *Brassica*. *Theoretical and Applied Genetics*, 103: 455-461

Li H, Ribaut JM, Li Z, et al. 2008. Inclusive composite interval mapping (ICIM) for digenic epistasis of quantitative traits in biparent populations. *Theoretical and Applied Genetics*, 116: 243-260

Liang Q, Wang K, Liu X, et al. 2019. Improved folate accumulation in genetically modified maize and wheat. *Journal of Experimental Botany*, 70: 1539-1551

McCallum CM, Comai L, Greene EA, et al. 2000. Targeted screening for induced mutations. *Nature Biotechnology*, 18: 455-457

Meuwissen THE, Hayes BJ, Goddard ME. 2001. Prediction of total genetic value using genome-wide dense marker maps. *Genetics*, 157(4): 1819-1829

Mullis K, Faloona F, Scharf S, et al. 1986. Specific enzymatic amplification of DNA *in vitro*: the polymerase chain reaction. *Cold Spring Harbor Symposia on Quantitative Biology*, 51: 263-273

Obukowicz MG, Perlak FJ, Kusano-Kretzmer K, et al. 1986. Integration of the delta-endotoxin gene of *Bacillus thuringiensis* into the chromosome of root-colonizing strains of pseudomonads using Tn5. *Gene*, 45(3): 327-331

Palaisa KA, Morgante M, Williams M, et al. 2003. Contrasting effects of selection on sequence diversity and linkage disequilibrium at two phytoene synthase loci. *Plant Cell*, 15: 1795-1806

Peleman JD, van der Voort JR. 2003. Breeding by design. *Trends in Plant Science*, 8(7): 330-334

Rasmusson J. 1935. Studies on the inheritance of quantitative characters in *Pisum*. I. Preliminary note on the genetics of time of flowering. *Hereditas*, 20: 162-180

Remington DL, Thornsberry JM, Matsuoka Y, et al. 2001. Structure of linkage disequilibrium and phenotypic associations in the maize genome. *Proceedings of the National Academy of Sciences of the United States of America*, 98(20): 11479-11484

Sax K. 1923. The association of size differences with seed-coat pattern and pigmentation in *Phaseolus vulgaris*. *Genetics*, 8: 552-560

Slade AJ, Fuerstenberg SI, Loeffler D, et al. 2005. A reverse genetic, nontransgenic approach to wheat crop improvement by TILLING. *Nature Biotechnology*, 23(1): 75-81

Steed G, Ramirez DC, Hannah MA, et al. 2021. Chronoculture, harnessing the circadian clock to improve crop yield and sustainability. *Science*, 372(6541): eabc914

Thornsberry JM, Goodman MM, Doebley JF, et al. 2001. Dwarf8 polymorphisms associate with variation in flowering time. *Nature Genetics*, 28: 286-289

Tuncel A, Okita TW. 2013. Improving starch yield in cereals by over-expression of ADPglucose pyrophosphorylase: Expectations and unanticipated outcomes. *Plant Science*, 211: 52-60

Vos P, Hogers R, Bleeker M, et al. 1995. AFLP: a new technique for DNA fingerprinting. *Nucleic Acids Research*, 23: 4407-4414

Wang S, Basten CJ, Zeng ZB. 2012. Windows QTL Cartographer 2.5. Raleigh: North Carolina State University

Wang W, Mauleon R, Hu Z, et al. 2018. Genomic variation in 3,010 diverse accessions of Asian cultivated rice. *Nature*, 557: 43-49

Williams JGK, Kubelik AR, Livak KJ, et al. 1990. DNA polymorphisms amplified by arbitrary primers are useful as genetic markers. *Nucleic Acids Research*, 18: 6531-6535

Xu G, Yuan M, Ai C, et al. 2017. uORF-mediated translation allows engineered plant disease resistance without fitness costs. *Nature*, 545: 491-494

Yang J, Hu C, Hu H, et al. 2008. QTLNetwork: mapping and visualizing genetic architecture of complex traits in experimental populations. *Bioinformatics*, 24: 721-723

Yoon DK, Ishiyama K, Suganami M, et al. 2020. Transgenic rice overproducing Rubisco exhibits increased yields with improved nitrogen-use efficiency in an experimental paddy field. *Nature Food*, 1: 134-139

Zabeau M, Vos P. 1993. Selective restriction fragment amplification: a general method for DNA fingerprinting. *EP Patent*, 0534858: B2

Zeng D, Tian Z, Rao Y, et al. 2017. Rational design of high-yield and superior-quality rice. *Nature Plants*, 3: 17031

Zhu Q, Yu S, Zeng D, et al. 2017. Development of "purple endosperm rice" by engineering anthocyanin biosynthesis in the endosperm with a high-efficiency transgene stacking system. *Molecular Plant*, 10: 918-929